中国科学院科学出版基金资助出版

现代化学专著系列·典藏版　07

分子结构参量及其与物性关联规律

杨　频　著

科学出版社

北　京

内 容 简 介

本书从分子中的电荷分布切入,较全面地介绍在现代量子理论基础上建立的分子结构参量方法,并从归纳和演绎两个方面系统介绍它们与物性关联的规律,以使成千上万的物性系统化。本书较全面地介绍了预示化合物和材料物理化学性质的多种规律,可为新材料的设计和研究提供线索。

本书可供物理、化学、化工、材料科学、冶金等方面的科技人员和相关专业的教师、研究生和高年级本科生参考。

图书在版编目(CIP)数据

现代化学专著系列:典藏版/江明,李静海,沈家骢,等编著. —北京:科学出版社,2017.1

ISBN 978-7-03-051504-9

Ⅰ.①现… Ⅱ.①江… ②李… ③沈… Ⅲ.①化学 Ⅳ.①O6

中国版本图书馆 CIP 数据核字(2017)第 013428 号

责任编辑:杨震 黄海 杨然 / 责任校对:李奕萱
责任印制:张 伟 / 封面设计:铭轩堂

科 学 出 版 社 出版
北京东黄城根北街 16 号
邮政编码:100717
http://www.sciencep.com

北京厚诚则铭印刷科技有限公司印刷
科学出版社发行 各地新华书店经销
*
2017 年 1 月第 一 版 开本:720×1000 B5
2017 年 1 月第一次印刷 印张:26
字数:503 000
定价:7980.00 元(全 45 册)

(如有印装质量问题,我社负责调换)

序

在新物质、新材料的设计、合成和制备过程中,都需要依据大量化合物的物理化学参数,但有些参数无实验测定值,这就需要借助于理论的和半经验的方法来计算。杨频教授长期致力于结构-性能关系和生物无机化学领域的研究,在结构-性能关系方面曾出版《性能-结构-化学键》和《分子中的电荷分布和物性规律》专著。近年来由于概念密度泛函理论的提出,使电负性、化学势、酸碱硬度和软度等原子、分子结构参量在理论上有了更明确的定义和更精确的定量计算方法。杨频教授撰写的《分子结构参量及其与物性关联规律》是结合他近年来的研究工作,从演绎和归纳两个方面阐述、整合研究结果,把以前出版的上述两本专著提升到一个全新的更高水平。

本书在现代量子理论基础上,用分子中的电荷分布、电负性、软硬度等结构参数概括物性规律,使繁多的物性系统化。其特点是:在理论和方法的叙述上,既介绍行之有效的半经验方法,又对作为其理论基础的量子理论及其方法给以充分的展示;在原始理论和新的发展现状的叙述上,采取二者兼顾的态度,既让读者系统了解电负性、电负性均衡原理等分子结构参量的产生、发展过程,又让他们看到在概念密度泛函理论基础上发展起来的这一理论的新面貌,使原有理论和新的方法都能为读者服务。"结构和性能的定量关系"是 21 世纪化学面临的四大难题之一,是新材料、新药物、新物质合成设计的理论基础。杨频教授的新著,我认为是在这一难题领域中的一个重要的进展。此书总结了预示化合物和材料物理化学性质的多种规律,可为新材料、新药物、新物质的设计和研究提供线索,可供物理、化学、化工、材料科学、冶金等方面的科技人员和有关专业的教师、研究生和高年级大学生参考。

徐光宪

2006 年 8 月 10 日于北京大学

前　言

《分子结构参量及其与物性关联规律》一书从分子中的电荷分布切入，较全面地介绍在现代量子理论基础上建立的分子结构参量方法，并从归纳和演绎两个方面系统介绍它们与物性关联的规律，用以使成千上万的物性系统化。

类似的著作国外有 L. Pauling 的《化学键的本质》，曾在近半个世纪中风行世界；国内在 20 世纪 80 年代也曾出版过多种键参数函数方法关联某些物性的著作，不足之处是大都主要是用经验规律描述物性。我的两本书《性能-结构-化学键》(1987，获全国学术专著优秀奖)和《分子中的电荷分布和物性规律》(1992)试图克服上述缺点、从演绎和归纳两个方面阐述这个问题，受到了读者的欢迎，现已无存书。特别是近些年来国外在密度泛函理论基础上发展起来的分子结构参数法研究出现了新的热潮，为我国理论化学界注入了新的活力，使人们重新发现了它的价值。这也是催促我撰写本书的动力。

本书第 1 章叙述作为分子结构参量基础的量子理论；第 2 章叙述分子中的电荷分布、化学键性质和表征物性的分子结构参量；第 3 章介绍分子中电荷分布的分子结构静电模型，为后面叙述引出表征物性规律的分子结构参数做铺垫；第 4 章介绍有效键电荷和有效核电荷的引出及其与物性的关联，从最基本的化学键特征入手，建立化学键与物性的关联；第 5 章是第 4 章的自然延伸，介绍分子结构参数与物性的关联；第 6~9 章是本书的重点：第 6 章着重介绍应用最广的一类分子结构参量即电负性的表征和电负性均衡原理的系统发展以及与其相关的酸碱硬软标度等；第 7 章则全面介绍多种分子结构参量及其与物性的广泛关联和应用，包括化学的、物理的、材料的、晶态的、液态的物性，使成千上万种物性系统化、规律化，使在通常实验条件下不能测定或未知的物性得以估算；第 8 章介绍分子结构参量在密度泛函理论基础上的新发展，着重介绍电负性均衡原理的 MEEM 法和原子-键电负性均衡模型(ABEEM)及其应用；第 9 章叙述分子的总体分类和多维分类法，着重介绍我国科学家徐光宪建立的分子片概念和他的四维参数法。本书总结了预示化合物和材料物理化学性质的多种规律，可为新材料的设计和研究提供线索。

检视本书所收入的我的一些研究结果，发现它们断断续续经历了近 32 个年头，在这期间曾先后得到卢嘉锡、唐敖庆、徐光宪等多位前辈的指导，此中也凝结着他们的不少心血，驻笔回首，不禁产生由衷的敬意和深深的感慨；在拟议撰写本书时，又得到徐光宪先生的大力支持和鼓励；杨忠志教授为支持本书的撰写，特意惠赠他的大作《大分子体系的量子化学》和许多有益的资料。没有这些指导、支持和帮助，很难想像本书能够问世。在此谨致衷心的、深深的谢忱。科学出版社杨震同志的热心约稿，也催促我心动命笔；在书稿撰写中，我的同事吕海港协助整理他的研究成果(8.5 节)及研究生吴艳波、张翠萍、袁彩霞、李妙鱼等协助校阅书稿；此外，本书出版还得到中国科学院科学出版基金资助，在此一并致谢。

杨　频

2006 年 8 月 25 日

于山西大学

目　　录

序
前言
第1章　作为分子结构参量基础的量子理论 ……………………………………… 1
　1.1　量子理论的基本方程和方法 ……………………………………………… 2
　　1.1.1　Schrödinger 方程 …………………………………………………… 2
　　1.1.2　量子化学计算的三个基本近似 ……………………………………… 3
　　1.1.3　分子轨道理论 ………………………………………………………… 7
　　1.1.4　变分法 …………………………………………………………………… 8
　1.2　量子化学从头计算法 ………………………………………………………… 9
　　1.2.1　Hartree-Fock 方程和自洽场(self consistent field,SCF)方法 ……… 9
　　1.2.2　Hartree-Fock-Roothaan(HFR)方程 ………………………………… 10
　　1.2.3　从头计算(*ab initio*)法 ……………………………………………… 11
　1.3　电子相关和组态相互作用 …………………………………………………… 12
　　1.3.1　电子相关 ………………………………………………………………… 12
　　1.3.2　组态相互作用 …………………………………………………………… 13
　　1.3.3　MP 微扰理论 …………………………………………………………… 14
　1.4　位力定理 ……………………………………………………………………… 15
　　1.4.1　位力定理的证明 ………………………………………………………… 15
　　1.4.2　不同条件下的表示 ……………………………………………………… 17
　　1.4.3　双原子键合行为 ………………………………………………………… 18
　1.5　Hellmann-Feynman 定理 …………………………………………………… 20
　　1.5.1　广义微分 Hellmann-Feynman ……………………………………… 20
　　1.5.2　Hellmann-Feynman 静电定理 ……………………………………… 23
　　1.5.3　积分 Hellmann-Feynman 定理 ……………………………………… 24
　1.6　Koopmans 定理 ……………………………………………………………… 26
　参考文献 …………………………………………………………………………… 27
第2章　分子中的电荷分布和分子结构参量 ……………………………………… 29
　2.1　分子中的电荷分布和化学键的性质 ………………………………………… 29
　　2.1.1　Mulliken 集居数分析 ………………………………………………… 29
　　2.1.2　密度函数积分法 ………………………………………………………… 35

　　2.1.3　其他方法 ··· 36

2.2　键级、自由价和诱导效应 ·· 37

　　2.2.1　键级 ··· 37

　　2.2.2　自由价指数 ··· 41

　　2.2.3　键长 ··· 42

　　2.2.4　游离基反应 ··· 43

　　2.2.5　亲电反应与亲核反应 ·· 45

　　2.2.6　诱导效应 ··· 47

　　2.2.7　致癌活性和抗癌活性 ·· 49

2.3　离子键和共价键的特点与表征 ·· 52

　　2.3.1　离子键与共价键的特征 ··· 52

　　2.3.2　键的离子性表示 ·· 54

　　2.3.3　键型的连续和不连续过渡 ·· 58

2.4　键能与键的解离能 ··· 61

　　2.4.1　概述 ··· 61

　　2.4.2　半经验计算 ··· 63

2.5　键的伸缩力常数 ·· 66

　　2.5.1　谐振子与非谐振子模型 ··· 66

　　2.5.2　力常数与解离能的关系 ··· 68

　　2.5.3　计算伸缩力常数的半经验方法 ······································· 70

参考文献 ··· 73

第3章　分子结构参量的静电模型 ··· 75

3.1　分子的 Berlin 模型和差密度图 ·· 75

　　3.1.1　分子的 Berlin 模型 ·· 75

　　3.1.2　差密度图 ··· 79

3.2　Nakatsuji 的静电力(ESF)理论 ··· 84

3.3　键的离子性和总极性 ·· 87

　　3.3.1　二中心键的三点键合模型 ·· 88

　　3.3.2　键的离子性和电负性 ·· 89

　　3.3.3　键的总极性及其经验公式 ·· 95

　　3.3.4　键的离子性和总极性的关系 ··· 98

　　3.3.5　结论 ··· 99

3.4　双原子键的三中心静电模型 ·· 99

　　3.4.1　模型和参量的推导 ·· 100

　　3.4.2　模型的应用和一些物理常数的理论表示 ························· 104

  3.4.3 模型的特点和问题 ·· 113

 3.5 **基于球 Gauss 键函数的双原子键三中心模型** ················ 114

  3.5.1 模型 ··· 114

  3.5.2 一些物理量的理论表达式 ······························ 116

  3.5.3 两种模型之间的关系 ···································· 122

 3.6 **双层点电荷配位场(DSCPCF)模型** ························· 123

  3.6.1 双层点电荷配位场(DSCPCF)模型 ··················· 124

  3.6.2 不均匀 Feynman 力效应对势场的影响 ················ 125

 3.7 **不均匀 Feynman 力理论** ································· 125

  3.7.1 不均匀 Feynman 力理论 ······························· 126

  3.7.2 不均匀 Feynman 力理论的应用 ······················ 126

 参考文献 ··· 129

第 4 章 有效键电荷和有效核电荷与物性的关联 ················· 133

 4.1 键中原子有效核电荷的计算 ··································· 133

  4.1.1 基于 $Z=Z_0(1\pm\varepsilon)$ 的计算法 ························· 133

  4.1.2 基于静电平衡判据约束条件的计算法 ················ 135

  4.1.3 基于 $Z=Z_0\pm\varepsilon$ 的计算法 ·························· 135

  4.1.4 考虑静电平衡约束条件的计算法 ···················· 137

  4.1.5 简单验证 ··· 138

 4.2 弹力常数、光谱基频和有效核电荷 ··························· 139

  4.2.1 弹力常数表达式的引出 ································ 139

  4.2.2 由实测力常数推求有效核电荷 ······················ 141

  4.2.3 光谱基频和 $R_e^2\omega_e$ 规则 ···························· 146

  4.2.4 小结 ··· 148

 4.3 有效键电荷及其应用 ··· 148

  4.3.1 有效键电荷及其变化规律 ···························· 148

  4.3.2 有效键电荷与重叠积分 ································ 156

  4.3.3 键电荷稠度与弹力常数 ································ 157

  4.3.4 键电荷稠度与酸碱强度的关系 ······················ 158

  4.3.5 键电荷稠度与气敏效应 ································ 162

  4.3.6 由 EHMO 和 CNDO/2 参量定义键电荷稠度 ········ 163

 参考文献 ··· 169

第 5 章 荷移热指数与物性的关联 ··································· 171

 5.1 固态络盐的力能特性 ··· 171

  5.1.1 荷移热指数的引出 ····································· 171

　　　5.1.2　固态络盐的生成热 ·· 173

　　　5.1.3　结合热 Q 和固态络盐的热稳定性 ····································· 178

　　　5.1.4　单分子结合热 q_m 和络合键性 ··· 178

　5.2　熔盐的分解电势和电极电势 ··· 180

　　　5.2.1　熔盐的分解电势与荷移热指数的关系 ································ 181

　　　5.2.2　金属在熔盐中的电极电势与荷移热指数的关系 ·················· 182

　参考文献 ·· 185

第6章　电负性的表征和电负性均衡原理 ·· 186

　6.1　电负性的定义与表示 ·· 186

　　　6.1.1　热化学表示法 ·· 186

　　　6.1.2　电离能与电子亲和能表示法 ··· 190

　　　6.1.3　占据轨道能量表示法 ·· 193

　　　6.1.4　Klopman 酸碱软硬标度和电负性 ······································ 196

　　　6.1.5　密度泛函表示法 ··· 204

　　　6.1.6　基于静电模型表示电负性 ·· 206

　6.2　电负性均衡原理 ·· 208

　　　6.2.1　Sanderson 电负性均衡原理 ··· 208

　　　6.2.2　修改的轨道电负性均衡原理 ··· 209

　　　6.2.3　电负性均衡的分子轨道理论表示 ······································· 210

　　　6.2.4　对电负性均衡原理的评价 ·· 212

　6.3　基团电负性 ··· 213

　　　6.3.1　热化学法 ·· 213

　　　6.3.2　电离能与电子亲和能的均值法 ·· 215

　6.4　电负性与化学键的性质 ··· 217

　　　6.4.1　化学键的极性 ·· 217

　　　6.4.2　键能与电负性 ·· 218

　　　6.4.3　电负性在量子化学计算中的某些应用 ································· 220

　参考文献 ·· 221

第7章　电负性与物性的关联 ··· 224

　7.1　电负性与化学性质的关联 ·· 224

　　　7.1.1　取代酸碱的强度 ··· 224

　　　7.1.2　共轭体系中 π 电子的转移方向 ·· 225

　　　7.1.3　马尔科夫尼科夫规则 ·· 227

　　　7.1.4　醛酮类的某些化学活性 ·· 228

　　　7.1.5　互变异构与过渡态的形成 ·· 229

7.1.6　分子重排 ·········· 230

7.2　晶体结合规律和晶型与键型的过渡 ·········· 237

　　7.2.1　晶体结合的规律性 ·········· 237

　　7.2.2　单质、AB 型和 AB_2 型晶体 ·········· 238

　　7.2.3　ABO_3 型和 ABO_4 型晶体 ·········· 242

　　7.2.4　A_2BO_4 型和 A_2BO_3 型晶体 ·········· 247

7.3　电负性在固体物理中的若干应用 ·········· 252

　　7.3.1　功函数、Fermi 能和形成热 ·········· 252

　　7.3.2　合金中的电荷迁移 ·········· 253

　　7.3.3　固体材料的硬度 ·········· 254

7.4　原子、离子折射度的新系统和不同键型化合物折射度的统一计算法 ··· 255

　　7.4.1　原子折射度系统 ·········· 255

　　7.4.2　离子折射度系统 ·········· 258

　　7.4.3　不同键型化合物折射度的统一计算法 ·········· 260

7.5　原子、离子抗磁化率的新系统和不同键型化合物抗磁化率的统一
　　计算法 ·········· 262

　　7.5.1　概述 ·········· 262

　　7.5.2　原子和离子的 Langevin 抗磁化率 ·········· 263

　　7.5.3　不同键型化合物抗磁化率的统一计算法 ·········· 266

　　7.5.4　新计算法的特点和应用 ·········· 268

7.6　半导体禁带宽度、迁移率和热导率的计算 ·········· 270

　　7.6.1　禁带宽度 ·········· 270

　　7.6.2　迁移率 μ ·········· 275

　　7.6.3　热导率 γ ·········· 277

7.7　影响超导体临界温度的某些结构规律 ·········· 278

　　7.7.1　概述 ·········· 278

　　7.7.2　T_c 值新计算式的引出和验证 ·········· 279

　　7.7.3　高温超导材料结构规律 ·········· 282

7.8　金属在熔盐中的溶解度 ·········· 285

　　7.8.1　金属在其自身熔盐中的溶解度 ·········· 285

　　7.8.2　金属在其他熔盐中的溶解 ·········· 287

参考文献 ·········· 291

第 8 章　分子结构参量的近代发展 ·········· 295

8.1　电负性概念的新发展 ·········· 295

　　8.1.1　原子电负性 ·········· 295

8.1.2 键轨道与原子轨道电负性 ·· 297

8.1.3 基团或分子的电负性 ··· 298

8.1.4 分子轨道电负性 ··· 298

8.1.5 电负性均衡原理的新论证 ·· 299

8.2 密度泛函理论(DFT)-电负性均衡的 EEM 和 MEEM 法 ············ 299

8.2.1 引论 ·· 299

8.2.2 能量表达式与 DFT-电负性 ······································· 301

8.2.3 双原子分子的 DFT-电负性均衡 ··································· 303

8.2.4 多原子分子中的 DFT-电负性均衡 ································· 304

8.2.5 DFT-原子电负性与硬度参数 ····································· 304

8.2.6 大分子中电荷分布的快速计算 ··································· 307

8.2.7 基于 MEEM 法的基团电负性 ···································· 308

8.2.8 基于 MEEM 法的基团和分子能量计算 ···························· 313

8.3 原子-键电负性均衡(ABEEM)模型及其应用 ······················ 314

8.3.1 能量表达式 ·· 314

8.3.2 有效电负性和电负性均衡 ·· 317

8.3.3 价态电负性和分子硬度参数 ······································ 318

8.3.4 分子中电荷分布的直接计算 ······································ 319

8.3.5 ABEEM 法计算分子的总能量 ···································· 320

8.3.6 原子-键电负性均衡模型(ABEEM)在分子力学中应用概述 ········· 324

8.4 对 MEEM 法和 ABEEM 法的评价 ······························· 325

8.5 分子中的原子轨道:广义电负性和 Mulliken 集居数分析 ·············· 326

8.5.1 分子中的原子轨道 ··· 326

8.5.2 广义电负性 ··· 329

8.5.3 Mulliken 集居数分析 ··· 332

参考文献 ··· 335

第 9 章 分子的总体分类——分子片和分子的四维结构参量 ············· 338

9.1 分子的总体分类和分子片 ··· 338

9.1.1 对分子进行总体分类的必要、可能和意义 ························· 338

9.1.2 分子片和多维分类法 ··· 338

9.2 四维分类法和(nxcπ)结构规则 ······································ 339

9.2.1 分子和分子片 ··· 339

9.2.2 配体的分类 ··· 339

9.2.3 分子片的周期排布 ··· 341

9.2.4 分子片的共价 ··· 342

9.2.5　广义的"八隅律"　………………………………………………… 343

9.2.6　分子的总价 V 和分子片之间的键级 B ……………………… 344

9.2.7　由原子簇的分子式预测结构式　……………………………… 344

9.2.8　分子的结构类型和($nxc\pi$)数　……………………………… 348

9.2.9　分子的结构类型与稳定性　…………………………………… 350

9.2.10　分子片取代规则　……………………………………………… 351

9.3　($nxc\pi$)结构规则的应用　……………………………………………… 351

9.3.1　分子结构类型的分类法　……………………………………… 351

9.3.2　分子片取代规则的应用　……………………………………… 354

9.3.3　预见新的原子簇化合物及其可能的合成途径　……………… 357

9.4　分子片化学中的电负性与化学硬软度　………………………………… 358

9.4.1　分子中分子片的价态　………………………………………… 358

9.4.2　电负性与硬度的差分近似计算　……………………………… 359

9.4.3　典型化合物的电负性与硬度　………………………………… 359

9.4.4　$HMn(CO)_5$, $[HFe(CO)_5]^+$, $H_2Fe(CO)_4$ 和 $HCo(CO)_4$ 的酸性　…… 360

9.4.5　$[M(CO)_n]^q$ 分子片的硬度　…………………………………… 361

参考文献　………………………………………………………………………… 362

附录 I　几种电负性标度　………………………………………………… 364

1. 电离势和电子亲和能均值电负性标　…………………………………… 364

2. 用轨道能量表示的电负性标　…………………………………………… 370

3. 基于 Hellmann-Feyman 定理导出的电负性标　………………………… 372

附录 II　几篇方法论论文　……………………………………………… 373

1. 原子结构模型的建立和更变　…………………………………………… 373

2. 物质结构研究中的归纳和演绎　………………………………………… 381

3. 当代化学的发展趋势　…………………………………………………… 387

4. "两极互补"和"相似者相容"原理在生物药物作用中的体现　………… 395

第1章 作为分子结构参量基础的量子理论[1~33]

所有的单质和化合物,能够保持其基本性质的最小单位是它们的分子,各种分子都由原子构成,原子之间则由化学键联结(非键相邻原子间则是较弱的范德华力)。因此,化学物质的结构和性能主要由组成它们的原子的性质和化学键的性质所决定。

"化学键"是人们从化学实验事实中抽象出来的重要概念,一般把它定义为分子或晶体中两个或多个原子之间的强烈的相互吸引作用。这种强烈的相互吸引作用能够导致一个独立的、稳定的分子(包或晶体)品种存在。

化学键有多种不同的类型。现已明确知道的有离子键、共价键和金属键三种。

化学键的本质由分子中相邻原子间的相互作用所决定。这种力,首先是异性相吸和同性相斥的电力;电子受到原子核的吸引,电子与电子以及核与核之间相互排斥。当然,这些力不是按照牛顿力学,而是按照量子力学定律起作用。

由于这种相互作用,将导致原子之间两种不同类型的结合。第一种属于离子型结合。在这里,一个原子的电子转移到另一个原子中,去填满一个几乎闭合的电子壳层。于是两个原子都带电即形成正、负离子,由于它们的电荷相反而互相吸引。第二种属于共价型结合。在这里,一个电子以量子论所特有的方式同时属于两个(或多个)原子,或者说,电子在两个(或多个)原子核周围运动,从而把它们结合在一起。

化学键的生成,主要取决于电子云分布与核之间的相互静电势能;当然,电子平均动能的变化也起着一定的作用。对任何一种给定的定态体系来说,它的原子核排列和电子云分布,必须保证这个体系具有最低能值。这将导致在那些键连原子核之间呈现出电子云的密集并生成"电子桥"。同时,由于电子与核之间的相互吸引的稳定作用而生成了化学键。

由于离子型结合和共价型结合这两种力一般都可以以任何混合的形式存在,它不仅促使各种原子聚集体(即分子和晶体)的形成,而且引起了化学物质的一切复杂结构和奇异性能的产生。离子键—共价键—金属键三种基本键型之间的过渡,也正是由于这两种不同类型的作用以不同程度相混合所引起的。

分子中的电荷分布支配着物理化学现象。为了揭示这一规律,必须借助于能够描述原子、分子中电子运动规律的量子理论。这个理论在用于研究原子、分子的电子结构之后,的确使人们对于化学键的本质有了更深刻的认识,并能对复杂的化学现象做出更加清楚地说明。

1.1　量子理论的基本方程和方法

1.1.1　Schrödinger 方程

描写原子、分子中电子运动规律的是 Schrödinger 方程,它主要是在实验事实的基础上建立起来的。描写微观体系在定态下运动规律的 Schrödinger 方程第一式,或称定态 Schrödinger 方程,其表达式如下:

$$\hat{H}\psi = E\psi \tag{1.1.1}$$

式中,$\hat{H}$ 为 Hamilton 算符,是一个对应于体系能量的微分算符;E 表示体系处于定态 ψ 下的能量;ψ 是描述体系定态的状态波函数,它是微观体系位置坐标和自旋坐标的函数。所谓定态是指概率密度 $|\psi|^2$ 不随时间而变化。波函数 ψ 必须是单值和连续的,对于束缚态它还必须是平方可积的,满足这些条件的波函数才是品优的。波函数中蕴藏着深刻的含义,只不过至今尚未为人们所全部理解。

类似于经典力学,对于一个单粒子体系,能量算符 $\hat{H}$ 可表示为动能项 $\hat{T}$ 和势能项 $\hat{V}$ 之和

$$\hat{H} = \hat{T} + \hat{V} = -\frac{\hbar^2}{2m}\left(\frac{\partial^2}{\partial x^2} + \frac{\partial^2}{\partial y^2} + \frac{\partial^2}{\partial z^2}\right) + V(x,y,z,t)$$

$$\hat{H} = -\frac{\hbar^2}{2m}\nabla^2 + V(x,y,z,t) \tag{1.1.2}$$

式中,$\nabla^2 \equiv \frac{\partial^2}{\partial x^2} + \frac{\partial^2}{\partial y^2} + \frac{\partial^2}{\partial z^2}$,称为拉普拉斯算符;$m$ 是粒子的质量;$\hbar \equiv h/2\pi$,h 为普朗克常数。

对于一个 n 粒子体系,Hamilton 算符为

$$\hat{H} = -\sum_{i=1}^{n}\frac{\hbar^2}{2m_i}\nabla_i^2 + V(x_1,y_1,z_1,\cdots,x_n,y_n,z_n,t)$$

求和遍及体系的所有粒子,m_i 是第 i 个粒子的质量,势函数 V 视具体体系而有具体的形式。

Schrödinger 方程并不是从某种先行的理论或公式推导出来的,它是以量子力学的基本假设为出发点,在实验事实的基础上建立起来的。Schrödinger 方程反映了微观粒子的运动规律,它的正确性是由在各种具体情况下得出的结论和实验结果相比较来检验的。

方程(1.1.1)是一种本征方程,$\hat{H}$ 称为本征算符,E 称为本征值,ψ 称为本征函数。如果算符 $\hat{F}$ 作用于一个函数 Ψ,结果等于 Ψ 乘上一个常数,即 $\hat{F}\Psi = \lambda\Psi$,则称 λ 为本征值,Ψ 为属于 λ 的本征函数,而方程 $\hat{F}\Psi = \lambda\Psi$ 称为算符 $\hat{F}$ 的本征方程。

　　方程(1.1.1)常称为 Schrödinger 方程第一式或定态 Schrödinger 方程,它描述处于定态下的体系,求解结果给出的本征值,即体系的能量,它直接涉及所讨论对象的稳定性,而本征函数则描述体系所处的状态。

　　Schrödinger 方程第二式包含时间变量 t,又称含时 Schrödinger 方程,其表达式如下:

$$\hat{H}\Psi = \mathrm{i}\hbar \frac{\partial \Psi}{\partial t} \tag{1.1.3}$$

　　在讨论有关时间的过程(如辐射问题)时要用到含时 Schrödinger 方程。

1.1.2　量子化学计算的三个基本近似

　　量子化学研究的体系——分子中包含了电子-原子核以及电子-电子之间的相互作用,可用相应的 Schrödinger 方程解的波函数来描述。从原则上来讲,对 Schrödinger 方程的求解可以保证对多电子体系中电子结构和相互作用的全部描述。但是,对于多电子体系,精确求解 Schrödinger 方程所涉及的数学困难性大,就目前的科学发展水平来看,仍然是不可能的。因此,不可避免地要使用近似方法,引入各种不同的模型和近似,这就产生了各种计算方法,其中,分子轨道法占据着主导地位。

　　量子化学基于不同的近似方法产生了不同流派,它们都从量子力学的基本原理出发,研究相同的化学对象,只是由于简化模型的不同才建立了不同的理论体系。

　　价键法把分子看作是直接由完整的化合原子构成。原子与原子之间靠价键结合。在定量处理上,则把某些符合价键规律的结构式,作为选用初步近似的变分函数的基础。因此可以说,价键理论的模型是价键结构式,真实分子可用一种或多种价键结构的杂成来描写,有如傅里叶级数分解法。这种理论模型保留了古典价键结构概念,是旧有的化学结构原则同量子力学的自然结合,因而这个流派在量子力学建立之后最早发展起来。

　　分子轨道法则是首先把原子实放到分子骨架上,然后把电子填充到多中心分子轨道上去。它认为,原子在化合成分子后就消失了它的个性;本来属于原子的电子已归分子整体所共有,而价键的概念则不明显。这种处理法是多电子原子模式的一个自然推广。尽管它同化学家对分子的传统认识相距较远,但因它具有计算方便、适应性强、可以充分体现诸原子波函数之间的干涉叠加特性,并且抓住了分子的整体特征,使之在量子化学中逐步占据了绝对的优势,大有统括并替代诸说的态势。

　　配位场理论则着重研究在配位环境的静电场作用下中心离子 d 或 f 轨道的能级分裂,并适当考虑中心体与配位体的 π 结合。这种近似模型抓住了在络合物中中心离子 d 或 f 电子的行为这个主要矛盾,忽略(或简化)了中心离子与配位体之间次要而又复杂的相互作用,使计算大大简化。

建立在不同模型基础上的所有的量子化学计算都要遵从以下三点基本近似:①非相对论近似;②玻恩-奥本海默(Born-Oppenheimer)近似;③单电子近似。

第一个基本近似就是忽略相对论效应。电子在原子核附近运动但又不被核所俘获,表明电子必定保持着很高的运动速度。根据相对论,此时电子的质量不是一个常数,而非相对论近似则把电子的质量视为其静止质量,使问题得以简化。

通常的化学反应不涉及原子核的变化,仅是核的相对位置发生变化。因此,包含 α 个原子核和 N 个电子的分子体系,其 Hamilton 算符应为

$$\hat{H} = -\sum_{\alpha} \frac{\hbar^2}{2M_{\alpha}} \nabla_{\alpha}^2 - \sum_{i} \frac{\hbar^2}{2m_{e}} \nabla_{i}^2 + \sum_{\alpha<\beta} \frac{Z_{\alpha}Z_{\beta}e^2}{R_{\alpha\beta}} + \sum_{i<j} \frac{e^2}{r_{ij}} - \sum_{\alpha}\sum_{i} \frac{Z_{\alpha}e^2}{r_{\alpha i}}$$

(1.1.4)

式中,等号右边的第一项表示核的动能,M_{α} 为核 α 的质量,∇_{α}^2 为核 α 位矢 $\boldsymbol{R}_{\alpha}$ 的拉普拉斯算符;第二项是电子的动能,m_{e} 为电子的质量;第三项为核-核排斥能,用 α 和 β 标记原子核,$R_{\alpha\beta}$ 为核 α 和核 β 间的距离,$Z_{\alpha}e$ 和 $Z_{\beta}e$ 分别是核 α 和核 β 所带的电荷;第四项为电子-电子排斥能,用 i 和 j 标记电子,r_{ij} 为电子 i 和电子 j 间的距离,$-e$ 为电子所带的电荷;第五项是电子-核吸引能,$r_{\alpha i}$ 为核 α 和电子 i 间的距离。体系的 Schrödinger 方程为 $\hat{H}\Psi_{总} = E_{总} \Psi_{总}$。

量子化学计算中采用的是原子单位制,简记为 a. u.,在原子单位制中,长度单位为玻尔半径 $a_0 = \hbar^2/m_e e^2 = 0.529167 \text{Å}$,质量单位用电子的静止质量 m_e,电荷单位用电子电荷 e,能量单位叫作 Hartree,即电荷为一个原子单位的两个质点,相隔一个原子单位的距离时的势能,$1\text{Hartree} = e^2/a_0 = m_e e^4/\hbar^2 = 27.207\text{eV} = 1\text{a. u.}$ 的能量。

在原子单位制下,Schrödinger 方程变得简洁

$$\left(-\sum_{\alpha} \frac{1}{2M_{\alpha}} \nabla_{\alpha}^2 - \sum_{i} \frac{1}{2} \nabla_{i}^2 + \sum_{\alpha<\beta} \frac{Z_{\alpha}Z_{\beta}}{R_{\alpha\beta}} + \sum_{i<j} \frac{1}{r_{ij}} - \sum_{\alpha}\sum_{i} \frac{Z_{\alpha}}{r_{\alpha i}}\right)\Psi_{总}(r,R)$$
$$= E_{总} \Psi_{总}(r,R)$$

(1.1.5)

量子化学计算的第二点基本近似是玻恩-奥本海默近似(简记为 B-O 近似)。由于组成分子体系的原子核的质量比电子的质量大 $10^3 \sim 10^5$ 倍,因而核运动的速度比电子运动的速度慢得多。这样,当核间发生任何微小运动时,迅速运动的电子都能立即进行调整,建立起与变化后的核力场相应的运动状态。这意味着,在任一确定的核排布下,电子都有相应的运动状态。或者说,核的运动不影响电子的运动,可以将电子看成在核的相对位置固定不变的场中运动。因此 B-O 近似也称为定核近似。

采用 B-O 近似的目的在于将核运动和电子运动分开处理。用 $V(r,R)$ 代表方

程(1.1.5)中的势能项

$$V(r,R) = \sum_{\alpha < \beta} \frac{Z_\alpha Z_\beta}{R_{\alpha\beta}} + \sum_{i<j} \frac{1}{r_{ij}} - \sum_\alpha \sum_i \frac{Z_\alpha e^2}{r_{\alpha i}} \tag{1.1.6}$$

在 B-O 近似下,分子的总状态函数 $\Psi_总(r,R)$ 等于核状态函数 $\Phi(R)$ 与电子状态函数 $\psi(r,R)$ 的乘积

$$\Psi_总(R,r) = \Phi(r) \cdot \psi(r,R) \tag{1.1.7}$$

并且在电子状态函数 $\psi(r,R)$ 中,电子坐标 r 是变量,原子核的坐标 R 是以参数的形式出现的,而在分子的总状态函数 $\Psi_总(r,R)$ 中,r 和 R 都是变量。将式(1.1.7)代入式(1.1.5)并进行变量分离,得到分别描述原子核运动的方程(1.1.8)和电子运动的方程(1.1.9)

$$- \sum_\alpha \frac{1}{2M_\alpha} \nabla_\alpha^2 \Phi + E_t(R)\Phi(R) = E_总 \Phi(R) \tag{1.1.8}$$

$$- \sum_i \frac{1}{2} \nabla_i^2 \psi(r,R) + V(r,R)\psi(r,R) = E_t(R)\psi(r,R) \tag{1.1.9}$$

式中

$$E_t = E_总 + \sum_\alpha \frac{1}{2M_\alpha} \frac{\nabla_\alpha^2 \Phi}{\Phi} \tag{1.1.10}$$

进一步改造描述电子运动的方程(1.1.9),令

$$H_t = - \sum_i \frac{1}{2} \nabla_i^2 + V(r,R) \tag{1.1.11}$$

则方程(1.1.9)可写为

$$\hat{H}_t \psi(r,R) = E_t(R)\psi(r,R) \tag{1.1.12}$$

式中,$E_t(R)$ 是所有原子核坐标 R 固定时算符 $\hat{H}_t$ 的本征值。

令电子的总 Hamilton 算符为

$$\hat{H} \equiv - \sum_i \frac{1}{2} \nabla_i^2 - \sum_\alpha \sum_i \frac{Z_\alpha}{r_{\alpha i}} + \sum_{i<j} \frac{1}{r_{ij}} = \hat{H}_t - \sum_{\alpha < \beta} \frac{Z_\alpha Z_\beta}{R_{\alpha\beta}} \tag{1.1.13}$$

在固定的原子核场中,由于原子核排斥作用能 $\sum_{\alpha < \beta} \dfrac{Z_\alpha Z_\beta}{R_{\alpha\beta}}$ 在描述电子运动的方程(1.1.9)或(1.1.12)中是一个常数项,可直接从本征能 $E_t(R)$ 中减去,得到电子总 Hamilton 算符 $\hat{H}$ 的本征能量 $E(R)$ 为

$$E(R) \equiv E_t(R) - \sum_{\alpha < \beta} \frac{Z_\alpha Z_\beta}{R_{\alpha\beta}} \tag{1.1.14}$$

描述电子运动的定态 Schrödinger 方程是

$$\hat{H}\psi(r,R) = E(R)\psi(r,R) \tag{1.1.15}$$

或用狄拉克符号表示为

$$\hat{H} | \psi \rangle = E | \psi \rangle \tag{1.1.16}$$

由此就可将电子运动和核运动分开,得到描述电子在核相对位置固定的场中运动的 Schrödinger 方程和有效电子能 $E(R)$。因 $E(R)$ 仅与核的相对位置有关,故称之为分子的位能面。位能面 $E(R)$ 是定量描述化学结构和反应过程的基础。

为了数学处理的方便,上述电子的总 Hamilton 算符可以进一步写成

$$\hat{H} = \sum_i \left(-\frac{1}{2} \nabla_i^2 - \sum_a \frac{Z_a}{r_{ai}} \right) + \sum_{i<j} \frac{1}{r_{ij}} = \sum_i h(i) + \sum_{i<j} \frac{1}{r_{ij}} \quad (1.1.17)$$

式中,$h(i)$ 为单电子 Hamilton 算符,是电子动能算符 $-\frac{1}{2} \nabla_i^2$ 与单电子位能算符 $-\sum_a \frac{Z_a}{r_{ai}}$ 之和。

由于电子是费米子(Fermion),多电子体系的总波函数对于交换任意两个电子的空间坐标和自旋坐标必须是反对称的(Pauli 原理)。描述波函数的反对称性需要考虑自旋,因此式(1.1.15)波函数 $\psi(r,R)$ 中的完全电子坐标应为 $4n$ 维,我们用 $q_i = (x_i, y_i, z_i, s_i)$ 来代表第 i 个电子的旋轨坐标,并略去原子核坐标 R(它仅作为参数)。

对于多电子体系,以式(1.1.13)为内容的 Hamilton 算符,Schrödinger 方程(1.1.15)仍然不可能严格求解,原因是 $\hat{H}$ 中包含了 r_{ij}^{-1} 形式的电子间排斥作用算符,不能进行变量分离。为此,还必须引入第三个基本近似——轨道近似,这就是把 N 电子体系的总波函数写成 N 个单电子函数的乘积

$$\psi(q_1, q_2, \cdots, q_N) = \psi_1(q_1) \psi_2(q_2) \cdots \psi_N(q_N) \quad (1.1.18)$$

其中每个单电子函数 $\psi_i(q_i)$ 只与一个电子的坐标有关。这样的单电子函数仍沿用经典术语称为轨道。由式(1.1.18)计算的概率密度函数 $|\psi|^2$ 恰好是单电子概率密度函数的乘积。按照概率论,这种情况仅当与概率 $|\psi|^2$ 相关联的各个事件彼此独立地发生时才会出现,因此轨道近似所隐含的物理模型是一种"独立电子模型",故有时也称为"单电子近似"。用式(1.1.18)的乘积函数描述多电子体系状态时,须使其反对称化,写成斯莱特(Slater)行列式的形式,从而满足电子的费米子性质,即

$$\psi(q_1, q_2, \cdots, q_N) = \frac{1}{\sqrt{N!}} \begin{vmatrix} \psi_1(q_1) & \psi_2(q_1) & \cdots & \psi_N(q_1) \\ \psi_1(q_2) & \psi_2(q_2) & \cdots & \psi_N(q_2) \\ \vdots & \vdots & & \vdots \\ \psi_1(q_N) & \psi_2(q_N) & \cdots & \psi_N(q_N) \end{vmatrix} \quad (1.1.19)$$

简记为

$$\psi(q_1, q_2, \cdots, q_N) = \frac{1}{\sqrt{N!}} D \mid \psi_1(q_1) \psi_2(q_2) \cdots \psi_N(q_N) \mid \quad (1.1.20)$$

式中,$(1/\sqrt{N!})$ 为归一化系数(假定每个单电子波函数都是归一化的)。

1.1.3 分子轨道理论

分子轨道(MO)理论在量子化学计算方法中占据着主导地位。在单电子近似下,将 Schrödinger 方程化为单电子波函数的方程,从中得到各个单电子波函数的解,此即为各种可能的 MO,由此得到 MO 能级图,再将分子所具有的电子按能级由低到高的次序填入这些 MO 道,即得分子的电子构型。而描述分子状态的波函数可视为各个单电子波函数的乘积。每条分子轨道必须满足正交归一条件。这就是分子轨道理论的要点。简单地说,就是用单电子波函数来近似地表达分子的全波函数。

一个分子轨道是单电子空间坐标和自旋坐标的函数。自旋函数分为 α 和 β 两种,分别可用向上箭头 ↑ 及向下箭头 ↓ 表示。标志了自旋状态的分子轨道称为自旋轨道,而未标志自旋状态的轨道称为空间轨道,后者允许填充一对自旋相反的电子,前者则只允许填入一个电子。

前已提及,描述多电子体系状态的波函数必须是反对称性的,应当写成 Slater 行列式的形式。在实际应用中,常用基函数的线性组合来表示单电子 MO。基函数的选择具有一定的灵活性,但应当满足完备性、正确的近似关系和容易计算这些条件。从理论上说,基函数集合应当是一个完备集,这样可由它们的线性组合得到任意的分子轨道,而在实践上只可能采用有限的基函数集合。在量子化学计算中,通常采用原子轨道作为基函数,这称为原子轨道线性组合分子轨道(LCAO-MO)近似。

按照基集合的大小,可将计算中常用的基集合分为如下三种:

(1) 极小基集合,包含分子中原子从 $n=1$ 直到价轨道的全部 AO(原子轨道);

(2) 推广基集合,包含极小基的 AO,还包括 n 大于价轨道主量子数的 AO;

(3) 价基集合,只由分子中原子的价轨道组成。采用这种基集合时,把内层电子视为定域于所属原子上,并与原子核形成非极化的原子实。

最常用的基组有两类:Slater 型轨道(STO)和 Gauss 型轨道(GTO)。

Slater 函数最早由 Slater 提出,它们是原子半径的指数函数,其形式(作为近似的原子轨道时,将函数的原点取在各原子中心处)为

$$\phi_{nlm}(r) = N_s R_n(\zeta, r) Y_{lm}(\theta, \varphi) \tag{1.1.21}$$

式中,N_s 为归一化常数,$N_s = \dfrac{(2\zeta)^{(2n+1)/2}}{\sqrt{(2n)!}}$;$Y_{lm}(\theta, \varphi)$ 为球谐函数;$R_n(\zeta, r) = r^{n-i}\exp(-\zeta r)$,$\zeta$ 是与 (n, l) 有关的参数,$\zeta = \dfrac{Z-s}{n^*}$,其中 s 为屏蔽常数,n^* 为有效主量子数;n, l, m 取整数值,变化范围与原子轨道中的三个量子数相同,即

$$l \geqslant 0, \quad n \geqslant l+1, \quad -l \leqslant m \leqslant l$$

　　与原子轨道不同,STO 是无节点的函数,具有相同值的 STO 不相互正交,可由 Schmidt 方法正交化。使用 STO 基函数时,计算三中心积分和四中心积分极为困难,并不适合于从头计算法,后者采用的是 Gauss 型函数。

　　Gauss 型函数由 Boys 首先提出,它们是 x,y,z 的幂函数乘以 $\exp(-\alpha r^2)$,α 为参数,其形式为

$$\chi_{nlm} = N_g r^{n-1} \exp(-\alpha r^2) \mathrm{Y}_{lm}(\theta, \varphi) \tag{1.1.22}$$

式中,N_g 为归一化常数;α 是与 (n,l) 有关的参数;n,l,m 为相应原子轨道的轨道量子数,$\mathrm{Y}_{lm}(\theta,\varphi)$ 为球谐函数。在实际计算中,GTO 一般都表示成直角坐标系下的实函数形式。以某一定点 $A(A_x, A_y, A_z)$ 为中心的 GTO 可表示为

$$\chi = N x_A^l y_A^m z_A^n \exp(-\alpha r_A^2) \quad \text{(直角坐标系)} \tag{1.1.23}$$

式中,N 为归一化系数,$x_A = x - A_x, y_A = y - A_y, z_A = z - A_z,(x,y,z)$ 为动点的笛卡儿坐标,α 也叫轨道指数,$r_A^2 = x_A^2 + y_A^2 + z_A^2$。式(1.1.23)用缩写符号表示的形式有

$$(x_A^l y_A^m z_A^n \alpha r_A) \equiv \chi(\alpha, A, l, m, n) \equiv G(\alpha, A, l, m, n) \equiv N \mid \alpha A l m n \rangle \tag{1.1.24}$$

　　当 $l=m=n=0$ 时,称为 1s 型 Gauss 函数;当 $l=1,m=n=0$ 时,称为 $2\mathrm{p}_x$ 型 Gauss 函数。当 $m=1,l=n=0$ 时,称为 $2\mathrm{p}_y$ 型 Gauss 函数;$n=1,l=m=0$ 时,称为 $2\mathrm{p}_z$ 型 Gauss 函数。应当指出,上述的 l,m,n 与量子力学中常用的轨道量子数 l,磁量子数 m 以及主量子数 n 没有联系。$1\mathrm{s},2\mathrm{p}_x,2\mathrm{p}_y,2\mathrm{p}_z$ 等称呼也不过是与 GTO 对应而已,并不意味着二者等同。以下是几个具体的 GTO

$$\chi_{1\mathrm{s}}(\alpha, A) = N_{1\mathrm{s}} \mid \alpha A \rangle = \left(\frac{2\alpha}{\pi}\right)^{\frac{3}{4}} \exp(-\alpha r_A^2) \tag{1.1.25}$$

$$\chi_\mu(\alpha, A) = \left(\frac{128\alpha^5}{\pi^3}\right)^{\frac{1}{4}} \mu \exp(-\alpha r_A^2) \quad (\mu = x_A, y_A, z_A) \tag{1.1.26}$$

　　GTO 系具有完备性。GTO 还具有两个良好性质:第一,由于指数函数部分是二次方,从而可以实现变量分离;第二,分别处于两个不同中心的两个 GTO 之乘积可以转化为处于一个新中心的 GTO 的线性组合,从而实现多中心积分化为单中心积分的解析表达。这是从头计算法中采用 GTO 的根本原因。

1.1.4　变分法

　　对于分子体系,我们并不能直接求解 Schrödinger 方程而得到体系的能量和状态,因为分子体系的 Hamilton 算符过于复杂,而且其中包含了电子之间的相互作用,不能进行变量分离。这样,我们就无法找到体系精确的波函数,使得当用分子的 Hamilton 算符作用于这个波函数时,结果恰好是常数乘以这个波函数。也就是说,$\hat{H}\psi/\psi$ 不是常数。然而,如果我们将方程(1.1.15)的两端同时左乘以波函

数 ψ 的共轭函数 ψ^*，然后遍及整个变量空间积分，就可得

$$\int \psi^* \hat{H} \psi \mathrm{d}\tau = \int \psi^* E \psi \mathrm{d}\tau = E \int \psi^* \psi \mathrm{d}\tau$$

$$E = \frac{\displaystyle\int \psi^* \hat{H} \psi \mathrm{d}\tau}{\displaystyle\int \psi^* \psi \mathrm{d}\tau} \qquad (1.1.27)$$

由于能量 E 是个常数，与电子运动的坐标无关，所以我们可以利用对电子运动坐标的积分，达到上述要求。问题是，既然我们不能直接求解 Schrödinger 方程而得到体系的状态函数，又怎么能得到其共轭函数，并且完成积分呢？这就必须运用近似方法——变分法。

变分法定理指出：给定一个体系的 Hamilton 算符 $\hat{H}$，如果 φ（称为试探函数）是任何一个满足此问题边界条件的、归一化的品优函数，则确实有

$$\int \varphi^* \hat{H} \varphi \mathrm{d}\tau \geqslant E_0 \qquad (1.1.28)$$

式中，E_0 是 $\hat{H}$ 的最低能量本征值的真实数值（即基态能量）。变分法定理的意义在于，它能使我们利用品优的试探函数来获得基态能量的近似值。

如何寻找接近基态的近似波函数？原则上可通过选择试探函数 φ，并求 φ 使能量为极小值的办法来实现。根据 MO 理论，MO 波函数 ψ 可近似地用原子轨道 ϕ 的线性组合来表示，即所谓的 LCAO-MO

$$\psi_i = \sum_{\mu=1}^{N} c_{\mu i} \phi_\mu \qquad (1.1.29)$$

通过求式（1.1.29）中基函数展开系数对变分能量的极值 $\partial E / \partial c_{\mu i} = 0$ 的变分处理，就可得到接近基态的近似波函数。

1.2　量子化学从头计算法

1.2.1　Hartree-Fock 方程和自洽场（self consistent field，SCF）方法

对于多电子体系，即使直接使用变分法求出体系的近似波函数，也难以确定变分函数的合理形式，在实践上仍不可行。为此，须将变分法和轨道近似结合起来，以期获得进一步的简化。因为即使在玻恩-奥本海默近似下，分子的 Hamilton 算符中仍然存在着双电子排斥项 $1/r_{ij}$，使得我们不能简单地把分子的 Hamilton 算符写成单电子算符之和。在此，需要引入有效单电子概念，即将任一单电子看作是在原子核及其余 $(n-1)$ 个电子产生的平均场中运动，从而把体系的 Hamilton 算符 $\hat{H}$ 写成有效单电子算符 $\hat{F}(i)$ 之和，即

$$\hat{H} = \sum_i \hat{F}(i) = \sum_i \left[-\frac{1}{2} \nabla_i^2 + V(i) \right] \qquad (1.2.1)$$

式中,$V(i)$是有效单电子势能函数。由于采用了单电子(轨道)近似,我们就可以进行变量分离,即将分子的总波函数分解成单电子轨道的乘积,其中每一个轨道满足单电子 Schrödinger 方程

$$\hat{F}(i)\psi_i = \varepsilon_i\psi_i \tag{1.2.2}$$

式中,ε_i 为单电子的轨道能量。经过有效单电子处理后的波动方程(1.2.2)称为 Hartree-Fock 方程。上述有效单电子算符 $\hat{F}(i)$ 中包含有效单电子势能函数 $V(i)$,而后者本身包含着其他电子对平均场的贡献,即 $V(i)$ 依赖于其他电子的空间分布,或者说取决于分子轨道。这就是说,为了求得体系的分子轨道,须先求解单电子方程,而求解单电子方程却要求已知其他电子的运动状态,即已经获得了分子轨道。由于有效单电子算符 $\hat{F}(i)$ 中包含有待求的未知量,所以不能按照通常的情况处理,须在解单电子方程之前,先提供一组假设的 MO(试探函数),由此构造出起始的有效单电子势能函数 $V(i)$,以便能够进行 Hartree-Fock 方程求解的第一轮计算。由第一轮计算得到的本征函数可以构造第二轮计算所需要的单电子势能函数 $V(i)$,从而启动第二轮计算,获得新的本征函数,而这个新的本征函数又是构造下一轮计算所需的有效单电子算符 $\hat{F}(i)$ 的基础。这种循环迭代继续进行,计算结果不断改善,直到计算得到的新轨道同上一轮的老轨道不再发生变化(在一定的范围内)为止。于是就说这些轨道与它们所产生的势场自洽,这些轨道称为自洽轨道,这种方法就称为自洽场(SCF)方法。SCF 方法是量子化学从头计算法的基本方法。

　　至于选用哪种形式的波函数来定义自洽轨道,原则上只要是品优函数就可以任选,但以采用轨道近似并且满足反对称要求的 Slater 行列式自旋轨道为宜。将 Slater 行列式形式的波函数代入式(1.1.28)进行变分处理,得到算符形式的 Hartree-Fock 方程

$$\hat{F}_i\psi_i = \sum_j \varepsilon_{ij}\psi_j \qquad i = 1,2,\cdots,n \tag{1.2.3}$$

$$\hat{F}_i = \hat{h}(i) + \sum_j (2\hat{J}_j(i) - \hat{K}_j(i)) \tag{1.2.4}$$

上两式中,$\hat{F}_i$ 叫 Hartree-Fock 算符,可视为电子在分子环境中的有效单电子 Hamilton 算符。组成它的各项均有物理意义:$\hat{h}(i)$ 是运动于纯核场中的单电子 Hamilton 算符;$\hat{J}_j$ 叫库仑算符,表征占据在同一 MO 中的另一个电子产生的势能项,$2J_j(j\neq i)$ 是 ψ_j 中两个电子的平均静电势能;$\hat{K}_j$ 叫交换算符,交换能 K_j 来源于总波函数的反对称效应而产生的因自旋平行电子间的相关作用。

　　Hartree-Fock 方程式实际上是积分-微分方程,因为其中包含微分算符 $\hat{h}(i)$ 和积分算符 $\hat{J}$、$\hat{K}$,这样的方程求解起来仍然是很困难的,期待着进一步的改造。

1.2.2　Hartree-Fock-Roothaan(HFR)方程

　　1951 年,Roothaan 采用 LCAO-MO 近似,代入 Hartree-Fock 方程,即用原子

轨道的线性组合来逼近 Hartree-Fock 轨道,得到了 Hartree-Fock-Roothaan 方程,常称为 HFR 方程或 HFR 方法。HFR 方程的表达式为

$$\sum_{\nu} (F_{\mu\nu} - \varepsilon_i S_{\mu\nu}) c_{\nu i} \quad (\mu = 1, 2, \cdots, m; \quad i = 1, 2, \cdots, n) \tag{1.2.5}$$

式(1.2.5)是方程组的形式,也可表示为如下矩阵形式:

$$\boldsymbol{Fc} = \boldsymbol{Sc\varepsilon} \tag{1.2.6}$$

$$\boldsymbol{F} = \boldsymbol{h} + \boldsymbol{G} \tag{1.2.7}$$

$F_{\mu\nu}$ 为 Fock 矩阵元,ε_i 为单电子(MO)能量,$S_{\mu\nu}$ 称为重叠积分矩阵元,$c_{\nu i}$ 为 LCAO-MO 表达式(1.1.29)中的线性组合系数,i 为 MO 的标号,μ, ν 为 AO 的标号。

$$S_{\mu\nu} = \int \phi_\mu(1) \phi_\nu(1) \mathrm{d}\tau_1 = \langle \mu \mid \nu \rangle \tag{1.2.8}$$

$$F_{\mu\nu} = h_{\mu\nu} + G_{\mu\nu} \tag{1.2.9}$$

式中,$h_{\mu\nu}$ 和 $G_{\mu\nu}$ 分别称为单电子 Hamilton 矩阵元和双电子作用矩阵元,即

$$h_{\mu\nu} = \int \chi_\mu \hat{h}(1) \chi_\nu \mathrm{d}\tau_1 = \int \chi_\mu \left(-\frac{1}{2} \nabla_1^2 + \sum_\alpha \frac{Z_\alpha}{r_{\alpha i}} \right) \chi_\nu \mathrm{d}\tau \tag{1.2.10}$$

$$G_{\mu\nu} = \sum_\lambda \sum_\sigma P_{\sigma\lambda} \left(\langle \mu\nu \mid \lambda\sigma \rangle - \frac{1}{2} \langle \mu\sigma \mid \lambda\nu \rangle \right) \tag{1.2.11}$$

$\langle \mu\nu \mid \lambda\sigma \rangle$、$\langle \mu\sigma \mid \lambda\nu \rangle$ 为双电子排斥积分,分别又叫库仑积分和交换积分,即

$$\langle \mu\nu \mid \lambda\sigma \rangle = \iint \chi_\mu(1) \chi_\nu(1) \frac{1}{r_{12}} \chi_\lambda(2) \chi_\sigma(2) \mathrm{d}\tau_1 \mathrm{d}\tau_2 \tag{1.2.12}$$

$$\langle \mu\sigma \mid \lambda\nu \rangle = \iint \chi_\mu(1) \chi_\sigma(1) \frac{1}{r_{12}} \chi_\lambda(2) \chi_\nu(2) \mathrm{d}\tau_1 \mathrm{d}\tau_2 \tag{1.2.13}$$

$P_{\sigma\lambda}$ 为电子密度矩阵元,即

$$P_{\sigma\lambda} = 2 \sum_{i=1}^{\mathrm{occ}} c_{\sigma i} c_{\lambda i} \tag{1.2.14}$$

求和号上的"occ"表示求和遍及所有的被占据轨道。

HFR 方程是 LCAO-MO 条件下的 SCF MO 方程,它与 Hartree-Fock 方程的最大不同之处在于 HFR 方程是一个代数方程,而不是积分-微分方程,适合于使用电子计算机运算。HFR 方程是 LCAO-MO-SCF 量子化学计算的基本方程。

求解 HFR 方程也要使用自洽迭代法,求解的困难所在是要计算大量的多中心积分。前已提及,解决多中心积分计算困难的关键在于采用 GTO。

1.2.3　从头计算(*ab initio*)法

所谓从头计算法的"头",就是分子轨道理论在物理模型上的三个基本近似:非相对论近似、玻恩-奥本海默近似和单电子近似。从这三点基本近似出发,采用 LCAO-MO 方法,此外不再引入其他近似,在计算中只利用原子序数 Z、普朗克常量 h、电子的质量 m_e 和电量 e 这四个基本物理常数,而不借助于任何经验参数。

从头计算法的"头"实际上就是 HFR 方程。从头计算法就是用自洽场方法求解 HFR 方程,得到分子或其他体系的分子轨道、轨道能和波函数,进而获得体系的其他性质,如平衡几何构型、电荷密度分布、偶极矩、振动频率以及势能面等。这种方法在理论上是严格的,在实践上是可行的,但所涉及的计算量非常之大,必须借助于计算机方可实施。

从头计算法同样也存在着一定的误差。首先是相对论误差,特别是重原子所带来的误差更大,因为随着核电荷的增加,电子特别是内层电子的运动速度明显变大,相对论效应趋于明显,此时不能忽略。其次是轨道近似带来的误差,即电子相关能的误差。在通常的计算中,采用单组态近似,即不考虑组态相互作用,这会产生一定的误差,因为对于一对自旋相同的电子(α-α 或 β-β),它们的相关能均包含在库仑积分和交换积分之中;但对于自旋相反的电子,交换积分为零,因此对于相关能就考虑不够。在考虑组态相互作用后,计算结果将得到改善,使体系的能量进一步下降。

1.3　电子相关和组态相互作用

1.3.1　电子相关

在 SCF 方法中,假定一个电子在由原子核和其他电子形成的平均势场中独立地运动,这只是考虑了粒子之间时间平均相互作用,但没有考虑电子之间的瞬时相关,即在平均势场中独立地运动的两个自旋反平行的电子有可能在某一瞬间在空间的同一点出现。而实际上这是不可能的,因为电子之间存在着库仑排斥。因此,电子实际上并不能"独立"地运动,当一个电子处于空间某一点时,这一点的紧邻是禁止其他电子进入的。每个电子在自己的周围建立了一个"库仑穴",降低其他电子进入的概率。电子的这种相互制约作用称为电子运动的瞬时相关性或电子的动态相关效应。在 Hartree-Fock 方法中,由于 Pauli 原理的限制,自旋平行的电子不可能在空间的同一点出现,基本上正确地反映出一个电子周围有一个"费米穴"的情况,但没有反映出电子周围还有一个"库仑穴"。由此可知,电子相关误差主要来自自旋反平行电子的相关作用。

单组态 SCF 方法没有考虑电子的库仑相关,求得的体系能量比实际要高一些,因为它在计算能量时过高地估计了两个电子相互接近的概率,使计算出的电子排斥能过高。所谓电子相关能就是指 Hartree-Fock 能量的这种偏差,相关能反映了独立粒子模型的偏差。电子相关能在体系总能量中所占的比例并不大,约为 $0.3\%\sim1\%$。因此独立子模型(Hartree-Fock 方法)就总能的相对误差来看,应该说是一种相当好的近似。但不幸的是,化学和物理过程涉及的常是能量的差值,而电子相关能在数值上与一般化学过程的反应热或活化能具有相同的数量级,甚至会大一个数量级。例如，H_2O 分子的电子相关能几乎等于它的键能，但仅占总能量的 0.5%。因此，对于化学问题来说，相关能偏差是一个严重的问题，除非所考虑化学过程的始态和终态的相关能几乎一样，从而相互抵消，否则由 Hartree-Fock 方法提供的计算结果将是不可靠的。的确，在不少情况下发现存在体系相关能近似守恒的"规律"，但这种"规律"一般来说是不成立的。因此，解决电子相关能问题在量子化学研究中占有重要地位。

1.3.2　组态相互作用

对电子相关作用进行修正的方法主要有两种：一种是组态相互作用（configuration interaction，CI）方法，另一种是 MP 微扰理论。CI 法的出发点是用多 Slater 行列式波函数的线性组合代替单 Slater 行列式波函数作为 MO 的近似波函数，其中每一个单 Slater 行列式波函数对应于一定的组态，于是电子相关能在组态相互作用中得到了校正。

设用 N 个基函数来描述一含有 n 个电子的体系，则存在 $2N$ 个自旋轨道，即 N 个 $\varphi_{\mu\alpha}$ 和 N 个 $\varphi_{\mu\beta}$，它们的线性组合形成 $2N$ 个自旋轨道 χ_i。假如我们已解得 HF 方程，得到单行列式波函数 Ψ_0

$$\Psi_0 = \frac{1}{\sqrt{n!}} \mid \chi_1 \chi_2 \cdots \chi_n \mid \tag{1.3.1}$$

这里 $\{\chi_1,\chi_2,\chi_3,\cdots,\chi_n\}$ 只是决定变化过程中总的自旋轨道的一个支集，$\mid \chi_1 \chi_2 \cdots \chi_n \mid$ 表示 Slater 行列式。没有用上的自旋轨道 $\{\chi_{n+1},\chi_{n+2},\chi_{n+3},\cdots,\chi_{2N}\}$ 被称为虚拟轨道。多行列式波函数可用如下方法产生：用虚拟自旋轨道 $\chi_a(a=n+1,n+2,\cdots)$ 取代 χ_i，得到的行列式波函数 Ψ_i^a 叫做单取代函数；用虚拟自旋轨道 χ_a 和 χ_b 分别取代 χ_i 和 χ_j 得到的行列式波函数 Ψ_{ij}^{ab} 叫做双取代函数；类似地，可得到三取代函数和其他多取代函数。为了避免产生完全同样的取代函数，规定 $i<j<k,a<b<c$；如此继续取代下去，直到 N 个自旋轨道全被虚拟轨道取代为止。

在全组态相互作用中，尝试波函数为

$$\Psi = a_0 \Psi_0 + \sum_{s>0} a_s \Psi_s \tag{1.3.2}$$

求和遍及上述所有的取代函数，取代系数 a_s 由线性变分法求得

$$\sum_s (H_{st} - E_t \delta_{st}) a_{st} = 0 \quad (t = 0,1,2,\cdots) \tag{1.3.3}$$

式中，E_t 为能量，H_{st} 为组态矩阵元，由下式计算得到

$$H_{st} = \int \cdots \int \Psi_s \hat{H} \Psi_t \mathrm{d}\tau_1 \mathrm{d}\tau_2 \cdots \mathrm{d}\tau_n \tag{1.3.4}$$

Ψ_s 和 Ψ_t 相互正交。

全组态相互作用的计算相当繁复费时,通常用有限组态相互作用计算体系的电子相关能,即取几个取代行列式函数的线性组合成多行列式波函数,一般的 CI 计算多选用双取代波函数 Ψ_{CID},即

$$\Psi_{\text{CID}} = a_0 \Psi_0 + \sum_{i<j}^{\text{occ}} \sum_{a<b}^{\text{virt}} a_{ij}^{ab} \Psi_{ij}^{ab} \tag{1.3.5}$$

商品化的量子化学程序 Gaussian98 可以进行直至四取代行列式波函数的 CI 计算。

1.3.3　MP 微扰理论

由 Møller-Plesset 提出的 MP 微扰理论类似于多体微扰理论。将体系的 Hamilton 算符分为两部分

$$\hat{H}_\lambda = \hat{H}^0 + \lambda \hat{V} \tag{1.3.6}$$

我们把具有 Hamilton 算符 $\hat{H}^0$ 的体系叫做未微扰体系,而把具有 Hamilton 算符 $\hat{H}_\lambda$ 的体系叫做微扰体系,$\hat{V}$ 为微扰算符,微扰项 $\lambda\hat{V}$ 定义为

$$\lambda\hat{V} = \lambda(\hat{H} - \hat{H}^0) \tag{1.3.7}$$

这里的 $\hat{H}$ 为体系的精确 Hamilton 算符,λ 为无因子参数。$\lambda=0$ 时为未微扰体系,$\hat{H}_\lambda = \hat{H}^0$;当 λ 向 1 增大时,微扰作用增大,而当 $\lambda=1$ 时,$\hat{H}_\lambda = \hat{H}$,微扰就完全"决定"。引入参数 λ 只是为了数学处理上的方便,在最后令 $\lambda=1$ 又消去它。

在进行 MP 微扰计算时,一般选 $\hat{H}^0$ 为所有单电子 Fock 算符的加和,其对应于某一特定行列式波函数 Ψ_s 的本征值 E_s 是所有单电子能 ε_i 的加和,ε_i 是占据 Ψ_s 的自旋轨道能。

按照微扰理论,$\hat{H}_\lambda$ 的本征函数 Ψ_λ 和本征值 E_λ 可以展开成 λ 的幂函数

$$\Psi_\lambda = \Psi^{(0)} + \lambda \Psi^{(1)} + \lambda^2 \Psi^{(2)} + \cdots \tag{1.3.8}$$

$$E_\lambda = E^{(0)} + \lambda E^{(1)} + \lambda^2 E^{(2)} + \cdots \tag{1.3.9}$$

在实际应用中,可以根据需要截去展开式的高次项而得到不同的近似表达式。如果仅取展开式的前两项,则称为 MP1 级别计算;类似地,也可以得到 MP2、MP3 等级的计算。

将展开式(1.3.8)和式(1.3.9)代入 Hamilton 算符为式(1.3.6)的 Schrödinger 方程,比较方程两边 λ 的系数,可得到各级微扰能 $E^{(i)}$ 和波函数 $\Psi^{(i)}$

$$\Psi^{(0)} = \Psi_0 \tag{1.3.10}$$

$$E^{(0)} = \sum_i^{\text{occ}} \varepsilon_i \tag{1.3.11}$$

$$E^{(0)} + E^{(1)} = \int \Psi_0^* H \Psi_0 \, d\tau \tag{1.3.12}$$

$$\Psi^{(1)} = \sum_{s>0} \frac{V_{s0}}{E_0 - E_s} \Psi_s \tag{1.3.13}$$

式中，V_{s0} 为对应于微扰算符 $\hat{V}$ 的微扰矩阵元

$$V_{s0} = \langle \Psi_s^* \mid \hat{V} \mid \Psi_0 \rangle = \int \Psi_s^* \hat{V} \Psi_0 \,d\tau \qquad (1.3.14)$$

s 对应于双取代 CI 行列式波函数。

MP 二级微扰能表达式为

$$E^{(2)} = -\sum_s^D (E_0 - E_s)^{-1} \mid S_{s0} \mid^2 \qquad (1.3.15)$$

$E^{(2)}$ 是双相关能的最简单近似，求和号上面的 D 表示求和遍及所有双取代波函数，如 Ψ_s 是 $ij \to ab$ 的双取代行列式波函数，则 V_{s0} 的表达式为：$V_{s0} = \langle ij \parallel ab \rangle$，$\langle ij \parallel ab \rangle$ 是对自旋轨道的双电子积分，定义如下：

$$\langle ij \parallel ab \rangle = \iint \chi_i^*(1) \chi_j^*(2) \frac{1}{r_{12}} [\chi_a(1) \chi_b(2) - \chi_b(1) \chi_a(2)] \,d\tau_1 d\tau_2$$
$$(1.3.16)$$

积分遍及两个电子的空间坐标和自旋坐标，此时二级微扰能 $E^{(2)}$ 为

$$E^{(2)} = -\sum_{i<j}^{occ} \sum_{a<b}^{virt} (\varepsilon_a + \varepsilon_b - \varepsilon_i - \varepsilon_j)^{-1} \mid \langle ij \parallel ab \rangle \mid^2 \qquad (1.3.17)$$

如前所说，CI 和 MP 都是用来处理电子相关作用的方法，在实际应用中，对于较大的体系，采用 MP 方法效率要高一些。

近年来，密度泛函理论（DFT）有了很大的发展，在计算物理和计算化学中得到了广泛的应用。所谓泛函，就是函数的函数，是通常函数概念的推广。密度泛函理论的基本定理是 Hohenberg-Kohn 定理，它指出，描写一个电子体系的状态，可用体系的电子密度作基本变量，它决定体系的所有其他性质。这种方法所能处理的体系比 ab initio 大，精度比半经验量子化学计算方法和 HF 方法高，并且考虑电子相关作用。特别是，概念密度泛函理论的深入发展，使古老的电负性、电负性均衡原理和硬软酸碱硬度等具有了更坚实的理论基础和更广泛的应用，这些我们将在本书第 6 章和第 8 章里详细叙述。

1.4　位力定理

位力定理（virial theorem）是量子力学中的基本定理之一。这个定理告诉我们，只要知道一个体系的总能量，就可以把它的动能与势能分开。对于一个分子体系，可以通过研究它的动能、势能和总能量随着核间距 R 的变化来了解键合过程中的性质[33]。

1.4.1　位力定理的证明

位力定理在经典力学和量子力学中都是严格成立的。它的一般形式可以表示为

$$\overline{T} = -\frac{1}{2}\left[\overline{\sum_i X_i F_i}\right] \tag{1.4.1}$$

式中，符号顶上的棒线在经典力学中表示物理量对时间求平均值；在量子力学中则是指一个定态波函数的平均，X_i 是体系的坐标。F_i 是作用于该坐标的力的分量，它包括体系内部作用力和外部作用力两者之和。式中 $\left[\overline{\sum_i X_i F_i}\right]$ 通常就叫做位力(virial)。这个定理就是说，对于一个定态体系，其动能的平均值恰等于该体系的位力的 $-\frac{1}{2}$ 倍。

对于经典力学中的位力定理，不难证明如下：

$$\overline{T} = \frac{1}{\tau}\int_0^{\tau}\sum_i \frac{1}{2}m_i\left(\frac{\mathrm{d}X_i}{\mathrm{d}t}\right)^2\mathrm{d}t \tag{1.4.2}$$

式中，τ 表示时间，m_i 是坐标为 X_i 的粒子的质量。用分部积分法则得

$$\overline{T} = \frac{1}{\tau}\sum_i \frac{1}{2}m_i\frac{\mathrm{d}X_i}{\mathrm{d}t}X_i\bigg|_0^{\tau} - \frac{1}{\tau}\int_0^{\tau}\sum_i \frac{1}{2}m_i X_i\frac{\mathrm{d}^2 X_i}{\mathrm{d}t^2}\mathrm{d}t$$

利用关系式 $m_i\dfrac{\mathrm{d}^2 X_i}{\mathrm{d}t^2}=F_i$，并令 $\tau \to \infty$，则上式化为

$$\overline{T} = -\frac{1}{2}\sum_i X_i F_i$$

于是定理得到证明。

量子力学位力定理的证明如下：将 Schrödinger 方程写作

$$\sum_{(i)}\left(-\frac{h^2}{8\pi^2 m_i}\cdot\frac{\partial^2\psi}{\partial X_i^2}\right)+(V-E)\psi = 0 \tag{1.4.3}$$

对 X_j 求微商并乘以 $X_j\psi^*$，得到

$$\sum_{(i)}\left(-\frac{h^2}{8\pi^2 m_i}X_j\psi^*\frac{\partial^3\psi}{\partial X_i^2\partial X_j}\right)+\left(X_j\frac{\partial V}{\partial X_j}\right)\psi^*\psi+X_j(V-E)\psi^*\frac{\partial\psi}{\partial X_j} = 0 \tag{1.4.4}$$

利用 Schrödinger 方程(1.4.3)，则有关系式

$$\sum_{(i)}\frac{h^2}{8\pi^2 m_i}X_j\frac{\partial^2\psi^*}{\partial X_i^2}\cdot\frac{\partial\psi}{\partial X_j} = X_j(V-E)\psi^*\frac{\partial\psi}{\partial X_j} \tag{1.4.5}$$

以此代入式(1.4.4)并对 X_j 求和得到

$$\sum_{(i)}\left\{-\frac{h^2}{8\pi^2 m_i}\sum_{(j)}\left[X_j\left(\psi^*\frac{\partial^3\psi}{\partial X_i^2\partial X_j}-\frac{\partial^2\psi^*}{\partial X_i^2}\cdot\frac{\partial\psi}{\partial X_j}\right)\right]\right\}$$
$$+\left[\sum_{(j)}X_j\frac{\partial V}{\partial X_j}\right]\cdot\psi^*\psi = 0 \tag{1.4.6}$$

引进恒等变换

$$\sum_{(j)}X_j\left(\psi^*\frac{\partial^3\psi}{\partial X_i^2\partial X_j}-\frac{\partial^2\psi^*}{\partial X_i^2}\cdot\frac{\partial\psi}{\partial X_j}\right)$$

$$= -2\psi^* \frac{\partial^2 \psi}{\partial X_i^2} + \frac{\partial}{\partial X_i} \left\{ \psi^{*2} \frac{\partial}{\partial X_i} \cdot \left[\frac{\sum_{(j)} X_j \frac{\partial \psi}{\partial X_j}}{\psi^*} \right] \right\} \qquad (1.4.7)$$

可以证明,式(1.4.7)的最后一项当积分限为无穷时等于零。分别对式(1.4.6)及式(1.4.7)积分,并把式(1.4.7)代入式(1.4.6)中即得

$$\sum_{(i)} \left(-\frac{h^2}{8\pi^2 m_i} \int \psi^* \frac{\partial^2 \psi}{\partial X_i^2} \mathrm{d}\tau \right) = -\frac{1}{2} \int \left[\sum_{(j)} X_j \left(-\frac{\partial V}{\partial X_j} \right) \right] \psi^* \psi \mathrm{d}\tau$$

$$= -\frac{1}{2} \int \sum_{(j)} X_j F_j \psi^* \psi \mathrm{d}\tau \qquad (1.4.8)$$

显然,式(1.4.8)左端为平均动能,而右端恰为位力的 $-\frac{1}{2}$ 倍。于是定理被证明。

1.4.2 不同条件下的表示

下面我们首先考虑作用在粒子上的所有力都是体系内部力情况下的位力表达式。

在一般情况下,势能是坐标的 n 次齐次代数函数,可以证明,当作用在粒子上的力都是体系内部力时,平均动能与平均势能之间存在如下关系:

$$\overline{T} = \frac{n}{2} \overline{V} \qquad (1.4.9)$$

n 是势能中坐标的方次。如对于线性恢复力,势能是坐标的二次函数,$n=2$。

对于库仑势则坐标的 (-1) 次线性函数,$n=-1$。由式(1.4.9)可见,只有在库仑势(或相当)的情况下,$n=-1$ 时才存在平均动能等于平均势能的 $-\frac{1}{2}$ 倍,以及平均动能等于负的总能量这种关系。

其次,考虑外力不等于零的情形。对于一个存在库仑势的分子体系,若应用电子与原子核运动可以分别处理的定核近似,外力作用在一个静止的核上,它将给出对位力的附加贡献。于是有

$$\overline{T} = -\frac{1}{2} \overline{V} - \frac{1}{2} \sum_{(i)} \overline{X_i F_{i外力}} \qquad (1.4.10)$$

式中,$F_{i,外力}$ 表示外力的分量。在电子-核分离处理近似中,外力仅作用于核上,而不是直接作用于电子上,核保持静止,故式(1.4.10)是对于核坐标求和。用 X_i 表示核坐标,$E_p(X_i)$ 表示第 p 个定态电子体系的能量,它是核坐标的函数,则作用在 X_i 上的力是 $-\partial E_p/\partial X_i$,代入式(1.4.10),有

$$\overline{T} = -\frac{1}{2} \overline{V} - \frac{1}{2} \left[\sum_{(i)} \overline{X_i \frac{\partial E_p}{\partial X_i}} \right] \qquad (1.4.11)$$

式中,动能与势能之和等于 E_p,它是电子体系的动能和库仑吸引及排斥势能之和。

由以上讨论我们可以看到,一个分子体系,当它保持电子-核运动分离近似时,一般说来其动能并不等于势能的 $-\frac{1}{2}$ 倍,除非外力对位力的贡献为零。因而对于分子体系只有两种情况满足 $\overline{T} = -\frac{1}{2}\overline{V}$ 的要求。

(1) 核间距为无穷远,此时势能曲线与 R 轴平行,$\partial E_p/\partial X_i = 0$,故这种力为零。

(2) 体系处于平衡构型,在这种条件下,能量曲线有一个极小值,故 $\partial E_p/\partial X_i = 0$。

1.4.3 双原子键合行为

现在把上述的结论用于双原子分子 AB 的一个特殊情况,如氢分子离子。在这种条件下式(1.4.11)的求和遍及两个核坐标。能量 E_p 是核间距 R 的函数

$$R = [(X_a - X_b)^2 + (Y_a - Y_b)^2 + (Z_a - Z_b)^2]^{\frac{1}{2}}$$

式中,X_a、Y_a、Z_a 和 X_b、Y_b、Z_b 分别是核 a 和核 b 的坐标。不难求得

$$\frac{\partial E_p}{\partial X_a} = \frac{X_a - X_b}{R} \cdot \frac{dE_p}{dR}, \qquad \frac{\partial E_p}{\partial X_b} = -\frac{X_a - X_b}{R} \cdot \frac{dE_p}{dR} \qquad (1.4.12)$$

对于 Y 和 Z 分量也可以得出相应的表达式,将这些关系代入式(1.4.11)则有

$$\overline{T} = -\frac{1}{2}\overline{V} - \frac{1}{2}R\frac{dE_p}{dR} \qquad (1.4.13)$$

由这个方程我们就可以通过总能量 $E_p = \overline{T} + \overline{V}$ 建立起动能和势能的分离方程

$$\overline{T} = -E_p - R\frac{dE_p}{dR}, \qquad \overline{V} = 2E_p + R\frac{dE_p}{dR} \qquad (1.4.14)$$

这样,只要得知 E_p 随 R 的函数变化曲线,我们就可以找到确定的动能与势能。显然在 R 为无穷远和体系处于平衡态的两种情况下,上式中 $\partial E_p/\partial R = 0$,则式(1.4.14)化为

$$\overline{T} = -E_p, \qquad \overline{V} = +2E_p \qquad (1.4.15)$$

现在考虑两种特殊情况,即:

(1) 分子处于平衡基态构型时,体系的平均动能与平均势能为

$$\overline{T}_e = -E_e, \qquad \overline{V}_e = 2E_e \qquad (1.4.16)$$

(2) 当两个原子无限分离时,则体系平均动能与势能分别为

$$\overline{T}_0 = -E_0, \qquad \overline{V}_0 = 2E_0 \qquad (1.4.17)$$

把式(1.4.17)与式(1.4.16)相减,就得到两个原子形成分子时能量的变化

$$\Delta T = \overline{T}_e - \overline{T}_0 = -(E_e - E_0) = D \qquad (1.4.18)$$

$$\Delta V = \overline{V}_e - \overline{V}_0 = 2(E_e - E_0) = -2D \qquad (1.4.19)$$

从式(1.4.18)看到,由两个孤立原子形成化学键时,体系动能增加,它意味着

电子的运动速度加快。

从式(1.4.19)看到,当由两个孤立原子形成化学键时,体系的势能下降。而且除了抵消动能升高之外,还使体系能量下降 $-D$。所以形成稳定的化学键,主要是体系势能变化的贡献。由此还可以想像得到,势能的降低,意味着原子核对电子的吸引增加。

现在再在式(1.4.14)及式(1.4.15)的基础上考察图 1-1 中的(a)及(b)的性质。这两个图示出了在 H_2^+ 中核间距 R 由无穷远逐渐缩小,即成键过程中各种能量的变化规律。

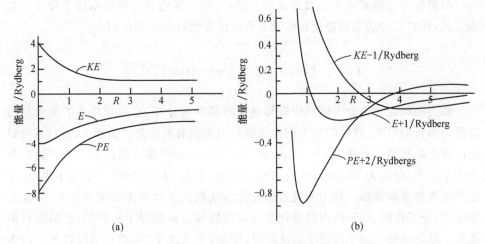

图 1-1　成键过程中各种能量的变化规律
(a) 不包括核间排斥的基态 H_2^+ 的动能、势能和总能量;
(b) 包括核间排斥的基态 H_2^+ 的动能、势能和总能量

在图 1-1(a)中(不包括核间排斥能),当 $R=0$(联合原子)和 $R=\infty$(分离原子)时,$R\dfrac{dE_p}{dR}=0$ 皆成立。按式(1.4.15)可知,势能等于总能的两倍,以及动能是总能的负值。

在图 1-1(b)中,可以把 R(原子单位:a_0)的变化分作三个区间:

(1) $4 < R < \infty$ 区间,当 R 由无穷远逐渐减小时,势能轻微上升,动能则轻微下降。这一现象的实质是核间重叠电荷的聚集,伴随着核附近电荷的减小。与此相应的是核间势垒中电子运动速度的减慢。

(2) $2 < R < 4$ 区间,当 R 进入此区间,能量的变化规律发生逆转,即势能开始下降,动能开始上升。在这区间波函数被挤进了一个极小的体积之中,这必然引起动能的增加和势能的减小。在 $R \approx 2$ 处出现了能量曲线的极小值,即在这一点 $dE_p/dR=0$。由 $R=\infty$ 到 $R=2$ 体系势能的减小值等于总能量减小值的两倍。可

以认为,分子的形成是由于电子被挤进了成键核间势垒的峡谷,引起了势能的降落。这种势能的一半,补偿了动能的升高,另一半则转化为释放的离解能。

(3) $R<2$ 的区间,当 R 自平衡点进一步缩小,则势能的下降被核间排斥的增大所抵消。随着 $R \to 0$,总能量趋于∞;另一方面动能的增加则是一个有限的正值,即 4 个 Rydberg。如图 1-1(a)所示,两个原子间排斥的出现是由于动能的增加和核间排斥两种因素所引起的。值得注意的是在 $R=2$,能量极小时,排斥是由动能引起的,而势能仍在随 R 的减小而剧烈下降[参看图 1-1(b)],直到 $R \approx 1$ 时才开始上升。

根据位力定理研究 H_2^+ 得出的以上结论,对于其他共价键的双原子分子也是成立的,即它们的动能和势能在成键过程中的变化行为是类似的。

1.5　Hellmann-Feynman 定理

用力的概念讨论分子体系中核和电子的移动和分布,有时较用能的概念更为方便。而长期以来,在化学中力的概念没有引起应有的注意。实际上,进行这种讨论的理论基础早已具备,即 Hellmann[28] 和 Feynman[29] 独立提出的一个严格的量子力学定理,现称为 Hellmann-Feynman 定理(简称 H-F 定理)。近些年来,这个定理似乎被重新发现。从力的观点研究化学现象的工作也逐渐增多起来,并在化学键性、分子几何、分子间力以及化学反应性能等方面取得了初步的、值得瞩目的成果。尽管其理论体系尚处于形成阶段,但是,它反映了"一切化学过程都归结为化学的吸引和排斥的过程"这一思想,作为物理直观性强、计算方法简便的一种分子量子力学理论,值得深入研究和发展。在这一节我们介绍这一定理及其有关的方面。

1.5.1　广义微分 Hellmann-Feynman

对于一个量子力学体系,若 ψ 是 Hamilton 量 $\hat{H}$ 的一个归一化了的正确波函数,E 是相应的本征值,λ 是出现在 $\hat{H}$ 中的任何一个参数,则有

$$E = \int \psi^* \hat{H} \psi \mathrm{d}\tau \equiv \langle \psi \mid \hat{H} \mid \psi \rangle \tag{1.5.1}$$

且有

$$\frac{\partial E}{\partial \lambda} = \int \psi^* \frac{\partial \hat{H}}{\partial \lambda} \psi \mathrm{d}\tau + \int \frac{\partial \psi^*}{\partial \lambda} \hat{H} \psi \mathrm{d}\tau + \int \psi^* \hat{H} \frac{\partial \psi}{\partial \lambda} \mathrm{d}\tau$$

因为 $\hat{H}$ 是厄米算符,所以

$$\int \psi^* \hat{H} \frac{\partial \psi}{\partial \lambda} \mathrm{d}\tau = \int \frac{\partial \psi}{\partial \lambda} \hat{H} \psi^* \mathrm{d}\tau$$

而且

$$\hat{H}\psi = E\psi \text{ 和 } \hat{H}\psi^* = E\psi^*$$

则有

$$\frac{\partial E}{\partial \lambda} = \int \psi^* \frac{\partial \hat{H}}{\partial \lambda} \psi \mathrm{d}\tau + E\int \frac{\partial \psi^*}{\partial \lambda} \psi \mathrm{d}\tau + E\int \frac{\partial \psi}{\partial \lambda} \psi^* \mathrm{d}\tau \tag{1.5.2}$$

因为

$$E\frac{\partial}{\partial \lambda}\int \psi^* \psi \mathrm{d}\tau = E\int \frac{\partial}{\partial \lambda}(1) = 0$$

所以式(1.5.2)中的后两项消掉。对于一个定态

$$\frac{\partial E}{\partial \lambda} = \int \psi^* \frac{\partial \hat{H}}{\partial \lambda} \psi \mathrm{d}\tau \tag{1.5.3}$$

式(1.5.3)即广义的微分 H-F 定理。它表明,对于一个归一化的正确波函数,能量 E 对一个参量 λ 的一级微商,等于对 Hamilton 量 $\hat{H}$ 相应的一级微商的期望值。参数 λ 可以是核间距、核坐标、核电荷以及近似理论中的其他半经验参数。例如,对于一维谐振子,Hamilton 量 $\hat{H}$ 和能量 E_n 的表达式为

$$\hat{H} = -\frac{\hbar^2}{2m}\frac{\mathrm{d}^2}{\mathrm{d}x^2} + \frac{1}{2}kx^2$$

$$E_n = \left(V + \frac{1}{2}\right)h\upsilon = \left(V + \frac{1}{2}\right)\hbar\left(\frac{k}{m}\right)^{\frac{1}{2}}$$

式中,$\hbar = h/2\pi$,V 为振动量子数,k 为伸缩力常数。令 $\lambda = k$ 为参量,可得

$$\frac{\partial}{\partial k}\left[\left(V + \frac{1}{2}\right)\hbar\left(\frac{k}{m}\right)^{\frac{1}{2}}\right] = \int \psi_n^*\left(\frac{1}{2}x^2\right)\psi_n\mathrm{d}\tau$$

所以

$$\bar{x}^2 = \int \psi_n^* x^2 \psi_n \mathrm{d}\tau = \left(V + \frac{1}{2}\right)\hbar\left(\frac{1}{mk}\right)^{1/2} = \left(V + \frac{1}{2}\right)h\upsilon/k$$

即得谐振子在定态的 x^2 平均值公式。

在应用式(1.5.3)于具体问题时有两点要注意:

(1) 仅当 ψ 是 Schrödinger 方程的严格解的波函数时,式(1.5.3)才成立。对于近似波函数则需要满足一定条件才能成立。即若未归一化的波函数 $\psi(R) = \psi(\lambda_i)(i=1,2,\cdots,m)$,则

$$\frac{\mathrm{d}\psi}{\mathrm{d}R} = \sum_i\left(\frac{\partial \psi}{\partial \lambda_i}\right)\left(\frac{\mathrm{d}\lambda_i}{\mathrm{d}R}\right)$$

对于核间距离为 R 的双原子分子,有下式成立:

$$\frac{\partial E}{\partial R}\langle\psi/\psi\rangle - \left\langle\psi\left|\frac{\partial \hat{H}}{\partial R}\right|\psi\right\rangle = \sum_i\left(\frac{\mathrm{d}\lambda_i}{\mathrm{d}R}\right)\left(\frac{\partial E}{\partial \lambda_i}\right)\langle\psi \mid \psi\rangle \tag{1.5.4}$$

其中

$$\left(\frac{\partial E}{\partial \lambda_i}\right)\langle\psi/\psi\rangle = \left\langle \left(\frac{\partial\psi}{\partial\lambda_i}\right)\Big| \hat{H}-E \Big| \psi \right\rangle + \left\langle \left(\frac{\partial\psi}{\partial\lambda_i}\right)\Big| \hat{H}-E \Big| \psi^* \right\rangle$$

可以看出,当 ψ 是正确波函数时,式(1.5.4)变成式(1.5.3)。若 ψ 是近似波函数,则仅当

$$\frac{\partial E}{\partial \lambda_i}=0 \quad \text{或} \quad \frac{\partial \lambda_i}{\partial R}=0 \tag{1.5.5}$$

条件之一成立时,式(1.5.4)才化为

$$\left(\frac{\partial E}{\partial R}\right)\langle\psi/\psi\rangle = \left\langle \psi \Big| \frac{\partial\hat{H}}{\partial R}\Big| \psi \right\rangle \tag{1.5.6}$$

即 H-F 定理得到满足。由式(1.5.5)表达的两个条件的含义是:对于所有的 ψ,当 λ_i 与 R 有关并且给定 R,它们是最佳化的;或者,若全部的 λ_i 都与 R 无关,这两个条件之一被满足时,式(1.5.3)即 H-F 定理成立。

实际上,所有最佳化的 Hartree-Fock 波函数以及由 Slater 型函数的一个最小基集合出发并考虑到静电平衡判据等约束条件得出的波函数,都满足 H-F 定理。

(2) 式(1.5.3)的具体结果还与描述 ψ 和 $\hat{H}$ 的坐标系有关。如对双原子分子,其 Hamilton 算符 $\hat{H}$ 为(原子单位)

$$\hat{H}=\hat{T}+\hat{V}=\sum_i\left(-\frac{1}{2}\nabla_i^2\right)-\sum_i\left(\frac{Z_A}{r_{Ai}}+\frac{Z_B}{r_{Bi}}\right)+\sum_{i>j}\frac{1}{r_{ij}}+\frac{Z_A Z_B}{R} \tag{1.5.7}$$

当取椭球坐标系描写一个双原子分子时,其 Hamilton 量的形式可表为

$$\hat{H}=\frac{1}{R^2}\hat{T}+\frac{1}{R}\hat{V}$$

$\hat{T}$、$\hat{V}$ 是椭球坐标 μ_i、v_i、ϕ_i 与用算符 $\dfrac{\partial}{\partial\mu_i},\dfrac{\partial}{\partial v_i},\dfrac{\partial}{\partial\phi_i}$ 表示的动能与势能算符。于是有

$$\frac{\partial\hat{H}}{\partial R}=-\frac{2}{R^3}\hat{T}-\frac{1}{R^2}\hat{V}=-\frac{1}{R}(2\hat{T}+\hat{V})$$

由式(1.5.3)得到

$$\frac{\partial E}{\partial R}=\left\langle \psi\Big|\frac{\partial\hat{H}}{\partial R}\Big|\psi\right\rangle=\frac{-1}{R}\{2\bar{T}+\bar{V}\}$$

即

$$2\bar{T}=-\bar{V}-R\frac{\partial E}{\partial R}$$

或

$$\left.\begin{array}{l}\bar{T}=-E-R\dfrac{\partial E}{\partial R}\\[2mm]\bar{V}=2E+R\dfrac{\partial E}{\partial R}\end{array}\right\} \tag{1.5.8}$$

这与 1.4.3 节得到的式(1.4.14)全同,即双原子分子的位力定理。

这个结果表明,尽管 H-F 定理同位力定理的着眼点和表达形式很不相同,但本质上是等价的。

当 Hamilton 的式(1.5.7)取直角坐标系时,式(1.5.3)的具体结果即 H-F 静电定理,对此,我们将在下一节中加以论证。

1.5.2　Hellmann-Feynman 静电定理[28]

在电子与核分离处理近似下,对某种构型之分子的电子波函数 ψ,下述 Schrödinger 方程成立

$$\hat{H}\psi = E\psi \tag{1.5.9}$$

$E=\langle\psi|\hat{H}|\psi\rangle$ 是体系的总能量。电子的 Hamilton 量 $\hat{H}$ 为

$$\hat{H} = \left(-\sum_v \frac{1}{2}\nabla_v^2 - \sum_A \frac{Z_A}{r_{Av}}\right) + \sum_{\mu>v}\frac{1}{r_{\mu v}} + \sum_{A>B}\frac{Z_A Z_B}{R_{AB}} \tag{1.5.10}$$

式中,Z_A、Z_B 为 A、B 的核电荷;r_{Av}、R_{AB} 分别是核 A 与电子 v、核 A 与核 B 间的距离;v、μ 是电子的坐标。

此时广义微分 H-F 定理取如下形式:

$$\frac{\partial E}{\partial R_A} = \left\langle\psi\left|\frac{\partial\hat{H}}{\partial R_A}\right|\psi\right\rangle \tag{1.5.11}$$

因为作用于核 A 上的力 F_A 定义为

$$F_A = -\frac{\partial E}{\partial R_A} = -\left\langle\psi\left|\frac{\partial\hat{H}}{\partial R_A}\right|\psi\right\rangle \tag{1.5.12}$$

于是我们得到

$$F_A = Z_A\left\{\int\rho(r_1)\frac{r_{A1}}{r_{A1}^3}dr_1 - \sum_{B\neq A}Z_B\frac{R_{AB}}{R_{AB}^3}\right\} \tag{1.5.13}$$

式中在 r_1 处的电子密度 $\rho(r_1)$ 为

$$\rho(r_1) = N\int\psi^*\psi\,ds_1\,dx_2\cdots dx_N \tag{1.5.14}$$

x_i 表示第 i 个电子的自旋坐标与空间坐标;s_1 为电子 1 的自旋坐标;N 为体系的电子数。式(1.5.13)表明,分子内作用于某核 A 上的力可分为两部分:A 与其他各核间的静斥力和以电子密度 $\rho(r_1)$ 表示出的所有电子所产生的引力之和。

Feynman 在他的论文中曾明确指出[29]:"在任何由核和电子组成的体系中,作用于某核上的力,恰恰是其他核和云状分布的电子作用于该核上的经典静电吸引力(在此是把排斥看作负吸引)"。他还进一步强调指出:"事实上在一个分子中作用于原子核上的所有的力可以认为纯粹是用库仑定律表述的经典吸引力。而服从 Schrödinger 方程的电子的云状分布,阻止了这个体系的崩溃"。

由于式(1.5.13)具有这样明确的经典静电解释,故称此式为 H-F 静电定理。

假如一个分子的核构型是知道的,则作用于某核上的力即可得到,而平衡态分子的几何构型,相应于体系能量最低的状态。对于任何一个定态体系,一定满足 H-F 定理,即在一个分子的平衡构型中,作用于每个核上的净力等于零。换言之,就这个构型来说,一个核从其他各个核受到的排斥力恰好被它从云状分布的电子受到的吸引力所抵消。

1.5.3 积分 Hellmann-Feynman 定理

Parr[31]基于 H-F 定理,提出了一个计算等电子分子过程的能差的方法。如由于振动或内旋转引起的分子变化,由原子形成分子或分子离解为原子或离子的过程,$CO \rightarrow N_2$ 型的分子嬗变,分子间现象和散射现象,X 射线谱等化学现象。此法大意如下:

假定对应于一个分子的静态核构型 A 的实电子波函数为 ψ_A,而对应于同一个分子的静态核构型 B 的实电子波函数为 ψ_B。应用 Born-Oppenheimer 近似,A 和 B 态间的能差 $\Delta W = W_B - W_A$,它应等于核-核排斥能变化 ΔV_{nn} 再加上电子能量变化的附加项 ΔE,即有

$$\Delta W = \Delta V_{nn} + \Delta E \tag{1.5.15}$$

式中

$$\Delta E = \Delta T_e + \Delta V_{ne} + \Delta V_{ee} \tag{1.5.16}$$

这里 ΔT_e 是电子动能的变化,ΔV_{ne} 是核-电子间吸引能的变化,以及 ΔV_{ee} 是电子-电子间排斥能的变化。另外

$$\Delta E = \int \rho_{AB}(1) \hat{H}'(1) d\tau(1) \tag{1.5.17}$$

这里 $\hat{H}'(1)$ 是电子(1)在构型 A 和构型 B 间电子-核吸引算符的变化,即

$$\hat{H}'(1) = V_{ne}^B(1) - V_{ne}^A(1) \tag{1.5.18}$$

而 $\rho_{AB}(1)$ 是 ψ_A 和 ψ_B 之间单电子归一化跃迁密度或重排密度,且有

$$\rho_{AB}(1) = \frac{N}{S} \int \psi_A(1,2,\cdots,N) \psi_B(1,2,\cdots,N) d\tau(2) \cdots d\tau(N) \tag{1.5.19}$$

这里量值 S 是始终态波函数之间的重叠积分,即

$$S = \int \psi_A(1,2,\cdots,N) \psi_B(1,2,\cdots,N) d\tau(1) d\tau(2) \cdots d\tau(N) \tag{1.5.20}$$

方程(1.5.17)适用于任何一个分子的等电子过程 $A \rightarrow B$。现在我们证明式(1.5.17)。可以从两种构型的 Schrödinger 方程开始

$$\hat{H}_A \psi_A = W_A \psi_A \tag{1.5.21}$$

$$\hat{H}_B \psi_B = W_B \psi_B \tag{1.5.22}$$

我们用 ψ_B 乘式(1.5.21)并在整个空间积分,应用算符 $\hat{H}_A$ 的厄米性,得到

$$W_A = S^{-1} \int \psi_B \hat{H}_A \psi_A d\tau = S^{-1} \int \psi_A \hat{H}_A \psi_B d\tau \tag{1.5.23}$$

类似地,我们用 ψ_A 乘式(1.5.22)并积分得到

$$W_B = S^{-1} \int \psi_A \hat{H}_B \psi_B d\tau \tag{1.5.24}$$

现在我们由式(1.5.24)减去式(1.5.23)得到

$$\Delta W = S^{-1} \int \psi_A \Delta \hat{H} \psi_B d\tau \tag{1.5.25}$$

这里 $\Delta \hat{H} = \hat{H}_B - \hat{H}_A$。

式(1.5.25)可称为积分 H-F 定理。因作为 H-F 定理的式(1.5.3)可以看作是式(1.5.25)的微分形式。

假如 A→B 跃迁是等电子过程,利用绝热近似可以写出

$$\Delta H = \Delta V_{nn} + \sum_\mu H'(\mu) \tag{1.5.26}$$

这里 ΔV_{nn} 是由于跃迁核间排斥能的变化;$H'(\mu) = V_{ne}^B(\mu) - V_{ne}^A(\mu)$ 是对于第 μ 个电子在电子-核间吸引能之差。将式(1.5.26)代入式(1.5.25),化简为单电子形式得到

$$\Delta W = \Delta V_{nn} + S^{-1} \int \psi_A \left[\sum_\mu H'(\mu) \right] \psi_B d\tau$$

$$= \Delta V_{nn} + \frac{N}{S} \int \psi_A H'(1) \psi_B d\tau$$

$$= \Delta V_{nn} + \int \rho_{AB}(1) H'(1) d\tau(1) \tag{1.5.27}$$

式中,$\rho_{AB}(1)$ 是由式(1.5.19)定义的函数。式(1.5.27)是我们欲求的结果。

显然,式(1.5.27)同式(1.5.3)一样,可以对过程的能量变化作出严格的经典解释,即此等电子过程的能量变化是由核-核和电子-核间静电能的变化引起的。原则上利用式(1.5.27)可以计算等电子过程能差。

由以上介绍我们看到 H-F 定理提示了由核和电子组成体系的波动力学与经典静电力学间的关系。使库仑定律可以在一个新的基础上(即核外电子服从 Schrödinger 方程的云状分布)用于分析这种分子体系。由 H-F 定理所确定的力,不仅概括了经典静电学的含义,而且远远超出了它,有着深刻得多的量子力学内涵。

H-F 定理在化学键中应用的特点是不触动前面各式中的单电子密度 $\rho(r)$ 这一项,只是讨论 H-F 力空间分布特点和成键、反键关系。因不涉及波函数的近似性问题,这在理论上是严格的,但结果只能是定性的。

H-F 定理更进一步的、具体的应用,包括采用各种方法处理 $\rho(r)$ 以及同物性的关联,我们将在第 3 章中介绍。

1.6　Koopmans 定理[32]

在 1.2.1 节中得到的 Hartree 方程并没有考虑电子自旋,因而体系波函数不满足 Pauli 原理。Fock 考虑到 N 个电子的体系波函数应该满足 Pauli 原理,在单电子波函数中引进了自旋函数并表示为 Slater 行列式,使它满足反对称性的要求,改进了单电子近似的 Hartree 方程,得到如下的 Fock 方程:

$$\left\{ h(1) + \sum_j \int \frac{\varphi_j^*(2)\varphi_j(2)}{r_{12}} d\tau_2 - \sum_j^{\uparrow\uparrow} \left[\int \frac{\frac{\varphi_j^*(2)\varphi_i^*(1)\varphi_i(2)\varphi_j(1)\frac{1}{r_{12}}d\tau_2}{\varphi_i^*(1)\varphi_i(1)}} \right] \right\} \varphi_i(1)$$

$$= \varepsilon_i \varphi_i(1) \tag{1.6.1}$$

大括号中 $h(1) = -\frac{1}{2}\nabla_i - \sum_p \frac{Z_p}{r_{ip}}$;第一个积分在量子化学中称为库仑积分,它表示 1、2 两个电子之间的排斥;第二个积分称为交换积分,它是由于电子间偶然作用而产生的,就其本质来说,仍然是库仑作用。

如果用 $\int \varphi_i^*(1)d\tau_1$ 作用于 Fock 方程两边,可以得到 Hartree-Fock 单电子能量公式

$$\varepsilon_i = \int \varphi_i^*(1)h(1)\varphi_i(1)d\tau_1 + \sum_j \int \frac{\varphi_j^*(2)\varphi_j(2)\varphi_i^*(1)\varphi_i(1)}{r_{12}} d\tau_1 d\tau_2$$

$$- \sum_j^{\uparrow\uparrow} \int \frac{\varphi_j^*(2)\varphi_i(2)\varphi_i^*(1)\varphi_j(1)}{r_{12}} d\tau_1 d\tau_2$$

可简写作

$$\varepsilon_i = H_{ii} + \sum_j J_{ij} - \sum_j^{\uparrow\uparrow} K_{ij} \tag{1.6.2}$$

则单电子能量和(即填有电子的全部自旋轨道的能量和)为

$$\sum_{i=1}^n \varepsilon_i = \sum_{i=1}^n H_{ii} + \sum_i \sum_j J_{ij} - \sum_i \sum_j^{\uparrow\uparrow} K_{ij} \tag{1.6.3}$$

已知 Fock 能量公式为

$$E = \sum_i H_{ii} + \frac{1}{2}\sum_i \sum_j J_{ij} - \frac{1}{2}\sum_i \sum_j^{\uparrow\uparrow} K_{ij} \tag{1.6.4}$$

比较式(1.6.3)和式(1.6.4)并考虑核间排斥能 V_{nn} 则得

$$E = \sum_{i=1}^n \varepsilon_i - \frac{1}{2}\sum_i \sum_j J_{ij} + \frac{1}{2}\sum_i \sum_j^{\uparrow\uparrow} K_{ij} + V_{nn} \tag{1.6.5}$$

式(1.6.5)中对轨道 n 求和。式(1.6.5)表明,对于 SCF 轨道,总的电子能量不是

正好等于轨道能量之和再加上核排斥能。

现在若从自旋轨道 ψ_a 上移去一个电子但假定其他单电子波函数不变,这通常称为"冻结条件",于是,若体系波函数原来用 $|\psi_1 \psi_2 \cdots \psi_a \cdots \psi_n|$ 来描述,则电离一个电子之后的波函数是 $|\psi_1 \psi_2 \cdots \psi_n|$,它是一价正离子。由 Fock 能量公式可以得知它的能量为

$$E^+ = \sum_{i \neq a}^{n} H_{ii} + \frac{1}{2} \sum_{\substack{i \\ i \neq a}} \sum_{\substack{j \\ j \neq a}} J_{ij} - \frac{1}{2} \sum_{\substack{i \\ i \neq a}} \sum_{\substack{j \\ j \neq a}}^{\uparrow\uparrow} K_{ij} + V_{nn} \qquad (1.6.6)$$

由式(1.6.2)、式(1.6.3)及式(1.6.6)可以得出电离势

$$I = E^+ - E = -\varepsilon_a \qquad (1.6.7)$$

常称为 Koopmans 电离势或垂直电离势。得出这个结果的前提是假定从一个轨道上移去一个电子而不改变其余电子的波函数,是电势过程的恰当描述——这就是 Koopmans 定理。这个定理指出:分子某轨道的电离势就等于这个轨道的能量的负值。

实际上,由于当体系移走一个电子之后,描述其他电子的波函数将发生变化,因此冻结条件只有近似的意义,从而 Koopmans 定理只是近似地成立。不过这条定理给出了一个通过实验测定轨道能量的方法,即由实验测定轨道的电离势,它就近似地等于轨道的能量。这对用半经验近似计算法研究化学键具有实际的意义。

参 考 文 献

1 陈凯先,蒋华良,嵇汝运. 计算机辅助药物设计:原理、方法及应用. 上海:上海科学技术出版社,2000

2 徐光宪,黎乐民,王德民. 量子化学基本原理和从头计算法(中册). 北京:科学出版社,1985

3 Ira N. Levine. 量子化学. 宁世光,余敬曾,刘尚长译. 北京:高等教育出版社,1982

4 杨频,高效恢. 结构-性能-化学键. 北京:高等教育出版社,1987

5 Wibsrg K B. J. Am. Chem. Soc. ,1965,87:1070

6 Burkert U,Allinger N L. Molecular Mechanism. Washington:ACS Monograph,1982,177

7 Momany F A,Vanderkooi G,Scherraga H A. Proc. Natl. Sci. USA,1968,61:429

8 Olson W K. Topics in Nucleic Acid Structure,Part II(ed. Neidle S). London:Macmillan Press,1982

9 Kollman P et al. Biopolyers,1981,21:2583;Blanny J et al. J. Am. Chem. Soc. ,1982,104:6424;Wipff G et al. J. Am. Chem. Soc. ,1983,105:997

10 McCamman J A,Karplus M. Nature,1977,268,765;Karplus M. Adv. Biophy. ,1984,18:165

11 Lifson S,Warshel A. J. Chem. Phys. ,1968,49:5156;Warshel A,Lifson S. J. Chem. Phys. ,1970,53:582; Warshel A,Levitt S,Lifson S. J. Mol. Spectroscopy,1970,33:84

12 Weiner S J,Kollman P et al. J. Am. Chem. Soc. ,1984,106:765

13 Jorgenson W. J. Am. Chem. Soc. ,1981,103:335

14 Hirshfeld F L. Theor. Chem. Acal(Berlin). ,1977,44:129

15 Lynn T E,Kushick J N. Inl. J. Peptide Prolein Res. ,1984,23:601

16 Glick M D,Gavel D P,Diaddrio L L,Rorbaker D B. Inorganic Chemistry,1976,15:1191

17 王志中,李向东. 半经验分子轨道理论与实践. 北京:科学出版社,1984

18 Wiener P,Kollman J. J. Comput. Chem. ,1981,2:187

19 Davidon M C. A. E. C. ANL-5990,1959

20 Himmelbeau D M. Applied Nonlinear Programming. New York:McGraw-Hill,1972

21 王德仁. 非线性方程组解法与最优化方法. 北京:高等教育出版社,1984

22 Wilson E B,Decjus J C,Cross P C. Molecular Vibrations. New York:McGraw-Hill,1955

23 Karplus M,Kushick J N. Macromolecules,1981,14:375

24 张士国. 硕士论文. 山西大学,1988

25 Dunitz J D,Seiler P. Acta Cryst. ,B30,1974:2739

26 McQuarrie D A. Statistical Mechnics. New York:Harper & Row,1976

27 Masut R A,Kushick J N. J. Comput. Chem. ,1984,5,336;Masut R A,Kushick J N. J. Comput. Chem. , 1985,6:148

28 Hellmann H. Eingfuhnung in die Quanten Chemie,See 1-2. 1937

29 Feynman R. Phys. Rev. ,1950,340:1939

30 Berlin T. J. Chem. Phys. ,1951,19:208

31 Parr R. J. Chem. Phys. ,1964,40:3726

32 Koopman T. Physica,1933,1:104

33 Slater J C. Quantum Theory of Molecules and Solids. Vol. 1. New York:McGraw-Hill,1963. 29

第 2 章　分子中的电荷分布和分子结构参量

在第 1 章中我们从不同角度讨论了化学键形成的本质,得到了一个共同的结论,即由于在两个原子核之间电子云的密集,导致两个原子间形成了化学键。

但是连接不同原子的化学键其强度和性质是很不一样的。例如,H_2 比 I_2 分子的热稳定性好得多,HF 比 HI 和 HP 的电偶极矩要大得多,它们都与形成分子时各原子间的电荷分布有关。有机化学中的电子理论之所以取得了辉煌的成就,电负性概念之所以能广泛用于解释物理化学现象,以及作为经验规律的共振论之所以能说明一些化学问题,都是由于它们在一定程度上反映了分子中的电荷分布。总之,分子中的电荷分布,支配着它的物理化学性质。在这一章中,我们从电荷分布的角度着眼,应用不同的分子结构参量来讨论化学键的一些重要性质。

2.1　分子中的电荷分布和化学键的性质

分子中电荷分布的理论计算,严格说来需要求分子中电子密度函数 $\rho(x,y,z)$ 在空间的分布。欲得到准确值,就要求解多体波动方程的本征函数,这是极为困难的,通常采用近似理论方法或半经验方法、并通过分子结构参量来表征它们的性质。

2.1.1　Mulliken 集居数分析

为了研究电荷在分子各不同部位分布的差异及由此引起的物理化学现象,把电荷按区域或轨道加以划分显然是必要和有益的。1955 年 Mulliken[1] 首先提出了电子电荷按原子划分的集居数分析方法。考虑一个双原子分子的归一化分子轨道 Φ,把它写作归一化的原子波函数 ϕ_r 及 ϕ_s 的线性组合,即

$$\Phi = c_r\phi_r + c_s\phi_s \tag{2.1.1}$$

其中 ϕ_r 及 ϕ_s 可以是纯粹的某原子轨道,也可以是杂化轨道。若分子轨道被 N 个电子填充,则此 N 个电子在整个分子轨道空间的分布可以由如下三项表示:

$$N\int\Phi^*\Phi d\tau = N(c_r^2 + 2c_rc_sS_{rs} + c_s^2) \tag{2.1.2}$$

其中每一部分可以看作是 N 个电子总集居分布被肢解为三个电子集居分布;Nc_r^2 和 Nc_s^2 可以看作分布在原子 r 及 s 周围的键电子电荷,称为 r、s 净原子区集居数;

而 $2Nc_rc_sS_{rs}$ 则视为重叠电荷,它分布在两核之间,称为重叠集居数。Mulliken 认为,重叠电荷居于二核连线中点,并为成键两原子均等地共享,所以属于任意键合原子区域内的总电荷可写作

$$Q_r = (Nc_r^2 + Nc_rc_sS_{rs}) \tag{2.1.3}$$

下面我们把这种观点加以推广,作一般性讨论。为了避免混乱,我们规定用 i 表示分子轨道标号,k 与 l 表示原子的标号,r 与 s 表示原子轨道的标号。例如,ϕ_{rk} 表示第 k 个原子的第 r 个轨道,c_{irk} 表示第 i 个分子轨道中的第 k 个原子的第 r 个轨道的组合系数。

把多原子分子中第 i 个分子轨道写作组成它的原子轨道的线性组合

$$\varPhi_i = \sum_{r,k} c_{irk}\phi_{rk} \tag{2.1.4}$$

若该分子轨道有 N 个电子占据,与式(2.1.2)的推导相同,该分子轨道的电子分布可以表示为

$$N(i) = N\left(\sum_{r,k} c_{irk}^2 + 2\sum_{r,k,s,l} c_{irk}c_{isl}S_{rksl}\right) \tag{2.1.5}$$

根据需要,可以从式(2.1.5)出发,把分子中的电荷从不同角度进行肢解。第一种方式是类似于双原子分子,把分子集居数划分为净原子区和重叠区两大类。根据这种肢解方法,可以定义如下数值:

(1) 在分子轨道 $\varPhi_i$ 中,净属于原子 k 的第 r 个轨道 ϕ_{rk} 的电子集居数

$$n(ir_k) = N(i)c_{irk}^2 \tag{2.1.6}$$

(2) 在所有分子轨道中净属于原子轨道 ϕ_{rk} 的电子集居数等于对上式所有被占领分子轨道求和,即

$$n(r_k) = \sum_{i}^{occ} n(i,r_k) \tag{2.1.7}$$

(3) 对原子 k 的所有轨道求和,便得到 k 原子的总集居数

$$n_k = \sum_{r} n(r_k) \tag{2.1.8}$$

(4) 在分子轨道 $\varPhi_i$ 中原子 k 的第 r 条轨道与 l 原子的 s 轨道重叠集居数是

$$n(i,r_k,s_l) = 2N(i)c_{irk}c_{isl}S_{rksl} \tag{2.1.9}$$

(5) 在所有被占分子轨道中,k 原子的 r 轨道与 l 原子的 s 轨道总重叠集居数为

$$n(r_k,s_l) = \sum_{i} n(i,r_k,s_l) \tag{2.1.10}$$

(6) 在所有被占分子轨道中,k 原子的全部原子轨道与 l 原子的全部原子轨道总重叠集居数,即键序为

$$n(k,l) = \sum_{r,s} n(r_k,s_l) \tag{2.1.11}$$

第二种肢解电荷分布的方式类似于双原子分子的式(2.1.3),把重叠集居数均等地分配给键合两原子。

(1) 在分子轨道 Φ_i 中,属于原子轨道 ϕ_{r_k} 的集居数是

$$Q(i,r_k) = N(i)c_{irk}^2 + N(i)\sum_{s_l \neq r_k} c_{irk}c_{isl}S_{rksl} \tag{2.1.12}$$

(2) 在分子轨道 Φ_i 中,属于原子 k 的集居数是

$$Q(i,k) = \sum_r N(i,r_k) \tag{2.1.13}$$

(3) 在所有被占分子轨道中,原子轨道 ϕ_{rk} 的总集居数是

$$Q(r_k) = \sum_i N(i,r_k) \tag{2.1.14}$$

(4) 在所有被占分子轨道中,原子 k 的总集居数是

$$Q(k) = \sum_i Q(i,k) = \sum_r Q(r_k) \tag{2.1.15}$$

(5) 分子中的总集居数为分子中总电子数,所以有以下等式:

$$Q = \sum_{r,k} Q(r_k) = \sum_{i,k} Q(i,k) = \sum_k Q(k) \tag{2.1.16}$$

(6) 分子中每个原子的净电荷 $\Delta Q^{\pm}$ 等于某个原子 k 的原子序数与该原子上的总集居数之差,即

$$\Delta Q^{\pm} = Z_k - Q(k) \tag{2.1.17}$$

当 $Z_k > Q(k)$ 时,则原子 k 荷正电;$Z_k < Q(k)$ 时,原子 k 荷负电。

从上述看到,集居数分析把分子中的轨道和不同区域电子分布情况勾画出来了,为研究分子各种信息提供了很有用的基础。但是,Mulliken 把重叠电荷均等地划归两个成键原子是不完全真实的。它只有当 $\phi_{sl} = \phi_{rk}$ 时才符合实际,显然这只适用于同核双原子分子的情况。针对这种不足,有各种各样的改进。Stout[2] 等建议乘以权重因子,那么,对于任意原子 k 上的总集居数可以表示为

$$Q_k = \sum_i \left\{ N(i)\sum_{r,k} c_{irk}^2 + 2N(i)\sum_{rk \neq sl} F_{rksl}c_{irk}c_{isl}S_{rksl} \right\} \tag{2.1.18}$$

式中,权重因子 F_{rksl} 是

$$F_{rksl} = \frac{c_{rk}^2}{c_{irk}^2 + c_{isl}^2}$$

基于类似的考虑,Flisyar[3] 等在描述 C—H 键中原子上的电荷分布时提出了如下修正公式:

$$
\begin{aligned}
Q_H &= Q_H^0 - \frac{M}{2}\sum_i \sum_{rk \neq sl} c_{irk}c_{isl}S_{rksl} \\
Q_C &= Q_C^0 + \frac{M}{2}\sum_i \sum_{rk \neq sl} c_{irk}c_{isl}S_{rksl}
\end{aligned}
\tag{2.1.19}
$$

式中,Q_H^0 和 Q_C^0 等于 Mulliken 原始划分方案获得的电荷,M 是一个修正因子。

上述处理仅属于如何将键电荷肢解分配,要得到每个原子上的电荷量值,还必须算出 c_{irk}、c_{isl}。这就需要解久期方程。

1. HMO 法

这个方法限于计算共轭体系。设体系的第 i 个分子轨道可以写成原子轨道的线性组合

$$\Phi_i = c_{ir1}\phi_{ir1} + c_{ir2}\phi_{ir2} + \cdots + c_{irk}\phi_{irk} + \cdots + c_{irn}\phi_{irn} \tag{2.1.20}$$

当把它代入波动方程,采用 Hückel 近似并使久期方程对角化之后,就可以求得 E_i 及 c_{irk}。因为在共轭体系中,每个原子只有一个 p_z 轨道参与形成 π 分子轨道,所以式(2.1.20)中的脚标 r 可以省去。若分子中有 m 个满填轨道,则任意原子 k 上的总 π 电荷为

$$Q_k = 2(c_{1k}^2 + c_{2k}^2 + \cdots + c_{mk}^2) = \sum_{i=1}^{m} 2c_{ik}^2 \tag{2.1.21}$$

或者更一般地写作

$$Q_k = \sum_{i=1}^{m} N(i)c_{ik}^2 \tag{2.1.22}$$

式中,N 是分子轨道填充的电子数,可以为 $0,1,2$。例如,从文献[64]第 2 章解得苯的分子轨道组合系数为

$$c_{11} = \frac{1}{\sqrt{6}}, \qquad c_{21} = \frac{2}{\sqrt{12}}, \qquad c_{31} = 0$$

而 ϕ_4、ϕ_5 及 ϕ_6 都没有电子填充,所以原子 1 上的电荷为

$$q_1 = 2 \times \left\{ \left(\frac{1}{\sqrt{6}}\right)^2 + \left(\frac{2}{\sqrt{12}}\right)^2 \right\} = 1$$

类似地,求得 $q_2 = q_3 = q_4 = q_5 = q_6 = 1$。由这个计算来看,苯中每个碳原子上的 π 电子云分布是均匀的,它能够说明苯分子中每个碳原子所表现的物理化学性质的等同性。

对于杂环,如吡啶分子,由于氮原子比碳原子有较大的吸引电子的能力,所以电荷分布不均匀。由分子轨道法求得的 c_{ij} 可计算吡啶分子中骨架原子上的 π 电荷为

$$q_N = 2[(0.6463)^2 + (0.5169)^2] = 1.370$$

$$q_{\alpha c} = 2\left[(0.4131)^2 + (0.1800)^2 + \left(\frac{1}{\sqrt{4}}\right)^2\right] = 0.855$$

$$q_{\beta c} = 2[(0.2949)^2 + (0.4088)^2 + (0.2500)^2] = 1.008$$

$$q_{\gamma c} = 2[(0.2589)^2 + (0.6206)^2] = 0.9040$$

$$
\begin{array}{c}
0.9040 \\
1.008 \bigcirc 1.009 \\
0.855 \quad \text{N} \quad 0.885 \\
1.370
\end{array}
$$

它的电荷分布如上图所表示。在这种具有杂原子的电荷分布计算中，由于表示杂原子的库仑积分及共轭积分的经验参数 δ 及 η 取法不同，结果互有差异。例如，有人取 $\delta=0.5, \eta=1$，对于吡啶分子计算得到

$$
q_N = 1.2, \quad q_{c\alpha} = 0.92, \quad q_{c\beta} = 1.0, \quad q_{c\gamma} = 0.95
$$

有关杂原子的参数 δ 及 η 的选取，Streitwiser[4] 作了详尽的讨论，兹不赘述。

早在 1958 年，Del-Re[5] 就已把简单分子轨道法应用于计算饱和有机分子中的电荷分布。所得一些取代碳氢化合物原子的净电荷与按诱导效应的计算是一致的，并且能够较好地解释分子的偶极矩及核四极偶合常数。但是在计算时引入的经验参数太多，很难作为一般方法应用。

2. EHMO 法

Hoffmann[6] 把 HMO 推广到全价电子，包括 σ 电子及 π 电子，所得分子中任意 k 原子上的净电荷为

$$
\Delta Q_k^{\pm} = N_k^o - \sum_i^{occ} \sum_{rk} \sum_{sl} N(i) c_{irk} c_{isl} S_{rksl} \tag{2.1.23}
$$

式中，N_k^o 是在自由的中性原子上的价层电子数。c_{irk} 是在第 i 个分子轨道中第 k 个原子上第 r 个原子轨道的轨道系数。S_{rksl} 是第 k 个原子及第 l 个原子上第 r 及第 s 个原子轨道间的重叠积分。而 $N(i)$ 是第 i 个分子轨道的占领数。Sichel[7] 等人用这个方法计算了许多碳氢及其衍生物的净电荷，在这里我们选列几个分子的净电荷分布：

$$
\begin{array}{l}
+0.109 \quad -0.326 \quad +0.100 \quad +0.442 \quad -0.742 \quad +0.081 \quad +1.288 \quad -0.725 \\
\text{H}_3\text{—C—C—H}_3 \qquad\qquad \text{H}_3\text{—C—F} \qquad\qquad\qquad \text{H}_2\text{—C—F}_2 \\
+0.106 \quad +0.242 \quad -1.131 \quad +0.583 \qquad\quad +0.109 \quad +0.016 \quad -0.342 \\
\qquad\qquad \text{H}_3\text{—C—O—H} \qquad\qquad\qquad\qquad \text{H}_3\text{—C—Cl}
\end{array}
$$

用 HMO 或 EHMO 法计算得到的电荷值，其绝对值不甚可靠，如当用它去计算偶极矩、核四极偶合常数时，结果与实验值差别较大。有时用它可以较好地说明分子的某一性质，但用它去解释另一性质时则又出现矛盾。不过在同一系列分子中，计算的电荷相对顺序看来还是可以的，也正是由于这一点，用这些电荷的数值可以去解释和预计某系列分子的物理化学性质的变化规律。

3. 半经验的自洽场法

半经验的自洽场[8]CNDO 及 INDO 法计算电荷分布都是考虑全价电子的。

而原子上的净电荷，是原子实电荷 Z_A 与填充轨道的电子电荷分配 P_{AA} 之差

$$\Delta Q_A^{\pm} = Z_A - P_{AA} \tag{2.1.24}$$

例如，对于一些简单的双原子分子，用 CNDO 法算得电荷分布如下[8]：

-0.01 $+0.01$	-0.08 $+0.08$	-0.17 $+0.17$	-0.23 $+0.23$	$+0.15$ -0.15
C—H	N—H	O—H	F—H	B—F
$+0.59$ -0.59	$+0.40$ -0.40	$+0.08$ -0.08	$+0.05$ -0.05	$+0.05$ -0.05
Li—F	Be—D	C—O	N—O	C—N

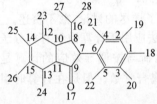

图 2-1　β-氨基-2-苯基茚酮分子

又如 Shvetz 等人[9]用 CNDO/2 法计算了 β-氨基-2-苯基茚酮（图 2-1），这样一个复杂分子中的电荷分布如表 2-1。计算得到的电荷值指出 C_7、N_{16}、O_{17} 是亲核子中心，而 C_8 及 C_9 是亲电子中心，据此可以较好地说明一些实验事实。

表 2-1　β-氨基-2-苯基茚酮电荷分布

原　子	净电荷	原　子	净电荷
C_1	-0.004	C_{15}	0.007
C_2	0.013	C_{16}	-0.217
C_3	0.007	C_{17}	-0.272
C_4	-0.032	C_{18}	-0.014
C_5	-0.016	C_{19}	-0.008
C_6	0.059	C_{20}	-0.005
C_7	-0.150	C_{21}	-0.021
C_8	0.180	C_{22}	-0.004
C_9	0.240	C_{23}	-0.011
C_{10}	-0.006	C_{24}	-0.005
C_{11}	-0.031	C_{25}	-0.004
C_{12}	0.011	C_{26}	-0.002
C_{13}	0.022	C_{27}	0.118
C_{14}	0.006	C_{28}	0.129

有趣的是，用这种方法计算的氟代烃的电荷，出现交替衰减[8]如

$$\overset{\delta^-}{F} \leftarrow \overset{\delta^+}{C} \leftarrow \overset{\delta\delta^-}{C} \leftarrow \overset{\delta\delta^+}{C} \cdots$$

它与通常的诱导效应依次递减的顺序是不协调的。虽然偶极矩不能提供这两种电荷分布的直接检验，但某些实验数据所呈现的规律与交替假说一致。波普尔[8]论述了支持电荷交替分布的一些实验现象。

Klopman[10]应用半经验的分子轨道处理，对于无机双原子分子，得到一个能量与电荷分布的相关表示式

$$E = q_A(B_A^* + \Gamma_{Ba}) + q_B(B_B^* + \Gamma_{Ab}) + \frac{q_B^2}{4} + \frac{q_A^2}{4} - \Gamma_{AB} + 2\sqrt{q_A q_B}\beta_{AB} - \frac{q_A q_B}{\alpha}\Gamma_{ab}$$

$$\tag{2.1.25}$$

式中，q_A、q_B 分别是 A、B 原子上的电荷，B_A^*、B_B^* 是电子在 A、B 实场中的能量，由实验的光谱参数确定，而

$$\Gamma_{AB} = \frac{1}{r_{AB}}, \qquad \Gamma_{Ba} = \int \phi_A \frac{1}{r_B} \phi_A d\tau$$

$$\Gamma_{ab} = \int \phi_A(i) \phi_A(i) \frac{1}{r_{ij}} \phi_B(j) \phi_B(j) d\tau_\lambda d\tau_j$$

通过调整电荷分布以使体系能量最低，可得在能量最低条件下的电荷分布。他们计算了 45 个键中原子上的净电荷，用这一套电荷，由式(2.1.25)计算的键能与实验值很一致。用它去估计键矩、核四极偶合常数等也都较好。在表 2-2 中列出其部分计算值。

表 2-2　原子上的电荷与键偶矩、核四极偶常数

分子 X—Y	Y 原子上的总电荷	eQq calc	eQq exp	eQR calc	μ exp
Cl_2	1	(109.74)	−109.74	0.0	0.0
BrCl	1.0929	−98.3	−103.6	0.95	0.57
ICl	1.2003	−84.9	−82.5	2.23	0.05
FCl	0.7150	−145.1	−146.0	2.23	0.88
KCl	1.8878	+0.1	+0.04	11.37	10.48
RbCl	1.8918	+0.6	+0.774	11.93	—
CsCl	1.9002	+1.6	+3	12.56	10.40
Br_2	1	(769.15)	769.76	0.0	0.0
ClBr	0.9071	850.4	876.8	0.95	0.57
FBr	0.6401	1082.1	1089.0	3.03	1.29
LiBr	1.8404	40.4	37.2	8.67	6.19
NaBr	1.8464	35.2	58	1017	—
KBr	1.8813	4.9	10.24	11.94	10.41
HBr	1.1755	617.5	533	1.17	0.78
I_2	1	(−2292.84)	−2292.84	0.0	0.0
ClI	0.7997	−2811	−2944	2.23	0.05
LiI	1.8123	−193.1	−198.15	9.37	6.25
NaI	1.8212	−170.1	−259.87	10.69	—
KI	1.8647	−57.7	−60	12.66	11.05
HI	1.0552	−2150	−1823	0.43	0.38

2.1.2　密度函数积分法

上述在集居数肢解的基础上计算电荷分布的方法，总是要遇到重叠电荷的划分归属问题，除非假定所有重叠积分为零。为了避开重叠电荷的划分，Politzer[11]、Bader[12] 等人分别提出了电子分布密度函数直接积分法。因为空间任一点 r_1 的电子密度为

$$\rho(\boldsymbol{r}) = N \int \psi^*(r_1 r_2 \cdots r_n) \psi(r_1 r_2 \cdots r_n) \mathrm{d} r_2 \cdots \mathrm{d} r_n \mathrm{d} s_1 \mathrm{d} s_2 \cdots \qquad (2.1.26)$$

式中, ψ 为总电子波函数。把整个空间划分为属于各个原子的区域,对于指定的原子 k 其电荷值可由电荷密度函数在属于该原子的空间内积分来计算

$$Q_k = \int \rho(r) \mathrm{d} r \qquad (2.1.27)$$

对于复杂分子,空间归属划分有一定困难。对于线性分子,可以认为电子云是圆柱形对称的,空间归属划分,可根据它们的共价半径实施。例如,对 FCN 分子有

$$Q_F = \int_{\infty}^{p_m} \rho(\boldsymbol{r}) \mathrm{d}\boldsymbol{r}$$

$$Q_C = \int_{p_m}^{p'_m} \rho(\boldsymbol{r}) \mathrm{d}\boldsymbol{r}$$

$$Q_N = \int_{p'_m}^{\infty} \rho(\boldsymbol{r}) \mathrm{d}\boldsymbol{r}$$

式中, p_m 及 p'_m 分别为通过 F 和 C 以及 C 和 N 共价半径接触点并与键轴垂直的平面。Politzer[13]用自洽场分子波函数,计算了乙炔及其衍生物等三个分子的净电荷,结果如下:

$$+0.14 \quad -0.14 \quad -0.14 \quad +0.14 \qquad\qquad +0.10 \quad -0.23 \quad -0.36 \quad +0.49$$
$$\text{H—C}\equiv\text{C—H} \qquad\qquad\qquad\qquad \text{H—C}\equiv\text{C—Li}$$

$$+0.15 \quad -0.19 \quad +0.09 \quad -0.05$$
$$\text{H—C}\equiv\text{C—F}$$

　　电子密度函数直接积分的方法有如下优点:①没有重叠积分的划分归属问题。②因为 Q_r 是越过所有变量积分而得到的,所以分子波函数的分析形式不再重要。它也不需如集居数分析那样把分子波函数写作原子波函数的线性组合。③集居数分析计算法,当取不同的基组而使求得的体系能量相等时,得到的电荷很不一样。而密度函数直接积分得到的结果则接近相同。例如,Kern[14]等用 Nestents 18-基组-轨道自洽场函数及 Clementi 16-基组-轨道 SCF 函数,计算得到 HF 分子体系的总能量分别为 $-100.0571\mathrm{a.u.}$ 及 $-100.0575\mathrm{a.u.}$ 。然而集居数分析所得到的电荷前者为 $+0.23(\text{H})$, $-0.23(\text{F})$,后者为 $+0.48(\text{H})$, $-0.48(\text{F})$,两者相差一倍以上。用密度函数直接积分法,在上述两种情况下分别得到 $+0.27(\text{H})$, $-0.27(\text{F})$ 及 $+0.26(\text{H})$, $-0.26(\text{F})$,几乎是相等的。

2.1.3　其他方法

　　上面的介绍是基于二中心模式的电荷分布。实际上描述电荷分布的一个早期方法是把核间聚集的重叠电荷称作键电荷,如从 1945 年开始,由 Daudel[15]、Macweeny[16]、Sandorfy[17]等提出并发展了的键电子电荷的概念及计算法。但是对同

一个分子中的同一个键,价键法及分子轨道法所得电荷量值相差很大。我们认为,这是由于在同一个"键电子电荷"术语的使用中具有不同含义所引起的。如与重叠积分相关联的重叠电荷和在键级含义上使用的键电子电荷并不相同,特别是其中还涉及一个成键电子在核间和在原子上如何分配的不同处理。这种概念和数值上的差异,影响了应用,有待进一步研究。

徐光宪[18]曾明确提出了三中心的概念,他指出:"可把共价单键看作是由两个处于键端的正核和一个以单中心状态函数表示出来的电子云组成,并给出了C—H键电子密度分布图"。按这种电荷分布计算环戊酮的甲基衍生物的旋光度,结果与实验甚为一致。

近来,应用 H-F 定理计算分子中的电荷分布具有值得瞩目的新特点。Bader[19]等从 H-F 定理出发,应用精确波函数得到一些简单分子的差密度图。如本书第 3 章图 3-5～图 3-7 所示,它们是在一个给定的核间距离下由分子的电荷密度分布减去在相同核间距离下两孤立原子的叠加电荷密度分布而得到的。Bader进一步指出,用 Slater 型轨道的一个最小基集合,考虑静电平衡的约束条件,有可能得到非常满意的单电子密度分布,能够较好地估计抗磁化率、核四极偶合常数、屏蔽常数等。

我们[20]在 H-F 定理的基础上由双原子键的三中心模型推导出一个核间有效键电荷的表达式,如第 3 章第 3.4 节所述。

文献[21]指出,可以由电负性简单地估算 AB 键中原子上的净电荷,同时还得到配位键的原子上净电荷公式。由这些式子算得的电荷可以协调一致地计算键能、力常数、偶极矩及核四极偶合常数等。

2.2　键级、自由价和诱导效应

键级、键长及自由价指数与电荷分布是相互关联的,也可以认为这是电荷分布在讨论化学键性质方面的应用。

2.2.1　键级

键级是指在键合两原子间形成共价键的重数。经典有机化学理论把键级只取作整数,如单键、双键、三键等,并认为键级越大,键强度越大。

1. π 键键级

既然键级与键的强度有关,它就与键合原子电子云的重叠程度有关,这种电子云重叠与组成该分子轨道的两键合原子的轨道系数有关。Coulson[22]把键级定义为:对于一个给定的键,它的所有被填充的分子轨道两重叠的原子轨道的系数乘积之和。在计算时可以只考虑 π 键,而把 σ 键级作为 1。

对于由 n 个原子组成的共轭体系,设第 i 个分子轨道为

$$\Phi_i = C_{i1}\phi_1 + C_{i2}\phi_2 + \cdots + C_{in}\phi_n \qquad (2.2.1)$$

则任意相邻的 k、l 原子间每一个电子对键级的贡献为

$$P_{kl}^i = C_{ik}C_{il} \qquad (2.2.2)$$

若 k、l 两原子不相邻,则把它们对键级的贡献取为零。若在分子中有 n 个分子轨道,每一轨道填充 N 个电子,则 k 与 l 原子之间形成的键级为

$$P_{kl} = \sum_{i=1}^{N} N c_{ik}c_{il} = \sum_i N P_{kl}^i \qquad (2.2.3)$$

从式(2.2.3)可以看到,$c_{ik}c_{il}$ 表示 k、l 原子之间的重叠电荷。重叠电荷越大键级越强;若重叠电荷 $c_{ik}c_{il}=0$,则表示分子波函数在其中一个原子 k 上有节面,导致 $c_{ik}=0$,这对应于非键。若 $c_{ik}c_{il}<0$,就意味着要使两原子 k、l 间有键电子重叠,则体系能量升高[从式(2.2.5)可以看到这一结论],故为反键,它相当于分子波函数在两原子间有一个节面。在这里我们给出两个求 π 键键级的例子。

1) 乙烯分子

骨架中的两个碳原子每个提供一个原子轨道,组成成键与反键 π 轨道

$$\Phi_{\mathrm{I}} = \frac{1}{\sqrt{2}}(\phi1 + \phi2)$$

$$\Phi_{\mathrm{II}} = \frac{1}{\sqrt{2}}(\phi1 - \phi2)$$

占据在成键轨道上的每一个电子对键级的贡献为

$$P_{12}^{(1)} = \frac{1}{\sqrt{2}} \times \frac{1}{\sqrt{2}} = \frac{1}{2}$$

若电子处于反键轨道,则每个电子对键级的贡献为

$$P_{12}^{(2)} = \frac{1}{\sqrt{2}} \times \left(-\frac{1}{\sqrt{2}}\right) = -\frac{1}{2}$$

由于基态的乙烯分子的两个电子都处在成键轨道,故

$$P = 2P_{12}^{(1)} = 1$$

这与两个电子形成一个 π 键的概念是一致的。

2) 丁二烯分子

在丁二烯分子中,四个碳原子的 p 轨道组成两个成键的 π 分子轨道 Φ_{I} 及 Φ_{II},两个反键的 π 分子轨道 Φ_{III} 及 Φ_{IV}。对于基态,由于四个 π 电子分别填充在 Φ_{I} 及 Φ_{II},所以只需要考虑它们对各相邻原子间键级的贡献。由式(2.1.20)中的系数可得

$$P_{12}^{(1)} = c_{11}c_{12} = 0.3717 \times 0.6015 = 0.224$$

$$P_{23}^{(1)} = c_{12}c_{13} = 0.6015 \times 0.6015 = 0.362$$

$$P_{34}^{(1)} = c_{13}c_{14} = 0.6015 \times 0.3717 = 0.224$$

因为 $P_{23}^{(1)} > P_{12}^{(1)} = P_{34}^{(1)} > 0$，所以占据在 Φ_I 上的电子将使中心键 2-3 增强。

现在再考虑第二个轨道 Φ_{II} 对键级的贡献

$$P_{12}^{(1)} = c_{21}c_{22} = 0.6015 \times 0.3717 = 0.224$$

$$P_{23}^{(2)} = c_{22}c_{23} = 0.3717 \times (-0.3717) = -0.138$$

$$P_{34}^{(2)} = c_{22}c_{24} = (-0.3717) \times (-0.6015) = 0.224$$

因为 $P_{12}^{(2)} = P_{34}^{(2)} > 0 > P_{23}^{(2)}$，由于 $P_{23}^{(2)}$ 是负值，所以它对中心键是负贡献。根据式 (2.2.3) 则有

$$P_{12} = P_{34} = 2P_{12}^{(1)} + 2P_{12}^{(2)} = 0.896$$

$$P_{23} = 2P_{23}^{(1)} + 2P_{23}^{(2)} = 0.448$$

这就是说丁二烯分子两端的 π 键级较中心的大一倍，故其结构式为

$$CH_2 \underset{1.344\text{Å}}{=\!=\!=} \overset{\overset{H}{|}}{C} \underset{1.448\text{Å}}{-\!-\!-} \overset{\overset{H}{|}}{C} \underset{1.344\text{Å}}{=\!=\!=} CH_2$$

这与键长数据是一致的。

有趣的是，这里四个 p 电子形成的键级不是等于 2，而是大于 2，因为

$$P_{12} + P_{23} + P_{34} = 2.24$$

超过的 0.24 是由于每个 π 电子不局限于某两原子之间，而是在整个分子上流动，增强了分子总体的稳定性。但从 P_{12} 及 P_{34} 来看，丁二烯分子的键级小于乙烯。所以丁二烯分子的双键较乙烯易于打开。因此从键级来看分子的性质与从能级来看分子的性质是一致的。

事实上键级与分子轨道能级有着内在的联系。因为若把第 j 个分子轨道表示为

$$\Phi_j = c_{jl}\phi_l + c_{j2}\phi_2 + \cdots + c_{jn}\phi_n = \sum_{i=l}^{n} c_{ji}\phi_i \tag{2.2.4}$$

那么第 j 个分子轨道的能量在 HMO 近似下则可表示为

$$E_{i\pi} = \int \phi_j H \phi_j \mathrm{d}r = \left(\sum_{r=1}^{n} c_{jr}^2 \right) a + 2 \sum_{r<s}\sum c_{jr}c_{js}\beta_{rs} \tag{2.2.5}$$

所以 $E_{j\pi}$ 与键级有如下关系：

$$E_{j\pi} = \sum_r c_{jr}^2 a_r + 2 \sum_{r<s}\sum P_{rs}\beta_{rs} \tag{2.2.6}$$

这就是说，能级的高低与键级成比例。但是，用键级来说明不同分子中化学键的性质，只有用完全相同的方法得到的结果才可作比较，因为不同的方法得到的键级并不是完全相同的。

2. σ键键级

上面介绍的键级仅涉及 π 电子,是在 Hückel 理论基础上建立起来的。对于一般情形,应用最多的是 Mulliken 键级,它被定义为

$$P_{AB} \sum_{\mu}^{A} \sum_{\nu}^{B} N c_{\mu} c_{\nu} s_{\mu\nu} = \sum_{\mu}^{A} \sum_{\nu}^{B} P_{\mu\nu} S_{\mu\nu}$$

其次还有 Wiberg 键级,由下式定义:

$$P_{AB} \sum_{\mu}^{A} \sum_{\nu}^{B} P_{\mu\nu}^{2}$$

在有机共轭体系中都令碳碳间的 σ 键级 $P_{c-c} = 1.00$。这对所有的同核键都能够适用。因为对于同核键的成键轨道系数 $c_1 \cdot c_2 = \dfrac{1}{\sqrt{2}} \times \dfrac{1}{\sqrt{2}} = 0.5$,所以 $P = 2c_1 \cdot c_2 = 1.00$。但是对于异核键,电荷分布对键中心并不对称,即具有一定的离子性,这种关系便不再成立。

与定义共价键键级类似,Mulliken[13]曾经建议用如下公式作为一个极性键的离子键键级的定义:

$$P_{\text{ion}}(k, l) = - Q(k)Q(l)\frac{0.529}{R_{kl}} \tag{2.2.7}$$

式中,$Q(k)$、$Q(l)$分别是原子 k、l 上的形式电荷(净电荷),$R_{k,l}$ 是它们的核间距(以 Å 为单位),0.529 是氢原子的 Bohr 半径。

Ferreira[23]认为形成 AB 分子的 σ 键的分子轨道可以写成原子轨道函数的线性组合:$\psi_{AB} = c_A \phi_A + c_B \phi_B$,在忽略重叠积分时则 $c_A^2 + c_B^2 = 1$。定义一个新的参数 υ

$$\upsilon = c_A^2 - c_B^2$$
$$2c_A c_B = (1 - \upsilon^2)^{1/2} \tag{2.2.8}$$

于是据 Coulson 关于键级的定义,对于两电子的 σ 键共价键级有

$$P_{AB} = \sum_{j} n_j c_{Aj} c_{Bj} = 2c_A c_B = (1 - \upsilon^2)^{1/2} \tag{2.2.9}$$

由此可见,键级不仅可以由重叠电荷表示,也可以由净电荷表示。这个表示式的一个有益的方面是,由于 υ 具有键的离子性的物理意义,所以式(2.2.9)就意味着一个共价 σ 键级可以表示成归一键级与离子键级之差的函数。

以上是分别考虑 π 键和 σ 键键级,但是在一个分子中,原子之间既可以形成 π 键,又可以形成 σ 键,那么总键级就应当是 σ 键级及 π 键级之和,即

$$P = P_{\sigma} + P_{\pi} \tag{2.2.10}$$

在一般有机分子中碳原子与其他原子所形成的 σ 键,其键级都近似地为 1.0,所以对有机分子中的一个碳原子,它与相邻原子的总键级之和为

$$N_k = n + P_{\pi} \tag{2.2.11}$$

式中，n 是该原子形成的 σ 键数目。例如，丁二烯中第一个碳原子，它与两个氢形成两个 σ 键，与另一个碳原子形成一个 σ 键和一个 π 键。根据上述键级的计算法，它与氢原子间的键级均为 1.0，而与第二个碳原子的键级为 1.896，总键级之和为 3.896。这个量值又称为 k 原子的总成键度。

2.2.2　自由价指数

在经典有机化学中，曾提出剩余价的概念并用以说明一些反应的位置与倾向。量子化学对这个概念给出了合理的解释，其基本观点是：一个原子有一个极限成键度 N_{max}，对于大多数分子，某原子的总成键度 N_k 总是小于 N_{max}，N_k 与键级有如下关系：

$$N_k = \sum_l{}' P_{kl} \tag{2.2.12}$$

式中，$\sum_l{}'$ 表示对与原子 k 键合的所有原子求和，于是自由价指数定义为

$$F_k = N_{max} - N_k \tag{2.2.13}$$

式中，对 N_{max} 不同作者建议取不同的值。后来 Moffitt[24] 指出，三次甲基甲烷中心碳原子可认为达到了最大的成键度。建议令该碳原子的成键能力作为 N_{max} 的标准*。由该分子的波函数式(2.1.23)，立即可以分别求出其三个 π 键的键级

$$P_{12} = P_{13} = P_{14} = 2 \times \frac{1}{\sqrt{2}} \times \frac{1}{\sqrt{6}} = \frac{1}{\sqrt{3}}$$

同时，由于该分子的中心碳原子与另三个碳原子还形成三个 σ 键，所以，其总的成键度为

$$N_{max} = 3 \times \frac{1}{\sqrt{3}} + 3 = 4.732$$

于是有

$$F_k = 4.732 - N_k \tag{2.2.14}$$

对于丁二烯中的四个碳原子其自由价指数分别为

$$F_1 = F_4 = 4.732 - 3.894 = 0.838$$
$$F_2 = F_3 = 4.732 - 4.341 = 0.391$$

同理计算出苯分子的 $F_1 = F_2 = \cdots = F_6 = 4.732 - 4.341 = 0.391$。这些数值表明对于丁二烯分子，1、4 碳原子有较大的自由价指数，因此它具有较大的与其他原子或基团结合的能力。但是在苯分子中，每个原子的这种能力相等，这与它们表现出的化学行为是完全一致的。

在理论有机化学中，把计算得到的 π 键键级及电荷密度、自由价指数，都在分

---

*　已知碳的最大成键度可以是 4.828。

子的结构式上标出来,称之为分子图。如丁二烯与苯的分子图分别为

$$
\begin{array}{cccc}
0.838 & 0.391 & 0.391 & 0.838 \\
\uparrow & \uparrow & \uparrow & \uparrow \\
CH_2 \overset{0.894}{\underline{\qquad}} CH \overset{0.449}{\underline{\qquad}} CH \overset{0.894}{\underline{\qquad}} CH_2 \\
1.00 \qquad 1.00 \qquad 1.00 \qquad 1.00
\end{array}
$$

其中箭头号上的数值是自由价指数,横线上的数值是 π 键键级,碳原子旁的数值是 π 电荷。利用分子图可以估计分子中键的极性,以及判断各个原子在反应中化学活性的大小。例如,利用前线轨道的电荷密度,可以判断离子型反应中各原子的活性大小;而在自由基反应中,则以自由价指数的大小来判断反应主要发生在哪些原子上。有关它们的应用,放在下一节中讨论。

2.2.3　键长

　　可以由从头计算法或自洽场半经验法计算键长。在文献[64]中曾经指出用 CNDO、INDO 法计算的键长值[8]与实验值一般符合较好。但是个别分子也可能偏差较大。在这里介绍几个较常用的经验公式。

　　一般地说,一个共价键,当两核之间重叠电荷较大时,则两个键合的原子核较紧地被拉在一起。也就是说,键级越大,核间距越短。例如,丁二烯两个端键键级为 0.896,其键长为 1.35Å,中心键级为 0.448,其键长为 1.46Å,因此对于有机 π 键体系,可以由 π 键键级来预计键长。图 2-2 给出了实验测得的键长与键级的依赖关系。

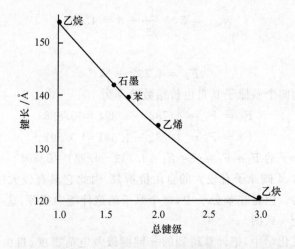

图 2-2　碳-碳键的键级、键长曲线(键级按 MO 法计算)

Coulson[25] 提出如下一个键长与键级间的关系式:

$$R = R_s - \frac{R_s - R_d}{1 + K\left(\dfrac{2-P}{P-1}\right)} \qquad (2.2.15)$$

式中，R_s 及 R_d 分别是单键与双键键长，P 是总键级，K 是单键力常数与双键力常数之比，取为 0.57。若用 0.765 代替 0.57 这一数值，则由式（2.2.15）求得的键长与实验测定值在 $P=1$ 至 $P=3$ 的范围内是一致的。在这里值得指出的是：一般地说，键级与键长间没有简单的比例关系。

上面对键长的讨论，仅限于有机分子碳—碳间键长。可以认为，无机分子或有机分子中的 σ 键键长具有加合性。例如，若两个原子形成纯共价 σ 键，它的键长就等于成键原子的共价半径和。像 As 与 H，它们在同核双原子分子中共价半径分别为 1.21Å 及 0.37Å，而 As—H 键长为 1.58Å。但是由于键合原子电负性的存在，使键具有部分离子性，加强了键合原子间的相互吸引，使键长较正常的共价键缩短。这种影响对于不同的杂化状态的碳—碳键同样存在，所以无论是无机或有机分子体系，它们的键长比正常共价键有所缩短。这种考虑到键型变异的键长可以由下式表示[26]：

$$r_{AB} = r_A + r_B - \beta \,|\,(X_A - X_B)\,| \qquad (2.2.16)$$

式中，x_A 及 x_B 分别为 A、B 原子的电负性，而 r_A 与 r_B 是它们的共价半径。β 是经验常数，当电负性取 Pauling 值时，如 A—B 中含有第二周期原子，则 $\beta=0.08$。若用文献[27]的电负性值时，则取 $\beta=0.10$。在缺乏实验核间距时用式（2.2.16）作出估计，可以得到比较接近实验值的结果。

2.2.4　游离基反应

在有机化合物的反应中，一类是离子型反应，另一类是游离基反应。用与电荷分布相关的自由价指数，能够较好地说明游离基型反应。

前一节中已经指出，在同一分子内，不同原子的自由价指数是它们反应倾向相对大小的一种度量。我们知道，自由基是一些具有奇数电子的分子。在它的含有未偶电子的原子上最易起反应，自由价指数反映了这种性质。

例如，烯丙基及苯基各原子上的自由价指数如下：

对于烯丙基，其游离基反应显然要发生在端基原子上。有趣的是，由化学直观来看似乎三苯甲基最活泼的原子是取代甲基中的碳原子。但实验指出，这个游离基最活泼的原子是苯环上的邻位、对位上的碳原子，计算的自由价指数与实验的结果是一致的。

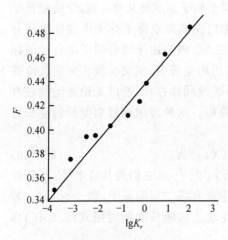

当交替烃分子与一特定的取代基反应时，随着反应位置碳原子的自由价指数增加其势垒将减小。例如 Kooyman[28] 与 Farenhorst 研究三氯甲基与交替烃的反应，发现与反应速度相关的实验参数 $\lg K_r$ 是取代位置碳原子的自由价指数的函数，如图 2-3 所示，它们之间是一条很好的直线。

对于某一交替烃分子，若计算得到了不同原子的自由价指数，就能够预期其取代反应的优先位置。如嵌二萘分子，由简单分子轨道法计算它的自由价指数在位置 3 最高，那么取代反应在该位置最快。实验证实嵌二萘在硝化、磺化及氯化反应中，都是 3、4 位置的产率最高。因此，当实

图 2-3　三氯甲基与交替碳氢化合物反应速率和自由价指数的关系

验事实缺乏时，就可以由这种理论计算的结果作为合成化学的参考数据。

虽然 Burkitt、Coulson[29] 等人认为定域能是判断一个位置对游离基反应性的最好理论度量，但是法国学者则特别提倡使用自由价指数。实验上自由价指数与定域化能存在很好的线性相关。

自由价指数若与电荷密度相结合不仅可以预见哪些位置最易与游离基起反应，而且还可以判断反应性质。例如，甘菊环由分子轨道法计算的净电荷与自由价指数如上图。若只从自由价指数来看，3、4 最易起反应，其次是 6。但当再考虑到这些位置的电荷差别时，可以看出，位置 3、4 应是亲电反应，而位置 6 应是亲核反

应。这个推论与实验结果是符合的。

自由价指数所指明的起反应的位置,与体系在该位置反应所形成的产物具有较高的稳定性是一致的。例如,考虑加一个顺式丁二烯酐至蒽上,当加至 9、10 位置上时,体系能量的改变由 MO 法计算为 $2\alpha+3.32\beta$,而加至 1、4 位置上改变的能量为 $\Delta E_\pi=2\alpha+3.64\beta$。所以从体系能量来看,丁二烯酐在 9、10 位置加成最有利。而计算的自由价指数也是在 9、10 位置上最高,二者是一致的。实验也支持这种论点。下面是这两种不同反应所形成的分子及体系能量图示。

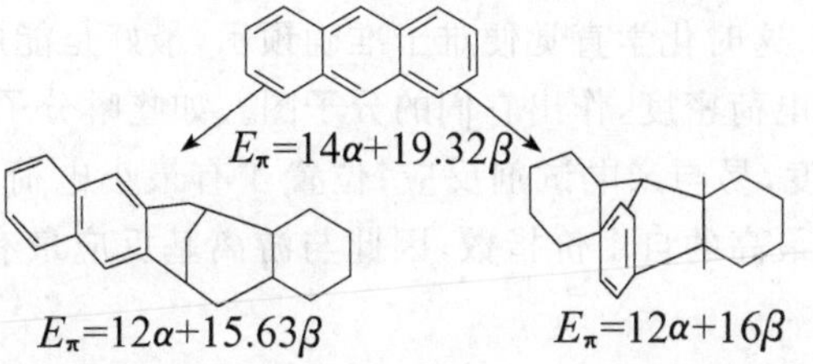

$$E_\pi=14\alpha+19.32\beta$$

$$E_\pi=12\alpha+15.63\beta \qquad E_\pi=12\alpha+16\beta$$

2.2.5　亲电反应与亲核反应

当一种试剂被另一种试剂进攻时,根据进攻试剂性质的不同,可分为亲电反应和亲核反应。实际上在这两种情况下都同时存在着亲电试剂和亲核试剂。

亲电试剂如:NO_2^+、Br^+、R_2CO、F、Cl、H_2O_2、H_3O^+ 等。

亲核试剂如:NH_2^-、OH^-、OR^-、$RC{\equiv}CM$、$CH_2{=}CH_2$ 等。

一般亲电试剂都有较强的得电子能力。而亲核试剂都有较强的给电子能力。亲电试剂将在富电子的位置进攻,亲核试剂将在贫电子的位置结合。例如,算得甲苯的电荷密度分布如下图,它在邻位、对位上有较富的电子,当它进行硝化亲核反应时,其相对产率是对位最高,邻位次之,而间位最低。但是假若不是按照理论处理,而是只凭经验推测或化学直觉判断,往往会出现错误。

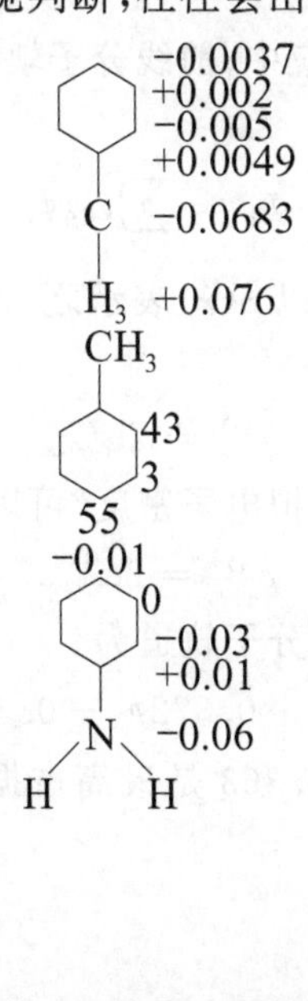

-0.0037
$+0.002$
-0.005
$+0.0049$
C　-0.0683
H_3　$+0.076$
CH_3

43
3
55
-0.01
0
-0.03
$+0.01$
N　-0.06
H　　H

例如,按照化学直觉,在苯胺分子中由于氮原子的电负性大于碳,似乎苯胺环上的电子密度要小于苯中苯环上的电子密度。但是实际上苯胺不仅具有 1.60D 的偶极矩,而且负端在苯环上。苯胺中的苯环较苯的电子密度为富,所以它很易在邻位、对位上发生亲电取代反应。这是因为,虽然氮的电负性大于碳,但氮原子除了与碳原子形成一个 σ 键之外,还有一孤对电子与苯环上的 π 电子形成共轭,使它的电子云流向苯环,造成苯环上富电子。

一般地说,在一个复杂分子中,可能既可发生亲核取代,又可发生亲电取代,还可以与游离基反应,这时化学直觉便难于准确预示,最好是能用理论方法计算出它们的自由价指数和电荷密度,作出它们的分子图。如喹啉分子,理论计算表明位置 8 有最大的电荷密度,易与亲电试剂反应;位置 4 有最小电荷密度,易与亲核试剂反应。碳原子 2 有最高的自由价指数,因此与游离基反应最有利。所有这些都得到了实验的证实。

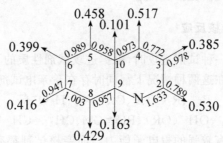

前线轨道理论[30]认为,一个分子是发生亲电取代或是发生亲核取代反应,不必计算分子中每个原子上的总的电荷密度,而只需计算其前线轨道在某一原子 r 上的密度就可以了,因为一个化学反应只是由其最高填充轨道与最低空轨道间发生电荷迁移来完成的。

设在亲电、亲核或自由基反应中,前线分子轨道 Φ_f 可以写作原子轨道 ϕ_r 的线性组合

$$\Phi_f = \sum_r C_{fr}\phi_r \qquad (2.2.17)$$

显然,$2C_{fr}^2$ 表示前线电子密度,并以 $\rho(r)$ 表示之。对于亲电反应,最高占据轨道的电子密度可以作为该反应的指数

$$\rho_{occ}^{(r)} = 2C_{frocc}^2 \qquad (2.2.18)$$

对于亲核反应,最低空轨道的"虚拟电子密度"可以作为该反应的指数

$$\rho_{uocc}^{(r)} = 2C_{frocc}^2 \qquad (2.2.19)$$

例如,对于二烯分子,其最高占据分子轨道为

$$\Phi_{focc} = 0.602\phi_1 + 0.372\phi_2 - 0.373\phi_3 - 0.602\phi_4$$

显然 $\rho_{occ}^{(1)} = \rho_{occ}^{(4)} = 2 \times (0.602)^2 = 0.363$ 是最高占据轨道中具有最高电荷密度的位

置,所以亲电试剂在 1、4 碳原子上最易发生取代反应。

丁二烯的最低空轨道为

$$\Phi_{fuocc} = 0.602\phi_1 - 0.372\phi_2 - 0.372\phi_3 + 0.602\phi_4$$

显然 $\rho_{fuocc}^{(1)} = \rho_{fuocc}^{(4)} = 0.363$ 是最低未填充的分子轨道中虚拟电子密度最大的原子,所以亲核取代反应易在 1、4 碳原子上发生,这些都是实验一再证明了的。

在前面我们曾经说明了用自由价指数所指明的应该起反应的位置,是与体系能量具有极小值一致的。在这里,前线轨道电荷分布所标明的反应位置,与体系趋于稳定也是一致的。

Nakajima[31] 在原子稳定化能的基础上建议了一套反应指数,其大意如下:若在一个碳氢化合物中总的 π 电子成键能为 E,它可以表示为所有占据分子轨道 π 电子能量之和

$$E = \sum_{i=1}^{n} 2\varepsilon_i \qquad (2.2.20)$$

式中,n 为被占分子轨道数。我们可以把式(2.2.20)改写为由每个原子的能量来表示

$$E = \sum_r n\varepsilon_r \qquad (2.2.21)$$

$$\varepsilon_r = \sum_{i=1}^{occ} 2C_{ir}^2 \varepsilon_i \qquad (2.2.22)$$

式中,ε_i 是第 i 轨道能,ε_r 是 r 原子的稳定化能。显然 ε_r 依赖于在原子 r 上的电子密度。Nakajima 认为 ε_r 是原子 r 结合游离基的反应速率的度量。而亲电取代反应活性指数则由下式表示:

$$\varepsilon_r^+ = \varepsilon_r - C_{fr}^2 \varepsilon_f \qquad (2.2.23)$$

式中,r 原子系数 C_{fr} 中脚标 f 表示前线轨道。亲核取代反应活性指数则由下式表示:

$$\varepsilon_r^- = \varepsilon_r + C_{f'r'}^2 \varepsilon_{f'} \qquad (2.2.24)$$

从这里看到,一个反应的发生是由于前线轨道电荷迁移造成的,这种电荷迁移有利于体系的稳定。

2.2.6　诱导效应

由于电负性差异而引起的电荷在分子中各原子上依次传递流向某原子的作用叫做诱导作用。由于诱导作用带来的各种物理化学效应叫做诱导效应。这里主要介绍饱和碳氢化合物的诱导效应。

让我们来讨论氯代醋酸的强度。从实验事实知道,氯代醋酸的解离度比醋酸解离度要大。二氯代醋酸又比一氯代醋酸解离度要大。各级氯代醋酸的电离常数是

$$CH_3COOH < ClCH_2COOH < Cl_2CHCOOH < Cl_3CCOOH$$

$$K_a(25℃) \quad 1.8 \times 10^{-5} \quad 1.5 \times 10^{-3} \quad\quad 5 \times 10^{-2} \quad\quad 1.3 \times 10^{-1}$$

其他卤代酸也有类似的规律。一个合理的解释是由于氯的电负性较大,引起电子云向氯偏移,增大了 O—H 键的极性,有利于它在水溶液中解离出 H^+。为了从理论上研究这种诱导效应,Sandorfy[32] 提出所谓"C"近似,拟合 σ 键的一定程度的离域性。

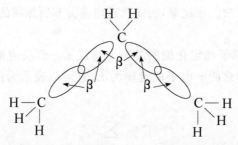

现以丙烷为例来说明 Sandorfy 处理方法的大意。取氢的 1s 和碳的 sp^3 杂化轨道线性组合作为分子轨道,使用 Hückel 近似,并且忽略所有的碳氢键,只考虑碳—碳相互结合的 sp^3 轨道。在同一碳原子中两个杂化轨道是相互正交的,但假定它们之间有相互作用,引进它们的共振积分 β',并用 $\beta'=k\beta$ 定义参数 k,这里,β 是相邻碳原子的两个重叠的 sp^3 杂化轨道间的共振积分。令 $x=(a-E)/\beta$,于是正丙烷碳链的久期行列式为

$$\begin{vmatrix} x & 1 & 0 & 0 \\ 1 & x & k & 0 \\ 0 & k & x & 1 \\ 0 & 0 & 1 & x \end{vmatrix} = 0 \qquad (2.2.25)$$

若 $k=0$,则丙烷中两个碳—碳键没有相互作用。为了研究诱导效应,以杂原子 X 代替末端的甲基,并假定 X 比碳具有较大的电负性,$[\beta_{x-c}=k\beta_{c-c}, a_x=a_c+\delta\beta]$,设 $\delta=2, k=0.25$,于是得到该分子中的键电荷和原子上的全电荷以及净电荷如下:

键电荷 q_μ　　　　X$\underline{\quad 1.713 \quad\quad 0.314 \quad}C\underline{\quad 1.005 \quad\quad 0.971 \quad}C\underline{\quad 1.001 \quad\quad 0.998 \quad}$C

原子全电荷 $\sum q_\mu$　1.713　　　　　　　1.319　　　　　　　1.472　　　　　　　0.998

净电荷　Δq　-0.713　　　　　$+0.681$　　　　　$+0.028$　　　　　$+0.002$

从这里我们可以得到两个重要的结论:①由于 X 原子的存在,在碳链上的每个原子键轨道上的电荷摆动地向 X 原子递减。它们减少的电荷全部被 X 原子所获得。②链上的电荷,每个原子依次递减。这个例子也能说明各级取代羧酸的强度变化规律以及随着链的加长,诱导效应减少的情况。

广义地说,诱导效应不仅是由于存在电负性相差较大的杂原子才引起的,就是

在碳与氢之间,甚至不同杂化的碳与碳之间也存在着诱导效应。所以诱导效应与分子的活性关联是一个相当普遍的问题。

对于复杂分子的诱导效应,完全依靠理论来计算并不是一件容易的事,因为即使用简单的分子轨道法,当原子数增加时,久期方程的解就越来越复杂。同时,由于杂原子的库仑积分及共振积分要引进经验参数,计算的电荷分布也只有相对次序的可靠性。所以在弄清物理意义的基础上,寻找一些较好的经验公式来计算诱导效应是有益的。

我国有机化学家蒋明谦[33]提出诱导效应指数来表示饱和碳氢化物分子中这种电荷迁移所引起的效应。并且还可以用它去归纳无机酸强度的规律性。在共轭体系中虽然也存在着诱导效应,但由于 π 电子的流动性比 σ 电子大得多,所以 π 体系的诱导效应被共轭效应所掩盖,兹不赘述。

2.2.7　致癌活性和抗癌活性[64,65]

近代对癌症的研究已基本肯定了这样一点,即癌症明显地与环境有关,许多化学物质是具有致癌能力的。为什么一些有致癌能力的物质进入到人体后会使正常细胞恶变成癌细胞呢?

现代医学对肿瘤本质的研究取得如下认识:①癌基因的异常表达和激活是细胞癌变的分子生物学基础;②癌细胞膜功能异常,细胞表面负电荷增加;③癌细胞生化代谢异常,细胞内 DNA、RNA、蛋白质的合成代谢非常旺盛,而分解代谢减弱,因而 DNA 含量较正常细胞为高;糖代谢突出表现为有氧酵解增强和戊糖旁路活跃,因而癌细胞内氧含量不足,氧化能力差;④癌细胞分化不完全,其生长较正常细胞快得多。而对 DNA 损伤的修复能力远不及正常细胞完善。可见,肿瘤和癌是一种恶性变异了的细胞,而细胞的恶性变异则是由于细胞物质核酸和蛋白的结构发生了变异。人体容忍不了这种不断生长着的有毒性的肿瘤。这种对生命功能有害组织的出现,破坏了正常的机体组织,夺去了营养物,不可避免地最后导致死亡。

化学致癌物质大多是一些亲电试剂,这些亲电试剂与生物亲核试剂(诸如蛋白质和核酸)起反应,使后者的正常新陈代谢机能受到破坏,这被认为是致癌的一个过程。

由此可见,分子的化学键尤其是电荷分布和其致癌活性有很大的关系。例如,稠环芳香烃是否有致癌性,决定于该分子结构中的电荷分布。Schmidt[34]曾用波动力学的方法研究致癌的机理。他的理论认为,对于一个芳香碳氢化合物,当该分子中的一个部分的 π 电子密度大于某一临阈值时,即有致癌活性。

为了解释抗药现象,Lacassague[35]等认为,致癌碳氢化合物必须与控制细胞分裂的基质能够形成一个加成配合物,这个配合物被假定能有效地引起正常组织癌变,这个假定后来被 Miller[36]所证实。他们发现在老鼠的肝脏,对二甲胺基-偶氮苯(p-dimethyl-amino-azobenz-ane)与细胞物质之间形成了一个加成配合物并引起了癌变。

对于取代或含有杂原子的碳氢化合物，其致癌的可能性是随着起加成反应的键电荷增加而增加。如在角苯氮蒽类（angaular benzacridines）的甲基衍生物中，有最高键级的键极易发生加成反应。可用互极化率的微扰法计算其电荷；表 2-3 中给出不同分子有关原子的 π 电子电荷及其致癌指数[64]。对于苯并蒽（bengan-thrancene）采用如下参数：

$$a_N = a_c + 0.2\beta_{C-C} \qquad a_{C-CH_3} = a_c - 0.1\beta_{C-C}$$

表 2-3　电荷分布与角苯氮蒽类的致癌指数

分　子	电子电荷	致癌指数	
		染　色	注　射
5,6 苯氮蒽	1.9922	0	
2-甲基 5,6 苯氮蒽	1.9925		0
10-甲基 5,6 苯氮蒽	1.9925	0	0
2,10-双甲基 5,6 苯氮蒽	1.9928	11	0
2,4,10-三甲基 5,6 苯氮蒽	1.9928		0
1,2-二甲基 5,6 苯氮蒽	1.9934	0	
1,10-二甲基 5,6 苯氮蒽	1.9934		7
1,4,10-三甲基 5,6 苯氮蒽	1.9934		
1,2,10-三甲基 5,6 苯氮蒽	1.9937		0
2,3,10-三甲基 5,6 苯氮蒽	1.9940	0	35
1,10,13-三甲基 5,6 苯氮蒽	1.9944		8
3,4-二甲基 5,6 苯氮蒽	1.9946		
1,3,10-三甲基 5,6 苯氮蒽	1.9946	36	
10-甲基 3,4-5,6 二甲基苯氮蒽	1.9948	31	
1,3,10B-四甲基 5,6 苯氮蒽	1.9956		0
2,10,12-三甲基 5,6 苯氮蒽	1.9964		0
3,10,12-四甲基二苯氮蒽	1.9982		0
7,8 苯氮蒽	1.9994		0
1,2-7,8 二苯氮蒽	1.9996		58
3-甲基 7,8 二苯氮蒽	1.9997		0
1,2-5,6 二苯氮蒽	1.9998		
4-甲基 7,8 苯氮蒽	2.0003		0
二甲基 7,8 苯氮蒽	2.0006		0
1,2-二甲基 7,8 苯氮蒽	2.0006	0	
三甲基 1,2-5,6 二苯氮蒽	2.0008	10	
1,10-二甲基 7,8 苯氮蒽	2.0033	14	42
10-甲基 7,8 苯氮蒽	2.0033	63	
3,10-二甲基 7,8 苯氮蒽	0.0036	81	41
1,3,10-三甲基 7,8 苯氮蒽	2.0036	29	20
1,4,10-三甲基 7,8 苯氮蒽	2.0042	43	0
1,3,4,10-四甲基 7,8 苯氮蒽	2.0045	50	20
2,10-二甲基 7,8 苯氮蒽	2.0045	56	64
2,3,10-三甲基 7,8 苯氮蒽	2.0048	43	0

表 2-3 给出两种致癌指数,其一为染色技术,另一为注射技术。这些指数是引发肿瘤的百分比乘以 100,再被出现肿瘤的天数除。从表中很清楚地看到,随着电荷的增加,致癌的倾向增大。对于电荷小于 1.9940 的 9 个化合物中只有两个化合物有弱的致癌活性。对于电荷为 1.994~2.0033 的 17 个分子中有 7 个表现致癌性。而电荷大于 2.0033 的 8 个化合物全部有致癌作用。因此,有理由相信,亲电反应是癌产生的重要步骤。

Pullman[37]认为,具有致癌活性的稠环芳香碳氢化合物中存在一个高键级或低定域能(≤2β)的活性的 K 区和一个无活性的高定域能(2.98β)的 L 区,如下图。致癌烃通过对 K 区的加成或对 L 的 Diels-Alder 型亲双烯加成,会固着到细胞蛋白质上。

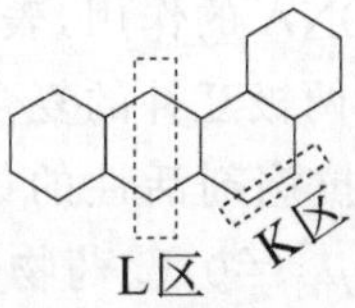

在蒽的衍生物中,可以增高 K 区总电荷的甲基的推电子效应,使该区有较大的电子密度,故使致癌活性增加。表 2-4 列出了几种蒽衍生物以及用量子化学方法得到的 K 区总电荷和致癌活性的关系。

表 2-4　蒽衍生物 K-区总电荷和致癌活性

分 子	K-区总 π 电荷	致癌活性
蒽	1.259	—
1,2-苯并蒽	1.283	+
5-甲基-1,2-苯并蒽	1.296	++
10-甲基-1,2-苯并蒽	1.306	+++
5,9,10-三甲基-1,2-苯并蒽	1.332	++++

Memory[38]曾用 HMO 法计算了苯并蒽(benzanthracene)、苯氮蒽(benzacridine)、䓛(chrysene)、苯并菲(benzophenanthrene)等及其衍生物的 K 区及 L 区的亲电子超离域性(superdelocalizability)说明这类物质的致癌行为。当然,亲电子试剂在致癌时,还受其他一些因素的影响。例如,原子的空间排列可以决定分子是否能填充进某些临界尺寸的细胞接受体。稠环芳香烃中 4-6 环有致癌性,小于 4 环或大于 6 环的一般就没有致癌性,取代基过于长的亚硝胺也呈现很弱或没有致癌性。溶解度可能决定(或影响)了它可否穿过细胞膜而接触到细胞中的靶分子,因而反应活性取决于这种亲电试剂能否在与水反应前到达此靶分子目标。

尽管 Pullman 学派的致癌理论取得了较大的成功,但仍不乏例外。文献[39]提出新的观点,能更好地说明稠环芳烃致癌活性。类似地,也可以利用计算的方法得到抗癌药物的电子云分布,从而了解抗癌药物作用的本质。

关于抗癌活性,杨频研究组通过对有代表性的 Pt、Ru、Ti、Sn、Pd、V 等 6 类 180 余个具有抗癌活性的金属配合物的结构、活性及其抗癌机理的研究,发现金属抗癌剂分子存在某些共同的结构特点和作用规律,并把这一规律概括为"两极互补原理"[65]。此原理分三个层次:①分子结构的两极互补:即有活性的药物分子在结构和性质上总是存在着亲水性和疏水性,正电性和负电性的两极;相应地在体液中则呈现易离去基团和较稳定基团;这种两极互补的分子既可以使药物溶于水输运到膜表面,又能穿透脂质核心跨膜,并到达靶分子附近;②受体-底物作用方式的两极互补:即药物分子与靶分子的相互作用总是经由"活性中间体"通过电荷控制和轨道控制这种电价性和共价性两极互补的作用方式,与 DNA 骨架上的磷酸氧位点(电价性)和嘌呤、嘧啶的氮位点(共价性)键合;③受体-底物在对称性上的两极互补:即对于手性药物分子其与 DNA 的作用,表现出药物分子的左手对映体与右手 DNA 的键合,形成左手与右手两极互补的复合体。

由上述原理可以引申出金属抗癌剂活性的如下判据[65]:①药物分子的"活性中间体"结构的偶极矩不为零,即 $\mu_{活} \neq 0$;②药物分子必须同时具备亲水和亲脂的两极基团,在同系物中并存在一个合适的脂/水系数 K,亲脂基团体积不宜过大;③在体液中药物分子需具有合适的水解速度常数 k_t;并在 DNA 附近生成至少合顺式二水的"活性中间体"$[\text{cis-}A_n M(H_2O)_2]^{m+}$;④作用活性中心金属离子必须具有合适的软硬度(合适的价态和半径)和丰富的价层轨道,使之既能与 DNA 骨架上的磷酸氧位点亲和形成电价键,又能与嘌呤、嘧啶的环氮位点亲和形成共价键;⑤手性药物分子应是左手对映体,以便与右手 DNA 形成配位的互补结构。可见,化合物的抗癌活性也与分子的结构参量存在密切关联。由于这些内容已离开本书的主旨,兹不赘述。

2.3　离子键和共价键的特点与表征

化合物原子之间的键合性质,可以粗略地划分为三种类型。一种是由于正负离子间的静电作用使它们结合在一起,称之为离子键,如碱金属卤化物就属于这一类;另一种是由于键合原子间有共用电子对使它们结合在一起,此类称为电子对键或共价键,如所有同核双原子分子都属于这一类;第三种是各种原子按照一定位置作周期排列,其价电子在各原子骨架间自由运动,此类称之为金属键,所有纯金属及绝大部分合金都属这一类。最后这类键在本书不作讨论。

2.3.1　离子键与共价键的特征

键的离子性可以用键合两原子形成化学键后每个原子上带的净电荷或形式电荷来表示。因为成键电子电荷是归一的,所以知道了离子性就等于知道了共价性。

一个化学键究竟是离子键或者是共价键,有许多方法可以鉴别。如可以根据理论计算或光谱测定得到的原子间势能曲线,获得一些定性的知识。离子键属于长程作用,共价键属于短程作用,它们的势能曲线有明显的差别,这可以由图 2-4 看出。

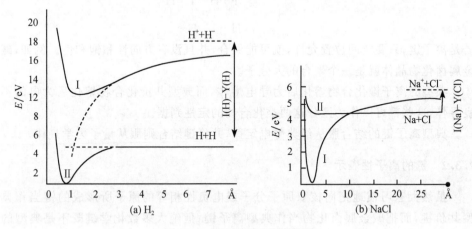

图 2-4 离子和原子势能曲线

图 2-4(a)或(b)中的曲线 I 都表明,当离子相距较远时,就存在着明显的相互吸引;而体现原子作用的曲线 II 只有在很短的核间距如 $2\sim3\text{Å}$ 时势能的变化才明显。由势能曲线还可以看到,对于 H_2,其原子之间相互作用的共价势能曲线较低。由体系能量最低原理得知,H_2 应该形成共价键。相反,NaCl 分子中的 $Na^+ + Cl^-$ 的势能曲线最低,故应形成离子键。不过这种判断只能得到一些定性的结论。

另一判断键型的方法是测定电子云分布。若是离子键型,每个原子核外电子云是球对称的;而若是共价键,就不是球形对称的。这种对称性可以由核四极矩与核外电荷相互作用的核四极矩偶合常数来测定。若核四极矩偶合常数接近于零,则是球形对称的,即为离子键。否则,若核四极矩偶合常数较大,就是共价键或介于离子与共价之间的键型——极性键。在表 2-5 中列出某些分子的核四极偶合常数值。从表中看到,钾、铷的氯化物接近于理想的离子键,但 KBr 就包含一定的共价性了。

表 2-5 某些分子的核四极矩偶合常数

分 子	偶合常数	分 子	偶合常数
Cl_2	109.74	KCl	0.04
FCl	−145.1	RbCl	0.774
ICl	−84.9	KBr	10.244

从红外晶格振动谱测定键合原子有效核电荷得到的离子性的量值约比核磁共振得到的低 10%。一般地说,共价键所形成的分子具有方向性和饱和性,离子键

则没有。如 HI 分子,当 H 与 I 结合之后,就不能再与第二个氢原子结合,氢也不能与第二个碘原子结合。因此不能形成如下聚合物:

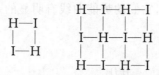

若是离子键,只要空间位置允许,就可能聚合,并且没有方向性和饱和性。例如,碱金属卤化物晶体就是一个聚合的大分子。

典型的离子键化合物熔化后为导电熔体,而典型共价化合物熔化后为电的不良导体,这些都可以作为区分这两类化合物的定性判据。

典型离子键的结合服从经典静电定律,共价键结合则服从量子力学规律。

2.3.2 键的离子性表示

虽然大家习惯地把同核双原子分子或电负性相等的原子所形成的键当作典型共价键,而把碱金属卤化物当作典型离子键,但绝大多数化学键既不是典型的离子键,也不是典型的共价键,而是属于既有部分共价性又有部分离子性的极性键。

通常认为,H_2 中两原子间是典型的共价键。但是就某瞬时来讲,仍有可能两电子同时在某一原子上而显示离子性。Weinbaum[40] 对氢分子的理论计算表明,氢分子中这种瞬时离子性对能量贡献约占总能量的 5%。所以说 H_2 是典型的共价键合,是就其时间平均电荷分布来说的。

至于碱金属卤化物,无论是红外晶格振动谱或核磁共振谱晚近较可靠的实验数据,都不支持它们是 100% 离子键的说法。量子化学理论计算表明,如 LiF 分子也有百分之几的共价性质。所以研究化学键的离子性理论是有必要的。

从原则上说,前面介绍的分子中电荷分布已经表达了键的离子性或共价性。但是那样做比较费时,在很多情况只需要一些定性或半定量的结果就够了。故在这里介绍一些离子性的半经验表示法。

1. 价键法对离子性的表示

Pauling[41] 认为,键的离子性是由于分子中原子吸引电子的能力不同而引起的。当 B 原子吸引电子的能力大于 A 并足以使它形成 A^+B^- 时,该键表现为理想的离子键。此时偶极矩的理论值为 $\mu_0 = eR_0$。若 B 原子吸引电子的能力不足以形成 A^+B^-,而是键电子电荷稍偏向 B 原子,则形成部分离子性键 $A^{+\delta q}B^{-\delta q}$,其实际偶极矩为 μ,因此 $\mu/\mu_0 \times 100$ 可以作为键的离子性的度量。例如,对于卤化氢分子,按此法求得的离子性如表 2-6 所示。

表 2-6　卤化氢分子的离子性

分　子	r_0	er_0	μ	μ/er_0	Wall 计算值
H—F	0.92	4.42	1.98	0.45	0.435
H—Cl	1.28	6.07	1.03	0.17	0.155
H—Br	1.43	6.82	0.79	0.12	0.12
H—I	1.62	7.74	0.78	0.05	0.068

Pauling 这种定义键的离子性方法实际上引进了一个假定,即认为键偶极矩只是电负性的贡献。实际上电负性差只是产生偶极矩的一个(主要)部分,还有杂化、孤对电子以及同极矩(见第 3 章)等的贡献。后者之和往往是一个负值,所以这种表示键的离子性方法往往得到一个较低的值。例如,由这种方法计算的 CsF、KCl、KI 等离子性分别只有 0.68、0.79 及 0.72 等。而红外光谱及核磁共振谱的实验得到这些分子的离子性在 0.8~0.98。Pauling[41] 还曾提出一个由键合原子电负性表示键的离子性的经验公式。

用量子化学的方法可以对键的离子性进行计算。价键法认为,当 A、B 原子形成分子时,它可能形成共价键 AB,也可能形成 A^+B^- 或 A^-B^+,但究竟形成哪一种形式的键,应该由体系能量对哪种键型有利来定。设 A、B 原子形成化学键的波函数可以写作如下线性组合:

$$\Psi_{AB} = a\psi_{AB} + b\psi_{A^+B^-} + c\psi_{A^-B^+}$$

式中,a、b、c 是使体系能量最低的待定变分参数。它们的大小可以作为相应分量的权重。不过上式中二、三两项只需保留其中一项即可,因为若 B 的电负性大于 A,则形成 A^-B^+ 的贡献可以忽略,所以有

$$\Psi_{AB} = a\psi_{AB} + b\psi_{A^+B^-} = \psi_{AB} + \lambda\psi_{A^+B^-} \tag{2.3.1}$$

式中,$\lambda = b/a$。显然,一个化学键的共价与离子性的权重为 $1:\lambda^2$。若以百分数表示键的离子性 υ,则有

$$\upsilon\% = \frac{100\lambda^2}{1+\lambda^2}\% \tag{2.3.2}$$

要由这个式子严格计算离子性就意味着解分子的波动方程,这是比较麻烦的,所以常采用半经验的方法。Wall[42] 用双原子分子 AB 的式(3.3.1)波函数,由 $\partial E/\partial\lambda = 0$ 的条件,得到 λ^2 与能量之间的关系式

$$\lambda^2 = \frac{E_{cov} - E}{E_{ion} - E} \tag{2.3.3}$$

式中,E 为体系总能量,E_{cov} 及 E_{ion} 分别为共价与离子成分对体系能量的贡献。对于 E_{cov},可由几何平均规则计算 $\sqrt{E(A-A)E(B-B)}$;而离子部分 E_{ion},可由静电理论计算

$$E_{ion} = -\frac{e^2}{r} + \frac{b}{r^n} + I_A - A_B \tag{2.3.4}$$

式中，r 是核间距，n 为 Born 排斥指数；I_A 及 A_B 分别为 A 原子的电离能及 B 原子的电子亲和能。b 是一个常数。在上述条件下，计算得到的卤化氢的离子性如表 2-6 中最后一列，与 Pauling 由偶极矩计算得到的值很好地符合。

我们认为，这两种不同方法算得的值一致并不能说明这种数值是很可靠的，因为实际分子中 A 原子既不像基态原子那样产生了电离，B 原子也不像在基态那样得到了一个电子。因此，Wall 计算引进的误差与 Pauling 计算引进的误差可能是相同的。但无论如何，这两种计算的次序基本上是可靠的。对于碱金属卤化物的离子性，计算值大约低于真实值的 $10\%\sim15\%$。

Barrow[43] 在化学键的一维势阱模型的基础上采用价键波函数

$$\Psi = \frac{c_1}{\sqrt{2}}[\psi_A(1)\psi_B(2) + \psi_A(2)\psi_B(1)] + c_2\psi_B(1)\psi_B(2) \qquad (2.3.5)$$

显然其中第一项反映共价成分，第二项反映离子部分，而键的离子性由下式给出：

$$\upsilon\% = \frac{100c_2^2}{c_1^2 + c_2^2} \qquad (2.3.6)$$

他按这个公式计算的 $\upsilon\%$ 与 Pauling 的电负性差之间的对应关系如下：

$$\upsilon\% = 5, 16, 35, 60, 80, 92$$
$$\Delta X = 0.5, 1.0, 1.5, 2.0, 2.5, 3.0$$

Barrow 的计算值与 Pauling 值基本上是一致的。

2. 分子轨道法对离子性的表示

分子轨道法对键的离子性的处理与前不同。设异核 AB 分子的波函数为

$$\Phi_{AB} = a\phi_A + b\phi_B \qquad (2.3.7)$$

或者，令 $b/a = c$，则得

$$\Phi = \phi_A + c\phi_B \qquad (2.3.8)$$

若 $|c| > 1$，则 B 核附近的电荷密度大于 A 核，则 A 具有正电荷，B 具有负电荷，分子 A^+B^- 就有永久偶极矩，若 ρ 是在任意点的电荷密度，它正比于 $(\phi_A + c\phi_B)^2$，以 N 表示归一化因子，ρ 在电子电荷单位下给出为

$$\rho = N^2(\phi_A + c\phi_B)^2 \qquad (2.3.9)$$

若 ϕ_A 及 ϕ_B 分别是归一化的，$N^{-2} = 1 + c^2 + 2cS_{AB}$。把坐标原点取在两核中点，键轴取作 x 轴，则电荷重心给出为

$$\bar{x} = \int x\rho d\tau = N^2(\bar{x}_A + 2c\bar{x}_{AB} + c^2\bar{x}_B) \qquad (2.3.10)$$

其中 $\overline{x}_A$、$\overline{x}_B$ 是原子轨道电子云质心的平均位置,由于 s、p、d 等电子云分布具有中心对称性,所以 $\overline{x}_A = -R/2$,$\overline{x}_B = R/2$,则上式化为

$$\overline{x} = N^2 \left[\left(\frac{R}{2} \right)(c^2 - 1) + 2c\overline{x}_{AB} \right] \qquad (2.3.11)$$

$\overline{x}_{AB}$ 可以由积分计算,并且多数情况可以忽略,则两个电子离开键轴中心为 $N^2(c^2-1)(R/2)$,于是得到偶极矩与轨道极性系数之间的如下关系:

$$\mu = 2e\overline{x} = (c^2 - 1)N^2 eR = \frac{(c^2 - 1)eR}{(1 + c^2 + 2cS_{AB})} \qquad (2.3.12)$$

利用这个关系式,知道了 μ、R 及 S_{AB} 就可以计算得到 c。μ 与 R 可以采用实验值,S_{AB} 假定取 $1/3$。于是可以得到分子的轨道极性系数 c 如表 2-7 所示。

表 2-7 某些分子轨道的极性系数 c 值

分　　子	HF	HCl	HBr	HI	KCl
$R/\text{Å}$	0.92	1.27	1.41	1.61	2.79
μ/D	1.91	1.03	0.78	0.38	6.3
c	1.88	1.28	1.19	1.06	2.0

　　键电子在 A、B 两原子上的部分电荷可以认为分别是 $1/(1+c^2)$ 及 $c^2/(1+c^2)$。于是很容易求得表 2-7 中分子的离子性百分数 $v\%$ 的量值。对于卤化氢得到的 $v\%$ 接近于前面表 2-6 中的值。对于氯化钾分子得到的离子性只有 80%,这个量值显得偏低。

　　另一种半经验的分子轨道法是:取式(2.3.7)为分子轨道,若在该成键轨道填充了 n 个电子,于是成键轨道上的总电荷为 $n(a^2 + 2abS_{AB} + b^2)$。根据 2.1 节 Mulliken 对键电荷的划分,则 A、B 原子上的键电子数分别为

$$Q_A = n(a^2 + abS_{AB}), \qquad Q_B = n(b^2 + abS_{AB}) \qquad (2.3.13)$$

于是 A—B 键的离子性为

$$v\% = |Q_A - Q_B| \times 100\% = n|a^2 - b^2| \times 100\% \qquad (2.3.14)$$

Hooydonk[44] 则指出,下述关系近似成立:

$$na^2 = \frac{X_A}{X_A + X_B}, \qquad nb^2 = \frac{X_B}{X_A + X_B} \qquad (2.3.15)$$

式中,X_A、X_B 分别为 A、B 原子的电负性,于是键的离子性与电负性的关系为

$$v\% = \left| \frac{X_A - X_B}{X_A + X_B} \right| \times 100\% \qquad (2.3.16)$$

若式(2.3.16)中的电负性取文献[27]提出的标度,则得到的键离子性与 Klopman

用半经验分子轨道法及 Matcha[45] 用微扰理论得到的值比较一致。其值列于表 2-8 中。

表 2-8　某些双原子分子键的离子性

分　子	$v\%$ 式(2.3.16)	$v\%$ Klopman	$v\%$ Matcha	分　子	$v\%$ 式(2.3.16)	$v\%$ Klopman	$v\%$ Matcha
LiF	0.865	0.883	0.84	KBr	0.824	0.882	0.888
LiCl	0.778	0.852	0.815	KI	0.805	0.865	0.857
LiBr	0.760	0.840	0.795	RbF	0.911	0.905	0.943
LiI	0.725	0.812	0.764	CsF	0.921	0.912	0.989
NaF	0.888	0.881	0.888	HF	0.465	0.595	—
NaCl	0.814	0.857	0.865	HCl	0.230	0.280	—
NaBr	0.783	0.846	0.843	HBr	0.17	0.176	—
NaI	0.760	0.812	0.812	HI	0.11	0.055	—
KF	0.907	0.802	0.933	FCl	0.27	0.285	
KCl	0.884	0.895	0.908	FBr	0.33	0.360	

有趣的是，Matcha[45] 等人用双原子分子隐式微扰理论（implicit perturbation theory）研究偶极矩时发现，Pauling 以偶极矩定义键的离子性就是他的理论处理中的零级近似。对于碱金属卤化物，他定义其键离子性为

$$v\% = \frac{q_M - q_X}{2} \tag{2.3.17}$$

而键的共价性是

$$c\% = \frac{q_M + q_X}{2} \tag{2.3.18}$$

式中，q_M 及 q_X 分别是金属及卤素原子上的"理想"电荷，其值如表 2-9 所列。

表 2-9　碱金属及卤素原子上的理想电荷

原　子	Li	Na	K	Rb	Cs	F	Cl	Br	I
$q_{M,X}$	0.680	0.776	0.886	0.886	0.978	−1.00	−0.950	−0.910	−0.848

用表 2-9 中的 q 值与式(2.3.17)计算的碱金属卤化物键的离子性列于表 2-8 中最后一列。从中看到，这些量值是可信的。

2.3.3　键型的连续和不连续过渡

现在我们进一步讨论，为什么两个不同元素形成化学键时具有一定的离子性，且离子-共价可连续变化，而有些化学键形成时，键的离子性或共价性的变化也可以是不连续的。下面应用价键理论加以论证。

1. 键型的连续过渡

令 ϕ_{cov} 表示一个完全共价键波函数，ϕ_{ion} 表示一个完全离子键波函数。一般地

说,任意键的波函数可以由它们的线性组合表示

$$\Phi = C_{cov}\phi_{cov} + C_{ion}\phi_{ion} \tag{2.3.19}$$

式中,C_{cov} 及 C_{ion} 是变分参数。于是双原子键的久期方程为

$$C_{cov}(H_{CC} - E) + C_{ion}(H_{CI} - S_{CI}E) = 0$$
$$C_{cov}(H_{CI} - S_{CI}E) + C_{ion}(H_{II} - E) = 0 \tag{2.3.20}$$

其中

$$S_{CI} = \int \phi_{cov}\phi_{ion}\mathrm{d}\tau, \qquad H_{CI} = \int \phi_{cov}\hat{H}\phi_{ion}\mathrm{d}\tau \tag{2.3.21}$$

我们假定 ϕ_{cov} 及 ϕ_{ion} 都是归一的。当这个方程中的 E 及 H_{CC}、H_{II}、H_{CI} 都是已知时,就可以求得 C_{cov} 及 C_{ion}。但现在我们不必求出它们的数值,而讨论它们之间的关系。

体系的能量 E 可由如下的行列式求得

$$\begin{vmatrix} H_{CC} - E & H_{CI} - E \\ H_{CI} - S_{CC}E & H_{II} - E \end{vmatrix} = 0 \tag{2.3.22}$$

从变分法的性质已经知道 E 的最低根小于 H_{BB} 或 H_{II} 中的较低者,因此若 $H_{CC} < H_{II}$,并且 $(H_{CI} - S_{CI}E)$ 可以忽略,则 $E = H_{CC}$。当然由式(2.3.22)可以指出 E 在一般情况将低于 H_{CC},因为 $(H_{CI} - S_{CI}E)$ 是不会等于零的。因此从这里使我们看到,当两键合原子不同时,可以使化学键具有一定的离子性,这种离子性对体系的稳定将做出贡献。

我们可从式(2.3.20)求出 C_{cov}/C_{ion} 的表式

$$\frac{C_{cov}}{C_{ion}} = -\frac{H_{CI} - S_{CI}E}{H_{CC} - E} = -\frac{H_{II} - E}{H_{CI} - S_{CI}E} \tag{2.3.23}$$

从此式可以看到,若 $H_{CC} < H_{II}$,$(H_{CC} - E)$ 较小,而 $(H_{II} - E)$ 较大,则 $|C_{cov}| > |C_{ion}|$。由于这个方程的对称性,对于较低能态,若 $H_{II} < H_{CC}$,则 $|C_{ion}| > |C_{cov}|$。

现在让我们考虑余下的 $H_{CC} = H_{II}$ 的情形,即

$$(H_{CC} - E) = (H_{II} - E) = \pm(H_{CI} - S_{CI}E)$$

把它代回到式(2.3.20)中,则有 $|C_{cov}| = |C_{ion}|$。于是在该分子中共价与离子性各占一半。因此,若 H_{CC} 能够逐渐从小于 H_{II} 到大于 H_{II} 变化,那么化学键就能从主要为共价型变到主要是离子型键,这就是最常遇到的共价键与离子键间可以随键合原子的电负性不同而连续过渡的情况。

需要指出的是,在讨论这种键型连续过渡的情况时,没有考虑到电子自旋对键型的影响。实际就是假定离子性变化时,电子自旋是不变的,即有相同的电子自旋配对。

2. 键型的不连续过渡

的确存在这样的多原子体系,它的最稳定的离子键合态有着不同于最稳定的

共价键合态的电子自旋方向,如某些络离子。我们知道,由于电子自旋函数是相互正交的,所以对于某一指定价态的原子或离子,当它在与不同电负性的原子或基团键合时,假如其电子自旋状态发生改变的话,则在改变点,键的离子性是不连续的。

让我们考虑二价镍的 NiX_4 型络离子,镍的原子序数是 28,在 1s、2s、2p、3s、3p 被充满之后,还有 8 个电子分占在 5 个 3d 轨道,其中有三个 d 轨道被电子对占据,还有两个单电子分占两个轨道。在图 2-5 中指出了这种电子组态。

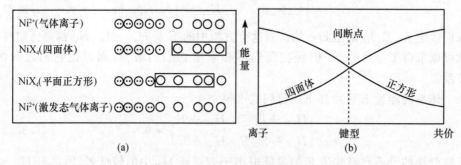

图 2-5　NiX_4 络合物键型过渡

若 NiX_4 配合物是由 Ni^{++} 与 X 基团以共价键结合的,则中心 Ni^{++} 离子必须用四个轨道,可以是一个 4s 及三个 4p 如图 2-5(a)所示。这时镍用 sp^3 杂化轨道形成四面体化合物。这种状态与正常的镍离子之间键型可以连续过渡如图2-5(b)。

镍也可以在 dsp^2 杂化的基础上形成平面正方形的构型,并且键的强度大于四面体中键的强度。当带高电荷的 X 基团按正方形排列时,所产生的静电排斥大于四面体的静电排斥。但若基团接近于中性,这种差别可以忽略。于是,一些共价键合的配合物当具有平面正方形 dsp^2 键时应有较低的能量,这要求使用一个 3d 轨道成键,而让八个 d 电子都置于四个 d 轨道中,图 2-5(a)的第三行说明了这种情况。当然这种状况也不是纯粹的共价键,它与激发态离子可以呈现连续过渡。如图 2-5(b)的平面正方形曲线所示。

但是值得注意的是,当四面体系统与正方形系统具有不同单电子数,即自旋状态不同时,它们之间不能连续过渡。因为包含这两种构型波函数的所有积分都等于零。这是因为完整波函数包含电子自旋因子,它们由于方向不同而相互正交。在这个例子中键型变化是间断的。

因此,假若一个给定 X 基团的电负性和其他性质由图 2-5(b)相交处向左边下降,络合物将是四面体型稳定;而从交点向右下降,稳定态是正方形。从这里可以清楚地了解到所有配合物的键型在离子与共价之间的过渡,而且可以断定,Ni^{++} 的正方形络合物较四面体型络合物具有更强的共价性。

2.4　键能与键的解离能

2.4.1　概述

键能与键的解离能是表示化学键强度的指标,用它可以衡量分子中两个键合原子间结合的牢固程度。实验上可以由热化学法、动力学法、光谱法、质谱法等对它进行测定。

1. 键能

对于双原子分子 AB,其键能等于使它们的键破坏、形成两个基态原子所需要的能量,以 $D(A-B)$ 记之。对于多原子分子,我们只能定义它的总键能(原子化热),它是基态分子的能量 E_0 及组成它的每个基态原子能量 E_{0v} 之和的差

$$\Delta E = \sum_v E_{0v} - E_0 \tag{2.4.1}$$

若要在所有的键都相同的多原子分子中使用键能这一名词,则由于逐个破裂分子中每个键的键能不同而只有近似的意义。因此我们对多原子分子也使用键能这个概念,不仅要假定对于某一给定的键能项,由一个 M—X 键到另一个 M—Y 键是常数,而且从一个分子到另一个分子也是常数。这样对于 MX_n 分子中的 $D(M-X)$,被认为是 MX_n 分子原子化热的 n 分之一。对于 MX_pY_{n-p} 分子中的 $D(M-X)$,在已经知道 $D(M-X)$ 的条件下可以由 MX_pY_{n-p} 的原子化热得到。

例如,H_2O 分子的原子化热 ΔH 为 220kcal/mol,那么 OH 键的键能 $D(O-H)=\frac{1}{2}\Delta H=110kcal^*/mol$。对于 H_2O_2 分子,它既包含两个 O—H 键,又包含一个 O—O 键,当已知 H_2O_2 的原子化热 $\Delta H=253.8kcal/mol$ 之后,我们立即可以算得

$$D(O-O) = 253.8 - (2 \times 110) = 33.8kcal/mol$$

又如氯代甲烷(CH_3Cl)分子,由热化学数据知道其原子化热为 343.3kcal/mol。若已知碳氢键能 $D(C-H)=91.1kcal/mol$,就可确定 $D(C-Cl)=70.0kcal/mol$。

显然,这种确定键能的方法只有近似的意义,即键能不可能是常数,即使是具有同样数目的 C—C 键和 C—H 键的饱和碳氢化物异构体,其总键能也并不相等。已知,任何一个直链的碳氢化物变为支链时要释放一些能量,如

$$正戊烷 \longrightarrow 四甲基甲烷 + 4.02 \pm 0.32kcal/mol$$

尤其是在一些具有显著个性的分子中,不同部位或不同分子的同一化学键键能值

---

* 1cal=4.1868J。

的差别可能是较大的。尽管如此,还是造出一些键能表格和一些专门的手册,以便讨论化学键与结构性能规律时使用。在表 2-10 中列出一些常见化学键的键能数据。

表 2-10　一些单键能值[41]　　　　　　　　（单位：kcal/mol）

键	键 能	键	键 能	键	键 能
H—H	104.2	P—P	51.3	Se—Se	44.0
C—C	83.1	As—As	32.1	Te—Te	33
Si—Si	42.2	Sb—Sb	30.2	F—F	36.6
Ge—Ge	37.6	Bi—Bi	25	Cl—Cl	58.0
Sn—Sn	34.2	O—O	33.2	Br—Br	46.1
N—N	38.4	S—S	50.9	I—I	36.1
C—H	98.8	C—O	84.0	P—Cl	79.1
Si—H	70.4	C—S	62.0	P—Br	65.4
N—H	93.4	C—F	105.4	P—I	51.4
P—H	76.4	C—Cl	78.5	As—F	111.3
As—H	58.6	C—Br	65.9	As—Cl	68.9
O—H	110.6	C—I	57.4	As—Br	56.5
S—H	81.1	Si—O	88.2	As—I	41.6
Se—H	66.1	Si—S	54.2	O—F	44.2
Fe—H	57.5	Si—F	129.3	O—Cl	48.5
H—F	134.6	Si—Cl	85.7	S—Cl	59.7
H—Cl	103.2	Si—Br	69.1	S—Br	50.7
H—Br	87.5	Si—I	50.9	Cl—F	60.6
H—I	71.4	Ge—Cl	97.5	Br—Cl	52.3
C—Si	69.3	N—F	64.5	I—Cl	50.3
C—N	69.7	N—Cl	47.7	I—Br	42.5

2. 解离能

一般说来,键的解离能不同于键能(双原子分子则相同),它是指一个分子中某两个原子间的键 R_1—R_2 断裂,形成两个基态分子碎片所需的能量。例如,H_2O 分子中两个氢与氧之间的两个键解离分别所需的能量为

$$H_2O_{(g)} \longrightarrow H_{(g)} + OH_{(g)} + 120\text{kcal/mol}$$

$$OH_{(g)} \longrightarrow O_{(g)} + H_{(g)} + 101\text{kcal/mol}$$

它们的平均值就给出 $D(O—H)$ 量值。

H_2O 分子和 OH 分子中的 O—H 键解离能之差主要来自氧原子基态 ${}^3P$ 的稳定能。当水分子中的一个 O—H 键断裂时,除了产生一个氢原子之外,还有一个 $:\overset{..}{O}$—H 的基,这个自由基上有一个未偶电子,它仅与电子对相互作用。当水分子断裂第二个 O—H 键时,氧原子的电子组态为 $1s^2 2s^2 2p^4$。它有三个 Russell-Saundes

状态:$^1S, ^1D, ^3P$。基态 ^3P 具有显著的稳定性,其稳定能估计为 17.1kcal/mol。但 OH 解离后所给出的氧原子不是在最稳定的 ^3P 态,而是在它的价态。所以它的解离能应该是 101kcal 与 ^3P 稳定化能之和,约为 118kcal/mol。这与水分子的第一个键解离能基本一致。

除了上述因电子组态变化对能量的贡献之外,还有改组能的变化。例如,我们知道,自由甲基分子 CH_3· 是平面构型,然而在甲烷中 CH_3 是四面体构型。因为 CH_4 在解离时,CH_3—$H \rightarrow CH_3 + H$,不仅包含 C—H 键的断裂,同时还包含调整其他三个键为平面构型所需要的能量,后者就是改组能。对于研究化学反应,键的解离能比键能更为有用。

2.4.2 半经验计算

用自洽场的从头计算法计算键能被认为是理论计算较为可靠的方法。其基本做法是先算出基态分子的总能量,然后用同一方法计算出组成该化学键的孤立原子的总能量,二者之差就是组成该分子的总键能值。但是如前面已经指出的,从头计算的头是在非相对论近似、Born-Oppenheimer 近似和单电子(轨道)近似的基础上。非相对论近似可以校正,Born-Oppenheimer 近似少于千分之几至万分之几,完全可以忽略。但是,单电子近似没有考虑到电子之间的瞬时关联对能量的贡献。这一部分能量,通常叫做电子相关能。它是自洽场法本身所带来的,现在尚未找到有效的计算方法。而且这种相关能与键能具有相同的数量级。这就使键能的计算值不够准确。现将氧分子、氧原子和解离能的自洽场法计算值与实验值列在表 2-11 中。

表 2-11　氧原子和氧分子的 SCF 法计算结果与实验值

总电子能量	$O(^3P)$/Rydberg	$O_2\left(^3\sum_g^-\right)$/Rydberg	解离能 D/Rydberg
E(实验值)[46]	-150.22487	-300.824	$+0.374$
E(SCF 计算并加相对论校正)[47,48]	-149.71754	-299.5254	$+0.0904$
电子相关能	-0.5073	-1.299	-0.2844 (缺相对论校正)

由表中数据可见,计算中忽略了的电子相关能对键能的影响是很大的。有的自洽场半经验方法如 CNDO 及 INDO 尽管对几何构型、偶极矩、键长等计算值与实验值符合得很好,但对键能或总解离能的计算都有较大的误差(多数约为实验值的 3~7 倍),这可由表 2-12 中看到。当然也有一些半经验方法计算的键能值与实验值较近。如改进的完全忽略微分重叠(MCNDO)及改进的间略微分重叠(MIN-DO)法都是如此,但这并不意味着这些方法本身比从头计算还要好。因为,一般地说,用从头计算理论能够比较明确地知道出现的误差是哪些步骤引起的,改进的方向明确,理论基础严密,通过严格的计算能够提示分子内在的本质关系。通常的半

经验法、其他近似法在这些方面都不及从头计算法,所以从头计算仍被认为是今后研究化学键的重要方法。

表 2-12　CNDO、INDO 法计算某些分子的键能与实验值对照

分 子	$D(A—B)$ CNDO	$D(A—B)$ INDO	$D(A—B)$ exp	分 子	$D(A—B)$ CNDO	$D(A—B)$ INDO	$D(A—B)$ exp
H_2	5.37	5.37	4.75	BeH	7.07	7.43	2.62
Li_2	14.71	14.40	1.05	BH	10.01	9.37	3.58
B_2	24.43	24.68	3.66	CH	9.61	8.62	3.64
C_2	27.30	26.55	6.36	NH	8.26	6.89	3.90
N_2^+	2.40	221	8.84	OH	7.36	6.30	4.56
N_2	25.49	20.21	9.90	FH	6.77	6.30	6.11
O_2^+	2.32	4.72	6.76	BF	12.25	11.57	4.38
O_2	17.44	15.37	5.21	LiF	1.85	1.83	5.99
F_2	14.62	12.85	1.64	BeF	35.94	35.49	5.48
LiH	5.90	5.71	2.52	BeO	7.52	6.11	4.69

还有不少计算键能的半经验及经验公式,这里仅有选择地介绍几种。

Ferreira[23] 认为,对于一个异核双原子分子,其键能可以一般地表示为

$$D(A—B) = D(A—B)_0 \cdot \mu(v) + \Omega(v) + \delta(v) \qquad (2.4.2)$$

式中,$D(A—B)$ 为正常共价单键键能,$\mu(v)$ 是共价键级,它是离子性 v 的递减函数。$\Omega(v)$ 是键的离子性部分静电库仑能。$\delta(v)$ 是原子在键合时由于电荷转移引起的能量变化。

式(2.4.2)中右端第一项采用 Pauling 的平均加和规则,键级用式(2.2.9),故有

$$D(A—B)_0 \mu(v) = \frac{1}{2} \left[D(A—A) + D(B—B) \right] (1 - v^2)^{\frac{1}{2}} \qquad (2.4.3)$$

静电库仑能采用 Born-Landé 公式计算

$$\Omega(v) = Mv^2 \frac{e^2}{r_e} \left(1 - \frac{1}{n} \right) \qquad (2.4.4)$$

式中,M 是 Madelung 常数,n 是 Born 排斥指数,r_e 是平衡核间距。

对于 $\delta(v)$,他找到如下计算式:

$$\delta(v) = X_A(0)v - \frac{1}{2}(I_A - E_A)v^2 - X_B(0)v - \frac{1}{2}(I_B - E_B)v \qquad (2.4.5)$$

式中,$X_A(0)$ 表示中性原子 A 的电负性,I_A 及 E_A 分别表示它的价态电离能及电子亲和能并且由 $dD(A—B)/dv = 0$ 的条件确定 v 值。由式(2.4.2)计算碱金属卤化物、卤化氢及卤素互化物的键能都与实验值符合得比较好。对于碱金属卤化物的晶体,也得到与实验一致的结果。

近年来,Hooydonk[49] 做了一系列工作,企图不依赖实验数据把化学键的一些

重要性质完全由原子参数来计算。例如,对于双原子键能,他做了如下处理:

把一个两电子双中心键 A—B 的波函数写作

$$\Phi_{AB} = a\phi_A + b\phi_B$$

两键电子的能量为

$$\varepsilon_{AB} = \frac{2\int \Phi_{AB}\hat{H}\Phi_{AB}\mathrm{d}\tau}{\int \Phi_{AB}\Phi_{AB}\mathrm{d}\tau}$$

在 Hückel 近似下得到

$$\varepsilon_{AB} = 2a^2 a_A + 4ab\beta_{AB} + 2b^2 a_B \tag{2.4.6}$$

式中,a_A 及 β_{AB} 分别为库仑积分和共振积分。若 A 的电荷负性小于 B,则

$$2a^2 = 1 - \upsilon, \qquad 2b^2 = 1 + \upsilon$$

在离子性 υ 不太高的情形下,$(1-\upsilon^2)^{\frac{1}{2}} \approx (1-\upsilon^2)$ 并应用 $\beta_{AB} = \frac{1}{2}(\beta_{AA} + \beta_{BB})$ 的关系,于是式(2.4.6)可以进一步表示为

$$\varepsilon_{AB} = (1-\upsilon)a_A + (\beta_{AA} + \beta_{BB})(1-\upsilon^2) + (1+\upsilon)a_B \tag{2.4.7}$$

从这个式子出发,再应用 $\partial\varepsilon_{AB}/\partial\upsilon = 0$ 的条件得到

$$\upsilon = \frac{a_B - a_A}{2(\beta_{BB} + \beta_{AA})} \tag{2.4.8}$$

若在 Wolfsberg-Helmholtz 关系式(2.3.3)中取 $K = 2.0$,重叠积分 $S_{AB} = 0.25$,则得

$$X_A = a_A = 2\beta_{AA} \tag{2.4.9}$$

由此式可见,式(2.4.8)就是式(2.3.16)。这说明一个化学键的部分离子性是体系能量最低所要求的结果。利用式(2.4.8)、式(2.4.9)就可以得到两个键电子的能量为

$$\varepsilon_{AB} = \frac{1}{2}(X_A + X_B)(3 + \upsilon^2) \tag{2.4.10}$$

则键能的公式如下:

$$D(A-B) = \frac{1}{2}(X_A + X_B)(3 + \upsilon^2) - (X_A + X_B)$$

$$= \frac{1}{2}(X_A + X_B)(1 + \upsilon^2) \tag{2.4.11}$$

Hooydank 用这个公式计算了一些分子的键能,与实验值相比误差虽然较大,但作为一个粗略的近似还是合理的。若适当地选择参数 X_A,结果可能大有改善。他用同样的观点和类似的方法还讨论了反应平衡、硬软酸碱原理、溶剂效应等。Hooydank 这些工作说明,用原子参数研究化学键的一些性质,不仅可能,而且也是有一定的理论根据的。

对于一般的异核双原子分子的键能,Mulliken[50] 曾建议一个如下的半经验公式:

$$D(A - B) = \sum Q_{ij} - \frac{1}{2} \sum Y_{kl} + \frac{1}{2} \sum K_{mm} - P + E_{\Delta x} \qquad (2.4.12)$$

这里的 Q_{ij} 是

$$Q_{ij} = \frac{A_i \bar{I}_{ij} S_{ij}}{1 + S_{ij}} \qquad (2.4.13)$$

式中,S_{ij} 是 i、j 原子轨道的重叠积分,$\bar{I}_{ij}$ 是键合原子的几何平均电离势,A_i 是经验参数:对于 s—s 成键为 0.65,对于 P_σ 键为 1,对于 P_π 键为 1.5,显然 Q_{ij} 就是成键电子对键能的贡献。式中第二项 $Y_{kl} = v A_k S_{kl}^2 \bar{I}_{kl}$ 是排斥能,包括孤电子对与成键电子间的排斥,以及价壳层其他电子间的排斥。v 由经验确定。K_{mm} 是孤对电子的交换能,它的绝对值很小,完全可以忽略。P 是提升能;$E_{\Delta x}$ 是电负性不同对键能的贡献。假若我们把非键电子等次要影响全部略去,式(2.4.11)简化为下列形式

$$D(A - B) = \frac{A_i S_{ij} \bar{I}_{ij}}{1 + S_{ij}} + E_{\Delta x} \qquad (2.4.14)$$

这就是说一个化学键的键能,粗略地可以划分为共价与离子两部分的贡献之和,后者是由于存在电负性差所引起的。近年来有不少人[21,50~52] 在式(2.4.14)的基础上寻找一些计算键能的简单方法。

2.5　键的伸缩力常数

2.5.1　谐振子与非谐振子模型

双原子分子核间的伸缩振动,能够约化为质量为 μ 的单质点运动,其位移等于核间距的改变。约化质量 μ 可由下式表示:

$$\frac{1}{\mu} = \frac{1}{m_1} + \frac{1}{m_2} = \frac{m_1 + m_2}{m_1 m_2} \qquad (2.5.1)$$

式(2.5.1)中的 m_1 及 m_2 分别为键合两原子的质量。分子振动的动能是

$$T = \frac{1}{2} \mu \dot{r}^2 = \frac{1}{2\mu} P^2 \qquad (2.5.2)$$

式中,P 是 $\mu \dot{r}$ 的共轭动量,r 是两核间的瞬间距离,$\dot{r}$ 是 r 对时间的导数。

假若原子核的振幅不大,可以认为位移与恢复力成比例,即力学上的谐振子。于是两核间的势能可以表示成抛物的形式

$$V = \frac{1}{2} k(r - r_e)^2 \qquad (2.5.3)$$

式中,r_e 是平衡核间距,k 称为伸缩力常数,它依赖于化学键的性质,特别是与键电荷分布有关。

有了势能函数的具体形式式(2.5.3),就可以写出分子振动的波动方程式

$$\frac{\mathrm{d}^2\Phi}{\mathrm{d}r^2} + \frac{8\pi^2\mu}{h^2}\left[E + \frac{1}{2}k(r-r_e)^2\right]\Phi = 0 \qquad (2.5.4)$$

若方程的解 Φ 是单值、连续和有限的,就可以从式(2.5.4)解得振动的本征值如下:

$$E_v = \left(v + \frac{1}{2}\right)hv = \left(v + \frac{1}{2}\right)hc\bar{v} \qquad (2.5.5)$$

式中,v 是频率,$\bar{v}$ 是波数,v 称为振动量子数,它只能取 $0,1,2$ 等整数值。伸缩力常数 k 与频率之间满足下述关系

$$v = \frac{1}{2\pi}\sqrt{\frac{k}{\mu}} \quad \text{或} \quad \bar{v} = \frac{1}{2\pi c}\sqrt{\frac{k}{\mu}} \qquad (2.5.6)$$

若能由分子的伸缩振动光谱观察到 $\bar{v}$,就可以通过式(2.5.6)求得键的伸缩力常数。

从式(2.5.4)还可以解得体系的本征函数如下式:

$$\Phi_v = \frac{(a/\pi)^{1/4}}{\sqrt{a^v v!}}\mathrm{e}^{-2q^2/2}H_v(\sqrt{a}q) \qquad (2.5.7)$$

式(2.5.7)中的

$$a = \frac{2\pi}{h}\sqrt{\mu k} = 4\pi^2\mu v/h, \qquad q = (r-r_e)$$

而 $H_v(\sqrt{a}q)$ 是 v 阶的 Hermite 多项式。

式(2.5.3)表示的是谐振子的势能,它是一条抛物线,如图 2-6 中的破折线。根据该关系式,随着核间距的增加,势能相应地增大。实际是当核间距增大到一定

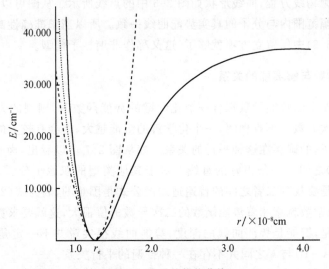

图 2-6　分子的势能曲线

——实际曲线,- - -谐振子,……立方抛物线

程度之后,核间吸引力为零,势能为常数,如图 2-6 中的实线。只有在平衡点附近虚线和实线才比较接近。由于在常温时,处于最低能级的分子数目最多,所以谐振子模型能够说明振动光谱的主要特点。

由于谐振子势能公式(2.5.3)只能较好地描写振幅不大的情形,所以希望在该式的基础上加一些校正项使它能适用于非谐性振动。但即便如此,$r-r_e$ 的数值还是很小的,因此,势能函数可以在 r_e 点展开

$$V(r) = V(r_e) + \left(\frac{\mathrm{d}V}{\mathrm{d}r}\right)_{r=r_e}(r-r_e) + \frac{1}{2}\left(\frac{\mathrm{d}^2V}{\mathrm{d}r^2}\right)_{r=r_e}(r-r_e)^2$$

$$+ \frac{1}{6}\left(\frac{\mathrm{d}^3V}{\mathrm{d}r^3}\right)_{r=r_e}(r-r_e)^3 + \cdots \tag{2.5.8}$$

式中,$V(r_e)$ 是平衡时的势能,可以选作零,而在势能的最低点应具有极小值,故 $\left(\frac{\mathrm{d}V}{\mathrm{d}r}\right)_{r=r_e}=0$,令

$$k = \left(\frac{\mathrm{d}^2V}{\mathrm{d}r^2}\right)_{r=r_e}$$

$$c = -\frac{1}{6}\left(\frac{\mathrm{d}^3V}{\mathrm{d}r^3}\right)_{r=r_e} \tag{2.5.9}$$

当忽略高于三次方的项时,则式(2.5.8)可重写为

$$V(r) = \frac{1}{2}k(r-r)^2 - c(r-r) \tag{2.5.10}$$

这就是立方抛物线方程,曲线形状如图 2-6 中的点线所示。从图可以看到,它在一个较大的振幅范围内与分子的真实势能曲线一致。所以当求准确性高一些的势能时,在式(2.5.8)中保留立方项就够了,这又称作非谐振子模型。

2.5.2　力常数与解离能的关系

当以谐振子的势能函数拟合一个化学键的势能函数时,则键的力常数等于该势函数的二次导数。不难理解,一个化学键的键能越大,将会有较大的力常数。对于同类型分子,的确存在这种平行的关系。如从图 2-7 可以看出,卤化氢分子的 k 与 $D(H-X)$ 之间是一条很好的直线。对于其他类型的双原子分子,有类似的关系存在。但是要找到二者之间的普遍适用的公式是困难的,因为式(2.5.9)告诉我们,较大的力常数就意味着势能函数的二次导数的值很大,这就要求势能曲线底部很尖锐。但是,键能是势能曲线的深度,势能曲线很尖锐并不一定是其深度也很大,所以 $D(A-B)$ 与 k 之间并不存在一种普遍的平行关系。

由一些较好地表示双原子分子势能的经验公式,常可获得某特定类型分子的力常数与解离能之间的关系式。不过其中必然要引进一些经验参数。至今认为较

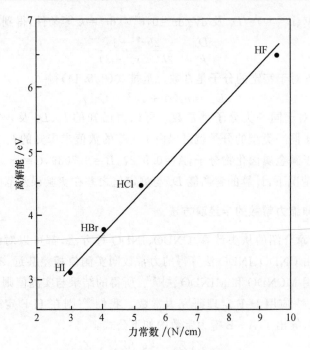

图 2-7　卤化氢分子力常数与键能的关系

好表示势能关系的是 Morse[53] 函数,它有如下形式:

$$V(r) = D_e\big[1 - e^{-a(r-r_e)^2}\big] \qquad (2.5.11)$$

式中,a 是一个随分子类型不同而改变的特征常数,D_e 是解离能。这个简单的函数有如下好的性质:

(1) 有一个单值的最小点在 $r=r_e$,$V(r_e)=0$。

(2) 当两原子分离至解离时,$V(r=\infty)=D_e$。

(3) 在很小的核间距时,$V(r)$ 陡然升高。

(4) 把该函数代入 Schrödinger 方程可以严格求解振动能级及波函数。

(5) 对于移动微小距离 $r-r_e$,把指数适当地展开可得

$$V(r) = D_e\{1 - [a(r-r_e)]\}^2 = D_e a^2 (r-r_e)^2$$

因此有

$$k = \frac{d^2 V(r)}{dr^2} = 2D_e a^2 \qquad (2.5.12)$$

式中,a 可以由振动光谱实验数据来确定。式(2.5.12)再次说明:力常数与解离能之间,对于一定类型的分子存在正比关系。

Varshni-Shukea[54] 势函数也是应用得较多的。这个函数可以表示如下:

$$V(r) = -\frac{e^2}{r} + P e^{-br^2} \qquad (2.5.13)$$

根据 $V(r_e)-V(r=\infty)=D_e$ 及 $\mathrm{d}V/\mathrm{d}r=0, \mathrm{d}^2V/\mathrm{d}r^2=k$ 等条件,得到如下关系式:

$$\frac{D_e}{k}=\frac{2br_e^2-1}{2b(2br_e^2-3)} \tag{2.5.14}$$

上两式中,P、b 对于特定的分子是常数。重排式(2.5.14)得

$$D_e=k_e(A+Br_e^2+Cr_e^4) \tag{2.5.14'}$$

式中,A、B、C 对于同一类分子是常数。可以由已知的 k_e、D_e 及 r 等实验值来确定。这样,对于同一类型的分子就可以由 D_e、r_e 的数值求未知的 k_e 或者反过来应用。例如,对于碱金属卤化物分子,$A=0.9727,B=0.7039,C=-0.03617$。在已知 r_e 及 k_e 的情况下,计算的解离能 D_e 与测定值之差在实验误差范围之内。

2.5.3　计算伸缩力常数的半经验方法

应用第 1 章介绍的从头计算、CNDO、INDO 等方法,都可以对键的力常数作计算。但是,由 CNDO、INDO 法算得的力常数同实测值相差甚远,有时偏高达 10 倍以上,而采用 MCNDO 和 MINDO 法[55,56]所得的结果与实测值则比较接近。

近来有人[57]应用 H-F 定理研究力常数。我们[20]则在 H-F 定理的基础上应用三中心模型,导出了 A—B 键力常数的如下公式:

$$k=2\frac{Z_A^* Z_B^*}{R^3}-\frac{q}{R^2}\left(\frac{Z_A^*}{R_A}+\frac{Z_B^*}{R_B}\right) \tag{2.5.15}$$

式中,R_A、R_B 是 A、B 原子的共价半径,R 是 A—B 键长;q 是有效键电荷。由式(2.5.15)算得的一些键的力常数同实测值比较如表 2-13 所示。

表 2-13　一些分子的力常数 k 按式(2.5.15)计算值同实测值的比较

分子 A—B	$R_{AB}/\text{Å}$	Z_A	Z_B	q_e	$\times 10^5$ *	
					$k_{计}$	$k_{测}$
H—H	0.742	1.00	1.00	0.25	5.7	5.75
Na—Na	3.079	1.60	1.60	0.40	0.203	0.172
K—K	3.923	1.60	1.60	0.40	0.0975	0.0985
Rb—Rb	4.190	1.60	1.60	0.40	0.0805	0.0820
C—C	1.312	2.99	2.99	0.748	9.16	9.521
N—N	1.094	3.68	3.68	0.92	24.0	22.96
P—P	1.894	3.86	3.86	0.965	5.1	5.556
Sb—Sb	2.480	4.06	4.06	1.02	2.5	2.611
Li—H	1.5954	1.30	1.00	0.284	0.810	1.026
Na—H	1.8873	1.60	1.00	0.310	0.587	0.789
Be—H	1.3431	2.00	1.00	0.242	2.150	2.263
Mg—H	1.7306	2.30	1.00	0.239	1.165	1.274
Ca—H	2.002	2.30	1.00	0.239	0.734	0.977
H—Cl	1.2746	1.00	4.94	0.780	3.80	5.157
H—Br	1.414	1.00	5.14	0.760	3.10	4.116
H—I	1.604	1.00	5.14	0.730	2.30	3.141

* $1\text{dyn}=10^{-5}\text{N}$。

下面介绍几个准确性较好、又能作出理论说明的经验公式。

Pauling 曾提出一个 A—B 键的键能公式

$$D(A-B) = [D(A-A) \cdot D(B-B)]^{\frac{1}{2}} + (X_B - X_A)^2$$

可以猜想,力常数也可能存在类似的关系。Somajazulu[59]发现,A—B 键伸缩力常数与同核键力常数及电负性之间的确存在类似的关系

$$k(A-B) = \sqrt{k(A-A)k(B-B)} + (X_B - X_A)^2$$

式中,X_A 表示 A 原子电负性。这个公式说明,力常数也可以表示为共价部分与离子部分贡献之和。但这个公式存在的问题是,右边两项具有不同的量纲。用它们之和表示力常数在物理意义上不合理。

文献[60]把力常数也写作共价与离子两项之和,前者仍取几何平均,后者用静电理论得出,总的计算式如下:

$$k(A-B) = k[(A-B)k(A-B)]^{\frac{1}{2}} + \frac{4.612(X_B - X_A)}{R_{AB}^3(X_A + X_B)} \tag{2.5.16}$$

式中,X_r 值取文献[26]的电负性标,4.612 是量纲换算常数,用该式计算的力常数与实验测定值比较一致。

在使用上面两个公式时需要注意的是,同核双原子分子的 $k(A-A)$ 值应该与所计算的分子中原子所处的价态一致。例如,在计算 CH_4 分子中碳氢键的 $k(C-H)$ 时,$k(C-C)$ 应取碳的 sp^3 杂化态的 $k(C-C)$ 值,而在 C_2H_2 分子中 $k(C-C)$ 应取碳的 sp 杂化态的 $k(C-C)$ 值等。

从微扰理论能够得到力常数与核电荷 Z 及电荷跃迁密度矩阵 ρ_{ok} 之间的如下关系:

$$k = \left(\frac{\partial^2 E}{\partial R^2}\right) R_e = \frac{2Z_A Z_B}{R_e^3}(1-f) \tag{2.5.17}$$

其中

$$f = R_e^3 \sum \frac{\left\langle \rho_{ok} \frac{\cos\theta_A}{r_A^2} \right\rangle \left\langle \rho_{ok} \frac{\cos\theta_B}{r_B^2} \right\rangle}{E_k - E_o}$$

它可以看作是一个对核电荷的屏蔽因子,因此式(3.5.17)又可用反映屏蔽因子的有效核电荷 Z^* 形式写出来

$$k_{AB} = \frac{2Z_A^* Z_B^*}{R_0^3} \tag{2.5.18}$$

Pearson[61]从固体压缩系数及其他实验方法,经验地定出 Z^* 值。但是用他这一套有效核电荷去计算伸缩力常数,只是粗略地近似。特别是对于元素处在不同的价态,其力常数很不一样。只给每个元素一种有效核电荷,就无法反映其不同价态的情况。

文献[62]从 Hellmann-Feynman 力概念出发,得到一个计算力常的半经验公式

$$k_{AB} = \frac{Z_A^* Z_B^*}{(R_{AA}R_{BB})^{3/2}} + 2\frac{\delta^+ \delta^-}{R_{AB}^3}$$

$$\delta^{\pm} = \left(\frac{Z_B^*}{R_B} - \frac{Z_A^*}{R_A}\right) \bigg/ \left(\frac{Z_A^*}{R_A} - \frac{Z_B^*}{R_B}\right) \tag{2.5.19}$$

其中的有效核电荷 Z^* 随价态不同而不同,其值列在表 2-14 中。用该表的 Z^* 值和式(2.5.19)去计算力常数,与实验值符合得比较好。

表 2-14 元素不同价态的有效核电荷(适用于计算力常数)

元 素	价 态	Z^*	元 素	价 态	Z^*
HH	s-s	1.00	GaGa	sp²-sp²	—
LiLi	s-s	1.103	InIn	p-p	1.325
	s-p	1.453		sp²-sp²	
NaNa	s-s	1.16	TiTi	p-p	1.136
	s-p	1.476		sp²-sp²	
KK	s-s	1.189	CC	p-p	2.332
	s-p	1.603		sp³-sp³	2.663
RbRb	s-s	1.210		sp²-sp²	2.940
	s-p	1.616		sp-sp	3.248
CsCs	s-s	1.253		双键	3.143
	s-p	1.691		叁键	3.450
BB	p-p	2.062	SiSi	p-p	2.328
	sp²-sp²	2.484		sp³-sp³	2.775
AlAl	p-p	1.353		双键	4.438
	sp²-sp²	—	GeGe	p-p	2.247
GaGa	p-p	1.275		sp³-sp³	2.885
GeGe	双键	4.13	SbSb	叁键	4.153
SnSn	p-p	1.772	BiBi	p-p	2.317
	sp³-sp³	2.326		双键	3.365
	双键	4.35		叁键	3.912
PbPb	p-p	1.982	OO	p-p	2.895
	sp³-sp³	—		双键	3.00
	双键	4.17		叁键	3.209
NN	p-p	2.579	SS	p-p	3.178
	双键	2.796		双键	3.808
	叁键	2.835		叁键	4.171
PP	p-p	2.924	SeSe	p-p	3.215
	双键	3.585		双键	4.027
	叁键	4.044		叁键	4.405
AsAs	p-p	2.89	TeTe	p-p	3.146
	双键	3.588		双键	4.219
	叁键	3.984		叁键	5.094
SbSb	p-p	2.910	FF	p-p	2.387
	双键	3.681		—	3.025
ClCl	p-p	3.347	Ba	—	1.76
BrBr	p-p	3.564	Cu	—	2.21
II	p-p	3.759	Ag	—	2.20
Be**	—	1.49	Au	—	3.80
Mg	—	1.61	Zn	—	1.57
Ca	—	1.74	Cd	—	1.52
Sr	—	1.76	Hg	—	1.46

** 以下的元素有效核电荷由它们氢化物力常数定出。

由于力常数与光谱基频之间有如式(2.5.6)的关系,所以我们利用式(2.5.19)导出了用有效核电荷表示的伸缩振动频率公式[62]

$$\omega_e = \frac{1970}{\sqrt{\mu}} \left[\frac{Z_A^* Z_B^*}{(R_{AA} R_{BB})^{3/2}} + 2 \frac{\delta^+ \delta^-}{R_{AB}^3} \right]^{\frac{1}{2}} \tag{2.5.20}$$

用这个式子不仅可以计算伸缩振动的基频,结果与实验值较好地一致,而且可以解释 Parr[63] 等人提出的,对于同一周期系列分子存在 $R_e^2 \omega \approx$ 常数的规则。

参 考 文 献

1　Mulliken R S. J. chem. Phys. ,1955,23:1833

2　Stout T E et al. Theor. Chim. Acta. ,1968,12:379

3　Flisyar S et al. J. Amer. Chem. Soc. ,1974,96:4358

4　Streitwiser A. Molecular Orbital Theory. London:John Wiley & Sons,Inc. ,New York,1961

5　Del-Re. J. Chem. Soc. ,1958:4031

6　Hoffmann R. J. Chem. Phys. ,1963,39:1397

7　M. Sichel J et al. Theor. Chim. Acta. ,1966,5:35

8　波普尔 J A,贝弗里奇 D L. 分子轨道近似方法理论. 江元生译. 北京:科学出版社,1976

9　Shvetz A E. J. Struc. Chem. ,1975,16:271

10　Klopman G. J. Amer. Chem. Soc. ,1964,86:4550

11　Politzer P et al. J. Amer. Chem. Soc. ,1970,92:6451;1972,94:8308;J. Chem. Phys. ,1971,55:5135

12　Bader R et al. Can. J. Chem. ,1965,46:953;J. Amer. Chem. Soc. ,1971,93:3095

13　Politzer P et al. J. Amer. Chem. Soc. ,1964,86:4550;Mulliken R. J. Chem. Phys. ,1934,2:782

14　Kern C W et al. J. Chem. Phys. ,1964,40:1374

15　Daudel R,Pullman A. Compt. Rend. ,1945,220:880

16　Macweeny R. J. Chem. Phys. ,1951,19:1614

17　Sandorfy C. Can. J. Chem. ,1955,33:1337

18　徐光宪. 化学学报,1995,21:14

19　Bader R et al. Can. J. Chem. ,1961,39:1253

20　杨频. 化学学报,1979,37:53;科学通报,1977,22:398;402

21　高孝恢,陈天朗. 科学通报,1980,25:354

22　Coulson C. Proc. Roy. Soc. ,A 1939,169:413

23　Ferreira R. Trans. Faraday Soc. ,1963,59:1064

24　Moffitt W. Trans. Faraday Soc. ,1949,45:373

25　Coulson C. Proc. Roy. Soc. ,A 1939,169:413

26　Schomaker V,Stevenson D. J. Amer. Chem. Soc. ,1941,63:37

27　高孝恢,陈天朗. 科学通报,1976,21:498

28　Kooyman E,Farenhorst. Trans. Faraday Soc. ,1953,49:58

29　Burkitt F,Coulson C,Longuet-Higgins. Trans. Faraday Soc. ,1951,47:553

30　Fukui K et al. J. Chem. Phys. ,20,722(1952);1954,22:1433

31　Nakajima T. J. Chem. Phys. ,1955,23:587

32　Sandorfy C. Can. J. Chem. ,1955,33:1337

33　蒋明谦,戴萃辰. 化学学报,1962,28:275

34　Schmidt O. Z. Physik Chem. ,1938,39,:39;1939,42:83

35　Lacassague A et al. Compt. Rend. Soc. Biol. ,1994,138:282

36　Miller E. J. Cancer Research,1947,7:469

37　Pullman A et al. Adu. Cancer Res. ,1955,3:117

38　Memory J. Int. J. Quant. Chem. ,1979,15:363

39　戴乾圜. 中国科学,1979:964

40　Weinbaum S. J. Chem. Phys. ,1933,1:593

41　Pauling L. 化学键的本质. 卢嘉锡等译. 上海:上海科学技术出版社,1965

42　Wall F. J. Amer. Chem,Soc. ,1939,61:1051

43　Barrow G. J. Chem. Phys. ,1957,26:1558

44　Hooydonk G et al. Z. Ber. Bunsan Fua,Phys. Ku. Chem. ,1970,74:323

45　Matcha R et al. J. Amer. Chem. Soc. ,1976,98:3415

46　Morse P et al. Phys. Rev. ,1935,48:948

47　Tubis A. Phys. Rev. ,1946,120:1049

48　Morse P et al. Table for the Variational Deter. of At. Wave Functions,1956

49　Hooydonk G. Z. Naturforsch,1973,28a:1836;1974,29a,763;1927;1975,30a:223;1975,30a:845;1976,
　　　31a:828

50　Mulliken R. J. Amer. Chem. Soc. ,1950,72:4493

51　Z. Szabo et al. J. Inorg. Nucl. Chem. ,1975,37:1056

52　Evans R et al. J. Inorg. Nucl. Chem. ,1970,32:373;383

53　Morse P. Phys. Rev. ,1929,34:57

54　Varshni Y et al. J. Chem. Phys. ,1961,35:582

55　Fischer H et al. Theor. Chim. Acta. ,1969,13:213

56　Dewar M et al. J. Chem. Phys. ,1969,50:1260;1275;J. Amer. Chem. Soc. ,1969,91:352;1970,92:590;
　　　3854;1975,97:1285;1294

57　Cheng D. Theor. Chim. Acta. ,1968,11:205

58　Ohwada K. Chem. Phys. Letter,1979,66:149

59　Somajazulu G. J. Chem. Phys. ,1958,28:814

60　高孝恢,陈天朗. 自然杂志,1980,8:635

61　Pearson R. J. Amer. Chem. Soc. ,1977,99:4869

62　杨频,高孝恢. 分子科学与化学研究,1982,总第 5 期:111

63　Parr R et al. J. Chem. Phys. ,1968,49:1055;1968,48:1116

64　杨频,高孝恢. 性能-结构-化学键. 北京:高等教育出版社,1987

65　杨频,高飞. 生物无机化学原理. 北京:科学出版社,2002;Yang P,Guo M. Coord. Chem. Rev. 1999,185-
　　　186:189

第 3 章　分子结构参量的静电模型

在分子结构理论的历史发展中,人们曾试图把成功地用于离子化合物的静电理论简单地用于共价化合物,但是这种尝试都失败了。人们自然会想到,都是由带电的核和电子堆积构成的物质,难道对离子型分子有效的库仑定律对共价分子就全然失效了吗? 前述 H-F 定理的提出,正面回答了这个问题,并为分子的静电模型提供了一个严格的量子力学基础。在这一章我们着重介绍建立在 H-F 定理基础之上的静电模型及其分子结构参量计算方法;这一方法与分子中的电荷分布及其描述的参量化紧密联系在一起。

3.1　分子的 Berlin 模型和差密度图

3.1.1　分子的 Berlin 模型[1~3]

对于一个双原子分子,应用核-电子分离近似,电子波函数 ψ 和分子能量 E 满足如下波动方程:

$$\hat{H}\psi = E\psi \tag{3.1.1}$$

其中

$$\hat{H} = -\sum_{i=1}^{N} \frac{1}{2} \nabla_i^2 + \frac{Z_A Z_B}{R} - \sum_{i=1}^{N}\left(\frac{Z_A}{r_{Ai}} + \frac{Z_B}{r_{Bi}}\right) + \sum_{i<j} \frac{1}{r_{ij}}$$

式中, N 是分子中的电子数; r_{Ai} 是由核 A 到第 i 个电子的距离; r_{ij} 是第 i 和第 j 个电子间的距离。核间距 R 可看作一个参数, E 是 R 的函数, ψ 也依赖于 R 。 R 的平衡值相应于 $E(R)$ 的最小值。应用 H-F 定理可以得出

$$\frac{\partial E}{\partial R} = \left\langle \psi \left| \frac{\partial \hat{H}}{\partial R} \right| \psi \right\rangle \equiv \left\langle \psi \left| \frac{\partial \hat{V}}{\partial R} \right| \psi \right\rangle_{AV} \equiv \int \cdots \int \psi\left(\frac{\partial \hat{V}}{\partial R}\right)\psi d\tau_1 \cdots d\tau_N \tag{3.1.2}$$

若取直角坐标, $d\tau_i = dx_i dy_i dz_i$ 。因动能算符 $\hat{T}$ 与 R 无关,所以, $\frac{\partial \hat{H}}{\partial R} = (\partial \hat{T}/\partial R) + (\partial \hat{V}/\partial R) = \partial \hat{V}/\partial R$,则使核间距保持在 R 下作用在核上的力是

$$F = \frac{\partial E}{\partial R} = -\left\langle \psi \left| \frac{\partial \hat{V}}{\partial R} \right| \psi \right\rangle_{AV} \tag{3.1.3}$$

因电子之间的距离 r_{ij} 与 R 无关,故得

$$\frac{\partial \hat{V}}{\partial R} = -\frac{Z_A Z_B}{R^2} + \sum_{i=1}^{N} \left(\frac{Z_A}{r_{Ai}^2} \cdot \frac{\partial r_{Ai}}{\partial R} + \frac{Z_B}{r_{Bi}^2} \cdot \frac{\partial r_{Bi}}{\partial R} \right) \tag{3.1.4}$$

以及

$$F = \frac{Z_A Z_B}{R^2} - \sum_{i=1}^{N} \int \cdots \int \psi \left(\frac{Z_A}{r_{Ai}^2} \frac{\partial r_{Ai}}{\partial R} + \frac{Z_B}{r_{Bi}^2} \frac{\partial r_{Bi}}{\partial R} \right) \psi \, d\tau_1 \cdots d\tau_N \tag{3.1.5}$$

可以对 i 以外的所有电子坐标积分,则

$$\rho_i(x_i y_i z_i) = \int \cdots \int \psi \psi \, d\tau_1 \cdots d\tau_N \tag{3.1.6}$$

略去第 i 个电子的所有坐标,ρ_i 是第 i 个电子在 x_i、y_i、z_i 点的概率密度,可以不管其他电子的影响。$\rho_i d\tau_i$ 是第 i 个电子在体积元 $d\tau_i$ 中的电量,则

$$F = \frac{Z_A Z_B}{R^2} - \sum_{i=1}^{N} \int \int \left(\frac{Z_A}{r_{Ai}^2} \cdot \frac{\partial r_{Ai}}{\partial R} + \frac{Z_B}{r_{Bi}^2} \cdot \frac{\partial r_{Bi}}{\partial R} \right) \rho_i d\tau_i \tag{3.1.7}$$

式中,括号内的量值仅仅由空间位置决定。假如我们只讨论点 (x,y,z) 的体积元 $d\tau$,即可写出

$$F = \frac{Z_A Z_B}{R^2} - \int \left[\frac{Z_A}{r_A^2} \frac{\partial r_A}{\partial R} + \frac{Z_B}{r_B^2} \frac{\partial r_{Bi}}{\partial R} \right] \rho \, d\tau \tag{3.1.8}$$

其中

$$\rho(x,y,z) = \sum_{i=1}^{N} \rho_i(x_i y_i z_i) \tag{3.1.9}$$

以及 $\rho d\tau$ 是在点 (x,y,z) 和体积元 $d\tau$ 中总的电子电量;r_A、r_B 分别是由 A、B 到点 (x,y,z) 的距离。据此可得双原子分子的静电模型,如图 3-1,当 r_n 固定、R 可变时则得到

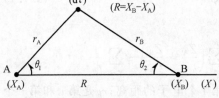

图 3-1　双原子分子的 Berlin 模型

$$\left. \begin{aligned} \frac{\partial r_A}{\partial R} &= \cos\theta_1 \\ \frac{\partial r_B}{\partial R} &= 0 \end{aligned} \right\} \tag{3.1.10}$$

类似地可得

$$\left. \begin{aligned} \frac{\partial r_A}{\partial R} &= 0 \\ \frac{\partial r_B}{\partial R} &= \cos\theta_2 \end{aligned} \right\} \tag{3.1.11}$$

将对 F 的两种表述相加并除以 2,可得

$$F = \frac{Z_A Z_B}{R^2} - \frac{1}{2} \int f\rho \, d\tau \tag{3.1.12}$$

其中

$$f = \frac{Z_A}{r_A^2}\cos\theta_1 + \frac{Z_B}{r_B^2}\cos\theta_2 \tag{3.1.13}$$

f 是在点(x,y,z)单位负电荷作用在一个核上的总力在沿 AB 轴向的分量,规定 ρ 是正的且永不变号,则可把式(3.1.12)中的积分分离为 $f>0$ 及 $f<0$ 两个区域

$$F = \frac{Z_A Z_B}{R^2} - \frac{1}{2}\int_{f>0} f\rho\,\mathrm{d}\tau - \frac{1}{2}\int_{f<0} f\rho\,\mathrm{d}\tau \tag{3.1.14}$$

从上式可知,在 $f>0$ 区间的负电荷使 F 值减小因而是束缚核的;在 $f<0$ 区间的负电荷使 F 增大,对核是反束缚的。因此 $f>0$ 的区间可以称为"束缚区";$f<0$ 的区间可称为"反束缚区"。$f=0$ 的一个界面把"束缚区"和"反束缚区"分开,此界面对键轴对称。由上述得知:当电子由"束缚区"移出时,将引起键长的增加;当电子自"反束缚区"移出时,将引起键长的缩短,如图 3-2 所示。

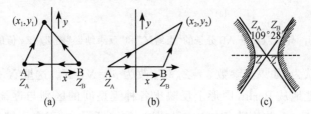

图 3-2　双原子 AB 分子的"束缚区"(a)、"反束缚区"(b)和 AA 分子(c)的坐标

为了将这种 H-F 力的分布与化学键合的关系用直观的图像表示出来,Berlin 作了如下坐标变换(图 3-1):

$$x = \frac{1}{2}R\xi, \qquad y = \frac{1}{2}R\eta, \qquad a = \frac{Z_A}{Z_B} \leqslant 1$$

$$r_1^2 = \left(\frac{1}{2}R + x\right)^2 + y^2 = \frac{1}{4}R^2\left[(1+\xi)^2 + \eta^2\right]$$

$$r_2^2 = \left(\frac{1}{2}R - x\right)^2 + y^2 = \frac{1}{4}R^2\left[(1-\xi)^2 + \eta^2\right]$$

$$r_1\cos\theta_1 = \frac{1}{2}R + x = \frac{1}{2}R(1+\xi)$$

$$r_2\cos\theta_2 = \frac{1}{2}R - x = \frac{1}{2}R(1-\xi)$$

再由式(3.1.14)等于零的条件

$$F = \frac{Z_1}{r_1^2}\cos\theta_1 + \frac{Z_2}{r_2^2}\cos\theta_2 = 0$$

得出"束缚区"(或成键区)和"反束缚区"(或反键区)分界面的方程[1]

$$\frac{a(1+\xi)}{\left[(1+\xi)^2 + \eta^2\right]^{3/2}} + \frac{1-\xi}{\left[(1-\xi)^2 + \eta^2\right]^{3/2}} = 0 \tag{3.1.15}$$

对于同核双原子分子，$f=0$ 的界面的恒值线是双曲线，如图 3-2(c)，并以顶角为 $109°28'$ 的交叉直线为渐近线。当比值 Z_A/Z_B 增加时，过 A 点的分界面变平并随着 $Z_A/Z_B \to \infty$ 该面趋近一个垂直于 AB 轴的平面；而同时过 B 点的界面随着 Z_A/Z_B 增加，自身形成一个封闭区，如图 3-3 所示。当 $Z_A/Z_B \to \infty$，则此封闭区趋近一个点。

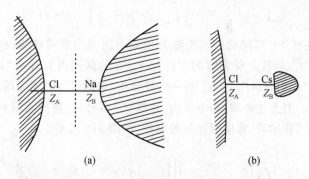

图 3-3　异核双原子 AB 分子的"束缚区"和"反束缚区"随 Z_A/Z_B 值的变化

文献[2]认为，如果把参数 $a=Z_A/Z_B$ 改为 $a=X_A/X_B$，这里 X 是原子的电负性，则可更清楚地从 Berlin 图形上反映出各种键型间的区别与逐渐过渡的特点。即，对于同核 A—A 共价键，Berlin 图如图 3-2(c)所示；对于离子键如 CsCl，Cs 核处为一很小的闭合反键区，Cl 核处为一较平的曲面（图 3-3(b)）。离子性界于这两者之间的双原子分子，其 Berlin 图则处于这两者之间的过渡状态（图 3-3(a)）。

对于同核等键长类多原子平面状分子的 Berlin 图，可以根据双原子 Berlin 图的叠加得出，如图 3-4 所示。在每一种情况，成键区都伸展到分子平面的上部和下

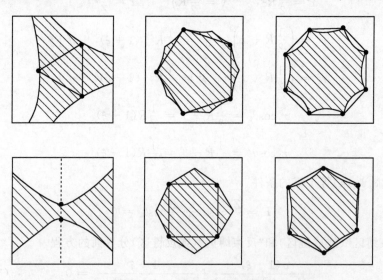

图 3-4　多原子分子的 Berlin 图，阴影部分是成键区

部;在一些情况尚可伸展到分子边界的外部。而图 3-4 中后两个分子其相邻两个原子实的连线处却变成了反键区。Berlin 图为我们提供了一个关于成键区的非常有用的新概念。它从一个新的角度,对"轨道杂化"、"弯键"等作出说明,指出电子云密集在预期的成键区内。

在 Berlin 图中,价电子的定域化一般是由结构的几何对称性,也就是通过在一个多面体的面和棱上的电子密度来表征。定域化的程度可用原子实电荷的数量和位置以及成键区与分子周边的关系来定性指出。

对于不饱和碳环分子,用 MO 法可以说明由三碳环到四碳环电子离域性增加。对于五碳环,价电子则完全离域化。在图 3-4 中,不饱和碳环分子的成键区汇合处与分子周边的接近,同价电子的离域及其范围是一致。随着成键区原子实数目的增加,不仅正实场(positive cores field)的强度增加,而且正实场的均匀性也增加,这时,具有低的电子密度,高的电子相关,这对金属性的出现是必须的[3]。

应用 Berlin 图还可以对过渡金属络合物等复杂体系的键合特性作出别具特色的说明。

3.1.2　差密度图

1. 静电平衡判据和总单电子差密度图

关于化合态原子与孤立原子的区别,在目前认识水平下,可以通过描出孤立原子和由它们构成的分子的三维空间电子的分布图来加以认识。可以通过衍射法来构筑这种电子密度图,也可以通过波动力学的精确计算画出。在原则上,通过这种图可以阐明化学键合的细节和本质。

近年来,Bader[14]等应用精细(sophisticated)波函数得到了某些简单分子的单电子密度图和差密度图。在此要交代一下构筑这种图的一些简化要点和必须遵从的规范。

(1)对忽略电子相关引进误差的估计:要画出电荷密度图,必须求得体系的状态波函数,而对于量子力学多体问题的求解不得不采用近似法,如忽略电子相关的单电子密度法。Bader 等[15]通过对氢分子的研究指出,如果使用忽略电子相关的单电子 Hartree-Fock 密度,则在靠近核处的电子密度将低估约 1%;成键区则高估约 1%,可见不会导致严重错误。Kern[16]则指出,至少对于闭壳层体系,忽略电子相关属于 Hartree-Fock 密度的第二级校正。

(2)应用静电平衡判据决定 LCAO 系数:静电平衡判据是指在任何一个H-F 定理适用的稳定体系中,电子云分布必须满足使作用于每个核上的静电力为零。即一个核从其他各个核受到的排斥力恰好被从云状分布的电子受到的吸引力所抵消[6]。为了构筑电子密度图,必须应用静电平衡判据以及分子轨道的正交性所引申出来的约束条件来决定 LCAO 的系数。另一个有用的约束条件是观测偶极矩,它表征整个分子的电荷分布。Bader 等[4,5,17]通过处理 HF、H_2O 和 NH_3 分子指出,由 Slater 型轨道的一个最小基组出发,并考虑到静电平衡判据等约束条件,有可能得到非常满意的单电子密度分布。而且从这种密度分布可以导出某些单电子算符的期望值,如抗磁化率、屏蔽常数、核四极矩偶合常数等。同实验值相比较,比用 SCF 波函数较好或更好地符合。这表明所得单电子密度分布图是符合实际的。

总的单电子密度图可以提供对键长、分子大小的估计。可以认为,在 0.002a.u. 的恒值轮廓线以内,通常指出包含了占总电子电荷 95% 以上的量值。

(3) 分子的单电子差密度恒值轮廓图的绘制:总的单电子密度图本身,对于讨论化学键的生成不够明晰。一个更加有效的图像是单电子差密度图。这种图的构筑法是在一个给定的核间距离 R 下,从其分子密度扣除在相同核间距离下两孤立原子的叠加密度后得出的。从差密度图可以清楚地看到,在一个化学键中哪些部位的电子云密度比两个孤立原子密度的叠加减少了(虚线),哪些部位密度增加了(实线),从而揭示出伴随一个化学键的形成电子云分布的变化。图 3-5 和图 3-6 分别示出一些同核(Li_2、B_2、C_2、N_2、O_2、F_2)[7,8]和异核(LiH、BH、CH、NH、OH、HF)[9]双原子分子的单电子差密度图。图 3-7 则示出同核(N_2)和异核(LiF)分子差密度图的比较[10]。

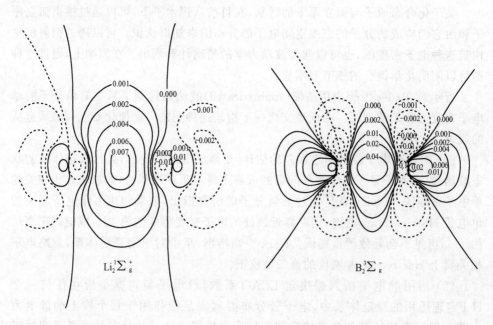

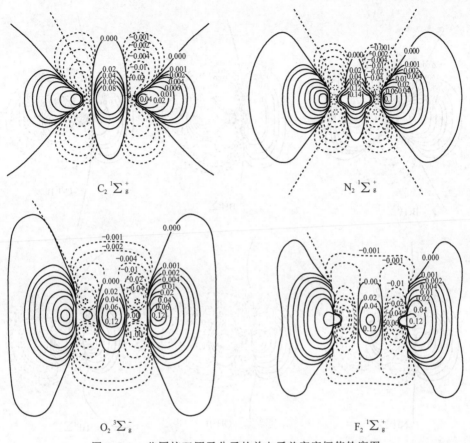

图 3-5　一些同核双原子分子的单电子差密度恒值轮廓图

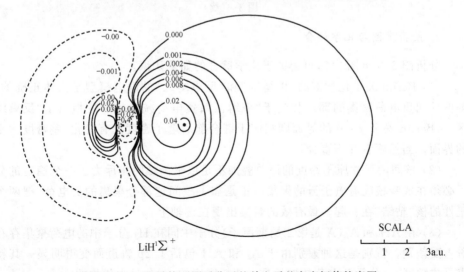

图 3-6　一些异核双原子分子的单电子差密度恒值轮廓图

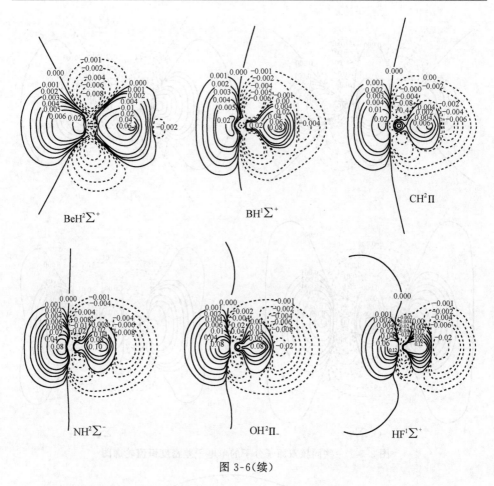

图 3-6(续)

2. 差密度图与化学键合

分析图 3-5 至图 3-7,可得关于化学键合的如下认识:

（1）Berlin 关于化学键的"束缚区"和"反束缚区"的静电模型是大体正确的,即两核间负电荷聚集的部位相当于"束缚区";负电荷减少的部位相当于"反束缚区"。Berlin 关于 $f=0$ 的界面则相应于键合前后电子密度没有变化、差密度为零的界面。当然两者并不重合。

（2）核间两孤立原子密度的简单叠加不足以平衡核间排斥力。一个稳定的分子必须在成键核间有电子云的聚集。正是靠了核间这部分聚集的负电荷,把两个正性的核"粘结"在一起。最有效的聚集出现在键轴上。

（3）在 AH 和 A_2（A 是第二周期原子）分子中同在 H_2 分子中的电荷聚集存在着重要差别。特别是这种差别由于 A_2 和 AH 包括了 2p 轨道而变得明显。其特点是成键区 pσ 分量负电荷的增长是以消耗密度的 pπ 分量为代价的。

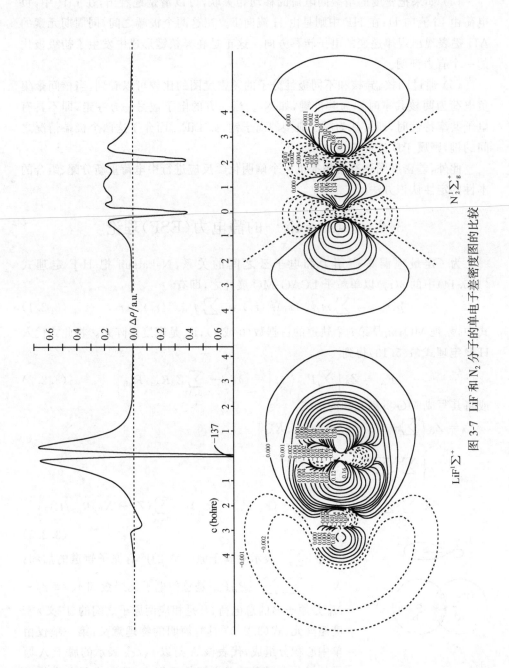

图 3-7　LiF 和 N_2 分子的单电子差密度图的比较

（4）如果把密度的增减同电荷的移动相关联，可以清楚地看出，在 LiH 中，负电荷由 Li 流向 H；在 HF 中则是由 H 流向 F。在这两个极端之间，同周期元素的 AH 键表现出规律递变的电子转移方向。这正是在异核键形成中发生了初级极化的一个有力证明。

（5）通过同核、异核和不同极性分子的差密度图的比较可以看到，当核间聚集负电荷为两核共享时即为共价键，如 N_2。当一方的电子被另一方夺走，即不具有电子共享特性时，即可认为属于典型的离子键，如 LiF。而介于这两个极端情况之间的键，则属于广泛的键型过渡区。

此外，差密度图还有希望提供一个阐明化学反应进行中电荷重新分配、组合的本性的定性认识方法。

3.2　Nakatsuji[18]的静电力（ESF）理论

为了定量地洞察作用力和电子云之间的关系，Nakatsuji 把 H-F 定理式(1.5.14)中的 $\rho(\boldsymbol{r}_1)$ 以单粒子 LCAO-MO 展开之，即有

$$\rho(\boldsymbol{r}_1) = \sum_i m_i \phi_r^*(\boldsymbol{r}_1)\phi_i(\boldsymbol{r}_1) = \sum_{r,s} P_{rs} x_r(\boldsymbol{r}_1) x_s(\boldsymbol{r}_1) \tag{3.2.1}$$

式中，ϕ_i 是 MO；m_i 是第 i 个轨道的占据数（0 或 1）；P_{rs} 是密度矩阵元。将此式代入 H-F 定理式(1.5.13)得到

$$F_A = Z_A \left\{ \sum_{r,s} P_{rs} \left\langle x_r \left| \frac{\boldsymbol{r}_A}{r_A^3} \right| x_s \right\rangle - \sum_{(B,A)} Z_B \boldsymbol{R}_{AB}/R_{AB}^3 \right\} \tag{3.2.2}$$

或将其写成 MO 贡献之和的形式

$$F_A = Z_A \left\{ \sum_i m_i f_{Ai} - \sum_{B(\neq A)} Z_B \boldsymbol{R}_{AB}/R_{AB}^3 \right\}$$

$$= Z_A \left\{ \sum_{i(\neq s)}^A \sum^A P_{r_A s_A} \left\langle x_{r_A} \left| \frac{\boldsymbol{r}_A}{r_A^3} \right| x_{s_A} \right\rangle \right.$$

$$\left. + 2 \sum_{B(\neq A)} \sum_r^A \sum_s^B P_{r_A s_B} \left\langle x_{r_A} \left| (\boldsymbol{r}_A/r_A^3)_0 \right| x_{s_B} \right\rangle - \sum_{B\neq A} (Z_B - N_B)\boldsymbol{R}_{AB}/R_{AB}^3 \right\} \tag{3.2.3}$$

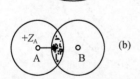

式中，$\sum_r^A$ 表示对属于原子 A 的所有原子轨道的加和；$N_B = \sum_r^B \sum_r^{all} P_{rs} P_{rs}$ 是总的电子集居数和 $\delta_B \equiv Z_B - N_B$ 是原子 B 的总电荷；P 是相应两原子之间的（广义）密度矩阵元。式(3.2.3)具有简明的物理意义：第一项仅由单中心积分组成，代表核 A 与以 $\boldsymbol{r}_A/r_A^3$ 表示的属于 A 原子的极化电子云重心之间的吸引力；极化电子分布的典型例子如图 3-8(a) 表示的杂化轨道。

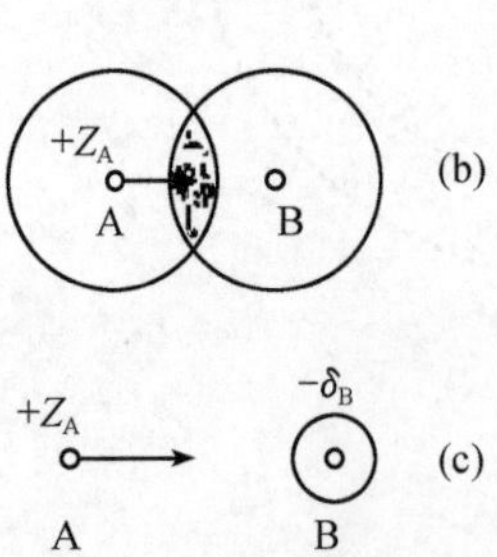

图 3-8　AD、EC 和 GC 力

因为此种极化电子分布，在偶极矩的计算中起重要

作用,故称之为原子偶极(AD)力。第二项代表核 A 与 AB 之间由于电子交换而聚集起来的电子云之间的相互吸引,可表出如图 3-8(b),称之为交换(EC)力。最后一项代表 A 核与 B 原子的总电荷 δ_B 之间的静电作用,可表出如图 3-8(c)称之为总电荷(GC)力。AD 力、EC 力和 GC 力的相对重要性,对于第二周期原子是:

$$AD 力 > EC 力(三重键 > 二重键 > 单键) \gg GC 力$$

$$100 \qquad 70 \qquad\qquad 60 \qquad 50 \qquad 6 \sim 1$$

对于碳原子,有关数值列于表 3-1 中。

表 3-1　碳原子的 AD、EC、GC 力

AD 力			EC 力			GC 力*	
sp^3	sp^2	sp	C—C	C=C	C≡C	$^{+1.0}$C—C$^{-1.0}$	$^{+0.2}$C—C$^{-0.2}$
0.88	0.90	1.02	0.45	0.62	0.78	0.12	0.03

* 下面元素符号上角的正负数值表示相应原子的总电荷 δ_B 的数值,$\delta_B \equiv Z_B - N_B$。

以氨分子为例,这三种力(作用于氮原子)如图3-9所示。对于孤对电子 AD 力是重要的。EC 力则依赖于键的多重性。为了扩展这个理论的应用,Nakatsuji还研究了原子 A 的变化、B 的替代以及由于电子激发、电离、电子吸着等所引起的电子构型的变化对这三种力的影响。ESF 理论可以预示基态和激发态的分子形状、化学反应的方向和产物的结构。在分子形状的预言上它能解释那些用 Walsh 规则、价电子对互斥(VSEPR)理论和次级 Jahn-Teller(SOJT)理论所不能很好说明的有关分子形状问题。

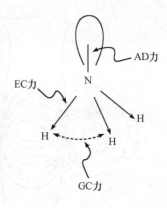

图 3-9　AD、EC 和 GC 力

Nakatsuji 指出[18],电子云“先行”和电子云“随后”是分子体系核坐标发生变位过程中普遍出现的现象。电子云“先行”对变位起加速作用;而电子云“随后”则对变位起阻碍作用。而且,体系的原子核必将按照核附近区域的电子云移动的方向发生移动。这种分子变化,可以通过绘制不同状态分子的电子密度变化的恒值线图来加以研究。

1968 年 Bader 等[15]借助于差密度图和 ESF 理论讨论了 $H + H \rightarrow H_2$ 反应。此反应可分为三个阶段:初期,两个氢原子相距为 8～6a. u.。此时由于电子云“先行”,引起原子极化,反应的主要推动力是 AD 力。第二期,当两个氢核接近到 3～2a. u. 时,则发生电子云的重叠。此重叠电子云为两核共享。此时 EC 力起主导作用。最后,两核继续接近到 2～1a. u.,核间排斥力迅速增大,并使两核在一适当间距处稳定下来。此时作用于核的各种力处于均衡状态,稳定分子生成。整个过程如图 3-10。用类似方法尚可讨论 $2CH_3 \cdot$ 生成 C_2H_6 等较复杂的反应。

类似于 ESF 理论,Deb[19]也提出了一个基于 H-F 定理的分子构型的简单力学

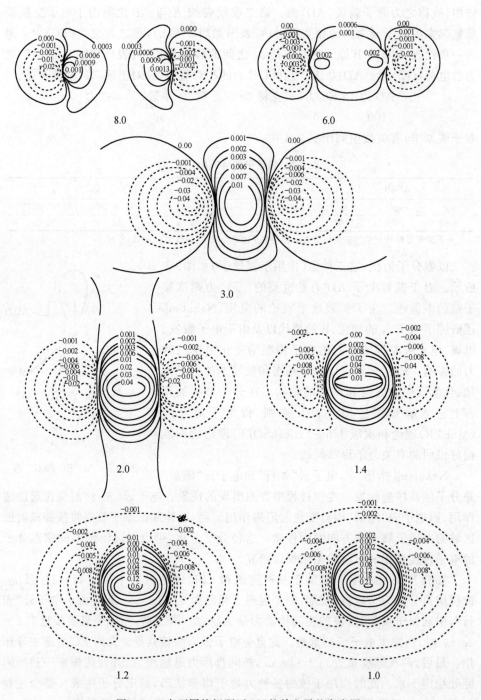

图 3-10　在不同核间距下 H_2 的单电子差密度图

模型。这个模型认为,分子形状主要取决于由一个占据分子轨道上的单电子密度而引起的电子-核吸引力对端基核的静电"牵曳"(pull)。他假定,总的平衡分子构型主要被最高占据分子轨道(HOMO)的行为所支配。根据这个定性模型,可以预示 AH_2、AH_3、AH_4、AB_2、HAB 和 ABC 型分子的形状以及键长、键角的变化,说明由于 Jahn-Teller 效应引起的分子构型的畸变和内部运动现象等。

3.3　键的离子性和总极性[45]

科学的飞速发展,导致新型化合物层出不穷地涌现,加之现代物质结构的实验研究方法不断完善,从而使化学键理论的发展获得了极大的生命力。许多新型化合物及其所具有的新型化学键的发现和深入研究,完全破坏了古典化学结构理论那种不变的固定的系统。建立在离子、共价、金属三种基本化学键型基础之上的那些加和规律,对许多化合物产生了不容忽略的偏离。随着科学实践的不断深入,三种极限键型之间的僵硬界限已不复存在。一种既有区别又有联系,从量变到质变的键型过渡的观点已被普遍承认。但是,如何对具有中间键型的化合物的性质进行定量的计算和表征至今人们仍在探索之中。

Pauling[20] 和 Mulliken[21] 等曾试图用价键理论(VB 法)和分子轨道理论(MO 法)解决这个问题,并分别导出了表征键的离子性成分的公式:$100\lambda^2/(1+\lambda^2)$(VB 法)及

$$i = \frac{\lambda^2 - 1}{1 + \lambda^2 + 2\lambda S} \quad \text{(MO 法)} \tag{3.3.1}$$

由于没有找到一个简单有效的计算 λ 值的方法,限制了式(3.3.1)的应用。

目前对离子性数值的含义一般理解为价电子云重心自核间距离中点偏移的百分率[22]。不难看出,此种处理至少会引进因同极矩所造成的误差。

Pauling[23]、Coulson[24] 等一直主张用 μ_{ob}/eR 作为离子性的观测值。按照现代概念,一个异极键的观测偶极矩 μ_{ob} 由下述四项构成[25]:

$$\mu_{ob} = \mu_p + \mu_s + \mu_h + \mu_i \tag{3.3.2}$$

式中,$\mu_p = (\lambda^2 - 1)eR/(1 + \lambda^2 + 2\lambda S)$,称为初级偶极矩,它是由键的初级极化(primary polarization)所产生的,μ_s 是同极矩,μ_h 和 μ_i 是由轨道杂化和非键电子极化所产生的。显然,只有 μ_p 与键的离子性有关。Gordy[26] 通过计算指出,氢卤分子的 μ_p 竟比 μ_{ob} 约大 3 倍,可见,用 μ_{ob}/eR 作为离子性标会引进不能容许的误差。

总之,关于表征键型过渡的离子性,不仅各种计算方法的结果差异甚大,而且在概念上也互有矛盾。

我们认为,键型过渡理论的深入研究,必将对物质的结构和性能的内在联系、化合物的系统化和理论计算的定量化提供有力的支持;而探讨键型过渡最可靠的基础应该是立足于键的力能特性。

"一切化学过程都归结为化学的吸引和排斥的过程"。从力能的观点来看,由

于分子内部的吸引和排斥,引起键电荷的迁移和化学键的极化,并使分子获得额外稳定能,从而产生离子-共价键型之间的过渡。文献[45]吸取轨道极性[21]和电负性均衡原理[17]的合理观点,提出一个二中心键的三点键合模型,并分别用分子轨道法和静电法讨论键电荷的迁移,进而引出键的离子性和总极性的新的定义和计算方法,并用于讨论键型过渡问题。

3.3.1 二中心键的三点键合模型

　　A、B 二原子化合成键可以设想为三步:第一,成键电子云的共价重叠:当 A、B 两个分离原子化合时,核间距离 R 由无穷远渐渐减小,至等于 A、B 二原子的共价半径和;$R = R_A + R_B$ 时,完成了电子云的重叠。此重叠区域的键电荷(bond-charge)重心在 A、B 共价半径的接触点 C 处(图 3-11);第二,键电荷的偏移和键的极化:若二核对 C 点键电荷的束缚能不等,则键电荷自 C 点偏移至 C' 点。C' 点是实际化学键中键电荷的重心。二核对此点的束缚能相等;第三,键电荷的迁移将导致体系能量的降低和核间距离的缩短(此点此处不作讨论)。对以上模型简单处理如下所述。

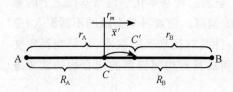

图 3-11　二中心键的三点键合图式

1. 分子轨道法

　　A、B 成键电子的波函数可以按 LCAO 近似写作 $\psi = N(\psi_A + \lambda\psi_B)$,归一化常数由下式决定:$N^{-2} = 1 + \lambda^2 + 2\lambda S$,重叠积分 $S = \int \psi_A \psi_B d\tau$。根据图 3-11 的标记,采用类似于文献[24b]的处理方法,令 C 为零点,则键电荷重心 C' 的坐标为

$$\bar{x}' = \int x\psi^2 d\tau = N^2 \int x(\psi_A^2 + 2\lambda\psi_A\psi_B + \lambda^2\psi_B^2) d\tau$$

$$= N^2[\bar{x}'_A + 2\lambda\bar{x}'_{AB} + \lambda^2\bar{x}'_B] \tag{3.3.3}$$

这里,$\bar{x}'_A$ 是原子轨道 ψ_A 电子云的平均位置。对于具有对称中心的 s、p、d 轨道其重心在 A 处。同理 ψ_B 的重心在 B 处。于是有:$\bar{x}'_A = -R_A$;$\bar{x}'_B = R_B$。由于重叠区域键电荷对二中心的吸引而收缩到一个很小的区域,因此,式中 $\bar{x}'_{AB} = \int \psi_A x_{AB} \psi_B d\tau \approx S \cdot x_{AB}$。$x_{AB}$ 是键电荷的平均位置,可近似取为重叠区的中点,即 A、B 原子共价半径的接触点 C。根据所设 C 为零点,显然 $\bar{x}'_{AB} = 0$。将以上数值和归一化常数 N 代入式(3.3.3),即得键电荷重心自 C 偏移至 C' 的距离

$$\bar{x}' = \frac{\lambda^2 R_B - R_A}{1 + \lambda^2 + 2\lambda S} \tag{3.3.4}$$

式中,R_A、R_B 是原子 A、B 的共价半径,λ 是成键分子轨道 $\psi_A + \lambda\psi_B$ 中的系数,S 是

重叠积分。

2. 静电法

根据图 3-11 将由 A、B 二原子形成的二中心键抽象为在一直线上的三个有效点电荷之间的相互作用,即原子 A 和 B 的有效核电荷 z_A 和 z_B 以及二核间的有效键电荷 q_e 之间的相互作用。在模型设想的第一步,共价重叠时,有效键电荷位于 C 点。若二核对 C 点的静电引力相等,则有效键电荷即位于 C 点;若不等,有效键电荷应自 C 点向静电吸引力大的 B 核迁移,则 B 原子部分地带负电,从而使其有效核电荷减小,B 核对键电荷的吸引力也相应减小;与此同时,A 原子部分地带正电,有效核电荷增大,吸引力也增大。至键电荷自 C 偏移 r_m 到 C' 点,二核(其有效核电荷为 z_A^* 和 z_B^*)作用于此点的静电引力方向相反,大小相等,即处于平衡状态。于是有

$$\frac{q_e z_A^*}{r_A^2} = \frac{q_e z_B^*}{r_B^2} \tag{3.3.5}$$

式中,q_e 是有效键电荷,z_A^*、z_B^* 是原子 A、B 相对于键电荷重心 C' 点的有效核电荷,r_A、r_B 是实际化学键中 A、B 原子距键电荷重心 C' 的距离。据图 3-11 可知,$r_A = R_A + r_m$,$r_B = R_B - r_m$。代入式(3.3.5),求解 r_m,得到两个根。舍去不合理根,即得

$$r_m = \frac{R_B \sqrt{z_A^*} - R_A \sqrt{z_B^*}}{\sqrt{z_A^*} + \sqrt{z_B^*}} \tag{3.3.6}$$

从式(3.3.6)和式(3.3.4)的推导过程可知,$r_m \equiv \bar{x}'$,即

$$\frac{\lambda^2 R_B - R_A}{1 + \lambda^2 + 2\lambda S} \equiv \frac{R_B \sqrt{z_A^*} - R_A \sqrt{z_B^*}}{\sqrt{z_A^*} + \sqrt{z_B^*}} \tag{3.3.7}$$

式(3.3.7)提供了一个从成键原子的共价半径和有效核电荷计算异极轨道 $\psi_A + \lambda\psi_B$ 中的系数 λ 的新途径。

3.3.2　键的离子性和电负性

1. 键电荷偏移率和键的离子性

当键电荷偏移 $r_m = 0$ 时,此 A—B 键键性相当于 A—A 键和 B—B 键键性的平均,此 A—B 键即标准共价键;当 $r_m \neq 0$ 时,A—B 键键性偏离 A—A 键和 B—B 键键性的平均值,此种偏离是由键电荷的迁移,即初级极化(primary polarization)所引起的,极化的程度可以用键电荷偏移率 $\nabla_移$ 表示

$$\nabla_移 = \frac{r_m}{R_A + R_B} = \frac{R_B \sqrt{z_A^*} - R_A \sqrt{z_B^*}}{(\sqrt{z_A^*} + \sqrt{z_B^*})(R_A + R_B)} \tag{3.3.8}$$

有效核电荷 z_A^* 和 z_B^* 是 A、B 原子各给出一个外层电子下按徐光宪法[27]计算的,共价半径 R_A 和 R_B 采用文献[28]的数据。按式(3.3.8)计算了所有二元卤化物 A—B 键的 $\nabla_移$ 值[45]。显然,$\nabla_移$ 应与由式(3.3.1)所定义的键的离子性有一致的变

化并可建立起定量的联系。

我们依式(3.3.7)计算了主族元素卤化物 M—X 键的 λ 值(略),再依式(3.3.1)计算它们的离子性 i(表 3-2)。计算分三步进行:第一步,设重叠积分 $S=\frac{1}{3}$,依式(3.3.1)算出 M—X 键的离子性 i 值(略);第二步,将此 i 值与由式(3.3.8)定义的 $\nabla_{移}$ 值对应作图(图3-12),得到条条平行直线,且每一族所有元素的卤化物

表 3-2　主族元素卤化物 A—B 键的离子性计算值的比较

B / A	F		Cl		Br		I	
i	$\dfrac{\lambda^2-1}{1+\lambda^2+2\lambda S}$	$0.37\nabla_{移}$	$\dfrac{\lambda^2-1}{1+\lambda^2+2\lambda S}$	$0.37\nabla_{移}$	$\dfrac{\lambda^2-1}{1+\lambda^2+2\lambda S}$	$0.37\nabla_{移}$	$\dfrac{\lambda^2-1}{1+\lambda^2+2\lambda S}$	$0.37\nabla_{移}$
H	0.57	0.59	0.31	0.31	0.20	0.21	0.09	0.08
Li	1.00	1.00	1.00	0.99	0.87	0.87	0.74	0.74
Na	1.00	1.00	1.00	1.00	0.97	0.97	0.82	0.83
K	1.00	1.00	1.00	1.00	1.00	1.00	1.00	0.99
Rb	1.00	1.00	1.00	1.00	1.00	1.00	1.00	1.00
Cs	1.00	1.00	1.00	1.00	1.00	1.00	1.00	1.00
Be	0.80	0.81	0.52	0.53	0.41	0.42	0.27	0.28
Mg	1.00	1.00	0.79	0.79	0.68	0.68	0.54	0.54
Ca	1.00	1.00	0.98	0.96	0.87	0.86	0.72	0.72
Sr	1.00	1.00	1.00	1.00	0.94	0.93	0.80	0.80
Ba	1.00	1.00	1.00	1.00	0.96	0.95	0.82	0.82
B	0.51	0.51	0.24	0.24	0.12	0.13	−0.01	−0.01
Al	0.80	0.79	0.52	0.52	0.41	0.42	0.27	0.28
Ga	0.78	0.76	0.50	0.50	0.39	0.39	0.25	0.24
In	0.95	0.92	0.67	0.66	0.55	0.55	0.42	0.41
Tl	0.98	0.94	0.70	0.69	0.58	0.58	0.44	0.44
C	0.27	0.27	0.00	0.00	−0.11	−0.11	−0.23	−0.24
Si	0.63	0.63	0.36	0.36	0.25	0.25	0.11	0.11
Ge	0.65	0.64	0.37	0.36	0.25	0.26	0.13	0.11
Sn	0.78	0.76	0.51	0.50	0.39	0.39	0.25	0.24
Pb	0.86	0.83	0.58	0.58	0.47	0.47	0.33	0.33
N	0.16	0.17	−0.11	−0.12	−0.22	−0.22	−0.35	−0.34
P	0.49	0.49	0.21	0.21	0.10	0.10	−0.03	−0.04
As	0.55	0.55	0.28	0.27	0.17	0.17	0.03	0.02
Sb	0.68	0.68	0.42	0.41	0.31	0.31	0.17	0.16
Bi	0.75	0.73	0.48	0.48	0.37	0.37	0.23	0.23
O	0.10	0.10	−0.18	−0.18	−0.29	−0.29	−0.43	−0.42
S	0.38	0.39	0.12	0.12	0.00	0.00	−0.12	−0.14
Se	0.47	0.47	0.20	0.20	0.10	0.10	−0.05	−0.05
Te	0.61	0.61	0.34	0.34	0.23	0.24	0.09	0.09
Po	0.71	0.70	0.44	0.44	0.33	0.34	0.19	0.20
I	0.51	0.51	0.25	0.25	0.14	0.14		
Br	0.38	0.38	0.11	0.11	—	—	—	—
Cl	0.28	0.28	—					

均落在同一条直线上（氢、锂除外）。第Ⅶ族卤素互化物的直线通过坐标原点，其他各族直线依Ⅶ→Ⅰ的族次次序规律地向右平移；第三步，对假设 $S=\dfrac{1}{3}$ 进行校正，根据如下：Fyfe[29] 曾指出，重叠积分 S 随成键原子电负性差的增加而单调地减小。显然，各族卤化物的 S 值应依Ⅶ→Ⅰ的族次次序单调地减小。从式（3.3.1）可知，S 与 i 逆变。可见在依式（3.3.1）计算中，假设 S 为恒值将导致使电负性差大的化合物系列结果（离子性）偏低，且偏差依Ⅶ→Ⅰ的族次次序增大。以上分析和图3-12曲线（左图）的排布相符。据此对假设 $S=\dfrac{1}{3}$ 引进的偏差作如下校正：以通过坐标原点的第Ⅶ族卤素互化物为基准，令其他各族直线沿纵轴向上平移与第Ⅶ族直线重合，则平移距离即为离子性校正值。此校正值（单位，%）自Ⅶ至Ⅰ族依次为 0，3，6，10，15，18 和 24（H 和 Li 为 29）。校正后的离子性 i 对相应键电荷偏移率 $\nabla_{移}$ 的关系图为通过原点的一条直线（图3-12右图）。直线斜率为0.37，则联系式

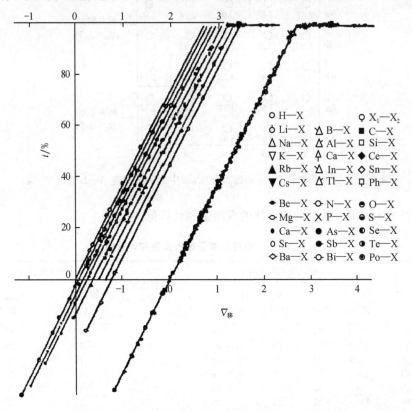

图 3-12　依式 $i=\dfrac{\lambda^{2}-1}{1+\lambda^{2}+2\lambda S}\left(\text{设 } S=\dfrac{1}{3}\right)$ 得到的键的离子性 i 与键电荷偏移率 $\nabla_{移}$ 的关系（左图）；

$S=\dfrac{1}{3}$ 进行校正后键的离子性 i 与 $\nabla_{移}$ 的关系（右图）

(3.3.1)和式(3.3.8)得到

$$i = \frac{\lambda^2 - 1}{1 + \lambda^2 + 2\lambda S} = 0.37 \nabla_{移}, \qquad 当 \nabla_{移} < 2.7$$

$$= 1.00, \qquad 当 \nabla_{移} > 2.7 \qquad (3.3.9)$$

为了考察用式$(\lambda^2-1)/(1+\lambda^2+2\lambda S)$和用式$0.37\nabla_{移}$计算键的离子性的等效性,我们用此二式分别对130种主族元素卤化物A—B键的离子性作了计算。计算结果列于表3-2。根据表3-2数据算得其标准误差为±0.009;算术平均误差为±0.005,可见用$0.37\nabla_{移}$计算键的离子性和用式(3.3.1)满意地一致。

式(3.3.9)表明,若A—B键的$\nabla_{移}>2.7$则为纯离子键。依此判据,在30种碱金属卤化物中有20种是纯离子键(图3-13)。

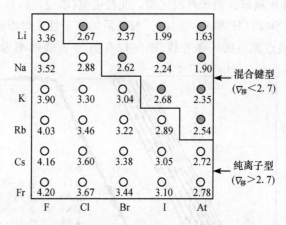

图3-13 碱卤化物依$\nabla_{移}$值的键型分区(图中数字是相应A—B键的$\nabla_{移}$值)

表3-3列出一些键的离子性的实测值和计算值。

表3-3 一些键的离子性实测值和计算值

分子	微波谱实测值 $i/\%$				偶极矩实测值[26] μ_p/eR	计算值 $i/\%$	
	D.T.值[25]	G.值[30]	V.值[31]	(D.T.)、(G.)、(V.)平均值		G.值[13] $\frac{1}{2}|X_A - X_B|$	Yang[45] $0.37\nabla_{移}$
BrF	32.9	44	35	37	—	50	38
ClF	25.9	41	29	29	—	40	28
ICl	22.9	25	20	23	—	25	25
BrCl	11.0	6	6	8	—	10	11
HCl	—	40	—	40	41	47	32
HBr	19	31	30	26	35	37	21
HI	7	21	18	15	18	22	8
NaCl	97	100	—	99	97	100	100
NaBr	91	100	92	94	—	100	97
NaI	87	89	88	88	—	85	83

续表

| 分　子 | 微波谱实测值 $i/\%$ | | | | 偶极矩实测值[26] μ_p/eR | 计算值 $i/\%$ | |
	D. T. 值[25]	G. 值[30]	V. 值[31]	(D. T.)、(G.)、(V.)平均值		G. 值[13] $\frac{1}{2}\|X_A-X_B\|$	Yang[45] $0.37\,\nabla_{移}$
KCl	100	100	100	100	101	100	100
KBr	99	99	99	99	97	100	100
KI	97	98	97	97	98	90	99
LiBr	94	95	95	95	90	97	88
RbCl	99	—	100	100	—	100	100
CsCl	97	100	100	99	99	100	100

　　实测值包括由微波谱测定核四极矩偶合常数以及由实测偶极矩离析出初级偶极矩所决定的离子性。将实测和计算的离子性对相应键的 $\nabla_{移}$ 作图（图 3-14），从图可见,由式(3.3.9)决定的曲线较好地反映了实测值的变化趋势,而 Gordy 计算值与实测值相比则大部分偏高。

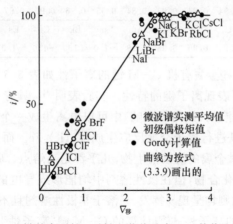

图 3-14　一些键的离子性 i 对键电荷偏移率 $\nabla_{移}$（数值取自表 3-2）

2. 键电荷偏移率和电负性

　　综上所述不难看出,键电荷偏移率反映了 A、B 原子对其共价半径接触点上的键电荷吸引力之差,或曰键的离子性是由成键原子吸引键电荷的能力不等所引起的。验证表明,$\nabla_{移}$ 尚满足相加性关系式：$\nabla_{移}^{AB}+\nabla_{移}^{BC}=\nabla_{移}^{AC}$。据此可以依下式为每一元素选定一个量值 Y

$$i = 0.37\,\nabla_{移} = Y_B - Y_A \qquad\qquad (3.3.10)$$

Y 反映了某原子在化学键中吸引键电荷的本领。联系化学中旧有的概念,可称之为元素的电负性力标。据式(3.3.10)、结合所有元素卤化物的 $\nabla_{移}$ 值并规定氟的 $Y_F=2.00$,便可求出所有元素的电负性力标 Y 值,如表 3-4 所示。从式(3.3.10)可知,任两原子的电负性力标差值直接等于该键（单键）的离子性百分率。

表 3-4　元素的电负性力标[45]

Li	Be		H*		He			B	C	N	O	F	Ne
0.90	1.40		1.40		1.92			1.50	1.65	1.81	1.91	2.00	2.05

Na	Mg							Al	Si	P	S	Cl	Ar
0.80	1.10							1.23	1.39	1.52	1.62	1.72	1.73

K	Ca	Sc	Ti	V	Cr	Mn	Fe	Co	Ni	Cu	Zn	Ga	Ge	As	Se	Br	Kr
0.65	0.85	1.05	1.22	1.37	1.47	1.54	1.31	1.35	1.39	1.48	1.21	1.24	1.37	1.46	1.53	1.62	1.63

Rb	Sr	Y	Zr	Nb	Mo	Tc	Ru	Rh	Pd	Ag	Cd	In	Sn	Sb	Te	I	Xe
0.60	0.80	0.92	1.14	1.47	1.50	1.53	1.44	1.48	1.49	1.47	1.25	1.10	1.26	1.33	1.40	1.48	1.50

Cs	Ba	La	Hf	Ta	W	Re	Os	Ir	Pt	Au	Hg	Tl	Pb	Bi	Po	At	Rn
0.55	0.76	0.91	1.14	1.47	1.50	1.53	1.54	1.54	1.54	1.36	1.08	1.19	1.27	1.30	1.40	1.42	

Fr	Ra	Ac	104	105
0.50	0.75	0.84	~1.14	~1.14

镧系	La	Ce	Pr	Nd	Pm	Sm	Eu	Gd	Tb	Dy	Ho	Er	Tm	Yb	Lu
	0.91	0.93	0.94	0.94	0.94	0.93	0.84	0.95	0.96	0.96	0.97	0.98	0.98	0.91	0.98
锕系	Ac	Th	Pa	U	Np	Pu	Am	Cm	Bk	Cf	Es	Fm	Md	No	Lr
	0.84	0.92	0.94	0.94	0.96	0.96	0.98	~1.0	~1.0	~1.0	~1.0	~1.0	~1.0	~1.0	~1.0

依表 3-4 算得某些金属有机 C—M 键的离子性如表 3-5 所示。可以预期，i 值大于 50% 的键应主要表现离子键的特性。实验表明[34]，具有 C—Sc 键（$i=60\%$）的 $(C_5H_5)_3Sc$，在合适的溶剂（如四氢呋喃）中可以电离生成一个 Sc^{3+} 和三个 $(C_5H_5)^-$ 离子，并能和二氯化铁进行离子交换反应生成 $(C_5H_5)_2Fe$。而含有离子性大于 70% 的 C—M 键，如所有碱金属的烷基衍生物，几乎都是高熔点、高沸点的固态物质。它们难溶或不溶于碳氢化合物，但在极性溶剂中均能形成导电的溶液。C—M 键离子性小于 50% 的化合物则均呈现易挥发、易溶于非极性溶剂且不导电等共价化合物特性。而按照 Pauling 的离子性式[23]计算的 C—M 键"离子性"（表 3-5），C—Sc 键比 C—F 键的"离子性"值还小，即其共价性比 C—F 键应更强，显然这与事实不符。

表 3-5　一些 C—M 键的离子性和总极性

离子性 或总极性　　键	C—Cl	C—P	C—As	C—Si	C—Hg	C—F	C—Sn
Yang 值 $i=Y_B-Y_A$	7	13	19	26	29	35	39
Cordy 值 $i=(X_A-X_B)/2$	25	20	25	35	30	75	35
Pauling 值 $\delta=1-\exp\left(-\dfrac{1}{4}\Delta X^2\right)$	6	1	6	12	8	43	15
Yang 值 $\delta=1-\exp(-1.5\Delta Y^2)$	2	1	7	12	14	20	23

续表

离子性 或总极性　　键	C—Al	C—Ti	C—Mg	C—Sc	C—Li	C—Na	C—Cs
Yang 值 $i=Y_B-Y_A$	42	43	55	60	75	85	100
Cordy 值 $i=(X_A-X_B)/2$	50	50	65	60	75	80	90
Pauling 值 $\delta=1-\exp\left(-\dfrac{1}{4}\Delta X^2\right)$	22	18	34	30	43	47	57
Yang 值 $\delta=1-\exp(-1.5\Delta Y^2)$	25	26	35	38	58	61	75

3.3.3　键的总极性及其经验公式

由式(3.3.2)可知,与 μ_p 相关的离子性只是键的各种非对称性中的一种;而由 μ_{ob}/eR 所决定的量值则是化学键非对称性总的量度,我们称之为键的总极性。表 3-6 列出 58 种二元卤化物 A—B 键的实测键距 μ_{ob}。将 μ_{ob}/eR 与相应键的电负性力标之差 Y_B-Y_A 作图(图 3-15)发现,两者间并无线性关系,但有正变关系。从总极性 δ 随 ΔY 的分布可以得出两者的经验关系式

$$\delta = \mu_{ob}/4.8R = 1-e^{-1.5(Y_B-Y_A)^2} \tag{3.3.11}$$

式中,δ 是键的总极性,即 Pauling 所谓的离子性,R 是实测键长,4.8 是电子电荷(单位:$\times10^{-10}$ e.s.u.),Y 是电负性力标。表 3-6 还列出依式(3.3.11)和 Pauling 依 $\delta=1-\exp(-0.25\Delta x^2)$ 计算得到的 δ 值。此外,按照 Pauling 电负性标,在极性

表 3-6　键的总极性实验值和计算值的比较

键 A—B	实测值		Yang 值[45]		Pauling 值	
	μ_{ob}/D	$\delta=\dfrac{\mu_{ob}}{4.8R}$	$\delta=1-e^{-1.5\Delta Y^2}$	偏　差	$\delta=1-e^{-0.25\Delta x^2}$	偏　差
H—F	1.91[13]	0.45	0.42	−0.03	0.59	+0.14
H—Cl	1.12[13]	0.18	0.15	−0.03	0.18	0.00
H—Br	0.78[13]	0.12	0.08	−0.04	0.12	0.00
H—I	0.38[13]	0.05	0.02	−0.03	0.04	−0.01
I—F	3.6[32]	0.32	0.32	0.00	0.43	+0.11
Br—F	1.29[13]	0.15	0.20	+0.05	0.30	+0.15
Cl—F	0.88[13]	0.11	0.11	0.00	0.22	+0.11
I—Cl	0.65[13]	0.06	0.08	+0.02	0.06	0.00
I—Br	0.40[13]	0.03	0.03	0.00	0.02	−0.01
Br—Cl	0.57[13]	0.06	0.02	−0.04	0.01	−0.05
Li—F	6.6[32]	0.86	0.86	0.00	0.90	+0.04
Li—Cl	5.7[32]	0.72	0.64	−0.08	0.63	−0.09
Li—Br	6.25[32]	0.61	0.60	−0.01	0.55	−0.06
Li—I	6.25[32]	0.54	0.45	−0.09	0.43	−0.11

键 A—B	实测值		Yang 值[45]		Pauling 值	
	μ_{ob}/D	$\delta=\dfrac{\mu_{ob}}{4.8R}$	$\delta=1-e^{-1.5\Delta Y^2}$	偏差	$\delta=1-e^{-0.25\Delta X^2}$	偏差
Na—Cl	8.5[13]	0.75	0.72	−0.03	0.67	−0.08
Na—Br	9.4[32]	0.74	0.64	−0.10	0.59	−0.15
K—F	8.6[13]	0.86	0.92	+0.06	0.92	+0.06
K—Cl	10.5[13]	0.82	0.81	−0.01	0.70	−0.12
K—Br	10.4[13]	0.77	0.76	−0.01	0.63	−0.14
K—I	11.05[13]	0.71	0.67	−0.04	0.51	−0.20
Rb—F	8.8[32]	0.81	0.95	+0.14	0.92	+0.11
Rb—Br	10.5[32]	0.74	0.78	+0.04	0.63	−0.11
Cs—F	7.98[32]	0.71	0.95	+0.24	0.93	+0.22
Cs—Cl	10.4[32]	0.75	0.84	+0.09	0.73	−0.02
Cs—Br	10.7[13]	0.71	0.78	+0.07	0.67	−0.04
Cs—I	12.1[25]	0.76	0.74	−0.02	0.55	−0.21
Tl—F	7.6[32]	0.76	0.72	−0.04	0.70	−0.06
Tl—Cl	5.1[32]	0.42	0.43	+0.01	0.30	−0.12
Tl—Br	4.5[13]	0.35	0.35	0.00	0.22	−0.13
Tl—I	4.6[13]	0.33	0.26	−0.07	0.12	−0.21
Pb—Cl	4[28]	0.33	0.34	+0.01	0.30	−0.03
Pb—Br	3.9[28]	0.30	0.26	−0.04	0.22	−0.08
Pb—I	3.3[28]	0.24	0.13	−0.11	0.12	−0.12
Hg—Cl	3.2[28]	0.27	0.18	−0.09	0.26	−0.1
Hg—Br	3.1[13]	0.27	0.10	−0.17	0.18	−0.9
Hg—I	2.9[13]	0.23	0.03	−0.20	0.08	−0.15
Zr—Cl	5.94[32]	0.48	0.41	−0.07	0.47	−0.01
Zr—Br	4.68[32]	0.36	0.31	−0.05	0.39	+0.03
Zr—I	5.36[32]	0.38	0.16	−0.2	0.26	−0.12
P—F	0.77[13]	0.11	0.29	+0.10	0.59	+0.48
P—Cl	0.81[13]	0.08	0.06	−0.02	0.18	+0.10
P—Br	0.36[13]	0.03	0.02	−0.01	0.12	+0.09
P—I	0[13]	0.00	0.00	0.00	0.04	+0.04
As—F	2.13[33]	0.26	0.33	+0.07	0.63	+0.37
As—Cl	1.09[33]	0.11	0.10	−0.01	0.22	+0.11
As—Br	1.27[32]	0.11	0.04	−0.07	0.15	+0.04
As—I	0.78[32]	0.06	0.01	−0.05	0.06	0.00
Sb—Cl	2.6[32]	0.23	0.21	−0.02	0.26	+0.03
Sb—Br	1.9[32]	0.16	0.13	−0.03	0.18	+0.02
Sb—I	0.8[32]	0.06	0.04	−0.02	0.08	+0.02
Si—F	2.27[32]	0.31	0.42	+0.11	0.70	+0.39
Ge—Cl	1.8[32]	0.18	0.17	−0.01	0.30	+0.12
Sn—Cl	3.1[32]	0.28	0.27	−0.01	0.30	+0.02
Sn—Br	3.0[32]	0.25	0.18	−0.07	0.22	−0.03
Sn—I	1.55[32]	0.12	0.07	−0.05	0.12	0.00
B—F	1.69[13]	0.26	0.31	+0.05	0.63	+0.37
N—F	0.18[13]	0.03	0.05	+0.02	0.22	+0.19
S—Cl	0.5[13]	0.05	0.02	−0.03	0.06	+0.01

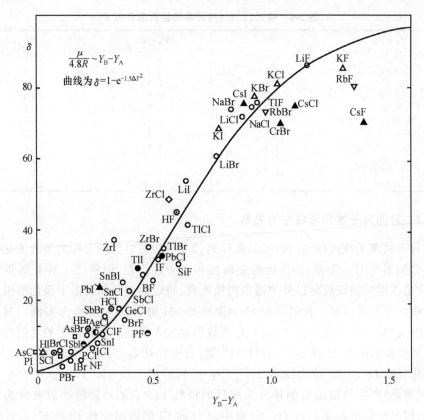

图 3-15　键的总极性 δ 与成键原子电负性力标之差的关系

不等的 K—Br，Ca—Cl，Li—Cl，Al—O，As—F 和 B—F 各对元素之间，电负性差都是 2.0，离子性（即总极性）都是 63%；而依式（3.3.10）、式（3.3.11）计算得它们的离子性 i 和总极性 δ 如表 3-7 所示。不难看出，电负性力标和式（3.3.11）较好地反映了键的离子性和总极性的变化规律。表 3-8 列出按式（3.3.11）得到的在不同的电负性力标之差下键的总极性值。

表 3-7　一些键的离子性和总极性

键	Pauling 值		Yang 值[45]		实测值
A—B	ΔX	$\delta = 1 - e^{1.5\Delta Y^2}$	离子性 $Y_B - Y_A$	$\delta = 1 - e^{-1.5\Delta Y^2}$	$\delta = \dfrac{\mu_{ob}}{4.8R}$
K—Br	2.0	0.63	0.97	0.76	0.77[18]
Ca—Cl	2.0	0.63	0.87	0.68	—
Li—Cl	2.0	0.63	0.82	0.64	0.72[13]
Al—O	2.0	0.63	0.68	0.50	—
As—F	2.0	0.63	0.54	0.35	0.26[14]
B—F	2.0	0.63	0.50	0.31	0.26[18]

表 3-8　按式(3.3.11)计算的键的总极性 δ

$Y_B - Y_A$	δ	$Y_B - Y_A$	δ
0.00	0.0	0.60	41.7
0.05	0.4	0.70	52.0
0.10	1.5	0.80	61.6
0.15	3.3	0.90	70.3
0.20	5.8	1.00	77.7
0.25	8.9	1.10	83.8
0.30	12.6	1.20	88.5
0.35	16.8	1.30	92.1
0.40	21.3	1.40	94.8
0.45	26.2	1.50	96.6
0.50	31.3	1.60	97.9

3.3.4　键的离子性和总极性的关系

将键的离子性式(3.3.10)和总极性式(3.3.11)随电负性力标之差的变化绘在一起得到图 3-16。显然,一个键的总极性和离子性之差,即曲线 I 和 II 的纵向间距,应是该键除初级极化以外的诸如同极重叠、轨道杂化和非键电子极化所引起的非对称性之和的量度。我们举出 H—Cl 和 C—H 键(图 3-17)作为实例。对此二例可将式(3.3.2)简化为 $\mu_{ob} = \mu_p + \mu_s$ 不致引起太大误差。我们设想的总极性和离子性的关系如图 3-17 所示。(a)H—Cl 键:若键电荷重心自 C 点偏移至 C' 点(初级极化)使 H—Cl 键[按式(3.3.10)]产生 32% 的离子性($\overrightarrow{CC'}$),因原子大小不等(同极重叠)产生与键电荷偏移方向相反的极性 16%($\overrightarrow{OC}$),则键的总极性为二者之和,相当于负电荷重心自 H—Cl 键中点 O 向 Cl 的方向偏移了[按式(3.3.11)]16%($\overrightarrow{CC'}$)。(b)C—H 键:与 H—Cl 键不同之处是在 C—H 键中,C 点和 C' 点在键中点 O 的同侧。按照前人关于极性正负(自键中点算起)的概念,在甲烷中,C—H 键矩的方向与根据电负性推断的方向相反[24c],大概是 C^+—H^-。

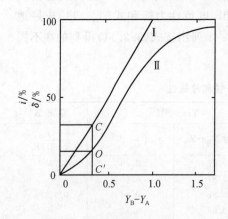

图 3-16　键的离子性和总极性

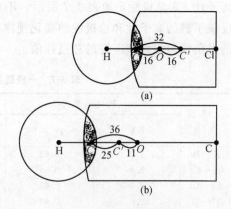

图 3-17　极性关系示意图

(a) H—Cl 键;(b) C—H 键

而按照本模型,键电荷偏移自共价半径接触点算起,则 C—H 键矩的方向仍为
C^-—H^+,即按式(3.3.10),键电荷重心自 C 点偏移至 C' 点(图 3-17(b))使 C—H
键产生 25% 的离子性($\overrightarrow{CC'}$);按式(3.3.11),C—H 键的总极性为 11%($\overrightarrow{OC'}$),则
同级重叠(尚应包括轨道杂化和非键电子极化)所贡献的极性为 36%($\overrightarrow{OC'}$)。表
3-9 所列实测值与文献[45]的计算值以及上述分析很好地相符。

表 3-9　H—Cl 和 C—H 键的离子性和总极性

分　子	键 A—B	键长[24] (Å)	$\mu_{ob}^{[13]}$ (D)	$\mu_s^{[24c]}$ (D)	实测值			Yang 计算值		
					总极性	离子性	同极极性	总极性	离子性	同极极性
HCl	H—Cl	1.27	1.12	1.0	18	34	16	16	32	16
CH$_4$	C—H	1.09	0.4	2.0	8	30	38	11	25	36

3.3.5　结论

(1) 文献[45]从二中心键的三点键合模型出发,用分子轨道法和静电法粗略
地计算了键电荷自共价半径接触点的迁移,从而导出了与键的初级极化相联系的
离子性式和元素的电负性力标。据此计算键的离子性可以同共价键和偶极矩的现
代概念协调一致,和事实更好地符合,而无 Pauling 电负性标和离子性式那种在概
念上缺乏直接的物理意义以及许多计算结果与事实不符的缺陷。

(2) 键的总极性 $\mu_{ob}/4.8R$ 和键电荷偏移率之间并无线性关系,但有正变关
系。所得二者间的经验关系式与 Pauling 的离子性式相似。但和实测值相较,比
Pauling 公式更为接近。看来 Pauling 的离子性经验式并未反映键的初级极化,而
是近似地反映了键的总极性。

(3) 离子性应与键的初级极化相联系;总极性则反映了键的非对称性的总的
量度。这是两个不同的概念,应该分别进行研究。

3.4　双原子键的三中心静电模型[54,63]

H-F 定理揭示了由核和电子组成的体系中波动力学和经典静电力学间的关
系,使库仑定律可以在一个新的(即核外电子服从 Schrödinger 方程的云状分布)
基础上,用于分析这种分子体系。不少人致力于用这一定理建立分子模型。如
Berlin 关于双原子分子的静电模型[35]和 Bader 及其合作者关于双原子分子的单电
子差密度恒值轮廓图的绘制[36],证明了在成键过程中,存在着电子云在核间的聚
集和异核分子中电子云向一方的偏移。但是,正如 Bader 所说,这一工作在本质上
是定性的[35],主要是说明化学键合的情态,不能广泛地、定量地处理物理化学问
题,特别是对含有重元素的分子无能为力。

Nakatsuji 在他的静电力(ESF)理论中,提出一个三中心模型[37],在解释分子

形状上取得一定成功。由于未能得出简洁的定量处理方法,使应用受到很大限制。

在 3.3 节,我们提出了一个双原子键的三中心静电模型[45],着重用以分析了键的离子性和总极性的关系;在以下小节中,我们将应用 H-F 定理[38],对这个模型进行更严格的论证[54,63],并通过推求几个物理参量表达式,得到了一些重要物理常数的理论公式,试图更深入地揭示化学键的本质,为阐明更广泛的物理化学现象和为新材料的探索提供理论依据。

3.4.1　模型和参量的推导

A、B 二原子的化合成键,正是由于在外界条件(热、光、电、磁、声)作用下,发生强烈的化学吸引和排斥作用产生的。这个成键过程可以设想为三步:第一,当 A、B 两个分离原子的核间距离由无穷远接近到有效作用距离时,由于成键电子云受到双原子的吸引,使得吸引胜过了排斥,使之发生重叠和收缩,至等于 A、B 共价半径和时,完成了电子云的同极重叠和收缩。此重叠区域电荷的重心在 A、B 共价半径的接触点 C 处(图 3-18);第二,若 A、B 的有效核电荷对 C 点的静电力不等,则负电荷中心自 C 点向吸引力大的 B 迁移,B 部分的带负电。由于屏蔽增大而使 B 的有效核电荷减小,吸引力也减小;与此同时,A 的有效核电荷增大,吸引力也增大。至负电荷重心,迁移至 C′ 点,A、B 对此点的静电力相等,C′ 点是实际化学键中核间负电荷的重心;第三,核间负电荷的迁移将导致体系能量的降低和核间距离的缩短。

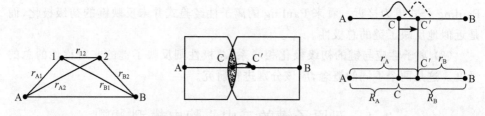

图 3-18　双原子三中心键合图式

支撑这个模型的是几个物理参量的表达式。有了这几个表达式,就可以把这一模型定量地运用到许多物理化学课题的研究。

1. 有效键电荷 q 及其迁移距离 r_m

推论 1　假定 H-F 定理[38]对分子中的每个键都适用,且由原子实 A、B 和电子 1、2 组成的 AB 键(图 3-19)的 Hamilton 量(原子单位)可写作

$$H_{AB} = -\frac{1}{2}(\nabla_1^2 + \nabla_2^2) - \frac{Z_A^*}{r_{A1}} - \frac{Z_A^*}{r_{A2}} - \frac{Z_B^*}{r_{B1}} - \frac{Z_B^*}{r_{B2}} + \frac{1}{r_{12}} + \frac{Z_A^* Z_B^*}{R_{AB}} \quad (3.4.1)$$

式中,Z_A^* 和 Z_B^* 是 A 和 B 的有效核电荷,应用 H-F 定理,A、B 二核满足方程

$$F_A = -\nabla_A E = -\nabla_A \langle \psi | H_{AB} | \psi \rangle = -\langle \psi | \nabla_A H_{AB} | \psi \rangle = 0$$
$$F_B = -\nabla_B E = -\nabla_B \langle \psi | H_{AB} | \psi \rangle = -\langle \psi | \nabla_B H_{AB} | \psi \rangle = 0 \tag{3.4.2}$$

这里 $E = \langle \psi | H_{AB} | \psi \rangle$ 是体系的总能量，H_{AB} 是由式（3.4.1）表示的 Hamilton 量，$|\psi\rangle$ 是体系的归一化电子波函数，∇ 是劈形算符，F_A 是作用于核 A 的力。如果把 AB 的方向选作 x 轴，由于 σ 键沿键轴呈圆柱形对称，故只需考虑 x 方向，则式（3.4.2）化作

$$(F_A)_x = -\left\langle \psi \left| \frac{\partial}{\partial x_A} H_{AB} \right| \psi \right\rangle = 0$$
$$(F_B)_x = -\left\langle \psi \left| \frac{\partial}{\partial x_B} H_{AB} \right| \psi \right\rangle = 0 \tag{3.4.3}$$

将式（3.4.1）代入式（3.4.3）得到

$$-\left(\frac{2Z_A^*}{r_A^2} \cos\theta_A \right)_{AV} + \frac{Z_A^* Z_B^*}{R_{AB}^2} = 0$$
$$-\left(\frac{2Z_B^*}{r_B^2} \cos\theta_B \right)_{AV} + \frac{Z_A^* Z_B^*}{R_{AB}^2} = 0 \tag{3.4.4}$$

这里 $\cos\theta_A$（或 $\cos\theta_B$）为 r_A（或 r_B）在 x 轴的方向余弦。式中第一项代表原子实与成键电子云之间的静电吸引力；第二项代表 A 和 B 间的静电排斥力。

推论 2　根据双原子键的三中心静电模型，假定式（3.4.4）中第一项可以近似写作

$$-\left(\frac{2Z_A^*}{r_A^2} \cos\theta_A \right)_{AV} = -\frac{qZ_A^*}{(r_A)^2}$$
$$-\left(\frac{2Z_B^*}{r_B^2} \cos\theta_B \right)_{AV} = -\frac{qZ_B^*}{(r_B)^2} \tag{3.4.5}$$

式中，q 是有效键电荷，r_A 和 r_B 是 A、B 原子到 q 的距离。式（3.4.4）表征在平衡态 H-F 力的平衡。将式（3.4.4）和式（3.4.5）联立并解之即得

$$r_A = \frac{R_{AB} \sqrt{Z_A^*}}{\sqrt{Z_A^*} + \sqrt{Z_B^*}} \tag{3.4.6a}$$

$$r_B = \frac{R_{AB} \sqrt{Z_B^*}}{\sqrt{Z_A^*} + \sqrt{Z_B^*}} \tag{3.4.6b}$$

$$q = \frac{Z_A^* Z_B^*}{\left(\sqrt{Z_A^*} + \sqrt{Z_B^*} \right)^2} \tag{3.4.6c}$$

显然，有效核电荷和有效键电荷在键中的分布是满足 H-F 力平衡的。

这里，R_A、R_B 是原子 A、B 的共价半径，q 是由于轨道重叠而聚集于两核之间的电荷，可称之为有效键电荷，r_m 是在离子势作用下 q 自共价半径接触点 C 迁移至 C'（图 3-19）的距离。应用这个推论 2，式（3.4.4）化作

$$- \frac{q Z_A^*}{(R_A + r_m)^2} + \frac{Z_A^* Z_B^*}{R_{AB}^2} = 0 \tag{3.4.7a}$$

$$- \frac{q Z_B^*}{(R_B - r_m)^2} + \frac{Z_A^* Z_B^*}{R_{AB}^2} = 0 \tag{3.4.7b}$$

由式(3.4.7a)和(3.4.7b)求解 r_m 和 q 得到

$$r_m = \frac{R_B \sqrt{Z_A^*} - R_A \sqrt{Z_B^*}}{\sqrt{Z_A^*} + \sqrt{Z_B^*}} \tag{3.4.7c}$$

$$q = \frac{Z_A^* Z_B^*}{(\sqrt{Z_A^*} + \sqrt{Z_B^*})^2} \cdot \frac{(R_A + R_B)^2}{R_{AB}^2} \tag{3.4.8}$$

[或者按图 3-18 的标记,在式(3.4.6a)、(3.4.6b)中引入关系 $r_A = R_A + r_m$ 和 $r_B = R_B - r_m$,亦可解得上二式]。对于同核双原子键,此二式化作

$$r_m = 0 \tag{3.4.9}$$

$$q = \frac{Z_A^*}{4} \tag{3.4.10}$$

以上各式中 R_A、R_B、Z_A^* 和 Z_B^* 是相应 A、B 原子的共价半径和有效核电荷,R_{AB} 是 AB 键长。

2. 初级极化能 ΔE

由于键电荷迁移引起的体系能量降低值 ΔE 度量着初级极化(primary polarization)效应的大小,参照积分 H-F 定理计算等电子过程能差的原则[39],应用前述双原子键的三中心静电模型,可按下述方法计算此 ΔE 值。

令 ψ_{II} 表示键电荷迁移后体系的归一化波函数且具有 Hamilton 量 H_{II} 和本征能值 E_{II}。设键电荷迁移前的未极化成键分子轨道用 ψ_I 表示且有相应的 H_I 和 E_I,积分 H-F 定理指出[5],键电荷迁移前后体系的能差为

$$\Delta E = E_{II} - E_I = \frac{\langle \psi_I \mid H_{II} - H_I \mid \psi_{II} \rangle}{\langle \psi_I \mid \psi_{II} \rangle} \tag{3.4.11}$$

对于等电子过程 I→II,可得

$$H_{II} - H_I = \Delta V_{nn} + \sum H'(i) \tag{3.4.12}$$

这里 ΔV_{nn} 是由于跃迁,核间排斥能的变化;$H'(i) = V_{ne}^{II}(i) - V_{ne}^I(i)$ 是对于第 i 个电子在跃迁中电子-核间吸引能的变化。将式(3.4.12)代入式(3.4.11),化为单电子形式

$$\Delta E = \Delta W_{nn} + \int \rho_{III}(1) H'(1) d\tau_1 \tag{3.4.13}$$

这里 ΔW_{nn} 是 I 和 II 态核间排斥能的变化,$H'(1)$ 是对于电子 1 在电子-核吸引算符上的变化,$\rho_{III}(1)$ 是 ψ_I 和 ψ_{II} 之间归一化的单电子"跃迁密度",即

$$\rho_{\text{III}}(1) = \frac{N \int \psi_{\text{I}} \psi_{\text{II}} \, \mathrm{d}\tau_2 \cdots \mathrm{d}\tau_N}{\int \psi_{\text{I}} \psi_{\text{II}} \, \mathrm{d}\tau_1 \cdots \mathrm{d}\tau_N} \tag{3.4.14}$$

推论 3　假定键电荷的迁移是刚性移动,其电子云的空间分布不变,则有 ψ_{I} 等于 ψ_{II}。再应用推论 1 和推论 2,参照图 3-18 写出 H_{I} 和 H_{II},求解式(3.4.13)可得

$$\Delta E = q \frac{(R_B \sqrt{Z_A^*} - R_A \sqrt{Z_B^*})^2}{R_A R_B (R_A + R_B)} - \frac{Z_A^* Z_B^* (R_A + R_B - R_{AB})}{R_{AB}(R_A + R_B)} \tag{3.4.15}$$

若忽略键长缩短,式(3.4.15)化作

$$\Delta E = q \frac{(R_B \sqrt{Z_A^*} - R_A \sqrt{Z_B^*})^2}{R_A R_B (R_A + R_B)} \tag{3.4.16}$$

这里 q 是由式(3.4.8)表示的有效键电荷,R_A、R_B、Z_A^*、Z_B^* 是相应原子的共价半径和有效核电荷。

3. 初级极化引起的键长缩短

当因键电荷迁移而使体系能量降低时,必然引起原有平衡的破坏,使得吸引胜过了排斥,以致作用于核 A、B 上的净力不为零,于是,正性的 A、B 要向负性的 q 迁移;这将引起屏蔽增大,A、B 的有效核电荷减小,键电荷对 A、B 的吸引力也减小。至 A、B 各迁移微距离 r_1 和 r_2 时,吸引和排斥相等,作用于 A、B 上的净力为零,即建立起新的平衡。

因 A、B 的迁移电力所做功的计算,可按图 3-19 的标记(q 为原点),首先考虑 A 的迁移,然后考虑 B 的迁移。应用 H-F 定理以及推论 1 和推论 2 可以直接写出

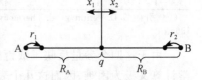

图 3-19　键合图式

A 所受静电力　　$F_A(x_1) = -\dfrac{q Z_A^*}{x_1^2} + \dfrac{Z_A^* Z_B^*}{(x_1 + R_B)^2}$

B 所受静电力　　$F_B(x_2) = -\dfrac{q Z_B^*}{x_2^2} + \dfrac{Z_A^* Z_B^*}{(x_2 + R_A - r_1)^2}$ $\tag{3.4.17}$

则电力所作的总功为

$$W = \int_{R_A}^{R_A - r_2} F_A(x_1) \, \mathrm{d}x_1 + \int_{R_B}^{R_B - r_2} F_B(x_2) \, \mathrm{d}x_2 \tag{3.4.18}$$

将式(3.4.17)代入式(3.4.18),并且,计算此积分中:其一,随 x 变化的 Z_A^* 和 Z_B^* 在变化区间连续且 $\dfrac{1}{x^2}$ 不变号;其二,假定 q 为常数;其三,取至一级近似并令 $r_1 = r_2 = \bar{r}$,则得

$$W = \left[q \frac{R_B^2 Z_A^* + R_A^2 Z_B^*}{R_A^2 R_B^2} - \frac{2 Z_A^* Z_B^*}{(R_A + R_B)^2} \right] \bar{r} \tag{3.4.19}$$

不难看出，式(3.4.16)与式(3.4.19)恒等：$W = \Delta E$，解得

$$\bar{r} = \frac{R_A R_B (R_A + R_B)(R_B \sqrt{Z_A^*} - R_A \sqrt{Z_B^*})^2}{(R_A + R_B)^2 (R_B^2 Z_A^* + R_A^2 Z_B^*) - \dfrac{2}{q} R_A^2 R_B^2 Z_A^* Z_B^*} \tag{3.4.20}$$

式中，q 是由式(3.4.8)表出的有效键电荷，R_A、R_B、Z_A^*、Z_B^* 是相应原子的共价半径和有效核电荷。

至此，我们得到 r_m、q、ΔE 和 $\bar{r}$ 四个物理参量表达式。ΔE 近似等于键的生成热，其计算值与相应键的生成热实测值的比较如表 3-10 所示。$\bar{r}$ 与 $\delta = R_A + R_B - R_{AB}$ 相当。对于 HF、HCl、HBr 和 HI 分子其 $\bar{r}$ 计算值依次为 0.115Å、0.072Å、0.042Å 和 0.006Å；δ 依次为 0.162Å、0.090Å、0.098Å 和 0.096Å。r_m 和 q 没有直接的实测值与之对应，但可做间接验证，如下面对一些物理量的计算。

表 3-10　一些键的 ΔE 计算值同实测生成热的比较

键 A—B	ΔE/kcal/mol	$-\Delta H_{AB}^{0*}$/kcal/mol	键 A—B	ΔE/kcal/mol	$-\Delta H_{AB}^{0*}$/kcal/mol
C—F	68.5	40.6	H—Cl	30.2	22.06
Si—I	7.6	9.6	H—Br	13.6	8.6
Ge—I	7.8	7.8	H—Mg	9.6	9
P—Cl	37.7	25.3	H—Ca	25	22
P—Br	8.7	15.8	H—Sr	32	21.2
P—I	1.1	3.63	H—Ba	34.6	20.5
As—Br	23.5	15.5	H—Li	13.3	21.5
As—I	4.3	4.3	H—Na	25	13.7

　* 引自 U. D. Veritin, et al. Thermodynamic property of inorganic compounds, Atomic Energy Press, 1965.

由于这四个参量反映了成键时电荷的重新分布及其效应，而对它们的量子力学计算又极为困难，因而这几个表达式为我们研究物性规律和键型过渡提供了一个可行的方法。

3.4.2　模型的应用和一些物理常数的理论表示

1. 偶极矩

一个键 AB，当其核电荷的重心同电子电荷的重心不重合，则存在键矩。一般分子核电荷的重心为

$$D_n = \frac{\sum\limits_{k}^{R_k Q_k}}{\sum\limits_{k} Q_k} \tag{3.4.21}$$

这里 R_k 和 Q_k 是核 k 的位置矢量和电荷。一个基态分子的电子云重心是

$$D_e = \frac{\left\langle \psi_G \left| \sum\limits_{i=1}^{N} e r_i \right| \psi_G \right\rangle}{eN} \tag{3.4.22}$$

这里 N 是分子中的总电子数，r_i 是第 i 个电子的位置矢量。一个中性分子应遵守

$$\sum_k Q_k = -eN \tag{3.4.23}$$

则一个中性分子的偶极矩可表示为

$$\mu = eN(D_n - D_e) \tag{3.4.24}$$

一个异极 AB 键的偶极矩由四项构成

$$\mu_{AB} = \mu_p + \mu_s + \mu_h + \mu_i \tag{3.4.25}$$

这里 μ_p 是由键的初级极化产生的初级偶极矩，μ_s 是同极矩，μ_h 和 μ_i 分别是由轨道杂化和非键电子极化产生。如果略去后两项，则有

$$\mu_{AB} \approx \mu_p + \mu_s \tag{3.4.26}$$

按照双原子键的三中心模型，μ_p 可以看作由于键电荷 q 的迁移产生。对应于式 (3.4.24)，$D_n - D_e$ 相当于 r_m；而 eN 相当于 q。即按照本模型来看，当键电荷 q 迁移 r_m 后，使 q 处于 r_m 的末端而将等量的正电荷遗留在 r_m 的始端，于是

$$\mu_p = qr_m \tag{3.4.27}$$

迁移后的 q 未必处于键中点，这将引起同极矩 μ_s 的出现。μ_s 的表达式可由图 3-20 导出

$$\mu_s = q\left(r_m - \frac{R_B - R_A}{2}\right) \tag{3.4.28}$$

在此不考虑键长缩短。合并式 (3.4.27) 和式 (3.4.28) 得到

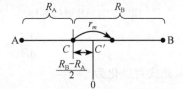

图 3-20　偶极矩图式

$$\mu_{AB} = qr_m + q\left(r_m - \frac{R_B - R_A}{2}\right) \tag{3.4.29}$$

在不用可调参数下按式 (3.4.29) 算得一些键的 μ_{AB} 值同实验值的比较如表 3-11 所示。

表 3-11　按式 (3.4.29) 算得一些键的 μ_{AB} 值同实验值的比较

键 A—B	$r_m/\text{Å}$	q/e	μ_{AB}^c/D	μ_{AB}^{m*}/D	键 A—B	$r_m/\text{Å}$	q/e	μ_{AB}^c/D	μ_{AB}^{m*}/D
Li—F	0.553	0.82	5.35	6.6	C—F	0.110	1.10	1.30	1.41
K—Cl	0.930	0.83	9.45	10.5	C—I	0.014	0.93	1.10	1.19
Rb—Br	0.975	0.82	9.70	10.5	Ge—Br	0.163	1.04	1.83	2.10
Cs—Cl	1.13	0.85	11.9	10.4	Sn—Br	0.267	1.10	3.26	3.0
Cs—Br	1.10	0.84	11.2	10.7	Sn—I	0.180	1.10	1.96	1.55
Tl—F	0.575	1.04	7.8	7.6	Pb—Cl	0.394	1.09	5.55	4
Tl—Cl	0.472	0.89	5.2	5.1	Pb—Br	0.340	1.08	4.57	3.9
Tl—Br	0.422	0.90	4.5	4.5	Pb—I	0.252	1.08	3.18	3.3
I—Br	0.095	1.32	1.81	1.2	P—Pr	0.061	1.10	0.53	0.36
H—F	0.220	1.04	2.06	1.91	As—Br	0.105	1.13	1.30	1.27
C—S	0.055	1.10	1.30	0.90	As—I	0.015	1.08	0.50	0.78

* 引自：McClellan, Aubrey Lester, Table of experimental dipole moments. San Francisco, Freeman, 1963.

2. 力常数

分子的力常数 k 在由 ψ 表示的状态被一个谐振子抛物势在趋近平衡键长 R_e 的能量 $E(R)$ 所规定

$$k = \left(\frac{\mathrm{d}^2 E}{\mathrm{d}R^2}\right)_{R_e} \tag{3.4.30}$$

H-F 定理指出,能量对 R 的一级微商可以得到 $\dfrac{\partial V}{\partial R}$ 的平均值

$$\left(\frac{\partial V}{\partial R}\right)_{AV} = \int \psi\left(\frac{\partial V}{\partial R}\right)\psi \cdots \mathrm{d}\tau_i \cdots \tag{3.4.31}$$

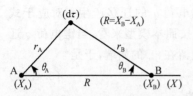

图 3-21　AB 键的坐标

考虑一个键 AB(图 3-21),键轴选在 x 轴;核坐标分别用 X_A、X_B 给出,能量 E 是核间距 R 的函数,则有

$$\frac{\mathrm{d}E}{\mathrm{d}R} = \frac{1}{2}\left[\left(\frac{\partial E}{\partial X_B}\right) - \left(\frac{\partial E}{\partial X_A}\right)\right] \tag{3.4.32}$$

由 H-F 定理可以得出

$$\frac{\mathrm{d}E}{\mathrm{d}R} = \frac{1}{2}\int \psi\left(\frac{\partial V}{\partial X_B} - \frac{\partial V}{\partial X_A}\right)\psi \cdots \mathrm{d}\tau_i \cdots \tag{3.4.33}$$

此式可以化为

$$\frac{\mathrm{d}E}{\mathrm{d}R} = -\frac{Z_A Z_B}{R^2} + \frac{1}{2}\int\left(Z_A \frac{\cos\theta_A}{r_A^2} + Z_B \frac{\cos\theta_B}{r_B^2}\right)\rho\,\mathrm{d}\tau \tag{3.4.34}$$

这里 Z_A 和 Z_B 是原子 A 和 B 的核电荷。

根据双原子键的三中心模型,得到以下推论。

推论 4　由于成键电子云的收缩,可把流动坐标 r_A 和 r_B 限定在以 R 为直径的球面上,然后引用推论 2,则有

$$\cos\theta_A = \frac{r_A}{R}, \qquad \int Z_A \frac{\rho\cos\theta_A}{r_A^2}\mathrm{d}\tau = \frac{qZ_A^*}{r_A R}$$

$$\cos\theta_B = \frac{r_B}{R}, \qquad \int Z_B \frac{\rho\cos\theta_B}{r_B^2}\mathrm{d}\tau = \frac{qZ_B^*}{r_B R} \tag{3.4.35}$$

这里 Z_A^* 和 Z_B^* 是 A、B 的有效核电荷,q 是 AB 键的有效键电荷,最后一项中的 r_A、r_B 已化为由核 A、B 到平衡态有效键电荷重心 C' 的距离(图 3-18)。将式 (3.4.35)代入式(3.4.34)可得

$$\frac{\mathrm{d}E}{\mathrm{d}R} = -\frac{Z_A^* Z_B^*}{R^2} + \frac{1}{2}\frac{q}{R}\left(\frac{Z_A^*}{r_A} + \frac{Z_B^*}{r_B}\right) \tag{3.4.36}$$

由式(3.4.36)可得力常数

$$k = \frac{\mathrm{d}^2 E}{\mathrm{d}R^2} = 2\frac{Z_A^* Z_B^*}{R^3} - \frac{q}{R^2}\left(\frac{Z_A^*}{r_A} + \frac{Z_B^*}{r_B}\right) \tag{3.4.37}$$

这里 $r_A = R_A + r_m$，$r_B = R_B - r_m \cdot r_m$ 和 q 分别由式(3.4.7)和(3.4.8)表述。对于共价键占优势的键,式(3.4.37)化作

$$k = 2\,\frac{Z_A^* Z_B^*}{R^3} - \frac{q}{R^2}\left(\frac{Z_A^*}{R_A} + \frac{Z_B^*}{R_B}\right) \tag{3.4.38}$$

这里 R_A 和 R_B 是 A 和 B 的共价半径。对于同核键,$r_m = 0$ 和 $R_A = R_B = \dfrac{R}{2}$,则式(3.4.37)化作

$$k = \frac{(2Z^{*2} - 4qZ^*)}{R^3} = \frac{Z^{*2}}{R^3} \tag{3.4.39}$$

这里 $Z_A^* = Z_B^* = Z^*$ 并引用了式(3.4.10)。

在以上各种 k 的表示中,若 R 用埃(Å),Z^* 用电子电荷,则算得之数值再乘以单位转换因子 2.315×10^5 即得以 dyn/cm 为单位的力常数数值。对于一些同核和异核双原子分子的力常数按式(3.4.39)和(3.4.38)的计算值同实验值的比较见表 3-12 和表 3-13。

表 3-12　A—A 分子的力常数按式(3.4.39)计算值 k_c 同实验值 k_m 的比较

分　子 A—A	R_{A-A} /Å	Z_A^* /e	$\times 10^5$ dyn/cm		分　子 A—A	R_{A-A} /Å	Z_A^* /e	$\times 10^5$ dyn/cm	
			k_c	k_m^{**}				k_c	k_m^{**}
H—H	0.742	1	5.7	5.75	C—C	1.3117	2.99	9.16	9.521
Li—Li	2.673	1.3	0.205	0.255	N—N	1.094	3.68	24	22.96
Na—Na	3.079	1.6	0.203	0.172	P—P	1.894	3.86	5.1	5.556
K—K	3.923	1.6	0.0975	0.0985	As—As	2.080	4.06	4.2	4.069
Rb—Rb	4.190	1.6	0.0805	0.0820	Sb—Sb	2.480	4.06	2.5	2.611
Cs—Cs	4.570	1.6	0.0622	0.0690	Bi—Bi	2.680	4.06	1.98	1.836

** k_m 值取自 Smith R P. J. Phys. Chem.,1956,60:1293.

表 3-13　M—H 分子的力常数按式(3.4.38)计算值 k_c 同实验值 k_m 的比较

分　子 A—B	R_{AB} /Å	Z_A^* /e	Z_B^* /e	q /e	$\times 10^5$ dyn/cm	
					k_c	k_m^{**}
Li—H	1.5954	1.3	1	0.284	0.810	1.026
Na—H	1.8873	1.6	1	0.31	0.587	0.789
K—H	2.244	1.6	1	0.31	0.327	0.561
Rb—H	2.367	1.6	1	0.31	0.265	0.515
Cs—H	2.494	1.6	1	0.31	0.220	0.467
Be—H	1.3431	2.0	1	0.242	2.150	2.263
Mg—H	1.7306	2.3	1	0.239	1.165	1.274
Ca—H	2.002	2.3	1	0.239	0.734	0.977
Sr—H	2.1455	2.3	1	0.239	0.580	0.854
Ba—H	2.2318	2.3	1	0.239	0.500	0.809
H—F	0.9171	1	4.76	1.04	5.25	9.655
H—Cl	1.2746	1	4.94	0.78	3.80	5.157
H—Br	1.414	1	5.14	0.76	3.10	4.116
H—I	1.604	1	5.14	0.73	2.30	3.141

** k_m 值出处同表 3-12。

需要指出,式(3.4.39)提供了一个由实测力常数和核间距求取相应元素有效核电荷的简单方法。由式(3.4.39)求得的 Z_m^*(表3-14)我们称之为实测有效核电荷。用此 Z_m^* 值按式(3.4.38)算得卤素互化物力常数同实测值的比较见表3-15。

表3-14　一些元素的实测有效核电荷[按式(3.4.39)]与估算值的比较

元　素	Z_m^*/e	Z_c^*/e	元　素	Z_m^*/e	Z_c^*/e	元　素	Z_m^*/e	Z_c^*/e
H	1	1	Se	3.96	4.45	C	3.05	2.99
F	3.02	4.76	Te	4.22	4.45	Si	4.44	3.17
Cl	3.35	4.94	N	3.61	3.68	Li	1.45	1.30
Br	3.56	5.14	P	4.04	3.86	Na	1.47	1.60
I	3.77	5.14	As	3.98	4.06	K	1.61	1.60
O	2.99	4.08	Sb	4.15	4.06	Rb	1.62	1.60
S	3.80	4.26	Bi	3.91	4.06	Cs	1.69	1.60

表3-15　用 Z_m^* 值按式(3.4.38)计算的卤素互化物力常数值同实测值的比较

分　子	R_{AB}/Å	q/e	$\times 10^5$ dyn/cm	
			k_c	k_m
I—F	1.906	0.970	3.28	3.622
Br—F	1.7556	0.917	4.12	4.071
Cl—F	1.6281	0.875	5.05	4.483
I—Cl	2.3207	0.886	2.31	2.382
I—Br	2.434	0.943	2.34	2.064
Br—Cl	2.138	0.863	2.80	2.675

3. 核四极矩偶合常数中的场梯度

核四极矩偶合常数表示为 Qq_N。这里 Q 是核电荷的四极矩。对于一个确定的元素 Q 是个常数。因此,在一化合物系列中,关键是考察 q_N 的变化;q_N 是核外电荷沿 x 轴在核 N 处产生的电场梯度

$$q_N = \frac{\partial^2 v^{ext}}{\partial x_N^2} \tag{3.4.40}$$

这里 v^{ext} 是指核 N 外部电荷在核 N 处的静电势。q_N 可以从转动光谱的超精细结构测得,也可以由 v^{ext} 按式(3.4.41)求取。

根据双原子键的三中心模型及其推论1、2和4,在一个 A—B 键中,核外电场在核 N＝A 处的静电势近似为

$$v_A^{ext} = -\frac{q}{r_A} + \frac{Z_B^*}{R_{AB}} \tag{3.4.41}$$

则在核 A 处产生的电场为

$$\frac{\partial v^{\text{ext}}}{\partial x_A} = \frac{q}{r_A R_{AB}} - \frac{Z_B^*}{R_{AB}^2} \tag{3.4.42}$$

并且场梯度是

$$q_A = \frac{\partial^2 v^{\text{ext}}}{\partial x_A^2} = 2\frac{Z_B^*}{R_{AB}^3} - 2\frac{q}{r_A R_{AB}^2} \tag{3.4.43}$$

类似的可得

$$q_B = 2\frac{Z_A^*}{R_{AB}^3} - 2\frac{q}{r_B R_{AB}^2} \tag{3.4.44}$$

以上各式中 q_A 和 q_B 表示电场梯度；而 q 则是键 AB 的有效键电荷，并且 $r_A = R_A + r_m$，$r_B = R_B - r_m$。

类似于式(3.4.38)、式(3.4.43)和式(3.4.44)可以近似写作

$$q_A = 2\frac{Z_B^*}{R_{AB}^3} - 2\frac{q}{R_A R_{AB}^2} \tag{3.4.45}$$

$$q_B = 2\frac{Z_A^*}{R_{AB}^3} - 2\frac{q}{R_B R_{AB}} \tag{3.4.46}$$

对于同核双原子分子，$r_A = r_B = \frac{1}{2}R_{AB}$ 和 $q = \frac{Z^*}{4}$，则式(3.4.44)和式(3.4.45)化作

$$q_N = \frac{Z_N^*}{R_{N-N}^3} \tag{3.4.47}$$

从式(3.4.47)和式(3.4.39)可知，q_N 和 k_{N-N} 之间存在关系

$$k_{N-N} = Z_N^* q_N \tag{3.4.48}$$

此式与文献[40]的严格处理结论一致。在异核键中 k_{AB} 和 q_A、q_B 间也存在类似关系。

按式(3.4.47)算得 H_2 中 $q_H = 5.7$，相应实验值为 5.44。按式(3.4.43)和(3.4.44)算得 HF、HBr 和 HI 分子中的 q_H 依次为 13、5.3 和 3.75，相应实测值[40]是 8.2、3.1 和 2.7；对于 LiH，其计算值是 0.70；相应实测值[40]是 0.8。以上各值的单位均为 $\times 10^5 \text{dyn/cm}$。

4. 晶体的非线性光学系数

在激光技术的推动下，晶体的非线性光学系数的研究引起了广泛注意[41,42]。对于频率低于电子跃迁而又远高于晶格谐振的电磁波，晶体对光学极化率的贡献主要来自各个键的局域价电子。据此，可以把四面体晶体看作是一个由各局域键累加构成的大分子，则宏观光学极化率可以由各个键的微观极化率的叠加得到。这种叠加可以通过特定晶型单胞的几何因子和单位体积中的键数来实现。当计算中再引用实测宏观线性极化率时，则局域场校正(local-field corrections)的大部分

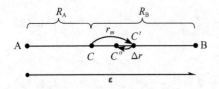

图 3-22　键电荷在外电场作用下的迁移

已自然包括进去了[43]。

在晶体中的一个 AB 键,成键时键电荷 q 由共价半径接触点 C 迁移至平衡点 C'。当一个外电场出现,此键电荷受到微扰。又由 C' 点迁移至 C'' 点,如图 3-22 所示。在外场 ε 作用下 q 的迁移产生场-依生键矩

$$\Delta\mu_{\parallel} = q\Delta r = \alpha_{\parallel}\varepsilon_{\parallel} \qquad (3.4.49)$$

如果用激光器产生的相干强光,极化场的高次项可被观测,键极化可表为

$$\Delta\mu_{\parallel} = \alpha_{\parallel}\varepsilon_{\parallel} + \beta_{\parallel}\varepsilon_{\parallel}^2 + \gamma_{\parallel}\varepsilon_{\parallel}^3 + \cdots \qquad (3.4.50)$$

在上两式中,α、β 和 γ 分别表征微观的线性、二次和三次光学系数。它们和宏观系数的关系是[45]

$$\chi_{\omega} = \frac{N}{3}(\alpha_{\parallel} + 2\alpha_{\perp}) = \frac{N}{3}\alpha_{\parallel}(1 + 2\kappa) \qquad (3.4.51)$$

$$\chi_{2\omega} = \frac{N}{3\sqrt{3}}(\beta_{\parallel} - 3\beta_{\perp}) \qquad (3.4.52)$$

$$\chi_{3\omega} = Nr \qquad (3.4.53)$$

式中,χ_{ω}、$\chi_{2\omega}$ 和 $\chi_{3\omega}$ 分别表征宏观的线性、二次和三次光学系数,$N = \frac{3\sqrt{3}}{4d^3}$ 是每单位体积中的键数,d 是 AB 键长。$\alpha_{\parallel}$ 和 $\alpha_{\perp}$ 是线性系数在平行和垂直键轴的两个方向的分量,$\kappa = \frac{\alpha_{\perp}}{\alpha_{\parallel}}$ 表征键极化率的各向异性。$\beta_{\parallel}$ 和 $\beta_{\perp}$ 是二次系数的相应分量,且有 $\beta_{\parallel} \gg \beta_{\perp}$。键的极化率与能隙间的关系又可表示为[44]

$$\alpha_{\parallel}(1 + 2\kappa) = \frac{3(\hbar\Omega_p)^2}{16\pi N E_g^2} \qquad (3.4.54)$$

式中,$\hbar\Omega_p$ 是晶体的自由价电子气的等离子体能量;E_g 是晶体的禁带宽度,相当于成键和反键分子轨道的能隙。由此入手就可以揭示分子能级与晶体极化率间的关系。

E_g 是由同极和异极两部分组成的[43]

$$E_g^2 = E_h^2 + C^2 \qquad (3.4.55)$$

而异极部分 C 是由键电荷 q 在离子势作用下,自 A、B 共价半径接触点的迁移引起的。由文献[45]可知,此迁移距离为

$$r_m = \frac{\lambda^2 R_B - R_A}{1 + \lambda^2} \qquad (3.4.56)$$

式中,R_A 和 R_B 是 A、B 原子的共价半径,λ 是分子轨函中的极性系数。按照本模型,迁移距离 r_m 对二分之一键长 $\frac{d}{2}$ 之比表征键的离子性。仿照文献[43]的见解,

应有下式成立：

$$\frac{C}{E_g} = \frac{r_m}{\dfrac{d}{2}} = 2\frac{(\lambda^2 R_B - R_A)}{(1 + \lambda^2)d} \tag{3.4.57}$$

此式表明，任何外来因素，如能改变电荷的位置，就会引起晶体离子性的改变，进而影响 C 和 E_g，从而引起式(3.4.54)表示的极化率的改变。

当一个平行于键轴的电场 ε 出现，将引起 q 沿与电场相反的方向迁移 Δr（图 3-22）。从而使 C 变为 $C(\varepsilon) = C + \Delta C(\varepsilon)$，于是式(3.4.57)化为

$$\frac{C + \Delta C}{E_g(\varepsilon)} = \frac{r_m + \Delta r}{\dfrac{d}{2}} \tag{3.4.58}$$

若 $E_g(\varepsilon) \approx E_g$，则有

$$\frac{\Delta C}{E_g} = \frac{2\Delta r}{d} \tag{3.4.59}$$

将式(3.4.49)代入式(3.4.59)，近似得到

$$\Delta C = 2\frac{\alpha_\parallel E_g}{qd}\varepsilon_\parallel \tag{3.4.60}$$

ΔC 是外场引起的键的离子性的改变。

实际上，决定键的极性除了离子性外，还有同极极性。完全类似于式(3.4.57)，应有

$$\frac{E_h}{E_g} = \frac{\left[r_m - \dfrac{(R_B - R_A)}{2} \right]}{\dfrac{d}{2}} \tag{3.4.61}$$

当外场出现，类似于式(3.4.58)可得

$$\frac{E_h + \Delta E_h}{E_g} = \frac{\left[r_m - \dfrac{(R_B - R_A)}{2} \right] + \Delta r}{\dfrac{d}{2}} \tag{3.4.62}$$

将式(3.4.61)代入式(3.4.62)

$$\frac{\Delta E_h}{E_g} = + \frac{\Delta r}{\dfrac{d}{2}} = 2\frac{\alpha_\parallel}{qd}\varepsilon_\parallel \tag{3.4.63}$$

在外场作用下，式(3.4.54)化作

$$\alpha_\parallel(\varepsilon_\parallel) + 2\alpha_\perp = \frac{3(\hbar\Omega_p)^2}{16\pi N E_g^2(\varepsilon_\parallel)} \tag{3.4.64}$$

由于 $\beta_\parallel \gg \beta_\perp$，故可忽略 $\alpha_\perp$ 的场-依生极化率，则有

$$\alpha_\parallel(\varepsilon_\parallel) = \alpha_\parallel + \beta_\parallel\varepsilon_\parallel + \gamma_\parallel\varepsilon_\parallel^2 \tag{3.4.65}$$

式(3.4.64)中 $E_g^2(\varepsilon_\parallel)$ 可写作

$$E_g^2(\varepsilon_\parallel) = E_g^2 + (2C\Delta C + 2E_h\Delta E_h) + (\Delta C^2 + \Delta E_h^2) \tag{3.4.66}$$

将式(3.4.66)代入(3.4.64)得到

$$\alpha(\varepsilon) = \alpha - \frac{2C\Delta C + 2E_h\Delta E_h}{E_g^2}\alpha - \frac{\Delta C^2 + \Delta E_h^2}{E_g^2}\alpha \tag{3.4.67}$$

将式(3.4.60)、式(3.4.61)和式(3.4.63)代入式(3.4.67)并同式(3.4.65)比较得到

$$\beta_\parallel = -\frac{4(2\kappa+1)}{qd}\left(\frac{C}{E_g}\right)\alpha_\parallel^2 - \frac{8(2\kappa+1)}{qd^2}\left(r_m - \frac{R_B - R_A}{2}\right)\alpha_\parallel^2 \tag{3.4.68}$$

$$\gamma_\parallel = \frac{8(2\kappa+1)}{q^2d^2}\alpha_\parallel^3 \tag{3.4.69}$$

引用式(3.4.51)、式(3.4.52)和式(3.4.53),此二式可用宏观极化率表出

$$\chi_{2\omega} = -\frac{16d^2}{3}\cdot\frac{1}{(2\kappa+1)q}\cdot\frac{C}{E_g}\chi_\omega^2 - \frac{32d}{3(2\kappa+1)q}\left(r_m - \frac{R_B - R_A}{2}\right)\chi_\omega^2 \tag{3.4.70}$$

$$\chi_{3\omega} = \frac{128}{(2\kappa+1)^2}\cdot\frac{d^4}{q^2}\chi_\omega^3 \tag{3.4.71}$$

在式(3.4.68)～式(3.4.71)中,α、β 和 r 以及 χ_ω、$\chi_{2\omega}$ 和 $\chi_{3\omega}$ 分别表示微观和宏观的线性、二次和三次光学极化率,d 是键长,键电荷 q 及其迁移距离 r_m 分别由式(3.4.8)和式(3.4.7)表示。E_g 是晶体的禁带宽度,C 是其离子性部分。此二者以及 χ_ω 采用实验值。表征键极化率各向异性的 κ,对于 sp^3 键其值约在 $1/2$[45],在此计算中取 $(2\kappa+1)\approx2$。以上四式是考虑到离子性和同极极性两者的非线性光学系数理论公式。在不用可调整参数下所得 $\chi_{2\omega}$ 计算值同实验值相符(表 3-16),所得 $\chi_{3\omega}$ 值居于其他理论计算值之间,与实验值接近,如表 3-17 所示。

表 3-16　非线性光学系数 $\chi_{2\omega}$[按式(3.4.71)]计算值同实验值的比较

晶体(晶型)	$\chi_\omega^{[46]}$/esu	$E_g^{[46]}$/eV	$C^{[46]}$/eV	$\chi_{2\omega}^*$/10^{-7}esu	实验值/10^{-7}esu	
					文献[11]	文献[46]
GaAs(Z)	0.79	5.2	2.9	17.8	9～18	16±3
GaSb(Z)	1.07	4.13	2.1	27.6	30	25～31
InAs(Z)	0.90	4.58	2.74	28.9	20	24
InSb(Z)	1.17	3.74	2.11	44.9	33	33±7
GaP(Z)	0.65	5.75	3.28	12.8	5.2	5±1
ZnS(Z)	0.33	7.85	6.2	3.8	1.7	1.78±0.6
ZnSe(Z)	0.39	7.02	5.57	5.3	2.2	3.7±1.4
ZnTe(Z)	0.50	5.34	4.48	8.9	7.3	6.6±3
CdTe(Z)	0.49	5.40	4.40	8.1	8.0	8.0±3

* $\chi_{2\omega} = d_{123}(Z) = d_{333}(W)(10^{-7}\text{esu})$。

表 3-17　一些晶体的非线性光学系数 $\chi_{3\omega}$[按式(3.4.71)]计算值同实验值的比较

晶体(晶型)	χ_ω/esu	$\chi_{3\omega} = C_{1111}/10^{-11}$ esu					
		MO 法[47]	束缚电子法[48]	非抛物型能带法[48]	Yang 值[54]	Levine 值[42]	实验值[48]
Si(d)	0.86	−2.5	—		4	5.3	0.6±0.36
Ge(d)	1.19	−35			11.8	16.0	10±5
GaAs(Z)	0.79	−5	0.7	3.8	3.7	—	0.7
GaSb(Z)	1.07	−800			12.4	—	—
InAs(Z)	0.9	−60	1	500	4.5	—	18
InSb(Z)	1.17	−500	4	94	13.7	—	80
CdS(W)	0.33	—			0.18	0.25	0.16[8]

3.4.3　模型的特点和问题

　　双原子键的三中心静电模型及其相应的简化假定,以 H-F 定理为基础,通过几个物理参量表达式,揭示了成键过程中电荷的重新分布这一化学成键的根本特征。其特点是绕过了通常应用 H-F 定理计算时苛求波函数的困难,仅用共价半径和有效核电荷这两个原子参数,就可以定量计算包括所有元素的大量化合物的许多物理化学性质。在不用可调整参数下所得偶极矩、力常数、场梯度、非线性光学系数等理论表达式,其计算值同实测值的符合程度是满意的;而其研究和计算对象的广泛性,则是严格的量子力学计算目前所做不到的。

　　有效核电荷的近似性以及键中原子有效核电荷准确计算的困难,在影响着这个模型及其相应参量表达式计算值的精确度。而完全忽略轨道空间特性也是它的一大缺陷。对这两者的改进有可能使之前进一步。

　　本模型的适用性很可能在下列化合物中要受到限制:某些配位化合物、以氢桥联结的化合物以及某些多中心键化合物等。在这些情况下,电荷的迁移未必都是连续进行的。

　　由式(3.4.7)、式(3.4.8)和式(3.4.16)、式(3.4.20)表示的几个物理参量都与键型过渡有关,因而都可看作是分子结构参量来加以运用。为了应用的方便并同化学家原有的概念相一致,我们还由 r_m、ΔE 和 $\bar{r}$ 三者抽象出三套新的电负性标度(参看第 6.1.6 节)[49]。验证表明,他们能更加有效地概括物性规律,且可加深对电负性本质的认识。我们将在本书第 7 章系统介绍其广泛应用。

　　双原子三中心键合模型及其相应的参量表示既可以通过理论分析,推导许多有用物理量的表达式;又可据以总结经验规律,对许多物理化学现象作出解释,将浩繁的化合物系统化,进而为探索新型材料和化工冶金方面的研究提供理论根据和方向性指示。

3.5　基于球 Gauss 键函数的双原子键三中心模型[62]

1927 年 Heitler-London 处理氢分子这一开创性工作使人们从量子水平上认识到电子的偶合生成一个共价键。20 世纪 50 年代,我国科学家唐敖庆和徐光宪分别提出了双电子键函数和三中心键电荷分布(旋光理论中的临近作用)[50]的概念。随后 Frost[51]将球 Gauss 轨道推广应用到具有定域轨道的一般分子的基态单重态。Hall 等人又从中抽提出用于分子性质的球 Gauss 点电荷模型[52,53]。

我们[62]吸取了唐敖庆双电子键函数和徐光宪三中心键电荷分布概念[50]以及浮动球 Gauss 轨道模型[51]的思想,并在 3.4 节双原子键的三种心静电模型[54,63]的基础上,建立了一个新的描述分子中电荷分布的双原子键三中心模型,并导出一些重要物理量的理论公式。

3.5.1　模型

在一个分子中,凡是涉及与集体电子运动有关的性质,如键能、电荷密度、电偶极矩、力常数和场梯度等,都可用定域轨道模型给予合理解释,这也是某些分子性质具有加和性的基础。基于这一事实,我们提出两个基本假定,进而推演一些关于分子化学键性质的基本公式。

假定 1　分子中的每个化学键都可以单独来进行研究;而一个双电子单键的成键轨道的空间部分,可用一个归一化球 Gauss 轨道来描写

$$\phi(\boldsymbol{r}-\boldsymbol{r}_0) = \left(\frac{2\alpha}{\pi}\right)^{3/4} \exp(-\alpha \mid \boldsymbol{r}-\boldsymbol{r}_0 \mid^2) \tag{3.5.1}$$

式中,$\boldsymbol{r}_0$ 是该轨道的中心点位矢,它决定轨道的位置;α 为轨道指数,它决定轨道的范围。

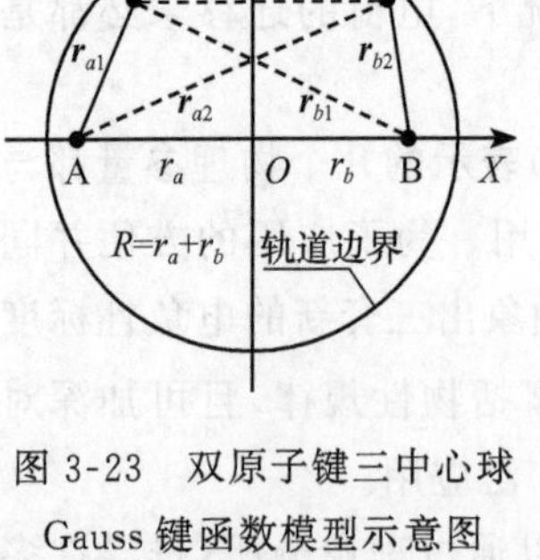

选择球 Gauss 轨道的中心 C 为坐标原点(图 3-23)。一个由两个电子和两个有效核电荷 Z_a^* 和 Z_b^* 组成的体系,其 Hamilton 算符为

$$\hat{H} = -\frac{1}{2}(\nabla_1^2 + \nabla_2^2) - Z_a^* \left(\frac{1}{r_{a_1}} + \frac{1}{r_{a_2}}\right)$$

$$-Z_b^* \left(\frac{1}{r_{b_1}} + \frac{1}{r_{b_2}}\right) + \frac{1}{r_{12}} + \frac{Z_a^* Z_b^*}{R} \tag{3.5.2}$$

图 3-23　双原子键三中心球
Gauss 键函数模型示意图

用式(3.5.1)作出体系的反对称行列式波函数

$$\Phi = \phi(1)\phi(2)\frac{1}{\sqrt{2}} \begin{vmatrix} \alpha(1) & \beta(1) \\ \alpha(2) & \beta(2) \end{vmatrix} \tag{3.5.3}$$

求 $\hat{H}$ 的期望值得到体系中成键电子的能量为

$$E = 3\alpha - 2\sqrt{\frac{8\alpha}{\pi}}[Z_a^* F_0(2\alpha r_a^2) + Z_b^* F_0(2\alpha r_b^2)] + 2\sqrt{\frac{\alpha}{\pi}} + \frac{Z_a^* Z_b^*}{R}$$

$$(3.5.4)$$

式中，R 是核间距离，$F_0(2\alpha r_a^2)$ 定义为

$$F_0(2\alpha r_a^2) = \frac{1}{r_a}\int_0^{r_a}\exp(-2\alpha r^2)\mathrm{d}r = \int_0^1\exp(-2\alpha r_a^2\rho^2)\mathrm{d}\rho \qquad (\rho = r/r_a)$$

$$(3.5.5)$$

式(3.5.4)中第一项是电子的动能，第二项是核的吸引能，末项是电子间排斥能。

由图 3-23 和式(3.5.4)显然有 $E = E(\alpha, r_a; R)$。在固定核构型下，应用变分法使体系能量最小，可以得到决定 α 和 r_a 的两个方程

$$\frac{\partial}{\partial\alpha}F_0(2\alpha r_a^2) = \frac{1}{2\alpha}[\exp(-2\alpha r_a^2) - F_0(2\alpha r_a^2)]$$

$$\frac{\partial}{\partial r_a}F_0(2\alpha r_a^2) = \frac{1}{r_a}[\exp(-2\alpha r_a^2) - F_0(2\alpha r_a^2)]$$

对 α 和 r_a 求能量 E 极小 $\partial E/\partial r_a = 0$ 和 $\partial E/\partial\alpha = 0$，可得

$$Z_a^*\exp(-2\alpha r_a^2) + Z_b^*\exp(-2\alpha r_b^2) = (3\sqrt{\pi\alpha} + 1)/\sqrt{8} \qquad (3.5.6)$$

$$\frac{Z_a^* q_a}{r_a^2} = \frac{Z_b^* q_b}{r_b^2} \qquad (3.5.7)$$

这里

$$q_i = 2\sqrt{\frac{8\alpha}{\pi}}r_i[F_0(2\alpha r_i^2) - \exp(-2\alpha r_i^2)] \qquad (i = a, b) \qquad (3.5.8)$$

我们称 q_i 为有效键电荷，其物理含义可由下面的分析看出：

根据 H-F 静电定理，键轨道内的电子作用在核 A 上的力为

$$f_a = -2Z_a^*\int\frac{\boldsymbol{r}_a - \boldsymbol{r}}{|\boldsymbol{r}_a - \boldsymbol{r}|^3}\phi^2(\boldsymbol{r})\mathrm{d}\tau \qquad (3.5.9)$$

将式(3.5.1)代入式(3.5.9)可得此量值，即中心位于 C 点、半径为 r_a 的球形分布电荷 q_a 对核 A 的作用力。这个结论同经典静电力学关于半径为 r_a 的球壳外的电荷分布作用在点 A 上的净力为零相一致；显然，半径为 r_a 的球体内所含的总电量为

$$q_a = 4\pi\int_0^{r_a}2\phi^2(\boldsymbol{r})r^2\mathrm{d}r \qquad (3.5.10)$$

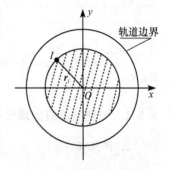

图 3-24　键电荷与观测点的关系示意图

将式(3.5.1)代入式(3.5.10)可以发现，式(3.5.10)恰等于式(3.5.8)。这就是为何我们称 q_i 为有效键电荷。式(3.5.8)和式(3.5.10)表明：如果观测点 r_i 不同，则有效键电荷的量值也不同(图 3-24)。

引用式(3.5.10)的 q_a,式(3.5.9)可表为

$$f_a = -\frac{Z_a^* q_a}{r_a^2} \frac{r_a}{r_a} \tag{3.5.11}$$

如令键轨道内电子对两核的吸引力相等,就得到式(3.5.7)。可见,式(3.5.7)反映了力平衡条件。

式(3.5.6)反映了成键原子的有效核电荷与电子的动能、电子间的排斥能的关系,并决定了电子电荷分布的范围。

联立求解式(3.5.6)和式(3.5.7),就可以得出在给定核间距 R 下的 α 和 r_a,进而得到体系由式(3.5.1)表出的最佳波函数以及其他一些物理量。

假定 2　原子 A 和 B 成键前各具有一个位于杂化轨道上的未偶电子。我们把这样一个成键原子看作是由一个单占球 Gauss 轨道和一个用有效核电荷 Z_i^* 标志的其余部分所组成。应用变分法处理这样一个原子体系,即可导出该原子的有效核电荷 Z_i^* 的表达式

$$Z_i^* = \frac{1}{2}\sqrt{3\pi I_i} \tag{3.5.12}$$

式中,I_i 是成键原子杂化轨道的电离能(HVOIE)。

显然,当原子成键前轨道的杂化状态不同,则有不同的价轨道电离能,从而有效核电荷也不同。与文献[57]中的式(18)类似,我们把杂化轨道的电离能表示为

$$I_i = \alpha I_s + \beta I_p + \gamma I_d \tag{3.5.13}$$

式中,I_s、I_p 和 I_d 分别是原子轨道 s、p 和 d 的电离能,α、β 和 γ 是各价轨道在杂化轨道中的权重因子。一些元素的有效核电荷和电离能(HVOIE)在表 3-18 中给出。

表 3-18　一些元素的电离能(HVOIE)I_i^{**} 和有效核电荷 Z_i^*　　　(单位:a.u.)

原　子	Li	Na	K	Rb	Cs	B
I_i	0.19774	0.17592	0.15949	0.15594	0.14558	0.37400
Z_i^*	0.6826	0.6438	0.6130	0.6062	0.5857	0.9387
原　子	N	O	S	F	Cl	Br
I_i	0.59800	0.73515	0.51678	0.88270	0.58853	0.55784
Z_i^*	1.1870	1.3161	1.1035	1.4422	1.1776	1.1465

　**各元素的纯价轨道电离能取自文献[55]和[56];杂化态:第 I 主族元素为 s(对 H,$Z^*=1$);B 为 sp²;其他为 sp³。

3.5.2　一些物理量的理论表达式

1. 偶极矩

具有位在 $r_i(i=1,2)$ 的两个电子和位在 r_a 和 r_b 的两个核的一个键 AB 的偶极矩

$$\boldsymbol{\mu} = Z_a^* \boldsymbol{r}_a + Z_b^* \boldsymbol{r}_b - \sum_{i=1}^{2} \boldsymbol{r}_i \qquad (3.5.14)$$

在本模型中,一个化学键的偶极矩可用函数 Φ 来描写,它是算符 $\boldsymbol{\mu}$ 的期望值

$$\langle \boldsymbol{\mu} \rangle = \langle \Phi \mid \boldsymbol{\mu} \mid \Phi \rangle = Z_a^* \boldsymbol{r}_a + Z_b^* \boldsymbol{r}_b - \langle \Phi \mid \sum_i \boldsymbol{r}_i \mid \Phi \rangle \qquad (3.5.15)$$

令键函数 Φ 的质心为原点,式(3.5.15)右面最后一项由于 Φ 的球对称而消失,于是得到

$$\langle \boldsymbol{\mu} \rangle = Z_a^* \boldsymbol{r}_a + Z_b^* \boldsymbol{r}_b \qquad (3.5.16)$$

由式(3.5.16)算得一些异核双原子分子的偶极矩的计算值同实验值的比较如表 3-19。

表 3-19　一些异核双原子分子的 r_a、α 和偶极矩的计算值同实验值的比较*　　（单位：a.u.）

分　子	HCl	HBr	HF	LiH	LiF
$R^{[54]}$	2.4087	2.6721	1.7329	3.0142	2.8535
r_a	1.4900	1.6390	1.2300	2.1923	2.6895
α	0.2110	0.1816	0.3784	0.1306	0.3240
μ_{cal}	0.4081	0.4545	0.5047	0.6746	1.5993
$\mu_{obs}^{[54,56]}$	0.4265	0.3069	0.7159	2.3142	2.5967

* $\mu = |\langle \boldsymbol{\mu} \rangle|$;μ_{cal} 和 μ_{obs} 分别是计算值和实验值。

2. 共价单键的总键能和键的解离能

一个双电子共价单键的波函数可表为

$$\Phi(\boldsymbol{r}_i, R) = \Phi(\boldsymbol{r}_1, \boldsymbol{r}_2; R) \qquad (3.5.17)$$

式中,$\boldsymbol{r}_i$ 是电子的位置矢量,R 为核间距。引入定标因子 η 后[61],式(3.5.17)化为

$$\Phi_\eta = \eta^3 \Phi(\eta \boldsymbol{r}, \rho) \qquad (\rho = \eta R) \qquad (3.5.18)$$

于是,与 Φ_η 相关的总能量为[61]

$$E(\eta, R) = \eta^2 \langle \hat{T} \rangle^{(1,\rho)} + \eta \langle \hat{V} \rangle^{(1,\rho)} \qquad (3.5.19)$$

这里 $\langle \hat{T} \rangle^{(1,\rho)}$ 和 $\langle \hat{V} \rangle^{(1,\rho)}$ 是动能和势能,假如能量 E 为 η 和 ρ 的函数,令 $\partial E(\eta, \rho)/\partial \eta = 0$,则最佳 η_e 可得

$$\eta_e = -\frac{\langle \hat{V} \rangle^{(1,\rho)}}{2 \langle \hat{T} \rangle^{(1,\rho)}} \qquad (3.5.20)$$

类似地可得最佳 ρ_e、R_e,则 $E(\eta_e, R_e)$ 可由 $E(\eta, R)$ 随 ρ_e 的极小化得到。

对于本模型,式(3.5.3)键函数 Φ 的标度因子 η 是 $\eta = \sqrt{\alpha}$。于是,比较式(3.5.4)和式(3.5.19),我们有

$$\langle \hat{T} \rangle^{(1,\rho)} = 3 \qquad (3.5.21)$$

$$\langle \hat{V} \rangle^{(1,\rho)} = \frac{Z_a^* Z_b^*}{\rho} + \frac{2}{\sqrt{\pi}} - 2\sqrt{\frac{8}{\pi}} [Z_a^* F_0(2\rho_a^2) + Z_b^* F_0(2\rho_b^2)] \qquad (3.5.22)$$

这里 $\rho_a = \eta r_a, \rho_b = \eta r_b$ 和 $\rho = \rho_a + \rho_b$，则平衡态体系的最小能量可以得出

$$E(\eta_e, R_e) = -\eta_e^2 \langle \hat{T} \rangle^{(1, \rho_e)} = -3\alpha_e \tag{3.5.23}$$

于是，体系的解离能

$$D_e = E_a + E_b - E(\eta_e, R_e) = 3\alpha_e - \frac{4}{3\pi}(Z_a^{*2} + Z_b^{*2}) \tag{3.5.24}$$

式中，E_a 和 E_b 是式(3.5.12)给出的原子 A 和 B 的能量。

共价单键的总能 E_e，解离能 D_e 和平衡核间距 R_e 可由式(3.5.23)和式(3.5.24)给出见表3-20。

表 3-20　双原子键的 E_e、R_e 和 D_e 的计算值和观测值*

分　子		E_e/a. u.	R_e/a. u.	D_e/eV
H$_2$	cal.	−0.95594	1.4739	2.9148
	obs.[61]	−1.17448	1.4008	4.746
H$_2^+$	cal.	−0.50490	1.8977	2.1902
	obs.[61]	−0.60263	2.00	2.7928
Li$_2$	cal.	−0.41540	1.9363	0.5421
	obs.	—	5.0513[54]	1.15[59]
Cl$_2$	cal.	−1.29724	1.3481	3.2704
	obs.	—	3.7568[54]	2.52[5]

* 对于 H$_2^+$，上述公式要做微小的修改。

由表 3-20 看到，R_e 的计算值比观测值小许多。这是因为在计算平衡核间距 R_e 时，成键原子的内层电子排斥能没有考虑进去。

因此，需用观测核间距 R_0 来计算共价键的其他物理量。这时共价单键的总能量，应用式(3.5.4)、式(3.5.6)和式(3.5.8)可以重写作

$$E(R_0) = \frac{Z_a^* Z_b^*}{R_0} - \left(\frac{Z_a^* q_a}{r_a} + \frac{Z_b^* q_b}{r_b} \right) - 3\alpha \tag{3.5.25}$$

符号含意同前。对此式可作经典解释，即总能量是由核间排斥能、核与键电荷之间的吸引能和电子的动能三部分组成。应用式(3.5.25)算得一些共价单键的总能量如表 3-21 和表 3-22。

3. 力常数

一个双原子键的二次力常数定义为

$$k = \left(\frac{d^2 E}{dR^2} \right) \Big|_{R=R_e} \tag{3.5.26}$$

据此式并依据以下三点，可以推求 k 在不同近似条件下的理论表达式。

方法 1 基于体系的动能并考虑力平衡约束条件的力常数表达式

可以证明，用式(3.5.18)表示的标度波矢 Φ_η 满足 Virial 定理

$$\frac{dE(\eta,R)}{dR} = -\frac{1}{R}\left[E(\eta,R) + T(\eta,R)\right] \tag{3.5.27}$$

其中动能

$$T(\eta,R) = 3\eta^2 = 3\alpha \tag{3.5.28}$$

这里 α 和 $R(=r_a+r_b)$ 的关系可由式(3.5.6)给出。

对式(3.5.27)微商,可得

$$\frac{d^2E}{dR^2} = \frac{2}{R^2}(E+T) - \frac{1}{R}\frac{dT}{dR} \tag{3.5.29}$$

借助于方程

$$\frac{d\alpha}{dR} = \frac{1}{R}\left(r_a\frac{\partial\alpha}{\partial r_a} + r_b\frac{\partial\alpha}{\partial r_b}\right) \tag{3.5.30}$$

由式(3.5.29)右第二项可以建立

$$k_t \equiv -\frac{1}{R}\frac{dT}{dR} = \frac{6Y}{R^2}\cdot\left(\frac{Y}{\alpha} + \frac{3}{4}\sqrt{\frac{\pi}{2\alpha}}\right)^{-1} \tag{3.5.31}$$

这里

$$Y = 2ar_a^2Z_a^*\exp(-2ar_a^2) + 2ar_b^2Z_b^*\exp(-2ar_b^2) \tag{3.5.32}$$

对于同核双原子键,式(3.5.31)变为

$$k_t^{\mathrm{homo}} = \frac{6\alpha}{R^2}\cdot\left[1 + \frac{3\pi}{R^2}(3\pi\alpha + \sqrt{\pi\alpha})^{-1}\right]^{-1} \tag{3.5.33}$$

它表示当动能随 R 变化时对力常数 k 的贡献。尤其是对于 H_2^+,它变为 $k_t^{H^+} = 3\alpha^2(R^2\alpha+1)^{-1}$

此外,应用式(3.5.25)、式(3.5.29)右面的第一项可写成

$$k_s \equiv \frac{2}{R^2}(E+T) = \frac{2Z_a^*Z_b^*}{R^3} - \frac{2}{R^2}\left(\frac{Z_a^*q_a}{r_a} + \frac{Z_b^*q_b}{r_b}\right) \tag{3.5.34}$$

从形式上看,它表为核和有效键电荷对 k 的贡献。不过,此项贡献很小,因为在平衡态附近,$(dE/dR)|_{R=R_e}=0$,即 $E=-T$。这样,k 可以近似地表作

$$k = \frac{d^2E}{dR^2}\Big|_{R=R_e} = k_t \tag{3.5.35}$$

换言之,只要体系满足 Virial 定理,力常数 k 就可以用体系动能随 R 的变化来表示。这与由 H-F 静电定理的表述不同。此外,因为 $(dE/dR)|_{R=R_e}=0$,基于 Virial 定理的一个力平衡条件可由式(3.5.25)和式(3.5.27)引出

$$\frac{1}{R_e}\left(\frac{Z_a^*q_a}{r_a} + \frac{Z_b^*q_b}{r_b}\right) = \frac{Z_a^*Z_b^*}{R_e^2} \tag{3.5.36}$$

它与前面由 H-F 静电定理得到的结果

$$\frac{Z_a^*q_a}{r_a^2} = \frac{Z_b^*q_b}{r_b^2} = \frac{Z_a^*Z_b^*}{R_e^2} \tag{3.5.37}$$

在形式上不同,除非体系是同核双原子键。这是因为式(3.5.3)的球 Gauss 成键函数 Φ 仅是一个对体系的近似描写[60]。

作为一个例子,由式(3.5.33)计算的分子 H_2 和 H_2^+ 的力常数分别是 6.5766mdyn/Å 和 2.3923mdyn/Å,同观测值 5.75[54] mdyn/Å 和 1.5661[61] mdyn/Å 还算一致。

考虑一个同核双原子共价单键 A—A,它的总能量可由式(3.5.25)导出

$$E_{aa} = \frac{1}{R}(Z_a^{*\,2} - 4Z_a^* q_a) - 3\alpha \tag{3.5.38}$$

将 α 固定为 α_0[用 α_0 表出的相应于 R_0 的 α 最佳值可通过解联立方程(3.5.6)和(3.5.7)得到],对式(3.5.38)求二阶导数得

$$\frac{\mathrm{d}^2 E_{aa}}{\mathrm{d}R^2} = \frac{1}{R^3}(2Z_a^{*\,2} - 8Z_a^* q_a) + 6\alpha_0^2 + 2\alpha_0 \sqrt{\frac{\alpha_0}{\pi}} \tag{3.5.39}$$

在观测键长 R_0 下,应用式(3.5.36)对式(3.5.39)的限制性条件可得

$$k \equiv \frac{\mathrm{d}^2 E}{\mathrm{d}R^2}\bigg|_{R=R_0} = 6\alpha_0^2 + 2\alpha_0 \sqrt{\frac{\alpha_0}{\pi}} \tag{3.5.40}$$

此式对异核键也适用,因为力平衡条件的应用使它们的差异很小。由式(3.5.40)的计算结果给出在表 3-21 和表 3-22 中。

表 3-21　异核共价单键的力常数计算值同实验值的比较* 　　　　(单位:mdyn/Å)

分　子	E/a.u.	k_{cal}^a	k_{cal}^b	k_{cal}^c	k_{obs}[57]	k_{cndo}[56]
HCl	−1.0141	5.8620	5.4428	4.4392	5.157	—
HBr	−0.9466	4.4405	4.1282	3.1168	4.116	—
HF	−1.4134	17.4660	14.6566	15.5829	9.655	19.12
LiH	−0.6153	2.4226	2.1088	1.7430	1.026	1.95

* 这里 k^a、k^b、k^c 和 E 分别由式(3.5.40)、式(3.5.43)、式(3.5.45)和式(3.5.25)计算得到。

表 3-22　同核共价单键的力常数计算值同实验值的比较* 　　　　(单位:mdyn/Å)

单　键	R_0[57]/a.u.	α_0/a.u.	E/a.u.	k_{cal}^a	k_{cal}^b	k_{cal}^c	k_{obs}[57]	k_{cndo}[56]
Li_2	5.0513	0.04617	−0.3076	0.3734	0.3754	0.2217	0.255	0.84
Na_2	5.8186	0.03539	−0.2533	0.2340	0.2330	0.1320	0.172	—
K_2	7.4135	0.02354	−0.1981	0.1152	0.1122	0.05723	0.0985	—
Rb_2	7.9181	0.02106	−0.1857	0.09513	0.09223	0.04557	0.0820	—
Cs_2	8.6362	0.01776	−0.1636	0.07105	0.06832	0.03330	0.0690	—
F_2	2.7118	0.2274	−1.4336	6.7360	6.0774	3.8600	7.145	56.7
Cl_2	3.7568	0.1205	−0.9034	2.0917	1.9932	0.9781	3.286	—
Br_2	4.3163	0.09614	−0.7980	1.3873	1.3338	0.5620	2.458	—
B—B	3.0028	0.1318	−0.7130	2.4652	2.4624	1.7234	2.65	17.83
N—N	2.7968	0.1834	−1.0737	4.5221	4.2744	2.8708	4.73	—
O—O	2.8157	0.1996	−1.2419	5.2886	4.8778	3.1052	5.84	—
S—S	3.8740	0.1090	−0.8071	1.7422	1.6747	0.8389	2.69	—

* 这里 k^a、k^b、k^c 和 E 分别由式(3.5.40)、式(3.5.43)、式(3.5.46)和式(3.5.25)计算得到。

方法 2　基于体系总能量并考虑力平衡约束条件的力常数表达式

在定标坐标系中求取能量的二阶导数[60]

$$\frac{\mathrm{d}^2 E}{\mathrm{d}R^2} = \frac{1}{R^2}\langle\Phi|(6\hat{T}+2\hat{V})|\Phi\rangle - \frac{2}{R}\left\langle\left(\frac{\partial\Phi}{\partial R}\right)\left|\left(2\hat{T}+\hat{V}+R\frac{\mathrm{d}E}{\mathrm{d}R}\right)\right|\Phi\right\rangle$$

$$(3.5.41)$$

式(3.5.41)右面的第二项可看作是振动中 Φ 的变化产生的影响。

为了矫正内壳层电子的排斥效应对 k 的影响,我们假定 $(\mathrm{d}\alpha/\mathrm{d}R)|_{R=R_0}=0$,于是,式(3.5.41)右面第二项为零,则

$$\frac{\mathrm{d}^2 E}{\mathrm{d}R^2} = \frac{1}{R^2}\langle\Phi|(6\hat{T}+2\hat{V})|\Phi\rangle \qquad (3.5.42)$$

考虑 $(\mathrm{d}E/\mathrm{d}R)|_{R=R_0}=0$,可得

$$k = -\frac{2}{R_0^2}E(R_0) \qquad (3.5.43)$$

由表 3-21 和表 3-22 可知,由式(3.5.43)计算的结果和由式(3.5.40)计算的结果大部分相同,且与观测值基本一致[61,62]。

方法 3　在两核间只考虑场梯度的力常数表达式

因 $\dfrac{\partial E}{\partial r_a}=\dfrac{\mathrm{d}E}{\mathrm{d}R}\dfrac{\partial R}{\partial r_a}=\dfrac{\mathrm{d}E}{\mathrm{d}R}$ 和 $\dfrac{\partial^2 E}{\partial r_a^2}=\dfrac{\partial^2 E}{\partial r_b^2}=\dfrac{\mathrm{d}^2 E}{\mathrm{d}R^2}$,则力常数可表示为

$$k_{ab} \equiv \frac{\mathrm{d}^2 E}{\mathrm{d}R^2}\bigg|_{R=R_0} = \frac{1}{2}\left(\frac{\partial^2 E}{\partial r_a^2}+\frac{\partial^2 E}{\partial r_b^2}\right)\bigg|_{R=R_0} \qquad (3.5.44)$$

令 $\alpha=\alpha_0$,可由式(3.5.25)导出

$$k_{ab} = \frac{2Z_a^* Z_b^*}{R_0^3} - \left(\frac{Z_a^* q_a}{r_a^3}+\frac{Z_b^* q_b}{r_b^3}\right) + \left(12\alpha_0^2+4\alpha_0\sqrt{\frac{\alpha_0}{\pi}}\right) \qquad (3.5.45)$$

这里,力常数 k_{ab} 直接与两核的电场梯度有关。

对于同核键,式(3.5.45)可简化为

$$k_{aa} = \frac{2Z_a^*}{R_0^3}(Z_a^* - 8q_a) + \left(12\alpha_0^2+4\alpha_0\sqrt{\frac{\alpha_0}{\pi}}\right) \qquad (3.5.46)$$

由式(3.5.45)和式(3.5.46)计算的结果分别示出于表 3-21 和表 3-22。然而,由于未使用力平衡条件,结果不及前面的好。

4. 核四极矩偶合常数中的场梯度

核四极矩偶合常数表示为 Qg_n。这里,Q 是核电荷的四极矩,g_n 是核外电荷在核 N 处产生的电场梯度[58]

$$g_n \equiv \frac{\partial^2 U_n^{\text{ext}}}{\partial x_n^2} \qquad (3.5.47)$$

这里,U_n^{ext} 是指核 N 外部的电荷在核 N 所在处的静电势。

对于核 B,相对于 $U_b{}^{\text{ext}}$ 的静电势算符是

$$\hat{U}_b^{\text{ext}} = \frac{Z_a^*}{R} - \left(\frac{1}{r_{b_1}} + \frac{1}{r_{b_2}} \right) \tag{3.5.48}$$

因此

$$U_b^{\text{ext}} \equiv \frac{Z_a^*}{R} - \left\langle \Phi \left| \frac{1}{r_{b_1}} + \frac{1}{r_{b_2}} \right| \Phi \right\rangle = \frac{Z_a^*}{R} - \frac{q_b}{R} - 2 \sqrt{\frac{8\alpha}{\pi}} r_b \exp(-2\alpha r_b^2)$$

$$\tag{3.5.49}$$

这里,式(3.5.49)右面第一项表示核 A 对 U_b^{ext} 的贡献;第二项是有效键电荷的贡献,最后一项是半径为 r_b 的球体外部的电荷分布的贡献。

令 $\alpha = \alpha_0$,求 U_b^{ext} 对 r_b 的二阶偏导给出

$$g_b = \frac{2Z_a^*}{R^3} - \frac{2q_b}{r_b^3} + 8\alpha_0 \sqrt{\frac{8\alpha_0}{\pi}} \exp(-2\alpha_0 r_b^2) \tag{3.5.50}$$

相对于核 A 有类似恒等式存在。

对于同核键,式(3.5.50)简化为

$$g_n = \frac{1}{R^3}(2Z_n^* - 16q_n) + \frac{1}{Z_n^*} \left(12\alpha_0^2 + 4\alpha_0 \sqrt{\frac{\alpha_0}{\pi}} \right) \tag{3.5.51}$$

将式(3.5.46)与式(3.5.51)比较可得

$$k_{nn} = g_n Z_n^* \tag{3.5.52}$$

这与文献[54]由双原子三中心静电模型导出的结论是一致的。用式(3.5.50)算出的某些分子的场梯度在表 3-23 给出。

表 3-23　某些分子的场梯度 g_{H}　　　　　　　　（单位:mdyn/Å）

	分　　子	H₂	HF	HCl	HBr	LiH
g_{H}	计算值	6.5766*	7.1039	2.6235	1.7648	3.008
	观测值[54]	5.44	8.2	—	3.1	0.8

* 按式(3.5.52)计算值。

由表 3-23 可见,HF 和 HBr 的实测值分别为 8.2 与 3.1,符合较好。对于离子性化合物 LiH,计算值为 $g_{\text{H}} = 3.008$,实测值为 0.8,数量级也一致。

3.5.3　两种模型之间的关系

此双原子三中心键函数模型与 3.4 节[54]提出的静电模型之间的相同之处在于:二者都把研究对象抽象为两边各有一个有效核电荷为 Z_a^* 和 Z_b^* 的等效原子核与中间的一个位于键轴上的键电荷所组成。但二者对键电荷的处理方法不同。此模型中,键电荷因观察点不同而不同,前一模型中则为恒量。静电模型中基本上把研究对象视为一个经典荷电体系,同时考虑到体系可能受到的量子力学的约束来研究;键函数模型中则由变分法,从寻找体系的近似键函数来进行研究。

从参数看,前者用到了一套常见的有效核电荷和共价半径;后者则采用了一套新的有效核电荷的计算方法,更直接地把分子的性质与成键原子的性质联系起来了。

从化学成键的图像上来看,前者仅仅涉及体系内势能的贡献,动能的作用则被掩盖了;后者则把二者的贡献全部反映出来了。

由于静电模型中不考虑电子的动能,故在式(3.5.29)中令 $\dfrac{dT}{dR}=0$,则得:$k=k_s$,即式(3.5.34)。该式经适当整理后完全等价于原静电模型导出的力常数表达式(3.5.37)[54]。因此,本模型从一个新的角度阐明了原静电模型的力常数表达式。当然,本模型因要作积分运算,在计算的简单性上不及原模型[54,62]。

式(3.5.40)和式(3.5.42)的导出,使用了两个约束条件:一是 $R=R_0$ 时,要求力平衡条件式(3.5.36)得到满足,二是令 $a=a_0$。计算表明,如果不考虑 R 变小时内层电子的排斥效应,把两边原子核完全看成是点电荷,则变分结果为在实测核间距下总是键电荷对两边原子核的吸引力大于核间排斥力。实际上,由于内层电子的存在,成键电子靠近两核的概率近似于零;换句话说,真实共价键中力平衡的满足中包含了内层电子的贡献。要在计算中反映出这一点,或应将积分区域变更(扣除电子靠近两核的概率),或应以某种方式计入这种排斥效应;文中在适当的地方应用力平衡条件,就是对这一效应的校正。此外,在考虑到内层电子的影响之后,a 随 R 的变化就不再能由式(3.5.6)来描述了;作为近似处理,令 $a=a_0$,相当于假定 a 随 R 的变化很小,可以忽略。基于此所得计算结果与实测值的基本符合说明上述处理是有效的。

文中式(3.5.45)的末项与式(3.5.34)的末项形式不同,是因为求导过程中所固定的电子坐标不同[58~60]。

此外,本模型对杂化轨道电离势的计算依赖于对式(3.5.13)中系数 α、β 等的估算。对于成键原子间的一些细微差别,还必须针对具体情况来解决。从原子的价轨道电离能来决定成键电子所感受到的有效核电荷,这是一种新的尝试。文中计算值同实测值的大致吻合以及二者之间明显一致的变化规律表明假定 2 是合理的。

3.6　双层点电荷配位场(DSCPCF)模型[69~105]

在晶体场理论用于配合物的"d-d"或"f-f"跃迁谱等特性的研究中,迄今仍主要是把轨道分裂能 Δ 作为一种唯象的、取决于实验的参量来处理。由于轨道分裂能的数值与络合键性的本质密切相关,多年来不断有人尝试对 Δ 值进行理论的或半理论的计算。用纯静电模型作计算是把阴离子配位体视为点电荷或点偶极。有时需把配位体作出非常不合理的有效偶极数值的假定。这些计算结果能级次序往往不对,谱带位置也只能期待在数量级上是可信的。

分子中的电荷分布支配着物理化学现象;复分子中的配位场效应与其中的电荷分布有关。我们试图把双原子键的三中心模型——键电荷概念和 Feynman 力平衡的观点引入到复分子能级的计算,进而研究某些过渡金属和稀土配合物的静电畸变、平衡构型以及 d 和 f 轨道分裂能的定量关系。

3.6.1　双层点电荷配位场(DSCPCF)模型

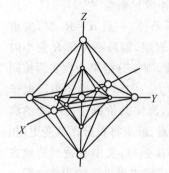

图 3-25　双层点电荷
　　　　配位场模型

从双原子键的三中心模型来看[63],任一单核配合物 MX_n(略去电荷符号),可看作由 n 个 $M—X_i$ 键支撑(图 3-25)。而每一个 $M—X_i$ 键又可看作是由两个正性的原子实和其间的有效键电荷构成的双原子三中心键,可用 Z_M^* 和 $Z_{X_i}^*$ 表示中心原子和配位原子的有效核电荷。有效键电荷的量值 q_i 和位置 r_{M-q_i} 可由 Feynman 力平衡[参看 3.4 节式(3.4.6)]导出

$$q_i = \frac{Z_M^* Z_{X_i}^*}{\left(\sqrt{Z_M^*} + \sqrt{Z_{X_i}^*}\right)^2} \tag{3.6.1}$$

$$r_{M-q_i} = \frac{R_{M-X_i}^* \sqrt{Z_M^*}}{\left(\sqrt{Z_M^*} + \sqrt{Z_{X_i}^*}\right)} \tag{3.6.2}$$

R_{M-X_i} 是 $M—X_i$ 键长,r_{M-q_i} 是中心原子 M 到键电荷 q_i 的距离,则配合物可看作是中心原子 M 被距离为 R_{M-X_i}、量值为 $Z_{X_i}^*$ 的 n 个原子实(第一层配位体)和距离为 r_{M-q_i}、量值为 q_i 的 n 个键电荷(第二层配位体)所包围(图 3-26)。这双层配位体球的空间分布,满足该配合物的点群对称变换,并且在不考虑次级作用下满足 Feynman 力衡。

将这个 DSCPCF 模型引入配位场的表述,则含有 n 个配位原子的环境势能可写作

$$V(r_e) = -\sum_{i=1}^{n} \frac{q_i e}{|r_i - r_e|} + \sum_{i=1}^{n} \frac{Z_{X_i}^* e}{|R_i - r_e|} \tag{3.6.3}$$

式中,第一项是位于 r_i 的 n 个键电荷 q_i 所产生的势能,第二项是位于 R_i 的 n 个配位原子的有效核电荷 $Z_{X_i}^*$ 所产生的势能。$V(r_e)$ 可以通过球谐函数展开并合并 q_i 和 $Z_{X_i}^*$ 两项得到

$$V_{DSCPCF} = -\sum_{k=0}^{\infty} \sum_{m=-k}^{k} \sum_{i=1}^{n} \frac{4\pi}{2k+1} \left[q_i \frac{r_e^k}{r_i^{k+1}} - Z_{X_i}^* \frac{r_e^k}{R_i^{k+1}} \right] Y_k^m Y_k^{*m} \tag{3.6.4}$$

式(3.6.3)和式(3.6.4)描写的 V 是由配位原子的有效核电荷-键电荷双层点电荷

配位体产生的势场（图 3-26），简称双层点电荷配位体场（DSCPCF）。

双层点电荷配位场（DSCPCF）模型有如下特点：众所周知，即使在典型离子键络合物中，中心离子和配位体之间也存在着不容忽视的电荷迁移（即电荷重新分布）。因此完全不考虑金属-配位体间电荷迁移的经典晶体场模型不能很好地反映实际。我们提出的双层点电荷配位场模型，通过键电荷 q 反映了这种迁移，且不受离子键或共价键的限制。在 DSCPCF 模型中决定中心离子能级分裂的是配位原子和中心原子的有效核电荷 Z^*。对于复杂分子配合物，可以通过对配位原子 Z^* 值的选择来近似反映其性质差异。只要 Z^* 值得以合理确定，应能得到较好的结果，从而提供了一种研究这种复杂体系的可能性。

3.6.2　不均匀 Feynman 力效应对势场的影响[64]

Jahn-Teller 效应表明，在一般情况下，静止环境中一个系统具有 Kramers 简并度以外的任何其他简并度，其环境畸变就可达到更低的能量和更低的简并度。这一效应的物理原因通常认为是由于中心离子负电荷缺乏球状对称分布，引起对配位体吸引能力的差异而产生的。我们还注意到，一般在处理具有 Jahn-Teller 效应的体系时，未能把这一物理因素很好地纳入计算方案。

实际上，某些配合物的 Jahn-Teller 畸变可以看作是不均匀 Feynman 力效应[64] 的一个特例。不均匀 Feynman 力必然导致：①一个原子，即使在其等价轨道上，由于占据电子数的不同，可有不同的屏蔽系数，从而有不同的 Feynman 力场，这种力场的强弱可近似通过有效核电荷的不同来表征；②一个原子的等价轨道，如果其 Feynman 力场的强度不同，则某些力学量的平均值也不同。

通常在考虑配合物的 Jahn-Teller 畸变时，未能计及电子-核平均距离的不均匀 Feynman 力效应。计算表明，这一效应常常具有不容忽略的影响。

在文献[71～105]中，我们报道了双层点电荷配位场（DSCPCF）模型在过渡金属、稀土金属以及生物无机配合物方面的应用，并对其合理性作了进一步的论证。高锦章等在专著《溶液中镧系配合物光谱化学》中[106] 系统介绍了这一理论方法并指出："曾将这一模型应用于 Ln(DPA)$_3$$^{3-}$ 配合物体系，结果表明计算能级与实验值的均方根偏差远小于经典点电荷模型。双层点电荷模型通过键电荷来反映这种电荷的迁移，且不受离子键或共价键的限制，从而避免了经典晶体场模型的缺陷，不失为一个在探讨 Ln^{3+} 系离子晶体场分裂机理方面的大胆尝试，其进一步的研究，将会对镧系离子配合物 4f 能级的配位场分裂机理的探讨有重要意义"。这方面的内容因已离开本书主旨，有兴趣的读者可参看上述文献，兹不赘述。

3.7　不均匀 Feynman 力理论[64,69]

配合物中存在 Jahn-Teller 效应的事实表明，由于等价 d 轨道中电子占据数的

不同,可以引起配位键伸长和缩短的静电畸变。现已发现,在一些晶体中的不同部位,其静电场的强度可以不同,某些部位这种静电场的强度足以使吸附分子上的诸如 C—H 键的成键电子发生位移而形成正碳离子中间物[65]。生物体中的固氮酶,可以使氮分子活化而在常温常压下固氮……这些事实已从量子化学和结构化学的不同角度作出了一定的说明,但未能揭示出它们的共同本质。我们试图从 Feynman 力的角度对这些现象作出统一的说明。

3.7.1　不均匀 Feynman 力理论

在分子量子力学中,力的作用规律已为 Feynman 定理所概括[66]。大量事实表明,在原子、分子和晶体中,存在着不均匀的 Feynman 力场,并产生了一系列不均匀 Feynman 力效应。为了阐明这种效应,我们总结出如下 5 个(假设性)基本规则:

(1) 原子、分子和晶体中的 Feynman 力的空间分布可以是不均匀的。Feynman 力场只有在原子、分子的"轨域"(指一个单电子波函数伸展的区域)内存在。"轨域"之间是"禁区"。"禁区"不能传递 Feynman 力。因而,Feynman 力场也是量子化的。

(2) 在自由原子的开壳层中,即使是等价轨道,由于占据电子数的不同,可有不同的屏蔽系数,从而有不同的 Feynman 力场。这种力场的强弱,可近似用有效核电荷的不同来表征。一个原子的等价轨道,如果 Feynman 力场不同,则某些力学量的平均值也不同。

(3) 原子、分子轨域之间 Feynman 力场的通导,受重叠轨道之间的对称匹配、能量近似和最大势差所制约。如果对称匹配,就可接通轨域,使 Feynman 力场连为通导。轨道间的重叠和轨域的接通,在不违背 Pauli 原理下与电子占据数无关。

(4) 在通路中,如果两轨道的 Feynman 力场强度不同,则存在势差,推动电荷的转移。转移的方向只由势差所决定,而与原来轨道的能量高低、成键反键无关;电荷转移后体系的稳定性,则由轨道占据电子的能量所决定:若能量降低,体系趋于稳定(键合);若能量升高,体系趋于不稳(或键裂)。

(5) 那些具有对称匹配适应性强的轨道(如 d,f 轨道)的原子,常可作为接通轨道之间"禁区"的"桥梁",接通 Feynman 力场,使轨道间电荷的转移由禁阻变为允许。"桥梁"轨道中的 Feynman 力场同连接原子之间也存在着力的平衡。因此,"桥梁"轨道除了传输电荷外,也能给予或接受电子。

3.7.2　不均匀 Feynman 力理论的应用

应用以上五个规则,可以从力的角度阐明大量化学现象,包括用其他原理尚难以说明的一些现象,现举例说明。

1. 过渡金属催化的电环合反应

实验和理论都指出,杜瓦苯异构化为苯在基态条件下是对称禁阻的。但是,在铑、银等过渡金属的催化下可由禁阻变为允许。Gilchrist 等指出,应用前线轨道理论虽然可以解释具有 d^8 电子构型的铑的催化机制,但"不幸的是,这种解释不能简单地应用于银离子和其他 d^{10} 体系,因为它们没有为了相互作用的适当空轨道"[67]。

然而,应用我们提出的上述五个规则,对这两种情况都可以统一加以说明。

苯可看作丁二烯的衍生物。由规则(1)得知,丁二烯的 HOMO 和 LUMO 之间是禁区。HOMO 上的电子不能自由地转移到 LUMO 上,所以杜瓦苯具有一定的热稳定性。

由规则(3)得知,过渡金属的 d_{xz} 和 d_{yz} 可以同丁二烯的 HOMO 和 LUMO 发生对称匹配重叠(图 3-26),从而接通 HOMO 和 LUMO 之间的禁区,使 Feynman 力场变为通导,由于这种重叠不受电子占据数的影响,所以,对于具有 d^8 和 d^{10} 的金属都可使丁二烯的 HOMO 和 LUMO 连成通导的轨域。

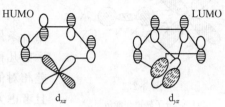

图 3-26　金属 d 轨道同丁二烯的前线轨道的作用

根据规则(2),由于占据电子数的不同,LUMO 的有效核电荷大于 HOMO 的有效核电荷,从而 LUMO 有较强的 Feynman 力场。

规则(4)则指出,在 LUMO 和 HOMO 之间存在着势差,因此,一旦连成通路后,HOMO 上的电荷将在势差的推动下转向 LUMO。当一对电子转移一半时,势差即消失(这里忽略与金属间的力平衡),达到力的平衡。这表明,过渡金属的存在虽然实现了电荷的部分转移,从而促进了开环反应,但是,由于余下的一半电荷的转移仍需活化激发,故反应也不是无阻进行的,预计只能使活化能降低 1/2。实验表明[67],无催化剂时活化能约为 2.3kcal/mol,而在催化剂存在下活化能降低大约 1.2kcal/mol,与理论分析一致。

规则 4 还指出,电荷转移方向只与势差有关,而与原来轨道的成键反键和能量高低无关。所以,电子由成键轨道移向反键轨道,由低能级移向高能级,从而导致开环。

2. 反馈键的本质和络合活化催化机理[68]

含有铁、钼等过渡金属的固氮酶的端基络合催化机制,用 MO 法作出的简单说明如图 3-27。此图示出在金属-氮配合物中,M 的空 e_g 轨道把 N_2 的 $3\sigma_g$ 电子拉过来;而 M 的满 t_{2g} 轨道把电子授给 N_2 的空 $1\pi_g$。

应用不均匀 Feynman 力的五个规则从力的角度完全可以作出说明。需要指出

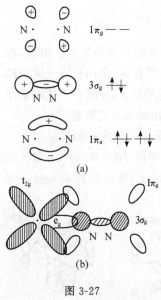

图 3-27

(a) N_2 分子轨道和能级示意；

(b) N_2 与 M 间的 σ—π 配键

的是，用不均匀 Feynman 力的观点可以指出，这种活化 N_2 的电荷转移机制可以在更广泛的条件下存在，即根据规则 3，M 原子的 e_g 轨道不一定必是空的，t_{2g} 轨道也不一定必是满的。N_2 的活化关键是在 $3\sigma_g$ 和 $1\pi_g$ 之间的禁区上搭起一个"桥"，以便把 Feynman 力场接通，然后靠了势差 $3\sigma_g$ 轨道上的部分负电荷转移到 $1\pi_g$ 上去。规则 3 则指出，M 行使这种"架桥"的任务与它的轨道占据数无关。这一论断指出，在选择活化 N_2 的络合催化剂上，如果仅从电荷转移来看，可以把更广泛的金属作为研究对象。

从不均匀 Feynman 力的五个规则来看，在端基络合条件下可以接通轨域的类似状态有如图 3-28 所示的几种方式。如果把一个"空对满"轨道耦连的势差相对值表为 1；而"空对空"或"满对满"均为 0，并且考虑方向的正负，则在方式(1)中的通路有两个空对满，即相对势差为 2；其他三种方式势差均为 1。

从规则(5)又可以看出，在考虑催化作用，即电荷在 Feynman 力场中的传导时，金属 M 的有效核电荷（即金属轨道的 Feynman 力场）越小越好。这样可使 M 主要发挥"桥梁"作用而避免由于力场太强在行使传导作用时拉一部分电子归为己有，或导致底物与催化剂难于脱附。据此判断，低氧化态的后过渡金属，如铁、钯、铂等，应是良好的催化剂。在图 3-28 中图式(4)是"漏电"嫌疑最大的一个，从而可以排出四种方式中转移电荷本领的次序为

$$(1) > (2) > (3) > (4)$$

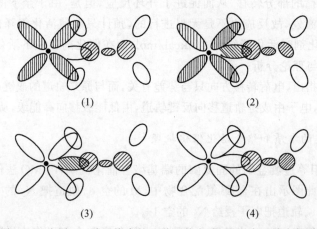

图 3-28　金属-N_2 端基络合的几种可能方式（阴影表示填充轨道）

进而可以想到,生成 N_2 络合物的稳定性,其次序刚好与上述相反。这就把过渡金属的催化作用和生成分子配合物的能力两者作为同一个系列从 Feynman 力的角度作出统一的说明。

3. 具有静电畸变的配合物中 d 轨道能级的计算

在晶体场分裂能的理论计算中,各矩阵元表达式中都含有平均值 $\langle r^n \rangle$ 因子

$$\langle r^2 \rangle = \frac{n^2}{2Z^2}[5n^2 + 1 - 3l(l+1)]$$

这里 Z 是核实的有效电荷。如对于 5 个 d 轨道,按规则(2),由于占据电子数的不同,可有不同的 Z 值,因而它们的 $\langle r^2 \rangle$ 值也不同。这种不均匀 Feynman 力效应对晶体场分裂能和配合物的静电畸变存在着不容忽视的影响[69,70]。考虑这种效应不仅可以改进配位场理论的计算结果,而且可以很自然地把 Jahn-Teller 效应看作是它的一个特例。

不均匀 Feynman 力的上述五个规则,在定性的程度上反映了微观世界中不均匀的空间特性以及 Feynman 力场的量子化(它们体现了微观世界的波性吸引)。由于这个理论充分考虑了在原子、分子体系中电荷迁移的推动力,从而有可能用以阐明与此相关的一系列物理化学现象,其进一步的探索和广泛应用很可能是引人入胜的。

参 考 文 献

1　Berlin T. J. Chem. Phys. ,1951,19:208

2　赵成大,黄敬安. 吉林师大学报,1978,(1):81

3　Johnson O. Chemica Scripta,1974,6:202

4　Bader R F W,Joues G. Can. J. Chem. ,1963,41:2251

5　Bader R F W,Joues G. J. Chem. Phys. ,1963,38:2791

6　Bader R F W,Jpnes GA. Can. J. Chem. ,1963,41:586

7　Bader R F W et al. Can. J. Chem. ,1968,46:956

8　Bader R F W et al. J. Chem. Phys. ,1967,46:3346

9　Bader R F W et al. J. Chem. Phys. ,1967,47:3387

10　Bader R F W et al. J. Chem. Phys. ,1967,46:3360

11　Sanderson R T. Science,1951,111:670;Ferreira R. Trans. Faraday Soc. ,1963,59:1064

12　Sanderson R T. J. Amer. Chem. Soc. ,1952,74:272

13　Бацанов С С. Электроотринательность элементов и химическая связь, Изд. Сибиркого отд. АН СССР, 1962

14　Bader R F W. J. Chem. Phys. ,1967,46:3360;47:3387

15　Bader R F W,Chandra A. Can. J. Chem. ,1968,46:956

16　Kern C,Karplus N. J. Chem. Phys. ,1964,40:1374

17　Bader R F W,Joues G. Can. J. Chem. ,1961,39:1253;ibid,1963,41:586;2251;J. Chem. Phys. ,1963,38:

2791

18　Nakatsuji H. J. Amer. Chem. Soc. ,1973,95;345;2084;6893;1974,96;24

19　Deb B. J. Amer. Chem. Soc. ,1974,96;20

20　Pauling L. J. Am. Chem. Soc. ,1932,54;3570

21　Mulliken R S. J. Chem. Phys. ,1934,2;782;1935,3;573;1949,46;497

22　巴查诺夫 C C. 结构的折光测定法. 戴安邦等译. 北京;科学出版社,1962,78

23　Pauling L. The Nature of the Chemical Bond. 3rd ed. Cornell University Press,Ithaca,N. Y. ,1960

24　Coulson C A. Valence. 2nd ed. 109,210;(a) 152;(b) 107;(c) 153,219,Oxford University Press,1961

25　Dailey B P. Townes C H. J. Chem. Phys. ,1955,23;118

26　Gordy W. Faraday Soc. Discussion,1955,19;14

27　徐光宪,赵学庄. 化学学报,1956,22;441

28　(a) 徐光宪. 物质结构简明教程. 北京;高等教育出版社,1965,97～98
　　(b) Бацанов C C. Ж. струк. Х. ,1962,3;5;(c)雷清云,化学通报,1965,(6);375

29　Fyfe W. Amer. Miner. ,1954,39;999

30　Gordy W et al. Microwave Spectroscopy,New York;John Wiley and Sons,Inc. ,1953. 279～285

31　Venkateswarlu P,Jaseja T. Proc. Indian. Acad. Sci. ,1956,A44;72

32　MeClellan,Aubrey Lester. Tables of experimental dipole moments. San Francisco;Freeman,1963

33　Wilmshurst J K. J. Phys. Chem. ,1958,62;631

34　Рохов Ю. Хилия металлоорганических соединеений. Москва;ИзД. Иностранной Литературы,1963

35　Berlin T. J. Chem. Phys. ,1951,19;208

36　Bader R F W,Keaveny I. J. Chem. Phys. ,1967,47;3381

37　Nakatsuji H. J. Amer. Chem. Soc. ,1973,95;345;2084

38　Feynman R P. Phys Fev. ,1939,56;340

39　Parr R G. J. Chem. Phys. ,1964,40;3726

40　Salem L. J. Chem. Phys. ,1963,38;1227

41　陈创天. 物理学报,1976,25(2);146

42　Levine B F. Phys. Rev. Letters,1969,22(15);787

43　Tang C L. IEEE J. Quantum Electronics QE-9,1973,(7);755

44　Hopfield J J,Albers W A. Physics of Opt-Electronic Materials. New York;Plenum,1971

45　杨频. 化学通报,1974,(2);105

46　Phillips J C. J. A. Van Vechten,Phys. Rev. ,1969,183;709

47　Jha S S,Bloembergen N. Phys. Rev. ,1971,171;891

48　Patal C K W,Shlusher R E,Fleury P A. Phys. Rev. Letters,1966,17;1011; Wynne J J,Boyd G. D. Appl. Phys. Letters,1968,12;191

49　杨频. 山西大学学报(自然科学版),1980,(2);1

50　唐敖庆. 化学学报,1954,20;128;徐光宪. 化学学报,1955,21(1);14

51　Frost A. J. Chem. Phys. ,1967,47;3707

52　Hall G G. Chem. Phys. Letters. ,1973,20(6);501

53　Tait A D et al,Theore. Chim. Acta(Berl),1973,31;311

54　杨频. 化学学报,1979,37(1);53

55　任镜清,黎乐民,王秀珍,徐光宪. 北京大学学报(自然科学版),1982,(3);49

56　王志中,李向东.半经验分子轨道理论与实践.北京:科学出版社,1981

57　杨频,高孝恢.分子科学与化学研究,1982,(3):111

58　Salem L. J. Chem. Phys. ,1963,38:1227

59　鲍林 L.化学键的本质.上海:上海科学技术出版社,1981

60　Benston M L,Kirtman B. J. Chem Phys. ,1966,44:119;126

61　Pilar F L. Elementary Quantum Chemistry. New York:McGrow-Hill Book Company,1968,469

62　Yang P,Wang Y K. J. Mol. Struc. (Theochem),2001,540:113

63　Yang P. J. Mol. Struc. (Theochem),2005,731:39

64　杨频.山西大学学报,1984,(1):50

65　Flanigenenand E M,Sand L B. Molecular Sive Zeolites,1971

66　Feynman R P. Phys. Rev. ,1939,56:340

67　Gilchrist T R,Storr R C. Organic Reactions and Orbital Symmetry(a) P. 70;(b) 69,Cambridge,1972

68　福建物构所固氮小组.科学通报,1975:546;吉林大学化学系固氮小组.中国科学,1974:28

69　杨频,黎乐民.科学通报,1981,26:865

70　杨频,黎乐民.科学通报,1981,26:1501

71　Yang P,Li L M. Kexue Tongbao,1982,27(5):511

72　Yang P,Li L M. Kexue Tongbao,1982,27(7):743

73　Yang P. J. Molecular Science,1983,1(2):101

74　杨频.科学通报,1984,29(17):1368

75　杨频,李惠颖.高等学校化学学报,1984,5(1):99

76　杨频,李惠颖.分子科学学报,1984,4(4):553

77　Yang Pin. KexueTongbao,1985,30(5):606

78　杨频,王越奎.化学学报,1985,43(4):1095

79　杨频,王越奎.化学学报,1986,44(1):14

80　杨频,王越奎.中国科学(B辑),1986,(9):912

81　Yang P,Wang Y K. Journal of Molecular Science,1986,4(1):19

82　杨频,王越奎.物理化学学报,1986,2(3):254

83　杨频,王越奎.中国科学(B辑),1987,1:8

84　Yang P,Wang Y K. Scientia Sinica B,1987,30(8):794

85　Yang P,Wang Y K. Scientia Sinica B,1987,30(9):907

86　杨频,李思殿,王越奎.物理化学学报,1990,6(5):580

87　Yang P,Li S D,Wang Y K. J. Phys:Condense. Matter,1991,3(1):483

88　杨频,李思殿,王越奎.无机化学学报,1991,7(3):338

89　杨频,李思殿,王越奎.化学学报,1991,49:3

90　杨频,李思殿,王越奎.计算机与应用化学,1995,12(3):212

92　Fan Y F,Pan D F,Yang P. Chinese Science Bulletin,1995,40(12):1002

93　范英芳,杨频.高等学校化学学报,1995,16(12):1948

94　Fan Y F,Yang P,Wang Y K. Science in China(Series B),1995,38(4):401

95　范英芳,潘大丰,杨频.科学通报,1996,41(9):863

96　杨频,李思殿,王越奎.发光学报,1990,11:286

97　杨频,范英芳,王越奎.双层点电荷配位场(DSCPCF)模型在二角场稀土配合物中的应用.庆祝唐敖庆教

授执教五十年学术论文专集(137～142).长春:吉林大学出版社,1990

98　杨频,范英芳,王越奎.中国科学(B辑),1994,24:1138

99　Yang P,Fan Y F. Transition Metal Chemistry,1995,20:485

100　Fan Y F,Yang P. J. Phys. Chem. ,1996,100:69

101　范英芳,潘大丰,杨频.中国科学,1996,26:567

102　Fan Y F,PAN D,Yang P. Science in China,1997,40:389

103　范英芳,杨频,潘大丰.化学学报,1997,55:872

104　范英芳,杨频.高等学校化学学报,1999,20:1266

105　杨频.化学键理论在配合物中的应用.太原:山西高校联合出版社,1992

106　高锦章,杨武,康敬万.溶液中镧系配合物光谱化学.成都:电子科技大学出版社,1995

第4章 有效键电荷和有效核电荷与物性的关联

4.1 键中原子有效核电荷的计算

在量子化学的计算中,Slater 轨函数至今仍被广泛使用。Slatre 函数中包含的有效核电荷是一个十分重要的物理参量。它不仅影响着原子、分子中电子云的空间分布,而且也决定着分子中 Feynman 力的平衡,并与一系列原子、分子特性有关。有效核电荷的概念和计算方法系由 Slater 提出[1],后经徐光宪[2]、Burns[3]、齿谷元一[4]、陈念贻[5]等作了改进;温元凯则考虑到化合态与自由态原子的不同,提出了一套新的成键原子中的电子屏蔽系数,用以计算键中原子有效核电荷。以上不同方法所得有效核电荷在同某些物性相关联中,取得了较好的效果。

事实上,由于分子的千差万别,处于不同环境(分子)中的化合态原子,其有效核电荷不可能是常数。因此,在通常的量子化学计算中,往往把它当作可调参数,利用某些约束条件半经验地加以确定。在上述各种计算方法中,大都是从体系的能量特性着眼、从原子的电子组态入手的。我们试图从 Feynman 力平衡的角度来探讨成键过程中原子有效核电荷的变化,导出计算键中原子有效核电荷的一般方法[6]。

按照双原子键的三中心静电模型[7],当键电荷 q 向吸引力大的 B 核迁移时,B核由于 q 的靠近而引起屏蔽增大,使其有效核电荷相应减小;与此同时,A 核由于 q 的离开而使屏蔽减小,有效核电荷增大,直到整个体系达到 Feynman 力的平衡。下面讨论具体的计算方法。

4.1.1 基于 $Z = Z_0(1 \pm \varepsilon)$ 的计算法

设达到稳定态时,键中原子 A、B 的有效核电荷可写作

$$Z_A = Z_{AO}(1 + \varepsilon), \qquad Z_B = Z_{BO}(1 - \varepsilon) \tag{4.1.1}$$

这里 Z_{AO}、Z_{BO} 和 Z_A、Z_B 分别是 A、B 的自由态和成键态原子的有效核电荷,ε 是成键前后有效核电荷的改变参量。式(4.1.1)表明,当 $\varepsilon = 0$ 时,键中原子的有效核电荷与自由原子的相等。显然,如能求出参量 ε,就可以得到键中原子有效核电荷。为了求解 ε,需外加一个条件:

假定 A H-F 定理适用于键电荷迁移前的成键体系。在前文[7]结果的基础

上可得作用在 A、B 上的力

$$-\frac{q^0 Z_{AO}}{R_A^2} + \frac{Z_{AO}Z_{BO}}{(R_A+R_B)^2} = 0$$

$$-\frac{q^0 Z_{BO}}{R_B^2} + \frac{Z_{AO}Z_{BO}}{(R_A+R_B)^2} = 0$$

(4.1.2)

解得

$$q^0 = \frac{R_A R_B \sqrt{Z_{AO}Z_{BO}}}{(R_A+R_B)^2}$$

(4.1.3)

式中,Z_{AO}、Z_{BO} 是自由 A、B 原子对其共价半径边际的有效核电荷,R_A、R_B 是 A、B 共价半径,q^0 是共价重叠成键态(未极化态)的有效键电荷。

已知有效键电荷(平衡态)的表达式是[7]

$$q = \frac{Z_A Z_B}{(\sqrt{Z_A}+\sqrt{Z_B})^2} \frac{(R_A+R_B)^2}{R_{AB}^2}$$

(4.1.4)

假定 B　键电荷在迁移前后量值不变,即有

$$q = q^0$$

(4.1.5)

则由式(4.1.5)并结合式(4.1.1)、式(4.1.3)和式(4.1.4)可得 ε 的二次方程

$$\left(a\frac{\alpha}{\beta}-1\right)\varepsilon^2 + b\frac{\alpha}{\beta}\varepsilon + \left(1-\frac{\alpha}{\beta}\right) = 0$$

(4.1.6)

解得

$$\varepsilon = \frac{-b\frac{\alpha}{\beta} \pm \sqrt{\left(b\frac{\alpha}{\beta}\right)^2 - 4\left(a\frac{\alpha}{\beta}-1\right)\left(1-\frac{\alpha}{\beta}\right)}}{2\left(a\frac{\alpha}{\beta}-1\right)} = \varepsilon_1$$

(4.1.7)

其中

$$\begin{cases} a = \dfrac{\sqrt{Z_{AO}Z_{BO}}}{(\sqrt{Z_{AO}}+\sqrt{Z_{BO}})^2} \\ b = \dfrac{Z_{BO}-Z_{AO}}{(\sqrt{R_{AO}}+\sqrt{R_{BO}})^2} \end{cases}, \quad \begin{cases} \alpha = \dfrac{R_{AB}^2}{(R_A+R_B)^2} \cdot \dfrac{R_A R_B \sqrt{Z_{AO}Z_{BO}}}{(R_A+R_B)^2} \\ \beta = \dfrac{Z_{AO}Z_{BO}}{(\sqrt{Z_{AO}}+\sqrt{Z_{BO}})^2} \end{cases}$$

这里 Z_{AO}、Z_{BO}、R_A、R_B 以及键长 R_{AB} 都是已知量,则由式(4.1.7)不难算得 ε_1,并有

$$Z_A' = Z_{AO}(1+\varepsilon_1)$$
$$Z_B' = Z_{BO}(1-\varepsilon_1)$$

(4.1.8)

这里 Z_A'、Z_B' 是与 ε_1 对应的键中原子的有效核电荷。由 Z_A' 和 Z_B' 可按下式计算键电荷迁移距离[8]

$$r'_m = \frac{R_B \sqrt{Z'_A} - R_A \sqrt{Z'_B}}{\sqrt{Z'_A} + \sqrt{Z'_B}} \tag{4.1.9}$$

结合式(4.1.4)可按文献[8]的下式计算键 A—B 的偶极矩

$$\mu_{AB} = q r_m + q\left(r_m - \frac{R_B - R_A}{2}\right) \tag{4.1.10}$$

所得结果列于表 4-1。可以看出,应用 Z'_A 和 Z'_B 较用自由原子 Z_{AO}、Z_{BO} 所得结果有了明显的改进。

4.1.2 基于静电平衡判据约束条件的计算法

在键的平衡态(图 3-5~图 3-7),根据静电平衡判据[8],r_m、q 和 Z 之间应满足如下关系:

$$\frac{qZ_A}{(R_A + r_m)^2} = \frac{qZ_B}{(R_B - r_m)^2} \quad 或 \quad \frac{Z_{AO}(1 + \varepsilon)}{(R_A + r_m)^2} = \frac{Z_{BO}(1 - \varepsilon)}{(R_B - r_m)^2} \tag{4.1.11}$$

解得

$$\varepsilon = \frac{Z_{BO}(R_A + r_m)^2 - Z_{AO}(R_B - r_m)^2}{Z_{BO}(R_A + r_m)^2 + Z_{AO}(R_B - r_m)^2} = \varepsilon_2 \tag{4.1.12}$$

由此式计算 ε 的关键是 r_m 值是否接近实际,尚无实测值与之对应。可利用由式(4.1.8)得到的键中核电荷按式(4.1.9)作计算,将此 r'_m 值代入式(4.1.12)计算 ε_2,由此即得满足静电平衡判据[式(4.1.11)]的键中原子有效核电荷

$$Z''_A = Z_{AO}(1 + \varepsilon_2)$$
$$Z''_B = Z_{BO}(1 - \varepsilon_2) \tag{4.1.13}$$

应用 Z''_A、Z''_B 算出 r_m 和 q 再代入式(4.1.10)计算出一些键的键矩列于表 4-1。可以看出对大部分键,较用 Z' 又有了一定的改进。

4.1.3 基于 $Z = Z_0 \pm \varepsilon$ 的计算法

一个与设 $Z = Z_0(1 \pm \varepsilon)$ 稍有不同的处理是设

$$Z_A = Z_{AO} + \varepsilon, \qquad Z_B = Z_{BO} - \varepsilon \tag{4.1.14}$$

完全类同于式(4.1.2)~式(4.1.5)的推导可得

$$\frac{Z_A Z_B}{(\sqrt{Z_A} + \sqrt{Z_B})^2} = \frac{R_{AB}^2}{(R_A + R_B)^2} q^0 = \alpha \tag{4.1.15}$$

将式(4.1.14)代入式(4.1.15)可得

$$\begin{aligned}
\alpha &= \frac{Z_A Z_B}{(\sqrt{Z_A} + \sqrt{Z_B})^2} = \frac{(Z_{AO} + \varepsilon)(Z_{BO} - \varepsilon)}{[\sqrt{Z_{AO} + \varepsilon} + \sqrt{Z_{BO} - \varepsilon}]^2} \\
&\approx \frac{Z_{AO} Z_{BO} + (Z_{BO} - Z_{AO})\varepsilon - \varepsilon^2}{(\sqrt{Z_{AO}} + \sqrt{Z_{BO}})^2 + \dfrac{Z_{BO} - Z_{AO}}{\sqrt{Z_{AO} Z_{BO}}}\varepsilon - \dfrac{1}{2}\dfrac{1}{\sqrt{Z_{AO} Z_{BO}}}\varepsilon^2}
\end{aligned} \tag{4.1.16}$$

表 4-1　键中原子有效核电荷不同计算法的比较

A—B	ε=0					ε=ε1				ε=ε2				μ测[9]/D
	Z_{AO}/e	L_{BO}/e	r_m/Å	q/e	μ计/D	ε1	r'_m/Å	q'/e	μ'计/D	ε2	r''_m/Å	q''/e	μ''计/D	
I—F	5.14	4.76	0.284	1.43	6.0	0.358	0.095	1.26	2.98	0.655	0.095	0.92	2.19	2.18
Br—F	5.14	4.76	0.190	1.39	3.9	0.291	0.057	1.29	2.00	0.503	0.056	1.10	1.75	1.29
Cl—F	4.94	4.76	0.130	1.34	2.5	0.303	0.002	1.25	0.84	0.298	0.0025	1.24	0.84	0.88
I—Cl	5.14	4.94	0.158	1.26	2.9	0.078	0.110	1.25	2.34	0.436	0.107	1.07	1.95	1.50
I—Br	5.14	5.14	0.095	1.32	1.8	0.141	0.009	1.30	0.71	0.167	0.009	1.29	0.706	1.21
Br—Cl	5.14	4.94	0.065	1.26	1.2	0.045	0.041	1.25	0.95	0.193	0.038	1.73	0.89	0.57
H—Cl	1.00	4.94	0.14	0.78	0.56	0.786	0.279	0.561	1.05	0.787	0.279	0.561	1.05	1.8
Hg—Cl	5.53	4.95	0.166	1.45	3.72	0.36	0.054	1.32	1.96	0.343	0.046	1.28	1.80	1.44~2.5
Hg—Br	5.53	5.14	0.104	1.50	2.40	0.39	0.166	1.29	2.84	0.390	0.154	1.32	2.75	1.54~3.1
Hg—I	5.53	5.14	0.0065	1.51	0.31	0.39	0.283	1.29	3.70	0.404	0.282	1.30	3.70	2.9
B—F	2.30	4.76	0.223	1.28	3.24	0.65	0.08	0.96	1.12	0.645	0.067	1.01	1.17	1.69
Al—Cl	2.48	2.94	0.320	0.94	3.44	0.225	0.19	0.93	2.28	0.730	0.187	0.61	1.48	1.97
Si—F	3.17	4.76	0.320	1.43	5.90	0.69	0.068	0.945	1.64	0.690	0.068	0.945	1.64	2.27
P—Cl	3.86	4.94	0.117	1.15	1.60	0.31	0.049	1.10	0.81	0.312	0.048	1.03	0.79	0.81
P—Br	3.86	5.14	0.061	1.10	0.53	0.814	0.007	1.10	0.04	0.100	0.003	1.11	0.8	0.36
P—I	3.86	5.14	0.025	1.08	0.86	0.814	0.083	1.14	0.27	0.067	0.069	1.10	0.12	~0
Sb—Br	4.06	5.14	9.210	1.14	3.00	0.205	0.078	1.14	1.60	0.428	0.080	1.00	1.44	1.9
Sb—I	4.06	5.14	0.120	1.13	1.50	0.078	0.075	1.14	0.85	0.280	0.078	1.09	1.00	0.8

计算中假定 ε/Z_{AO} 和 ε/Z_{BO} 均小于 1，则式(4.1.16)化作

$$(1-\xi)\varepsilon^2 - \xi(1-2\xi)\varepsilon - (\theta-\eta) = 0 \qquad (4.1.17)$$

解之可得

$$\varepsilon = \frac{\xi(1-2\xi) \pm \sqrt{[\xi(1-2\xi)]^2 + 4(1-\xi)(\theta-\eta)}}{2(1-\xi)} = \varepsilon_3 \qquad (4.1.18)$$

上二式中

$$\xi = \frac{\alpha}{2\sqrt{Z_{AO}Z_{BO}}}, \qquad \eta = \alpha(\sqrt{Z_{AO}} + \sqrt{Z_{BO}})^2$$

$$\zeta = Z_{BO} - Z_{AO}, \qquad \theta = Z_{AO}Z_{BO}$$

$$\alpha = \frac{R_{AB}^2}{(R_A + R_B)^2} \cdot \frac{R_A R_B \sqrt{Z_{AO}Z_{BO}}}{(R_A + R_B)^2}$$

由式(4.1.18)算得 ε_3，就可得到相应的键中原子有效核电荷

$$Z_A^{\triangle} = Z_{AO} + \varepsilon_3, \qquad Z_B^{\triangle} = Z_{BO} - \varepsilon_3 \qquad (4.1.19)$$

据此 $Z^{\triangle}$ 算得一些键的偶极矩同实验值的比较如表 4-2。

表 4-2　键中有效核电荷不同计算法的比较

A—B	ε_3 /e	Z_{AO} /e	Z_{BO} /e	$\mu_{计}^{\triangle}$ /D	ε_4 /e	$\mu_{计}^{X}$ /D	$\mu_{测}^{[9]}$ /D
I—F	2.12	5.14	4.76	2.36	2.89	1.90	2.18
Br—F	1.90	5.14	4.76	1.25	2.00	1.24	1.29
Cl—F	1.70	4.94	4.76	1.065	1.68	1.07	0.88
I—Cl	0.57	5.14	4.94	1.62	1.68	1.37	1.50
I—Br	0.67	5.14	5.14	0.77	0.88	0.76	1.21
Br—Cl	0.34	5.14	4.94	0.77	0.86	0.76	0.57
C—F	2.52	2.99	4.76	1.45	—	—	1.41
C—Br	1.20	2.99	5.14	1.45	—	—	1.38
Ge—Cl	2.18	3.37	4.94	1.33	—	—	1.90
Ge—Br	2.20	3.37	5.14	1.73	—	—	2.10
P—Cl	1.63	3.86	4.94	1.12	—	—	0.81
P—Br	0.82	3.86	5.14	0.38	—	—	0.36
As—Cl	1.435	4.01	4.94	0.75	—	—	1.09
As—I	0.78	4.01	5.14	0.67	—	—	0.78
Hg—Cl	1.74	5.53	4.94	3.72	—	—	3.2
Hg—I	1.79	5.53	5.14	3.30	—	—	2.9

4.1.4　考虑静电平衡约束条件的计算法

类似于式(4.1.11)，可得满足静电平衡判据的下述关系

$$\frac{qZ_A}{(R_A + r_m)^2} = \frac{qZ_B}{(R_B - r_m)^2}$$

或

$$\frac{Z_{AO} + \varepsilon}{(R_A + r_m)^2} = \frac{Z_{BO} - \varepsilon}{(R_B - r_m)^2} \tag{4.1.20}$$

解得

$$\varepsilon = \frac{Z_{BO}(R_A + r_m)^2 - Z_{AO}(R_B - r_m)^2}{(R_A + r_m)^2 + (R_B - r_m)^2} = \varepsilon_4 \tag{4.1.21}$$

其中，r_m 的计算可采用式(4.1.19)所得之有效核电荷 Z^Δ。据式(4.1.21)解得 ε_4，可得相应的有效核电荷

$$Z_A^X = Z_{AO} + \varepsilon_4, \qquad Z_B^X = Z_{BO} - \varepsilon_4 \tag{4.1.22}$$

据此 Z^X 值算得卤素互化物的偶极矩如表 4-2 所示。

4.1.5　简单验证

(1) 以上有关键中原子有效核电荷的计算方法可分为三类：第一类是设 $\varepsilon = 0$，即假定键中原子核电荷近似等于自由原子的有效核电荷；第二类是以设 $Z = Z_0(1 \pm \varepsilon)$ 为基础；第三类是以设 $Z = Z_0 + \varepsilon$ 为基础。在后两类的计算中又引入了两个假定：①假定 H-F 定理适用于键电荷迁移前的未极化成键态；②假定键电荷在迁移前后量值相等。不难看出，这两者都会引起对离子性键的偏差；表 4-1 和表 4-2 键矩计算值同实验值的比较证实了这一点。

(2) 对于为数众多的极性共价化合物，采用后两类近似计算法得到了满意的结果。除了键矩以外我们还对生成热 ΔE，共价晶体的非线性光学系数 $\chi_{2\omega}$ 等作了验算，表明采用键中有效核电荷比用自由原子有效核电荷都有明显的改进。

(3) 在第二类和第三类计算中，对于离子性较强的键 $\varepsilon_1 \ne \varepsilon_2$ 以及 $\varepsilon_3 \ne \varepsilon_4$。这是由于键电荷可以出现两种转移方向。而事实上对于一个确定的键，成键时 q 转移方向是唯一确定的，因而需加上静电平衡判据约束条件。

(4) 应用后两类不同的处理方法得到了相似的结果。令人惊异的是，成键时尽管键电荷的迁移是微小的，但由于这种迁移所引起的电子屏蔽的改变，即有效核电荷的改变，却是很显著的。

(5) 在得到键中原子有效核电荷之后，一个双原子键的三中心静电图式可以明晰表出，如对于 Al—Cl 键：①已知 $R_{Al} = 1.25\text{Å}$、$R_{Cl} = 0.99\text{Å}$；$Z_{Al}^* = 2.48e$，$Z_{Cl}^* = 4.94e$。据以算得 $Z_{Al}^*/R_{Al}^2 = 1.59 < Z_{Cl}^*/R_{Cl}^2 = 5.04$，所以成键时 q 由共价半径接触点向 Cl 原子迁移；②由 ε_1 及 Z' 算得 $r_m' = 0.190\text{Å}$，再由静电平衡约束条件导出 $Z_{Al}'' = 4.3e$，$Z_{Cl}'' = 1.335e$ 以及相应的 $q = 0.61e$，于是可得如下三中心静电图式：

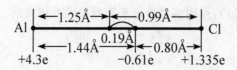

由图式可知：Al 对 q 的吸引力 $= \dfrac{4.3 \times 0.61}{1.44^2} = 1.26$

Cl 对 q 的吸引力 $= \dfrac{1.335 \times 0.61}{0.80^2} = 1.26$

Al 核对 Cl 核的排斥力 $= \dfrac{4.3 \times 1.335}{2.13^2} = 1.26$

可见二核作用在 q 上的吸引力方向相反大小相等，且作用在两核上的净力为零。上面计算中忽略符号并且在斥力计算中核间距取实测键长；③ 按此图式依式 (4.1.10) 算得键矩为 $\mu_{Al-Cl} = 1.48D$，实测值为 $\mu_{测} = 1.97D$。

类似地，对于 I—F 键：

由图式可知：I 对 q 的吸引力 $= \dfrac{8.5 \times 0.92}{1.425^2} = 3.9$

F 对 q 的吸引力 $= \dfrac{1.64 \times 0.92}{0.625^2} = 3.9$

两核之间的斥力 $= \dfrac{8.5 \times 1.64}{1.906^2} = 3.9$

且有 $\mu_{I-F计} = 2.18D$ 而 $\mu_{测} = 2.18D$。

以上内容可参阅文献[42]。

4.2　弹力常数、光谱基频和有效核电荷[14]

分子的弹力常数是表征化学键本性的一个重要物理量。一个比较准确的弹力常数计算公式，对于有机结构的测定、矿物晶体的研究等，都有较大的用处。由于严格量子力学计算的困难，多年来发展了一系列经验和半经验的计算方法[10~12]。缺点是，或者引入物理含义不明的可调参数；或者需引用某些实测物理量，使应用受到限制。

弹力常数是由键中电荷分布决定的。无论是理论的或半经验的计算方法都表明，弹力常数和有效核电荷之间具有密切联系[13]。揭示这种联系的具体形式，将有助于对化学键本质的认识。在本节中，我们研究弹力常数、光谱基频与有效核电荷的关系。

4.2.1　弹力常数表达式的引出[14]

对于一个异核 AB 键，其键能可用下式近似表示：

$$D(A\!-\!B) = \frac{i}{2}[D(A\!-\!A) + D(B\!-\!B)] + \Delta \tag{4.2.1}$$

又知键能 $D(A\!-\!B)$ 与键合原子势函数 V_{AB} 之间存在如下关系：

$$D(A\!-\!B) = -(V_{AB})_{Re \to \infty} \tag{4.2.2}$$

参照式(4.2.1)，键 $A\!-\!B$ 的势函数又可表示为

$$V_{AB}(R) = \frac{1}{2}[V(R_{AA}) + V(R_{BB})] + \Delta V \tag{4.2.3}$$

由于分子力常数在由 ψ 表示的状态被一个谐振子抛物势在趋近平衡键长 Re 的能量 $E(R)$ 规定：$k = (\mathrm{d}^2 E / \mathrm{d} R^2)_{Re}$；而由 H-F 定理、能量对 R 的一级微商可以得到 $\partial V / \partial R$ 的平均值。故此，弹力常数可表示为

$$k_{AB} = \left(\frac{\mathrm{d}^2(R_{AB})}{\mathrm{d} R^2}\right) R_{AB} = \frac{1}{2}\left[\left(\frac{\mathrm{d}^2 V(R_{AA})}{\mathrm{d} R^2}\right) R_{AA} + \left(\frac{\mathrm{d}^2 V(R_{BB})}{\mathrm{d} R^2}\right) R_{BB}\right] + \left(\frac{\mathrm{d}^2 \Delta V}{\mathrm{d} R^2}\right) R_{AB} \tag{4.2.4}$$

显然，问题是如何得出 $(\mathrm{d}^2 V / \mathrm{d} R^2)_{R_{AA}}$、$(\mathrm{d}^2 V / \mathrm{d} R^2)_{R_{BB}}$ 和 $(\mathrm{d}^2 \Delta V / \mathrm{d} R^2)_{R_{AB}}$ 的具体表达式。下面我们从电荷分布入手推导力常数公式。

(1) $[\mathrm{d}^2 V(R_{AA}) / \mathrm{d} R^2]_{R_{AA}}$ 的表达式：H-F 定理指出[14]，由能量 E 对 R 的一级微商可以得到 $\partial V / \partial R$ 的平均值

$$(\partial V / \partial R)_{AV} = \int \psi (\partial V / \partial R) \psi \cdots \mathrm{d}\tau_i \cdots \tag{4.2.5}$$

对于一个同核 $A\!-\!A$ 键，由 H-F 定理可以得出

$$\frac{\mathrm{d} V}{\mathrm{d} R} = -\frac{Z_A^2}{R_{AA}^2} + \frac{1}{2}\int \left(Z_A \frac{\cos\theta}{r_{A1}} + Z_A \frac{\cos\theta}{r_{A2}}\right)\rho \mathrm{d}\tau \tag{4.2.6}$$

假定 由于成键电子云的收缩，可以把流动坐标 r_A 限定在以 R_{AA} 为直径的球面上，并有[15]

$$\cos\theta_1 = \frac{r_{A1}}{R_{AA}}\int Z_A \frac{\cos\theta_1}{r_{A1}^2}\rho \mathrm{d}\tau = \frac{qZ_A^*}{r_A R_{AA}}$$

$$\cos\theta_2 = \frac{r_{A2}}{R_{AA}}\int Z_A \frac{\cos\theta_2}{r_{A2}^2}\rho \mathrm{d}\tau = \frac{qZ_A^*}{r_A R_{AA}} \tag{4.2.7}$$

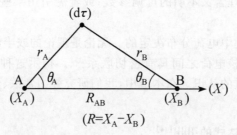

$(R = X_A - X_B)$

将式(4.2.7)代入式(4.2.6)可得

$$\frac{\mathrm{d}V}{\mathrm{d}R} = -\frac{Z_A^{*2}}{R_{AA}^2} + \frac{q}{R_{AA}} \cdot \frac{Z_A^*}{r_A} \tag{4.2.8}$$

则

$$\left(\frac{\mathrm{d}^2V}{\mathrm{d}R^2}\right)R_{AA} = 2\frac{Z_A^{*2}}{R_{AA}^3} - 4\frac{qZ_A^*}{R_{AA}^3} = \frac{Z_A^{*2}}{R_{AA}^3} \tag{4.2.9}$$

这里引用了同核键的关系式[15]：$q = Z^*/4$。

同理可得

$$\left(\frac{\mathrm{d}^2V(R_{BB})}{\mathrm{d}R^2}\right)R_{BB} = \frac{Z_B^{*2}}{R_{BB}^3} \tag{4.2.10}$$

（2）$(\mathrm{d}^2\Delta V/\mathrm{d}R^2)R_{AB}$ 的表达式：ΔV 是键合过程中由于 A、B 原子吸引电子的能力不等引起的键电子电荷迁移所产生的。它可看作是形式电荷 δ^+ 和 δ^- 间相互作用的库仑势[12]。如果约化电荷而保持荷电原子间距不变则得

$$\Delta V_{AB} = \frac{\delta^+ \delta^-}{R_{AB}} \tag{4.2.11}$$

显然

$$\left(\frac{\mathrm{d}^2\Delta V}{\mathrm{d}R^2}\right)R_{AB} = 2\frac{\delta^+ \delta^-}{R_{AB}^3} \tag{4.2.12}$$

（3）k_{AB} 的表达式：将式（4.2.9）、式（4.2.10）和式（4.2.12）代入式（4.2.4）可得

$$k_{AB} = \frac{1}{2}\left[\frac{Z_A^2}{R_{AA}^3} + \frac{Z_B^2}{R_{BB}^3}\right] + 2\frac{\delta^+ \delta^-}{R_{AB}^3} \tag{4.2.13}$$

或近似写作

$$k_{AB} = \frac{Z_A^* Z_B^*}{(R_{AA}R_{BB})^{3/2}} + 2\frac{\delta^+ \delta^-}{R_{AB}^3} \tag{4.2.14}$$

在此第一项是以几何平均代替了式（4.2.13）中的算术平均。形式电荷可按下式计算：

$$\delta^\pm = \left(\frac{Z_B^*}{R_B} - \frac{Z_A^*}{R_A}\right)\sqrt{\left(\frac{Z_A^*}{R_A} + \frac{Z_B^*}{R_B}\right)} \tag{4.2.15}$$

对于同核双原子分子，$\delta^\pm = 0$，则式（4.2.14）化为

$$k_{AA} = Z_A^{*2}/R_{AA}^3 \tag{4.2.16}$$

在式（4.2.14）～式（4.2.16）中，Z_A^*、Z_B^* 是 A、B 的有效核电荷；R_A、R_B 是 A、B 的共价半径；R_{AA}、R_{BB} 和 R_{AB} 分别是键 A—A、B—B 和 A—B 的核间距。如果长度单位用 Å，电荷单位用 e，则按式（4.2.14）和式（4.2.15）算得之值，再乘以单位转移因子 2.306×10^5 即得以 dyn/cm 为单位的力常数。

4.2.2　由实测力常数推求有效核电荷[14]

由式（4.2.14）和式（4.2.16）可以看出，力常数 k 强烈依赖于有效核电荷；而有

效核电荷 Z^* 的计算法和系统又不尽相同,有的相差甚远。因而,对于常见元素,引出一套合适的 Z^* 值,对许多有关计算都是具有重要意义的。

我们知道,对于一个一般的成键轨函数应写作

$$\psi = a\psi_s + b\psi_p + c\psi_d + d\psi_f \qquad (4.2.17)$$

而与其对应的势函数 V 可写作

$$V = \alpha V_s + \beta V_p + \gamma V_d + \delta V_f \qquad (4.2.18)$$

其中

$$a^2 + b^2 + c^2 + d^2 = 1$$
$$\alpha + \beta + \gamma + \delta = 1$$

因此,不同杂化态的同一个 A—B 键或 A—A 键,对应于不同的势函数和不同的有效核电荷;显然,这是由于电子云分布的不同引起屏蔽的差异进而影响到有效核电荷的量值。而不同价态和不同杂化态 A—B(或 A—A)键力常数的不同,正可看作是由于有效核电荷的不同引起的。反之,由不同价态、不同杂化态下的实测力常数 k 值,应能获得相应状态下的有效核电荷的信息。

弹力常数已是可以精确测定并已积累了大量实验资料的一个物理量。由式(4.2.16)可以看出,只要得知一个同核键 A—A 的力常数 k_{AA} 和核间距 R_{AA},就可以求得相应状态下的有效核电荷 Z_A^* 值。我们采用文献[19]所提供的各种元素不同价态和不同杂化态的 k_{AA} 值以及文献[21]所提供的相应键的键长 R_{AA} 值,由式(4.2.16)算得一些元素不同价态和不同杂化态下的有效核电荷 Z_A^*,如表 4-3 所示。表 4-3 还列出了相应的 k_{AA}、R_{AA} 和 Z^*/R,后者在 δ 的计算中要用到。在 Z^*/R 的计算中,除了氢令 $R_H = 0.65$Å 以外,其余都取 $R = \frac{1}{2}R_{AA}$。

表 4-3 由实测力常数确定的元素不同价态的有效核电荷

键 AA	价 态	k_{AA}[10]	R_{AA}[12]	Z_A^*	Z_A^*/R_A
HH	s-s	5.76	0.74	1	(1.54)
LiLi	s-s	0.147		1.103	0.826
	s-p	0.255	2.673	1.453	1.088
NaNa	s-s	0.106		1.16	0.752
	s-p	0.172	3.097	1.476	0.960
KK	s-s	0.054		1.189	0.604
	s-p	0.099	3.923	1.603	0.816
RbRb	s-s	0.046		1.210	0.578
	s-p	0.082	4.19	1.616	0.772
CsCs	s-s	0.038		1.253	0.548
	s-p	0.039	4.57	1.691	0.740
BB	p-p	1.835	1.75	2.062	2.36
	sp²-sp²	2.65		2.484	2.84

续表

键 AA	价 态	k_{AA}[10]	R_{AA}[12]	Z_A^*	Z_A^*/R_A
AlAl	p-p	0.27	(2.50)	1.353	1.082
	sp²-sp²				
GaGa	p-p	0.24	(2.50)	1.275	1.020
	sp²-sp²				
InIn	p-p	0.15	(3.00)	1.325	0.884
	sp²-sp²				
TlTl	p-p	0.10	(3.10)	1.136	0.732
	sp²-sp²				
CC	p-p	3.4		2.332	3.022
	sp³-sp³	5.39	1.5445	2.683	3.82
	sp²-sp²	4.9		2.940	3.62
	sp-sp	6.6		3.248	4.20
CC	双	9.6	1.335	3.143	4.72
	叁	15.8	1.202	3.450	5.74
SiSi	p-p	1.0		2.328	2.00
	sp³-sp³	1.42	2.32	2.775	2.39
	双	4.65	2.14	4.438	4.14
GeGe	p-p	0.80		2.247	1.84
	sp³-sp³	1.29	(2.44)	2.855	2.34
	双**	[2.867]	(2.24)	4.13	3.69
SnSn	p-p	0.33		1.772	1.266
	sp³-sp³	0.57	(2.80)	2.326	1.652
	双**	[2.42]	(2.60)	4.35	3.35
PbPb	p-p	0.31		1.982	1.288
	sp³-sp³		(3.08)		
	双**	[2.08]			
NN	p-p	4.73	(1.48)	2.579	3.48
	双	9.46	(1.24)	2.796	4.50
	叁	14.19(22.692)	1.094	2.835(3.606)	5.18(6.6)
PP	p-p	1.852	(2.20)	2.924	2.66
	双	3.704	(2.00)	3.585	3.59
	叁	5.556	1.894	4.044	4.27
AsAs	p-p	1.356	(2.42)	2.890	2.39
	双	2.712	(2.22)	3.588	3.23
	叁	4.068	2.08	3.984	3.83
SbSb	p-p	0.87	(2.82)	2.910	2.06
	双	1.74	(2.62)	3.681	2.81
	叁	2.61	2.48	4.153	3.36
BiBi	p-p	0.44	(3.04)	2.317	1.52
	双	1.138	[2.84]	3.365	2.37
	叁	1.836	2.68	3.912	2.92
OO	p-p	5.84	1.49	2.895	3.88

续表

键 AA	价 态	k_{AA}[10]	R_{AA}[12]	Z_A^*	Z_A^*/R_A
	双	11.765	1.2074	3.00	4.98
	叁	17.90	(1.100)	3.209	5.84
SS	p-p	2.69	2.05	3.178	3.10
	双	4.96	1.889	3.808	4.03
	叁	7.23	[1.768]	4.171	4.72
SeSe	p-p	1.91	2.32	3.215	2.77
	双	3.61	2.157	4.027	3.74
	叁	5.31	[2.034]	4.405	4.34
TeTe	p-p	1.25	2.63	3.146	2.39
	双	2.368	2.59	4.219	3.26
	叁	3.49	[2.58]	5.094	3.94
FF	??	4.453		2.387	3.33
	??	7.14	1.435	3.025	4.20
ClCl	p-p	3.286	1.988	3.347	3.37
BrBr	p-p	2.458	2.284	3.564	3.12
II	p-p	1.720	2.667	3.759	2.82
BeH ***	s-s	2.263	(1.78)	1.49	1.675
MgH	s-s	1.275	(2.74)	1.61	1.175
CaH	s-s	0.977	(3.48)	1.74	1.000
SrH	s-s	0.854	(3.82)	1.76	0.920
BaH	s-s	0.809	(3.96)	1.76	0.89
CuH	s-s	2.20	(2.36)	2.21	1.87
AgH	s-s	1.817	(2.68)	2.20	1.64
AuH	s-s	3.138	(2.68)	3.80	2.74
ZnH	s-s	1.511	(2.42)	1.57	1.30
CdH	s-s	1.204	(2.76)	1.52	1.10
HgH	s-s	1.136	(2.78)	1.46	1.05

注:( )内数字为共价半径之和;[ ]内数字是按:单键长+叁键长=2×双键长+0.03 关系,由两个已知、求一个未知得出的值。** 由双原子 Te 化物的 k 值[ ]求取 Z_A^*。*** 以下由异核键 AH 的 k 值求取 Z_A^*。

　　Be、Mg、Ca、Sr、Ba;Cu、Ag、Au,以及 Zn、Cd、Hg 的 Z^* 值是由各元素的氢化物的弹力常数求得的。并且,由于式(4.2.11)中的第二项只对强极性键才有显著的贡献,故在这些元素的 Z^* 计算中,是按只保留了式(4.2.14)中的第一项进行的。

　　采用由表 4-3 所提供的 Z^*、Z^*/R 和 R 值,按式(4.2.14)计算了一些双原子分子和多原子分子的弹力常数列于表 4-4 和表 4-5,同实验值的比较表明符合较好。

表 4-4　一些双原子分子的弹力常数*

分子 A—B	R_{AB}[21] /Å	$k_{AB}/\times10^5$ dyn/cm 本文值	实验值[20]	分子 A—B	R_{AB}[21] /Å	$k_{AB}/\times10^5$ dyn/cm 本文值	实验值[20]
I—F	1.906	3.760	3.622	P—H	1.418	3.354	3.26
Br—F	1.7556	4.219	4.071	As—H	1.523	2.841	2.81
Cl—F	1.6281	4.862	4.483	Sb—H	1.71	2.263	2.35
I—Cl	2.3207	2.393	2.382	C—H	1.120	4.720	4.48
I—Br	2.434	2.068	2.064	Si—H	1.521	2.412	2.48
Br—Cl	2.138	2.800	2.675	Sn—H	1.785	1.371	1.47
H—F	0.9171	7.73	9.655	Pb—H	1.839	1.336	1.45
H—Cl	1.2746	4.944	5.157	B—H	1.233	3.320	3.26
H—Br	1.414	3.909	4.116	In—H	1.838	0.974	1.28
H—I	1.604	3.217	3.141	C—N	1.47	4.11	4.86
Li—H	1.5954	0.939	1.026	C=N	1.287	9.70	10.62
Na—H	1.8873	0.795	0.789	C≡N	1.153	15.32	16.29
K—H	2.244	0.573	0.561	P≡N	1.491	9.07	9.95
Rb—H	2.367	0.528	0.515	As≡N	[1.54]	7.75	7.767
Cs—H	2.494	0.499	0.467	C=O	1.22	10.9	12.1
H—O	0.971	6.70	7.76	C≡O	[1.04]	17.2	19.02
H—S	1.34	4.13	4.14	Br—O	1.65	3.802	3.99
H—Se	1.47	3.406	3.40	I—O	[1.99]	3.177	3.95
H—Te	1.70	2.70	2.68	Sb≡N	[1.711]	6.20	6.564
N—H	1.038	5.79	6.32	Sb≡As	[2.151]	3.26	3.31

　*（ ）内数字为共价半径和；[ ]内数字是按：单键长＋叁键长＝2×双键长＋0.03 关系，由两个已知求一个未知得出的值。

表 4-5　一些多原子分子的弹力常数

分 子	键 A—B	R_{AB}[21] /Å	$k_{AB}/\times10^5$ dyn/cm 本文值	实验值[20]
CH_4	C—H	1.091	5.31	5.39
$CH_2=CH_2$	C—H	1.07	5.91	6.13
CH≡CH	C—H	1.064	6.97	6.75
C—H	C—H	1.13	4.74	4.434
SiH_4	Si—H	1.48	2.907	2.95
GeH_4	Ge—H	1.53	2.765	2.78
NH_3	N—H	1.008	5.88	6.86
PH_3	P—H	1.417	3.345	3.38
AsH_3	As—H	1.519	2.842	2.81
SbH_3	Sb—H	1.7075	2.250	2.35
BH_3	B—H	1.21	4.18	3.9
H_2S	S—H	1.3455	4.11	4.25
H_2Se	Se—H	1.46	3.41	3.37
H_2Te	Te—H	1.70	2.704	
CF_4	C—F	1.32	6.355	4.32~9.14
CCl_4	C—Cl	1.766	4.263	4.38

续表

分　子	键 A—B	R_{AB}[21] /Å	$k_{AB}/\times10^5\,dyn/cm$	
			本文值	实验值[20]
CBr$_4$	C—Br	1.942	3.688	3.36
SiF$_4$	Si—F	1.561	3.282	3.55
SiCl$_4$	Si—Cl	2.019	2.161	2.58
SiBr$_4$	Si—Br	2.16	1.878	2.03
GeBr$_4$	Ge—Br	2.297	1.808	1.90

4.2.3　光谱基频和 $R_e^2\omega_e$ 规则[14]

众所周知,弹力常数 k 与光谱基频间有如下转换关系:

$$\omega_e = \frac{1}{2\pi c}\sqrt{\frac{k}{M\mu}} \tag{4.2.19}$$

式中,$M=1.67\times10^{-24}$,μ 是折合质量。将式(4.2.14)代入式(4.2.19)并将常数值代入则得

$$\omega_e = \frac{1970}{\sqrt{\mu}}\left[\frac{Z_A^* Z_B^*}{(R_{AA}R_{BB})^{\frac{3}{2}}} + 2\frac{\delta^+\delta^-}{R_{AB}^3}\right]^{\frac{1}{2}}\,cm^{-1} \tag{4.2.20}$$

按式(4.2.20)算得一些双原子分子的基频如表 4-6。

表 4-6　一些双原子分子的基频

分　子	$k_{计}$	ω_e/cm^{-1}		
		本文值	实验值	谐振子
I—F	3.760	620	640	610
Br—F	4.219	682		
Cl—F	4.862	816	766.61	793.2
I—Cl	2.393	384	381.5	384.18
I—Br	2.068	268	266.8	268.4
Br—Cl	2.800	442	439.5	430
H—Cl	4.644	2850	2886.01	2988.74
H—Br	3.909	2580	2558.76	2649.67
H—I	3.217	2340	2229.6	2309.5

双原子分子光谱一个值得注意的规律是:假如 ω_e 是振动频率(cm^{-1}),Re 是平衡核间距(cm),则有如下关系

$$R_e^2\omega_e \approx 常数 \tag{4.2.21}$$

此规则对于一个分子的所有电子态都成立。1967 年 Mulliken 曾指出[16]:"这一规则至今尚未得到理论解释"。Parr 等又把这一规则归结为两点[17]:①$R_e^2\omega$ 的数值数量级大约为 3×10^{13} cm;②对于一些分子的整个系列,惊人地保持常数,如第二周期同核和异核系列为 $2.2 \leqslant R_e^2\omega_e \times 10^{13} \leqslant 2.9$,第二周期的氢化物为 $2.2 \leqslant$

$R_e^2\omega_e \times 10^{13} \leqslant 3.7$ 等。Parr 曾用测不准原理对这一规则作了说明[18]。实际上这一规则可在式(4.2.14)和式(4.2.16)的基础上,用静电模型加以解释。

　　为了讨论方便,只考虑基态同核双原子分子,则式(4.2.20)简化为

$$\omega_e = 1970 \sqrt{\frac{Z^{*2}}{R^3\mu}} \qquad (4.2.22)$$

将式(4.2.22)代入式(4.2.21)可得

$$R_e^2\omega_e = 1.97 \times 10^{-13} \sqrt{\frac{Z^{*2}R}{\mu}} \qquad (4.2.23)$$

　　表 4-7 列出不同周期原子的 Z^*、R_{AA} 和 μ 值。可以看出:在同一周期,随原子序数的增加,Z 值递增,而 R_{AA} 基本上递降,而 μ 值则随序数递增。事实上所谓 $R_e^2\omega_e \approx$ 常数也只是近似的。在这种近似的意义上可以说式(4.2.23)根号内,分子上的 R 递降和分母上的 μ 的递增刚好对消了分子上核电荷 Z^* 的递增。Z^*、R_{AA} 和 μ 的递变在大体匹配下,使得 $Z^{*2}R_{AA}/\mu$ 接近于一个常数。显然,这一规律的出现正是元素周期性的体现。类似地分析也适用于异核分子,对于激发态分子,由于 R 增长、成键轨道占据数减少,键强度变小,所以 ω_e 变小,致使 $R_e^2\omega_e$ 近似不变。

表 4-7　Z^*、R_{AA}、μ 的递变和 $R_e^2\omega_e$ 值

分子 A—A	Z_A^* /e	R_{AA} /Å	μ /a.u.	$R_e^2\omega_e / \times 10^{13}$ cm 本文值	实验值
HH	1	0.742	0.5039	2.39	2.4
LiLi	1.453	2.673	3.5080	2.22	2.5
BB	2.484	1.589	5.5046	2.66	2.7
CC	3.141	1.312	6.000	2.78	2.8
NN	3.606	1.098	7.0015	2.76	2.86
OO	3.000	1.208	7.9974	2.27	2.3
FF	3.025	1.435	9.499	2.30	1.9
NaNa	1.476	3.079	11.49488	1.49	1.52
AlAl	2.670	(2.86)	13.4907	2.40	
SiSi	4.438	2.252	13.9884	2.46	2.56
PP	4.044	1.893	15.4869	2.76	2.87
SS	3.808	1.889	15.9860	2.56	2.6
ClCl	3.347	1.988	1.74844	2.19	2.24
KK	1.603	3.923	19.4818	1.41	1.4
AsAs	3.984	(2.08)	37.50	1.85	
SeSe	4.027	2.157	39.9582	1.80	1.85
BrBr	3.564	2.284	39.9524	1.67	1.7
RbRb	1.616	(4.19)	42.4558	1.00	
SbSb	4.153	(2.48)	60.94787	1.65	
TeTe	4.219	2.59	64.4489	1.67	1.7
II	3.759	2.667	63.4522	1.51	1.53

4.2.4　小结

（1）Pearson[13]曾提出一个简单双原子分子模型，借以导出了有效核电荷 Z^*、键长 R_{AB} 和力常数 k_{AB} 之间的关系：$k_{AB} = (2Z_A^* Z_B^* / R_{AB}^3)(1-f) \approx 2Z_A^* Z_B^* / R_{AB}^3$。对于同核，Pearson 的简化式与我们导出的式（4.1.18）差了一个系数 2。看来这是由于 Pearson 假定 $f=0$ 引起的。我们认为，这个假定是过分粗略的。Pearson 进而利用简化式和 k_{AB}、R_{AB} 的实验资料，确定了一些元素的有效核电荷。但为每个元素指定一个固定的 Z^* 值，这显然是不能用以说明各元素不同价态和不同杂化态的特性的。

（2）计算表明，对于为数众多的共价性占优势的键，决定力常数数值的主要是式（4.2.14）中的第一项；只是对于强极性键，其第二项才具有可观的贡献。在我们的计算中，对于大部分极性共价键结果都较满意；对于个别强极性键结果偏低，看来这是由于对形式电荷 $\delta^\pm$ 的估计值偏低引起的。

（3）在应用式（4.2.14）和式（4.2.20）对弹力常数和光谱基频作计算中，只用到有效核电荷和核间距（事实上，核间距都可用一般化了的标准键长）这两个参量，而不需引用实测量值，这就为对广泛分子进行研究提供了可能。

（4）应用静电模型和周期律，是可以阐明 $R_e^2 \omega_e \approx$ 常数这一规则的。

（5）由于本文导出了元素不同价态不同杂化态的有效核电荷，就使我们在前文[15]建立的双原子键的三中心静电模型的应用，推广到了多原子分子。

以上内容尚可参阅文献[42]。

4.3　有效键电荷及其应用

4.3.1　有效键电荷及其变化规律

1. 有效键电荷

分子体系的许多化学性质可以根据分子中电子密度的分布加以阐明，因而描述分子中电子分布的方法引起了广泛的注意[22~29]。为了用数值定量地描述分子中电子的分布，通常是用理论的或实验的方法确定 A—B 键正负两个部分的原子电荷[27~29]。但是把一个 A—B 键划分为正负两半来表示它的电子分布状态，就像 Berzejius（1819）的电化二元论一样，未必总是恰当的。徐光宪曾指出[30]，可把共价单键看作是由两个处于键端的正电荷和一个以单中心状态函数表示出来的电子云所组成，并绘出了 C—H 键的电子密度分布图，这种处理显然是合理的。然而电子密度图很难同化学性质做定量的比较。

从 1945 年开始，由 Daudel[31]、Macweeny[32]、Sandorfy[33] 以及 Быков[35] 等提

出并发展了键电荷(Bond-Charge)的概念及其计算法,讨论了键电荷与分子的物理化学性质的关系。但是对于同一个分子的同一个键,VB 法和 MO 法所得结果差异甚大[34]。为了消除这个分歧,Быков 提出了一个假设,即成键电子云(包括 π 和 σ 电子)全部分配在各个键上,换言之,原子的成键电子电荷等于零[35]。显然,这个假设与以下两个事实矛盾:①对成键作出贡献的两核间堆积起来的键电荷,只是成键电子云中的一小部分;②键电荷的数量随键的离子性的增大而减少。可见按Быков 假设得出键电子电量只能看作是对于一个分子中成键电子在不同键上分配关系的一种表述,即相当于键序的概念,而不代表真实的键电子电量。

鉴于量子力学法计算的困难,Быков 提出了应用电负性值计算键电荷的简便方法,并讨论了在有机化合物中的一系列应用[34]。Быков 这种计算法的缺陷是不能指出 AB_n 型同一类化合物键性的差异,例如,按照他的方法,HF、HI、HNa 等,其键电子电量都等于 2。而且,Быков 的电子电量很难用于无机化学。

为了研究晶体的非线性光学等物理特性,Phillips[48]则提出了适用于固体的键电荷理论,并导出由同级固体的静介电常数来计算其键电荷的公式。

前面我们曾通过双原子键的三中心模型并应用 H-F 定理,导出了有效键电荷的表达式

$$q_1 = \frac{Z_A^* Z_B^*}{(\sqrt{Z_A^*} + \sqrt{Z_B^*})^2} \cdot \frac{(R_A + R_B)^2}{R_{AB}^2} \tag{4.3.1}$$

当 $R_A + R_B = R_{AB}$ 时,此式化为

$$q_2 = \frac{Z_A^* Z_B^*}{(\sqrt{Z_A^*} + \sqrt{Z_B^*})^2} \tag{4.3.2}$$

当 A=B 时,则有

$$q_1 = q_2 = \frac{Z_A^*}{4} \tag{4.3.3}$$

在以上各式中,q 是有效键电荷,Z^* 是有效核电荷,R 是原子共价半径,R_{AB} 是键长。按式(4.3.1)、式(4.3.2)和式(4.3.3)计算的一些键的有效键电荷列于表 4-8、表 4-9,对于一些共价晶体还列出了 Levine[51] 的经验计算值和实验值,以资比较。

表 4-8　主族元素氢化物中 H—M 键的键电荷

键 H—M	R_{AB} /Å	q_1 /e	q_2 /e	Q /e	键 H—M	R_{AB} /Å	q_1 /e	q_2 /e	Q /e
H—F	0.9175	1.04	0.47	0.44	H—Tl	1.870	0.533	0.385	0.32
H—Cl	1.2744	0.78	0.475	0.50	H—Be	1.3431	0.455	0.34	0.35
H—Br	1.414	0.76	0.48	0.51	H—Mg	1.7306	0.495	0.36	0.31
H—I	1.608	0.73	0.48	0.513	H—Ca	2.002	0.51	0.36	0.26
H—At	1.74*	0.72	0.48	0.48	H—Sr	2.1455	0.53	0.36	0.23

键 H—M	R_{AB} /Å	q_1 /e	q_2 /e	Q /e	键 H—M	R_{AB} /Å	q_1 /e	q_2 /e	Q /e
H—O	0.971	0.91	0.45	0.43	H—Ba	2.232	0.50	0.36	0.23
H—S	1.34	0.72	0.455	0.475	H—Ra	2.35	0.495	0.36	0.21
H—Se	1.47	0.70	0.46	0.48	H—Li	1.595	0.39	0.28	0.23
H—Te	1.70	0.65	0.46	0.46	H—Na	1.887	0.43	0.31	0.21
H—Po	1.80*	0.67	0.46	0.44	H—K	2.244	0.44	0.31	0.16
H—N	1.038	0.77	0.43	0.42	H—Rb	2.367	0.44	0.31	0.15
H—P	1.418	0.67	0.44	0.45	H—Cs	2.494	0.45	0.31	0.13
H—As	1.523	0.66	0.45	0.46	H—Fr	—	0.44	0.31	0.11
H—Sb	1.71	0.65	0.45	0.44	I—F	1.906	1.425	1.235	0.965
H—Bi	1.809	0.64	0.45	0.42	Br—F	1.7556	1.39	1.235	1.08
H—C	1.120	0.65	0.40	0.40	Cl—F	1.6281	1.34	1.215	1.14
H—Si	1.521	0.59	0.41	0.41	I—Cl	2.3207	1.26	1.26	1.19
H—Ge	1.53	0.62	0.42	0.413	I—Br	2.434	1.32	1.28	1.25
H—Sn	1.785	0.55	0.42	0.39	Br—Cl	2.138	1.26	1.26	1.25
H—Pb	1.839	0.59	0.42	0.37	At—F	—	—	1.24	0.885
H—B	1.233	0.56	0.36	0.37	At—Cl	—		1.26	1.12
H—Al	1.646	0.50	0.37	0.35	At—Br	—		1.28	1.22
H—Ga	1.67	0.49	0.385	0.365	At—I	—		1.28	1.27
H—In	1.838	0.53	0.385	0.33					

* 估计值。

表 4-9　一些晶体的键电荷计算值同实验值的比较　　　　（单位：e）

晶体	Yang 值[15]			Levine 值[4]		晶体	Yang 值[15]		
	q_1	q_2	Q	$q_计$	$q_实$		q_1	q_2	Q
C	0.75	0.75	0.75	1.018	0.831	ZnO	0.87	0.87	0.67
Si	0.79	0.79	0.79	0.833	0.623	ZnS	0.89	0.89	0.83
Ge	0.84	0.84	0.84	0.792	0.618	ZnSe	0.90	0.90	0.88
BN	0.72	0.71	0.69	0.935	0.896	ZnTe	0.90	0.90	0.90
BP	0.73	0.73	0.72	0.872	0.726	CdO	1.04	1.04	0.79
BAs	0.74	0.74	0.72	0.845	0.701	CdS	1.06	1.06	0.92
BSb	0.74	0.74	0.68	—		CdSe	1.08	1.09	1.06
BBi	0.74	0.74	0.65	—		CdTe	1.09	1.09	1.09
AlN	0.79	0.75	0.56	0.787	0.873	HgO	1.35	1.18	0.95
AlP	0.76	0.76	0.82	0.671	0.743	HgS	1.21	1.21	1.16
AlAs	0.78	0.78	0.765	0.623	0.758	HgSe	1.22	1.24	1.22
AlSb	0.78	0.78	0.78	0.574	0.720	HgTe	1.24	1.24	1.24
AlBi	0.78	0.78	0.78	—		BeO	0.765	0.695	0.62
GaN	0.79	0.78	0.60	0.736	0.882	BeS	—	0.71	0.71
GaP	0.80	0.80	0.77	0.468	0.730	BeSe	—	0.72	0.73
GaAs	0.813	0.813	0.80	0.640	0.715	BeTe	—	0.72	0.72
GaSb	0.813	0.813	0.81	0.629	0.660	MgO	—	0.75	0.49
GaBi	0.813	0.813	0.81	—	—	MgS	—	0.77	0.66

续表

晶体	Yang 值[15]			Levine 值[4]		晶体	Yang 值[15]		
	q_1	q_2	Q	$q_{计}$	$q_{实}$		q_1	q_2	Q
InN	0.77	0.78	0.50	0.653	0.863	MgSe	—	0.78	0.71
InP	0.80	0.80	0.70	0.594	0.783	MgTe	—	0.78	0.77
InAs	0.813	0.813	0.75	0.575	0.704	CuF	1.19	1.03	0.81
InSb	0.813	0.813	0.79	—	0.658	CuCl	1.04	1.04	0.99
InBi	0.813	0.813	0.79	—	—	CuBr	1.06	1.06	1.06
SiC	0.82	0.77	0.27	—	—	CuI	1.06	1.06	1.07
LiF	0.82	0.56	0.32	—	—	AgF	1.20	1.20	0.91
LiCl	0.69	0.57	0.45	—	—	AgCl	1.22	1.22	1.13
LiBr	0.67	0.58	0.50	—	—	AgBr	1.24	1.24	1.22
LiI	0.65	0.58	0.54	—	—	AgI	1.24	1.24	1.26

　　如果不考虑离子性效应,一个键的键电荷越多,核间距越短,键的强度越大。键的弹力常数是键强度的量度。验证表明,在一定的化合物系列,键的弹力常数 k_e 同键电荷 q 与键长 R_{AB} 的比值 q/R_{AB}(可称为键电荷稠度)成正比,如图 4-1、图 4-2 所示。

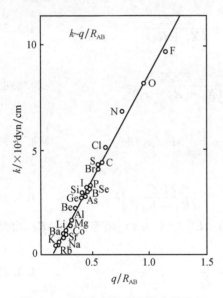

图 4-1　双原子 HM 分子的力常数与
键电荷稠度(图注为 M)

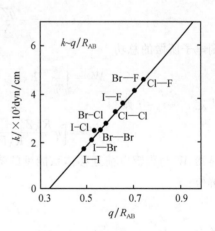

图 4-2　双原子卤素分子和卤素
互化物的力常数与键电荷稠度

2. 键电荷数值的变化范围

　　为了进一步考察键电荷计算式的可靠性,我们研究键电荷数值的变化范围。键电荷的迁移将导致体系能量的降低。忽略键长收缩,则可导出由于 q 迁移,体系

能量的降低值为

$$\Delta E = q\,\frac{(R_B\sqrt{Z_A^*} - R_A\sqrt{Z_B^*})^2}{R_A R_B (R_A + R_B)} \tag{4.3.4}$$

从另一角度看,当因键电荷迁移而使体系能量降低时,必然伴随着核间距的缩短。这可看作是由于键电荷的迁移引起原有平衡的破坏,使得吸引胜过了排斥,以

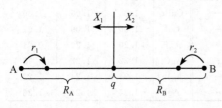

图 4-3　键合图式

致作用于核 A 和核 B 上的净力不等于零。于是,正性的 A、B 要向负性的 q 迁移(图 4-3);这会使原子 A、B 的有效核电荷相应地减小,从而使键电荷对核 A 和 B 的吸引力也相应地减小。当 A、B 各迁移微距离 r_1 和 r_2 时,吸引和排斥相等,作用于 A、B 上的净力为零。

因核 A、B 的迁移,电力所做功的计算,可按图 4-3 的标记,首先考虑核 A 的迁移,然后考虑核 B 的迁移,可得:

作用于核 A 的力

$$F_A(X_1) = -\frac{qZ_A^*}{X_1^2} + \frac{Z_A^* Z_B^*}{(X_1 + R_B)^2} \tag{4.3.5}$$

作用于核 B 的力

$$F_B(X_2) = -\frac{qZ_B^*}{X_2^2} + \frac{Z_A^* Z_B^*}{(X_2 + R_A - r_1)^2} \tag{4.3.6}$$

则电子所做的总功

$$W = \int_{R_A}^{R_A - r_1} F_A(x_1)\,dx_1 + \int_{R_B}^{R_B - r_2} F_B(x_2)\,dx_2 \tag{4.3.7}$$

假定 $r_1 = r_2 = \bar{r}$ 则得

$$W = \left[q\,\frac{R_A^2 Z_B^* + R_B^2 Z_A^*}{R_A^2 R_B^2} - \frac{2 Z_A^* Z_B^*}{(R_A + R_B)^2} \right]\bar{r} \tag{4.3.8}$$

显然,W 与因键电荷迁移体系能量的降低值 ΔE[式(4.3.4)]相等:$W \equiv \Delta E$。由此解得

$$\beta - \frac{\gamma}{q} = \frac{\alpha}{\bar{r}} \tag{4.3.9}$$

其中

$$\alpha = R_A R_B (R_A + R_B)(R_B \sqrt{Z_A^*} - R_A \sqrt{Z_B^*})^2$$

$$\beta = (R_A + R_B)^2 (R_A^2 Z_B^* + R_B^2 Z_A^*)$$

$$\gamma = 2 R_A^2 R_B^2 Z_A^* Z_B^*$$

符号含义同前。因作为电负性效应的 $\bar{r}$ 总是正值,α 也总是正值,这就要求

$$\beta - \frac{\gamma}{q} \geqslant 0 \tag{4.3.10}$$

或写作

$$q \geqslant \frac{\gamma}{\beta} = \frac{2R_A^2 R_B^2 Z_A^* Z_B^*}{(R_A + R_B)^2 (R_A^2 Z_B^* + R_B^2 Z_A^*)} = Q \qquad (4.3.11)$$

可知对任何一个正常单键,其 q 数值的变化范围是

$$Q \leqslant q < 2 \qquad (4.3.12)$$

式中,Q 如式(4.3.11)、q 如式(4.3.1)所示,表 4-8、表 4-9 表明此关系成立。

计算表明[36],同一个键的 q_2 和 q_e 值十分接近,而从各系列的数值变化来看,q_e 值能更精细地区别和反映离子-共价键型变异的规律。因此在本章中,我们选取 q_e[式(4.3.11)]作为有效键电荷的键参数,用以总结一些化合物的物理化学性质。

3. 有效键电荷的变化规律

(1) A—B 型键:按式(4.3.11)算得主族元素氢化物、卤化物、硫化物的 A—B 键有效键电荷 q_e 值(表 4-10、表 4-11)。结果表明在一定的化合物系列,键的离子性越强,键电荷越小,即不同原子间键的有效键电荷近似与相应键的电负性差成反比。图 4-4 示出碱、碱土金属卤化物键电荷 q_e 与 Pauling 电负性差 Δx 的关系。

表 4-10　主族元素氢化物和卤素互化物 A—B 键的键电荷、重叠积分和光谱数据

键 A—B	键轨道	键长 r_{A-B}[28]	重叠积分 ρ	重叠积分 t	重叠积分 S	键电荷稠度 q_e	键电荷稠度 q_e/r_{A-B}	光谱数据 k[20]$/\times 10^5$ dyn/cm	光谱数据 ν[22]$/cm^{-1}$
H—F	1s,2p	0.917	2.94	−0.41	0.34	0.44	0.48	9.655	4138
H—Cl	1s,3p	1.2746	3.50	−0.31	0.49	0.50	0.39	5.157	2990
H—Br	1s,4p	1.414	3.78	−0.29	0.51	0.51	0.36	4.116	2650
H—I	1s,5p	1.604	4.15	−0.26	0.54	0.513	0.32	3.141	2309
H—At	1s,6p	1.74*	—	—	—	0.48	0.276	—	—
H—O	1s,2p	0.971	2.80	−0.34	0.39	0.43	0.44	7.791	3735
H—S	1s,3p	1.34	3.36	−0.24	0.52	0.475	0.354	4.20	2575
H—Se	1s,4p	1.47	3.56	−0.22	0.53	0.48	0.324		
H—Te	1s,5p	1.7	3.99	−0.19	0.55	0.46	0.27		
H—Po	1s,6p	1.80*	—			0.44	0.244		
H—N	1s,2p	1.038	2.79	−0.30	0.42	0.415	0.40	6.0	3300
H—P	1s,3p	1.418	3.32	−0.19	0.55	0.453	0.32		2380
H—As	1s,4p	1.523	3.50	−0.18	0.56	0.456	0.30		
H—Sb	1s,5p	1.71	3.82	−0.15	0.565	0.44	0.254		
H—Bi	1s,6p	1.809	3.98	−0.14	0.54	0.42	0.23	1.705	
H—C	1s,2p	1.120	2.65	−0.20	0.49	0.40	0.356	4.37[21]	2862
H—Si	1s,3p	1.521	3.20	−0.10	0.58	0.41	0.27	2.48[21]	2080
H—Ge	1s,4p	1.53	3.15	−0.08	0.58	0.413	0.27		
H—Sn	1s,5p	1.785	3.58	−0.06	0.44	0.39	0.22		
H—Pb	1s,6p	1.839	3.66	−0.05	—	0.37	0.20	1.445	
H—B	1s,2p	1.233	2.51	−0.07	0.55	0.37	0.30	3.03[21]	2366

续表

键 A—B	键轨道	键长 r_{A-B}[28]	重叠积分			键电荷稠度		光谱数据	
			ρ	t	S	q_e	q_e/r_{A-B}	k[20]$/\times10^5$dyn/cm	ν[22]$/$cm^{-1}
H—Al	1s,3p	1.646	4.58	−0.03	0.41	0.35	0.21	1.62[21]	1682
H—Ga	1s,4p	1.67	4.65	−0.03	0.44	0.365	0.22		
H—In	1s,5p	1.838	5.03	−0.06	0.42	0.33	0.18	1.28	
H—Tl	1s,6p	1.870	5.10	−0.064	—	0.32	0.17	1.142	
H—Be	1s,2s	1.3431	2.54	0.00	0.57	0.35	0.26	2.263	2058
H—Mg	1s,3s	1.7306	4.22	0.061	0.36	0.31	0.18	1.274	1496
H—Ca	1s,4s	2.002	5.31	0.11	0.23	0.26	0.13	0.977	1299
H—Sr	1s,5s	2.1455	5.61	0.13	0.22	0.233	0.11	0.854	1206
H—Ba	1s,6s	2.2320	5.82	0.14	—	0.226	0.10	0.809	1172
H—Ra	1s,7s	2.35	—	—	—	0.21	0.09	—	—
H—Li	1s,2s	1.595	4.00	0.21	0.285	0.23	0.44	1.026	1406
H—Na	1s,3s	1.887	4.67	0.234	0.255	0.214	0.11	0.781	1172
H—K	1s,4s	2.244	5.44	0.28	0.19	0.16	0.07	0.561	985
H—Rb	1s,5s	2.367	5.68	0.305	0.18	0.15	0.06	0.515	937
H—Cs	1s,6s	2.494	5.95	0.31	0.18	0.134	0.054	0.467	891
H—Fr	1s,7s	—	—	—	—	0.11	—		—
I—F	2p,5p	1.906	7.60	0.16		0.965	0.505	3.622	
Br—F	2p,4p	1.7556	6.95	0.14		1.08	0.615	4.071	
Cl—F	2p,3p	1.6281	6.60	0.11		1.14	0.70	4.483	
I—Cl	3p,5p	2.3207	7.90	0.05		1.19	0.52	2.383	
I—Br	4p,5p	2.434	8.10	0.03		1.25	0.514	2.064	
Br—Cl	3p,4p	2.138	7.50	0.03		1.25	0.585	2.675	
At—F	2p,6p	—				0.885			
At—Cl	3p,6p	—				1.12			
At—Br	4p,6p	—				1.22			
At—I	5p,5p	—				1.27			

* 估计值。

表 4-11　主族元素卤化物、氧化物、硫化 A—B 键的键电荷(上)和键电荷稠度(下)*

	F	Cl	Br	I	O	S		F	Cl	Br	I	O	S
O	1.10	1.08	1.04	0.95	—	—	Sb	0.77	0.99	1.07	1.11	0.76	0.97
	0.75	0.62	0.55	0.46				0.36	0.41	0.42	0.405	0.35	0.39
S	1.00	1.14	1.17	1.14	0.96	—	Bi	0.745	0.95	1.03	1.09	0.70	0.92
	0.57	0.56	0.54	0.48	0.54			0.33	0.38	0.39	0.38	0.31	0.36
Se	0.955	1.14	1.18	1.19	0.94	1.09	C	0.91	0.94	0.93	0.87	0.86	0.86
	0.505	0.53	0.51	0.475	0.49	0.49		0.61	0.53	0.49	0.414	0.57	0.48
Te	0.84	1.07	1.15	1.18	0.85	1.05	Si	0.73	0.92	0.95	1.00	0.73	0.89
	0.40	0.45	0.46	0.44	0.40	0.43		0.386	0.43	0.41	0.40	0.38	0.40
Po	0.75	0.98	1.09	1.15	0.75	0.98	Ge	0.75	0.94	0.99	1.02	0.74	0.91
	0.33	0.39	0.41	0.40	0.33	0.38		0.387	0.43	0.42	0.40	0.38	0.40
N	1.01	1.02	0.985	0.90	0.96	0.92	Sn	0.655	0.86	0.94	0.986	0.66	0.86
	0.69	0.59	0.525	0.435	0.65	0.52		0.31	0.36	0.37	0.36	0.31	0.35

续表

	F	Cl	Br	I	O	S		F	Cl	Br	I	O	S
P	0.90	1.07	1.10	1.10	0.88	1.01	Pb	0.595	0.81	0.89	0.96	0.60	0.81
	0.495	0.51	0.49	0.45	0.48	0.47		0.26	0.32	0.33	0.34	0.26	0.31
As	0.86	1.06	1.10	1.14	0.85	1.02	B	0.70	0.81	0.82	0.80	0.69	0.77
	0.445	0.48	0.47	0.45	0.44	0.45		0.44	0.43	0.41	0.36	0.42	0.40
Al	0.49	0.73	0.81	0.84	0.56	0.73	Ba	0.31	0.46	0.54	0.62	0.31	0.47
	0.27	0.33	0.34	0.33	0.28	0.32		0.12	0.15	0.17	0.19	0.12	0.16
Ga	0.60	5.79	0.86	0.89	0.60	0.77	Ra	0.28	0.42	0.50	0.59	0.29	0.44
	0.31	0.35	0.36	0.35	0.30	0.33		0.10	0.14	0.16	0.17	0.10	0.14
In	0.50	0.68	0.77	0.84	0.53	0.69	Li	0.33	0.45	0.49	0.54	0.41	0.45
	0.22	0.27	0.29	0.30	0.23	0.27		0.17	0.20	0.21	0.21	0.21	0.20
Tl	0.49	0.72	0.75	0.82	0.49	0.44	Na	0.29	0.42	0.48	0.54	0.30	0.44
	0.21	0.28	0.28	0.29	0.21	0.17		0.13	0.16	0.18	0.19	0.13	0.17
Be	0.62	0.74	0.77	0.78	0.62	0.71	K	0.21	0.32	0.38	0.44	0.22	0.34
	0.39	0.39	0.38	0.35	0.38	0.37		0.08	0.11	0.12	0.13	0.08	0.11
Mg	0.48	0.65	0.70	0.78	0.49	0.65	Rb	0.19	0.29	0.35	0.43	0.20	0.31
	0.23	0.28	0.28	0.29	0.23	0.27		0.07	0.09	0.11	0.12	0.07	0.10
Ca	0.37	0.52	0.61	0.69	0.37	0.54	Cs	0.17	0.27	0.32	0.38	0.18	0.28
	0.15	0.19	0.21	0.22	0.15	0.49		0.05	0.08	0.09	0.10	0.06	0.08
Sr	0.32	0.47	0.56	0.64	0.33	0.49	Fr	0.16	0.25	0.30	0.36	0.16	0.26
	0.12	0.16	0.18	0.20	0.13	0.17		0.05	0.07	0.08	0.09	0.05	0.07

* 表中键电荷稠度 q/r 值(下)是以 A、B 共价半径和代替 r_{AB} 算得的。

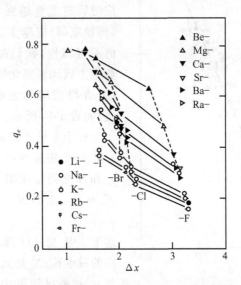

图 4-4 碱和碱土族卤化物 B—A 键键电荷 q_e 与电负性差 Δx 的关系

(2) A—A 型键:按式(4.3.3)算得主族元素 A—A 单键的有效键电荷

（表 4-12）。该数值表明：A—A 键 q_e 值在周期表纵横两个方向均随原子序数的增加而增加。即与 A—A 键的金属性（从氟到铯增强）有交叉的变化规律。

表 4-12　主族元素 A—A 单键的有效键电荷［按式（4.3.3）］

Li—Li	Be—Be	B—B	C—C	N—N	O—O	F—F
0.325	0.500	0.575	0.746	0.920	1.02	1.190
Na—Na	Mg—Mg	Al—Al	Si—Si	P—P	S—S	Cl—Cl
0.400	0.575	0.620	0.792	0.965	1.066	1.230
K—K	Ca—Ca	Ga—Ga	Ge—Ge	As—As	Se—Se	Br—Br
0.400	0.575	0.670	0.841	1.015	1.110	1.280
Rb—Rb	Sr—Sr	In—In	Sn—Sn	Sb—Sb	Te—Te	I—I
0.400	0.575	0.670	0.841	1.015	1.110	1.280
Cs—Cs	Ba—Ba	Tl—Tl	Pb—Pb	Bi—Bi	Po—Po	At—At
0.400	0.575	0.670	0.841	1.015	1.110	1.280
Fr—Fr	Ra—Ra					
0.400	0.575					

注：表中数值的 4 倍即相应元素的有效核电荷。

4.3.2　有效键电荷与重叠积分

　　Pauling 曾以两原子的成键轨道强度的乘积表征它们成键电子云相互穿透、重叠的程度[37]。Mulliken 则指出[38]，重叠积分 S 则是两成键原子轨道重叠程度以及键的稳定性的更直接的量度。显然，成键轨道重叠越强，核间电子云的堆积（即键电荷）应越多。为了考察键电荷 q_e 值的可靠性，我们按 Mulliken[38,39] 法计算了主族元素氢化物 M—H 键的参数 ρ、t 并查得相应的重叠积分 S（未考虑杂化）如表 4-10 所示。

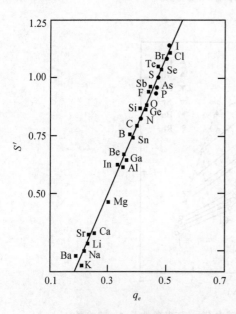

图 4-5　氢化物 M—N 键的键电荷与
　　　　重叠积分的关系

　　对于主量子数 $n=4$ 的 S 值是由 $n=3$ 和 $n=5$ 相应 S 的平均值得到的。所得 q_e 和 S' 之间存在如下线性关系：

$$S' = S + 0.1(N-1) = 3.00q_e - 0.40$$
$$(4.3.13)$$

这里 S 是 M—H 键的重叠积分；q_e 是相应的键电荷；N 是元素 M 的族数。将 S' 与 q_e 对画得到图 4-5 中的直线。图 4-5 和式（4.3.13）表明 q_e 值和 S' 值间存在预期的关系。

4.3.3　键电荷稠度与弹力常数

根据静电力原理,键电荷越多,核间距越短,键的强度越大(离子性效应除外)。前已提及,我们提出了一个新的概念,即键电荷稠度。一个 A—B 键的键电荷稠度等于其键电荷 q_e 与核间距 r_{A-B} 之比 q_e/r_{A-B}。显然,键电荷稠度是键的强度的量度。

验证表明,在一定的化合物系列,键的弹力常数 k_e 与健电荷稠度 q_e/r_{A-B} 之间存在如下线性关系:

$$k_e^{1/4} = a\, \frac{q_e}{r_{A-B}} + b \tag{4.3.14}$$

由于特征频率的平方 ν^2 近似正比于弹力常数 k,则由式(4.3.14)得到

$$\nu^{1/2} = a'\, \frac{q_e}{r_{A-B}} + b' \tag{4.3.15}$$

这里 a、b、a'、b' 是常数。

将一些双原子分子的光谱数据[40,41](表 4-10)按式(4.3.14)、式(4.3.15)与键电荷稠度(表 4-10)作图(图 4-6～图 4-8),得到如下方程:

对于主族元素的双原子氢化物

$$k^{1/4} = 2.10 \times \frac{q_e}{r_{A-B}} + 0.70 \tag{4.3.16}$$

$$\nu^{1/2} = 74.00 \times \frac{q_e}{r_{A-B}} + 26.00 \tag{4.3.17}$$

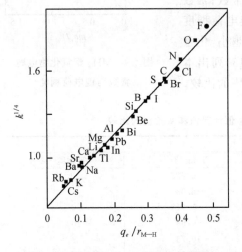

图 4-6　双原子 M—H 分子的力常数与
键电荷稠度

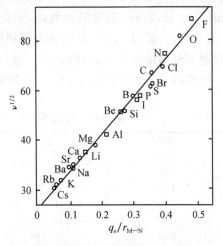

图 4-7　双原子 M—H 分子的特征频率与
键电荷稠度

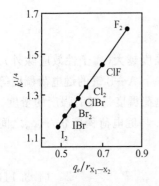

图 4-8 双原子卤素分子和卤素
互化物的力常数与键电荷稠度

对于卤素分子和卤素互化物

$$k^{1/4} = 1.40 \times \frac{q_e}{r_{X_1-X_2}} + 0.48 \quad (4.3.18)$$

式中，k 是弹力常数，ν 是特征振动频率。尽管式（4.3.16）～式（4.3.18）均系经验公式，但却揭示了力常数的本质并显示了键电荷稠度的物理意义。

4.3.4 键电荷稠度与酸碱强度的关系[42,55]

在溶剂相同条件下，化合物的酸碱强度取决于它的分子结构，尤与其键电荷稠度密切相同。

（1）MH_m 型氢化物的酸碱强度：在 MH_m 型氢化物中，M—H 键的键电荷稠度 q_e/r_{M-H} 以及氢的元数 m 决定其酸碱强度。前者是 M—H 键强度的指标；后者与原子的有效核电荷成正比。m 越大，M 原子要提供更多的价电子出来公用成键，致使其有效核电荷增大，对质子的吸引越强。基于这种认识，将 pK_{MHm}/pK_{H_2O} 对 $\dfrac{mq_e}{r_{M-H}}$ 作图（图 4-9），得到 MH_m 共价型氢化物电离的如下方程：

$$\frac{pK_{MH_m}}{pK_{H_2O}} = 3m\frac{q_e}{r} - 1.55 \quad (4.3.19)$$

式中，pK_{MHm} 是 MH_m 在水溶液中的电离常数；常数 $pK_{H_2O} = 15.97$；m 是氢的元数，q_e/r 是键电荷稠度（表 4-10）。式（4.3.19）表明键电荷稠度越小，化合物越易电离给出质子，酸性越强。表（4-13）列出本书按式（4.3.19）计算值与 pK_{MHm} 实测值[43]的比较。

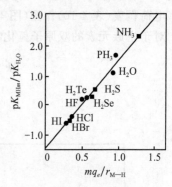

图 4-9 MH_m 型氢化物电离
常数与键电荷稠度

表 4-13 MH_m 型氢化物 pK 值计算值和实验值的比较

分子 MH_m	键 M—H	pK	
		Yang 值[51]	实验值[28]
HF	H—F	0.623	3.45
HCl	H—Cl	−6.085	−7
HBr	H—Br	−7.713	0
HI	H—I	−9.63	−10
HAt	H—At	−10.73	—
H_2O	H—O	20.41	15.97
H_2S	H—S	8.624	7.04
H_2Se	H—Se	6.039	3.77

续表

分子 MH_m	键 M—H	pK	
		Yang 值[51]	实验值[28]
H_2Te	H—Te	2.012	2.64
H_2Po	H—Po	0.527	—
NH_3	N—H	35.55	35
PH_3	P—H	20.745	27
AsH_3	As—H	18.49	—
CH_4	C—H	44.46	50
SiH_4	Si—H	26.93	—

(2) $XO_m(OH)_n$ 型化合物的酸性强度:关于无机含氧酸强度的规律,徐光宪等在 Pauling 的经验规则[17]和 Ricci 的经验公式[44]的基础上提出[45],可由式 $pK_1 = 7 - 5N$ 和 $pK_m = pK_1 + 5(m-1)$ 表示,其中 pK_1 和 pK_m 是第 1 和第 m 级电离常数,N 是中心原子的给电子配键数。这种把配键数目看作是决定酸性强度的唯一因素显然是粗略的。

我们在键电荷稠度概念和前人工作的基础上提出判断 $XO_m(OH)_n$ 型化合物酸性强度的如下规律:

①$XO_m(OH)_n$ 型化合物溶于水的酸碱性强度取决于 X—O—H 中 X—O 和 O—H 两个键的键电荷稠度比

$$f = \frac{q_e/r_{O-H}}{q_e/r_{X-O}} = \frac{\rho_{O-H}}{\rho_{X-O}} \tag{4.3.20}$$

$f > 1$ 呈碱性,其值越大,碱性越强;$f < 1$ 呈酸性,其值越小,酸性越强。其定性规律如表 4-14 所示。当 $XO_m(OH)_n$ 中 $m = 0, n = 1$ 时,即为 XOH 型化合物,其电离常数 pK 与键电荷稠度比 f 之间存在:$pK = 6f - 2$ 定量关系。

②XO_mOH 型化合物,即 $XO_m(OH)_n$ 中 $m \neq 0$、$n = 1$,由于中心原子 X 要提供价电子与氧成键,致使其有效核电荷增大,使 X—O—H 键中价电子按 X←O←H 方向移动,使质子更易电离,且每增加一个不连氢的氧原子,使 pK 值降低约为 5,即有

$$pK = 16f - 2 - 5m$$

③$XO_m(OH)_n$ 型化合物,当 $n > 1$ 时,每增加一个 OH 基(或键级近于 1 的其他原子如氢)会使 pK 值降低约为 3,总括得到

$$pK_1 = 16f - 2 - 5m - 3(n-1) \tag{4.3.21}$$

式中,pK_1 是第一电离常数;f 是 O—H 键与 X—O 键的键电荷稠度(表 4-5、表 4-6)比值;m 是不连氢的氧原子数,n 是 OH 基数。

④由于多质子酸的连续电离常数 $pK_1 : pK_2 : pK_3 \cdots$ 互成 $1 : 10^{-5} : 10^{-10} \cdots$ 的比值,所以第 N 级电离常数 pK_N 具有如下关系:

$$pK_N = pK_1 + 5(N-1) \tag{4.3.22}$$

表 4-14　稠度比和酸碱性

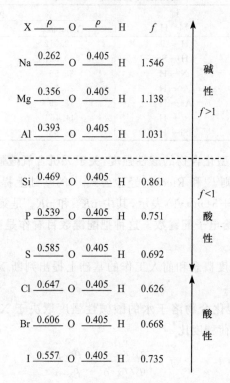

这里 pK_1 如式（4.3.21）。据式（4.3.22）计算了 14 种一元酸的 pK（表 4-15）和 16 种多元酸的 pK_1 与 pK_2（表 4-16），同实验值[46]相比，对于一元酸本书值较徐光宪值有了明显的改进；对于多元酸在 pK 值变化趋势上较徐值合理。

表 4-15　一元酸 pK 计算值和实验值的比较

酸 XO_m(HO)	pK 值		
	实验值[46]	Yang 值[51]	徐值[45]
HClO	7.53	7.3	7
HBrO	8.69	8.6	7
HIO	10.90	10.95	7
HClO₂	2.0	2.3	2.0
HBrO₂	—	3.6	2.0
HIO₂	—	5.95	2.0
HClO₃	−1	−2.7	−3.0
HBrO₃	—	−1.4	−3.0
HIO₃	0.77	−0.95	−3.0
HClO₄	−8	−7.7	−8
HBrO₄	—	−6.4	−8
HIO₄	—	−4.05	−8
HNO₂	3.37	3.3	7
HNO₃	<0	1.7	2

表 4-16　多元酸 pK_N 计算值和实验值的比较

酸	pK_1			pK_2		
$XO_m(OH)_n$	实验值[46]	Yang 值[51]	徐值[45]	实验值[46]	Yang 值[51]	徐值[45]
H_2SnO_4	<0	−2.5	−3	1.92	2.5	2
H_2SeO_4	<0	−1.3	−3	1.92	3.7	2
H_2TeO_4	—	1.6	−3	—	6.6	2
H_2SO_3	1.81	2.5	2	6.91	7.5	7
H_2SeO_3	2.46	3.7	2	7.31	8.7	7
H_2TeO_3	2.48	6.7	2	7.70	11.7	7
H_2CO_3	6.37	1.8	7	10.25	6.8	12
H_2SiO_3	9.7	7.7	7	12	12.7	12
H_2GeO_3	8.59	7.9	7	12.72	12.9	12
H_3PO_4	2.12	1.1	2	7.21	6.1	7
H_3AsO_4	2.25	2.4	2	6.77	7.4	7
H_3AsO_3	9.23	7.4	2	13.52	12.4	—
H_3SbO_3	11	11.1	7	—	16.1	
H_3PO_3	2.00	1.1	2	6.59	6.1	7
H_3PO_2	2.0	2.1	2	—	7.7	—
$H_4P_2O_7$	0.85	1.1	2	1.49	1.1	2

（3）无机含氧酸及其盐的热稳定性

M_mXO_n 型含氧酸及其盐的热稳定性与阴离子 O^{2-} 在金属 M（包括氢）和非金属 X 之间分配的均匀性有关。分子中 M—O 键和 X—O 键的键电荷稠度越接近，这种均匀化倾向越强，酸或其盐越易分解为 M 和 X 的氧化物，即 X—O 键与 M—O键的键电荷稠度比值 $f = \dfrac{q_e/r_{X-O}}{q_e/r_{M-O}}$ 越近于 1，氧在 M 和 X 之间分配的均匀化倾向越强，此化合物越不稳定。表 4-17 列出碳酸及其盐、硝酸及其盐等的分解温度和 X—O 键与 M—O 键键电荷稠度比。所引数据表明酸及其盐的稳定性是一个统一的系列。大部分含氧酸一般较它们的盐容易分解是由于酸的 f 值一般都接近于 1（表 4-17）。

表 4-17　无机含氧酸及其盐的稳定性

化合物	分解温度/℃	键电荷稠度比 f	化合物	分解温度/℃	键电荷稠度比 f	化合物	分解温度/℃	键电荷稠度比 f
H_2CO_3	仅存于溶液	1.36	$Au(NO_3)_3$	不存在	1.29	H_2SO_4	336.5	1.29
$CuCO_3$	不存在	1.37	HNO_3	86	1.55	H_2SeO_4	260	1.17
$MgCO_3$	600	2.46	$Cu(NO_3)_2$	>114.5	1.57	H_2TeO_4	160	1.00
$CaCO_3$	900	3.80	$LiNO_3$	>252	3.12	H_3BO_3	>70	1.01
$SrCO_3$	1290	4.56	$NaNO_3$	380	5.00	H_3PO_3	200	1.14
$BaCO_3$	1360	4.93	KNO_3	400	8.25	HIO_3	>110	1.23

4.3.5　键电荷稠度与气敏效应

实验表明[49]，气敏半导体吸附不同气体后，有的电阻升高，有的电阻下降。这种气敏效应可用键电荷稠度 ρ 和电负性力标 Y 总结其规律如图 4-10。图中纵坐标是被测气体键电荷稠度权重平均 $\bar{\rho}$；横坐标是气体的电负性力标权重平均 $\bar{Y}$，从图得出方程：$\phi(\rho) = \sum Z/r_k - 25F^* + 132.5$，其中

$$F^* = \bar{\rho} - 3.8\bar{Y} + 5.9 \tag{4.3.23}$$

且有：$F > 0$ 属于电阻下降型气体；$F < 0$ 属于电阻上升型气体。

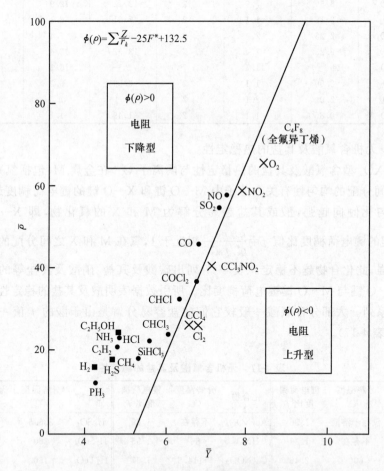

图 4-10　气敏效应与键电荷稠度的关系

式(4.3.23)和图 4-10 相应于以 SnO_2 为基质的这类 n 型半导体的气敏规律。对此规律可做如下定性解释：气体(分子、原子、离子)吸附于半导体表面，在一定温

度下将发生气体-半导体间的电子转移。键电荷稠度权重平均 $\bar{\rho}$ 越小,电负性力标权重平均 $\bar{Y}$ 越大的气体,有较大的吸引电子的能力,能够更多地束缚由半导体内部来的电子;反之,$\bar{\rho}$ 越大,$\bar{Y}$ 越小,被吸附气体的电子则能更多地进入半导体内部,这将引起不同的表面势垒,从而改变导带中载流子浓度,引起电导的上升或下降。

4.3.6　由 EHMO 和 CNDO/2 参量定义键电荷稠度

前面[49,50]我们从静电模型出发定义了键电荷和键电荷稠度,讨论了它们与物性的关联,得出了一些规律性的认识,在本节中,我们试图从 EHMO 和 CNDO/2 量子化学近似计算出发抽提键参数,定义键电荷稠度,讨论它们与物性的关联。

1) 定义

(1) EHMO 法

在 EHMO 计算中,Hamilton 矩阵元用经验公式计算。对角矩阵元近似取原子轨道的负电离能

$$H_{ii} = -I_i = -(A_i Q_r^2 + B_i Q_r + C_i) \tag{4.3.24}$$

式中,A_i、B_i、C_i 是给定的参数,Q_r 是 r 原子上的净电荷,均按 Ballhausen 方法[52]确定。非对角矩阵元由 Wolfsberg-Helmholtz 公式确定

$$H_{ij} = \frac{1}{2} K S_{ij} (H_{ii} + H_{jj}) \tag{4.3.25}$$

式中,K 为经验常数,在本节计算中取为 1.75。重叠积分 S_{ij} 按下式计算

$$S_{ij} = \int \varphi_i \varphi_j \, \mathrm{d}\tau \tag{4.3.26}$$

式中,φ 为 Slater 型轨道,轨道指数按徐光宪法[2]确定。则由久期方程

$$HC = ESC \tag{4.3.27}$$

可得对应于能级 ε_i 的规范化特征向量 $\psi_i = \sum_j C_{ij} \varphi_j$ 中的系数 C_{ij}。求出 C_{ij} 之后,可得密度矩阵元

$$P_{\mu\nu} = \sum_{i=1}^{occ} g_i C_{\mu i} C_{\nu i} \tag{4.3.28}$$

则重叠集居数可由下式表达:

$$Q_{AB} = \sum_{\substack{\mu \text{在A} \\ \text{原子上}}} \sum_{\substack{\nu \text{在B} \\ \text{原子上}}} P_{\mu\nu} S_{\mu\nu} \tag{4.3.29}$$

此 Q_{AB} 值在 EHMO 程序计算中作为输出数据直接给出。我们把式(4.3.29)定义的重叠集居数同静电模型定义的键电荷相关联,则 Q_{AB} 与 AB 键长之比可定义为键电荷稠度。由此法定义的键电荷稠度与静电模型定义的键电荷的关系如图 4-11 所示。

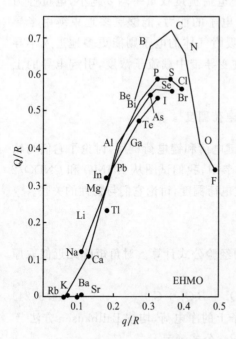

图 4-11　由 EHMO 法和由静电模型求
得的键电荷稠度之间的关系

（2）CNDO/2 法

一个定态分子的波函数遵从如下定态 Schrödinger 方程：

$$H\psi = E\psi \qquad (4.3.30)$$

能量算子 H 具有如下形式：

$$H = -\sum_p \frac{1}{2}\nabla_p^2 - \sum_A \sum_p \frac{Z_A}{r_{Ap}}$$
$$+ \sum_{p<q} \frac{1}{r_{pq}} + \sum_{A,B} \frac{1}{R_{AB}}$$

$$(4.3.31)$$

当式（4.3.30）中的 ψ 取 Slater 行列式形式并满足归一正交时，应用变分法可得方程（4.3.30）的解，这个解也是下述 Hartree-Fock 方程组的解

$$F\psi_i(1) = \varepsilon_i \psi_i(1) \qquad (4.3.32)$$

式中，F 是 Fock 算子，ε_i 表示第 i 个分子轨道 ψ_i 的自洽场能量。分子轨道 ψ_i 可取作原子轨道 φ_μ 的线性组合

$$\psi_i = \sum_\mu C_{\mu i} \varphi_\mu \qquad (4.3.33)$$

在 ψ_i 满足正交归一条件下，由方程（4.3.32）可得 Roothaan 方程

$$\sum_\mu (F_{\mu\nu} - \varepsilon_i S_{\mu\nu}) C_{\mu i} = 0 \qquad (4.3.34)$$

应用式（4.3.34）研究分子时，若不作其他近似即从头计算，CNDO/2 则把式（4.3.34）中的对角矩阵元 $F_{\mu\mu}$ 参量化为

$$F_{\mu\mu} = -\frac{1}{2}(I_\mu + A_\mu) + \left[(P_{AA} - Z_A) - \frac{1}{2}(P_{\mu\mu} - 1_\mu)\right] r_{AA}$$
$$+ \sum_{B(\neq A)} (P_{BB} - Z_B) r_{AB}$$

$$(4.3.35)$$

非对角元参量化为

$$F_{\mu\nu} = \beta_{AB}^0 S_{\mu\nu} - \frac{1}{2} P_{\mu\nu} r_{AB} \qquad (4.3.36)$$

上二式中 r_{AB} 是库仑积分

$$r_{AB} = \iint S_A^2(1) \frac{1}{r_{12}} S_B^2(2) d\tau_1 d\tau_2 \qquad (4.3.37)$$

$P_{\mu\nu}$ 是密度矩阵

$$P_{\mu\nu} = 2 \sum_i^{occ} C_{\mu i} C_{\nu i} \qquad (4.3.38)$$

$S_{\mu\nu}$ 是重叠积分

$$S_{u\nu} = \int \varphi_\mu \varphi_\nu \mathrm{d}\tau \tag{4.3.39}$$

β^0_{AB} 是成键参量 β^0_A 和 β^0_B 的函数

$$\beta^0_{AB} = \frac{1}{2} K (\beta^0_A + \beta^0_B) \tag{4.3.40}$$

Z_A 是原子实的电荷，I_μ 和 A_μ 是电离能和电子亲和能。

以上各参量数值均按标准的 CNDO/2 法确定[53]。表示原子间成键强弱的是重叠集居数

$$Q_{AB} = \sum_{\substack{\mu\text{在}A \\ \text{原子上}}} \sum_{\substack{\nu\text{在}B \\ \text{原子上}}} P_{\mu\nu} S_{\mu\nu} \tag{4.3.41}$$

式中，$P_{\mu\nu}$ 是密度矩阵如式(4.3.38)；$S_{\mu\nu}$ 是重叠积分如式(4.3.39)。在 CNDO/2 程序计算中，可由输出的密度矩阵 $P_{\mu\nu}$ 和重叠矩阵 $S_{\mu\nu}$ 按式(4.3.41)计算 Q_{AB}。

2）与双原子氢化物的键能和力常数的关联

我们应用 EHMO 程序曾在 TQ-16 机上对主族元素的双原子氢化物作了计算；应用 CNDO/2 程序曾在 DJS-18 机上对第一和第二周期元素的双原子氢化物作了计算。进而应用式(4.3.39)和式(4.3.41)得到了相应的重叠集居数，即键电荷，并求取了键电荷稠度，如表 4-18。

表 4-18　HM 分子的重叠集居数、键能和力常数

键 A—B	键长 /Å	CNDO/2 Q_{AB}	EHMO Q_{AB}	键电荷的稠度		力常数 k /×10⁵ dyn/cm	键能 E /(kcal/mol)
				CNCO/2	EHMO		
H—F	0.9175	0.47702	0.31104	0.520	0.339	8.8ᵃ	135
H—Cl	1.2744	1.57441	0.70893	0.450	0.556	4.8ᵃ	103.1
H—Br	1.4140		0.77636		0.549	3.8ᵃ	87.4
H—I	1.6080	0.50224	0.84823		0.528	2.9ᵃ	71.4
H—O	0.9710	0.59766	0.40159	0.517	0.414	7.79	111ᵇ
H—S	1.3400	0.59766	0.78802	0.446	0.588	4.20	82.3
H—Se	1.4700		0.81649		0.555		73
H—Te	1.7000		0.80405		0.473		64
H—N	1.0380	0.59495	0.67566	0.570	0.651	6.0	93ᵇ
H—P	1.4180	0.61832	0.81639	0.436	0.576	3.3ᶜ	82
H—As	1.5230		0.82752		0.543	2.7ᶜ	65
H—Sb	1.7100		0.87538		0.512	2.2ᶜ	
H—Bi	1.8090		0.68253		0.377		59
C—H	1.1200	0.65287	0.80201	0.583	0.716	4.37	99ᵇ
H—Si	1.5210	0.63498	0.78895	0.418	0.519	2.48	71.4
H—Ge	1.5300		0.81599		0.533		76.3
H—Sn	1.7850		0.72532		0.406		63
H—Pb	1.8390		0.63598		0.345	1.455	42
H—B	1.2330	0.69612	0.83085	0.565	0.674	3.03	79

续表

键 A—B	键长 /Å	CNDO/2 Q_{AB}	EHMO Q_{AB}	键电荷的稠度		力常数 k /×10⁵dyn/cm	键能 E /(kcal/mol)
				CNCO/2	EHMO		
H—Al	1.6460	0.60676	0.67085	0.369	0.408	1.62	68
H—Ga	1.6700		0.69559		0.417		68
H—In	1.9380		0.57492		0.313	1.28	59
H—Tl	1.8700		0.43373		0.233	1.142	45
H—Be	1.3480	0.72378	0.71198	0.539	0.530	2.263	54
H—Mg	1.7306	0.60180	0.50565	0.348	0.292	1.273	47
H—Ca	2.0020		0.21264		0.106	0.977	40.1
H—Sr	2.1455		0.06241		0.029		39
H—Ba	2.2320		0.00534		0.002		43
H—Li	1.5950	0.61320	0.33546	0.384	0.210	1.026	56.9
H—Na	1.8870	0.51164	0.23242	0.271	0.123	0.781	48
H—K	2.2440		0.05838		0.0026	0.561	43.8
H—Rb	2.3670		0.00666		0.003	0.515	40
H—Cs	2.4940		0.00046		0.000	0.467	42

a 见 M. Orchin, H. H. Jaffe 著, 徐广智译, 对称性、轨道和光谱, 科学出版社, 1980。

b 见 W. L. Masferton et al 著, 华彤文等译, 化学原理, 北京大学出版社, 1980。

c 见 Gincarlo De Alti efc Spectrochim Acta, 20(6), 965~975(1964)。

表中未注上标者见本章参考文献[51]。

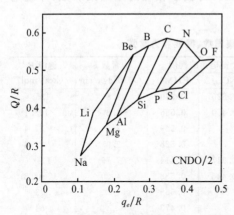

图 4-12　由 CNDO/2 法和静电模型求得的
　　　　键电荷稠度之间的关系

将由 EHMO 法和 CNDO/2 法求得的键电荷稠度同前面应用静电模型求得的键电荷稠度作图得到图 4-11 和图 4-12。

将键电荷稠度对相应键的键能和力常数作图, 并参照图 4-11 和图 4-12, 我们发现, 键能和力常数不仅与键电荷稠度有关, 而且还与元素的族数和周期数有关。据此我们得出如下经验关系式:

基于 EHMO 法

$$E' = 0.77\left[10\frac{Q}{R} + \left(\frac{N-2}{0.9C}\right)^2\right]^2 + 40 \tag{4.3.42}$$

$$k' = 3.5 \times 10^{-2}\left[10\frac{Q}{R} + \left(\frac{N}{R}\right)^2\right]^2 + 0.55 \tag{4.3.43}$$

基于 CNDO/2 法

$$E' = \left[10\frac{Q}{R} + \frac{(N-1)^2}{4C}\right]^2 + 40 \tag{4.3.44}$$

$$k' = 8 \times 10^{-2}\left[10\frac{Q}{R} + \frac{N^2}{5C}\right]^2 + 0.2 \tag{4.3.45}$$

以上各式中 Q 是由 EHMO 或 CNDO/2 计算的键电荷即重叠集居数;R 是 AB 键长;N 是 HM 分子中 M 元素的族数;C 是 M 的周期数。

将由式(4.3.42)～式(4.3.45)计算的一些 HM 分子的键能和力常数值同相应分子的实测值的比较,如表 4-19、表 4-20 和图 4-13～图 4-16。

表 4-19　HM 型分子的键能、力常数实验值同计算值(基于 EHMO 法)的比较

分子	键能		力常数		分子	键能		力常数	
	计算值	实测值	计算值	实测值		计算值	实测值	计算值	实测值
HF	135	135	9.12	8.8	HAs	69	65	2.3	2.7
HCl	102	103	4.8	4.8	HBe	61	54	1.94	2.26
HBr	82.4	87.4	3.1	3.8	HMg	47	47	0.95	1.27
HI	72.6	71.4	2.4	2.9	HCa	40.8	4.01	0.61	0.98
HO	103	111	6.6	7.79	HSr	40	39	0.56	0.85
HS	90	82.3	4.0	4.20	HBa	40	43	0.55	0.81
HC	94	99	4.91	4.37	HLi	45	56.9	0.74	1.03
HSi	65	71	2.25	2.48	HNa	42	48	0.61	0.78
HB	78.2	79	2.38	3.03	HK	40.1	43.8	0.55	0.56
HAl	54	68	1.45	1.62	HRb	40	40	0.55	0.52
HN	96	93	6.25	6.0	HCs	40	42	0.55	0.47
HP	78	82	3.1	3.3					

表 4-20　HM 型分子的键能、力常数计算值(基于 CNDO/2 法)同实测值的比较

分　子	键能/(kcal/mol)		力常数/$\times 10^5$dyn/cm	
	计算值	实测值	计算值	实测值
HF	134	135	9.0	8.8
HCl	96.3	103	5.03	4.8
HO	109	111	6.40	7.79
HS	82.8	82.3	3.9	4.20
HC	98.4	99	4.6	4.37
HSi	64.3	71.4	2.4	2.48
HB	77.8	79	3.6	3.03
HAl	56.2	68	1.67	1.62
HN	99.3	93	5.57	6.0
HP	72.4	82	3.10	3.30
HBe	70.4	54	2.88	2.26
HMg	52.7	47	1.32	1.27
HLi	54.7	56.9	1.44	1.03
HNa	47.3	48	0.82	0.78

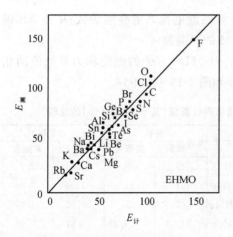

图 4-13　由式(4.3.42)算得的 H—M 键
　　　　键能与实测能的关系

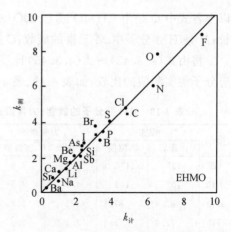

图 4-14　由式(4.3.43)算得的 H—M 键
　　　　力常数与实测力常数的关系

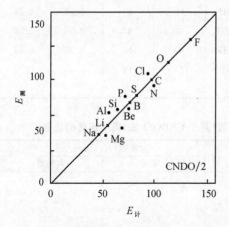

图 4-15　由式(4.3.44)算得的 H—M 键
　　　　键能与实测键能的关系

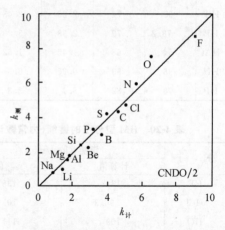

图 4-16　由式(4.3.45)算得的 H—M 键
　　　　力常数与实测力常数的关系

　　从方程(4.3.42)~(4.3.45)可以看出,力常数和键能除了与键电荷稠度成正比之外,还与 M 的族数成正比与周期数成反比。这一趋势在两种方法中都反映出来。我们认为,由近似方法计算而得到的键电荷稠度只能反映键的共价性对键强度的贡献。当两个电负性差较大的元素化合时,键的离子性成分不可忽略。对于纯离子性键,其键电荷应近似为零,键强度是由于静电库仑力所产生的。因此,对于一个极性键,不仅要考虑重叠电荷的贡献,而且还应考虑离子性的贡献。

　　对于 HM 型分子,氢元素是确定不变的,则 M 元素的族数与周期数之比,近似反映了 HM 键的极性大小。在式(4.3.42)和式(4.3.45)中体现了 M 元素的族数和周期数(即键的极性)对键能和力常数的贡献。

以上内容可参阅文献[42]和[55]。

参 考 文 献

1　Slater J C. Phys. Rev. ,1930,36:51

2　徐光宪,赵学庄. 化学学报,1956,22:441

3　Burns G. J. Chem. Phys. ,1964,41:1521

4　齿谷元一. J. Phys. Soc. Japan. ,1973,34:567;1975,39:1053

5　陈念贻,温元凯,邵俊."Slater 原子轨道计算的改进"全国量子化学会议资料;郑能武. 科学通报,1977,
　　22:531;张国义. 科学通报,1979,24:505;温元凯. 中国科学技术大学学报,1974,4:145

6　杨频. 山西大学学报(自然科学版),1981,2:67

7　杨频. 科学通报,1977,22:531;张国义. 科学通报,1979,24:505

8　杨频,赵大成. 化学通报,1978(3):144

9　Mc Clellan,Aubrey,Lester. Tables of experimental dipole moments. San Francisco:Freeman,1963

10　Gordy W. J. Chem. Phys. ,1946,14:305

11　Farreira R. Trans. Faraday Soc. ,1963,59:164

12　高孝恢,陈天朗."弹力常数与电负性的关系"全国第一次量子化学会资料,1977

13　Pearson R G. J. Amer. Chem. Soc. ,1977,99:4896

14　杨频,高孝恢,分子科学学报,1982,2(3):111;Feynman R P. Phys. Rev. ,1939,56:340

15　杨频. 科学通报,1977,22:398

16　Mulliken R S. Int. J. Quantum Chem. ,1967,1:15

17　Borkman R F,Parr R. G. J. Chem. Phys. ,1968,48:1116

18　Parr R G. J. Chem. Phys. ,1968,49:1055

19　Somajajulu G. J. Chem. Phys. ,1958,28:814

20　Cottrell T L. The Strengths of chemical bonds. Batterworths Scientific Publications,1954

21　Bowen H J M et al. Tables of Interatomic Distances and Configuration in Molecules and Ions. 1965. Sup-
　　plement 1956~1959

22　Bader R F W et al. J. Amer. Chem. Soc. ,1971 93:309;1973,95:305

23　Peslak J et al. J. Amer. Chem. Soc. ,1971,93:5001

24　Politzer P,Harris R R. J. Amer. Chem. Soc. ,1970,92:6454

25　Fliszar S. J. Amer,Chem. Soc. ,1972,94:7386

26　Coppens P et al. Acta. Crystallgr. Sect. B,1969,25:2451

27　Jolly W L,Perry W B. J. Amer. Chem. Soc. ,1973,95:5442

28　Politzer P,Politzer A. J. Amer. Chem. Soc. ,1973,95:5450

29　Щуваев А Т. Изд. АНСССР Сер. Физ. ,1964,28:758

30　徐光宪. 化学学报,1955,21,1,14

31　Daudel R,Pullman A. Compt. Rend. ,1945,220:880;J. Phys. Radium,1946,7:59;74;105

32　MacWeeny R. J. Chem. Phys. ,1951,19:1614

33　Sandorfy C. Can. J. Chem. ,1955,33:1337

34　Выков Т В. Электронньble Зарядьl связзей В Органически Соединениях,М. ,Изд-во АН СССР,1960

35　Быков Г В. Изд. АН СССР,ОХН,1951:823

36　杨频. 化学通报,1974,2:105;科学通报,1977,22:398

37　Pauling L. The Nature of the Chemical bond. 3rd ed. Cornell. University Press,Ithaca,N. Y. ,1960

38　Mulliken R. J. Amer. Chem. Soc. ,1950,72:4493

39　Mulliken R et al. J. Chem. Phys. ,1949,17:1248;Jaffe H,Doak G. J. Chem. Phys. ,1953,21:196

40　Cottrell T L. The Strengths of Chemical Bonds. 2nd ed. Butterworths Scientific,London,1958

41　Dzhons N. Application Spectroscopy in Chemistry,Moskova:270,1959

42　杨频. 分子中的电荷分布和物性规律. 太原:山西高校联合出版社,1992

43　Day M C,Selbin J. Theoretical Inorganic Chemistry,Reinhoid Publishing Corp. ,New York,London 1962;R. Bell,"Acids and Bases" Methuen and Co. ,Ltd. ,New York,N. Y. ,1956

44　Ricc J. J. Amer. Chem. Soc. ,1948,70:109

45　徐光宪,吴瑾光. 北京大学学报(自然科学版),1956,4:489

46　Handbook of Chemistry and Physics,51st,1970~1971

47　Tables of Interatomic distances and Configuration in molecules and ions,supplement 1956~1959,Special Publication No. 18

48　Phillips J C. Phys. Rev. ,1968,166:832

49　山西大学化学系晶体组. 电子技术,1976,(2):13

50　杨频. 化学学报,1979,37(1):53

51　杨频. 山西大学学报(自然科学版),1981,(1):49;1983,(1):30

52　Levine B F. Phys. Rev. B,1973,7(6):2600

53　Ballhausen C J,Gray H B. Molecular Orbital Theory,W. A. Benjamin,INC. 1964

54　波普尔 J A,贝弗里奇 D L. 分子轨道近似方法理论. 江元生译. 北京:科学出版社,1976

55　杨频,高孝恢. 性能-结构-化学键. 北京:高等教育出版社,1987

第5章 荷移热指数与物性的关联

5.1 固态络盐的力能特性

在尖端技术和冶金工业的推动下,配合物化学正日新月异地向前发展。由于湿法冶金的需要,配合物的力能特性及其键合特性的关系正日益受到重视[1]。例如,在设计或革新精炼金属的电解法、氨浸法、压热法时,都需要知道有关金属配合物的热力学常数;而已有数据往往不能满足实际需要,进行专门的实验测定又常常会遇到困难。这就需要借助于半经验法。在估计物性的半经验方法中,迄今应用最广的仍是 Pauling 电负性。Pauling 指出[4]:标准状态下,A—B 键的键焓可按下式计算:

$$-\Delta H_{AB}^0 = 23(X_A - X_B)^2 \tag{5.1.1}$$

$-\Delta H_{AB}^0$ 是 A—B 键的键焓;X 是 Pauling 的电负性标。Pauling 电负性用于强离子性化合物时偏差甚大(参看表 5-2)。Голутвин 曾指出[2],Pauling 电负性标,对于晶态化合物基本上是不正确的。为了更有效地总结热化学规律,我们试图设计一套新的分子结构参数(参看文献[15]第 63~76 页)。

5.1.1 荷移热指数的引出

基于双原子键的三中心静电模型,我们曾导出原子 A、B 成键时由于键电荷的迁移体系能量的降低值[3]

$$\Delta E = q \frac{(R_B \sqrt{Z_A^*} - R_A \sqrt{Z_B^*})^2}{R_A R_B (R_A + R_B)} = q \cdot \nabla \tag{5.1.2}$$

R 和 Z^* 是相应原子的共价半径和有效核电荷,ΔE 近似等于 A—B 键的键焓,即成键时电荷迁移的热效应。ΔE 不仅与 ∇ 有关,而且同核间键电荷 q 有关。Pauling 曾以两原子的成键轨道强度的乘积 $f_A f_B$ 表征其电子云相互穿透、重叠的程度[4]。显然,有效键电荷 q 可作为成键轨道强度的函数

$$q \propto q(f_A f_B) \tag{5.1.3}$$

我们以式(5.1.2)和式(5.1.3)为基础并综合分析大量化合物热化学资料,为所有元素设计了一套半经验的键参数 Y^Δ,并称之为电荷迁移的热效应指数,简称荷移热指数

$$Y_M^\Delta = 3.5 f_M f_H \sqrt{\nabla^{M-H}} + 1.3g \tag{5.1.4}$$

式中，f_M 和 f_H 是 M—H（H 为氢，M 是任意元素）键中 M 原子和 H 原子的价层轨道成键能力，∇^{M-H} 由式(5.1.2)决定，g 是取决于元素的价层轨道及其电子数的常数，对于外层电子结构为 $s^{1\sim2}$、$d^{1\sim10}$（或 $f^{1\sim14}$）、$p^{1\sim3}$、p^4、p^5 和 p^6 的元素，其 g 值依次为 2、3、4、5、6 和 6.5。在式(5.1.4)的设计中注意到使下述关系近似成立：

$$(Y_B^\Delta - Y_A^\Delta)^2 = -\Delta H_{AB}^0 \qquad (5.1.5)$$

$-\Delta H_{AB}^0$ 是键 A—B 的摩尔生成热(kcal/mol)。按式(5.1.4)算得的 Y_M^Δ 值列于表 5-1。为了检验荷移热指数 Y_M^Δ 的有效性，按式(5.1.5)和(5.1.1)计算了某些卤化物的生成热，同实验值的比较列于表 5-2。可知，对于强离子型化合物本书值比 Pauling 值有了明显的改进，应用荷移热指数应能更好地计算包括强离子性键的热化学特性。而化学反应热效应与分子的结构特性以及原子间的相互影响具有密切的联系。

表 5-1　元素的荷移热指数 Y^Δ

Li	Be		H*		He		B	C	N	O	F	Ne
1.0	2.7		s 3.0(1.45)		10.6(3.13)		6.0	7.8	9.1	10.7	13.2	14.4
1.0	1.4		d,f 4.0(1.67)				2.1	2.5	2.8	3.2	3.8	4.0
Na	Mg		p 5.5(2.0)				Al	Si	P	S	Cl	Ar
0.75	1.6						4.1	5.1	6.0	8.2	10.4	11.3
0.94	1.1						1.7	1.9	2.1	2.6	3.1	3.3
K	Ca	Sc	Ti	V	Cr	Mn	Fe	Co	Ni	Cu	Zn	Ga	Ge	As	Se	Br	Kr
0.4	1.0	2.1	3.5	4.8	5.7	5.5	4.2	4.6	5.0	4.3	3.4	4.2	5.1	5.6	7.5	9.6	10.4
0.78	1.0	1.3	1.6	1.8	2.0	2.0	1.7	1.8	1.9	1.7	1.5	1.7	1.9	2.0	2.4	2.9	3.1
Rb	Sr	Y	Zr	Nb	Mo	Tc	Ru	Rh	Pd	Ag	Cd	In	Sn	Sb	Te	I	Xe
0.3	0.8	1.4	2.8	5.8	6.1	6.1	5.4	5.0	4.5	3.7	3.3	4.3	4.7	6.5	8.5	9.4
0.84	0.96	1.1	1.4	2.1	2.1	2.2	2.0	2.1	2.1	1.8	1.6	1.5	1.7	1.8	2.2	2.7	2.9
Cs	Ba	La	Hf	Ta	W	Re	Os	Ir	Pt	Au	Hg	Tl	Pb	Bi	Po	At	Rn
0.2	0.7	1.2	2.8	5.6	6.1	6.4	5.9	6.3	6.5	5.7	4.1	3.8	4.3	5.8	7.8	8.1
0.82	0.93	1.0	1.4	2.1	2.1	2.2	2.1	2.2	2.2	2.1	1.8	1.5	1.7	2.1	2.5	2.7
Fr	Ra	Ac	104	105	106	107											
0.1	0.6	0.6	1.9	4.6													
0.8	0.9	0.9	1.2	1.8													

	La	Ce	Pr	Nd	Pm	Sm	Eu	Gd	Tb	Dy	Ho	Er	Tm	Yb	Lu
镧系	1.2	1.3	1.3	1.3	1.3	1.3	1.1	1.4	1.4	1.5	1.5	1.6	1.6	1.1	1.6
	1.0	1.1	1.1	1.1	1.1	1.1	1.0	1.1	1.1	1.1	1.1	1.1	1.1	1.0	1.1
	Ac	Th	Pa	U	Np	Pu	Am	Cm	Bk	Cf	Es	Fm	Md	No	Lr
锕系	0.6	1.3	1.7	2.2	2.2	2.2	2.2	2.2	2.2	2.2	2.2	2.2	2.2	2.2	2.2
	0.9	1.1	1.2	1.3	1.3	1.3	1.3	1.3	1.3	1.3	1.3	1.3	1.3	1.3	1.3

表中数字第一行是按式(5.1.4)算得的 Y^Δ 值；第二行是按式(5.1.6)由 Y^Δ 换算成 x'。
对于 H 和 He 括号内数字是 x'。
* 氢的 Y^Δ 值随与其化合的其他原子的价层轨道的不同而改变。

表 5-2　某些卤化物生成热的计算值同实测值[6]的比较（kcal/mol）

A＼$-\frac{\Delta H^0}{n}$＼B	F			Cl			Br			I		
	P. 值 $23\Delta x^2$	[10]值 $\Delta Y'^2$	实测值	P. 值 $23\Delta x^2$	[10]值 $\Delta Y'^2$	实测值	P. 值 $23\Delta x^2$	[10]值 $\Delta Y'^2$	实测值	P. 值 $23\Delta x^2$	[10]值 $\Delta Y'^2$	实测值
H	83	59	64	19	24	22	11	17	9	4	9	−6
Li	207	148	146	92	88	98	74	74	83	52	56	65
Na	222	154	136	102	93	98	86	78	86	59	60	69
K	236	163	134	111	100	104	92	85	94	66	66	78
Rb	236	166	133	111	102	105	92	87	93	66	67	78
Cs	250	169	132	121	104	106	102	89	94	74	69	80
Ge	111	64	70	33	27	32	23	20	20	11	11	8

Y^Δ 与 Pauling 电负性 x 的关系如图 5-1，并有如下的近似换算关系

$$Y^\Delta = 4.5x' - 3.5 \quad (5.1.6)$$

经式（5.1.6）可将 Y^Δ 变换成 x'（表 5-1 第二行）。x' 可按 Pauling 电负性的规律使用。

5.1.2　固态络盐的生成热

络盐晶格能的定义如下式：

$$U_{ka} = -\Delta H^0_{Ka} + \Delta H^0_K + \Delta H^0_a \quad (5.1.7)$$

其中络盐晶格能 U_{ka} 可以应用 Капустинский 方程算出[5]，简单阴离子生成热 ΔH^0_a，

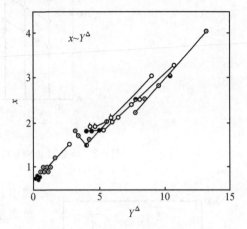

图 5-1　电负性能标 Y^Δ 与 Pauling 电负性 x 的关系

可从一般手册查得，因而只要得知络盐的生成热 ΔH^0_{Ka} 就可以算出络离子的生成热 ΔH^0_K。之后就能计算气态自由络离子的结合能，从而估计各种加合物与不同中心离子的结合物的稳定性。

对于由一定的卤化物系列和某种加合物所成的络合物，在加合物及其数目相同的条件下，生成热的大小主要取决于原始盐 A—B 键；而原始盐又可看成是加合物等于零的络盐，从而建立起从原始盐到络盐的整个系列。

将不同固态络盐系列（包括原始盐）的生成热实验值[5,6]按式（5.1.5）分别对相应 M—X 键的 $(Y^\Delta_a - Y^\Delta_K)^2$ 作图。我们选出有代表性的如图 5-2～图 5-4。分析各图发现，对于给定的原始盐 MX_n 和某种加合物 mR 生成的所有络盐，其依−F、−Cl、−Br、−I 序列的直线具有和原始盐近于相同的斜率；而每 1mol 加合物对该络盐生成热的贡献（图中纵向间距），恒等于 1mol 气态加合物的生成热 $-\Delta H^0_g$ 与其单分子结合热 q_m 之和，即

$$-\Delta H^{m+1}_{ka} + \Delta H^0_{ka} \equiv -\Delta H^0_g + q_m \quad (5.1.8)$$

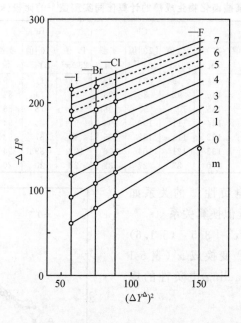

图 5-2 络盐$[Li(NH_3)_m]X$ 的$-\Delta H^0_{ka}/n \sim \Delta Y^\Delta$ 图

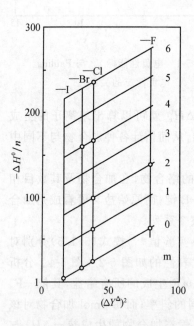

图 5-3 络盐 $CuX_2 \cdot mH_2O$ 的
$\Delta H^0/n \sim (\Delta Y^\Delta)^2$ 图

式中，$-\Delta H^0_g$ 是恒值；q_m 则是与原始盐正、负离子的本性和加合物及其数目 m 有关的量值。如果得出 q_m 的表达式，就可在式（5.1.5）的基础上按下式计算 $MXn \cdot mR$ 型络盐的生成热：

$$-\Delta H^0_{ka} = n(Y^\Delta_a - Y^\Delta_k)^2 - m\Delta H^0_g + \sum_{i=1}^{m} q_i$$

（5.1.9）

分析大量实验数据发现，可以近似地认为单分子结合热 q_m 主要是由静电能、色散能和极化能组成：

（1）互作用能：主要是静电能和色散能。对于含有中性加合物的络盐，其离子-偶极静电能主要取决于配位偶极子的极性大小，其值随离子-偶极之间距离的增加（即与加合物的数目有关）作轻微地、有规律地减小。一般此种变化（约在 1% 以内）可以忽略。此外，与粒子体积

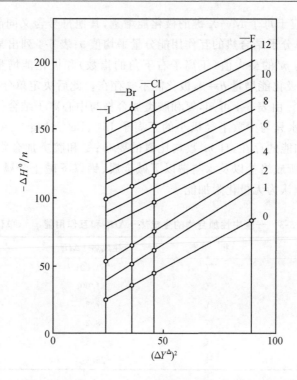

图 5-4　络盐 $CdX_2 \cdot mNH_3$ 的 $\Delta H^0/n \sim (\Delta Y^\Delta)^2$ 图

成正比的色散能对同一络合物系列的单分子结合热具有重要的、比较恒定的贡献。这两者之和即互作用能,可用 $\bar{q}$ 表示。此 $\bar{q}$ 值与 M—X 键的本性无关,而只由加合物分子所决定。

(2) 极化能:此极化能与原始盐正负离子以及加合物的种类有关。极化作用可使离子键具有部分共价性从而使络盐更加稳定。显然,正离子荷移热指数 Y_k^Δ 越大、负离子荷移热指数 Y_a^Δ 越小的晶体其部分共价性应越大。据此设想“极化能”应正比于 Y_k^Δ/Y_a^Δ。此外,中心离子与加合物之间的相互作用对极化能的影响,可用极化能增量 h 来描写。共价键具有方向性和饱和性,故具有共价特性的极化能只当在加合物与中心正离子直接接触(低配位数)时才存在。基于以上认识,我们引出计算 $MX_n \cdot mR$ 或 $[MR_m]X_n$ 型固态络盐生成热的如下公式:

$$- \Delta H_{ka}^0 = n \, (Y_a^\Delta - Y_k^\Delta)^2 - m\Delta H_g^0 + \left(m\bar{q} + nm'h \, \frac{Y_k^\Delta}{Y_a^\Delta} \right) \qquad (5.1.10)$$

式中,Y_k^Δ 和 Y_a^Δ 是正离子和负离子的荷移热指数(表 5-1),n 是 MX_n 型盐中的 M—X 键数;$n(Y_a^\Delta - Y_k^\Delta)^2$ 是原始盐 MX_n 的生成热,即 $-\Delta H_c^0$ 的计算值。对于已有实测 $-\Delta H_c^0$ 的盐可代入其实测值作计算,m' 是存在极化能的加合物数,$m'=1,2,$

$3,\cdots,6$；h 是相应于每个 M—X 键的极化能增量，其他符号含义同前。表 5-3 列出某些加合物的单分子结合热的互作用能分量平均值 $\bar{q}$；表 5-4 列出某些加合物相应于不同正离子的 m' 的最大值（正离子右下角的指数）和极化能增量 h。当加合物数目 $m>m'$ 时，极化能增量 $h=0$，极化能不复存在。此后决定单分子结合热 q_m 的只是互作用能 $\bar{q}$。由表 5-4 可知，氨和胺类加合物与中心离子结合一般具有较大的极化能增量；而水只与少数半径极小的正离子 Li^+、Be^{2+}、Mg^{2+}、Al^{3+} 等结合时才表现出极化附加能的存在，且 m' 数均比氨的要小；氨和胺类加合物与钠以下的碱金属以及银、铊所成络盐以及水与钠以下碱金属、钙以下碱土金属、大量过渡金属所成络盐可近似认为无极化附加能。

表 5-3　一些中性加合物的生成热 $-\Delta H_g^0$ 和互作用能 $\bar{q}$　（单位：kcal/mol）

加合物	状　态	生成热 $-\Delta H_g^0$	$\bar{q}$
H_2O	气	57.801	14
NH_3	气	11.00	8
CH_3NH_2	气	7.3	9
$(CH_3)_2NH$	气	8.2	9
$C_2H_4(NH_2)_2$	气	-4.3	22
C_5H_5N	气	-25.3	16

表 5-4　相应于不同加合物 R 的不同正离子 M^{n+} 的 m' 最大值

（M^{n+} 右下角数字）和极化能增量 h　（单位：kcal/mol）

M_m^{n+}　$\dfrac{R}{h}$	NH_3、CH_3NH_2、$(CH_3)_2NH$	$C_2H_4(NH_2)_2$		H_2O	C_5H_5N
40	Li_4^{2+}、Be_4^{2+}、Mg_4^{2+}、Ca_4^{2+}、Sr_4^{2+}、Ba_4^{2+}			Li_1^+　Be_1^{2+}　Mg_1^{2+}	
10	Cu_2^+、Cu_4^{2+}、Au_2^+、Zn_4^{2+}、Cd_4^{2+}、Hg_4^{2+} Sn_2^{2+}、Pb_2^{2+}、Cr_4^{2+}、Fe_4^{2+}、Co_4^{2+}、Ni_4^{2+} Pb_4^{4+}、Pt_4^{4+}、Mn_4^{4+}、Sb_2^{3+}、Ga_5^{3+}、In_5^{3+} Al_6^{3+}、Ce_6^{4+}、U_6^{4+}	Cu_2^{2+}　Fe_4^{2+} Zn_2^{2+}　Co_4^{2+} Cd_2^{2+}　Ni_4^{2+} Hg_2^{2+}		Al_4^{3+}	Cu_4^{2+}　Zn_2^{2+} Cd_1^{2+}
0	Na^+、K^+、Rb^+、Cs^+ Ag^+、Tl^+ 等			Na^+、K^+、Rb^+、Cs^+、Ca^{2+}、Sr^{2+}、Ba^{2+}、Tl^{3+} 及过渡金属离子	Hg^{2+}、Fe^+、Co^{2+}、Ni^{2+} 等

　　根据表 5-3、表 5-4 所列常数数值，按式（5.1.10）我们验算了近四百种络盐的生成热。将计算值与实验值比较，其偏差约在 $1\%\sim3\%$。部分计算值与实测值的比较列于表 5-5。以相同的准确度按式（5.1.10）并结合作图我们计算了尚无实测值的 1257 种固态络盐的生成热，可以作为分析其力能特性的基础。

表 5-5　固态络盐生成热计算值与实测值的比较　（单位：kcal/mol）

络盐（晶）	生成热 $-\Delta H^0_{ka}/n$		络盐（晶）	生成热 $-\Delta H^0_{ka}/n$	
	按式(5.1.10)计算值	实测值[5]		按式(5.1.10)计算值	实测值[5]
LiCl · NH₃	120.6	121.1	FeCl₂ · NH₃	54.5	56.9
LiBr · 3NH₃	152.9	153.3	FeI₂ · 2NH₃	44.0	43.6
NaCl · 5NH₃	193.3	192.3	CoCl₂ · NH₃	52.4	54.5
KI · 4NH₃	154.3	153.4	NiI₂ · 2NH₃	42.3	41.9
RbBr · 3NH₃	150.0	150.0	PdCl₂ · 2NH₃	52.8	53.0
RbI · 6NH₃	192.5	192.0	MnCl₂ · NH₃	70.6	71.9
MgCl₂ · NH₃	92.3	92.6	MnBr₂ · 6NH₃	124.8	123.1
MgCl₂ · 2NH₃	107.5	107.0	CeCl₃ · 4NH₃	114.7	116.3
MgBr₂ · 2NH₃	94.2	93.9	CeCl₃ · 20NH₃	215.9	216.8
CaCl₂ · NH₃	108.6	109.0	UCl₄ · 4NH₃	90.2	92.2
CaCl₂ · 2NH₃	121.9	122.1	UCl₄ · 6NH₃	103.9	103.0
CaI₂ · 6NH₃	140.0	144.6	UCl₄ · 12NH₃	132.3	132.6
CaCl₂ · 8NH₃	186.5	184.5	CuBr · NH₃	48.4	52.3
SrCl₂ · NH₃	111.4	110.2	CuI · 2NH₃	64.3	66.0
SrBr₂ · NH₃	98.4	99.4	CuCl₂ · 2NH₃	54.0	58.7
SrI₂ · 6NH₃	140.0	143.4	CuCl₂ · 6NH₃	100.2	104.5
BaBr₂ · NH₃	102.3	101.6	CuBr₂ · 6NH₃	92.0	95.0
BaI₂ · 2NH₃	97.6	96.7	CuBr₂ · 10NH₃	130.0	132
BaI₂ · 8NH₃	161.2	163.0	AgCl · NH₃	49.4	52.4
BaI₂ · 10NH₃	180.2	182.8	AgI · 2NH₃	52.9	54.1
AlCl₃ · 6NH₃	117.2	118.4	AgI · 3NH₃	71.9	72.0
GaCl₃ · 5NH₃	93.6	94.0	ZnI₂ · NH₃	38.8	41.4
GaI₃ · 6NH₃	79.8	78.0	ZnCl₂ · 4NH₃	101.0	105.7
InI₃ · 2NH₃	40.3	39.0	ZnBr₂ · 4NH₃	91.4	96.7
InCl₃ · 5NH₃	90.4	90.0	CdCl₂ · NH₃	59.6	61.1
SnBr₂ · NH₃	45.8	45.9	CdBr₂ · NH₃	51.0	52.5
SnI₂ · 2NH₃	46.4	45.1	CdBr₂ · 2NH₃	72.6	74.8
PbCl₂ · NH₃	56.0	55.0	CdI₂ · 2NH₃	52.1	51.8
SbF3 · NH₃	82.1	80.6	CdCl₂ · 6NH₃	117.7	117.6
SbF3 · 4NH₃	104.4	101.1	CdBr₂ · 6NH₃	110.0	109.9
CdI₂ · 6NH₃	98.8	97.1	BaBr₂ · 2H₂O	162.0	163.2
CdCl₂ · 10NH₃	155.7	154.5	BaI₂ · 2H₂O	143.8	145.9
HgCl₂ · 2NH₃	54.7	54.7	CuCl₂ · 2H₂O	98.5	98.0
HgBr₂ · 2NH₃	49.1	47.6	CuF₂ · 2H₂O	135.8	137.3
LiBr · H₂O	159.4	158.4	CoCl₂ · 6H₂O	254.0	254.3
LiI · H₂O	141.5	141.4	CoBr₂ · 6H₂O	241.0	242.5
LiBr · 2H₂O	231.6	230.0	NiCl₂ · 6H₂O	252.0	252.8
LiI · 2H₂O	213.5	213.3	FeCl₂ · 2H₂O	112.8	113.9
LiBr · 3H₂O	303.0	302.0	FeCl₂ · 4H₂O	185.0	185.3
LiI · 3H₂O	285.0	285.0	MnBr₂ · 4H₂O	188.5	188.1
NaI · 2H₂O	213.2	211.5	MnI₂ · 6H₂O	244.5	245.5
MgCl₂ · 4H₂O	226.8	226.3	TlCl₃ · 2H₂O	76.0	76.0
MgCl₂ · 6H₂O	298.2	298.2	AlCl₃ · 6H₂O	215.0	213.9
CaCl₂ · H₂O	131.1	132.6	CuCl₂ · 2Pyr	25.6	25.2
CaCl₂ · 2H₂O	167.0	167.7	CuBr₂ · 2Pyr	16	13.8

络盐（晶）	生成热 $-\Delta H_{ka}^0/n$		络盐（晶）	生成热 $-\Delta H_{ka}^0/n$	
	按式(5.1.10)计算值	实测值[5]		按式(5.1.10)计算值	实测值[5]
$CaCl_2 \cdot 6H_2O$	310.6	311.7	$CuI_2 \cdot 6Pyr$	-7.0	-6.6
$SrCl_2 \cdot 2H_2O$	170.7	171.6	$ZnI_2 \cdot 2Pyr$	23.7	23.6
$SrBr_2 \cdot 2H_2O$	157.4	158.8	$CdCl_2 \cdot 2Pyr$	40.8	41.7
$SrBr_2 \cdot 6H_2O$	301.0	301.9	$CdBr_2 \cdot 2Pyr$	32.2	33.3
$BaCl_2 \cdot H_2O$	138.7	139.1	$CdI_2 \cdot 2Pyr$	19.1	18.8

5.1.3　结合热 Q 和固态络盐的热稳定性

估计固态络盐热稳定性最一般的方法是根据由原始盐 MX_n 与气态加合物 R 形成络盐时的生成热，即络盐的结合热 Q 进行判断。有了 5.1.2 节求得的络盐的标准生成热值，就可以以相同的准确度计算结合热 Q。对于下述反应：

$$MX_n（晶）+ mR（气）= MX_n \cdot mR（晶）+ Q_m$$

其热效应 Q_m 如下式：

$$Q_m = -\Delta H_{ka}^0 + \Delta H_c^0 + m\Delta H_g^0 \tag{5.1.11}$$

式中，ΔH_{ka}^0、ΔH_c^0、ΔH_g^0 依次为固态络盐、固态原始盐、气态加合物的标准生成热。根据 5.1.2 节求得的固态络盐生成热值并按式(5.1.11)我们计算了一千余种络合物（尚无实测值）的结合热 Q_m 值。

结合热 Q 对估计络盐热稳定性的有效性是因为对一定的络合物系列（如等熵类反应）、在一定的温度下，量值 Q 与自由能 ΔZ^0 之间存在如下简单关系：$Q = \Delta G^0 + T\Delta S = \Delta G^0 +$ 常数。因此，根据上面算出的 Q 值可以对某些系列络盐的热稳定性次序作出如下判断：

对于大部分主族元素卤化物，如卤化锂、钠、钾、铍、镁、钙、锶、钡、铝、铟、铊等，其水合物、氨及胺合物的稳定性，均依从氟至碘的次序增加。其中卤化钙、钡、铝、铊的水合物，从氟至碘的序列，稳定性相当接近。卤化锰、铬、铁、钴、镍、锌、镉等的高级氨及胺合物（超络合物），亦依从氟至碘的次序稳定性递增。而卤化金、银、汞、铂(Ⅱ)、钯(Ⅱ)等的氨合物，则依从氟至碘的次序稳定性递降。卤化铁的羰合物、卤化镍、铬的水合物、卤化钴的醇合物等，其稳定性依从氟至碘的次序递增；卤化铁、锰的水合物则递降。而卤化镓、锡、铅(Ⅱ)的氨合物则依氟、氯、碘、溴的次序稳定性递增。卤化铜(Ⅰ、Ⅱ)的水合物和氨合物则是氟、碘化合的稳定性大于氯、溴化物。以上结论和文献[5]大体一致，但由于上述概括基于一千多种新的 Q 值，因而较[5]涉及的络盐更为广泛。Ячимирский[5]曾对出现此种结果的原因作了较为详细的分析。

5.1.4　单分子结合热 q_m 和络合键性

从图 5-3 至图 5-5 发现：①随着加合物数目 m 的增加，一般表现出从 m 到 $m+$

1 的纵向间距逐渐缩短,其缩短率对于氨合物大约为 3%;对于水合物则在 1% 以内;②对于氨合物等系列,直线在氟端表现轻微地收拢。对此可做如下分析。据上图和式(5.1.8)可知,直线间距的变化实际上只是 q_m 在随 m 变化。结合式(5.1.11)可得

$$q_m = Q_{m+1} - Q_m \qquad (5.1.12)$$

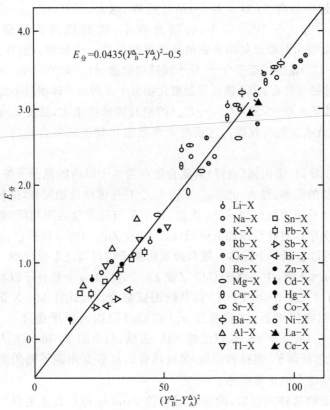

图 5-5　700℃时单一熔融卤化物的分解电势与荷移热指数的关系

可见单分子结合热 q_m 等于含有 $m+1$ 个和含有 m 个加合物的络盐的结合热之差。为了估计决定 q_m 和 Q_m 的因素,我们提出下述 Born-Haber 热化学循环:

$$[MR_m]X_n(晶) + R(气) \xrightarrow{q_m} [MR_{m+1}]X_n(晶)$$

$$-U_m \downarrow \qquad\qquad\qquad \uparrow +U_{m+1}$$

$$[MR_m]^{n+}(气) + nX^-(气) + R(气) \qquad [MR_{m+1}]^{n+}(气) + nX^-(气)$$

$$-W_m \searrow \qquad\qquad\qquad \nearrow +W_{m+1}$$

$$M^{n+}(气) + nX^-(气) + (m+1)R(气)$$

由这个循环得到

$$q_m = (U_{m+1} - U_m) + (W_{m+1} - W_m) \tag{5.1.13}$$

式中，U_m 是含有 m 个加合物的络盐晶格能；W_m 是气态阳离子 M^{n+} 与 m 个气态加合物 R 的结合能。不难看出，式中 $(U_{m+1} - U_m)$ 永为负值；$(W_{m+1} - W_m)$ 永为正值。分析式（5.1.13）可以回答前面两个问题：①加合物（偶极子）相同，则它的位置越接近中心离子（即 m 越小）结合能 W_m 越大，则有 $(W_{m+1} - W_m)$ 越大，反之，m 越大，$(W_{m+1} - W_m)$ 越小，q_m 随之变小，故直线间距逐渐缩短。从式（5.1.13）可以得出判断多氨络合物最高含氨数目的一个标准：当 $(W_{m+1} - W_m) = q_m - (U_{m+1} - U_m)$ 量值接近于分子-分子间键的键能量值（即如 $\leqslant$ 7kcal/mol）时，此络合物肯定不能稳定存在；②从碘化物到氟化物由于卤阴离子体积渐小而电荷相同，所以络盐晶格能依次增大，即 $(U_{m+1} - U_m)$ 的绝对值依次增大，致使 q_m 依相同顺序减小，导致出现直线在氟端收拢。这正是大多数氟化物生成氨合物的可能性变小的原因。

由图 5-5 看到，卤化镉（或锌）的氨合物在与 4 个以内的氨分子络合时，其斜率均大于原始盐的斜率，即有：$q_m^I < q_m^{Br} < q_m^{Cl} < q_m^F$ 并导致络盐稳定性"逆转"（即依碘至氟顺序稳定性反而增加）；当 $m \geqslant 4$ 以后，斜率又与原始盐近于相同，随之又出现特征的稳定性次序。对此可作如下说明：Cd^{++}（或 Zn^{++}）的 d 轨道已全充满，只有 4 个 sp^3 轨道可以容纳 4 个配体。氨和卤素阴离子均可与之形成配键。q_m 的变化可以设想为在 $m < 4$ 时，中心离子 Cd^{++}（或 Zn^{++}）除与 m 个氨分子以共价配键结合外，同时还与 $(4-m)$ 个卤阴子 X^- 以共价配键结合。而此种 M—X 键的共价性又依从氟至碘的次序增强，这将导致 q_m（或 Q_m）依相同顺序递降[7,8]。当 $m \geqslant 4$，Cd^{++}（或 Zn^{++}）的 4 个 sp^3 轨道已被 NH_3 占满，后来的 X^- 和 NH_3 与中心离子即以静电结合（包括离子-偶极和偶极-偶极结合），以后又出现了随阴离子半径的增加络盐稳定性增大的正常次序。

我们提出的荷移热指数，验证表明它较 Pauling 电负性能更好地概括热化学规律；研究了原始盐为卤化物的固态络盐。在这类化合物中，对含氟络盐至今研究甚少，热化学资料甚缺。按照本节导出的公式可以计算大量含氟络盐的热化学数据，可望引起对它们的进一步研究；提出了单分子结合热的计算式，从而可对成千种络盐的生成热和结合热进行计算，进而判断其力能特性；深入研究固态络盐的热化学及其已经积累起来的大量实验数据，有可能从能量的角度阐明配合物化学中的一系列重要问题，并扩展它在冶金化工中的作用。

5.2　熔盐的分解电势和电极电势

熔盐的分解电势和金属在熔盐中的电极电势是研究熔盐电解机制、改进电解工艺控制条件的重要物理因素。尽管熔盐的分解电势一般可从热化学资料来计算,但由于计算方程中的一些数值的缺乏,使得对许多化合物分解电势的计算常常遇到困难。这就需要用半经验的方法来估算。

张正斌[9]曾考察了(水溶液)元素的标准电极电势与电负性的关系。在本节中,我们试图寻找某些熔盐的电化学特性与荷移热指数[2]的关系;而这种关系的建立,是基于联系热化学与电化学的基本方程

$$- \Delta G = nFE \tag{5.2.1}$$

以及自由能与生成热的关系式

$$- \Delta G = \Delta H - T\Delta S \tag{5.2.2}$$

而我们在文献[10]中曾指出,荷移热指数 $Y^\triangle$ 与键的生成热 ΔH 之间有如下关系:

$$- \Delta H = (Y_A^\triangle - Y_B^\triangle)^2 \tag{5.2.3}$$

5.2.1　熔盐的分解电势与荷移热指数的关系

对于大多数单一熔盐电解来说,超电势接近于零。如果再无去极作用或去极作用很小,则分解电势与该化学电池的可逆电势近似一致。对于一定的化合物系列并在一定条件下,化合物的分解电势应与其键合特性有关,我们将其与表征键合能量特性的荷移热指数相关联。

根据文献[11]所载在 700℃ 时单一熔盐的分解电势(伏特)数值,作 $E_分 \sim (Y_B^\triangle - Y_A^\triangle)^2$ 图,如图 5-5,得到如下经验关系式:

$$E_分 = 0.0435(Y_B^\triangle - Y_A^\triangle)^2 - 0.5 \tag{5.2.4}$$

为了阐明经验公式(5.2.4),我们提出下述热化学循环

$$MX(ms) \xrightarrow{\Delta H_1} \frac{1}{2}M_2(ms) + \frac{1}{2}X_2(ms)$$

$$\Delta H_2 \downarrow \qquad\qquad\qquad \uparrow \Delta H_3$$

$$MX(g) \qquad \frac{1}{2}M_2(g) + \frac{1}{2}X_2(g)$$

$$-D_{M-X} \searrow \qquad \nearrow \frac{1}{2}[D_{M-M} + D_{X-X}]$$

$$M(g) + X(g)$$

由这个循环得到

$$- \Delta H_1 = \left\{ D_{M-X} - \frac{1}{2}[D_{M-M} + D_{X-X}] \right\} - (\Delta H_2 + \Delta H_3) \tag{5.2.5}$$

将式(5.2.1)、(5.2.2)和 $(Y_B^\triangle - Y_A^\triangle)^2 = D_{A-B} - \frac{1}{2}[D_{A-A} + D_{B-B}]$ 代入式

(5.2.5)则得

$$-\Delta G_1 = nFE_分 = (Y_X^\Delta - Y_M^\Delta)^2 - (\Delta H_2 + \Delta H_3) + T\Delta S$$

或

$$E_分 = 0.0435(Y_X^\Delta - Y_M^\Delta)^2 - 0.0435(\Delta H_2 + \Delta H_3 - T\Delta S) \qquad (5.2.6)$$

式中,$E_分$是电解产生 M、X 的分解电势,Y_M^Δ、Y_X^Δ是金属、卤素的荷移热指数,0.0435 是统一单位得到的转移系数。应用热化学循环导出的式(5.2.6)可以阐明经验公式(5.2.4):①分解电势应与相应 M、X 元素的荷移热指数之差的平方成正比;②斜率 a=0.0435 即理论公式(5.2.6)中的转换系数,二者完全一致;③截距 b=−0.5 是由式(5.2.6)中右边第二项决定的。图 5-5 表明,在上述过程中,不同卤化物的 ΔH_2、ΔH_3 和 ΔS 近似相等。

5.2.2　金属在熔盐中的电极电势与荷移热指数的关系

我们熟知,电极电势是相间电势之和。而相间电势是由带电的离子(如金属-电解质)和电子(如金属-金属)有可能迁越相界而引起的。离子或电子在两相间的化学位之差,决定了相间电势的大小。离子或电子迁越相界的本领,显然与元素的本性、特别是与元素的外层电子的特性密切相关。Делимарский[12]曾指出:金属的电极电势与元素周期系有关。我们试图用由电荷迁移效应导出的荷移热指数来总结金属在熔盐中的电极电势资料。

将元素 A 在熔盐中的电极电势(钠标)[13]对相应元素的荷移热指数 Y_A^Δ 作图,分别得到图 5-6 和图 5-7,并求得 E_{ms}^0 和 Y^Δ 间的如下关系式:

$$E_{ms}^0 = 0.6Y^\Delta + b \qquad (5.2.7)$$

与图 5-6 对应的 700℃下的熔盐条件,b = −0.3;与图 5-7 对应的在盐类熔点时 b = −0.6。此结果表明:熔盐温度的不同,只影响截距,而不影响斜率;而卤离子不同的影响一般亦忽略(氟除外)。

为了阐明式(5.2.7),参照 Mulliken 电负性标的引出方式[14],可以设计如下两个热化学循环

$$A(ms) + B(ms) \xrightarrow{\Delta H_1} A^+(ms) + B^-(ms)$$

$$\Delta H_2 \downarrow \qquad\qquad\qquad \uparrow \Delta H_3$$

$$A(g) + B(g) \qquad\qquad A^+(g) + B^-(g)$$

$$I_A \searrow \qquad\qquad \nearrow -Y_B$$

$$A^+(g) + e + B(g)$$

$$A(ms) + B(ms) \xrightarrow{\Delta H_4} A^-(ms) + B^+(ms)$$

$$\Delta H_5 \downarrow \qquad\qquad\qquad \uparrow \Delta H_6$$

$$A(g) + B(g) \qquad\qquad A^-(g) + B^+(g)$$

$$I_B \searrow \qquad\qquad \nearrow -Y_A$$

$$A(g) + B^+(g) + e$$

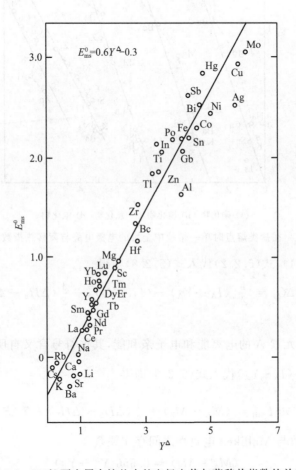

图 5-6　700℃下金属在熔盐中的电极电势与荷移热指数的关系

显然 $\Delta H_2 = \Delta H_5$，所以

$$\Delta H_1 - \Delta H_4 = (I_A + Y_A) - (I_B + Y_B) + (\Delta H_3 - \Delta H_6)$$

设 $\Delta H_1 = -\Delta H_4$，则

$$-2\Delta H_4 = (I_A + Y_A) - (I_B + Y_B) + (\Delta H_3 - \Delta H_6) \tag{5.2.8}$$

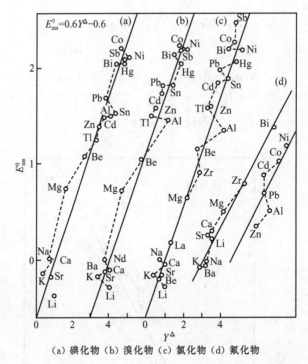

(a) 碘化物 (b) 溴化物 (c) 氯化物 (d) 氟化物

图 5-7 在盐类熔点时单一熔盐中金属的电极电势与荷移热指数的关系

将式(5.2.1)、式(5.2.2)代入式(5.2.8)则得

$$nFE_{AB} = -\Delta G_4 = \frac{1}{2}[(I_A + Y_A) - (I_B + Y_B)] + \frac{1}{2}(\Delta H_3 - \Delta H_6) + T\Delta S$$

$$(5.2.9)$$

式中，I_A、Y_A 是元素 A 的电离能和电子亲和能，其他符号含义自明。将 MulliKen 电负性 $M_A = \frac{1}{2}(I_A + Y_A)$ 代入式(5.2.9)即得

$$nFE_{AB} = (M_A - M_B) + \frac{1}{2}(\Delta H_3 - \Delta H_6) + T\Delta S \qquad (5.2.10)$$

已知荷移热指数与 Mulliken 电负性之间存在关系

$$(M_A - M_B) = 0.556(Y_A^\Delta - Y_B^\Delta)$$

代入式(5.2.10)并统一单位，化简得到

$$E_{AB} = 0.55(Y_A^\Delta - Y_B^\Delta) + 0.02(\Delta H_3 - \Delta H_6 + 2T\Delta S) \qquad (5.2.11)$$

由于电极电势是根据测量 Daniell 电池的电动势所确定的数值，在此电池中假定参比电极的电势为零，而参比电极的荷移热指数又是常数，则式(5.2.11)化作

$$E_A^0 = 0.55Y_A^\Delta + [0.02(\Delta H_3 - \Delta H_6 + 2T\Delta S) + 0.55Y_B^\Delta] \qquad (5.2.12)$$

式中，E_A^0 是元素 A 的电极电势，Y_A^Δ 是 A 的荷移热指数[10]，0.55 和 0.02 是统一单

位时的换算系数。

　　应用热化学循环导出的式(5.2.12)，可以阐明经验公式(5.2.7)：①金属在熔盐中的电极电势与相应元素的荷移热指数 Y^Δ 成正比；②图 5-6、图 5-7 中直线的斜率 $a＝0.6$ 与理论公式(5.2.12)中的转移系数 0.55 近似相等；③截距 b 是由理论公式(5.2.12)中右边第二项决定的。温度越高，$T\Delta S$ 项贡献越大，截距 b 越大。故此在盐类熔点下 $b＝0.6$；而在 700℃ 条件下，$b＝-0.3$。

　　以上内容可参阅文献[15]。

参　考　文　献

1　Ashoroft T S，Mortimer C T. Thermochem of Transition Metal Complexes. 1970；Ahrland S. Coord. Chem. Rev. ，1972,8：21

2　Голутвии Ю. М. Теплоты образования и тилыхимичёской связй в неорганических кристаллах，Изд. АН СССР，1962

3　杨频. 科学通报,1977,22(9)：398

4　Pauling L 著. 卢嘉锡等译. 化学键的本质. 上海：上海科技出版社,1966

5　Ячимирский К Б. 络合物热化学. 刘为涛等译. 北京：科学出版社,1959

6　Верятин У Д и Др. Термодинамические свойства неорганических веществ，АИ Ато-миздат，Москва，1965

7　Гринберг А А. 络合物化学概要. 申泮文等译. 北京：高等教育出版社,1956.440

8　Ячимирский К Б. 络合物热化学. 刘为涛等译. 北京：科学出版社,1959,117

9　张正斌. 化学通报,1966,1：9

10　杨频. 化学通报,1978,6：11；山西大学学报(自然科学版),1979(2)：88

11　沈时英,胡方华编译. 熔盐电化学理论基础. 北京：中国工业出版社,1965,217

12　Деримарский Ю К. Ж. Обш. Хим. 1956,26：2968

13　沈时英,胡方华编译. 熔盐电化学理论基础. 北京：中国工业出版社,1965,258

14　Mulliken R. J. Chem. Phys. ,1934,2：782；1953,3：573

15　杨频. 分子中的电荷分布和物性规律. 太原：山西高校联合出版社,1992

第 6 章　电负性的表征和电负性均衡原理

在化学键中,同核键只占极少数,大量的是异核键。由于不同元素吸引电子的能力不同,将引起价电子的迁移并产生化学键的键型过渡以及一系列物理化学性质的变化。电负性概念的提出,就是为了表示分子中不同元素吸引电子能力的倾向,并用它去研究不同元素形成化学键的一些特性。

6.1　电负性的定义与表示

虽然元素的电负性与电正性的概念,在十九世纪就已经由 Berzlius 提出来了,但是,给每个元素赋予一定的数值,定量地表示元素的电负性,则是在 20 世纪 30 年代开始的。当时 Pauling[1] 给电负性下的定义是:原子在分子中吸引电子的能力。现在对电负性的表示已经有许多种,在这里我们仅介绍几类主要的方法。

6.1.1　热化学表示法

Pauling 认为,对于同核双原子分子 A—A,它的单键波函数 Φ 可以表示如下:

$$\Phi = a\phi_{A:A} + b(\phi_{A^+A^-} + \phi_{A^-A^+}) \tag{6.1.1}$$

式中,第一项表示键电荷处在核间距的中点,为键合两原子所共享,属于键的共价成分的波函数。上式的 $\phi_{A^+A^-}$ 或 $\phi_{A^-A^+}$ 表示成键的两电子完全属于键合两原子中的一个,分别形成正负离子,故式(6.1.1)的第二项相当于键的离子性部分波函数。但是,在实际的同核分子中它的贡献可以忽略,所以 $\Phi = \phi_{A:A}$(a 隐含于 ϕ 内),并以 $D(A—A)$ 表示它的键能。

对于另一类同核键 B—B,也可以写出类似的波函数 $\Phi = \phi_{B:B}$ 及其所对应的键能 $D(B—B)$。上述这两种化学键都是典型的共价键。

现在讨论异核单键 A—B。如果 A、B 两原子吸引电子的能力很相近,形成 A^+B^- 与形成 A^-B^+ 的倾向相等,则该键的波函数可以近似地表示为

$$\Phi = c\phi_{A:B} + d(\phi_{A^+B^-} + \phi_{A^-B^+}) \tag{6.1.2}$$

与同核键类似,由于形成 A^+B^- 及 A^-B^+ 的倾向相等,两键电子处于键合两原子共价半径接触点,均等地为 A、B 两原子共享,所以 d/c 很小,式(6.1.2)中最后一项可以忽略。于是形成的键为共价键,它的键能可以预期为 $D(A—A)$ 及 $D(B—B)$ 的平均值

$$D(A—B) = \frac{1}{2}[D(A—A) + D(B—B)] \tag{6.1.3}$$

若键合两原子 A、B 吸引电子的能力不同,它的波函数的一般形式为

$$\Phi = c_1\phi_{A:B} + c_2\phi_{A^+B^-} + c_3\phi_{A^-B^+} \tag{6.1.4}$$

当 B 原子吸引电子的能力大于 A 时,式(6.1.4)中最后一项可以忽略,但第二项不能忽略,于是体系的波函数变为

$$\Phi = c_1\phi_{A:B} + c_2\phi_{A^+B^-} \tag{6.1.5}$$

式(6.1.5)说明,当键合两原子吸引电子的能力不同时,波函数可以由共价及离子两部分之和表示。因为 c_1 及 c_2 的选择应使体系能量最低,所以从变分法的理论看,式(6.1.5)对应的能量比式(6.1.2)对应的能量 $D(A—B) = \frac{1}{2}[D(A—A) + D(B—B)]$ 要低,可用下式表示:

$$D(A—B) = \frac{1}{2}[D(A—A) + D(B—B)] + \Delta \tag{6.1.6}$$

式(6.1.6)意味着,异核原子形成的键能,总是大于或至少等于它们的同核原子键能的平均值,即 $\Delta \geqslant 0$,实验事实证明这种论点是对的。

　　由于式(6.1.6)中的 Δ 是由键合原子吸引电子的能力不同引起的,所以 Δ 有可能用表征元素 A、B 吸引电子能力的特性参数 X_A 及 X_B 的组合来表示。从经验上发现,它们之间存在如下关系:

$$\Delta = k(X_A - X_B)^2 \tag{6.1.7}$$

式中,k 是一个常数,若键能以 kcal/mol 表示,并取氢的 $X_H = 2.10$,则 $k = 23.06$。式(6.1.7)中的 X_r 就称作元素 r 的电负性。由于用这种方法算得的电负性的数值,都是相对于 X_H 而得到的,故称之为相对电负性标。

　　从上面的式(6.1.7)及式(6.1.6)可以看到,Δ 应该是大于或等于零,这对大多数化学键与实验事实一致。但是,对于碱金属氢化物,如表 6-1 所指出的,$\Delta < 0$。

表 6-1　碱金属氢化物的键能及加和规则

M—M	Li—Li	Na—Na	K—K	Rb—Rb	Cs—Cs
$D(A—A)$	26.5	18.0	13.2	12.4	10.7
M—H	LiH	NaH	KH	RbH	CsH
$D(A—B)$	58.5	48.2	43.6	40	41.9
$\frac{1}{2}[D(A—A) + D(B—B)]$	65.4	61.1	58.7	58.3	57.5
Δ	−6.9	−12.9	−15.1	−18	−15.6
$\{D(A—A) \cdot D(B—B)\}^{1/2}$	52.6	43.4	37.1	36.0	33.4
Δ'	5.9	4.8	6.5	4	8.5

　　Pauling[2]等人后来从单电子键的量子力学处理得到结论,认为式(6.1.6)的算术平均应代之以几何平均:$\{D(A—A) \cdot D(B—B)\}^{1/2}$。那么,若 A—B 键具有

一定离子性,它和正常共价键能之间可以定义另一个差值 Δ',表示如下

$$\Delta' = D(A—B) - \{D(A—A) \cdot D(B—B)\}^{1/2} \tag{6.1.8}$$

这时不仅对于一般化学键 $\Delta' \geqslant 0$,就是碱金属氢化物,由表 6-1 可见,$\Delta' \geqslant 0$ 也成立,所以仿照式(6.1.7)则有

$$\Delta' = K(X_A - X_B)^2 \tag{6.1.9}$$

当键能以 kcal/mol 表示时,$K = 30$;但是,许多键能的数据很缺乏,特别是含有过渡元素与稀土元素的键。为了得到所有元素一套完整的电负性值,仍然可以采用算术平均算法,充分使用热化学数据。Pauling 还采用如下近似观点,即若 A—A 及 B—B 都是气体分子,则当它们形成正常共价键时,键能

$$D(A—B) = \frac{1}{2}[D(A—A) + D(B—B)], \qquad \Delta = 0$$

即没有多余的能量放出,因而生成热为零。当它们形成极性键时,$\Delta > 0$,于是体系放出热能 Q。但是,有的单质在标准状态时并非气体,作为一种近似,假定在标准状态下物质的范德华稳定能与构成那个物质的有关单质在标准状态下的范德华稳定能大致相等,而且除了第二周期元素之外,很少形成双键与三键,不致使利用生成热数据计算电负性时造成很大的误差,所以可以利用热化学数据按下式计算元素的电负性:

$$X_A - X_B = 0.208 \sqrt{Q} \tag{6.1.10}$$

标准状态下的氮远比假定分子中只含有单键要稳定,从 N—N 的单键能 38.4kcal/mol 和 $2N \longrightarrow N_2 + 226.0$kcal/mol 来看,标准状态下 N_2 比它在具有三个单键时的额外稳定能是 110.8kcal/mol,或每克原子氮为 55.4kcal/mol。同样,从 O—O 键能值 33.2kcal/mol 和 $2O \longrightarrow O_2 + 118.3$kcal/mol 可知,标准状态 O_2 的额外稳定能为 52.0kcal/mol,或每克原子氧为 26.0kcal/mol。对于氮与氧要加上这样的校正,因此含氮与氧的化合物的生成热与电负性的关系由下式近似表示:

$$Q = 23 \sum (X_A - X_B)^2 - 55.4 n_N - 26 n_O \tag{6.1.11}$$

式中,n_N 及 n_O 分别为分子中含氮与含氧的原子数。式中第一项是对分子中所有的键求和。式(6.1.11)不适用于含有双键及三键的物质。

Pauling 利用式(6.1.10)、式(6.1.11)算得了周期表中大部分元素的电负性值。不过在他所列出的数值中,未给出元素变价的不同电负性值。例如,三价钒与五价钒、一价铊与三价铊、一价铜与二价铜等。这些元素不同价态所表现的吸引电子的能力或形成化合物时的生成热都有明显的差异。所以后来 Haissinsky[3]、Gordy[4] 等人补充了不同氧化态的电负性值。在表 6-2 中列出了 Pauling 电负性最佳值。由于这种电负性是从热化学数据求得的,称它为热化学表示法。

Pauling 电负性标,是流行较广的一种,其中一个原因是它在历史上出现最早,

表 6-2　元素的 Pauling 电负性

IA	IIA	IIIB	IVB	VB	VIB	VIIB	Ⅷ	Ⅷ	Ⅷ	IB	IIB	IIIA	IVA	VA	VIA	VIIA
H 2.1																
Li 1.0	Be 1.5											B 2.0	C 2.5	N 3.0	O 3.5	F 4.0
Na 0.9	Mg 1.2											Al 1.5	Si 1.8	P 2.1	S 2.5	Cl 3.0
K 0.8	Ca 1.0	Sc 1.3	Ti 1.6	V 1.4III 1.7IV 1.9V	Cr 1.4II 1.6III 2.2VI	Mn 1.4II 1.5III 1.5VII	Fe 1.7II 1.8III	Co 1.7	Ni 1.8	Cu 1.8I 2.0II	Zn 1.6	Ga 1.6	Ge 1.8	As 2.0	Se 2.4	Br 2.8
Rb 0.8	Sr 1.0	Y 1.2	Zr 1.5	Nb 1.7	Mo 1.6IV 2.1VI	Tc 1.9V 2.3VII	Ru 2.0	Rh 2.1	Pd 2.2	Ag 1.9	Cd 1.7	In 1.7	Sn 1.7II 1.8IV	Sb 1.8III 2.1IV	Te 2.1	I 2.5
Cs 0.7	Ba 0.9	La—Lu 1.1–1.2	Hf 1.4	Ta 1.3III 1.7V	W 1.6IV 2.0VI	Re 1.8V 2.2VII	Os 2.0	Ir 2.1	Pt 2.2	Au 2.4	Hg 1.8	Tl 1.5I 1.9III	Pb 1.6II 1.8IV	Bi 1.8	Po 2.0	At 2.2
Fr 0.7	Ra 0.9															

比较完整；另一个原因是由于它是从热化学数据中半经验地得来，当反过来用它归纳元素形成化合物的热化学性质时，能够得到一定的规律性。但是在量子化学参量化的近似计算中，这套标度则表现出物理意义不很明确等缺点。

电负性这种表示法的另一缺点是：一般说来同一元素在不同的 A—B 键中算出来的值是不相同的，为了给每一元素有一个确定的电负性值，必须对一系列 A—B 键求出 Xr，然后取其平均值作为元素 A 的电负性的度量。化学键中一些特殊矛盾，往往在这种平均过程中被掩盖了。例如，若取卤素的电负性分别为 4.0、3.0、2.8、2.5，则由卤化氢的 Δ 值求氢的电负性分别得到为 2.3、2.2、2.0、1.6，其平均值约为 2.0，Pauling 后来取它为 2.1。从这里可以看到由卤化氢求得 H 的 X 值最大与最小相差 0.7，是氢的平均电负性的三分之一。

另外，式(6.1.7)中的 Δ 并非完全是电负性所引起的。例如，共轭与超共轭以及晶体场效应等都可能包括在 Δ 之内。

6.1.2　电离能与电子亲和能表示法

Mulliken[5] 提出了电负性的另一种表示法：设 A、B 两原子都是单价原子，则分子 A—B 的波函数可以表示为如下线性组合：

$$\Phi_{AB} = \gamma\phi(A—B) + \alpha\phi(A^+ B^-) + \beta\phi(A^- B^+) \tag{6.1.12}$$

对于极性分子，组成分子的原子 A、B 电负性不等，设 $X_A < X_B$，则在 A—B 分子中 A 带部分正电荷，B 带部分负电荷，于是式(6.1.12)中的 α 大于 γ 及 β。反之，若 $X_B < X_A$，则 β 大于 α 及 γ。若 $\alpha = \beta$，虽然波函数中含有极性项，但属于正常共价键。若 A 与 B 原子恒同，则式(6.1.12)还原为式(6.1.1)。

虽然 A 与 B 不同，当它们的电负性相同时，则形成 $A^+ B^-$ 与形成 $A^- B^+$ 需要的能量相等，此时系数 $\alpha = \beta$ 也应成立。所以有下式：

$$\int\phi(A—B)H\phi(A^+ B^-)d\tau - E\int\phi(A—B)\phi(A^+ B^-)d\tau$$
$$= \int\phi(A—B)H\phi(A^- B^+)d\tau - E\int\phi(A—B)\phi(A^- B^+)d\tau \tag{6.1.13}$$

当 $\alpha = \beta$，键能具有极大值，则有[6,7]

$$\varepsilon(\phi_A) - \frac{1}{2}\alpha(\phi_A \cdot \phi_A) = \varepsilon(\phi_B) - \frac{1}{2}\alpha(\phi_B \cdot \phi_B) \tag{6.1.14}$$

式中，ϕ_A 是 A 原子的成键轨道，$\varepsilon(\phi_A)$ 是这个轨道的能量，可由 Hartree-Fock 方法计算。$\alpha(\phi_A \cdot \phi_A)$ 是库仑积分，因为轨道能近似等于电离能，所以有 $\varepsilon(\phi_A) \approx I$(电离能)及 $\varepsilon(\phi_A) - \alpha(\phi_A \cdot \phi_A) \approx A$(电子亲和能)。于是可以得到 A、B 两原子电负性相等的条件

$$\frac{I_A + A_A}{2} = \frac{I_B + A_B}{2}$$

因此,任意原子 A 的电负性 X_A 可以由下式表示:

$$X_A = \frac{I_A + A_A}{2} \tag{6.1.15}$$

式(6.1.15)说明,一个原子的电负性,正比于它的电离能及电子亲和能之和。一个原子的电离能大,必然难于失去电子,一个原子的电子亲和能大,必然易于得到电子。既难失去,又易得到电子的原子吸引电子的能力一定较大,这就是式(6.1.15)的物理本质。

由式(6.1.15)计算任意原子 A 的电负性不依赖于与它键合的原子,所以可以由它计算 X 的绝对大小,故 Mulliken 提出的是一种绝对电负性标。

这种绝对电负性标理论基础较好,物理意义也直观,但计算比较困难。因为在式(6.1.15)中 I 与 A 分别是原子的价态电离能及电子亲和能,若用孤立原子的非价态电离能及电子亲和能,就不能较好地反映原子在分子中吸引电子的能力,所以当时 Mulliken 仅算出 11 个元素的电负性量值。

要计算价态的电离能 I_V 及价态电子亲和能 A_V,先要获得它们的基态值 I_g、A_g,这可以由表 6-3 的实验数据得到[8]或者用理论方法计算。

表 6-3　元素基态电子亲和能(eV)(实验测定值)[8]

H									He
0.754									(−0.22)
Li	Be			B	C	N	O	F	Ne
0.620	(−2.5)			0.86	1.270	0.0 ±0.2	1.465	3.339	(−0.30)
Na	Mg			A1	Si	P	S	Cl	Ar
0.548	(−2.4)			0.52	1.24	0.77	2.077	3.614	(−0.36)
K	Ca	Cu	Zn	Ga	Ge	As	Se	Br	Kr
0.501	(−1.62)	1.276	—	(0.37)	1.20	0.80	2.020	3.363	(−0.40)
Rb	Sr	Ag	Cd	In	Sn	Sb	Te	I	Xe
0.486	(−1.74)	1.303	—	0.35	1.25	1.05	1.90 ±0.15	3.061	(−0.42)
Cs	Ba	Au	Hg	Tl	Pb	Bi	Po	At	Rn
0.472	(−0.54)	2.309	—	0.5	1.05	1.05 ±0.15	(1.8)	(2.8)	(−0.42)

价态电离能与电子亲和能和它们的基态值有如下关系:

$$I_V = I_g + P^+ - P^0 \tag{6.1.16}$$

$$A_V = A_g + P^0 - P^- \tag{6.1.17}$$

式中,P^+、P^- 及 P^0 分别是正负离子及中性原子的提升能(promotion energy),它们可以由原子光谱参数得到。

I_V 是由价态移去一个电子的能量,而 A_V 是价态加上一个电子体系变化的能量,同时电子不允许重排。以碳为例,下面每一电子组态对应着一个 I_V 及 A_V,并

标出碳在不同价态下的 Mulliken 电负性

$$C^-(te^5) \xleftarrow[te\sigma]{A_V = 1.34} C(te^4) \xrightarrow[te\sigma]{I_V = 14.61} C^+(te^3)$$

$$X_{tr\pi} = 7.98$$

$$C^-(tr^4\pi) \xleftarrow[tr\sigma]{A_V = 1.95} C(tr^3\pi) \xrightarrow[tr\sigma]{I_V = 15.62} C^+(tr^2\pi)$$

$$X_{tr\pi} = 8.79$$

$$C^-(tr^3\pi^2) \xleftarrow[tr\pi]{A_V = 0.03} C(tr^3\pi) \xrightarrow[tr\pi]{I_V = 11.16} C^+(tr^3\pi^0)$$

$$X_{tr\pi} = 5.60$$

式中,符号 $C^-(tr^3\pi^2)$ 表示三角形杂化状态的碳得到一个电子后,在 tr 轨道上有三个电子,π 轨道有两个电子。Hinze[9] 等人用这种方法计算了主族元素不同价态的电负性。具体数值参看附录 I。

　　电负性的这种表示法不足之处是,关于过渡元素和稀土元素的基态电子亲和能,无论是实验测定或理论计算误差都比较大,故这些元素的 Mulliken 电负性值一直未能准确得到。

　　虽然 Pauling 与 Mullike 是从完全不同的角度出发的,但是得到的电负性值却存在线性关系

$$X_P = 0.336(X_M - 0.615) \tag{6.1.18}$$

值得指出的是 Mulliken 电负性标可以推广到任何复杂分子中去,从而得到分子轨道电负性。

　　已知,最高占据轨道与电离势有关,最低空轨道与电子亲和能有关。Younkin[10] 等人将一系列的共轭有机分子的电离能与电子亲和能分别与最高占据轨道和最低空轨道计算得到的能量比较,的确都有很好的线性关系,如图 6-1 所示。

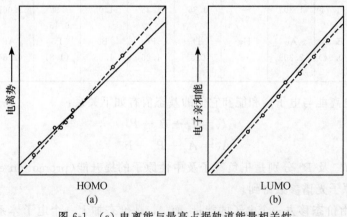

图 6-1　(a) 电离能与最高占据轨道能量相关性
　　　　　(b) 电子亲和能与最低空轨道能量相关性

因为不少有机化合物的分子轨道的电离能与电子亲和能可以由实验测定,这样我们就可以得到实测的分子轨道电负性值。

6.1.3　占据轨道能量表示法

电负性既然表现为原子在分子中吸引电子的能力,那么它将与其最低空轨道充电子而引起的能量变化及该原子在某分子中有多少电荷填入了最低空轨道有关。因此电负性也可以由占据轨道能量随充填电荷数的变化来表示。当然这种充填的电荷不一定要求是整数。

计算元素的各级电离能,有一个准确性较高的经验公式

$$E(N) = aN + bN^2 + cN^3 + dN^4 \qquad (6.1.19)$$

式中,N 是电离的级数。用这个公式可以外推求得电子亲和能[11]。由于式(6.1.19)中的系数 c、d 与 a、b 相比很小,保留前两项已足够准确,所以取

$$E(N) = aN + bN^2 \qquad (6.1.20)$$

从这个式子可以立即得到第一电离能 I 及电子亲和能 A

$$I = E(+1) = a + b, \qquad A = E(-1) = b - a \qquad (6.1.21)$$

Iczkowski[12]假定式(6.1.20)不仅适用于电荷 N 为整数的变化,而且也适用于非整数的变化。那么体系能量随 N 的变化率为

$$\frac{\mathrm{d}E}{\mathrm{d}N} = a + 2bN$$

对于中性原子就有

$$\left(\frac{\mathrm{d}E}{\mathrm{d}N}\right)_{N=0} = a = \frac{E(+1) - E(-1)}{2} = X \qquad (6.1.22)$$

此即中性原子的 Mulliken 电负性。这种方法由 Hinze 等人把它加以推广应用,并且还被 Jørgensen[13]用来讨论配合物的电子光谱。

1977 年 Johnson[14]在研究 SCF-X_a 方法的基础上,从分子轨道能量的角度定义了分子轨道电负性。设 E_{xa} 是用 SCF-X_a 方法求得的体系总能量,n_i 是第 i 个分子轨道的占据数,那么该轨道的能量 ε_i 与 E_{xa} 之间有如下关系

$$\varepsilon_i = \frac{\partial E_{xa}}{\partial n_i}$$

与 Iczkowski 的表示类似,可以定义分子轨道电负性如下:

$$X_{xa} = -\frac{\partial E_{xa}}{\partial n_i} \qquad (6.1.23)$$

这种表示电负性的方法,已被用来解释络合催化反应等现象[14]。不过,电负性概念的重要使用价值之一就是它能把复杂的分子现象简化为由原子的一些简单参数来表示。追求了精致,失去了简单,不足为训。

原子在分子中吸引电子的能力只与势能有关[15],因为由 Virial 定理,体系的

动能项可以由势能项来表示。分子体系的势能 U 的平均值为

$$\langle U \rangle = \int \psi^* \left\{ \sum_i \left(-\frac{Z_{A,B}}{r_i} \right) + \frac{1}{2} \sum_{\substack{ij \\ i \neq j}} \frac{1}{r_{ij}} \right\} \psi \mathrm{d}\tau \qquad (6.1.24)$$

可把体系的波函数写为键合原子轨道的线性组合

$$\psi = a\phi_A + b\phi_B \qquad (6.1.25)$$

将式(6.1.25)代入式(6.1.24),分别按 A、B 原子把所有吸引电子项整理在一起,则任意原子 A 吸引电子的能力可以表示为

$$X_A(a_A, a_B, R) = -I_A - 2J_A(a_A, a_B, R) - K_A(a_A, a_B, R) + L(a_A, a_B, R)$$
$$(6.1.26)$$

式中,a_A、a_B 分别为 A、B 原子的轨道指数,I、J、K 及 L 分别为下列积分:

$$I_A = a^2 \sum_t \int \phi_A \left(\frac{Z_A}{r_A} \right)_t \phi_A \mathrm{d}\tau$$

$$J_A(a_A, a_B, R) = ab \sum_t \int \phi_A \left(\frac{Z_A}{r_A} \right)_t \phi_B \mathrm{d}\tau$$

$$K_A(a_A, a_B, R) = a^2 \sum_t \int \phi_A \left(\frac{Z_B}{r_B} \right)_t \phi_A \mathrm{d}\tau$$

$$L(a_A, a_B, R) = \frac{1}{2} \sum_{\substack{i,j \\ i \neq j}} \int (a\phi_A + b\phi_B) \frac{1}{r_{ij}} (a\phi_A + b\phi_B) \mathrm{d}\tau$$

式(6.1.26)说明,原子在分子中吸引电子的能力不仅与本身性质有关,且与核间距及键合原子的轨道性质有关。这就是说,若要电负性能较好地表示原子在分子中吸引电子的能力,就不应把它当作孤立原子的一个不变的性质,而是随键合原子的核间距、轨道指数变化而变化的函数。所以,文献[15]把式(6.1.26)定义为电负性函数。

现在来看式(6.1.26)的一些特殊情形。当键合原子距离很大时,该式中的 J、K 都趋向零,而 L 中不同原子间电子的相互排斥项也消失,只有同一原子间电子相互排斥项存在。但是这种把键合原子拉开至无穷远条件下的原子,是一种价键状态下的原子,这种状态下原子吸引电子的能力,可以称之为价键状态轨道电负性,以 X 表示

$$\lim_{R \to \infty} X(a_A, a_B, R)_{A,B} = -\int \phi_{A,B}^* \frac{Z_{A,B}}{r_{A,B}} \phi_{A,B} \mathrm{d}\tau$$
$$\qquad (6.1.27)$$
$$+ \frac{1}{2} \int \sum_{\substack{ij \\ i \neq j}}' \left(\frac{1}{r_{A,B}} \right)_{ij} \phi_{A,B}^* \phi_{A,B} \mathrm{d}\tau = X_{A,B}$$

其中 $\sum'$ 表示只包含同一原子内电子间的排斥。一般地说,一个原子可能有不同的状态函数参加成键,即以不同的杂化轨道形成化学键,由于价键理论的杂化轨道与分子轨道理论中的分子轨道之间存在幺正变换关系,所以可以把轨道波函数写为

$$\phi_A = \sqrt{\alpha}\phi_s + \sqrt{\beta}\phi_p + \sqrt{\gamma}\phi_d + \sqrt{\delta}\phi_f \tag{6.1.28}$$

令 $U_A = -\dfrac{Z_A}{r_A} + \dfrac{1}{2}\sum\limits_{\substack{ij\\i\neq j}}' \dfrac{1}{r_{ij}}$，并考虑到 $\phi_{A,B}$ 的正交归一性质，则任意价键态电负性公式为

$$X_A = \alpha\langle V\rangle_s + \beta\langle V\rangle_p + \gamma\langle V\rangle_d + \delta\langle V\rangle_f \tag{6.1.29}$$

式中，α、β、γ、δ 分别为 s、p、d、f 轨道杂化系数。式(6.1.29)中的 $\langle V\rangle_{s,p,d,f}$ 是原子价壳层某指定角量子数 l 轨道的平均势，它表示了该轨道吸引电子的能力，以 X 表示

$$X_l = \langle V\rangle_l = \int \phi_l V \phi_l \,d\tau \tag{6.1.30}$$

无论是式(6.1.29)或式(6.1.30)都指出，原子吸引电子的能力是随轨道变化而变化的。Pauling 电负性标没有反映这种性质。例如，他把元素碳的电负性指定为 2.5，这不能解释 sp、sp^2 及 sp^3 状态碳原子所表现的行为。按式(6.1.29)计算得到碳的不同价态电负性为 $X_{sp} > X_{sp^2} > X_{sp^3}$，从而较好地解释了有关实验事实。

由于式(6.1.30)、式(6.1.29)及(6.1.26)三个公式之间，后者渐次为前者的特殊情形，所以从这些公式能够看到电负性概念各级近似之间的有机联系。

虽然电负性函数严格一些，但是随分子而有很大的不同，而且计算起来都很麻烦，不便于用它去广泛地总结归纳结构与性能关系。因此，最好是使用价键轨道电负性。文献[15]用如下 Slater 波函数 ϕ 及势函数 V，对价键轨道电负性进行计算

$$\phi = r^{n^*-1} e^{-ar} Y(l,m,\theta,\varphi)$$

$$V = -\frac{Z^*}{r} + \frac{n^*(n^*-1)}{2r^2}$$

式中，n^* 及 Z^* 分别是有效主量子数及有效核电荷，$a = Z^*/n^*$。利用式(6.1.29)及式(6.1.30)则得

$$X = \sum_l H_l\langle V\rangle = \sum_l H_l\left(\frac{Z_l^{*2}}{n^*(2n^*-1)}\right) \tag{6.1.31}$$

式中，$H_l = \alpha$、β、γ、δ，利用这个公式计算一些元素的特征价态电负性数值列在表 6-4 中。

表 6-4　元素特征价态轨道电负性　　　　　　　　　　（单位：a.u.）

s	Li	0.28	Na	0.24	K	0.19	Rb	0.17	Cs	0.16
sp	Be	0.58	Mg	0.40	Ca	0.33	Sr	0.29	Ba	0.23
sp^2	B	1.06	Al	0.64	Ga	0.70	In	0.67	Tl	0.63
sp^3	C	1.67	Si	1.05	Ge	1.09	Sn	0.97	Pb	0.92
p^3	N	2.26	P	1.36	As	1.23	Sb	1.10	Bi	1.06
p^2	O	2.99	S	1.78	Se	1.55	Te	1.42	Po	1.37
p	F	3.78	Cl	2.24	Br	1.97	I	1.76	At	1.70

对于过渡元素与稀土元素,因它们的价态变化多端,可以根据它们在不同化合物中的实际价态计算其单一轨道电负性值,然后按式(6.1.29)进行组合。关于各元素的单一轨道电负性给出在附录Ⅰ中。考虑到元素在晶体或溶液中表现的行为不同于气态,所以在附录Ⅰ中还给出了离子的单一轨道电负性。

有趣的是用该式计算得到一些负离子的电负性呈微小的负值。例如,卤素离子 F^-、Cl^-、Br^-、I^- 的电负性分别为 $-0.13a.u.$、$-0.07a.u.$、$-0.06a.u.$、$-0.06a.u.$,这就是说卤素获得一个电子成为全充满的壳层之后,当再有一电子接近它而填入更高的主量子层时,离子对这一接近的电子不是表现为吸引而是排斥,所以卤素负离子的电负性为负值,这与它们在实验中所表现的行为是一致的。

当用上面这个方法去计算氢的电负性时,它应等于 1.00,但从它在各种化合物表现的行为来看,取 1.40 较为合适,所以对这个元素可经验地取 1.40 这一数值。实际上,氢的电负性取这一数值相当于氢原子的有效核电荷为 1.19,这可以认为氢原子在分子中表现出这种有效核电荷。大家知道,对氢分子,用变分法求得其波函数的有效核电荷的确近于 1.19 这一数值。

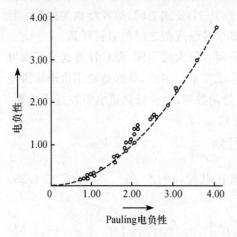

图 6-2　Pauling 电负性与 Gao[15]
电负性之间存的关系

这种对电负性的表示,是一种不同于 Pauling 或 Mulliken 的新标度,但它与 Pauling 标度之间存在单调上升光滑曲线关系,如图 6-2。除了碱金属及碱土金属等电负性较低的元素之外,二者又近似于直线。

有趣的是近来 Szoke 与 Prauss[16] 找到各种类型的原子轨道指数 a 与 Pauling 电负性之比 a/X_p 是一个常数,这样不仅使轨道指数具有吸引电子能力的物理意义,而且把 Pauling 电负性与元素的微观特征明确地联系起来了。然而高孝恢[17] 在 1961 年就用 STO 波函数计算得到电负性 $X_p \propto \left(\dfrac{Z^*}{n^*}\right)^2$,其比例常数为 0.67,与 Szoke 等人得到的 0.65 一致。

6.1.4　Klopman 酸碱软硬标度和电负性

1. 硬软酸碱原理

Lewis 应用他在 1916 年提出的价键电子理论研究酸碱反应,于 1923 年提出了广义的酸碱定义[20]。他认为:在广义的酸碱反应中,一种物质(原子、离子、分子或基团)如果能够提供电子对,授予另一种物质,并生成共价键,则提供电子对的物

质定义为碱,接受电子对的物质定义为酸,例如

$$H^+ + H:\ddot{O}: = H:\ddot{O}:H$$

这里,H^+ 是电子对的接受者,所以是酸;OH^- 是电子对的给予者,所以是碱。H_2O 则是酸和碱的加成物。按照这样广义的酸碱定义,下述反应也可归于酸碱反应:

$$\begin{array}{ccc} F & H & F\ H \\ F:\ddot{B}: \ + \ :\ddot{N}:H \longrightarrow & F:\ddot{B}:\ddot{N}:H \\ F & H & F\ H \\ (酸) & (碱) & (加成物) \end{array}$$

据此,绝大多数化合物都可以看作是酸与碱的加合物;而所有的化学反应,除了氧化还原反应以外,也都可以看作是酸碱反应。

在 20 世纪 60 年代以前,对于许多无机化合物的性质,不能作出理论解释。如在水溶液中,金属离子 Fe^{2+} 和 Zn^{2+} 与卤素阴离子生成的络离子,其稳定性次序是:$F^- > Cl^- > Br^- > I^-$;而 Cd^{2+} 与 Hg^{2+} 的卤素阴离子稳定性次序则是:$F^- < Cl^- < Br^- < I^-$,与前者刚好相反。但是,值得指出的是,在气相条件下金属卤化物的稳定性次序却总是:$MF_n > MCl_n > MBr_n > MI_n$。这一事实说明溶剂对这些化合物的稳定性次序起着重要的作用。可以设想,在水溶液中某些原子之间存在着一种特殊的"亲和势"。

在这种认识的基础上,在 20 世纪 50 年代末期,Ahrland[21] 等提出,可以把电子对接受体、即广义的 Lewis 酸划分为(A)类和(B)类,并指出:(A)类金属离子与 Lewis 碱形成配合物的稳定性次序是:$F > Cl > Br > I, N > P > As > Sb > Bi, O > S > Se > Te$;而(B)类电子对接受体则有大体相反的稳定性次序。

Pearson 等[22] 发展了上述概念,把电子的给予体和接受体、即碱和酸,划分为硬的和软的两大类,而处于这两者之间的则是中间过渡型。Pearson 指出,硬软酸碱(表 6-5、表 6-6)各具有如下特点:

表 6-5　硬酸和软酸的经验分类

硬	软	中　间
H^+, Li^+, Na^+, K^+	$Cu^+, Ag^+, Au^+, Tl^+, Hg^+$	$Fe^{2+}, Co^{2+}, Ni^{2+}$
$Be^{2+}, Mg^{2+}, Ca^{2+}, Sr^{2+}, Mn^{2+}$	$Pd^{2+}, Cd^{2+}, Pt^{2+}, Hg^{2+}$	$Cu^{2+}, Zn^{2+}, Pb^{2+}$
$Al^{3+}, Sc^{3+}, Ga^{3+}, In^{3+}, La^{3+}$	$CH_3Hg^+, Co(CN)_5{}^{2-}$	Sn^{2+}, Sb^{3+}
$N^{3+}, Cl^{3+}, Gd^{3+}, Lu^{3+}, Cr^{3+}$	Pt^{4+}, Te^{4+}	Bi^{3+}, Rh^{3+}
$Co^{3+}, Fe^{3+}, As^{3+}, CH_3Sn^{3+}$	$Ti^{3+}, Tl(CH_3)_3, BH_3$	$Ir^{3+}, B(CH_3)_3$
$Si^{4+}, Ti^{4+}, Zr^{4+}, Th^{4+}, U^{4+}$	$Ga(CH_3)_3, GaCl_3, GaI_3, InC_s$	SO_2, Nb^+, Ru^{2+}
$Pu^{4+}, Ce^{8+}, Hf^{4+}, WO^{4+}$	RS^+, RSe^+, Rte^+	Os^{2+}, R_3C^+
$UO_2{}^{2-}, (CH_3)_2Sn^{2+}, VO^{2+}, MoO^{3+}$	I^+, Br^+, HO^+, RO^+	$C_6H_5{}^+, GaH_3$
$BeMe_2, BF_3, B(OR)_s$	I_2, Br_2, ICN, etc	
$Al(CH_3)_3, AlCl_3, AlH_3$	三硝基苯等	

续表

硬	软	中　间
RPO_2^+, $ROPO_2^+$	氯醌、醌等	
RSO_2^+, $ROSO_2^+$, SO_3	四氯乙烯	
I^{7-}, I^{5+}, Cl^{7+}, Cr^{6+}	O,Cl,Br,I,N,RO,RO_2	
RCO,CO_2NC^+	M^0(金属原子)大块金属	
HX(有氢键生成分子)	CH_2 等	

表 6-6　硬碱和软碱的经验分类

硬	软	中　间
H_2O,OH^-,F^-	R_2S,RSH,RS^-	$C_6H_5NH_2$
$CH_3CO_2^-,PO_4^{3-},SO_4^{2-}$	$I^-SCN^-,S_2O_3^{2-}$	C_5H_5N,N_3^-
$Cl^-,CO_3^{2-},ClO_4^-,NO_3^-$	$R_3P,R_3A_5,(RO)_3P$	Br^-,NO_2^-,SO_3^{2-}
ROH,RO^-,R_2O	CN^-,RNO,CO	N_2
NH_3,RNH_2,N_2H_4	C_2H_4,C_6H_6,H^-,R^-	

硬酸:体积小、正电荷高、不易极化;

软酸:体积大、正电荷低、容易极化;

硬碱:电负性高、难于氧化、难于极化;

软碱:电负性低、易于氧化、易于极化;

基于以上分类,酸碱结合规律可明确表述为硬酸亲硬碱,软酸亲软碱;前者属于离子性结合,后者属于共价性结合。

2. 硬软酸碱原理的理论基础

应该指出,硬软酸碱原理的提出完全是对经验的总结。1968 年,Klopman[23]用微扰理论处理溶液中 A、B 两种物质的相互作用,从而对硬软酸碱原理的本质作出了较好的理论说明,使这个原理具有了理论基础。

Klopman 认为,一个硬碱与硬酸作用是典型的电荷控制反应。这种反应主要是由具有高的轨道电负性的给予体和一个具有低的轨道电负性的接受体之间的静电相互作用引起的。另一方面,软酸和软碱之间的相互作用,则是典型的轨道控制反应,是由于具有低的轨道电负性的给予体同一个具有高的轨道电负性的接受体之间的共价配位结合的结果。据此,可以采用"软的"和"硬的"这种术语来描述轨道控制和电荷控制反应。因为试剂的行为主要依赖于它们在溶液中的轨道电负性的不同,故可以把试剂分子划分为硬的和软的两大类。显然这可以利用参与反应原子的电离能 IP、电子亲和能 EA 和有效离子半径 R_{ion}(Å)来标出作用轨道能量,这个能量实际上就是轨道电负性。正是在这种认识基础上定义和计算酸碱硬软标度。

Klopman 指出,对于一个在溶液中发生的广义的酸碱反应

$$B_{solv}^- + A_{solv}^+ \xrightarrow{(a)} B^- \ A_{solv}^+ \xrightarrow{(b)} (B^{\delta-} - A^{\delta+})_{solv}$$

应用微扰法可以得到体系总能量的变化为

$$\Delta E_{总} = -\frac{q_B q_A}{R_{AB}\varepsilon} + \Delta_{solv} + \underbrace{\frac{2\sum_m^{占据}(C_A^m)^2 \sum_n^{未占}(C_B^n)^2 \beta^2}{(E_m^* - E_n^*)_{平均}}}_{（共价项）} \qquad (6.1.32)$$
$$\phantom{\Delta E_{总} = }\underbrace{\phantom{-\frac{q_B q_A}{R_{AB}\varepsilon}}}_{（静电项）}$$

式中，E_m^* 和 E_n^* 分别是碱和酸的最高占据轨道和最低空轨道的能量。当差值 $(E_m^* - E_n^*)$ 很大时，方程中第三项近似为零，因而主要是库仑作用（第一项），属于电荷控制，即"硬亲硬"反应；反之，当差值 $(E_m^* - E_n^*)$ 很小时，方程中第三项上升为主要矛盾，显著的电子迁移效应将发生，属于轨道控制，即"软亲软"反应。

既然"硬亲硬"和"软亲软"反应是由 E_m^* 和 E_n^* 决定的，那么自然可以将前线轨道能量 E_m^* 和 E_n^* 定义作酸碱软硬标度，再加上一些近似假定，从理论上对各种离子作出估算。Klopman 导出了计算酸碱软硬度、即前线轨道能量的如下近似式：

对于接受体

$$E_n^* = \left(\frac{\partial E}{\partial \gamma_n}\right)_{r_n = \frac{1}{4}} = -\frac{3IP + EA}{4} + \frac{14.388(q - 0.5x)}{R_{ion} + 0.82}\left(1 - \frac{1}{\varepsilon}\right) eV \qquad (6.1.33)$$

对于给予体

$$E_m^* = \left(\frac{\partial E}{\partial \gamma_m}\right)_{r_m = \frac{3}{4}} = -\frac{IP + EA}{4} + \frac{14.388(q + 0.5x)}{R_{ion} + 0.82}\left(1 - \frac{1}{\varepsilon}\right) eV \qquad (6.1.34)$$

这里 q 是离子的（对于碱是负的，对于酸是正的）形式电荷，γ 是线性组合分子轨道 $\psi_{mn} = b\psi_m + a\psi_n$ 中原子轨道系数的平方：当形成离子键时，$a = 0$，$b = 1$；当形成共价键时，$a = b = 1$。对于中间键型则可假定为

$$\gamma_m = b^2 = \frac{3}{4}, \qquad \gamma_n = a^2 = \frac{1}{4}$$

可见，式(6.1.33)和式(6.1.34)是对应于生成中间键型的情况。ε 是溶剂的介电常数（假定水的 $\varepsilon = 80$）。x 是考虑到离子在氧化还原中体积大小的变化的一个参量，并作如下定义：

$$x = q - (q - 1)\sqrt{0.75}, \qquad q \geqslant 1 \qquad (6.1.35)$$

在式(6.1.33)和式(6.1.34)中，第一项相当于气相离子的轨道电负性；第二项是对溶剂影响的校正，即整个表示对应于在溶剂中离子的轨道能量或称硬软标度。

显然，只要得知样品的电离能 IP、电子亲和能 EA、离子半径 R_{ion}、形式电荷 q，就可以算得 E_n^* 和 E_m^*。用式(6.1.33)和式(6.1.34)算得一些阳离子和阴离子的

标度,如表 6-7 和表 6-8 所示。

表 6-7　水溶液中阳离子的轨道能和硬、软分类

X^*	IP^*/eV	EA^*/eV	轨道能/eV	$r+0.82/Å$	去溶剂化能/eV	E_n/eV	
Al^{3+}	28.44	18.82	26.04	1.33	32.05	6.01	
La^{3+}	19.17	11.43	17.24	1.96	21.75	4.51	
Ti^{4+}	43.24	28.14	39.46	1.50	43.81	4.35	
Be^{2+}	18.21	9.32	15.98	1.17	19.73	3.75	
Mg^{2+}	15.03	7.64	13.18	1.48	15.60	2.42	↑
Ca^{2+}	11.87	6.11	10.43	1.81	12.76	2.33	硬
Fe^{3+}	30.64	15.96(16.18)	26.97	1.46	29.19	2.22	
Sr^{2+}	11.03	5.69	9.69	1.94	11.90	2.21	
Cr^{3+}	30.95	16.49	27.33	1.45	29.39	2.06	
Ba^{2+}	10.00	5.21	8.80	2.16	10.69	1.89	
Ga^{3+}	30.70	20.51	28.15	1.44	29.60	1.45	
Cr^{2+}	15.01(16.49)	7.28(6.76)	13.08	1.65	13.99	0.91	
Fe^{2+}	16.18	7.90	14.11	1.56	14.80	0.69	同
Mn^{2+}	15.64	7.43	13.59	1.62	14.25	0.66	
Co^{2+}	16.49(17.05)	8.42(7.86)	14.47	1.54	14.99	0.52	中
Li^+	5.39	0.82	4.25	1.50	4.74	0.49	
H^+	13.60	0.75	10.38	—	10.8	0.42	
Ni^{2+}	17.11(18.15)	8.67(7.63)	15.00	1.51	15.29	0.29	
Na^+	5.14	0.47	3.97	1.79	3.97	0	
Cu^{2+}	17.54(20.29)	9.05(7.72)	15.44	1.54	14.99	−0.55	
Zn^{2+}	17.96	9.39	15.82	1.56	14.80	−1.02	
Tl^+	6.10	(2.0)	5.08	2.22	3.20	−1.88	
Cd^{2+}	16.9	8.98	14.93	1.79	12.89	−2.04	软
Cu^+	7.72	2.0	6.29	1.78	3.99	−2.30	↓
Ag^+	7.57	2.2	6.23	2.08	3.41	−2.82	
Tl^{3+}	29.30	20.42	27.45	1.77	24.08	−3.37	
Au^+	9.22	2.7	7.59	2.19	3.24	−4.35	
Hg^{2+}	18.75	10.43	16.67	1.92	12.03	−4.64	

* C. E. Moore, Atomic Energy Levels, National Bureau of Standards Circular 467, U. S. Government Printing Office, Washington, D. C. 1949.

表 6-8　水溶液中阴离子轨道能和硬软分类

X	IP/eV	EA/eV	轨道能/eV	$r/Å$	去溶剂化能/eV	E_m/eV	
F^-	17.42	3.48	6.96	1.36	5.22	−12.18	
H_2O	25.4	12.6	15.8	(1.40)	(−5.07)	(−10.73)	↑
OH^-	13.10	2.8	5.38	1.40	5.07	−10.45	硬
Cl^-	13.01	3.69	6.02	1.81	3.92	−9.94	
Br^-	11.84	3.49	5.58	1.95	3.64	−9.22	
CN^-	14.6	3.2	6.05	2.60	2.73	−8.78	
SH^-	11.1	2.6	4.73	1.84	3.86	−8.59	软
I^-	10.45	3.21	5.02	2.16	3.29	−8.31	↓
H^-	13.6	0.75	3.96	2.08	3.41	−7.37	

在 Klopman 看来,轨道电负性、轨道能量和酸碱软硬标度,在实质上是一个东西,它们都是从前线轨道引出的同一个参量。

Ahrland[24]认为,酸的硬软标度可以用它的电离势和水化能决定

$$\sigma_A = \left(\sum IP_n + \Delta_{solv} \right)/n \tag{6.1.36}$$

这里 n 是离子的价数。σ_A 的实质是元素在水溶液中形成正离子的难易。这个过程可以认为分两步进行

$$M(g) \xrightarrow{IP_n} M^{n+}(g) + ne^- \quad \sum IP_n$$

$$M^{n+}(g) \longrightarrow M^{n+}(aq) + \Delta_{solv}$$

这里 IP 为正,Δ_{solv} 为负。显然,二者之和越小,在水中越易成为正离子。这对应于前线空轨道能量高,电离势低,电价与离子半径的比值大,易于水化,这正是硬酸的特征。σ_A 越小的离子其酸的硬度越大。

碱的硬软标度可以用它的电子亲和能和水化能之和表示

$$\sigma_B = (EA + \Delta_{solv}) \tag{6.1.37}$$

这个在水中生成负离子的过程也可分两步进行

$$L(g) + e^- \longrightarrow L^-(g), EA; \qquad L^-(g) \longrightarrow L^-(aq), \Delta_{solv}$$

这里 EA 和 Δ_{solv} 都是负的。负值 σ_B 越大,要求 EA 和 Δ_{solv} 的负值都较大,这意味着最高占据轨道能量低、阴离子体积小,这属于硬碱。

硬酸和硬碱的加合,首先要脱除水合层分子,这时所需脱水能高,往往超过了加合键能,而反应的进行主要是靠了在水合层脱除过程中熵的增加。

软酸和软碱的加合脱水能较低,故生成热是加合反应的推动力。

Ahrland 按式(6.1.36)和式(6.1.37)计算的酸碱硬度值列于表 6-9 和表 6-10。

表 6-9　总电离能、水化能和 σ_A 值

离　子	$\sum IP_n/eV$	Δ_{solv}/eV	σ_A	离　子	$\sum IP_n/eV$	Δ_{solv}/eV	σ_A
Li^+	5.39	-5.40	-0.01	Cr^{3+}	23.25	-1.92	2.0
Ba^{2+}	15.21	-14.1	0.5	Mn^{2+}	23.07	-19.0	2.0
La^{3+}	34.21	-34.6	0.5	Ni^{2+}	25.78	-21.8	2.0
Y^{3+}	39.12	-37.2	0.6	Fe^{2+}	24.08	-19.9	2.1
Ca^{2+}	17.98	-16.3	0.9	H^+	13.6	-11.32	2.28
K^+	4.34	-3.34	1.0	Fe^{3+}	54.69	-46.5	2.73
Cs^+	3.89	-3.87	1.02	Cu^{2+}	27.99	-21.8	3.1
Sc^{3+}	44.09	-40.5	1.2	Zn^{2+}	27.35	-21.2	3.1
Be^{2+}	27.35	-25.2	1.2	Cd^{2+}	25.89	-18.8	3.5
Al^{3+}	53.24	-48.4	1.6	Ag^+	7.57	-3.5	4.1
Co^{2+}	24.91	-12.3	1.8	Hg^{2+}	29.18	-19.9	4.6

表 6-10　电子亲和能、水化能和 σ_B 值

L^-	EA/eV	Δ_{solv}/eV	σ_B	L^-	EA/eV	Δ_{solv}/eV	σ_B
F^-	-3.45	-5.52	-8.70	I^-	-2.6	-3.5	-6.13
ClO_4^-	-5.8	-2.4	-8.2	CN^-	-3.07	-3.06	-6.1
OH^-	-2.8	-4.8	-7.6	SH^-	-2.3	-3.5	-5.8
Cl^-	-3.62	-3.76	-7.38	H^-	-0.72	-3.41	-4.13
Br^-	-3.30	-3.48	-6.84				

　　不同作者提出的硬软标度数值存在不小的差别,尚无一种公认的标准算法。上面介绍的是理论基础较好的两种。我国戴安邦等[18,19]提出了酸碱软硬度的势标度、键参数标度等,具有计算方便、联系物性广泛的优点,读者可参看他们的原文。

　　有机酸碱的硬软标度研究甚少。Drago[25]测定了大量有机酸碱加合物在气态或惰性溶剂中的生成热。他认为加合物的成键,是离子成键和共价成键的组合,其成键分子轨道可写为

$$\psi = a\psi_c + b\psi_1 \tag{6.1.38}$$

　　键的共价性或离子性取决于酸和碱各自的性质,从而提出了酸碱加合生成热的双参数关系

$$-\Delta H = E_A E_B + C_A C_B \tag{6.1.39}$$

式中,E 和 C 是离子性和共价性参数,脚注 A 和 B 代表酸和碱。关于参数 E 和 C 可按下述方法确定:取得不同酸碱加合生成热数值后,可选择标准酸碱各一种,各给予 E 和 C 以确定值,然后用非线性最小平方分析法求解这些参数值,表 6-11 列出几种酸碱的 E 和 C。

表 6-11　一些酸和碱的 E 和 C

酸	处理加合物数目	C_A	E_A	碱	处理加合物数目	C_B	E_B
I_2	39	1	1	C_5H_5N	21	6.40	1.17
C_6H_5OH	34	0.442	4.33	NH_3	5	3.46	1.36
SO_2	6	0.808	0.92	$(CH_3)_3N$	7	11.54	0.808
$Al(CH_3)_3$	18	1.43	16.9	$(CH_3)_2S$	10	7.40	0.339
HCl	10	0.159	3.02	$(C_2H_5)_2O$	11	3.25	0.963

　　上述酸碱标度尽管是经验性的,但用于计算 ΔH 值与实测值符合得很好。

3. 硬软酸碱原理的应用

　　前已指出,在酸碱加合反应中表现为硬亲硬、软亲软的规律。可以利用这个规则和上面导出的酸碱硬软标度来解释和预见一些实验事实,现举例说明其应用。

1) 化合物的稳定性

　　实验表明 HOI 很稳定而 HOF 却不能稳定存在;反之,HF 要比 HI 稳定得多。

这种看来矛盾的现象是因为 HOI 与 HOF 都可看作是 HO^+ 与 I^- 及 F^- 加合而成。由表 6-5 和表 6-6 可知，HO^+ 是一个软酸，所以它与软碱 I^- 加合稳定，而与硬碱 F^- 加合则不稳定。相反，HF 及 HI 中的 H^+ 是硬酸，因此，它与硬碱 F^- 加合要比与软碱 I^- 加合稳定。

　　利用酸碱硬软原理还可以说明在自然界和人体内的一些过程。如在天然矿物中，硬金属 Mg、Ca、Sr、Ba、Al 等多以氧化物、氟化物、硫酸盐、碳酸盐等形式存在；而 Cu、Ag、Au、Zn、Pb、Hg、Ni、Co 等软金属则多以硫化物的形式存在。在人体内，金属离子 K^+、Na^+、Ca^{2+}、Mg^{2+} 皆与含有给电子原子氧的配位体相结合，Fe(II/III) 和 Co(II/III) 与含有氧和氮的给电子配位体相结合，这都是由"硬亲硬"、"软亲软"原则决定的。化学治疗金属中毒常用含有给电子原子为 S 的药物，如二硫基丙醇等用于治疗 Hg、Au、As 的中毒。而治疗铍中毒则应用含有给电子原子为氧的精金三羧酸等药物。

　　一般来说，金属离子价越高，硬度越高，与之化合的必须是硬碱。故高价金属的化合物皆为氟化物与氧化物，如 Al_2O_3、FeO_4^{2-}、OsF_8 等；反之，低价或零价金属必须配以软碱如 CO、R_3P、R_3As、烯烃、芳烃、异腈等。

　　2）加合反应热

　　加合反应是酸碱的基本反应。加合反应热的大小与酸碱硬软性质密切相关。表 6-12 列出一些加合反应的 ΔH、化学势 ΔZ 及熵 $T\Delta S$。表中给出的在水溶液中的反应可分为两部分：上部是硬亲硬加合；下部是软亲软加合。两类反应表现的化学势 ΔZ 皆为负值，故反应皆沿正向进行。然而反应热 ΔH 和熵变 $T\Delta S$ 则有明显的区别：硬酸与硬碱加合的 ΔH 皆小，大多为正值，也就是吸热反应，熵变皆为正值，且数值较高，因此，由热力学关系式：$\Delta Z = \Delta H - T\Delta S$ 可知，推动化学反应进行的化学势负值主要来自熵变。从表中所列的 ΔH 值最大的是 $CrOH^{2+}$，它的 ΔH 对化学势的贡献也不到 1/3，大部分为熵变所贡献。软酸和软碱加合，其熵变较小，甚至有负值。如 HgI^+ 这类加合物的 ΔZ 完全或大部分由 ΔH 所贡献。总之，硬亲硬加合反应一般表现为吸热或放出较少的热量，加合物的稳定性主要由于大而正的熵变；软亲软加合反应表现为放热，ΔH 是使 ΔZ 为负值的关键。

表 6-12　一些酸碱加合反应的化学势　　　　（单位：kcal/mol）

反　　应	$-\Delta Z$	ΔH	$T\Delta S$
$Fe^{3+} + F^- \longrightarrow FeF^{2+}$	7.1	2.3	9.4
$Al^{3+} + F^- \longrightarrow AlF^{2+}$	8.4	1.1	9.4
$Be^{2+} + F^- \longrightarrow BeF^+$	6.7	−0.4	6.3
$Cr^{3+} + OH^- \longrightarrow Cr(OH)^{2+}$	10.6	−3.0	7.6
$Fe^{3+} + OH^- \longrightarrow Fe(OH)^{2+}$	16.1	−3.0	13.1
$Th^{4+} + SO_4^{2-} \longrightarrow ThSO_4^{2+}$	4.5	5.0	9.5
$Ce^{3+} + SO_4^{2-} \longrightarrow CeSO_4^+$	1.7	3.6	5.3

反　　　应	$-\Delta Z$	ΔH	$T\Delta S$
$UO_2{}^{2+}+SO_4{}^{2-}\longrightarrow UO_2SO_4$	2.4	4.3	6.7
$Ag^++Cl^-\longrightarrow AgCl$	4.5	-2.4	1.8
$Hg^{2+}+Cl^-\longrightarrow HgCl^+$	9.2	-5.5	3.7
$Hg^{2+}+Br^-\longrightarrow HgBr^+$	12.3	-10.2	2.1
$Hg^{2+}+I^-\longrightarrow HgI^+$	17.5	-18.0	-0.5
$CH_3Hg^++SR^-\longrightarrow CH_3HgSR$	21.6	-19.8	1.8

3) 取代反应速度

不论是酸的取代或碱的取代,凡是生成硬-硬取代产物或软-软取代产物的反应,都能迅速进行。两种取代反应可以下述简式表示:

碱取代,或称亲核取代反应

$$:B'+A:B\longrightarrow A:B'+:B \qquad\qquad (*)$$

酸取代,或称亲电取代反应

$$A'+A:B\longrightarrow A':B+A \qquad\qquad (**)$$

在反应(*)中,若 A 为硬酸,则与硬碱 B' 反应就快,如 A 为软酸,B' 为软碱时反应也快。例如,CH_3Cl 中的酸 $CH_3{}^+$ 为软酸,因而与软碱如 RS^-、R_3P、$S_2O_2{}^{2-}$ 和 I^- 的反应也快;与硬碱如 RO^-、R_3N、$SO_4{}^{2-}$ 和 F^- 的反应就慢。如

$$CH_3Cl+RS^-\longrightarrow CH_3SR+Cl^-$$

$$CH_3Cl+RO^-\longrightarrow CH_3OR+Cl^-$$

前一反应比后面反应快约 100 倍。酸取代反应也相似,如

$$HI+Ag^+\longrightarrow AgI+H^+$$

$$3AgF+Al^{3+}\longrightarrow AlF_3+3Ag^+$$

这两个反应都是硬软匹配,能迅速进行。

由上述可见,取代反应的原则是:软-硬匹配不好的化合物,经过取代生成硬-硬或软-软相匹配的化合物,反应速度较快。

总之、硬软酸碱对应原理的应用十分广泛而且异常简便。当然它的理论基础,特别是建立一套可靠的、准确的酸碱硬软标度,仍有待于更深入的研究。

6.1.5　密度泛函表示法

Parr[26] 从 Hohenberg 及 Kohn[27] 的密度函数理论探讨了电负性问题,考察了电负性的许多属性,并且论证了在分子形成时,电负性差是推动原子间电荷迁移的因素。其理论大意如下:

在 Hohenberg 等的密度泛函理论中有两条定理:第一条是说对于非简并态原子或基态分子的所有性质,都由电子密度函数 ρ 决定,但是对于简并态,它只能决定其能量。体系基态电子的能量是其密度的泛函,由下面公式给出:

$$E(\rho) = \int \rho(1)U(1)\mathrm{d}\tau + F(\rho) \tag{6.1.40}$$

式中，U 是粒子的势能，对孤立原子为 $-\dfrac{Z}{r}$，而 $F(\rho)$ 是

$$E(\rho) = T[\rho] + V_{ee}[\rho] \tag{6.1.41}$$

式中，$T[\rho]$ 是电子的动能，$V_{ee}[\rho]$ 是电子间的排斥能，密度是无自旋的，由波函数表示为

$$\rho(1) = N \int |\psi(1,2\cdots)|^2 \mathrm{d}\omega_1 \mathrm{d}X_2 \mathrm{d}X_3 \cdots \mathrm{d}X_N \tag{6.1.42}$$

式中，$\mathrm{d}X = \mathrm{d}\omega\mathrm{d}\tau$ 是空间-自旋体积元，$\mathrm{d}\omega$ 是自旋部分，电子的数目由下式给出：

$$N = N(\rho) = \int \rho(1)\mathrm{d}\tau \tag{6.1.43}$$

与 E 类似，N 是 ρ 的泛函。

假定 ρ' 是基态精确密度函数的近似，有电子数归一化性质：$N(\rho') = N$。

第二条定理是说其能量由下式决定

$$E_U[\rho'] = \int \rho'(1)U(1)\mathrm{d}\tau_1 + F(\rho') \tag{6.1.44}$$

并且服从不等式

$$E_U[\rho'] \geqslant E_U[\rho] \tag{6.1.45}$$

等号只有在 $\rho' \equiv \rho$ 时成立，那就是说密度函数 ρ 及能量 E 由稳定态原理决定

$$\delta\{E_U[\rho'] - \mu N[\rho']\} = 0 \tag{6.1.46}$$

式中，μ 是 Lagrange 乘子。在方程 $(6.1.46)$ 中，ρ' 可以任意变化，但所有可能解的势能 U 是固定的，选择 E 最小，伴随着 μ 值是体系的一个特征量，通常称作体系的化学位。

在方程 $(6.1.46)$ 稳定态原理及 $N(\rho') = N$ 的限制下，Lagrange 乘子 μ 是泛函 $E_U(\rho)$ 对 N 值极小限制下的导数，也就是使 μ 为如下偏导数：

$$\mu = \left(\frac{\partial E}{\partial N}\right)_U \tag{6.1.47}$$

前面已经指出，Iczkowski 等人曾定义体系的电负性 $X = \left(\dfrac{\partial E}{\partial N}\right)_U$，于是我们立即得到

$$X = \mu = \left(\frac{\partial E}{\partial N}\right)_U \tag{6.1.48}$$

其中 μ 有电子的化学位的意义，这样表示电负性不仅与 Mulliken 的定义一致，而且与化学位联系起来了。Parr 同时还论证了存在一个分子中的电负性平均化，其实质就是其中每一个参与成键的固有轨道趋于相同的化学位。近些年用密度函数理论探讨电负性问题又有了长足进步[67~69]，本书将在第 8 章详细介绍，兹不赘述。

6.1.6　基于静电模型表示电负性[28]

在本书第 3 章详细介绍了我们曾在 H-F 定理的基础上导出 AB 键的有效键电荷 q 及其在成键过程中自共价半径接触点迁移的距离 r_m,以及由于 q 的这种迁移所引起的体系能量的降低 ΔE 和核间距离的缩短 $\bar{r}$。不难看出,这几个参量各从不同角度度量着 AB 键的初级极化即键型过渡。据此,可以定义下面三个键型参数

$$\nabla_{mig} = \frac{r_m}{R_{AB}} \simeq \frac{r_m}{R_A + R_B} = \frac{R_B \sqrt{Z_A^*} - R_A \sqrt{Z_B^*}}{(R_A + R_B)(\sqrt{Z_A^*} + \sqrt{Z_B^*})} \tag{6.1.49}$$

$$\nabla_{eng} = \Delta E = q \frac{(R_B \sqrt{Z_A^*} - R_A \sqrt{Z_B^*})^2}{R_A R_B (R_A + R_B)} \tag{6.1.50}$$

$$\nabla_{dis} = \bar{r} = \frac{R_A R_B (R_A R_B)(R_B \sqrt{Z_A^*} - R_A \sqrt{Z_B^*})^2}{(R_A + R_B)^2 (R_B^2 Z_A^* + R_A^2 Z_B^*) - \frac{2}{q} Z_A^* Z_B^* R_A^2 R_B^2} \tag{6.1.51}$$

其中

$$q = \frac{Z_A^* Z_B^*}{(\sqrt{Z_A^*} + \sqrt{Z_B^*})^2} \cdot \frac{(R_A + R_B)^2}{R_{AB}^2} \tag{6.1.52}$$

以上各式中,R_{AB} 是 AB 键长,R_A、R_B 和 Z_A^*、Z_B^* 是 A、B 的共价半径和有效核电荷,q 是有效键电荷。∇_{mig} 是键的离子性的量度。∇_{eng} 从能量角度度量着键的初级极化效应。∇_{dis} 则从键长的角度度量着键的初级极化效应。可以由 ∇_{mig}、∇_{eng} 和 ∇_{dis} 为所有元素抽象出相应的三套特定的数值 Y、Y' 和 Y'',可称之为电负性标。

验证表明,∇_{mig}、∇_{eng} 和 ∇_{dis} 近似满足如下加和关系:

$$\nabla_{mig}^{AB} + \nabla_{mig}^{BC} = \nabla_{mig}^{AC} \tag{6.1.53}$$

$$\sqrt{\nabla_{eng}^{AB}} + \sqrt{\nabla_{eng}^{BC}} = \sqrt{\nabla_{eng}^{AC}} \tag{6.1.54}$$

$$\sqrt{\nabla_{dis}^{AB}} + \sqrt{\nabla_{dis}^{BC}} = \sqrt{\nabla_{dis}^{AC}} \tag{6.1.55}$$

这里 A、B 和 C 的次序是按 Y(以及 Y' 和 Y'')值依次上升排列的。据此即有

$$\nabla_{mig}^{AB} \propto Y_B - Y_A \tag{6.1.56}$$

$$\sqrt{\nabla_{eng}^{AB}} \propto Y_B' - Y_A' \tag{6.1.57}$$

$$\sqrt{\nabla_{dis}^{AB}} \propto Y_B'' - Y_A'' \tag{6.1.58}$$

我们规定:由含氢键 M—H 的 ∇_{mig}^{MH}、∇_{eng}^{MH} 和 ∇_{dis}^{MH} 值,按如下等式计算所有元素的 Y_M(可称为力标)、Y_M'(可称为能标)和 Y_M''(可称为距标)

力标　　　　　　　　$Y_M = Y_H + 3.7\, \nabla_{mig}^{MH} \tag{6.1.59}$

设定 $Y_H = 1.4$

能标　　　　　　　　$Y_M' = Y_H' + \sqrt{\nabla_{eng}^{MH}} \tag{6.1.60}$

设定 $Y'_H = 8.1$

距标 $$Y''_M = Y''_H + \sqrt{100\ \nabla^{MH}_{dis}} \qquad (6.1.61)$$

设定 $Y''_H = 5.6$

在这三种电负性标之中,力标和能标的用处从目前来看要多一些,且电负性能标与 Pauling 标度有线性关系,分别如图 6-3 及式(6.1.54)

$$X_p = 0.177Y' + 0.53 \qquad (6.1.62)$$

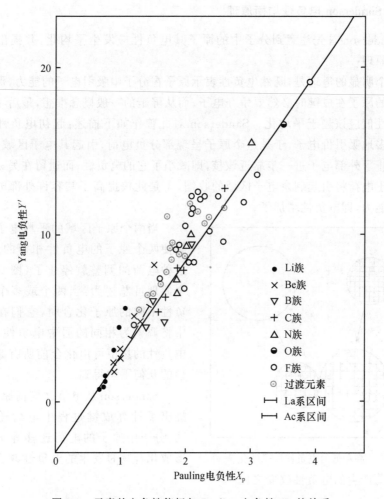

图 6-3 元素的电负性能标与 Pauling 电负性 X_p 的关系

以上三种标度的数值列在附录 I 中。关于电负性的表示还有很多不同方法,如 Sanderson[29] 的电荷密度比,Allred[30] 等的静电吸引力等,在一些书籍和文献中也常出现。

6.2　电负性均衡原理

电负性均衡原理的提出已经有 50 多年了,在讨论化学键的性质时经常应用,多年来一直无一般的直接而严格的证明,其基础是建立在物理意义直观推测上和近似的理论证明上。在此我们叙述这一原理的产生过程和多种表述。

6.2.1　Sanderson 电负性均衡原理

Sanderson 首先注意到分子中的原子其电负性应发生平均化,并提出了电负性均衡原理[31]。

一个明显的道理是,既然电负性表示原子在分子中吸引电子的能力,那么电负性不同的原子在成键时必然要争夺电子;而从屏蔽的一般概念推想,最后不同原子的电负性值应该趋于平均化。Sanderson 对此曾作如下描述:起初电负性高的原子将更多地吸引价电子,于是这个原子呈现部分负电荷,引起其电子区域的扩展,从而阻止了外部电子进一步靠近该核,即减小了它的电负性;而遗留在另一个原子的部分正电荷将引起剩余电子区域的收缩,于是此核提高了其容许外部电子靠近自己的能力,即电负性增加了。

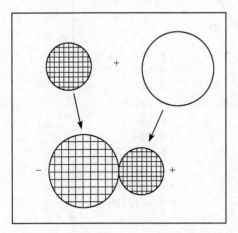

图 6-4　高和低的电负性原子的化合

当两个原子区域的平均电子密度达到使两个原子的电负性相等的量值时,这种电荷的调整就停止了(图 6-4)。这个原理可总述为:当两个或多个初始电负性不同的原子化合时,它们在化合物中将调整为相同的居中电负性,此居中电负性的量值可由化合前所有原子电负性的几何平均得到。

Sanderson 从电负性均衡原理出发,提出了计算成键过程中电荷迁移的方法:分子中原子的电荷迁移等于原子在形成化合物时发生的电负性改变对得失单位电荷产生的电负性改变之比

$$\partial_E = (S_M - S_E)/2.08 \sqrt{S_E} \qquad (6.2.1)$$

显然,量值 ∂_E 相当于键的极性指标。当 $(S_M - S_E) = 2.08 \sqrt{S_E}$ 时,该键即为 100% 离子键。

Sanderson 电负性均衡原理只是描述性的,是基于一般的物理化学原理从逻辑推理猜出来的经验规律,未加以证明。关于分子电负性是组成原子电负性的几

何平均值的假定,显然也是粗略的近似。这个假定把选择成键电子的屏蔽常数,即均衡的特殊矛盾过程这一核心问题轻轻抹掉。当然,这个原理还是包含着部分真理性的。可以认为,电负性均衡原理的提出,不仅标志着电负性概念发展的一个新阶段,而且对认识成键过程中吸引和排斥的矛盾运动、探索因成键电子的迁移而发生的键的初级极化也是具有启发性的。

6.2.2　修改的轨道电负性均衡原理

曾有不少人试图发展 Sanderson 提出的电负性均衡原理。

Whitehead 等[32]把轨道电负性定义为原子在一定价态的能量对相应轨道上占据电子数的微商

$$X_j = \partial E / \partial n_j \tag{6.2.2}$$

这里假定:①占据数 n_j 可以是整数,也可以是非整数;②$E(n_j)$ 是 n_j 的一个可微商的连续函数。在这个基础上,Whitehead 提出了修改的轨道电负性均衡原理:假如 AB 键上的两个成键电子处于平衡态,则 A、B 作用于此电子上的静电势必然相等。据此可以得出限制轨道占据电子数平均值的条件

$$X_{eq}(n_A) = X_{eq}(n_B) \tag{6.2.3}$$

这里存在成键电子数 $n_A + n_B = 2$ 关系。不同占据电子数(整数)的轨道电负性可按 Mulliken 定义得出。则可画出 $X_A(n_A)$ 对 n_A 和 $X_B(n_B)$ 对 n_B 的图。由两条直线的交叉点可得平衡态时的 n_A 和 n_B。图 6-5 示出对于 HF 键的情况。

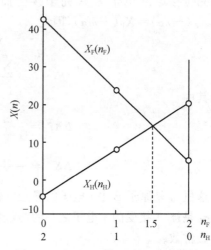

Whitehead 等还从另一种观点表述了这一原理:可以从成键电子由 A 到 B(或相反)的转移推断:电荷 n 中的一个无限小量 dn 由 A 到 B 的转移要消耗能量$[dE_A(n_A)/dn_A]dn_A$;与此同时将有量值为$[dE_B(n_B)/dn_B]dn_B$ 的能量释放出来,且有 $dn_A = -dn$ 和 $dn_B = dn$ 关系。当能量没有进一步变化时,电荷转移即停止,这时

图 6-5　对于 HF 键 H 和 F 的电负性
X_H 和 X_F 作为 n_H 和 n_F 的函数

$$dE_B(n_B)/dn_B = dE_A(n_A)/dn_A \tag{6.2.4}$$

按式(6.2.2)定义,式(6.2.3)表明键中两原子的电负性相等。为反映这一变化,他提出一个专有名词:键电负性,即平衡态成键两原子相等的电负性。

如把轨道电负性写作

$$X_j = \partial E / \partial n_j = b + 2cn_j \tag{6.2.5}$$

则根据键中原子电负性相等的概念可得

$$b_A + 2c_A n_{Aj} = b_B + 2c_B n_{Bj} = b_B + 2c_B(2 - n_{Aj})$$

由此可得 AB 键的离子性式

$$i_{AB} = \mid n_{Aj} - 1 \mid = \left| \frac{b_B - b_A + 2(C_B - C_A)}{2(C_A + C_B)} \right| = \left| \frac{\Delta X}{2(C_A + C_B)} \right| \qquad (6.2.6)$$

ΔX 是对于状态 $n_A = n_B = 1$、即成键前 A 和 B 的自由原子状态时的轨道电负性差。此原理主要用于计算有机分子中的电荷分布[32]。

　　Ferreira 的工作与此类似[33]。关于分子平衡态电负性的计算,他指出:对于大量的电荷迁移,电负性和电荷之间存在抛物线关系。其精确计算应是电子屏蔽依赖于它的波函数,这是很麻烦的。于是他假定对于较小的电荷转移,可以认为两者的变化是线性的。于是可得适用于 $B_m A_n$ 型分子的如下方程:

$$X_B(+mq) = X_B(0) + q \sum_{i=1}^{m} \Delta X_i^+$$

$$\qquad (6.2.7)$$

$$X_A(-nq) = X_A(0) + q \sum_{j=1}^{n} \Delta X_j^-$$

q 是当 $m = +1$ 和 $n = -1$ 时迁移的部分电荷,ΔX_i^+ 和 ΔX_j^- 表示由于 B 的 i 电子完全移走、j 电子为 A 完全接受而引起的 X 值的变化。根据均衡原理应有:$X_A(-nq) = X_B(+mq)$,因此

$$q = \frac{X_A(0) - X_B(0)}{\sum_{i=1}^{m} \Delta X_i^+ + \sum_{j=1}^{n} \Delta X_j^-} \qquad (6.2.8)$$

其中

$$\Delta X_i^+ = \frac{\sigma_i}{1 - \sigma_k} \{ X_{B+1}(0) - X_B(0) \}$$

$$\Delta X_j^- = \frac{\sigma_j}{1 - \sigma_h} \{ X_A(0) - X_{A-1}(0) \}$$

这里 σ_i 是原子 B 中 i 电子的屏蔽常数,σ_k 是 $(Z_B + 1)$ 元素的不同电子的屏蔽常数,σ_j 是被 A 接受的 j 电子之一的屏蔽常数,σ_h 是原子 $(Z_A - 1)$ 的不同电子之一的屏蔽常数。

　　实际上不仅电子的屏蔽常数依赖于它的波函数,而且不同的性质也必须用不同的屏蔽常数[34],这很难办到,只能采用近似法。

　　Ferreira 把这一原理用于经验计算一些简单分子的偶极矩、力常数以及键的离解能,并探讨了为什么成键过程中的电荷迁移会导致体系稳定性的增强。

6.2.3　电负性均衡的分子轨道理论表示

　　Whitehead[35]从分子轨道的观点讨论了电负性均衡原理,其主要论点如下:

设 n_{ui} 是第 i 个分子轨道 ϕ_i 中第 u 个原子轨道 ϕ_u 的电子密度,则 ϕ_u 对所有分子轨道的电子密度 n_u 的贡献是

$$n_u = \sum_{i=1}^{M} n_{ui} \tag{6.2.9}$$

式中,M 表示最高的填充分子轨道,于是分子轨道 ϕ_i 的总电子密度显然是对所有的 ϕ_u 求和,即

$$N_i = \sum_{u=1}^{p} n_u \tag{6.2.10}$$

这里 p 是 ϕ_i 中原子轨道 ϕ_u 的数目。N_i 等于 0、1 或 2 个电子,而 n_{ui} 及 n_u 变化于 0~2。通常假定分子轨道中的总电子密度可以分配到各原子轨道上。

类似地可以假定分子的总电子能量 E_{mol} 能够分解为各原子的电子能量 E_L 之和

$$E_{\text{mol}} = \sum_L E_L(n_1^L, n_2^L, \cdots, n_k^L) \tag{6.2.11}$$

E_L 是所有 K 个原子轨道的占有数 n_u 的函数,为了找到使 E_{mol} 有最小值的 n_{ui},由式(6.2.10)得到

$$N_i - \sum_{u=1}^{p} n_{ui} = 0, \qquad i = 1, 2, \cdots, M \tag{6.2.12}$$

应用 Lagrange 乘子法并定义函数 ε 为

$$\varepsilon = E_{\text{mol}} + \sum_{i=1}^{M} \lambda_i \left(N_i - \sum_{u=1}^{p} n_{ui} \right) \tag{6.2.13}$$

再利用 $\dfrac{\partial \varepsilon}{\partial n_{ui}} = 0$ 的条件则有

$$\frac{\partial \varepsilon}{\partial n_{ui}} = \left(\frac{\partial E_{\text{mol}}}{\partial n_u} \right) \left(\frac{\partial n_u}{\partial n_{ui}} \right) + \frac{\partial \sum_{i=1}^{M} \lambda_i N_i}{\partial n_u} - \frac{\partial \sum_{i=1}^{N} \sum_{u=1}^{p} \lambda_i n_{ui}}{\partial n_{ui}} = 0 \tag{6.2.14}$$

因为 $\partial n_u / \partial n_{ui} = 1$ 而 N_i 为常数,上式右端第二项为零,于是有

$$\frac{\partial E_{\text{mol}}}{\partial n_{ui}} = \lambda_i, \qquad i = 1, 2, \cdots, M \tag{6.2.15}$$

若轨道 ϕ_u 属于原子 L,则有

$$\frac{\partial E_{\text{mol}}}{\partial n_u^L} = \frac{\partial \left[\sum_L E_L(n_1^L, \cdots, n_S^L) \right]}{\partial n_u^L} \tag{6.2.16}$$

但是,如 6.1 节已指出的,$\partial E_L / \partial n_{ui}^L$ 已定义为第 L 个原子 u 轨道的电负性 X_u^L。于是从式(6.2.16)及式(6.2.15)就有

$$X_n^L = \frac{\partial E_L}{\partial n_u^L} = \lambda_i \tag{6.2.17}$$

式(6.2.17)表明形成分子的原子轨道的电负性相等,即电负性平均化。Klopman[36] 等人也得到与此相同的结论。

现在进一步要问,在稳定的平衡态分子中,每个原子呈现的电负性如何表征和计算? 这对双原子双电子键不难回答。

对于双电子键 A—B,我们用 Hückel 方法,得到能量

$$E_{mol} = 2C_A^2\alpha_A + 2C_B^2\alpha_B + 4C_AC_B\beta_{AB} \tag{6.2.18}$$

式中,C_A、C_B 是原子轨道的组合系数,α_A、α_B 为库仑积分,B_{AB} 为共振积分,由于存在

$$n_A = 2C_A^2, \qquad n_B = 2C_B^2, \qquad n_A + n_B = 2$$

的条件,我们可以把式(6.2.18)改写并分解为原子的贡献之和

$$E_{mol} = E_A + E_B$$

而 E_A 由下式表示:

$$E_A = n_A\alpha_A + (n_An_B)^{\frac{1}{2}}\beta_{AB} = n_A\alpha_A + (2n_A - n_A^2)^{\frac{1}{2}}\beta_{AB} \tag{6.2.19}$$

因此 E_A 只是 n_A 的函数,E_B 可类推。根据 Iczkowski 对电负性的表示则有

$$X_A = \frac{\partial E_A}{\partial n_A} = \alpha_A + \frac{\beta_{AB}(1 - n_A)}{\sqrt{2n_A - n_A^2}} \tag{6.2.20}$$

这个公式表明,对于孤立原子,其电负性可由库仑积分表示,而当形成稳定分子时,电负性将发生变化,这时需要加以校正,这个校正项与共振积分及轨道上填充的电荷数有关。这是一个很有意义的关系。

6.2.4　对电负性均衡原理的评价[37]

由 Sanderson 提出并经 Whitehead、Ferreira 等人发展的电负性均衡原理,由于考虑到成键过程中的电荷迁移和重新分布这一支配化学现象的本质问题,使得对化学键的定性认识和电负性经验参数法的应用都有所发展,应予肯定。当然,这个原理的表述也存在一些不足处,如:

(1) 由于这个原理的表述都是基于二中心模型,它对电子云重叠较小、电荷迁移较大的离子性键比较合适。但是,有关作者恰恰主要是讨论部分电荷迁移较小的共价键,这是其自身存在的一个矛盾。

(2) 在键矩的计算中,用此二中心模式不可能计算同极矩。而在这个原理所设条件(即共价性占优势)下,一般同极矩恰恰是不能忽略的。即如氢卤分子,按照 Gordy、Coulson 等[38] 的工作,同极矩比观测矩[38] 还大,所以忽略此项是危险的。

(3) 关于电荷转移机制的描写,Sanderson 是假定居中电负性等于化合前所有原子电负性的几何平均值;Whitehead、Ferreira 则是从能量着眼。应该说对电荷转移过程的这种表述纯属经验性的,因为电负性不是确切的物理量。

(4) Ferreira 关于分子电负性的计算虽比 Sanderson 的几何平均算法精细了一步,但是由于引进了电子屏蔽常数,使得对一些分子的计算产生新的困难,反而限制了它的应用;另外 Whitehead、Ferreira 等对 Sanderson 原理的发展只是技术

性的,没有给这一原理以新的思想。

为了揭示这一原理的本质,须在量子力学基础和对成键的微观过程作更深入地探讨。应该说,基于密度泛函理论的电负性的发展,在理论发展的过程中,使这一问题从根本上改观。

6.3　基团电负性

基团比原子要复杂得多,要求得它们的电负性,实质上就是要求多原子分子的分子轨道电负性,在理论发展的过程中,这并不是一件容易的事,更谈不上较高的准确性。但在理论的发展中,为了达到我们的目标,不得不"毛估"一些量值,但框架的合理性和思想方法的首尾一惯性是很重要的。因为只有这样才有助于还不充分的知识继续前进。

计算基团的电负性与计算元素的电负性类似,大致可分为热化学法、电离能与亲和能均值法及其经验或半径验法等,兹简单介绍如下。

6.3.1　热化学法

应用 Pauling 热化学法确定基团电负性首先由 Pritchard[39] 等人作出,他们研究了如下反应:

$$HgR_2 + HgA_2 \longrightarrow 2RHgA + 2\Delta Q$$

式中,R 是有机基团,而 A 为卤素,ΔQ 可以按下式计算:

$$\Delta Q = 23.06(X_A - X_R)(X_{AHg} - X_{RHg})$$

然后以 ΔQ 对 A 的电负性 X_A 作图,得到一系列平行线,其斜率为 0.325×23.06,这表明

$$(X_{AHg} - X_{RHg}) \approx 常数 = 0.325$$

由此便得到基团 R 的电负性 X_R 的计算式如下:

$$X_R = X_A - \frac{\Delta Q}{23.06 \times 0.325} \tag{6.3.1}$$

利用实测的 ΔQ 及 $X_{Cl} = 3.00$,$X_{Br} = 2.76$,$X_I = 2.25$,他们算得一些基团电负性值如表 6-13 所列。

表 6-13　一些基团电负性

HgR₂	HgCl₂	HgBr₂	HgI₂	平均 X_R 值
C_6H_5	2.33	2.36	2.46	2.38
CH_3	2.12	2.13	2.13	2.13
C_2H_5	2.03	2.07	2.20	2.10
$n\text{-}C_3H_7$	2.07	2.09	2.20	2.12
$i\text{-}C_3H_7$	2.00	1.90	2.01	1.97

后来 Finemann[40] 把 Pauling 的原始公式直接用来计算基团电负性,并假定 CH_3 的电负性与碳原子的相等,即取 $X_{CH_3} = 2.5$。我们认为这是不合理的。因为甲基中碳的电负性大于氢,氢的部分键电子电荷偏向于碳原子,使碳带有部分负电荷,从而减小了它的有效核电荷,降低了它的电负性。由电负性平均化原理来看,甲基的电负性应在氢与碳之间,所以 Finemann 的结果有系统偏高现象。

一个较好的热化学法计算基团电负性是 Mcdaniel[41] 等人给出的。他们从热化学循环出发,得到一个电离常数、氧化电位与基团电负性的相关公式。其主要作法如下:

对于酸碱或它们的化合物,引入下面两个热化学循环

$$
\begin{array}{ll}
H_{(aq)}^+ + L_{(aq)}^- \xrightarrow{\Delta H_5} HL_{(aq)} & H_{(aq)}^+ + L_{(aq)}^- \xrightarrow{\Delta H_{10}} \frac{1}{2}H_{2(aq)} + \frac{1}{2}L_{2(aq)} \\
\Delta H_1 \downarrow \quad\quad\quad \uparrow \Delta H_4 & \Delta H_6 \downarrow \quad\quad\quad\quad\quad \uparrow \Delta H_9 \\
H_{(g)}^+ + L_{(g)}^- \quad\quad HL_{(g)} & H_{(g)}^+ + L_{(g)}^- \quad\quad \frac{1}{2}H_{2(g)} + \frac{1}{2}L_{2(g)} \\
\Delta H_2 \downarrow \quad \uparrow \Delta H_3 & \Delta H_7 \downarrow \quad\quad\quad\quad \uparrow \Delta H_8 \\
\quad H_{(g)} + L_{(g)} & \quad\quad H_{(g)} + L_{(g)} \\
\quad\quad (\text{I}) & \quad\quad\quad (\text{II})
\end{array}
$$

其中 H^+ 为氢离子,L^- 为酸根离子,循环中每一步的 ΔH 为其焓变,(g)为气态,(aq)为水溶液。

从上面两个循环的第(I)个可以得到下面的关系式:

$$\Delta H_5 = \Delta H_1 + \Delta H_2 + \Delta H_3 + \Delta H_4 \tag{6.3.2}$$

由上面的第(II)个循环可以得到

$$\Delta H_{10} = \Delta H_6 + \Delta H_7 + \Delta H_8 + \Delta H_9 \tag{6.3.3}$$

将上两式相减,并利用 $\Delta H_1 = \Delta H_6$,$\Delta H_2 = \Delta H_7$,则得到

$$\Delta H_5 - \Delta H_{10} = \Delta H_3 - \Delta H_8 + \Delta H_4 - \Delta H_9 \tag{6.3.4}$$

假定 $\Delta S_5 - \Delta S_{10}$ 及 $\Delta H_4 - \Delta H_9$ 都可以忽略,于是得到下面的有益关系:

$$1.364 pK_a - 23.06 E^0 = D(H—L) - \frac{1}{2}[D(H—H) + D(L—L)] \tag{6.3.5}$$

其中 pK_a 是 HL 在 25℃时的 $-\lg K_a$ 值,E^0 是 L^- 的氧化偶合反应的半电池电动势,即电极电位。$D(H—L)$、$D(H—H)$、$D(L—L)$ 分别为 HL、H_2 及 L_2 的键能,1.364 是单位转换常数。

以 $(1.364 pK_a - 23.6 E^0)$ 对 $D(H—L) - \frac{1}{2}[D(H—H) + D(L—L)]$ 作图,如图 6-6,其斜率为 1.12,很接近于理论值,这说明式(6.3.5)基本上是正确的。根据 Pauling 对电负性的定义,以 $(X_L - X_H)^2$ 代入式(6.3.5)则有

$$0.059 \mathrm{p} K_\mathrm{a} - E^0 = (X_\mathrm{L} - X_\mathrm{H})^2$$

$$(6.3.6)$$

利用这个公式，当已知耦合氧化电势及酸碱电离度时，就可以较准确地求得基团 L 的电负性值 X_L。

因为式（6.3.6）是从分析热化学循环而得到的，理论基础比较可靠，从作图的关系来看其斜率与理论值 1.00 很接近，因此到目前为止它是一个较好的用热化学法计算基团电负性的方法。但是不足的是用了两个实验参数，有的酸碱及其化合物缺乏这些数值，这就给为求得某些基团电负性带来困难。

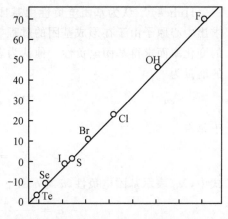

图 6-6　$1.364 \mathrm{p} K_\mathrm{a} - 23.06 E^0$ 对 $D(\mathrm{H{-}L}) - \frac{1}{2}[D(\mathrm{H{-}H}) + D(\mathrm{L{-}L})]$ 关系图

6.3.2　电离能与电子亲和能的均值法

用 Mulliken 电负性标计算基团电负性的早期工作由 Hinze[32] 等人作出。他们假设基团轨道能由下式表示：

$$E(n_i) = a_i + b n_i + c n_i^2 \qquad (6.3.7)$$

轨道电负性为

$$X = \frac{\partial E_i}{\partial n_i} = b_i + 2 c_i n_i$$

其中

$$b_i = \frac{1}{2}(3 I_i - E_i), \qquad c_i = \frac{1}{2}(E_i - I_i) \qquad (6.3.8)$$

式（6.3.8）中的 E_i 及 I_i 又可以由参数方程得到

$$I_i = \alpha_i + \beta_i n + r_i n^2$$
$$E_i = \delta_i + \varepsilon_i n + \xi_i n^2 \qquad (6.3.9)$$

其中 $\alpha_i, \beta_i, \cdots, \xi_i$ 可以由 I_i 及 E_i 对 n 的曲线作图确定，进而就可以求得基团电负性。他们用这种方法求得的基团电负性如表 6-14。后来 Whitehead[42] 用这套方法计算分子中的电荷分布、讨论核磁共振谱等实验事实。

表 6-14　Hinze[9] 等人计算的电负性

基　团	H	CH₃	CH₂F	CHF₂	CF₃	CH₂Cl	CHCl₂	CCl₃	CH₃CH₂
电负性	2.20	2.30	2.61	2.94	3.29	2.47	2.63	2.79	2.40
基　团	CH₂Br	CHBr₂	CBr₃	CH₂I	CHI₂	CI₃	CF₃CH₂	CH₂ClCH₂	
电负性	2.49	2.57	2.38	2.44	2.50	2.36	2.07	2.01	

Huheey[43] 认为基团电负性由基团中具有自由价的中心原子表现出来，只要求出中心原子由于在形成基团的过程中而具有的净电荷 q，就可以由体系能量随 q 的变化率而求得基团电负性。他认为若取中性原子的能量为零，则带部分电荷时的能量为

$$E = aq + \frac{1}{2}bq^2$$

于是有

$$X_G = \frac{\partial E}{\partial q}a + bq \tag{6.3.10}$$

式中，X_G 表示基团电负性，a 与 b 由下式计算：

$$a = \frac{I-A}{2}, \quad b = I + A \tag{6.3.11}$$

现以甲基基团为例说明计算方法：一个中性的甲基基团的电荷分布由电负性平均化原理得到

$$X_c = 7.97 + 13.27q_c = X_H = 7.17 + 12.85q_H$$

$$q_c + 3q_H = 0$$

$$7.97 - 3 \times 13.27q_H = 7.17 + 12.85q_H$$

由此二式算得的 q_c 值代入式(6.3.10)中则得

$$X_{CH_3} = 7.37$$

用类似的参数法，可以求得甲基阳离子及甲基阴离子的电负性分别为 10.63 及 4.65。

对于一般情形，可以得到不同类型基团电负性的计算公式如下：

(1) 对于—WX 型基团应用如下关系：

$$a_W + b_W q_W = a_X b_X q_X$$

$$q_W + q_X = 0（自由基）$$

$$q_W + q_X = 1（阳离子）$$

$$q_W + q_X = -1（阴离子）$$

于是得

$$X_{-WX} = \frac{a_W b_X + a_X b_W + b_W b_X q_{WX}}{b_X + b_W} \tag{6.3.12}$$

(2) 对于 $-W\begin{smallmatrix}X\\ \\Y\end{smallmatrix}$ 型基团类似地有

$$X - W\begin{smallmatrix}X\\ \\Y\end{smallmatrix} = \frac{a_W b_X b_Y + a_X b_W b_Y + a_Y b_W b_X + b_W b_Y q_{XYW}}{b_X b_Y + b_W b_X + b_W b_Y} \tag{6.3.13}$$

（3）对于
$$\begin{array}{c} X \\ \diagdown \\ -W-Y \\ \diagup \\ Z \end{array}$$
 型基团，同理有

$$X_{-\text{WXYZ}} = \frac{a_w b_x b_y b_z + a_x b_w b_y b_z + a_y b_w b_x b_z + a_z b_w b_x b_Y + b_w b_x b_y b_z q_{\text{WXYZ}}}{b_x b_y b_w + b_x b_z b_w + b_x b_y b_z + b_y b_z b_w}$$

$$(6.3.14)$$

由以上各式计算的基团电负性列于表 6-15 中。

表 6-15　Huheey 计算的基团电负性（换算成 Pauling 标度）

基　团	X_H	基　团	X_H	基　团	X_H	基　团	X_H
BeH	1.89	BH_2	2.09	$CHBr_2$	2.50	$SiCl_3$	2.35
BeF	2.16	BF_2	2.92	CBr_3	2.59	$(CH_3)_2C$	2.29
BeCl	2.02	BCl_2	2.55	CH_2I	2.37	CH_2F	2.61
BeBr	1.94	BBr_2	2.38	CI_3	2.44	CHF_2	3.00
BeI	1.91	BI_2	2.30	CHFCl	2.51	CF_3CF_2	3.40
BeP_2H_3	2.01	$B(CH_3)_2$	2.23	CHClBr	2.82	CF_3	3.46
MgH	1.50	CH_3	2.27	CHClBr	2.58	$(CF_3)_2CF$	3.38
MgF	1.87	$(CH_3)_2CH$	2.28	CHBrI	2.47	$(CF_3)_2C$	3.37
MgCl	1.79	CH_2Cl	2.48	CFClBr	2.90	CF_2CH_2	2.90
MgBr	1.73	$CHCl_2$	2.66	CClBrI	2.64	$(CF_3)_2CH$	3.19
MgI	1.70	CCl_3	2.84	CH_2OH	2.74	$SiBr_3$	2.78
$MgCH_3$	1.88	CH_3Br	2.40	SiH_3	2.21	SiI_3	2.54
$Si(CH_3)_3$	2.46	OF	4.41	OCl	3.73	OH	3.51

6.4　电负性与化学键的性质

电负性概念之所以能够用于归纳化学键的一些性质，是由于它反映了在分子的形成中电荷的重新分布。

对于同核键，由于原子吸引电子的能力完全相同，键电子电荷在这种化学键中呈现完全的对称分布，其电负性差为零。所以电负性主要用于研究异核键的性质。

6.4.1　化学键的极性

当两个不同的原子形成化学键时，若它们吸引电子的能力不同，设 $X_A < X_B$，则形成的化学键的键电子概率密度在 B 核周围比较密集，在 A 核周围比较疏散，如第 3 章中的由电荷密度差图所表示的 LiF、OH 等分子的电荷分布情况。假如在两原子共价半径接触点立一截面，则在 X_A 一侧的键电子概率密度小于在截面 X_B 一侧的量值。这样就使这个化学键具有一定的极性。

从波函数的性质来考虑，若一个化学键的波函数写作 $\Phi' = a\phi_A + b\phi_B$，并有两个电子占领,当键合两原子吸引电子能力不等时,则两原子分别带有部分形式电荷(或净电荷),其大小为 $2(b^2 - a^2)e = \Delta Q^{\pm}$,还有重叠电荷 $4abS_{AB}$ 为两原子共享。形式电荷使化学键具有极性或部分离子性,它将使分子的电、光、磁、热及化学活性等产生极化效应。

近年来用分子轨道近似理论讨论电负性对化学键的影响,使人们更清楚地了解到其内在关系。在 Hückel 近似下,体系能量为

$$E_{AB} = \sqrt{(\alpha_A - \alpha_B)^2 + 4\beta_{AB}^2} \tag{6.4.1}$$

式中,α 表示库仑积分,β 表示共振积分。

与上式类似,对于同核分子,其键能可以写为

$$E_{AA} = 2\beta_{AA}, \qquad E_{BB} = 2\beta_{BB} \tag{6.4.2}$$

用 Wolfsberg-Helmholtz 近似

$$\beta_{AB} = c(a_A + a_B)S_{AB}$$

所以

$$\beta_{AA} \approx 2ca_A S_{AA}, \qquad \beta_{BB} = 2ca_B S_{BB} \tag{6.4.3}$$

式中,S_{AA} 是同核原子的重叠积分。设分子 A—A、B—B、及 A—B 有相同的 c,且重叠积分满足下式:

$$S_{AB} = \frac{1}{2}(S_{AA} + S_{BB}) \tag{6.4.4}$$

所以

$$\beta_{AB} = \frac{1}{2}(\beta_{AA} + \beta_{BB}) \tag{6.4.5}$$

把 E_{AB} 的方程(6.4.1)重写并展开,再应用式(6.4.2)及式(6.4.5)得到

$$E_{AB} = 2\beta_{AB}\left[1 + \frac{\alpha_A - \alpha_B}{4\beta_{AB}^2}\right]^{\frac{1}{2}} = 2\beta_{AB}\left[1 + \frac{(\alpha_A - \alpha_B)^2}{8\beta_{AB}^2} + \cdots\right] \tag{6.4.6}$$

略去上式中的高次方项,并利用式(6.4.2)及式(6.4.5)就得到

$$E_{AB} \approx \frac{1}{2}(E_{AA} + E_{BB}) + \frac{(a_A - a_B)^2}{E_{AA} + E_{BB}} \tag{6.4.7}$$

当把 $1/(E_{AA} + E_{BB}) = A$ 当作常数时,则得到 Pauling 的关系式

$$E_{AB} = \frac{1}{2}(E_{AA} + E_{BB}) + A(a_A - a_B)^2 \tag{6.4.8}$$

以上叙述使 Pauling 关于电负性不同可引起键的极化并对能量有贡献的见解,得到了分子轨道理论的近似论证。不过 A 对于不同的化学键并不是常数。所以 Pauling 关系式只能是粗略的。

后来 Borden[44] 也从 Huckel 近似对式(6.1.6)作了类似的讨论。

6.4.2　键能与电负性

虽然式(6.1.6)是由经验归纳法得到的,也可由简单分子轨道法作出解释。众

所周知,双原子分子体系的键能可以表示为

$$D(A—A) = 2\beta_{AA} \tag{6.4.9}$$

$$D(A—B) = [(\alpha_A - \alpha_B)^2 + 4\beta_{AB}^2]^{\frac{1}{2}} \tag{6.4.10}$$

式中,α 为库仑积分,β_{AB} 为共振积分,展开上式

$$D(A—B) = 2\beta_{AB}\left[1 + \frac{(\alpha_A - \alpha_B)^2}{8\beta_{AB}^2} + \cdots\right] \tag{6.4.11}$$

取 $\beta_{AB} = \frac{1}{2}(\beta_{AA} + \beta_{BB})$,略去上式高次方项得

$$D(A—B) \simeq \frac{1}{2}[D(A—A) + D(B—B)] + \frac{(\alpha_A - \alpha_B)^2}{D(A—A) + D(B—B)} \tag{6.4.12}$$

$(\alpha_A - \alpha_B)$ 具有电负性差的性质,若粗略地把 $D(A—A) + D(B—B)$ 看作常数,就得到了式(6.1.6)。

Klopman[46] 用分子轨道法得到如下关系:

$$D(A—B) = 2\sqrt{q_A q_B \beta_{AB}} + \frac{1}{2}(q_A - q_B)(X_A - X_B) \tag{6.4.13}$$

式中,q 是形式电荷,在合理假定下,式(6.4.13)也可以化为式(6.1.6)。早在1950年 Mulliken[47] 就得到了类似关系

$$D(A—B) = \frac{23.07A \cdot S \cdot I}{1+S} + \frac{334.6}{R}i^2 \tag{6.4.14}$$

式中,A 为常数,S 是重叠积分,I 为平均电离势。i 为离子性,可由电负性表示。R 是核间距。

以上这些关系式说明,一个化学键可以划分为共价性及由于电负性不同引起的离子性贡献之和,所以很多人由这方面得到一些经验或半经验计算键能及其他性质的公式是很自然的。

Hooydonk[48] 对电负性的应用做了一系列工作,他由 Huckel 近似导出电负性表示的键能如下:

$$D(A—B) = \frac{1}{2}(X_A + X_B)(1 + i) \tag{6.4.15}$$

式中,$i = (X_A - X_B)/(X_A + X_B)$,用式(6.4.15)计算的键能与实验值比较接近。

化学键能由库仑能及交换能两部分组成,式(6.4.15)仅有电负性一个因子,这说明电负性既可表示库仑能,又能表示交换能,所以电负性必然与物质的广泛性质相联系。

在化学动力学方面,Johnson[14] 用分子轨道电负性说明了铁原子簇催化加氢反应,Klopman[23] 用 E^- 说明了溶液中的反应,都取得了相当的成功。张正斌[49] 等用 Pauling 电负性讨论海水中离子交换反应也是有趣的。在有机分子的结构性能

关系方面,蒋明谦[50]的诱导效应指数较好地处理了有机分子多方面性质,是理论有机中引人注目的工作。我们用自己的电负性处理了分子重排、折射度、抗磁化率等[51]。韩维屏[52]等提出动态电负性计算键的裂解能。陈念贻[53]等用它讨论无机生化。我们[54]用它计算固态络盐生成热。Ray[55]和高孝恢[56]等分别用它计算力常数等都取得一定的成效。J∮rgensen[57]还用电负性讨论了络合物的吸收光谱。

6.4.3　电负性在量子化学计算中的某些应用

在应用量子化学讨论化学键的半经验方法中,电负性的作用主要是被用来使一些积分参量化,简化计算手续。

前面已经指出,原子的电负性,相当于库仑积分 $a_A = \int \psi_A H \psi_A d\tau$ 。所以在简单分子轨道法中,最早是用电负性使库仑积分参量化。例如,氮原子的 a_N 不同于碳原子的 a_C,且 $a_N > a_C$,这使含杂原子体系久期方程的解复杂化。Pauling[58]引进一个新参数 δ_N 来表示 a_N

$$a_N = a_C + \delta_N \beta_{CC}$$

其中 β_{CC} 是 C—C 间的共振积分,因为 $\beta < 0$,所以 δ_N 应该取正值。

若 a_X 较 a_C 越大,则 δ_X 应该越大。因此对于一般含杂原子体系,δ 正比于它们的电负性差,所以最好选择一种电负性标,使得满足下述关系:

$$a_X = a_C + \delta_N \beta_{CC} \tag{6.4.16}$$

并能够使其中的 $M=1$。Laforgue[59]指出,采用 Bellugue[60]等人的电负性能够使上式中的 $M=1$。的确,Beilugue 等人的 $X_N = 3.15, X_C = 2.50$,这与 Hückel 等半经验处理吡啶时取 $\delta_N = 0.5$ 是很接近的。但是若用文献[15]的电负性则更为一致。因为他们的电负性标对 $X_N = 2.26$,而 $X_C = 1.72$,得到 $\delta_N = 0.54$。对于其他元素,也较接近于 Streitwieser[61]所给出的值。

在半经验自洽场分子轨道理论的 CNDO/2 近似方法中,引进 Mulliken 电负性,把对角矩阵元 F_{uu} 参量化,使这种方法对于分子极性的描述得到了更好的结果。

电负性在量子化学计算参量化时的另一个用处,是以它来表示波函数的线性组合系数。例如在 Pauling-Wheland 近似条件下,若 $\beta_{AB}/\beta_{BB} = E_{AB}/E_{BB}$,则化学键波函数

$$\Phi_{AB} = a\phi_A + b\phi_B$$

其中 a、b 可以由键合原子的电负性表示如下:

$$a^2 = \frac{1}{2} \left[1 - \frac{X_A - X_B}{(X_A - X_B)^2 + 4\left(\dfrac{E_{AB}}{E_{BB}}\right)^2} \right] \tag{6.4.17}$$

$$b^2 = \frac{1}{2}\left[1 + \frac{X_A - X_B}{(X_A - X_B)^2 + 4\left(\dfrac{E_{AB}}{E_{BB}}\right)^2}\right] \tag{6.4.18}$$

利用这种参量化的手续已经成功地用于计算固体的能带结构[62]和分子的抗磁磁化率[63]等。

我们认为,在半经验的分子轨道近似法中,共振积分 β 的参量化具有更重要的意义。目前常用的共振积分参量化有如下几种形式:

$$\beta_{AB} = \frac{1}{2}(a_A + a_B)S_{AB}$$

$$\beta_{AB} = \frac{K}{2}(a_A + a_B)(2 - |S|)S \tag{6.4.19}$$

$$\beta_{AB} = (a_A a_B)^{\frac{1}{2}}KS$$

可以看到这是用 a_γ 来参量化 β,而前面已经指出,a_γ 可以表示原子 γ 的电负性,因此从原则上来说,共振积分是可以由电负性来参量化的。从这一点来看,文献[64]认为电负性表现了化学键中的交换能也是有一定道理的。

不论从哪个角度来讨论电负性与化学键的关系,都要考虑由于键合原子电负性不同而引起的电荷迁移并导致吸引电子能力的平均化。对此,一些理论化学家近来仍在致力研究中[65~69],其基于概念密度泛函理论的近代发展,我们将在本书第 8 章详细介绍。

参 考 文 献

1　Pauling L. J. Amer. Chem. Soc. ,1932,54;357

2　Pauling L,Sherman J. J. Amer. Chem. Soc. ,1937,59;145

3　Haissinsky M. J. Phys. Radium,1946,7;7

4　Gordy W. J. Chem. Phys. ,1946,14;305

5　Mulliken R. J. Chem. Phys. ,1934,2;782

6　Moffitt W. Proc. Roy. Soc. ,1950,209;556

7　Бацанов С С. Электроотрицательность Элементов и химическая связь. Москва;Изд. Иностр. Литер. ,1962

8　Chen E,Wentworth W. Chem. Educ. ,1975,52;486

9　Hinze J,Jaffe H H. J. Amer. Chem. Soc. ,1962,84;540;Can. J. Chem. ,1963;41;J. Phys. Chem. ,1963,
　　67;150;J. Amer. Chem. Soc. ,1963,85;148

10　Younkin J et al. Treor. Chem. Acta. ,1976,41;157

11　Glockler G. J. Chem. Phys. ,1960,32;703

12　Iczkowski R et al. J. Amer. Chem. Soc. ,1961,83;3547

13　Jørgensen C. Orbitals in Atoms and Molecules. Academic Press Inc. ,1962

14　Johnson K. Int. J. Quant. Chem. ,1977,11;39

15　高孝恢,陈天朗. 科学通报,1976,21;498

16　Szoke S. Z. Natureforsch,1973,280;1828

17　高孝恢. 化学学报,1961,27:190

18　戴安邦. 化学通报,1978,(1):26

19　刘祁涛. 化学通报,1976,(6):26

20　Lewis G. Valence and Structure of Atoms and Molecules. New York:N. Y. ,1923

21　Ahrland S,Chattand J,Davies N R. Quart Rev. ,1958,12:265

22　Pearson R G. J. Amer. Chem. Soc. ,1963,85:3533;戴安邦. 化学通报,1978,(1):26

23　Klopman G. J. Amer. Chem. Soc. ,1968,90:223

24　Ahrland S. Chem. Phys. Letter. ,1968,2:303

25　Drago R,Wayland B. J. Amer. Chem. Soc. ,1965,87:3571

26　Parr R et al. J. Chem. Phys. ,1978,63:3801

27　Hohenberg P,Kohn W. Phys. Rev. B,1964,136:864

28　杨频. 山西大学学报(自然科学版),1980,2:1;化学学报,1979,37(1):53

29　Sanderson R. J. Amer. Ckem. Soc. ,1952,74:272;4792;J. Chem. Educ. ,1954,29:539

30　Allred A,Rochow E. J. Inorg. Nucl. Chem. ,1958,5:264

31　Sanderson R T. Science,1951,114:670;J. Amer. Chem. Soc. ,1952,74:272

32　Hinze H,Whitehead M A,Jaffe H H. J. Amer. Chem. Soc. ,1963,85:148

　　Baird N C,Whitehead M A. Theor. Chim. Acta. ,1966:167;1965,3:135

33　Fereira R. Trans. Faraday Soc. ,1963,59:1064

34　Sommerfeld,Ann. Physik,1916,51:125

35　Whitehead M. Theor. Chem. Acta. ,1968,11:33;50

36　Klopman G. J. Amer Chem. Soc. ,1964,86:1463

37　杨频. 化学通报,1978(3):143;杨频,高孝恢. 性能-结构-化学键. 北京:高等教育出版社,1987

38　Gordy W. Faraday Spc. Discussion,1955,19:14

39　Pritchard H et al. Chem. Rev. ,1955,55:745

40　Finemaun M. J. Phys. Chem. ,1965,69:3284

41　Mcdanidl D,Yinst J. J. Amer. Chem. Soc. ,1964,86:1334

42　Whitehead M et al. Theor. Chem. Acta. ,1965,3:135;ibid,1963,1:219

43　Huheey J. J. Phys. Chem. ,1965,69:3284

44　Borden W. Modern Molecular Orbital Theory for Organic Chemists. London:John Wiley & Sons,Inc. ,
　　New York,1963

45　Johnson K. Int. J. Quant. Chem. ,1977,11:39;Klopman G. J. Amer. Chem. Soc. ,1968,90:223;Sander-
　　son R. Science,1952,116:41;J. Amer. Chem. Soc. ,1952,74:4792;Politzer R,Weinstein H. J. Chem.
　　Phys. ,1979,71:4218;Parr R,Bortolotti L. J. Amer. Chem. Soc. ,1982,104:3801

46　Klopman G. J. Amer. Chem. Soc. ,1964,86:4450

47　Mulliken R. J. Amer. Chem. Soc. ,1950,72:4493

48　Hooydonk G. Z. Naturforsch,1973,28a:933;1836;1974,29a:1927;1975,30a:223;845;1976,31a:828

49　张正斌,刘莲生. 科学通报,1976,21:231;334;531;1978,23:538;1979,24:980

50　蒋明谦,戴萃辰. 诱导效应指数及其在分子结构及化学活性间的定量关系中的应用. 北京:科学出版社,
　　1963

51　杨频. 科学通报,1980,25(数理化专辑):275

52　韩维屏,华明琪. 科学通报,1979,24:500

53　陈念贻,周国城. 科学通报,1980,25:788

54　杨频,高孝恢. 化学通报,1978,(6):331

55　Ray N et al. J. Chem. Phys. ,1980,70:3680

56　高孝恢,陈天朗. 自然杂志,1980,8:635

57　Jφrgensen C. Orbitals in Atoms and Molecules. Academic Press Inc. ,1962

58　Pauling L,Wheland G. J. Amer. Chem. Soc. ,1935,57:2086

59　Laforgue A. J. Chem. Phys. ,1949,46:568

60　Bellugue J,Dandel R. Rev. Scient. Instrum. ,1946,84:541

61　Streitwieser A. Molecular Orbital Theory for Organic Chemists. London:John Wiley & Sons,Inc. ,New York,1961

62　陈式刚. 物理学报,1962,18:491

63　曾杰. 物理学报,1965,21:1573

64　陈念贻. 键参数函数及其应用. 北京:科学出版社,1976

65　Politzer P,Wlinetein H. J. Chem. Phys. ,1979,71:4218

66　Ray N et al. J. Chem. Phys. ,1979,70:3680

67　Geerlings P,De Proft F,Langenaeker W. Chem. Rev. ,2003,103:1793

68　Yang Z Z,Wu Y,Zhao D X. J. Chem. Phys. ,2004,120:2541

69　Lu H G,Dai D D,Yang P,Li L M. Chem. Phys. ,2006,8:340

第7章 电负性与物性的关联

在化学概念中,电负性与物性的关联十分广泛。因为电负性被定义为原子在分子中吸引电子的能力,即凡是由成键原子吸引电子能力不同而引起的有关现象,都与电负性有一定关联,所以,在化学、物理、地质、冶金、生化以及环境科学等学科中,电负性概念经常被用来解释实验现象,都得到了广泛的应用。

7.1 电负性与化学性质的关联[1]

虽然量子化学能够从本质上揭示出某些结构与性能的关系,得到一些富有启发性的结论,但是目前对于化学家们感兴趣的大量物质的性质,仅能做出少数准确性高而又非经验的计算。至今化学家仍然主要是靠了健全的逻辑思维,从实验中归纳出规律性,用来预计分子的化学行为及其他物性。我们姑且把这种应用健全的逻辑思维从实验事实中归纳得到定性规律的方法,称作物理或化学的直觉。

在有机化学中,电子论可以认为是用这种化学直觉得出的典型学说。虽然归纳得出的这种电子论已有 70 多年的历史,它仍然是分析有机物质结构与性能的主要理论之一。这是由于这个理论抓住了分子中电荷分布的特征。

化学直觉之所以有用,是因为存在许多情形,我们并不需要严格的定量知识,往往只需要定性地了解,如 A 和 B 能否起反应;某物质呈酸性或呈碱性;A 物质的酸性大于 B 物质或小于 B 物质;A、B 两种有机物是在 α-碳原子或 γ-碳原子起反应等。在这种情况使用化学直觉往往能够立即回答能或不能,是酸性或是碱性,大或是小。如果只要回答诸如这样一些问题,我们常常不需要作精确的计算,当然这并不是说化学计算是不重要的。下面我们用一些例子来说明电负性在化学直觉中的用处。

7.1.1 取代酸碱的强度

大家都知道这样一个实验事实,即卤代醋酸的酸性比醋酸强,而且取代的卤原子越多,强度越大。例如,氯代醋酸的电离常数如下:

$$CH_3COOH < CClH_2COOH < Cl_2CHCOOH < Cl_3CCOOH$$

$K_d(25℃)\ 1.85 \times 10^{-5} \qquad 1.5 \times 10^{-3} \qquad 5 \times 10^{-2} \qquad 1.3 \times 10^{-1}$

为什么随着氯的取代,酸的强度增加呢? 这主要是由于氯有较强的吸引电子的能力,使与氯直接键合的碳原子的键电子向氯偏移,使碳具有部分正电荷,增加了它吸引电子的能力,结果出现如下的电荷传递次序:

$$Cl \longleftarrow CH_2 \longleftarrow C\diagup^{O}_{\diagdown OH}$$

当取代的氯越多,OH 中的键电子沿上述方向转移越大,于是 OH 中的氢原子就越易成为赤裸的质子,即电离度增大。对于其他的取代酸也有类似的关系。

若是同一有机酸由不同的卤原子取代,当取代级次相同时,其强度的次序为

$$F > Cl > Br > I > OCH_3 > NHCOCH_3 > C_6H_5$$

这实际上就是元素或基团的电负性次序。

同样道理可以用来解释碱的强度,例如,取代氨的强度,其电离度如下:

	NH_3	CH_3NH_2	(CH_3)_2NH	(CH_3)_3N
K_d(25℃)	2.1×10^{-5}	4.1×10^{-4}	5.4×10^{-4}	5.9×10^{-5}

氨之所以成为碱是由于它的一对非公用电子对易和质子结合,碱的强弱取决于这一电子对与氢离子结合的难易。当氨分子的氢被 R 取代后,由于 R 是一个斥电子基,所以使氨上带有更多的负电荷,有利于 N 原子上一对非共用电子更易与氢离子结合。

如此推论是三级胺碱性最强,而实际并非如此,这是由于存在着空间阻碍效应,三个甲基占有更多的空间使试剂不易与三级胺分子中的氮接近。

7.1.2　共轭体系中 π 电子的转移方向

共轭效应的产生是由于体系中相邻 π 轨道相互重叠,以及 π 电子的离域,从而使体系的 π 电子云在整个碳链上均匀化,使单键与重键的区别部分或全部消失。

但是当体系有了杂原子(包括不同价态的碳原子),π 电子往往向着一定方向传递,在有机化学的传统观点中,对此只用共轭效应说明,认为与电负性无关。

我们认为:在含有杂原子的体系中,π 电荷流动的原因是比较复杂的,而且应与电负性有关。因为在无杂原子体系中,共轭效应是 π 电子在碳链上做最可几分布,造成体系 π 电子概率平均化,如丁二烯、苯等。

当体系含有杂原子,则出现两种情况,一是杂原子与碳链上每个原子提供的一个 p 电子形成共轭体系,如丙烯醛这样的体系为 π-π 共轭,若不存在电负性效应,C═O 双链上的 π 电荷应向中央单键移动,但是,由于氧上的 p 轨道吸引电子的能力较强,π 电子将向氧转移,如下图中箭头所示

$$CH_2\!=\!\!CH\!-\!\!CH\!=\!\!O$$

这时在氧上将积累过剩的电荷,其值可由文献[2]的公式计算

$$\Delta Q_0 = \frac{X_{Cp} - X_{Op}}{X_{Cp} + X_{Op}} \tag{7.1.1}$$

式中，X_{Cp} 及 X_{Op} 分别为碳和氧的 p 轨道电负性。另一种情况是：杂原子只与它相邻的碳原子形成 σ 键，而杂原子中的孤对 p 电子与碳链上的 π 电子对称性相适应，那么具有孤对电子的杂原子上其 p 电子密度高于碳链上的 π 电子密度，如氯乙烯就是

$$H_2\overset{\frown}{C} = CH \overset{\frown}{-} Cl$$

这种体系称之为 π-p 体系。该体系的电荷转移应是 σ 电子的诱导转移与 π-p 共轭转移之和。一般来说，由于杂原子 X 的电负性大于碳，σ 电子的转移将使杂原子获得过剩负电荷，其数值可由以下公式[2]计算

$$\Delta Q_{\bar{X}} = \frac{X_C - X_X}{X_C + X_X} \tag{7.1.2}$$

当杂原子 X 的孤对电子与碳原子的一个 π 电子构成共轭体系时，这时有三个电子在 C—X 的 π-p 轨道上分布，而每个原子上的净电荷可用文献[2]的如下公式计算：

$$\Delta Q_{\bar{C}} = \frac{X_X - 2X_C}{X_X + X_C}, \qquad \Delta Q_{\bar{X}} = \frac{2X_C - X_X}{X_X + X_C} \tag{7.1.3}$$

对于氯代乙烯，用式(7.1.3)计算得到 σ 电子转移使碳具有 0.145 正电荷，氯具有 -0.145 电子电荷。但 π-p 电子转移使碳具有 -0.812、氯具有 $+0.812$ 电子电荷。这两种电荷转移的代数和表明总结果是氯上的电荷向碳转移，其值为 -0.667 电子电荷。可以验算，除了含氟的 π-p 共轭体系外，其他 π-p 共轭体系都是杂原子的电荷流向碳链。

有的取代基既无孤对 p 电子，又没有与链上碳原子形成 π-π 共轭，如甲基乙烯分子，它的电荷转移方向为

$$H \overset{H}{\underset{H}{\overset{\frown}{-}C}} - CH = CH_2$$

形成一种 σ-π 共轭体系。这种体系中的电荷流动，我们认为主要是由电负性差所引起的。

量子化学指出，在基团—CH_3 中可以模拟出 π 轨道的成分，即—CH_3 的电子云分布与 π 轨道对称是部分一致的。同时，由于—CH_3 中的碳的电负性比不饱和碳原子的电负性小，因此电荷应向不饱和碳原子方向流动。

假若在体系中有两种以上不同杂原子或基团，而且都形成 π 键的话，电荷则向电负性大的杂原子转移，若其中之一形成 π 键，另一个只形成 σ 键，则电荷向有 π

键的杂原子方向流动。下面标出一些分子中的电子转移方向

由于共轭效应与电负性效应在解释电荷分布上是一致的,那么应用电负性不仅可以解释 σ 键体系的性质,也可以较好地解释某些 π 键共轭体系的性质。

7.1.3　马尔科夫尼科夫规则

这是一个有机反应中的著名规则,该规则说,若在 1、2 碳原子之间有一个双键,则其最邻近的 α-碳原子上的氢原子将变得活泼,因此可以被亲电子试剂取代,如 $ClCH_2$—CH =CH_2 等;若发生加成反应,则负性基团总是加在与氢结合数最小的(负电荷小)碳原子上,如

$$CH_3—CH=CH_2 + HO^- Cl^+ \longrightarrow CH_3—CH—CH_2Cl$$
$$|$$
$$OH$$

对这个规则可从电负性作用的角度加以说明。让我们看看丙烯与乙醛分子

$$\overset{\alpha}{C}H_3—\overset{2}{C}H=\overset{1}{C}H_2$$

$$\overset{\alpha}{C}H_3—\overset{2}{C}H=\overset{1}{O}$$

对于丙烯分子来说,由于 1、2 碳原子都是 sp^2 杂化,它们的电负性较 α-碳原子(sp^3 杂化)的电负性大,因此与 α-碳原子结合的氢原子中的电子将有一部分通过碳链流向 1、2 碳原子,于是 α-碳原子上的氢将有较大的活性,易于发生亲电子取代反应,如被氯所取代;同样道理,乙醛分子中 α-碳原子上的氢活泼性则更大。

可能有人认为,这是由于双键的 π 轨道和邻近的类 π 轨道,形成一个超共轭体系的结果。我们认为共轭是一种方式,推动电荷向一定方向流动,则需存在一种势差或 π 电荷密度差,这种势差或 π 电荷密度差却与键合两原子的电负性有关。

格氏试剂是有机合成的重要试剂之一,应用电负性能够说明它参与的反应的机制。格氏试剂和许多有机金属化合物一样,由于金属电负性比碳小,键电荷偏向于碳,故有一个极性很强的 C—M 键,烷基带负电荷,可以和正离子结合,也可以与分子中呈正电性的某原子结合。例如,它的最重要的反应之一是遇到含有活泼氢的化合物时,按下式进行

$$R\!\!-\!\!MgX + \begin{cases} HY \\ HOH \\ HOC_2H_5 \\ HNH_2 \end{cases} \longrightarrow RH + MgXY \qquad (*)$$

与卤代烷反应则生成较高级的烷,如

$$RI + R'MgX \longrightarrow R\!\!-\!\!R' + MgXI \qquad (**)$$

在反应(*)中,格氏试剂中的 R 由于电负性大于 Mg,故带负电荷,在反应中与 H^+ 加和形成 RH。在反应(**)中,由于卤代烷的 R 具有电正性,与格氏试剂中的 R 结合生成高级的烷。

类似地,也可以由电负性说明格氏试剂与 α 卤代醚作用生成高级醚的反应

$$ROCH_2Cl + R'MgX \longrightarrow ROCH_3R' + MgClX$$

7.1.4 醛酮类的某些化学活性

醛和酮都很活泼,因为它们都有很活泼的碳氧双键,可以发生各种加成作用。碳—氧双键由于氧的电负性很大,使它带部分负电荷,而碳则带部分正电荷,当反应遇到极性试剂时,可使碳氧间的极性进一步增强,使双键中的 π 电子更偏向氧。其极化情形可用如下结构来表示:

$$-\!\overset{|}{C}\!=\!O \longrightarrow -\!\overset{|}{\underset{\delta^+}{C}}\!-\!\underset{\delta^-}{O}$$
$$\text{(I)} \qquad\qquad \text{(II)}$$

因为负的氧比正的碳更稳定一些,所以碳首先发生反应。碳氧之间和碳碳之间在发生加成作用时,主要不同之处,就在于前者带正电荷的碳原子先和试剂带负电荷的部分或负离子起反应,就像一个羟基离子与氢离子起反应一样,它们之间将生成一个极性共价键。由于氢离子是一个最简单的核子,故羟基为亲核子物质,而带负电荷的氧则和带正电的离子、即亲电试剂发生加成反应。因此许多试剂和碳氧双键可以发生反应,而一般地不易与碳碳双键发生反应。例如,酮醛可以发生如下加成反应:

$$\underset{R}{\overset{R}{>}}C\!=\!O + H^+\ CN^- \longrightarrow \underset{R}{\overset{R}{>}}C\!\underset{CN}{\overset{OH}{<}}$$

$$\underset{H}{\overset{R}{>}}C\!=\!O + H^+\ CN^- \longrightarrow \underset{H}{\overset{R}{>}}C\!\underset{CN}{\overset{OH}{<}}$$

一般情况是酮与醛都不能与水发生加成,形成稳定的加合物,但若醛上甲基中的氢被电负性大的基团取代后,可使羰基变得活泼,可以与水加成形成稳定的双

醇。如 CCl_3CHO 及 $RCOCHO$，因分子中的羰基受邻位上的 CCl_3—基和 R—CO—基吸电子的影响而变得活泼，发生如下反应：

$$CCl_3{-}CH{=}O + HOH \longrightarrow CCl_3{-}CH\Big\langle{}^{OH}_{OH}$$

$$\underset{\displaystyle\;}{R}{-}\overset{\displaystyle O}{\underset{\displaystyle \|}{C}}{-}CH{=}O + HOH \longrightarrow R{-}\overset{\displaystyle O}{\underset{\displaystyle \|}{C}}{-}CH\Big\langle{}^{OH}_{OH}$$

7.1.5　互变异构与过渡态的形成

乙酰丙酮中的次甲基因受邻近两个羰基上电负性大的氧的作用，使碳和氢之间的键变得极为活泼，游离出 H^+ 跑到富电子电荷的氧上去，变成烯醇式结构

$$CH_3{-}\overset{\displaystyle O}{\underset{\displaystyle \|}{C}}{-}\overset{\boxed{H}\rightarrow\;}{C}H{-}\overset{\displaystyle O}{\underset{\displaystyle \|}{C}}{-}CH_3 \rightleftharpoons CH_3{-}\overset{\displaystyle O}{\underset{\displaystyle \|}{C}}{-}CH{=}\overset{\displaystyle OH}{\underset{\displaystyle |}{C}}{-}CH_3$$

所以乙酰丙酮是一个酮与烯醇的混合物。酮的烯醇化与羰基的数目有关。例如，一元酮很少烯醇化，乙酰丙酮易烯醇化，烯醇化的强弱次序如下：

$$CH_3COCH_3 < CH_3COCH_2COCH_3 < \underset{\displaystyle COCH_3}{CH_3COCHCOCH_3}$$

电负性概念也可以用来说明进攻试剂在什么方向接近分子，发生反应，下面用 Walden 倒反作用来加以说明。

碳原子上的基团发生取代作用后，形成新分子的构型常与原来的分子不同，这种构型改变现象叫做空间重排，也叫 Walden 倒反。它对分子旋光及生物化学都有重要影响。

研究表明，当取代基进入某一分子时，若分子中被取代基和不对称碳原子相连的键断裂，将发生空间转换，取代物和被取代物先形成一个过渡态。例如，卤代烷用 NaOH 的水溶液水解时，一种取代方式是 OH^- 负离子和被取代的卤代烷形成一个过渡态，负羟基离子位于和卤素相连的碳原子的对面，沿着 C—X 轴方向结合。这就是说，电负性作用指示了过渡态络合物形成的方式。若以正四面体代替这个碳原子，则 OH^- 接近的地方是对着和卤素相连的顶点的一面之中心，如

$$OH^- \longrightarrow \cdots\overset{\displaystyle RCH_2}{\underset{\displaystyle H}{C}}{\Big\langle}^{Br}_{H} \longrightarrow OH^-\;\;\overset{\displaystyle RCH_2\;H}{\underset{\displaystyle H}{C}}\cdots Br$$

$$\text{(I)}\qquad\qquad\qquad\text{(II)}$$

然后(II)中的 Br^- 离去,形成 RCH_2CH_2OH。若上式不是溴化物,而是任意电负性强于碳的原子 X,则 OH^- 总是在 X 原子的对面电子云小的地方与它形成过渡态络合物。

利用电负性概念还可以对一些化学现象作出半定量或定量地说明,如诱导效应指数[11]的应用。电负性在无机化学中的应用也是很广泛的[3,4]。对于电负性与化学反应性方面的研究,也有不少报道[5,6]。

7.1.6　分子重排[7]

借助于文献[20]导出的电负性能标(参看附录 I.3)与键生成热的关系：$-\Delta H^0/n = (Y'_B - Y'_A)^2$,可以研究分子的结构及其活性的变化规律。对于多重键,在粗略的计算中可将键级的概念引入上式,即对于一个键级为 N 的 A—B 键,可按下式计算生成热：

$$-\frac{\Delta H^0}{n} = N(Y'_B - Y'_A)^2 \tag{7.1.4}$$

这里 ΔH^0 是 AB_n 或 MX_n 型分子的生成热,n 是 A—B 键数,Y'_A 和 Y'_B 是 A 和 B 的电负性能标。

一个化学反应可以看作是一些旧键断裂和一些新键生成的过程。反应的热焓变化可以应用文献[7]提出的"改进的 Pauling 图式法"计算：①将与键变有关的元素符号按其电负性能标递增次序由左至右写出;②用符号上部的弧线表示反应物在反应中断裂的键联;用符号下部的弧线表示产物在反应中新生成的键联。用弧线注出的数字表示该键的键级,不注字者键级为 1。弧线的跨距表示该二元素电负性能标之差;③相同 A、B 二元素之上下弧线可以按数值对消,对消后的键变图式称为焓变简式;④以焓变简式的下弧线跨距平方的加和,减去上弧线跨距平方的加和,等于该反应的热焓变化。现举例说明此图式法用于分子重排的讨论。

Michaelis-阿里布佐夫重排(简称 M-A 重排)

M-A 重排的本质是亲电试剂与亚磷酸酯反应,生成含有 P═O 双键以及 P—Z(Z 代表 C、S、N、O 等元素)单键的五价磷衍生物[26]。由于此重排能引进 P═O 和 P—Z 新建,因而对于制备杀虫剂、稳定剂、表面活性剂等具有一定意义。

由三价磷化合物在卤代烷影响下变成五价磷化合物的经典 M-A 重排,可用如下的一般式表示这里 A 和 B 是直接或通过氧与磷相连的烷基或芳基。重排第一步首先生成中间产物,然后中间产物进一步分解,完成整个重排。重排的难易、快慢显然应从这两步过程的自由能降或焓变来衡量。重排总图式如下:

据焓变简式,按式(7.1.4)算得此重排的焓变($-\Delta H^0$)为 39.6kcal/mol。重排的分步图式如下:

(1) 从反应物到中间体:

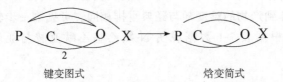

相应的焓变对于 X=F、Cl、Br、I 依次为 54、21.6、11.0、-3.0(单位:kcal/mol)。可见由反应物到五价磷的加成中间体依从氟至碘的次序稳定性逐渐减小。

(2) 中间体的分解:

相应的焓变对于 X=F、Cl、Br、I 依次为:-14.4、18、28.8、42.6(单位:kcal/mol)。实验证明,亚磷酸三甲酯在添加 C_2H_5I 时经 100 分钟就有一半重排,添加 C_3H_5Br 则需 635 分钟,而添加 C_2H_5Cl 时需要更长的时间,添加 C_2H_5F 则难于实现重排。据此焓变分析和实验结果可以断定,此重排的决定步骤是中间体的分解速度。

应用上述方法,还可以讨论广义的、即非经典的 M-A 重排。在此,通过重排生成诸如 P—N、P—S、P—O 新键。按照 Кухтин 所作的分类[7],现分别讨论如下:

类型 I 在非共轭体系作用下的重排通式

$$(RO)_3P: + Z^{\delta+} - X^{\delta-} \longrightarrow (RO)_3P^{\delta} + \begin{array}{c} X^{\delta-} \\ < \\ Z \end{array} \longrightarrow (RO)_2\overset{\overset{O}{\parallel}}{P} - Z + RX$$

与之相应的重排总图式

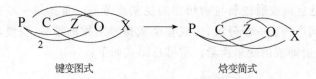

键变图式   焓变简式

其分步图式如下：

$$P \quad C \quad Z \quad O \quad X$$

$$P \quad C \quad Z \quad O \quad X$$

从反应物到中间体（上）；从中间体到产物（下）

当 Z＝C 时，即为前述经典的 M-A 重排。上述反应对于 Z＝O、N、S、C 以及 X＝F、Cl、Br、I 的重排焓如表 7-1 所示。据此焓变可以判定：①在相同条件下，元素 Z 的电负性越高，重排活性越大。对于同一元素 Z 的不同基团，则基团电负性越大者重排活性越大；②卤素原子 X 电负性的变化对重排活性的影响，在 Z 为 C 时与经典 M-A 重排相同；在 Z 为 O、N 时，从反应物到中间体的焓变一般比经典重排要大，而中间体到产物的焓变却与经典重排相同。可见第一步较易进行，第二步则要困难些。现根据表 7-1 数据说明 N-氯乙基乙酰亚胺与亚磷酸三烷基酯的反应

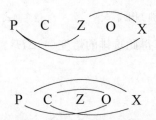

表 7-1　重排焓变　　　　　　　　　　　　　　　　（单位：kcal/mol）

$-\Delta H$ Z X	O			N			S			C		
	反应物↓中间体	中间体↓产物	总重排焓变	反应物↓中间体	中间体↓产物	总重排焓变	反应物↓中间体	中间体↓产物	总重排焓变	反应物↓中间体	中间体↓产物	总重排焓变
F	119	−14	105	101	−14	87	28	−14	14	54	−14	
Cl	48	18	66	40	18	58	12	18	30	22	18	40
Br	24	29	53	20	29	49	6	29	35	11	29	
I	−6	43	37	−5	43	38	−1	43	42	−3	43	

在此，Z 为 N，X 为 Cl。

类型 II　在 σ,π-共轭体系作用下的重排（两个方向）通式

（A）反应发生在如下图示位置上，反应中心未转移：

$$(RO)_3P: + \overset{4}{Z}=\overset{3}{C}-\overset{2}{C}-\overset{1}{X} \longrightarrow (RO)_3P^{\delta+} \left\langle \begin{array}{c} X^{\delta-} \\ C-C=Z \end{array} \right. \longrightarrow (RO)_2\overset{\overset{\displaystyle O}{\|}}{P}-C-C=Z + RX$$

相应总图式：

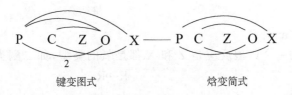

$$P\ C\ O\ X \longleftrightarrow P\ C\ O\ X$$

键变图式　　　　　　焓变简式

在此，键变与 Z 无关，故与经典 M-A 重排全同。

（B）反应发生在下图示位置上，有中心转移（即 Perkow 反应）：

$$(RO)_3P: + \overset{4}{Z}=\overset{3}{C}-\overset{2}{C}-\overset{1}{X} \longrightarrow (RO)_3P^{\delta+} \left\langle \begin{array}{c} X^{\delta-} \\ Z-C=C \end{array} \right. \longrightarrow (RO)_2\overset{\overset{\displaystyle O}{\|}}{P}-Z-C=C + RX$$

相应总图式：

$$P\ C\ Z\ O\ X \longleftrightarrow P\ C\ Z\ O\ X$$

键变图式　　　　　　焓变简式

对于 Z 为 O、N、S、C，重排焓依次为 61、55、31 和 40kcal/mol。可见，Z 元素电负性越大，重排活性越高。

相应分步图式：（1）从反应物到中间体

$$P\ C\ Z\ O\ X \longleftrightarrow P\ C\ Z\ O\ X$$

键变图式　　　　　　焓变简式

（2）从中间体到产物

$$P\ C\ Z\ O\ X \longleftrightarrow P\ C\ Z\ O\ X$$

键变图式　　　　　　焓变简式

现根据以上图式及预示焓变值讨论影响重排的因素：

（1）温度对重排方向的影响：可固定 Z 为氧、X 为溴的情况加以讨论。根据以上图式算得 A 向和 B 向的焓变如表 7-2 所示。

表 7-2　重排焓变　　　　　　　　　（单位：kcal/mol）

重排方向	反应物→中间体	中间体→产物	重排总焓变
A 向（经典 M-A 重排）	11	29	40
B 向（反常 M-A 重排）	32	29	61

按照平衡移动规则即可判断：增高温度有利于 A 向重排的进行；降低温度有利于 B 向重排的进行。

（2）卤素电负性的不同对重排的影响：当 Z 为氧，X 为氟、氯、溴、碘时，重排焓变如表 7-3。

表 7-3　重排焓变　　　　　　　　　（单位：kcal/mol）

$-\Delta H$ / X	反应物→中间体		中间体→产物		重排总焓变	
	A 向	B 向	A 向	B 向	A 向	B 向
F	54	75	−14	−14		
Cl	22	43	18	18	40	61
Br	11	32	29	29		
I	−3	18	43	43		

由表可看出与 Lichtenthaler[21] 的结论相符。

类型 III　在 π,π-共轭（或 π,π,π-共轭）体系作用下的重排通式：

$$(RO)_3P \colon + \overset{4}{Z} = \overset{3}{C} - \overset{2}{C} - \overset{1}{X} \longrightarrow (RO)_3P^{\delta+} \underset{Z}{\overset{X^{\delta-}}{\Big\langle}} \!\!\! C \!\!\! \Big\rangle C \longrightarrow (RO)_2P - Z - C = C - X - R$$

这里 Z、X 可以是 C、O 等元素。对于 α,β-不饱和酸与亚磷酸三烷基酯的作用，Z 为碳，X 为氧，则重排图式为

$$\text{H} \quad \text{P} \quad \text{C} \quad \text{O} \longleftarrow \text{H} \quad \text{P} \quad \text{C} \quad \text{O}$$

键变图式　　　　　　　　焓变简式

重排焓为 6kcal/mol。

此类重排的一个典型反应是 Z 和 X 都是氧的类型，如二酮类、邻醌（包括苯醌、蒽醌、菲醌、萘醌等）类，可以用通式 $O = \overset{R}{C} \cdots \overset{R}{C} = O$ 表示，在理论上此类反应可

以沿着反应中心不转移(A)或转移(B)的两个方向进行：

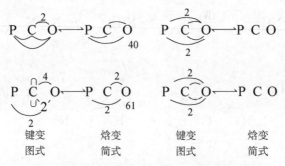

相应的分步图式和熵变如下：

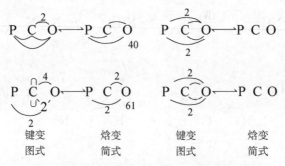

A 向, 反应中心不转移(上)；B 向, 反应中心转移(下)

从上得出：① 从反应物到中间体的加成熵均为正值：A 向 40kcal/mol；B 向 61kcal/mol，故可能均为放热反应；从中间体到产物熵变均为零，故中间体可能是稳定的；② 从反应物到中间体的加成熵是 B 向的大于 A 向的，可见 B 向进行倾向要比 A 向大。Ramirez 和 Desai[27] 借助于光谱证明此加成物具有五个氧原子键合着磷的不饱和环状氧—磷(Oxyphosphorane)结构：

Кириллова 等指出[7]，亚磷酸酯与 1,2-萘醌反应只能按 B 向进行并停留在中间体阶段而不可能进行第二步反应，以上实验结果与按键变图式的分析完全一致。

氢化偶氮苯的重排反应：

经矿酸(HCl 或 H_2SO_4)的水溶液的作用，氢化偶氮苯(二苯肼)在常温下即可进行三种形式的分子重排和歧化反应：

(联苯胺重排)

(联苯灵重排)

(半联胺重排)

(歧化反应)

相应的图式：

(Ⅰ),(Ⅱ):   62 kcal/mol

(Ⅲ)   38 kcal/mol

(Ⅳ)   0 kcal/mol

键变图式   焓变简式

从重排焓判断，(Ⅰ)和(Ⅱ)较(Ⅲ)容易进行，(Ⅲ)又较(Ⅳ)容易进行。在(Ⅰ)和(Ⅱ)中重排焓虽然相同，但重排(Ⅰ)产物的对称性比(Ⅱ)者为高，所以(Ⅰ)较(Ⅱ)容易进行。据此可得三种重排和歧化反应进行的如下顺序：(Ⅰ)＞(Ⅱ)＞(Ⅲ)＞(Ⅳ)。此结论与实验结果完全一致。

应用这个方法时需注意到：

(1) 键变图式可以简明地标示出在反应中有哪些旧键断裂，哪些新键生成；根据式(7.1.4)，从焓变简式可以粗略地计算反应的焓变。这种立足于分子能学的研究方法，显然尚可用于其他类型的重排以及一般化学反应。

(2) 只有在熵变相同或相近的化合物系列，焓变量值才可作为反应方向和进度的判据。

（3）分子的几何构形和对称性、基团的稳定性以及共轭效应、诱导效应、空间效应等,均会影响反应的进行。只有在这些因素相同或近似相同的条件下,上述判据方才有效。

7.2　晶体结合规律和晶型与键型的过渡

电负性概念还可以用来研究晶体结合规律和晶型与键型的过渡以及与其相关的一些物理化学性质。

7.2.1　晶体结合的规律性[9]

电负性能够定性地说明元素或化合物晶体结合的规律性。如周期表左端 I A 族元素 Li、Na、K、Rb、Cs 具有最低的电负性,它们的晶体是最典型的金属。由于金属性结合是靠价电子摆脱原子的束缚成为共有化电子,电负性低的元素对电子束缚较弱,容易失去电子,因此在形成晶体时便采取金属性结合,I A、I B、II A、II B 及 III A 族元素属于这一类。

第四主族至第七主族有较高的电负性,它们束缚电子较牢固,获得电子的能力较强,适于共价结合,因为形成共价键原子并未失去电子,而是成键电子为键合两原子所共有。金属的键合特性与晶体的导电类型有关。金属键结合为导体,而良好的半导体是以共价键结合的原子晶体,如硅、锗、硒、碲等。

碳族元素按 C、Si、Ge、Sn、Pb 的顺序电负性依次减弱。电负性最强的金刚石,以共价键结合,是典型的绝缘体,电负性最弱的 Pb 是金属键结合,表现为导体;居中的 Si、Ge 则是典型的半导体;而锡在边缘上,灰锡是半导体,白锡是导体。这些元素晶体表明,从强电负性到弱电负性,它们的结合由强共价键逐渐减弱,以至变为金属性结合。从电学性质上则表现为绝缘体、半导体至金属导体的过渡。有人[10]找到半导体的禁带宽度 E_g 与电负性相关的经验公式

$$E_{gAB} = (|10X_A - 17.51|)^{1/2} + (|10X_B - 17.51|)^{1/2} \qquad (7.2.1)$$

由元素形成化合物的规律是,周期表左端与右端元素电负性相差较大,在化合时电负性小的原子它的价电子几乎完全转至电负性大的原子上,故形成离子晶体,如 I A、II A 族元素与卤素及氧族元素之间都形成离子晶体。随着电负性差的减少,离子结合逐渐过渡为共价性结合,如 I—VII 族化合物和 III—V 族化合物。从晶体结构看,离子性的碱金属卤化物具有 NaCl 或 CsCl 型结构,一般半导体多为金刚石或 ZnS 型结构,碱金属卤化物是典型的绝缘体,而 III—V 族化合物则是半导体。

III—V 族化合物从 AlP 到 InSb 半导体导电性能增强,以致接近导体。这是由于主族元素由上到下电负性减小,因而材料的金属性增强。

7.2.2　单质、AB 型和 AB₂ 型晶体[34]

哥希密特结晶化学定律指出:"晶体的结构取决于其组成者的数量关系、大小关系与极化性能"。一般在讨论晶型和键型的关系时尚引入"金属性"这个因素。Mooser 和 Pearson[28] 以及 Бацанов[29] 曾先后提出以形成化合物的原子的价层平均主量子数作为键的金属性能量度。Ормонт[7] 则提出键的金属性是形成化合物的原子的序数总和 $\sum Z$ 的函数。我们认为以上表述的共同缺陷是它们只注意了元素周期表中纵的方向金属性的变化关系而忽略了横的因素。

为了探求晶型和键型的关系,基于结晶化学定律,我们提出:

(1) 以键的离子性百分率,即电负性力标之差 ΔY[1] 作为键的离子-共价键型过渡,即极化性能的量度。

(2) 以有关的正负离子半径比 R_c/R_a[31,32] 作为离子堆积的几何因素的量度。对于为数众多的合金,晶体中不存在负离子,因而我们将粒子堆积的几何因素理解为原子 A、B 的晶体原子半径之比 R_A/R_B[33]。

(3) 以形成化合物的原子的价层平均主量子数 $\bar{n}$ 与平均族数 $\bar{g}$ 之比 $\bar{n}/\bar{g}$ 作为键的金属性的量度。按周期系长表来看,过渡金属居于第 II A 族和第 III A 族之间;从元素的金属性着眼,可粗略地取其所有元素的族数均为 2.5,用以计算 $\bar{g}$ 值。

当拥有这三个独立的因数,即可按化学键型将晶体系统化。下面我们分别考察 AB、AB₂ 不同类型的化合物,可以把单质看作是化合物的极限情况来一起讨论。

以 $\bar{n}/\bar{g}$ 为纵坐标,$\Delta Y \dfrac{R_c}{R_a}$ 为横坐标将某些单质、AB 型和 AB₂ 型化合物晶体分别绘入图 7-1 和图 7-2。在 AB 型晶体中绘入图 7-1 的有:

(1) 离子晶体:包括 CsCl 型(在图中以符号"◉"来标志)和 NaCl 型(以符号"△"标志)两种基本晶型。

(2) 共价晶体:图中以符号"●"标出,对于二元化合物主要属于 ZnS 型;对于单质则属于满足成键的 8 — N 规则的晶体,主要包括:金刚石型(IV A 型)、层型(V A 族)、链型(VI A 族)无限型分子。在层型或链型分子间由分子间力结合成晶体。

(3) 金属晶体:图中以符号"○"标出。对单质主要属于立方、六方和立方体心密排;对于二元化合物主要属于 CsCl 型合金。

间隙固溶体 ScN、TiN、VN、NbN、TiC、ZrC、VC、NbC 和 TaC 等(符号"△")的晶型属于 NaCl 型。在金属与 C、N 之间是共价性的(分数)键。由于 C、N 半径很小,金属原子之间可以直接接触,因而保全了部分金属键性。从图 7-1 看到,它们大部分分布在共价区,小部分分布在共价-金属和共价-离子的过渡区域。这类化合物具有许多特异性能,不少属于超导体。而已发现的具有超导性的元素则都处于 $\bar{n}/\bar{g} \geqslant 1$ 的纵轴上,即属于具有部分共价性的金属或典型金属。

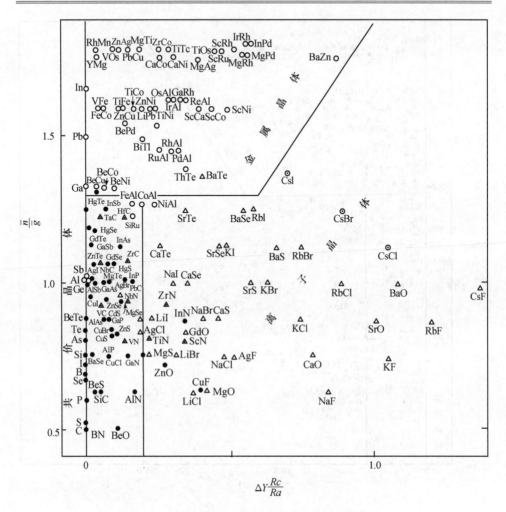

图 7-1 某些单质和 AB 型晶体按化学键型的分区

在 AB₂ 型晶体中绘入图 7-2 的有：

（1）离子晶体：包括 CaF₂ 型（符号"○"）、反 CaF₂ 型（符号"⊙"）和金红石型（符号"△"）晶体。

（2）共价晶体：主要是层型（包括：CdI₂ 型"+"；CdCl₂ 型"×"；MoS₂ 型"＊"）和少量链型（如 SiS₂）、骨架型（如 SiO₂）以及分子型（如 CO₂）晶体。

（3）金属晶体：包括 MgCu₂ 型、MgZn₂ 型、MgNi₂ 型（以上用符号"▲"标出）；MoSi₂ 型（符号"▶"）和 CuAl₂ 型（符号"▼"）合金。主要由 ⅡA 族和 ⅣA 族元素形成的反 CaF₂ 型合金（符号"⊖"）大都具有部分共价性，因而大部居于 $1.0 < \dfrac{\bar{n}}{g} < 1.3$ 这个共价-金属键型过渡区。

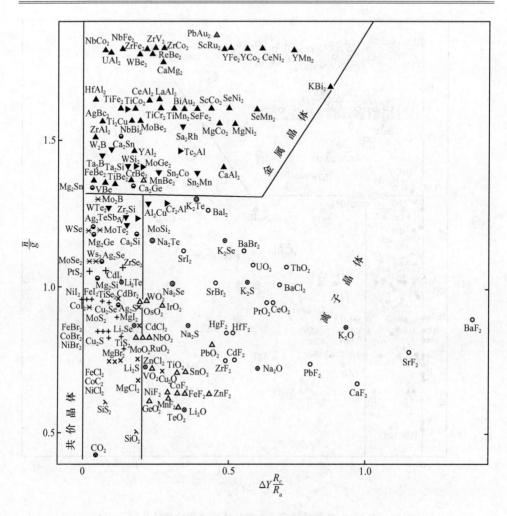

图 7-2　AB$_2$ 型晶体按化学键型的分区

MoS$_2$ 型层状晶体(符号"＊"),层内系共价键,层间则系金属键结合,在图 7-2 中居于 $\bar{n}/\bar{g} > 1.0$ 靠近金属区的部位。由图 7-1、图 7-2 得到如下结论:

(1)尽管实际上存在的化合物大部分属于混合键型,但在一个化合物中一般总以某一键性占优势,决定着它的基本行为,于是在不同类型化合物中表现出质的差异。因而离子、共价、金属三种基本键型在两图中均相应于一定的、足够清楚的区域范围,在纵轴 $0 < \dfrac{\bar{n}}{\bar{g}} < 1.3$ 和横轴 $0 < \Delta Y \dfrac{R_c}{R_a} < 0.2$ 的矩形区域是共价性占优势的晶体区,以右是离子性占优势的晶体区,以上是金属性占优势的晶体区。

（2）一定的晶体分布在一定的区域，并且与键型相应地表现出随 $\bar{n}/\bar{g}$ 和 $\Delta Y \dfrac{R_c}{R_a}$ 的递变而逐渐过渡。现将 AB 型和 AB_2 型晶体的键型和晶型随 $\bar{n}/\bar{g}\sim$ $\Delta Y \dfrac{R_c}{R_a}$ 的过渡总结于图 7-3。

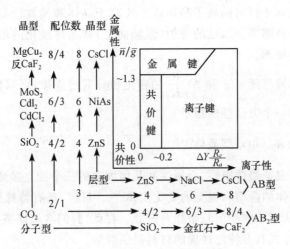

图 7-3　AB 型和 AB_2 型化合物的键型和晶型的过渡

（3）单质的离子性为零（$\Delta Y=0$），所以它们都分布在 $\Delta Y \dfrac{R_c}{R_a}=0$ 的纵轴上，属于共价-金属键型之间的过渡，$\bar{n}/\bar{g}$（即以元素的主量子数除以族数）越大，键的金属性越强。图 7-4 示出某些单质（元素半导体）的禁带宽度 ΔE_g 随相应的 $\bar{n}/\bar{g}$ 的变化关系。此线性关系表明用 $\bar{n}/\bar{g}$ 表征单质或化合物的金属性是有效的。

（4）由于半导体和一部分超导体的化学键具有突出的共价性质，因而全部的元素半导体、主要的化合物半导体和一部分超导体，均分布在横轴 $0<\Delta Y \dfrac{R_c}{R_a}<0.2$ 和纵轴 $0.5<\dfrac{\bar{n}}{\bar{g}}<1.3$ 这块狭小的矩形之中；而属于金属键的一部分超导体则分布在金属键区域，如 $CeRu_2$、$GdRu_2$ 等。具有重要实践意义的高硬度、高熔点的合金，从结构上看，应具有金属-共价混合

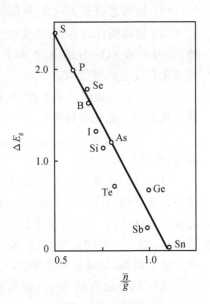

图 7-4　单质的禁带宽度 ΔE_g 随 $\bar{n}/\bar{g}$ 的变化

键型,可以判断,它们应分布在 $1.0 < \dfrac{\bar{n}}{\bar{g}} < 1.3$ 和 $0 < \Delta Y \dfrac{R_A}{R_B} < 0.2$ 这块金属-共价过渡区域。具有激光、电光、声光、压电、红外、微波放大和非线性光学效应的晶体,从键型来看,均属于具有部分离子性或部分共价性的晶体,它们大部分分布在横轴 $0.1 \sim 0.4$ 的共价-离子型过渡区域。透明光学晶体大部分属于离子性晶体,它们大都分布在横轴 0.4 以右的离子晶体区。纯离子晶体和纯共价晶体都是无色的。晶体的颜色明显地随着金属性的增加(纵轴向上)和晶体极化的增加由无色到黄、橙、红、黑而逐步加深。

以上晶型和键型随 $\bar{n}/\bar{g}$ 和 $\Delta Y \dfrac{R_c}{R_a}$ 的变化和分区的规律,可以作为寻找具有特定性能的材料的一个方向性的指示。

7.2.3　ABO₃ 型和 ABO₄ 型晶体[34]

上面我们用表征晶体极性、金属性和几何因素的三个独立参数,研究了某些单质和简单二元晶体的晶型和键型的变化规律[34]。目前,具有特殊效应的技术物理晶体的开发,正从简单物系向复杂物系发展。在此,我们将叙述某些三元晶体的变化规律,试图为寻找具有特定性能的材料提供线索。

三元晶体远较二元晶体复杂。对于 ABO₃ 型晶体,表征其几何因素、极性和金属性的三个参数特作如下规定:

(1) 以容忍因子 $t = (R_A + R_O)/\sqrt{2}(R_B + R_O)$ [12] 表征离子堆积的几何因素。

(2) 以电负性力标[36]之差 ΔY_{AO} 与 ΔY_{BO} 之比 $\Delta Y_{AO}/\Delta Y_{BO}$ 表征晶体的极化特性;因为在 A—O—B 键中,A 和 B 彼此存在着反极化效应,即 A—O 键与 B—O 键的极化程度是此增彼减。

(3) 金属性指标 $\bar{n}/\bar{g}$ 是指 A、B 和 O 三元素的平均主量子数与平均族数之比,其他规定同二元化合物[34]。

以 $\bar{n}/\bar{g}$ 为纵坐标,$t \Delta Y_{AO}/\Delta Y_{BO}$ 为横坐标,将 ABO₃ 型晶体[37,38]绘入图 7-5。其晶型、键型分区如下:

(1) I 区:此类系 BO₃ 基团以共价键紧密结合,形成一个独立单元,而在 A—O 键中是离子性占优势的化合物。其中,含有平面三角形络离子的有:属于正交晶系的纹石型(◇);属于三方晶系的方解石型(◈)的大部分化合物;含有三角锥形络离子的有:KClO₃ 型(◈)、NaClO₃ 型(◉)、KBrO₃ 型(▼)等晶体。$t \Delta Y_{AO}/\Delta Y_{BO} > 10$ 的典型离子晶体,如碱金属硝酸盐,均未绘入图中。

(2) C 区:此类系 A—O 键离子性较弱,A—O 键和 B—O 键极性较为接近的化合物。包括:LiIO₃ 型(◎)、AgBrO₃ 型(▭),以及一部分 A 为重金属的方解石型、FeTiO₃ 型(✚)和部分 CaTiO₃ 型(◍)晶体。

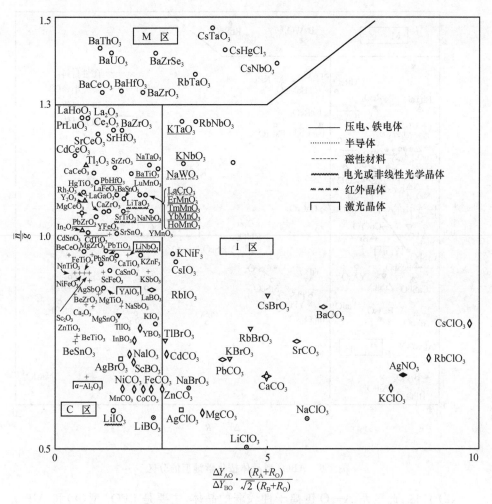

图 7-5 ABO₃ 型晶体按化学键型的分区

（3）M 区：此类绘入图中的主要是呈现金属性的某些 CaTiO₃ 型（〇）化合物；典型金属键的三元合金均未绘入图中。

对于 ABO₄ 型晶体，决定其结构型式的几何因素可用$(R_A/R_O)/(R_B/R_O)$，即R_A/R_B[35]来表示。实际上，R_B/R_O 值越小，R_A/R_O 值越大，则 A 的配位数越高。其他规定与 ABO₃ 型相同。

以 $\bar{n}/\bar{g}$ 为纵坐标、$(\Delta Y_{AO}/\Delta Y_{BO})\cdot(R_A/R_B)$ 为横坐标，将 ABO₄ 型晶体[37,38]绘入图 7-6，其晶型键型分区如下：

（1）Ⅰ区：此区系含有电价较低的紧密的正四面体型络离子的化合物。主要有正交晶系的 BaSO₄ 型（〇）和 CaSO₄ 型（◆）两种。$(\Delta Y_{AO}/\Delta Y_{BO})\cdot(R_A/R_B)>20$ 的化合物均未绘入图中。

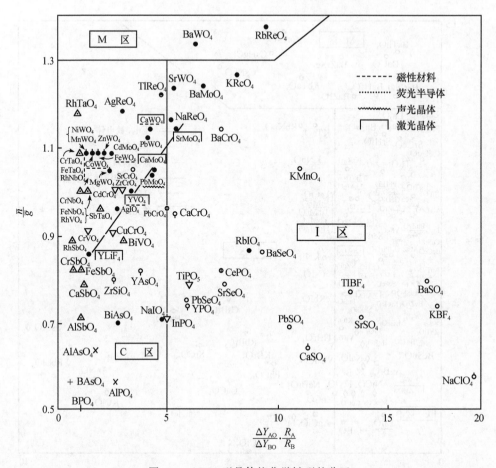

图 7-6　ABO_4 型晶体按化学键型的分区

（2）C 区：此区系 A—O 键离子性较弱的晶体，主要是 BPO_4 型（✚）和 $AlPO_4$ 型（✖）。它们都含有电价较高的正四面体形络离子。由于 A—O 键的共价性较高，A—O 键与 B—O 键都趋于均匀化，因而分立的络离子基团已很不明显。

此区还存在一个明显的过渡型晶体区，主要表现为离子键-共价键间过渡的有：$InPO_4$ 型（▽）、$CePO_4$ 型（◍）、$ZrSiO_4$ 型（♀）等，其比重较小；主要表现为共价键-金属键间过渡的有：$CrVO_4$ 型（▼）、$SbTaO_4$ 型（▲）、$FeWO_4$ 型（◓）和 $CaWO_4$ 型（●）等。它们大都含有扁四方四面体形络离子，化合物组成均含有过渡金属，且 A 和 B 中至少有一个是第五或第六周期元素，其比重较大。

（3）M 区：绘入图中的主要是呈现金属性的某些 $CaWO_4$ 型晶体。典型的金属键三元合金均未绘入。

三元晶体的键型分区虽然不及二元晶体清楚，但仍可看出类似的分布规律。例如，在图 7-5 和图 7-6 中：I 区呈现明显的离子性；M 区呈现金属性；C 区不少化合物呈现一定的共价键特征,但由于 A—O 键和 B—O 键键性的均匀化而表现为复杂的过渡性质。许多技术物理晶体存在于此区。主要的 ABO_3 型三元化合物半导体,分布在图 7-5 横轴 $0 < t\Delta Y_{AO}/\Delta Y_{BO} < 2.5$ 和纵轴 $1.0 < \bar{n}/\bar{g} < 1.3$ 矩形之中。如 $LaCrO_3$ 就是新开发的一种电阻加热材料,温度可达 $1800℃$;而具有金属光泽的钠钨青铜则是熟知的半导体。主要的 ABO_4 型三元化合物半导体分布在图 7-6 横轴 $0 < \Delta Y_{AO}/\Delta Y_{BO} \cdot R_A/R_B < 5$ 和纵轴 $1.0 < \bar{n}/\bar{g} < 1.3$ 矩形之中。如 $MgWO_4$、$CaWO_4$、YVO_4 等是典型的荧光半导体材料。

在图 7-5 和图 7-6 中,还注出了主要的具有激光、声光、铁电、电光和非线性光学效应等技术物理晶体。它们大都分布在横轴 $0.5 \sim 3.0$（ABO_3 型)和 $2.0 \sim 6.0$（ABO_4 型)的共价键-离子键过渡区。有趣的是,已知 ABO_4 型激光晶体的大部分都落在图 7-6 中的一条直线(斜线)上。在图 7-5 中也存在类似的"斜线方向"分布规律。

为了更清楚地显示在各图中不同系列化合物的分布规律,特将图 7-5 中某些系列的 ABO_3 型化合物择要绘出如图 7-7。可以看到,BO_3 相同,A 属于同族(且

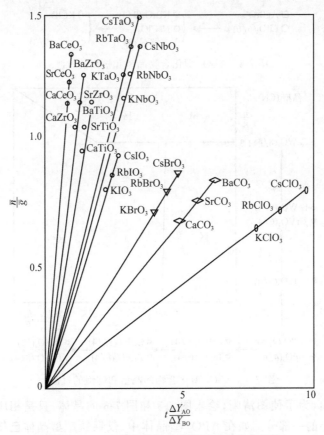

图 7-7 ABO_3 型晶体按化合物系列的分布规律

为长周期元素）的 ABO_3 型化合物落在一条直线上，且不同系列的条条直线都交于原点。看来这种与周期系有关的分布规律是由于键性的递变引起的。

图 7-8 和图 7-9 示出 ABO_3 型和 ABO_4 型化合物的晶型随键性递变的逐渐过渡。

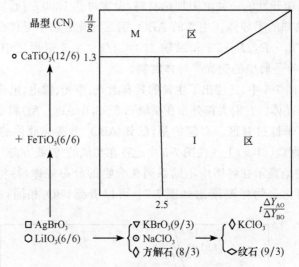

图 7-8　ABO_3 型化合物晶型和键型的过渡

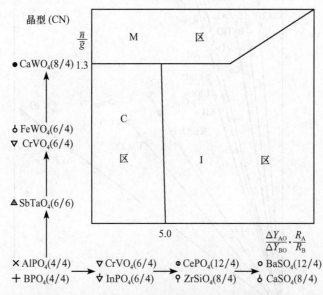

图 7-9　ABO_4 型化合物的晶型和键型的过渡

需要指出，为了使图清晰，绘入图 7-5 和图 7-6 的晶体，只是相应的类型化合物总数中很小的一部分。如在 ABO_3 型晶体中，仅钙钛矿型晶体已知的就有上千种[39]。但是，图 7-5 和图 7-6 的晶体分布规律是有代表性的。未绘入的相应类型晶体,都可很方便地按照它们的各自的特定参数,在图中找到其确定的位置进而推测它可能具有的某些特性。

7.2.4　A_2BO_4 型和 A_2BO_3 型晶体[34]

A_2BO_4 型和 A_2BO_3 型晶体与 ABO_4 型和 ABO_3 型晶体类似,都是三元晶体,都含有 BO_4 或 BO_3 基团,所不同的是 A 原子的数目增加成两个。所以反映其结晶型式的几何因素、极性和金属性的三个参数与 ABO_4 和 ABO_3 型晶体基本相同[40]。对金属性指标 $\bar{n}/\bar{g}$ 按权重平均(即总原子数)来计算,仍以电负性力标之差 ΔY_{AO} 与 ΔY_{BO} 之比 $\Delta Y_{AO}/\Delta Y_{BO}$ 表示晶体的极化特性[40]。

以 $\bar{n}/\bar{g}$ 为纵坐标,$\Delta Y_{AO}/\Delta Y_{BO} \cdot R_A/R_B$ 为横坐标将 A_2BO_4 型晶体[35,37~39,42,43] 绘入图 7-10,其晶型键型分区如下:

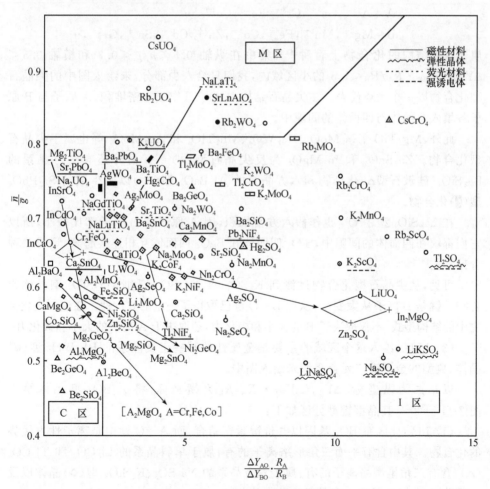

图 7-10　A_2BO_4 型晶体按化学键的分区

（1）I区：此类系含有电价较低的 $SO_4{}^{2-}$、$CrO_4{}^{2-}$、$SeO_4{}^{2-}$ 和 $TeO_4{}^{2-}$ 正四面体型络离子的化合物。主要有正交晶系的 K_2SO_4 型（〇）和 Na_2SO_4 型（♠）以及不属于 K_2SO_4 型和 Na_2SO_4 型的正交晶系晶体（▭）；其次还有电价较低的 $MoO_4{}^{2-}$ 和 $WO_4{}^{2-}$ 扁四面体型络离子的化合物（▆）；另外还有正交晶系的 Mg_2SiO_4 型（镁橄榄石型◉）和单斜晶系的化合物如 Li_2SO_4（△）；Sr_2TiO_4、Ca_2MnO_4 和 Ba_2SnO_4 等属于 K_2NiF_4 型（◈）。$\Delta Y_{AO}/\Delta Y_{BO} \cdot R_A/R_B > 15$ 的化合物均未绘入图中。

在 Mg_2SiO_4 型中 O^{2-} 系作假六方密堆积，A 原子填在八面体间隙中，而较小的 B 原子填在四面体间隙中并形成了 BO_4 型络离子[41]。

（2）C区：此类系 A 原子与 B 原子的大小不相上下，A—O 和 B—O 的结合力都呈较强的离子性键力，因此就谈不上 BO_4 络合离子了，而是属于复氧化物。主要的结构型式是立方晶系的尖晶石型（Al_2MgO_4 型◈）。在尖晶石型化合物中

$$A = Al^{3+}, Ga^{3+}, Cr^{3+}, Fe^{3+}, Co^{3+}, \cdots$$
$$B = Mg^{2+}, Mn^{2+}, Fe^{2+}, Co^{2+}, Zn^{2+}, Cd^{2+}, Sn^{2+}, Ge^{2+}, \cdots$$

属于这种结构的化合物上百种[41]，集中在纵轴 $0.5 < \bar{n}/\bar{g} < 0.7$ 和横轴 $0.5 < \Delta Y_{AO}/\Delta Y_{BO} \cdot R_A/R_B < 1.5$ 的小区域内，我们只绘入少部分，未绘入图中的尖晶石型化合物以一个大◈代表。在尖晶石结构中，O^{2-} 系作立方密堆积，A 原子与 B 原子各填入八面体与四面体的间隙中。

此外，Mg_2TiO_4、Na_2MoO_4、Na_2WO_4、Mn_2TiO_4 和 Ag_2MoO_4 等也属于尖晶石型化合物。Zn_2SnO_4 和 In_2MgO_4 为反尖晶石型（＋）[38]。另外还有三方晶系的 Be_2SiO_4（硅铍石型△）化合物和六方晶系的 Al_2BaO_4 型（▱）以及少数的 Sr_2PbO_4 型（▮）化合物。

在 Ba_2SiO_4 型中 O^{2-} 也作假六方密堆积，因 A 原子与 B 原子都比较小，所以它们都填在四面体的间隙中，SiO_4 四面体和 BeO_4 四面体互相连接起来，形成一种骨架结构[41]。

可见，从尖晶石型化合物过渡到 K_2SO_4 型、Na_2SO_4 型和 Mg_2SiO_4 型晶体化合物关键是 B 离子从大变小，从而 B—O 键已取得了一定的共价性。在这一类化合物中的结构型式，不仅取决于 B 的大小和极化力，还取决于 A 离子的大小和极化力。

（3）M区：绘入这个区域的主要是金属性的某些正交晶系的 Rb_2WO_4 型（●）晶体，典型的金属键三元合金均未绘入图中。

以 $\bar{n}/\bar{g}$ 为纵坐标，$\Delta Y_{AO}/\Delta Y_{BO} \cdot R_A/R_B$ 为横坐标，将 A_2BO_3 型晶体绘入图 7-11[37,38,42]，其晶型键型分区如下：

（1）I区：此区系 BO_3 基因以共价键紧密结合，而 A—O 键中是离子性占优势的化合物。其中含有平面三角形络离子的有：属于单斜晶系的 Li_2CO_3 和 Tl_2CO_3（△）；含有三角锥型络离子的有：属于六方晶系的 Na_2SO_3、K_2SiO_3 型（◈）晶体以及一部分 A 为重金属的正交晶系的化合物如 Ag_2CO_3（▭）。

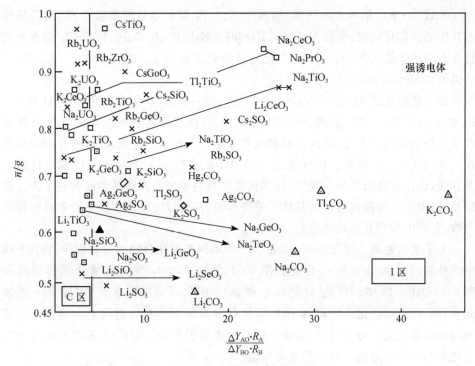

图 7-11　A_2BO_3 型晶体按化学键的分区

（2）C 区：此区系 A—O 键离子性较弱，或者 A—O 键和 B—O 键极性较为接近的化合物。其中含有正交晶系的化合物如 Li_2SO_3、Na_2TeO_3（▭）等，另外还包括了立方晶系的 NaCl 型（□）的化合物如 Li_2TiO_3、Na_2CeO_3 等。

鉴于目前对 A_2BO_3 型化合物的晶型报道较少，我们只把晶型已知的一些化合物和某些晶型未知的典型晶体化合物（图中以×表示）绘入图中，尽管如此，我们还是可以看出一定的规律性。

A_2BO_4 型晶体和 A_2BO_3 型晶体的键型分区不及 ABO_4 型和 ABO_3 型清楚，因为又增加了一个 A 原子，但还可以看出类似的规律分布。如在图 7-10 中Ⅰ区明显地呈现离子性，存在着络离子；C 区不少化合物呈现一定的共价性或属于复氧化物；M 区呈现金属性。在图 7-11 中Ⅰ区也明显地呈现离子性，而 C 区不少化合物呈现一定的共价性或者属于复氧化物。

在图 7-10 和图 7-11 中还注出了主要的磁性化合物、诱电体化合物、弹性晶体[39,42,43]和荧光化合物材料。

从图 7-10 可知许多弹性晶体和强诱电体化合物都在横轴 $\Delta Y_{AO}/\Delta Y_{BO} \cdot R_A/R_B > 8.5$ 的区域，而 $\Delta Y_{AO}/\Delta Y_{BO} \cdot R_A/R_B > 15$ 的弹性晶体和强诱电体化合物未绘入图中，如 K_2SO_4、Rb_2SO_4 等。磁性材料大部分集中在纵轴 $\bar{n}/\bar{g} > 0.6$、横轴$2.5 <$

$\Delta Y_{AO}/\Delta Y_{BO} \cdot R_A/R_B < 6$ 的区域,而属于 K_2NiF_4 型的磁性材料数十种,我们只绘入其中的少数化合物;而如 K_2FeF_4、K_2MnF_4、K_2CrF_4、K_2CuF_4、K_2CrCl_4 型等的大量化合物均未绘入图中。另外,荧光材料集中在横轴 $2 < \Delta Y_{AO}/\Delta Y_{BO} \cdot R_A/R_B < 4$,纵轴 $0.65 < \bar{n}/\bar{g} < 0.75$ 的区域。

如果我们通过 Al_2BeO_4、Na_2SeO_4、Tl_2SO_4 画一条直线(斜线),再通过 Al_2BeO_4、Li_2MoO_4、Li_2WO_4 作一直线(斜线),可以看出,弹性晶体和强诱电体化合物都落在第一条斜线的右下方;荧光材料都分布在第二条斜线的左面,而磁性材料却集中在两条斜线所夹的区域。同样在图 7-11 中,通过 Li_2SO_3、Na_2SO_3、K_2SO_3 也做一条直线,也存在类似的分布规律,即强诱电体材料也分布在这条斜线的右下方。可以预言,未绘入的相应类型的晶体和特性材料,都可以方便地按照它们各自的特定参数,在图中找到其确定的位置。

为了更清楚地表明图 7-10 和图 7-11 中不同系列化合物的分布规律,将图7-10中某些系列的 A_2BO_4 型化合物和图 7-11 中的 A_2BO_3 型化合物分别择要绘在图 7-12和图 7-13 中。可见,只要 BO_4 和 BO_3 相同,而 A 是属于长周期表同一族的元素,则 A_2BO_4 型化合物和 A_2BO_3 型化合物都分别落在一直线上。我们认为这种与周期系有关的分布规律,是由于键性的递变引起的。图 7-14 还表示出 A_2BO_4型化合物的晶型随键性递变的逐渐过渡。

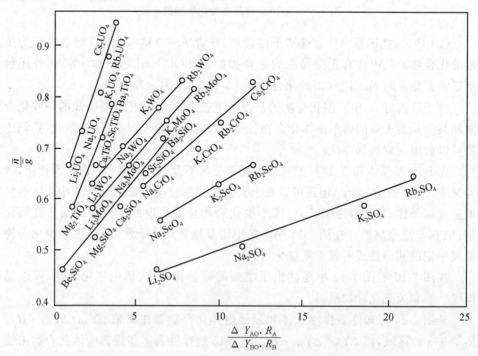

图 7-12　A_2BO_4 型晶体按化合物系列的分布规律

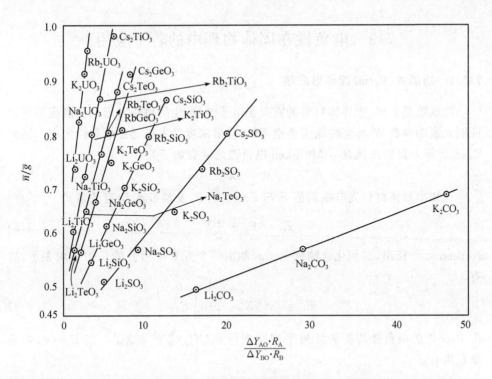

图 7-13　A_2BO_3 型晶体按化合物系列的分布规律

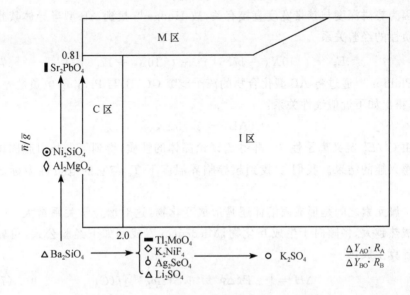

图 7-14　A_2BO_4 型化合物晶型和键型的过渡

7.3 电负性在固体物理中的若干应用

7.3.1 功函数、Fermi 能和形成热

功函数是金属、半导体材料的重要热电子性能,由热电子发射的势阱模型可以证明元素功函数 W 与势阱深度是相等的,势阱深度又表征元素电负性大小。因此 Chen[12] 等人得到功函数与 Mulliken 电负性之间有如下关系:

$$W = X_M \qquad (7.3.1)$$

已知半导体材料光电临阈值 E_i 与 Fermi 能 E_F 及禁带宽 E_g 有关系式

$$E_t = E_F + \frac{1}{2}E_g \qquad (7.3.2)$$

Nethercot[13] 指出,二元化合物的 Fermi 能由两个元素电负性的几何平均表示,故有

$$E_t = (X_M^A X_M^B)^{\frac{1}{2}} + \frac{1}{2}E_g \qquad (7.3.3)$$

由 Parr[14] 的电负性均衡的几何平均原理得知 $(X_M^A X_M^B)^{\frac{1}{2}} = X_M^{AB}$。当 $E_g \approx 0$(如金属),则有

$$E_t = X_M = W \qquad (7.3.4)$$

式(7.3.1)~式(7.3.4)理论明确,结果与实验值一致。

因为势阱深度与禁带宽度直接有关,故 Hooge[10] 找到 AB 型半导体禁带宽度与电负性的经验关系

$$E_g = (|10X_A - 17.5|)^{\frac{1}{2}} + (|10X_B - 17.5|)^{\frac{1}{2}} \qquad (7.3.5)$$

Phillips[15] 通过将 AB 型化合物的离子能隙 $C(AB)$ 与 Pauling 电负性差 ΔX_{AB} 关联,得出如下近似线性关系:

$$C(AB) = 5.75\Delta X_{AB} \qquad (7.3.6)$$

并且由 C^2/E_g^2 定义离子性 f_i,再用 f_i 讨论晶体的性质,得到了一些引起固体物理学家感兴趣的结果。我们[16] 找到超导临界温度下 T_c 与它的电负性力标之间的关系。

金属元素之间是形成固溶体还是形成互化物,这对冶金学关系重大。一般说来形成热越大,将倾向于生成互化物,Miedeman[17] 找到如下经验公式,可较为成功地计算生成热

$$\Delta H = \left[-P(\Delta\phi^*)^2 + S(\Delta\rho_D^{\frac{1}{3}})^2\right]f(C) \qquad (7.3.7)$$

式中,ρ_D 是在纯金属中一个原子边界上的电子密度,ϕ^* 是电负性参数,P 与 S 是常数,$f(C)$ 是浓度函数。

除念贻在文献[18]中以电负性为主要参数,找到一些对冶金及其他方面有用的经验规律。电负性还可以定性地为元素形成的晶体分类[19],兹不赘述。

7.3.2 合金中的电荷迁移

固体物理学家比较重视电负性在合金及半导体中的应用。关于这些方面既有理论研究,也有半经验及经验工作。

合金是两种或两种以上的金属(也可以是金属与非金属)经过熔合过程而得到的生成物。在合金形成的过程中,热效应一般是比较小的。

按照合金的相图、化学图和结构的特点,又可以分为金属固溶体及金属化合物。一般说来,生成固溶体或金属化合物与形成合金的两种不同金属元素的原子半径及电负性有关。Hume-Rothery 指出,当溶剂与溶质原子半径相差 15% 以上时,则形成固溶体的范围受到很大限制,例如,Cu(2.55Å) − Zn(2.66Å)相差为 4%,所以锌在铜内溶解量达 38%。Cu(2.55Å) − Cd(2.97Å)半径差为 16.5%,则 Cd 只有 1.7% 溶解在铜内。

虽然空间因素适宜,但是若形成稳定的金属互化物趋向很大,则固溶体也不会形成。形成稳定的金属互化物是与电负性有关的。若溶剂的电负性很高,而溶质电负性低,则体系中的金属互化物从固溶体中脱溶出来。由此看来,文献[20]曾用元素的电负性及原子(离子)半径及有效核电荷等参数,找到合金许多相关性并不是偶然的。

合金的生成热的大小,是可以用来判断形成固溶体或金属互化物的一个重要标志,Miedema[17]建议一个经验公式,可以较为成功地计算合金的生成热

$$\Delta H = \left[- p(\Delta W^*)^2 + s(\Delta \rho_b^{\frac{1}{3}})^2 \right] f(c) \tag{7.3.8}$$

式中,ρ_b 是纯金属一个金属原子半径边界上的电子密度,W^* 是电负性参数,近似地等于功函数,p 与 s 是两个经验常数,$f(c)$ 是浓度函数。用这个公式不仅可以正确地得到生成热的符号,而且估算的 ΔH 值已达半定量的程度。

生成热与 Pauling 电负性的定义有关:按照 Pauling 电负性的定义,由于 A、B 两金属原子间存在电负性差,则在化合时将发生电荷迁移,其热效应即生成热。Alonso[22]等人用金属元素的原子半径边界上的电荷密度分布函数 $\rho_b = \rho_h(R)$,表示不同金属的化学位 μ。这种化学位,如前面已经指出的,就是 Alonso 定义的电负性,它与 Pauling 经验电负性及 Miedema 的电负性是线性相关的,并且与 Fermi 能平行。Gelatt[23]等讨论了在合金中为什么电荷要发生迁移。假若给合金中每一金属原子的格子一个定位的 Fermi 能,则电荷将从较高的 Fermi 能格子流向较低的,直至它们相等为止。这就是说,定域 Fermi 能差(或化学位差、电负性差)是合金中电荷迁移的推动因素。

7.3.3　固体材料的硬度[24]

物体抵抗外来的机械作用,特别是刻划作用的程度称为硬度。矿物学中把表 7-4 中十种物质作为标准,人为地规定它们的硬度从 1 到 10,称为莫斯(Mohs)硬度表。表中后面一个能刻划它前面的任一个。

表 7-4　莫斯(Mohs)硬度表

名　称		硬度	名　称		硬度
滑石	$Mg_3(OH)_2[Si_2O_5]_2$	1	正长石	$KAl[Si_3O_8]$	6
石膏	$CaSO_4 \cdot 2H_2O$	2	石英	SiO_2	7
方解石	$CaCO_3$	3	黄玉	$Al_2(FOH)_2SiO_4$	8
荧石	CaF_2	4	刚玉	Al_2O_3	9
磷石灰	$Ca_5F(PO_4)_3$	5	金刚石	C	10

硬度是由固体中微观粒子(原子、分子、离子)间结合强度所决定的。显然,由化学键结合的晶体一定比由范德华力结合的晶体硬度来得大。金刚石晶体是四配位 sp^3 杂化轨道构成的共价晶体,其中没有薄弱环节,所以十分坚硬。刚玉、石英等是由极性共价键构成的、不存在分子集团的晶体,也具有高硬度。石膏、方解石等属于离子键,而且晶体中存在分立集团,有薄弱环节,所以硬度低。可见晶体的硬度是由它们的化学键性质决定的。

对于具有同种晶型的化合物,键长越短,微粒排列越紧密,硬度越大。如 NaCl 型晶体 BeO、MgO、CaO、SrO 和 BaO,其 M—O 键长依次为 1.55Å、2.10Å、2.40Å、2.57Å 和 2.77Å,其莫斯硬度则依次为 9、6.5、4.5、3.5 和 3.3。当晶型和原子间距都接近时,则离子的价数越高的化合物,由于静电引力大,所以硬度越大,如 NaCl 型晶体:NaF,MgO,ScN 和 SiC,它们的键长在 $2.1\sim2.3$Å,而离子电价依次为 1、2、3 和 4,相应的莫斯硬度为 3.2、6.5、7.8 和 8.9。

对于同一晶体,不同晶面的硬度因其原子密度的不同而有差别。如金刚石八面体的晶面上的碳原子密度大,其硬度也大。

Поваренных[25] 曾提出下列公式来估计矿物的硬度

$$H_m = \alpha k(W_k W_a / d^2)\beta\gamma \tag{7.3.9}$$

式中,α 是与原子间排斥力和键合类型有关的比例系数;k 是与键的共价性程度有关的键强度系数,可用电负性来表征;W_k 和 W_a 是阳离子和阴离子的电价数;d 是键长;β 是与不参加成键的 s 和 d 电子有关的系数;γ 是原子堆积密度系数。Поваренных 用式(7.3.9)计算了大量矿物的硬度。

电负性在半导、超导、折光、磁性等方面的应用,在本书中有多处叙述;在核磁与光电子能谱中的化学位移等许多方面也都有应用,兹不赘述。

7.4 原子、离子折射度的新系统和不同键型化合物 折射度的统一计算法[40]

折射度概念的提出及其应用已有很长历史。基于对不同键型化合物的研究，先后发展了原子折射度、键折射度和离子折射度以及相应的加和律。至今这三种系统仍被广泛用于物质的检定和分子结构的研究中。如冷恒进曾提出，可以用折射度法推测硼酸盐矿物结构，所得结果与复杂的衍射法测定一致。这一方法的基础是折射度的加和性。但是由于离子间的相互极化，加和性不能严格遵守，致使在应用此法时受到一定限制。为了克服这一限制，需要探讨包括极化效应在内的更加准确的分子折射度计算法。

Бацанов 曾导出将键的过渡性质估计在内的化合物折射度计算法[44]，缺点是过于繁琐。我们根据折射度与电负性力标[46]的关系，提出新的原子和离子折射度系统以及对于不同键型化合物折射度的统一计算法[40]。

7.4.1 原子折射度系统

折射度是电子极化率的量度。它表征在光的作用下体系（原子、离子或分子）内电子（特别是外层电子）的可迁移度。可以合理地认为，原子折射度主要取决于以下两个因素：①原子有效核电荷对外层电子的吸引力：吸引力越强，电子的迁移越困难，极化度越小。这一因素可用原子的电负性力标 Y 来表征。Y 具有"原子在化学键中吸引键电荷的本领"的含义[46]；②原子外电子层的变形性：在主量子数相同的原子轨道中，电子云伸展的越远、越松散，其可极化性也越大。此点可用价电子轨道的成键能力 f 来描写。此外，在同一层中价电子的数目越多电子的极化度越大。根据以上认识，我们提出计算所有元素原子折射度的如下公式：

$$\sqrt{R^a} = a\frac{f}{Y} + b \tag{7.4.1}$$

式中，R^a 是原子折射度；f 是原子价层轨道在极坐标上的最大值，即成键能力。对于 s、p、d 轨道 f 依次为 $\sqrt{1}$、$\sqrt{3}$、$\sqrt{5}$；Y 是电负性力标[46]；a 和 b 是常数，其值如表7-5所示。按式(7.4.1)算得 105 种元素的原子折射度 R^a（表 7-6）。同 Бацанов 系统[25]相比甚为接近，只有 B、In、Tl、Hg 偏差较大。

表 7-5 式(7.4.1)中常数 a 和 b

族数（或周期数）	a	b	族数（或周期数）	a	b
ⅠA（包括 H）族	7.5	−4.2	ⅢA族	7.5	−7.1
ⅡA（包括 He）族	7.5	−3.1	ⅣA族	7.5	−6.2

族数（或周期数）	a	b	族数（或周期数）	a	b
ⅤA族	7.5	−5.5	ⅧA族	7.5	−5.5
ⅥA族	7.5	−5.3	第四周期 Sc→Zn	2.3	−0.7
ⅦA族	7.5	−5.2	第五、六、七周期副族	2.3	−0.2

表 7-6　原子折射度 R^a 和阳离子折射 R^{i+}

原子序	元　素	Yang 值[40]		Бацанов 值[45]	
		R^a	R^{i+}	R^a	R^{i+}
1	H	1.21	0.000	1.02[1.69]	—
2	He	0.72	—	0.50	
3	Li	12.53	0.082	12.6	0.08
4	Be	4.71	0.012	4.8	0.03[0.017]
5	B	2.56	0.0075	3.5	0.006
6	C	2.10	0.0029	2.08	0.002
7	N	2.25	0.0007	2.20	0.001
8	O	2.10	0.0003	1.99	0.0007
9	F	1.64	0.00003	1.60	
10	Ne	0.77	—	0.95	
11	Na	21.5	0.52	22.8	0.47
12	Mg	13.7	0.20	13.8	0.26[0.24]
13	Al	10.2	0.13	9.9	0.14
14	SI	9.6	0.08	9.06	0.08
15	P	8.7	0.05	8.6	0.05
16	S	7.3	0.04	7.6	0.04
17	Cl	5.5	0.02	5.71	—
18	Ar	4.00	—	4.00	
19	K	44.2	2.19	43.4	2.24[2.07]
20	Ca	25.5	1.08	25.6	1.39[1.18]
21	Sc	14.2	0.59	15	0.72
22	Ti	9.9	0.39	10.7	0.46
23	V	7.9	0.29	8.2	0.31
24	Cr	6.7	0.23	7.2	0.21
25	Mn	6.3	0.22	7.3	0.16
26	Fe	8.3	1.15	7.05	0.14
27	Co	7.7	1.11	6.6	1.11
28	Ni	7.2	1.06	6.55	1.08
29	Cu	8.0	1.14	7.05	1.08
30	Zn	9.6	1.28	8.9	0.71
31	Ga	10.4	0.46	11.6	0.49
32	Ge	10.3	0.34	11.08	0.34
33	As	10.7	0.28	10.3	0.25
34	Se	9.9	0.25	10.8	0.19
35	Br	8.1	0.21	8.09	—
36	Kr	6.0	—	6.04	—

续表

原子序	元　素	Yang 值[40]		Бацанов 值[45]	
		R^a	R^{i+}	R^a	R^{i+}
37	Rb	59.3	4.04	53.1	3.75
38	Sr	32.8	1.99	33.2	2.56(2.17)
39	Y	19.9	1.04	20.2	1.37
40	Zr	14.4	0.70	13.9	0.90
41	Nb	9.9	0.42	10.85	0.61
42	Mo	9.5	0.40	9.4	0.43
43	Tc	9.1	0.37	(8.4)	—
44	Ru	9.9	1.37	8.1	1.37
45	Rh	9.3	1.33	8.2	1.41
46	Pd	9.2	1.30	8.8	1.52
47	Ag	11.0	1.48	10.1	4.11
48	Cd	12.0	1.59	12.7	2.65
49	In	19.3	1.00	15.3	1.67
50	Sn	15.5	0.71	16.0	1.20
51	Sb	17.2	0.61	18.1	0.84
52	Te	15.5	0.55	14.4	0.61
53	I	13.2	0.47	14.8	—
54	Xe	8.7	—	9.90	—
55	Cs	75.7	6.45	65.9	6.42
56	Ba	36.6	2.96	37.3	4.67[3.94]
57	La	20.7	2.66	22.1	3.46[2.64]
58	Ce	19.9	0.54	20.6	3.35
59	Pr	19.9	2.54	20.7	3.20
60	Nd	19.9	2.54	20.6	2.95
61	Pm	19.6	2.52	—	2.80
62	Sm	19.9	2.56	21.7	2.66
63	Eu	23.8	3.03	29.0	2.62
64	Gd	19.6	2.52	19.7	2.38
65	Tb	19.1	2.49	19.1	2.26
66	Dy	19.1	2.49	19.0	2.12
67	Ho	18.9	2.45	18.8	2.04
68	Er	18.9	2.45	18.2	1.93
69	Tm	18.4	2.40	18.1	1.83
70	Yb	20.8	2.64	27.4	1.74
71	Lu	18.5	2.40	17.9	1.66
72	Hf	14.4	0.98	13.4	0.93
73	Ta	9.9	0.60	10.85	0.64
74	W	9.5	0.57	9.5	0.37
75	Re	9.1	0.53	8.8	—
76	Os	9.5	1.63	8.4	1.57
77	Lr	9.3	1.61	8.5	1.57
78	Pt	9.2	1.60	9.0	1.69

续表

原子序	元　素	Yang 值[40]		Бацанов 值[45]	
		R^a	R^{i+}	R^a	R^{i+}
79	Au	9.4	1.61	10.1	5.21[4.75]
80	Hg	10.7	1.80	13.8	3.48[3.14]
81	Tl	22.0	1.44	16.9	2.45[2.19]
82	Pb	20.4	1.14	17.9	1.78[1.56]
83	Bi	20.8	0.96	21.0	1.31[1.15]
84	Po	20.4	0.91	—	0.98
85	At	16.2	0.75	—	—
86	Rn	12.0	—	—	—
87	Fr	88.3	9.12	—	—
88	Ra	39.4	3.92	—	—
89	Ac	24.4	3.31	—	—
90	Th	24.4	3.10	19.8	3.52
91	Pa	18.1	2.86	15.0	3.36
92	U	16.6	2.63	12.5	3.21
93	Np	16.6	2.63	11.6	3.06
94	Pu	16.6	2.63	—	2.92
95	Am	16.6	2.63	20.8	2.79
96	Cm	16.6	2.63	—	2.66
97	Bk	16.6	2.63	—	2.54
98	Cf	16.6	2.63	—	2.42
99	Es	16.6	2.63	—	2.31
100	Fm	16.6	2.63	—	2.20
101	Md	16.6	2.63	—	2.10
102	No	16.6	2.63	—	—
103	Lr	16.6	2.63	—	—
104	*	17.2	1.56	—	—
105	*	10.8	0.87	—	—

7.4.2　离子折射度系统

1) 阳离子折射度

具有与族数相同正价（Ⅷ族元素除外）的离子，其外电子层均为满层。对此，价层成键能力已失去意义；而电子层数越多、体积越大，其可极化性越强。因此，在式 (7.4.1) 的基础上，我们建议用下式计算阳离子的折射度

$$\sqrt{R^{i+}} = c\,\frac{\sqrt{2n-1}}{Y} + d \qquad (7.4.2)$$

式中，R^{i+} 是阳离子折射度；n 是阳离子的电子层数；Y 是电负性力标[46]；c 和 d 是常数（表 7-7）。按式(7.4.2)算得除惰性元素外的所有 99 种阳离子的折射度 R^{i+}（表 7-6）。

表 7-7　式 (7.4.2) 中的常数 c 和 d

周　期	元　素	c	d	分　类
2	Li→F	0.55	−0.27	短周期
3	Na→Cl	0.55	−0.40	短周期
4→7	La、Ac 系和后过渡除外元素	0.55	−0.30	长周期
	La 系 Ac 系元素	0.55	+0.10	含 d、f 电子
4→7	后过渡元素	0.55	+0.22	含 d、f 电子

2）单原子阴离子折射度

由于阴离子受相邻电场的影响远较阳离子大，因而不同作者提出的阴离子折射度数值相差甚大（表 7-8）。除卤素阴离子外，其余尚无公认的、确定的数值。

表 7-8　单原子阴离子折射度

阴离子	Yang 值[40]	文　献　值					
		Б 值[45]	P. 值[47]	K. 值[48]	H. 值[49]	S. 值[50]	T. K. S. 值[51]
H′	20.1	37.0	25.65	8.48	—	—	—
F′	2.56	2.40	2.65	2.27	—	1.45	1.61
Cl′	8.70	8.765	9.30	8.17	—	5.82	7.47
Br′	11.76	12.16	12.14	12.90	—	8.72	10.50
I′	16.81	18.20	18.07	20.56	—	16.02	16.23
At′	19.80	—	—	—	—	—	—
O″	6.0	6.63	9.88	6.84	4.24—7.69	7	1.26—8.33
S″	13.5	20.8	20.0	19.8	11.2—16.51	8.31	12.11—14.89
Se″	17.0	26.2	26.8	28.3	14.72—20.70	—	15.14—18.98
Te″	23.0	36.3	35.6	40.6	—	—	20.95—25.74
Po″	27.0	—	—	—	—	—	—
N‴	9.7	34.0	—	—	—	2.03—3.07	—
P‴	21.2	—	—	—	8.65	—	—
As‴	24.0	—	—	—	—	—	—
Sb‴	30.3	—	—	—	—	—	—
C⁗	18.1	60.0	—	—	—	—	—
Si⁗	32.3	—	—	—	—	—	—
Ge⁗	33.4	—	—	—	—	—	—
B‴	31.4	—	—	—	—	—	—
Ai′‴	45.6	—	—	—	—	—	—

我们以如下方法计算单原子阴离子的折射度：①从碱金属和钙分族的卤化物和氧、硫、硒化物的实测折射度中减去对应化合物的阳离子折射度（本文值），求出 F′、Cl′、Br′、I′、O″、S″、Se″ 等阴离子折射度；②将以上阴离子折射度的平方根与相应元素电负性力标 Y 作图，得到两条平行直线，同族元素落在同一条直线上；③假定其他各族阴离子也有类似直线关系且互相平行、直线间距离相等（直线间距相应于因负电荷递增而引起的折射度增量），即得单原子阴离子折射度公式

$$\sqrt{R_M^{i-}} = 11.2 - 4.8 Y_M + 0.4(7 - g_M) \tag{7.4.3}$$

式中，R_M^{i-} 是单原子阴离子折射度；Y_M 是 M 原子的电负性力标；g_M 是 M 的族数；数字 7 是基准直线卤素的族数；其余数字是常数。

按式(7.4.3)计算的某些单原子阴离子折射度如表 7-5 所示，并列出文献值以资比较。

7.4.3 不同键型化合物折射度的统一计算法

验证表明，当键性改变时折射度的平方根与键的离子性（即 A、B 原子电负性力标之差）按直线规律变化。对于 $A_n^{\delta+} B_m^{\delta-}$ 型分子，我们建议用下式计算其折射度：

$$\sqrt{R_A} = \sqrt{R_A^a} - (\sqrt{R_A^a} - \sqrt{R_A^{i+}})\Delta Y \qquad (7.4.4a)$$

$$\sqrt{R_B} = \sqrt{R_B^a} + (\sqrt{R_B^{i-}} - \sqrt{R_B^a})\Delta Y \qquad (7.4.4b)$$

$$R_{comp} = nR_A + mR_B \qquad (7.4.4c)$$

式中，R_A^a 和 R_B^a 是 A 和 B 的原子折射度；R_A^{i+} 是正性原子 A 的阳离子折射度；R_B^{i-} 是负性原子 B 的阴离子折射度；A、B 的正性、负性根据电负性力标判断；ΔY 是原子 A、B 的电负性力标之差，即键的离子性百分率；R_{comp} 是化合物的折射度；R_A 和 R_B 是化合物组分 A 和 B 的有效折射度。从式(7.4.4)可知，对于纯共价化合物 $\Delta Y = 0$，则 $R_A = R_A^a$，$R_B = R_B^a$；对于纯离子性化合物 $\Delta Y = 100\%$，则 $R_A = R_A^{i+}$，$R_B = R_B^{i-}$。可见应用式(7.4.4)可以统一计算不同键型化合物的折射度。

为了验证式(7.4.4)以及本文导出的原子、离子折射度新系统的有效性，我们计算了大量化合物的折射度。部分计算结果与实验值的比较列于表 7-9，除氟化物外，其他如氯化物、溴化物等，本文计算值均较 Бацанов 计算值更接近实验值。

表 7-9 分子折射度实验值与计算值的比较

化合物	实验值 R^∞	Yang 值[40]				Бацанов 值[45]			
		$R^\infty = \sum R^a$	$R^\infty = \sum R^i$	离子性 $(Y_B - Y_A) \times 100$	R_{comp}^∞	$R^\infty = \sum R^a$	$R^\infty = \sum R^i$	离子性平均值	R_{comp}^∞
BF_3	6.01 ± 0.8	7.47	7.99	50	7.06	8.30	7.20	48	5.62
CF_4	7.21 ± 0.8	8.65	10.64	30	8.71	8.48	9.60	26	7.29
SiF_4	8.33 ± 0.5	16.16	10.72	60	10.89	15.46	9.68	51	8.09
GeF_4	9.2	16.79	10.98	62	11.44	17.48	9.94	51	8.58
PF_5	9.2	16.89	13.35	46	13.23	16.60	12.05	27	10.85
SF_6	11.3	17.11	15.99	38	15.04	17.20	14.44	15	13.03
SeF_6	13.24 ± 16	19.74	16.21	46	16.17	20.40	14.59	17	14.06
TeF_6	14.82 ± 18	25.34	16.51	59	17.45	24.00	15.01	19	15.40
$HgCl_2$	22.88	21.75	18.14	24	20.10	25.22	21.01	27	19.96
BCl_3	20.2	19.14	24.51	22	19.83	20.63	26.29	18	19.11
$AlCl_3$	22.57	26.82	24.63	46	23.57	27.03	26.44	34	20.69

续表

化合物	实验值 R^∞	Yang 值[40]				Бацанов 值[45]			
		$R^\infty = \sum R^a$	$R^\infty = \sum R^i$	离子性 $(Y_B - Y_A) \times 100$	R^∞_{comp}	$R^\infty = \sum R^a$	$R^\infty = \sum R^i$	离子性 平均值	R^∞_{comp}
CCl_4	25.88	24.20	32.70	2	24.32	24.92	35.06	5	24.56
$SiCl_4$	28.20	31.71	32.78	32	30.04	31.90	35.14	20	26.59
$TiCl_4$	35.58	31.96	33.09	38	30.70	33.54	35.52	24	27.62
$GeCl_4$	30.59	32.34	33.04	34	30.74	33.92	35.40	20	28.06
$SnCl_4$	34.59	37.94	33.41	44	33.11	38.84	36.26	20	30.54
$SbCl_5$	39.56	44.82	41.41	37	40.50	46.65	44.66	11	39.29
$HgBr_2$	29.26	26.84	24.40	14	26.00	29.98	27.80	20	25.73
BBr_3	28.80	26.76	33.86	12	27.30	27.77	36.48	12	29.53
$AlBr_3$	31.41	34.44	33.98	36	32.20	34.17	36.62	27	28.42
$SiBr_4$	39.4	41.81	45.28	15	41.15	41.42	48.72	15	37.23
$SnBr_4$	47.71	47.64	45.91	34	44.68	48.36	49.84	15	41.15
HgI_2	41.57	37.10	35.30	0	37.10	41.96	39.88	11	38.16
AlI_3	50.24	49.84	50.33	22	48.43	52.14	54.74	18	47.31
SnI_4	70.1	68.24	67.71	20	66.60	72.32	74.00	11	66.54
HCl	6.51	6.733	8.17	32	6.86	6.73	8.76	18	6.35
HBr	8.89	9.28	11.29	22	9.47	9.11	12.16	12	8.93
HI	13.19	14.41	16.71	8	14.12	15.10	18.20	4	15.00
H_2O	3.39	4.52	6	52	4.44	4.03	6.63	35	3.19
H_2S	9.25	9.71	13.5	22	9.95	9.64	20.8	4	9.40
H_2Se	11.54	12.34	17	14	12.6	12.84	26.2	3	12.76
NH_3	5.49	5.88	9.73	45	6.07	5.26	34.0	15	5.08
BH_3	6.45	6.19	31.36	10	6.98	6.56	111.0	1	6.37
CH_4	6.44	6.94	18.06	30	7.60	6.16	60.0	4	6.26
SiH_4	10.95	14.45	32.26	0	14.45	13.14	118.08	3	11.52
CeH_4	12.53	15.08	33.41	2	15.0	15.16	148.34	3	13.24
$CuCl$	11.0	13.5	9.31	27	11.7	12.76	9.84	30	10.49
$AgCl$	12.9	16.5	9.65	26	13.8	15.81	12.87	54	12.14
$ZnCl_2$	17.00	20.6	17.62	37	18.5	20.32	18.24	60	15.08
$CdCl_2$	17.00	23.0	17.93	32	20.2	24.12	20.18	69	17.64
$CuBr$	14.0	16.1	12.43	17	15.0	15.14	13.24	22	13.48
$AgBr$	16.1	19.1	12.77	16	17.4	18.19	16.27	48	15.42
CuI	18.8	21.2	17.85	3	21.9	21.13	19.28	12	20.40
AgI	22.3	24.2	18.19	2	24.6	24.18	22.31	12	23.77
ZnO	6.88	11.7	7.28	57	8.0	10.89	7.34	58	4.86
ZnS	13.85	16.9	14.78	27	15.0	16.5	21.51	20	11.75
CdS	17.10	19.3	15.09	22	17.2	20.3	23.45	20	15.00
HgS	19.18	18.0	15.30	14	17.0	21.4	24.28	11	17.60
$CaSe$	17.08	35.4	18.08	62	20.6	36.4	27.59	79	19.94
$SrSe$	19.28	42.7	18.99	69	22.1	44.4	28.76	79	21.42
$BaSe$	23.55	46.5	19.96	72	23.4	48.1	30.87	80	23.78

7.5　原子、离子抗磁化率的新系统和不同键型化合物抗磁化率的统一计算法[70]

7.5.1　概述

　　建立在物质磁性的现代测定技术和抗磁性现代理论基础之上的新的磁化学法,为研究物质的结构和化学键的本质开辟了新的途径[77]。新的磁化学法不仅可以研究有机物分子(对这个领域,以往研究得比较充分),而且还可以研究盐类固体溶液、溶解过程、晶体缺陷以及配合核磁共振查明成键原子电子壳层结构的细节等。新的磁化学法的特点是提出了物理意义明确的原子、离子磁化率的新的数值。根据 Van Vleck 理论,对于总自旋磁矩等于零的抗磁性物质,其分子抗磁化率为

$$\chi = \frac{Ne^2}{6mc^2}\sum_i \bar{r}_i^2 + \frac{3}{2}N\sum \frac{|(k\mid M_z \mid l)|^2}{E_l - E_k} = \chi_d + \chi_p \qquad (7.5.1)$$

式中,第一项 χ_d 是 Langevin 抗磁性;第二项 χ_p 是由于电子壳层对称性降低所产生的 Van Vleck 顺磁性。新的磁化学法直接用 χ_d 和 χ_p 描写抗磁性物质。由于实验测定的是总的抗磁化率 χ,为了研究键合特性需要将 χ 分解为 χ_d 和 χ_p。尽管可以通过量子力学计算来求取 χ_d 和 χ_p 值,但偏差较大,计算复杂且只对极简单的体系才有可能。因而通常是由实验测定极化率 α 然后通过 Kirkwood[78] 建立的公式

$$\chi_d = -\frac{Ne^2}{4mc^2}\frac{\sqrt{a_0}}{}\sqrt{k\alpha} = -3.11 \times 10^6 \sqrt{k\alpha} \qquad (7.5.2)$$

来计算 χ_d,式中 k 是体系(原子、离子或分子)的电子数;α 是电子极化率。α 的实验测定主要是应用折射法。但是,气体的折射法不能用于金属原子的测定,而金属有机化合物的研究还不够充分。Slater 和 Kirkwood[79] 曾用量子力学计算出一些原子的极化率 α,然后计算 χ_d。但是这样精确的计算只在最简单的情况下才能进行,结果也不很可靠。而按量子力学计算金属原子的极化率的较精确的工作尚未深入展开。虽然在现代实验技术基础上人们发展了原子极化度的半理论测定法,但适用于原子的仍为数不多。因此,尽管人们曾试图建立原子和离子的抗磁化率系统[81,83,86,87],但能用于研究物质磁性的具有精确值的,只有十几个简单离子。至于原子的抗磁化率,则研究得更不充分。至今建立在物质抗磁性现代理论基础上的新的原子、离子抗磁化率系统还很不完善。而考虑到键型过渡的磁化学法迄今尚未提出。我们试图寻找一种简便有效的计算原子、离子抗磁性的方法,建立完整的原子和离子的抗磁化率的新系统,并在这个基础上将键型过渡的观点引入磁化学计算中[70]。

7.5.2　原子和离子的 Langevin 抗磁化率

根据 Clausius-Mosotti-Debye 方程和光的电磁理论，折射度 R 与电子极化率 α 之间存在如下关系：

$$R = \frac{n^2-1}{n^2-2} \cdot \frac{M}{d} = \frac{4}{3}\pi N\alpha \tag{7.5.3}$$

可见原子的折射度 R 和 Langevin 抗磁化率 χ_d 都是其电子极化率 α 的函数。我们首次将式(7.5.3)和式(7.5.2)联立可以得到 χ_d 与 R 的如下简单关系：

$$\chi_d = -1.959 \times 10^{-6} \sqrt{kR} \tag{7.5.4}$$

式中，k 是体系(原子、离子或分子)的总电子数。我们利用前文[68]导出的原子和离子的折射度新系统数值并通过式(7.5.4)，建立起相应的原子、阳离子和简单阴离子的抗磁化率新系统，如表 7-10、表 7-11 所示。表 7-10 中还列出了 Selwood[83] 和 Дорфман[77] 的相应值以资比较。对于研究比较充分的碱、卤离子(表 7-12)，Yang 值与文献[77,81,84] 甚为接近。

表 7-10　原子和阳离子的 Langevin 抗磁化率

序　数	元　素	Yang 值[80a]		文献值[77,83]	
		$-x_d^a \times 10^6$	$-x_d^{i+} \times 10^6$	$-x_d^a \times 10^6$	$-x_d^{i+} \times 10^6$
1	H	2.15	0	2.00[44a]	
2	He	2.35	—	2.02[44a]	—
3	Li	12.0	0.88	—	0.7
4	Be	8.50	0.30	—	0.4
5	B	7.00	0.24	—	0.2
6	C	6.95	0.15	7.4[44a]	0.1
7	N	7.76	0.075	—	0.1
8	O	8.03	0.047	—	
9	F	7.51	0.014	7.1[44a]	
10	Ne	5.44	—	6.96[44a]	
11	Na	30.1	4.47	—	5.6
12	Mg	25.2	2.78	—	3
13	Al	22.6	2.20	—	2
14	Si	22.7	1.73	22.43[44a]	1
15	P	22.4	1.35	—	1
16	S	21.2	1.14	—	1
17	Cl	19.0	0.95	19.5[44a]	—
18	Ar	16.6	—	19.2[44a]	—
19	K	56.7	12.4	—	14.0
20	Ca	44.2	8.65	—	8
21	Sc	33.8	6.40	—	6
22	Ti	28.8	5.15	—	5

序　数	元　素	Yang 值[80a]		文献值[77,83]	
		$-x_d^a \times 10^6$	$-x_d^{i+} \times 10^6$	$-x_d^a \times 10^6$	$-x_d^{i+} \times 10^6$
23	V	26.3	4.46	—	4
24	Cr	24.9	4.05	—	3
25	Mn	24.6	3.92*	—	3
26	Fe	28.8	10.3*	—	10
27	Co	28.2	10.3*	—	10
28	Ni	27.8	10.3*	—	~10
29	Cu	29.8	11.1	—	12
30	Zn	33.3	11.8	—	10
31	Ca	35.2	6.90	—	8
32	Ge	35.4	6.07	34.3[44a]	7
33	As	36.8	5.50	—	6
34	Se	36.0	5.15	37[44a]	5
35	Br	32.9	4.75	33.5[44a]	—
36	Kr	28.8	—	29.0[44a]	—
37	Rb	91.5	23.6	—	25
38	Sr	69.3	16.6	—	15
39	Y	54.5	12.0	—	12
40	Zr	47.0	9.80	—	10
41	Nb	39.6	7.60	—	—
42	Mo	39.2	7.40	—	7
43	Tc	38.8	7.17	—	—
44	Ru	41.1	14.9*	—	18
45	Rh	40.0	14.8*	—	18
46	Pd	40.2	14.8*	—	18
47	Ag	44.6	16.1	—	24
48	Cd	47.0	16.8	—	22
49	In	60.0	13.3	—	19
50	Sn	54.5	11.2	52.0[44a]	16
51	Sb	58.0	10.4	—	14
52	Te	55.6	9.85	—	12
53	I	51.8	9.08	—	10
54	Xe	42.5	—	45.5[44a]	—
55	Cs	126.5	36.6	—	31
56	Ba	89.0	24.8	—	32
57	La	67.4	23.4	—	20
58	Ce	66.5	23.2*	—	20
59	Pr	67.1	23.4*	—	20
60	Nd	67.8	23.6*	—	20
61	Pm	67.8	23.7*	—	
62	Sm	68.9	24.1*	—	20
63	Eu	76.0	26.4*	—	20
64	Gd	69.3	24.3*	—	20

续表

序　数	元　素	Yang 值[80a]		文献值[77,83]	
		$-x_d^a \times 10^6$	$-x_d^{i+} \times 10^6$	$-x_d^a \times 10^6$	$-x_d^{i+} \times 10^6$
65	Tb	69.0	24.4*	—	19
66	Dy	69.5	24.6*	—	19
67	Ho	69.7	24.6*		
68	Er	70.0	24.8*		18
69	Tm	69.8	24.8*		18
70	Yb	74.8	26.1*		18
71	Lu	70.9	25.2	—	17
72	Hf	63.0	16.0*		16
73	Ta	52.6	12.6		14
74	W	52.0	12.3		13
75	Re	51.2	11.8*		12
76	Os	52.6	21.6*	—	29
77	Ir	52.5	21.6*		29
78	Pt	52.4	21.7*		28
79	Au	53.5	22.0	—	40
80	Hg	57.3	23.2	62[44a]	37
81	Tl	82.5	20.8	—	31
82	Pb	80.2	18.4	80.7[44a]	26
83	Bi	81.5	17.0	—	23
84	Po	81.0	16.4		—
85	At	70.5	15.0		—
86	Rn	62.8	—		
87	Fr	171.0	55.0		
88	Ra	115.8	36.0		
89	Ac	91.2	33.1		
90	Th	91.8	32.2		23
91	Pa	79.5	31.1?		
92	U	76.5	30.0*	—	35
93	Np	77.0	30.2?	—	—
94	Pu	77.4	30.3?	—	—
95	Am	77.7	30.5?		
96	Cm	78.0	30.7?		
97	Bk	78.5	30.8?		
98	Cf	78.9	31.0?		
99	Es	79.3	31.2?		
100	Fm	79.7	31.4?		
101	Md	80.0	31.5?		
102	No	80.5	31.6?		—
103	Lr	81.0	31.8		
104		82.6	24.5		
105		66.0	18.3		

注:阳离子(铁族除外)均指与族数相同的价态; * 指顺磁性离子; ? 指可能是顺磁性的。

表 7-11　单原子阴离子的 Langevin 抗磁化率 x_d^{i-}（Yang 值）

离　子	$-x_d^{i-} \times 10^5$	离　子	$-x_d^{i-} \times 10^6$
H$'$	12.4	Po$''$	94.5
F$'$	9.92	N$'''$	19.4
Cl$'$	24.58	P$'''$	38.2
Br$'$	40.4	As$'''$	57.5
I$'$	59.2	Sb$'''$	79.4
At$'$	81.0	C$''''$	26.4
O$''$	15.2	Si$''''$	47.2
S$''$	30.5	Ge$''''$	68.0
Se$''$	48.4	B$'''$	31.0
Te$''$	69.0	Al$'''$	52.9

表 7-12　一些离子的 Langevin 抗磁化率 $x_d^{i-} \times 10^6$ 的 Yang 值和文献值的比较

离　子	Yang 值[80a]	Slater 值[81]	Brindley 值[82]	Selwood 值[83]	Дорфман 值[77]
Li$^+$	0.88	0.7	—	0.6	0.7
Na$^+$	4.47	4.17	5.3	5	5.6
K$^+$	12.4	14.40	13.4	13	14.0
Rb$^+$	23.6	25.81	20.4	20	25.0
Cs$^+$	36.6	39.57	36.6	31	39
F$^-$	9.92	8.30	—	11	9.5
Cl$^-$	24.58	25.79	25.3	26	24
Br$^-$	40.4	40.01	37.1	36	39.5
I$^-$	59.2	59.83	55.4	52	59

7.5.3　不同键型化合物抗磁化率的统一计算法

我们在前文[68]指出，不同键性 $A_n^{\delta+} B_m^{\delta-}$ 型分子的折射度 R 可用下式计算：

$$\sqrt{R_A} = \sqrt{R_A^a} - (\sqrt{R_A^a} - \sqrt{R_A^{i+}})\Delta Y$$

$$\sqrt{R_B} = \sqrt{R_B^a} + (\sqrt{R_B^{i-}} - \sqrt{R_B^a})\Delta Y$$

$$R_{comp} = nR_A + mR_B$$

以 $1.959 \times 10^{-6}\sqrt{k}$ 乘前二式并按式（7.5.4）关系代入相应 χ_d 即得

$$\chi_{dA} = \chi_{dA}^a - (\chi_{dA}^a - \chi_{dA}^{i+})\Delta Y \tag{7.5.5a}$$

$$\chi_{dB} = \chi_{dB}^a + (\chi_{dB}^{i-} - \chi_{dB}^a)\Delta Y \tag{7.5.5b}$$

以及

$$\chi_{d_{comp}} = n\chi_{dA} + m\chi_{dB} \tag{7.5.5c}$$

式中，χ_{dA}^a 和 χ_{dB}^a 是原子 A、B 的 Langevin 抗磁性；χ_{dA}^{i+} 是正性原子 A 的阳离子 Langevin 抗磁性；χ_{dB}^{i-} 是负性原子 B 的阴离子 Langevin 抗磁性；ΔY 是原子 A、B 的电负性力标（Y 值见本书附录 I-4 表）之差，即 A—B 键的离子性；χ_{dcomp} 是化合物的

Langevin 抗磁性，χ_{dA} 和 χ_{dB} 是化合物组分 A、B 的有效 Langevin 抗磁性。从式 (7.5.5) 可知，对于纯共价化合物 $\Delta Y = 0$，则 $\chi_{dA} = \chi_{dA}^a$，$\chi_{dB} = \chi_{dB}^a$；对于纯离子性化合物 $\Delta Y = 100\%$，则 $\chi_{dA} = \chi_{dA}^{i+}$，$\chi_{dB} = \chi_{dB}^{i-}$。可见应用式 (7.5.5) 可以统一计算不同键型化合物的抗磁性。

为了检验式 (7.5.5) 以及本文导出的原子、离子的 Langevin 抗磁化率新系统的有效性，我们计算了一些化合物的 χ_d 值（表 7-13，表 7-14）。将其结果与文献值比较均很吻合。

表 7-13 一些卤(氧)化物抗磁性的计算值和实验值

化合物	实验值[44a] $-x \times 10^6$	半经验值（按 Kirkwood 法）[79]		Yang 值[80b]				
		$-x_d \times 10^6$	$x_p \times 10^6$	$-\sum x_d^a \times 10^6$	$-\sum x_d^i \times 10^6$	$100(\Delta y)$	$-x_d \times 10^6$	$x_p \times 10^6$
HF	8.6[42]	(8.58)	−0.02	9.66	9.92	60	9.94	1.34
HCl	22.1[42]	21.6	−0.5	21.15	24.58	32	22.0	−0.1
HBr	32.2[42]	35.3	3.1	35.05	40.4	22	36.0	3.8
HI	47.7[42]	53.0	5.3	53.95	59.2	8	54.3	6.6
LiF	10.1	10.4	0.3	19.51	10.8	100	10.8	0.7
NaF	15.6	15.4	−0.2	37.61	14.39	100	14.4	−1.2
KF	23.6	23.7	0.1	64.21	22.32	100	22.2	−1.3
RbF	31.9	34.6	2.7	99.01	33.52	100	33.5	1.6
CsF	44.5	48.5	4.0	134.01	46.52	100	46.5	2.0
LiCl	24.3	24.3	0	31.0	25.46	75	26.8	2.5
NaCl	30.3	30.4	0.1	49.1	29.05	87	31.6	1.3
KCl	38.7(35.9)	39.0	0.3	75.7	36.98	100	37.0	−1.7(1.1)
RbCl	46.0	51.0	5.0	110.5	48.18	100	48.2	2.2
CsCl	56.7	65.0	8.3	145.5	61.18	100	61.2	4.5
LiBr	34.7	39.0	4.5	44.9	41.28	67	42.5	7.8
NaBr	42.1	45.4	3.3	63.0	44.87	77	49	6.9
KBr	49.17	54.3	4.83	89.6	52.80	93	55.4	6.3
RbBr	56.4	65.0	8.6	124.4	64.0	99	64.6	8.2
CsBr	67.2	79.0	12.9	159.4	77.0	100	77.0	9.8
LiI	50	58.3	8.3	63.8	60.08	51	61.7	11.7
NaI	57.0	64.0	7.0	81.9	63.67	63	70.1	13.2
KI	63.8	73.5	9.7	108.5	71.6	79	79.0	15.2
RbI	72.2	87.0	14.8	143.3	82.8	85	91.5	19.3
CsI	82.6	101.0	18.4	178.3	95.8	90	103.7	21.1
MgCl$_2$	47.4	51.5	4.1	63.2	51.9	60	55.5	8.1
CaCl$_2$	54.7	60.5	5.8	82.2	57.8	80	61.5	6.8
SrCl$_2$	63.0	72	9.0	107.3	65.8	87	69.4	6.4
BaCl$_2$	72.6	85.5	12.9	127.0	74.0	90	77.8	5.2
CuCl	~40	49.2	~9.2	48.8	35.7	27	45.1	~5.1
AgCl	50	61.5	11.5	63.6	40.7	26	57.5	7.5

续表

化合物	实验值[44a] $-x \times 10^6$	半经验值（按 Kirkwood 法）[79]		Yang 值[80b]				
		$-x_d \times 10^6$	$x_p \times 10^6$	$-\sum x_d^a \times 10^6$	$-\sum x_d^i \times 10^6$	$100(\Delta y)$	$-x_d \times 10^6$	$x_p \times 10^6$
$HgCl_2$	82.0	98.5	16.5	95.3	72.4	24	89.4	7.4
MgO	10.2	18.4	8.2	33.2	18.0	80	21.0	10.8
CaO	15.0	28.3	13.3	52.2	23.8	100	23.8	8.8
ZnO	25.0	32.7	7.7	41.3	27.0	57	33.1	8.1
CdO	30.0	46.2	16.2	55.0	32.0	52	43.0	13.0

表 7-14　一些半导体的磁性计算值和实验值

半导体（晶）	实验值 $-x \times 10^6$[43]	半经验值（按 Kirkwood 法）[79]		Yang 值[70]					禁带宽 $\Delta E_g/$ eV[43]
		$-x_d \times 10^6$	$x_p \times 10^6$	$-\sum x_d^a \times 10^6$	$-\sum x_d^i \times 10^6$	$100(\Delta Y)$	$-x_d \times 10^6$	$x_p \times 10^6$	
C(金刚石)	5.9	7.4	1.5	6.95	—	0	6.95	1.1	5.4—5.5
Si	3.1	22.43	19.33	22.7	—	0	22.7	19.6	1.12
Ge	7.6	37	29.4	35.4	—	0	35.4	27.8	0.75
Sn-α	(31.5)	61	(29.5)	54.4	—	0	54.4	(23)	0.09
GaP	27.6	55	27.4	57.6	45.1	28	54.1	26.5	2.24
GaAs	32.4	70.5	37.6	72.0	64.4	22	70.4	38.0	1.35
GaSb	38.4	93.6	55.2	93.2	86.3	9	92.6	54.2	0.70
InP	45.6	70.2	24.6	82.4	51.5	42	69.4	23.8	1.34
InAs	55.3	88.98	33.68	96.8	70.8	36	87.5	32.2	0.45
InSb	65.9	114.28	48.38	118.0	92.7	23	112.2	46.3	0.26
ZnS	35	50.5	15.5	54.5	42.3	37	50.0	15.0	3.6
Se	25	37	12	36.0	—	0	36.0	11.0	1.8

7.5.4　新计算法的特点和应用

（1）如果说 Van Vleck 根据量子力学建立的抗磁性理论为建立原子、离子抗磁性率新系统提供了充分的理论基础，那么 Kirkwood 建立的联系原子的静极化率 α 与 Langevin 抗磁性 χ_d 的关系式则提出了计算抗磁性的具体途径。尽管大多数原子和离子的极化率还不易得到，但是，人们在折射度的研究中却发展了一些求取原子、离子折射度的近似方法，如 Kordes[84]、Бацанов[45] 等建立了离子半径、原子体积与折射度的关系，据以计算其折射度。最近 Soonawala[85] 导出了极化系数 α 与原子、离子半径的类似关系。这些工作表明，电子极化率与折射度之间的平行变化关系，对于金属和非金属原子普遍存在。因而，结合 Clausius-Mosotti-Debye 方程(7.5.3)和 Kirkwood 公式(7.5.2)，有可能在原子和离子折射度系统（它们远较相应的抗磁性系统完善）的基础上建立相应的 Langevin 抗磁化率系统。

（2）在前面[68]我们得到的原子、离子折射度新系统是将折射度 R 作为电负性

力标 Y 的函数引出的。因而在前文 R 数值的基础上引出的 χ_d 也是电负性力标 Y 的函数。从式(7.5.2)、式(7.5.3)可知,决定原子、离子的折射度和 Langevin 抗磁化率数值的因素都可归结为它们的电子极化率。正是在这种关系的基础上并经过式(7.5.4),我们将键型过渡的观点引入抗磁性的计算中,如式(7.5.5)那样,从而扩展了磁化学计算法的应用范围。

(3) 应用此计算法得出 χ_d 值并结合实测 χ 值可以求取相应化合物的 Van Vleck 顺磁性 χ_p 值(表 7-10,表 7-11)。对于 χ_p 值尤为重要的是它们在一定系列中的相对变化顺序。从表 7-10、表 7-11 看到,本文所得 χ_p 值与由测定化合物极化率 α 用 Kirkwood 公式计算 χ_d 然后得到的 χ_p 值,具有大体相同的变化顺序。从表 7-11 看到,对于碱卤晶体,当阴离子相同时,阳离子从 $Li^+ \rightarrow Cs^+$ 中在 Na^+ 或 K^+ 处出现 χ_p 值最低点,而后很快增大。这是由于阳离子变形性的顺序是 $Li^+ < Na^+ < K^+ < Rb^+ < Cs^+$;极化性的顺序则相反:$Li^+ > Na^+ > K^+ > Rb^+ > Cs^+$。变形性和极化性的增大都可能使离子的电子壳层对称性降低,引起 χ_p 值增大。χ_p 最低点出现在 Na^+ 或 K^+ 处以及 χ_p 值在 Rb^+ 和 Cs^+ 急剧增大,表明影响 χ_p 的主要是阳离子的变形性。Rb^+ 和 Cs^+ 由于 d 层电子的存在而大大提高了变形性。铷、铯的溴、碘化物的高的 χ_p 值表明 Van Vleck 顺磁性强烈地依赖于体系的总电子数。氢卤分子的 χ_p 值(表 7-13)也有类似变化规律。

表 7-13 中某些 χ_p 出现的小量负值在实验或计算的误差范围内。如 Myers[87] 借助于实验的和理论的方法得到 Ca^{2+} 的 9 个 $-\chi_d \cdot 10^6$ 值是:11.6、10.8、18.5、4.5、10.7、13.3、13.1、11.1 和 10.2,可见不同方法得出的数值之间存在较大的误差,因而在应用 χ_d 计算值研究 χ_p 时特别要注意固有的变化顺序是否被实测或计算误差所掩盖。

从表 7-14 看到,由定向共价键结合起来的原子晶体(大都属于半导体)具有很大的 Van Vleck 顺磁性。这是由于半导体中的导电电子可能对 Van Vleck 顺磁性作出了贡献。对于半导体,式(7.5.1)中的 $E_1 - E_k \approx \Delta E$,即 χ 的增加相应于半导体禁带宽度 ΔE_g 的减小。本计算值(表 7-14)反映了这个变化规律并和实验值很好地符合。这表明我们建议的抗磁性计算法适用于具有共价-金属键型过渡特性的化合物(包括单质);利用此计算法研究化合物的磁性有可能加深对新型半导体材料的了解。

(4) 对于顺磁性原子和离子,表 7-10 中所列数值相当于这些体系中潜在的 Langevin 抗磁性。利用这些数值可以对顺磁性物质的抗磁性加以校正从而得到较精确数值。为了避免误会,对于顺磁性离子在数值的右上角标以" * "号。

(5) 本节所得原子和离子的 χ_d 值,对于重金属的和顺磁性的体系可能偏差较大,有待在实验资料的基础上作进一步的修正。

7.6　半导体禁带宽度、迁移率和热导率的计算[46]

半导体技术的飞速发展,要求合成具有特定物理常数的新型材料。如为了开发大功率材料,需要化合物在禁带宽度 E_g、载流子迁移率 μ 和晶格热导率 γ 三个主要特性常数分别达到一定的数值。实验证明,短程作用对材料的半导体特性有重要影响。而以长程序为基础的晶体能带理论在预测材料特性上存在一定困难。因此,考虑到材料组成和化学键特性的经验参数法,人们在半导体特性常数的预测中进行了不少探索。在此试图对 E_g、μ 和 γ 的计算方法进行述评并提出我们自己的计算方法[46]。

7.6.1　禁带宽度

人们对半导体的禁带宽度与原子参数或键参数间的变化规律已有不少研究[52~57]。

对于第Ⅳ族元素半导体,Goodman 指出[53a]

$$E_g \propto \frac{1}{d} \tag{7.6.1}$$

这里 d 是原子间距;Moss 则指出[53b]

$$E_g = \frac{h^2}{2m} \left(\frac{1.5}{\pi} \right)^{\frac{3}{2}} \left(\frac{1}{a^2} - \frac{1}{a_0^2} \right) \tag{7.6.2}$$

这里 h 是普朗克常数,m 是电子质量,常数 $a_0 = 6.59$,a 是元素半导体的晶格常数。

对于化合物半导体,计算 E_g 的方法大体可分为如下几个类型:

(1) 以化合物的某种能量特性为依据[54]

Vijh[54a] 将 E_g 与其当量生成热 ΔHe 相关联:$E_g = -2(\Delta He)$;而 Manca[54b] 则将 E_g 与化合物的单键键能 E_s 相关联:$E_g = 2(E_s - b)$,这里 b 是常数。Ормонт[54c] 则提出如下的 E_g 表达式

$$E_g = \left(\frac{V_B}{V_A} \right)^n [C - M + P] \varepsilon_{hkl} \tag{7.6.3}$$

$$E_g = \left(\frac{V_B}{V_A} \right)^n [c - m + p] \Omega \tag{7.6.4}$$

式中,V_A、V_B 是原子 A、B 的价电子数,n 为常数;C 和 c 是键的共价性的量度,可采用常数;M 和 m 是键的金属性的量度,可采用原子序数总和的线性或指数函数表征;P 和 p 是键的离子性成分,与组分间电负性差成正比;ε_{hkl} 和 Ω 是比表面能和原子化能。

(2) 在有关元素半导体 E_g 值基础上加以离子性和金属性的修正[29,55]

$$E_g = E_g^0 + c\Delta x^b \tag{7.6.5}$$

$$E_g^{AB} = E_g^A + E_g^B + a\Delta x_{AB} - b\bar{n}_{AB} \tag{7.6.6}$$

这里 E_g^0 是该等电子系列第 IV 族元素半导体的禁带宽度；E_g^A 和 E_g^B 是组分 A、B 的元素半导体禁带宽度，$\bar{n}_{AB}$ 是组分 A、B 的平均主量子数；a、b、c 是常数；Δx_{AB} 是组分 A、B 的电负性差。

（3）把 E_g 值分为共价性、离子性两部分并分别与键长和原子序建立联系作计算[56]

$$E_g = E_1 + E_2 \tag{7.6.7}$$

对于 s-p 杂化道

$$E_1^{1/2} = \left(\frac{1}{r} - \frac{1}{r'}\right)^2 - \alpha$$

对于纯 p 轨道

$$E_1^{1/2} = \left(\frac{1}{r} - \frac{1}{r'}\right)^{3/2} - \alpha$$

且有 $\alpha=1.875(\mathrm{sp}^3)$，$\sim 1.5(\mathrm{sp}^2)$，$1.314(\mathrm{sp}^3)$，$1.040(\mathrm{p}^2)$，$0.713(\mathrm{p})$；$r$ 是组成元素的共价半径。

$$E_2 = \Delta x + \beta - 4\lg(Z + Z')$$

$$E_2 = \Delta x + \gamma - 2\lg(Z + Z')$$

这里 Δx 是电负性差，Z 是组分的原子序数，β 和 γ 是常数。

（4）把 E_g 值看作是原子间距 r，有效核电荷 Z^* 和主量子量 n 的函数[29]

$$E_g = A\left(\frac{Z^*}{r^n} - B\right) \tag{7.6.8}$$

这里 A、B 是常数。

（5）把 E_g 值看作是组分的价数和序数的函数[37]

$$E_g = C\frac{N_X - N_M}{A_X + A_M} \tag{7.6.9}$$

这里 N_X 是阴离子价电子数，N_M 是阳离子价电子数；A_X 和 A_M 是相应组分的原子序数，C 是常数，对于大部分化合物 $C= 43$ 。

以上各式的共同缺陷是适用范围过窄。如有的依赖于实验数据，对一些化合物不能计算或计算过繁；有的可调整常数过多，外推较困难等。式(7.6.9)比较简洁，但只限于计算 M_mX_n 型化合物，不能计算同族互化物以及其他型式的化合物，物理意义也不够明确。

基于对半导体的组成和键型的分析，我们提出如下经验公式，用于统一计算元素半导体、二元或多元化合物半导体的禁带宽度

$$E_g = \frac{D}{\sqrt{k}} \cdot \frac{g_c}{n_c} \cdot \frac{Y_B}{Y_A} \cdot \frac{R_B}{R_A} \cdot \frac{n_B g_B}{n_A g_A} \tag{7.6.10}$$

式中，g_c 和 n_c 是化合物（包括单质）组成元素的族数和主量子数的权重平均，g_c/n_c 作为化合物共价-金属过渡中共价性的量度；

在化合物中，A 表示正性元素，B 表示负性元素；

Y_A 和 Y_B 分别表示化合物组成中正性元素和负性元素的电负性力标[46]，Y_A/Y_B 作为化合物共价-离子过渡中离子性的量度。对于多元化合物，取其比值的权重平均；对于单质，其值为 1；

R_A 和 R_B 表示化合物组成中正性元素和负性元素的晶体共价半径[35]。R_B/R_A 衡量有效电荷的大小。比值越大，有效电荷越大，E_g 值越大。对于多元化合物，取其比值的权重平均；对于单质，其值为 1；

n_A、n_B 和 g_A、g_B 分别表示化合物中组分 A、B 的原子数和族数。$n_B g_B/n_A g_A$ 表示化合物组分对 E_g 值的影响。负性元素的族数越高、原子数越多（或正性元素的族数越小、原子数越少）则 E_g 值越大。对于多元化合物按 $\sum n_B g_B/\sum n_A g_A$ 计算；对于单质其值为 1；

k 是化合物（包括单质）的总电子数；

D 是常数，对于含有 C、N、O 的化合物，$D = 9.8$；对于单质和含有未满 d 层元素的化合物，$D = 4.4$；对于其他化合物，$D = 6.3$。

表 7-15 列出不同类型半导体的禁带宽度按式（7.6.10）的计算值同相应实验值[29,56~58]的比较。可以看出，对于各类半导体，计算值同实测值都大体相符。以相同的准确度，我们计算了 218 种尚无实测值的半导体禁带宽度，如表 7-16 所示。表 7-16 还给出了某些稀土化合物和过渡金属硼化物的 E_g 值。以上数据可作为寻找特定性能新型半导体材料的参考。

表 7-15　按式（7.6.10）算得半导体的 E_g 值与实测值的比较

材料	E_g 实验值/eV	E_g 计算值/eV	材料	E_g 实验值/eV	E_g 计算值/eV	材料	E_g 实验值/eV	E_g 计算值/eV
B	3.3(1.6)	2.9	CdTe	1.4	1.4	As_2Te_3	1.0	1.0
C	5.2	3.6	BN	8.0	9.6	Sb_2S_3	1.7	1.3
Si	1.11	1.5	BP	5.0	4.9	Sb_2Se_3	1.2	1.0
Ge	0.67	0.77	AlN	5.9	4.2	Sb_2Te_3	1.0	0.8
P	2	1.9	AlP	2.45	2.7	Bi_2Te_3	1.3	0.9
灰-As	1.2	1.0	AlAs	2.2	2.0	Bi_2Se_3	0.35	0.7
Sb	0.1	0.6	AlSb	1.65	1.5	TeO_2	1.5	1.8
S	2.4	2.2	GaN	3.3	2.9	TiO_2	3	2.4
Se	1.6	1.2	GaP	2.3	1.9	MoS_2	1.2	1.4
Te	0.38	0.7	GaAs	1.43	1.45	MoTe	0.7~0.9	0.4
I	1.3	0.9	GaSb	0.7	1.2	FeS_2	1.2	1.3
Na_3Sb	1.1	0.9	InN	2.4	2.0	$PbCO_3$	4.4	3.5
Cs_3Sb	0.56	0.4	InP	1.2	1.3	$NaVO_3$	~3	5.7

续表

材料	E_g 实验值/eV	E_g 计算值/eV	材料	E_g 实验值/eV	E_g 计算值/eV	材料	E_g 实验值/eV	E_g 计算值/eV
Cu_2O	2	1.9	Al_2O_3	>5	6.6	KVO_3	~3	5.1
$CuBr$	2.9	3.1	Al_2S_3	4.1	3.8	$PbCrO_4$	2.3	2.7
CuI	2.8	2.8	Al_2Se_3	3.1	2.5	UTe_2	0.7~0.9	0.98
$AgCl$	3.0	3.0	Al_2Te_3	2.5	1.7	$CuInS_3$	1.2	1.3
$AgBr$	2.9	2.5	Ga_2O_3	4.4	4.4	$CuGaSe_2$	1.6	1.4
AgI	2.8	2.1	Ga_2S_3	2.5	2.7	$CuInSe_2$	0.9	1.1
Mg_2Si	0.77	0.95	Ga_2Se_3	2.0	2.0	$CuGaTe_2$	1.0	1.1
Mg_2Ge	0.74	0.71	Ga_2Te_3	1.3	1.6	$CuInTe_2$	0.9	0.9
Ca_2Pb	0.5	0.38	In_2O_3	2.8	3.1	$AgInSe_2$	0.7	0.8
Zn_3P_2	1.2	0.8	In_2S_3	2.0	2.1	$AgTlSe_2$	0.72	0.7
Zn_3As_2	0.93	0.7	In_2Se_3	1.2	1.6	Cu_3AsS_3	1.0	0.7
Cd_2P_3	0.5~0.6	0.5	In_2Te_3	1.0	1.3	Cu_3SbS_3	1.0	0.7
Cd_2As_2	0.5	0.4	GaS	2.5	2.5	$AgSbSe_2$	0.7	0.6
BeS	5.5	7.5	$GaSe$	2.00	2.0	$AgSbTe_2$	0.6	0.5
$BeSe$	4	4.7	$GaTe$	1.5	1.6	$CuFeS_2$	0.53	0.6
$BeTe$	3	3.5	$InSe$	1.8	1.5	$CuFeSe_2$	0.23	0.4
MgO	7.6	8.4	SiC	2.83	2.8	$CuFeTe_2$	0.1	0.3
$MgSe$	5.6	3.6	SiO_2	8	9.4	$AgFeSe_2$	0.3	0.3
$MgTe$	3.6	2.9	$GeSe_2$	2.3	2.6	$AgIn_2Te_4$	0.53	0.3
ZnO	3.3	4.5	$SnSe_2$	1.0	1.5	$ZnIn_2Te_4$	1.4	1.1
ZnS	3.6	3.1	GeS	2.0	1.9	$CdIn_2Te_4$	0.9	0.9
$ZnSe$	2.6	2.4	$GeSe$	1~2	1.5	$HgIn_2Se_4$	0.6	1.0
$ZnTe$	2.1	2.0	SnS	1.1	1.4	$BeSiN_2$	>3	4.3
CdO	2.5	2.7	$SnSe$	1.3	1.1	$ZnGeAs_2$	0.8	0.9
CdS	2.4	1.9	As_2S_3	2.2	1.7	$ZnGeSb_2$	>0.6	0.7
$CdSe$	1.7	1.6	As_2Se_3	1.3	1.2			

表 7-16　一些半导体材料 E_g 估计值[按式(7.6.10)]

材料	E_g 估计值/eV	材料	E_g 估计值/eV	材料	E_g 估计值/eV	材料	E_g 估计值/eV
Li_3Sb	1.5	Tl_2Te_3	0.6	WB	0.18	Eu_2O_3	2.2
Cu_2S	1.4	GaO	3.7	MnB	0.41	Eu_2S_3	1.5
Cu_2Se	1.2	InO	2.6	FeB	0.38	Eu_2Se_3	1.2
Cu_2Te	1.1	InS	1.9	CoB	0.40	Eu_2Te_3	1.0
CuO	7.3	GeC	1.6	NiB	0.38	Gd_2O_3	2.2
CuS	4.8	SnC	1.1	TiB_2	0.97	Gd_2S_3	1.5
$CuSe$	3.7	PbC	0.76	ZrB_2	0.64	Gd_2Se_3	1.2
$CuTe$	3.1	SiS_2	5.1	VB_2	0.47	Gd_2Te_3	1.0
CuF	3.9	$SiSe_2$	3.3	NbB_2	0.37	CeO_2	4.8
$CuCl$	4.0	$SiTe_2$	2.6	TaB_2	0.34	CeS_2	2.2
AgF	2.7	GeO_2	4.1	CrB_2	0.82	$CeSe_2$	1.6
Ca_2Ge	0.52	GeS_2	3.7	MoB_2	0.53	$CeTe_2$	1.3

材料	E_g 估计值/eV	材料	E_g 估计值/eV	材料	E_g 估计值/eV	材料	E_g 估计值/eV
Zn_3N_2	1.2	$GeTe_2$	2.0	Y_2O_3	3.1	ThO_2	3.6
Zn_3Sb_2	0.6	SnS_2	2.0	Y_2S_3	2.0	ThS_2	1.7
Zn_3Bi_2	0.5	$SnTe_2$	1.3	Y_2Se_3	1.5	$ThSe_2$	1.4
Cd_3N_2	0.7	GeO	2.7	Y_2Te_3	1.3	$ThTe_2$	1.1
Cd_3Sb_2	0.4	$GeTe$	1.2	La_2O_3	2.3	YB_4	1.63
Dd_3Bi_2	0.3	SnO	2.0	La_2S_3	1.6	LaB_5	1.87
BeO	14	MoO_2	3.2	La_2Se_3	1.2	YAs	1.1
MgS	5.0	$MoSe_2$	1.0	La_2Te_3	1.0	$LaAs$	0.9
HgO	1.8	$MoTe_2$	0.8	Pr_2O_3	2.3	$PrAs$	0.8
BSb	2.3	WO_2	2.3	Pr_2S_3	1.6	$NdAs$	0.9
TlN	1.4	WSe_2	0.8	Pr_2Se_3	1.2	$EuAs$	0.8
TlP	1.0	WS_2	1.4	Pr_2Te_3	1.1	$GdAs$	0.8
$TlAs$	0.8	WTe_2	0.7	Nd_2O_3	2.3	YSb	0.9
Tl_2O_3	1.3	VB	0.42	Nd_2S_3	1.6	$LaSb$	0.7
Tl_2S_3	0.9	CrB	0.44	Nd_2Se_3	1.2	$PrSb$	0.7
Tl_2Se_3	0.8	MoB	0.27	Nd_2Te_3	1.1	$NdSb$	0.7
$EuSb$	0.7	$CuTlTe_2$	0.8	$ZnGa_2Te_4$	1.2	$BeSiSb_2$	1.2
YN	2.0	$AgAlO_2$	3.1	$ZnIn_2O_4$	2.6	$BeSiBi_2$	0.9
LaN	1.6	$AgCaO_2$	2.5	$ZnIn_4S_3$	1.7	$ZnSiP_2$	1.6
PrN	1.5	$AgInO_2$	2.1	$CdAl_2O_4$	3.4	$ZnSiSb_2$	0.9
NdN	1.4	$AgTlO_2$	1.8	$CdAl_2S_4$	1.7	$ZnSiBi_2$	0.7
EuN	1.4	$AgAlS_2$	1.4	$CdAl_2Se_4$	1.3	$CdSiP_2$	1.2
GdN	1.4	$AgGaS_2$	1.2	$CdAl_2Te_4$	1.2	$CdSiAs_2$	0.9
HoN	1.4	$AgTlS_2$	0.9	$CdGa_2O_4$	2.7	$CdSiSb_2$	0.8
YP	1.37	$AgAlSe_2$	1.2	$CdGa_2S_4$	1.7	$CdSiBi_2$	0.6
LaP	1.03	Cu_3AsO_3	1.5	$CdGa_2Se_4$	1.3	$ZnGeBi_2$	0.5
PrP	1.03	Cu_3AsSe_3	0.6	$CdGa_2Te_4$	1.1	$CdGeAs_2$	0.8
NdP	1.0	Cu_3AsTe_3	0.5	$CdIn_2O_4$	2.1	$CdGeSb_2$	0.7
EuP	0.96	Cu_3SbO_3	1.3	$CdIn_2S_4$	1.4	$CdGeBi_2$	0.5
GdP	1.0	Cu_3SbSe_2	0.5	$CdIn_2Se_4$	1.1	$ZnSnN_2$	1.5
Fe_2O_3	2.2	Cu_3SbTe_3	0.5	$HgAl_2O_4$	2.7	$ZnSnAs_2$	0.8
Fe_2TiO_5	2.2	$AgSbO_2$	1.6	$HgAl_2S_4$	1.4	$ZnSnSb_2$	0.7
USe_2	1.45	$AgSbS_2$	0.8	$HgAl_2Se_4$	1.1	$ZnSnBi_2$	0.6
US_2	1.63	$CuFeO_2$	1.9	$HgAl_2Te_4$	1.0	$CdSnN_2$	1.2
$CuAlO_2$	4.0	$AgFeO_2$	1.4	$HgGa_2O_4$	2.2	$CdSnSb_2$	0.6
$CuGaO_2$	3.2	$AgFeS_2$	0.4	$HgGa_2S_4$	1.5	$CdSnBi_2$	0.5
$CuInO_2$	2.7	$ZnAl_2O_4$	4.2	$HgGa_2Se_4$	1.2	$MgSiN_2$	3.4
$CuTlO_2$	2.2	$ZnAl_2S_4$	2.1	$HgGa_2Te_4$	1.0	$MgSiAs_2$	2.0
$CuGaS_2$	1.5	$ZnAl_2Se_4$	1.5	$HgIn_2O_4$	1.8	$MGSiSb_2$	1.4
$CuTlS_2$	1.0	$ZnAl_3Te_4$	1.3	$HgIn_2S_4$	1.3	$MgSiBi_2$	1.1
$CuAlSe_2$	1.6	$ZnGa_2O_4$	3.2	$HgIn_2Te_4$	0.8	$MgSiBi_2$	0.8
$CuTlSe_2$	1.0	$ZnGa_2S_4$	2.0	$BeSiP_2$	2.4		
$CuAlTe_2$	1.2	$ZnGa_2Se_4$	1.5	$BeSiAs_2$	1.6		

7.6.2　迁移率 μ

材料的电子和空穴迁移率的实验测定虽然已有许多报告,但是,由于迁移率的数值依赖于材料的纯度、晶体的完美性和样品温度,以致不同研究者报告的同一材料的迁移率 μ 值,是一个足够大的数值范围。总的看来,随着材料提纯和晶体生长技术的提高,一些材料的实测 μ 值也在增长并趋近其最大可能值。同禁带宽度 E_g 值相比,迁移率 μ 与材料本性的关系至今研究甚少。

Жузе 曾将电子迁移率同化合物的生成热建立联系[59]。但是,正如 Ормонт 所指出的[30],由于热效应是体系的性质而不是相的特征,因而用生成热量度键的强度是不恰当的。

Goodman 曾指出[53a],电子迁移率同表征晶体偶极的一个函数存在规律联系,并指出 μ 的最大值相应于晶体偶极[它正比于 $(d^3 E_i)^{1/2}$,d 是键长,E_i 是 E_g 的离子性部分]的一个较小数值。但是,Goodman 未能建立起 μ 和 $(d^3 E_i)^{1/2}$ 之间的定量关系。

Suchet 曾导出电子迁移率 μ 同晶体离子性的定量关系[56],并用以计算了一些化合物的 μ 值。但偏差较大,适用范围也较窄。

迁移率直接与占据着传导电子的能带有关。电子从价带激发到导带相应于键的破坏。显然,键能越大,禁带宽度越大,电子从价带激发到导带越困难,这种关系,尽管是众所周知的,但是 E_g 和 μ 之间的定量关系迄今尚未建立。Hannay 则认为[58b],由于提纯材料的困难,一个实际晶体的本征迁移率,对许多化合物是不知道的,因而在 E_g 和 μ 之间的定量关系是不可能被建立的。我们认为,尽管现今报告的实验测定值 μ 都不是理想材料的本征迁移率,但是它毕竟在一定程度上反映了材料的迁移率这个特性的本质。特别是,随着材料提纯和晶体生长技术的提高,某些材料(如Ⅲ—Ⅴ族化合物)的实测 μ 值在逐步趋近其本征值。因而揭示 E_g 和 μ 之间的近似定量关系还是可能的。

我们应用计算 E_g 的式(7.6.10)[46],总结 μ 的大量实验数据[58],得到计算电子迁移率的如下经验关系:

$$\lg\mu = \frac{a}{\sqrt{E_g}} + b \tag{7.6.11}$$

式中,μ 是电子迁移率;E_g 是由式(7.6.10)计算的禁带宽度;a 和 b 是常数(表7-17)。应用式(7.6.11)算得的 μ 值同实验值的比较如表 7-18。对于大部分化合物,同 Suchet 计算值相比,本文值与实验值更为接近。特别是 Ga 和 In 同ⅤA族元素的化合物最新实验值同本文值十分相符。图 7-15 画出一些化合物的 μ 的实测值随 $E_g^{1/2}$ 的变化。

表 7-17　式(7.6.11)中的常数 a 和 b

化合物类型	a	b
单质	2	2.5
$g_A + g_B = 8$ IV—IV、III—V、II—VI、I—VII族	8.4	-2.8
III—VI族	2.3	0
IV—VI族	2.9	0

表 7-18　半导体电子迁移率 μ 的计算值同实验值的比较　（单位:cm²/V·s）

晶体	实验值[58]	Yang值[46]	Suchet值[56]	晶体	实验值[58]	Yang值[46]	Suchet值[56]	晶体	实验值[58]	Yang值[46]	Suchet值[56]
金刚石	>900	1100		ZnS	140	100	1000	PbS	800	800	
Si	1900	2100		ZnSe	200	450	4500	PbSe	1200	1100	
Ge	3900	4300		ZnTe	100	1400		PbTe	2000	1800	
Te	1700	4800		CdO	120	210		SnO		120	
SiC	100	170		CdS	200	2200	1700	SnS		280	
AlP	80	200	4000	CdSe	600	6900		SnSe		440	
AlAs	180	1400	70000	CdTe	800	18000	10000	SnTe	300	800	
AlSb	200	12600	200	CuCl		25	400	GaSe	40	43	
GaN	150	140		CuBr	~30	100	700	Ga₂Se₃	>1	43	
GaP	2100	2200	5000	CuI		170	1000	Ga₂Te₃	>1	66	
GaAs	16000	15000	45000	AgCl	70	100		In₂Se₃	30	66	
GaSb	10000	69000	5000	AgBr	240	300		In₂Te₃	~100	105	
InN		1300		AgI	1000		900	Y₂Te₃	140	105	
InP	44000	40000	5000	KCl	3	1.2		Gd₂Te₃	170	199	
InAs	12000	148000	30000	KBr	12.5	1.7		ThO₂		17	
InSb	1000000	1100000	95000	KI		3.7		ErTe		1800	
ZnO	180	15		PbO		275		LaTe		580	

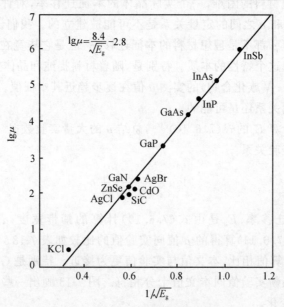

图 7-15　迁移率与禁带宽度的关系

7.6.3 热导率 γ

半导体介于导体和绝缘体之间,因而其热导率由电子和格波两者的传播所决定。典型的半导体大都是共价性占优势的晶格,看来,其热导率主要由晶格的热振动即格波所决定。总结实验资料[58]我们发现一个初步规律,即热导率与化合物(包括单质)组分电负性之比和其总电子数之间存在如下关系[46]:

$$\gamma = \frac{8.7}{\sqrt{k}} \cdot \frac{Y_A}{Y_B} - 0.5 \tag{7.6.12}$$

式中,γ 是热导率(W/cm·℃);Y_A 是正性组分的电负性力标;Y_B 是负性组分的电负性力标。$Y_A/Y_B \leqslant 1$,即组分电负性差越大,晶体离子性越大,热导率越小。k 是化合物的总电子数。对于单质,可看作 A=B 的化合物,其 k 值应是该原子序的 2 倍。按式(7.6.12)计算一些晶体的热导率同实测值的比较如表 7-19 所示,γ 实测值随 $\frac{1}{\sqrt{k}} \cdot \frac{Y_A}{Y_B}$ 的变化如图 7-16。

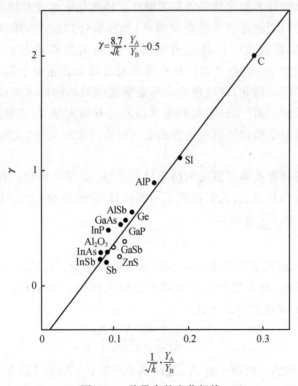

图 7-16 热导率的变化规律

禁带宽度、迁移率和热导率是决定半导体应用价值的三个主要特性常数,因而对这三个参数的预计,可为新型半导体材料的开发提供线索。

表 7-19　一些半导体热导率 γ 的计算值和实验值的比较

晶体	k	热导率 $\gamma/[\mathrm{W}/(\mathrm{cm}\cdot\text{℃})]$		晶体	k	热导率 $\gamma/[\mathrm{W}/(\mathrm{cm}\cdot\text{℃})]$	
		Yang 值[46]	实验值[38]			Yang 值[46]	实验值[38]
金刚石	12	2.03	2	GaP	46	0.55	0.54
Si	28	1.16	1.13	GaAs	64	0.42	0.54
Ge	64	0.63	0.63	GaSb	82	0.40	0.33
Sb	102	0.29	0.2	InP	64	0.39	0.5
ZnS	46	0.45	0.24	InAs	82	0.22	0.26
AlP	28	0.84	0.9	InSb	100	0.22	0.18
AlSb	64	0.50	0.56	Al_2O_3	50	0.29	0.30

7.7　影响超导体临界温度的某些结构规律[16]

7.7.1　概述

提高超导体的临界温度的关键是了解什么样的化学组成和结构的材料能具有高临界温度。我们固然可以从其微观理论（如强耦合理论[61]）精确计算各种结构类型超导体的临界温度。但是进行这种计算必须先知道材料的有效声子谱 $\alpha^2 F(\omega)$ 和库仑赝势 μ。这些量值的取得需要通过诸如正常电子隧道效应、中子散射测量等实验途径。因此，这种理论计算能够提供的结构因素对临界温度影响的信息仍然是有限的。另一方面，我们也可以从已有的大量 T_c 实验数据加以总结，应用分子与晶体的结构规律研究临界温度与结构因素的关系，文献[16]是这个方面的一个尝试。

早期发现的具有高临界温度的超导材料是 A-15 型化合物。在实验数据不断积累和综合分析的基础上，人们得到了一些计算 T_c 的经验公式。Dew-Hughes 和 Rivlin[62] 提出了如下关系式：

$$T_c = 27.5(T_A - 2)M_B^{-\frac{1}{2}} \tag{7.7.1}$$

式中，T_A 是纯 A 相的临界温度；M_B 是组分 B 的原子量。此式指出 T_c 与纯组分 A 的临界温度成正比，与 B 组分原子量的平方根成反比。Dew-Hughes 进而又考虑到组分 A 体积的变化并得到下式[63]：

$$T_c = \frac{19.6 T_A V_0(A)}{\widetilde{M}^{1/2} V_0(A-15)} \tag{7.7.2}$$

式中，$\widetilde{M}$ 是化合物的平均原子量，T_A 是纯 A 的 T_c，$V_0(A)$ 和 $V_0(A-15)$ 分别是元素 A 在单质和在 A-15 化合物中的原子体积。最近又有另一个 T_c 表达式[64]

$$T_c = \frac{15 T_A r_A}{M^{1/2} r_B} \left[\frac{r_A^3}{(a_0/4)^3} \right] \tag{7.7.3}$$

式中，r_A、r_B是 A、B 原子的单质半径，a_0是晶格常数，T_A是纯 A 的 T_c，$\widetilde{M}$ 是化合物的平均原子量。此式较之 Dew-Hughes 的式(7.7.2)又引进了 A 和 B 的原子半径比这个因素，它对 Nb 系 A-15 化合物符合较好。

Matthias[65]指出：T_c 和化合物中的平均价电子数 e/a 有关，而 Geller[66]从 V、Nb、Ta 的电子构型分别为 $(Ar)3d^3 4s^2$、$(Kr)4d^5 5s^1$、$(Xe)4f^{14}5\ d^3 6s^2$ 说明了为什么 V_3Sn、Nb_3Sn、Ta_3Sn 的 T_c 在 Nb_3Sn 出现峰值，他认为这类 A_3B 型化合物中由于上述 A 原子的电子排布使 d 带态密度在 Nb_3Sn 最大。

Miedema[67]通过对实验资料的研究和总结指出，组分原子的局域特性和 A、B 原子之间的电荷迁移将影响 d 带态密度。另外，超导电性又可以认为是决定于两个因素[68]：决定于 d 带费米面位置的平均价电子数 e/a 以及决定于 A 原子波函数重叠和 d 电子态密度的 A 原子核间距 d_0。

7.7.2　T_c 值新计算式的引出和验证

上述论断从不同侧面描述了 T_c 与组分原子结构特性的关系，但未能较全面地总结影响 T_c 的结构因素。文献[16]根据超导的微观理论，利用结构化学规律分析诸结构因素对 T_c 的影响，提出新的 T_c 经验关系。由超导理论可得

$$T_c = 1.14\omega_D \exp\left[-\frac{1}{N(0)V}\right] \qquad (7.7.4)$$

式中，ω_D 是德拜频率，$N(0)$ 是费米面正常态电子密度，V 是电-声子互作用强度。由上述经验公式和理论公式可得如下结论：

(1) 在 A-15 化合物(A_3B)中，电-声子耦合主要发生在 A 链内，B 原子振动对 A 原子的 d 电子影响甚小[48]，因而可以忽略 B 原子的同位素效应，可写成

$$T_c \propto \omega_D \propto M_A^{-1/2} \qquad (7.7.5)$$

(2) 按照 BCS 理论，电-声子互作用强度 V 是决定超导电性的关键参量。由于 A 原子的 d 带电子是 A-15 型超导电性的主要承担者，所以 A 原子链内波函数的重叠，对电-声子互作用强度关系最大。而波函数的重叠程度显然正比于链内 A—A 间距较之孤立原子半径和的缩短值。如以 $2R_A$ 表示孤立 A 原子的直径，d_0 表示链内 A—A 间距，则缩短值 $2R_A - d_0$ 应正比于波函数的重叠程度，进而正比于电-声子互作用强度 V；另一方面，B 原子半径 R_B 越小，A 与 B 的体积比 R_A^3/R_B^3 越大，有利于 A 和 A 的靠近，定性地可以认为

$$T_c \propto V \propto \frac{2R_A - d_0}{R_B} \cdot \frac{R_A^3}{R_B^3} \qquad (7.7.6)$$

式中，d_0 是链内 A—A 间距[71]，R_A 和 R_B 是组分 A 和 B 的 A-15 型晶体半径[69]，V

是电-声子互作用强度。影响电-声子互作用强度的还有晶体离子对电子的势。这种势随着共有化带结构转化为局域的共价态而增强。这一因素可用金属-共价过渡的共价性指标 $\bar{g}/\bar{n}$ 来表征[70]

$$T_c \propto V \propto \frac{\bar{g}}{\bar{n}} \tag{7.7.7}$$

式中，$\bar{g}$ 是 A-15 化合物的平均族数(所有过渡元素均取 2.5)；$\bar{n}$ 是平均主量子数。

(3) 按照 BCS 理论，费米面态密度 $N(0)$ 对 T_c 有重要影响。通常认为 $N(0)$ 与平均电子数 e/a 有关。我们以鲍林[71]金属价 Z 代替自由态价电子数表征此量。实际上由于电负性效应的存在要发生电荷迁移，令 Y_A/R_A 和 Y_B/R_B 分别表示 A 和 B 吸引电子的能力，价电子由 A 原子移开将降低 A 原子的平均价电子数，按照 Miedema[67] 的见解，这将提高 T_c，因此有

$$T_c \propto N(0) \propto \frac{Z}{a} \frac{Y_B/R_B}{Y_A/R_A} \tag{7.7.8}$$

式中，Z 是 Pauling 金属价，Y_A 和 Y_B 是电负性力标[46]。综合式(7.7.5)～式(7.7.8)，选择适当的比例系数，可得如下表达式：

$$T_c = 210 \frac{2R_A - d_0}{R_B} \frac{R_A^3}{\sqrt{M_A}} \frac{R_A^3}{R_B^3} \frac{\bar{g}}{\bar{n}} \frac{Z}{a} \frac{Y_B/R_B}{Y_A/R_A} \tag{7.7.9}$$

按式(7.7.9)算得的 T_c 值与实测值的比较见表 7-20 及图 7-17。

表 7-20　A-15 化合物 T_c 计算值与实测值比较

晶体	$R_A^{[60]}$/Å	$R_B^{[60]}$/Å	$Y_A^{[46]}$	$Y_B^{[46]}$	$Z_B^{*[71]}$/e	$d_0^{[60]}$/Å	T_c/K Yang 值[46]	T_c/K 实验值[66]
V₃Si	1.31	1.33	1.47	1.40	2.56	2.361	16.5	17.1
V₃Ge	1.31	1.36	1.47	1.38	2.56	2.385	12.1	6.3
V₃Sn	1.31	1.445	1.47	1.28	2.56	2.468	5.0	3.8
V₃Al	1.31	1.39	1.47	1.26	3	2.415	8.6	9.6
V₃Ga	1.31	1.375	1.47	1.26	2.56	2.40	9.7	14.8
Nb₃Si	1.51	1.33	1.54	1.40	2.56	2.540	31.1	—
Nb₃Ge	1.51	1.36	1.54	1.38	2.56	2.575	24.4	23.2
Nb₃Sn	1.51	1.445	1.54	1.28	2.56	2.6445	13.3	18.0
Nb₃Al	1.51	1.39	1.54	1.26	3	2.592	18.95	18.9
Nb₃Ga	1.51	1.375	1.54	1.26	3.56	2.582	20.3	20.3
Nb₃In	1.51	1.45	1.54	1.12	3.56	2.652	10.9	9.2
Ta₃Sn	1.50	1.445	1.54	1.28	2.56	2.64	7.8	6.4
Ta₃Si	1.50	1.33	1.54	1.40	2.56	2.52	18.9	—
Ta₃Ga	1.50	1.36	1.54	1.38	2.56	2.55	13.5	—

注：V、Nb、Ta 的 Z_A 均等于 5。

由此可见,式(7.7.9)的确可以用来认识不同的 A-15 型化合物超导临界温度的变化趋势。当然,我们并不期望它能代替对超导物理过程的详细分析。特别是上述讨论中,我们虽然从总的方面估计了化合物共价键程度对电-声子耦合势大小的影响,但没能具体地讨论原子轨道能级的能量差和原子组态的差异对费米面附近 d 电子势梯度的影响,但恰恰是这种势梯度直接决定了 η,从而也决定了电-声子耦合常数 λ 的大小 $\left(\lambda \sim \dfrac{\eta}{\langle M\omega^2 \rangle}\right)$ 因此单用"总体"键参数 $\bar{g}/\bar{n}$ 来描述就难免在某些化合物上低估或高估了 η 值的大小。我们也没有计及 λ 声子模频率分布和声子模数化的影响。在文献[72]中 Schweiss 等人用中子非弹性

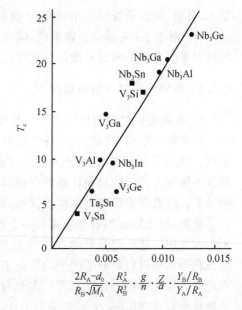

$$\frac{2R_A - d_0}{R_B \sqrt{M_A}} \cdot \frac{R_A^3}{R_B^3} \cdot \frac{g}{n} \cdot \frac{Z}{a} \cdot \frac{Y_B/R_B}{Y_A/R_A}$$

图 7-17　实测 T_c 值(点)与本文计算值(线)的比较

散射方法研究了一系列 A-15 化合物的声子谱指出:由平均价电子数 4.5 的化合物(如 V_3Ga)到平均价电子数 4.75 的化合物(如 V_3Ge),原子间力增加了约 20%,$M\langle\omega^2\rangle$ 也相应增加。V_3Ga、Nb_3Sn 有明显的声子模软化效应也是实验上早已确立的事实。据 Fradin 等人的数据[52]:$\lambda_{V_3Ga} = 0.91$,$\lambda_{V_3Si} = 0.86$,$\lambda_{Nb_3Sn} = 1.17$,$\lambda_{Nb_3Al} = 1.07$。上述两个因素是本文 V_3Ga 和 Nb_3Sn 临界温度计算值偏低而 V_3Ge 计算值偏高的原因。

由式(7.7.9)自然可以得到如下四点认识:

(1) A_3B 型化合物其 A 原子链内 A—A 间距较孤立原子直径的缩短对提高 T_c 有重要贡献,较小的 B 原子半径有助于这些缩短的实现。对于 A 和 B 不同的一系列化合物,原子 A 与 B 的体积比越大 T_c 越高。因此,在高温超导体的探索中,应找那些 A 原子半径大、B 原子半径小并且 A 链链内原子间距缩短显著的化合物。

(2) 为了强化离子对电子的作用势以提高电-声子作用,应增大化合物的非金属性品格。由于 A-15 型晶体中存在着三个相互垂直的 A 原子链,晶体不会成为纯局域共价态的非金属,所以,在同系物(如铌 Nb 系)中,应找 $\bar{g}/\bar{n}$ 最大者。

(3) 决定 T_c 的不是平均价电子数 Z/a,而是考虑到电荷迁移的 A 原子有效价电子数的相对值。电荷的迁移可用电负性效应描述,而 A 原子的有效价电子数的相对值则可用 $\dfrac{\bar{Z}}{a}\dfrac{Y_B/R_B}{Y_A/R_A}$ 来表述。由于 Y_A/R_A 表示化合物中 A 原子对价电子的吸

引力,显然,A 原子吸引力小,B 原子吸引力大的化合物有高的 T_c 值。

(4) 对于 A-15 型化合物来说,同位素效应对 T_c 的影响是次要的,并且只当同其他因素结合起来考虑才能得到规律性的认识。

7.7.3 高温超导材料结构规律[74]

1) 高温超导材料结构规律的一般分析

随着稀土系列、铋系、铊系等液氮温区超导材料的发现,给超导研究带来无限生机。但也不能不看到,由于人们对高温超导材料合成的规律、特别是化学配对的研究不够深入,因此,对新体系的探讨采用"炒菜"方式,带有一定的盲目性,往往事倍功半。故有必要研究其结构规律性,为指导实验提供理论依据。

早期,Matthias[73] 曾经摸索到一个经验规律,在提高 T_c(转变温度)方面起过不小的作用。这个经验规律以 T_c 为纵坐标,以原子的价电子数 Z 为横坐标(在合金或化合物中取每种原子的平均价电子数 Z)作图,可以看到,当 $Z=3$、5、7 时,T_c 有峰值。该规律对过渡元素及许多超导合金、化合物都适用。Matthias 曾借助这个规律发现了 Nb_3Sn 这个 T_c 高的 A-15 化合物。

我们对新型高 T_c 钇系、铋系和铊系超导材料的结构化学进行了详细的对比研究,初步发现它们存在以下三个规律:

(1) 晶型键型过渡规律

在结构数据和键参数的基础上,我们[74] 对高 T_c 超导体的键型进行了分类,发现它们大都分布在横轴 0.5~3.0(ABO_3 型)和 2.06~6.0(ABO_4 型)的共价-离子键的过渡区。从键型上来看,均属于具有部分离子性和部分共价性的晶体,说明其键性具有两重性和过渡性。因此,对于一个新体系,我们可以看其键型是否落入这一特定区域。这种键参数作图分区法对于探索新型超导材料具有一定的指导作用。

(2) 价径匹配原则

从已知的三类高温超导材料来看,钇(包括其他一些稀土元素)、铋、铊都是三价金属离子,它们的离子半径也相近。我们把这种满足相同离子价态和半径的取代称为价径匹配原则。将所有钇位的三价金属离子半径列表如下:

元素符号	Y	La	Nd	Sm	Eu	Gd	Dy	Ho	Er	Tm	Yb	Lu	Bi	Tl
离子半径/Å	0.93	1.06	1.03	0.96	0.95	0.94	0.91	0.89	0.88	0.87	0.86	0.85	0.96	0.95

以目前最高 T_c 体系中的 Tl 作为标准,我们看到:元素离子半径最大的 La 与 Tl 的半径差为 0.11Å,半径最小的 Lu 与 Tl 相差 0.1Å,说明钇位离子半径的偏差不超过 0.1Å。这给我们以启示:选择具有与 Tl 相同价态,相近半径的元素取代 Tl,有可能制得高 T_c 超导体。

（3）成对替换原理

由于人们对新型氧化物超导体的认识还不够深入，因此，其名义成分表达式各有不同，出现混乱。如果我们把三类高温超导材料按电负性由小到大的顺序：M(Ba,Sr,Ca)—R(Y,Bi,Tl)—Cu—O，可以发现如下规律：即电负性最小的元素M(Ba,Sr,Ca)与电负性最大的元素氧族数之和为 8，满足电中性，中间的 Y、Bi、Tl、Cu 等元素则位于周期表第 Ⅰ、Ⅲ、Ⅴ 族三个奇数。可以设想，若将两边的 M(Ba,Sr,Ca)和氧元素在满足电中性的条件下，成对替换，如换成第 I_A 族和第 $Ⅶ_A$ 族的两个元素，中间的元素也按一定的规律作适当替换，如换成第 Ⅱ、Ⅳ、Ⅵ 族三个偶数族，应能得到新体系的超导体。

以上三条原则在一定程度上反映了三类氧化物超导体的规律性。在此基础上，我们又对新体系超导材料作了推测，希望这三条经验规律对探索新系列超导材料的实验研究起到一定指导作用。

2）新型氧化物超导体的键型

随着 Ba-La-Cu-O 体系超导性的发现[75]，在世界范围内曾掀起一场超导研究的热潮。并确认 40K 左右和 90K 左右两类超导材料，其结构分别为 K_2NiF_4 型[76]和 $RBa_2Cu_3O_{7-8}$（R 为稀土元素）氧缺位钙钛矿型[76a]。至于键型问题，尚未见报道。我们试图从结构化学角度出发，运用键参数方法，对此类新型稀土氧化物超导体的键型进行归属，得出与我们对其他一些功能材料研究相同的结构规律[70]。

我们将 $RBa_2Cu_3O_{7-8}$ 超导体系认作 ABO_3 晶型，分子式写成 $Ba_xY_{1-x}CuO_3$，这里取 $A=Ba_xY_{1-x}$，$B=Cu$，$x=0.67$。如前述，对于 ABO_3 型晶体，表征其几何因素、极性和金属性的三个参数可作如下规定：

（1）以容忍因子 $t=(R_A+R_0)/\sqrt{2}(R_B+R_0)$ 表征离子堆积的几何因素；

（2）以电负性力标之差 ΔY_{AO} 与 ΔY_{BO} 之比 $\Delta Y_{AO}/\Delta Y_{BO}$ 表征晶体的极化特征；因在 A—O—B 键中，A 与 B 存在着彼此反极化效应，即 A—O 键与 B—O 键的极化程度是此增彼减；

（3）金属性指标 $\bar{n}/\bar{g}$ 是指 A、B 和 O 三元素的平均主量子数与平均族数之比。根据以上规定我们进行了计算，计算值列于表 7-21。然后以 $\bar{n}/\bar{g}$ 为纵坐标，$t \cdot \Delta Y_{AO}/\Delta Y_{BO}$ 为横坐标，将 ABO_3 型超导材料晶体（图中用与组分 Y 相应的稀土元素符号标示该晶体）绘入图 7-18。

表 7-21　ABO_3 晶型超导材料键参数的计算

组成*	t	ΔY_{AO}	ΔY_{BO}	$t \cdot \Delta Y_{AO}/\Delta Y_{BO}$	$\bar{n}/\bar{g}$
Sc	0.874	0.907	0.603	1.32	0.98
Y	0.910	0.954	0.603	1.45	1.01
La	0.936	0.969	0.603	1.50	1.11
Ce	0.925	0.959	0.603	1.47	1.11

组成*	t	ΔY_{AO}	ΔY_{BO}	$t \cdot \Delta Y_{AO}/\Delta Y_{BO}$	$\bar{n}/\bar{g}$
Pr	0.926	0.959	0.603	1.47	1.11
Nd	0.924	0.959	0.603	1.47	1.11
Sm	0.929	0.962	0.603	1.48	1.11
Eu	0.976	1.001	0.603	1.62	1.11
Gd	0.917	0.952	0.603	1.45	1.11
Tb	0.912	0.947	0.603	1.43	1.11
Dy	0.911	0.947	0.603	1.43	1.11
Ho	0.909	0.944	0.603	1.42	1.11
Er	0.906	0.942	0.603	1.41	1.11
Tm	0.904	0.940	0.603	1.41	1.11
Yb	0.939	0.972	0.603	1.51	1.11
Lu	0.903	0.940	0.603	1.41	1.11

* 组成分子式应为 $R Ba_2 Cu_3 O_{7-\delta}$ 仅有 R 不同,故用元素 R 表示。

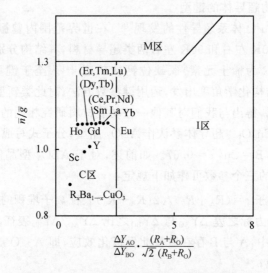

图 7-18　ABO_3 型超导材料按化学键型的分区

对于 K_2NiF_4 结构晶体,可看作是 ABO_4 型晶体,决定其结构形式的几何因素可用 R_A/R_B 来表示,其他规定与 ABO_3 型相同。这里 $A = Ba_x La_{2-x}$,$B = Cu$,$x = 0.15$。键参数计算值示于表 7-22。

表 7-22　ABO_4 晶型超导材料键参数的计算

组　成	R_A/R_B	ΔY_{AO}	ΔY_{BO}	$R_A/R_B \cdot \Delta Y_{AO}/\Delta Y_{BO}$	$\bar{n}/\bar{g}$
BaLaCuO	1.47	0.923	0.603	2.25	1.23
SrLaCuO	1.46	0.921	0.603	2.23	1.18
CaLaCuO	1.45	0.916	0.603	2.20	1.13

以 $\bar{n}/\bar{g}$ 为纵坐标，$R_A/R_B \cdot \Delta Y_{AO}/\Delta Y_{BO}$ 为横坐标，将 ABO_4 型超导材料晶体绘入图 7-19。

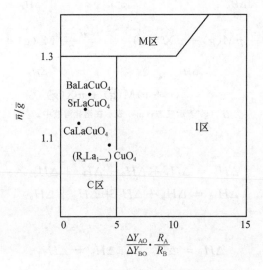

图 7-19 ABO_4 型超导材料按化学键型的分区

关于高温超导材料结构规律的一般分析和键型过渡作图法，有可能对探索新材料起一定的指导作用。

7.8 金属在熔盐中的溶解度

7.8.1 金属在其自身熔盐中的溶解度

为了找出金属在其自身熔盐中的溶解度与我们在前文[36]导出的电负性能标 Y' 之间的关系，可以设计如下两个热化学循环：

$$M_u X_w(ms) + v M(ms) \xrightarrow{\Delta H_5} M_{u+v} X_w(ms)$$

$$\Delta H_1 \downarrow \qquad\qquad\qquad \uparrow \Delta H_4$$

$$u M^{w+}(g) + v M(g) + w X^{u-}(g) \qquad M_{u+v} X_w(g)$$

$$\Delta H_2 \searrow \qquad\qquad \nearrow \Delta H_3$$

$$(u+v) M(g) + w X(g)$$

$$M_u X_w(ms) + v M(ms) \xrightarrow{\Delta H_{10}} \frac{u+v}{2} M_2(ms) + \frac{w}{2} X_2(ms)$$

$$\Delta H_6 \downarrow \qquad\qquad\qquad\qquad \uparrow \Delta H_9$$

$$u M^{w+}(g) + v M(g) + w X^{u-}(g) \qquad \frac{u+v}{2} M_2(g) + \frac{w}{2} X_2(g)$$

$$\Delta H_7 \searrow \qquad\qquad \nearrow \Delta H_8$$

$$(u+v) M(g) + w X(g)$$

注:(g) 表示气态;(ms) 表示在熔盐溶液中。

据此循环得到

$$\Delta H_5 = \Delta H_1 + \Delta H_2 + \Delta H_3 + \Delta H_4$$

$$\Delta H_{10} = \Delta H_6 + \Delta H_7 + \Delta H_8 + \Delta H_9$$

不难看出

$$\Delta H_1 = \Delta H_6, \qquad \Delta H_2 = \Delta H_7$$

于是得到

$$\Delta H_5 - \Delta H_{10} = (\Delta H_3 - \Delta H_8) + (\Delta H_4 - \Delta H_9)$$

或

$$\Delta H_5 = (\Delta H_3 - \Delta H_8) + (\Delta H_4 - \Delta H_9) + \Delta H_{10} \qquad (7.8.1a)$$

如果略去在 $M_{u+v} X_w$ 分子中可能存在的 M—M 键则有

$$\Delta H_3 - \Delta H_8 = w\left\{ D_{M-X} - \frac{1}{2}\left[D_{M-M} + D_{X-X} \right] \right\} + \frac{w-u-v}{2} D_{M-M}$$

$$(7.8.2a)$$

已知

$$\Delta G = \Delta H - T\Delta S, \qquad D_{M-X} - \frac{1}{2}(D_{M-M} + D_{X-X}) = (Y'_X - Y'_M)^2$$

将以上关系代入式(7.8.1a)即得

$$\Delta G_5 = w(Y'_X - Y'_M)^2 + \frac{w-u-v}{2} D_{M-M} + (\Delta H_4 - \Delta H_9 + \Delta H_{10} - T\Delta S_5)$$

$$(7.8.3a)$$

对于 $MX_2 + M = M_2 X_2$ 等类型的反应,式(7.8.3a)右边第二项为零;对于一定的金属-熔盐系列,第三项又可视为常数,于是上式化作

$$-\Delta G_5 = -w\,(Y'_X - Y'_M)^2 + b$$

而一个物理化学过程的"自由能降"（$-\Delta G$）代表推动此过程前进的"势头"，显然，金属的溶解可以用此过程的$-\Delta G$来量度。根据式(7.8.3b)可以合理地认为

$$S \propto -\Delta G_5 \propto -(Y'_X - Y'_M)^2 \quad\text{或可写作：}\quad S^{\frac{1}{2}} = w'(Y'_M - Y'_X) + b' \qquad (7.8.4a)$$

式中，S是金属在熔盐中的溶解度（分子%），w'和b'是常数，Y'_M和Y'_X是阳离子和阴离子的电负性能标（其值见附录 I-4 表）。大量事实证明，金属在其自身熔盐中的溶解度[89]可以很好地为式(7.8.4a)表示，如图 7-20 所示。

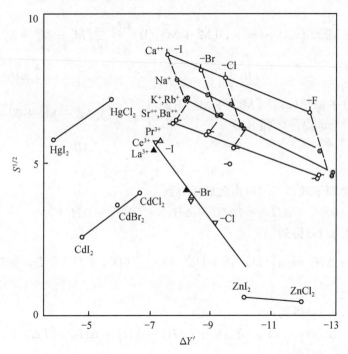

图 7-20　金属在其熔融卤化物中的溶解度与 $\Delta Y'$ 的关系

7.8.2　金属在其他熔盐中的溶解

某金属与其他金属的熔盐相互作用时，二者间发生如下互换反应[89]

$$n\,M' + m\,M''X_n \Longrightarrow n\,M'X_m + m\,M''$$

为了使讨论具有一般意义并尽量简化，现以如下方程表示金属溶于含有不同正离子和负离子的其他熔盐并生成低价化合物的过程

$$M'X'_m(\text{ms}) + M''X''_m(\text{ms}) + (m-1)[M' + M''](\text{l}) \longrightarrow M'_m X''_m(\text{ms}) + M''_m X'_m(\text{ms})$$

式中，M'和M''代表两种金属；X'和X''代表两种卤素；m是系数；(ms)表示在熔盐溶液中；(l)表示液态金属。金属的溶解与电负性能标Y'的关系可由下述热化学循

环得出

$$M^I X_m^I(ms) + M^{II} X_m^{II}(ms) + (m-1)[M^I + M^{II}](l) \xrightarrow{\Delta H_5} M_m^I M_m^{II}(ms) + M_m^{II} M_m^I(ms)$$

$$\Delta H_1 \downarrow \qquad\qquad\qquad\qquad\qquad\qquad \uparrow \Delta H_4$$

$$(m-1)[M^I + M^{II}](g) + M_I^{m+}(g) \qquad\qquad M_m^I X_m^{II}(g) + M_m^{II} X_m^I(g)$$
$$+ M_{II}^{m+}(g) + m[X_I + X_{II}](g)$$

$$\Delta H_2 \searrow \qquad\qquad \nearrow \Delta H_3$$

$$m M^I(g) + m M^{II}(g) + m X^I(g) + m X^{II}(g)$$

$$M^I X_m^I(ms) + M^{II} X_m^{II}(ms) + (m-1)[M^I + M^{II}](l) \xrightarrow{\Delta H_{10}} \frac{m}{2}[M_2^I + M_2^{II} + X_2^I + X_2^{II}](ms)$$

$$\Delta H_6 \downarrow \qquad\qquad\qquad\qquad\qquad\qquad \uparrow \Delta H_9$$

$$(m-1)[M^I + M^{II}](g) + [M_I^{m+} + M_{II}^{m+}](g) \qquad\qquad \frac{m}{2}[M_2^I + M_2^{II} + X_2^I + X_2^{II}](ms)$$
$$+ m[X_I^- + X_{II}^-](g)$$

$$\Delta H_7 \searrow \qquad\qquad \nearrow \Delta H_8$$

$$m[M^I + M^{II} + X^I + X^{II}](g)$$

参照上节,类似于式(7.8.1a)由此循环得到

$$\Delta H_5 = (\Delta H_3 - \Delta H_8) + (\Delta H_4 - \Delta H_9) \tag{7.8.1b}$$

类似于式(7.8.2a)得到

$$\Delta H_3 - \Delta H_8 = m\left[(D_{M^I-X^{II}} + D_{M^{II}-X^I}) - \frac{1}{2}(D_{M2}^I + D_{M2}^{II} + D_{X2}^I + D_{X2}^{II})\right] \tag{7.8.2b}$$

类似于式(7.8.3a)得到

$$\Delta G_5 = m\overline{(Y_X' - Y_M')^2} + (\Delta H_4 - \Delta H_9 + \Delta H_{10} - T\Delta S_5) \tag{7.8.3b}$$

类似于式(7.8.4a)得到

$$S^{\frac{1}{2}} = m'\overline{(Y_M' - Y_X')} + C' \tag{7.8.4b}$$

式中,$\overline{Y_M' - Y_X'}$ 表示阳离子和阴离子电负性能标之差的平均。完全等效的一个变换,可以用阳离子的和阴离子的电负性平均之差来代替它;即在含有两种以上阳离子且有不同浓度的熔盐体系,其同电性离子的平均电负性可按下式计算:

$$\overline{Y}' = \sum_{i=1}^n m_i Y_i' \tag{7.8.5}$$

式中,$\overline{Y}'$ 是熔盐阳离子或阴离子的平均电负性能标;Y_i' 是熔盐中第 i 种阳离子或阴离子的电负性能标;m_i 是组分 i 的分子百分浓度。于是,式(7.8.4b)化作

$$S^{\frac{1}{2}} = m'(\overline{Y}_阳' - \overline{Y}_阴')' + C \tag{7.8.4c}$$

从式(7.8.4c)可以得出金属在混合熔盐中溶解的如下规则:

(1) 阳离子规则:在阴离子相同条件下,金属易溶于阳离子平均电负性 $\overline{Y}'_\text{阳}$ 大的熔盐体系。

(2) 阴离子规则:在阳离子相同条件下,金属易溶于阴离子平均电负性 $\overline{Y}'_\text{阴}$ 小的熔盐体系。

为了验证阳离子规则,将金属镁在熔融混合氯化物中的溶解度(表 7-23)[90]与相应熔盐体系的阳离子平均电负性能标 $\overline{Y}'_\text{阳}$ 作图(图 7-21)。图中每一点代表在一种混合熔盐成分下镁的溶解度。

表 7-23　镁在熔融混合氯化物中的溶解度 S(800℃)[88]

序号	混合熔盐含量%(分子)		饱和溶解度 $S \times 10^2$ %(分子)Mg					
	$MgCl_2$	$M^{n+}Cl_n$	K+	Na+	Li+	Ba++	Sr++	Ca++
1	0.00	1.00	2	6	16	7	16	30
2	0.35	0.65	8	12	32	19	25	33
3	0.50	0.50	15	17	42	34	37	40
4	0.65	0.35	27	30	47	44	45	48
5	1.00	0.00	80	80	80	80	80	80

图 7-21 概括了金属镁在 7 种不同阳离子和 25 种不同浓度的熔盐混合物中的溶解度与相应熔盐体系各金属阳离子的平均电负性 $\overline{Y}'_\text{阳}$ 的关系。由于阴离子相同,式(7.8.4c)简化作

$$S^{\frac{1}{2}} = m'\overline{Y}'_\text{阳} + d' \tag{7.8.4d}$$

据图 7-21 求得镁在熔融混合氯化物中的溶解度公式

$$S^{\frac{1}{2}} = 7.0m'\overline{Y}'_\text{阳} - 2.5 \tag{7.8.4e}$$

图 7-22 示出铅在 $PbCl_2$-KCl 混合熔盐中的溶解度[89]与相应体系阳离子平均电负性 $\overline{Y}'_\text{阳}$ 的关系,求得其直线关系式

$$S^{\frac{1}{2}} = 0.96\overline{Y}'_\text{阳} - 1.8 \tag{7.8.4f}$$

其中溶解度的单位是 $S \times 10^4$ %(分子)。

大量事实表明,阳离子规则很少例外地适用于各种混合熔盐体系。

关于阴离子规则,目前尚未找到论证它的充足的实验数据;但从图 7-20 可以得到初步说明:除 Hg、Cd 以外,一般均满意地符合阴离子规则。Hg、Cd 的反常可看作是由于其 18 电子层和低电价而具有特别大的可极化性所引起的。具有此种结构的金属离子,显然更易于和电负性大、半径小的阴离子相互作用。据此推论,或许 Ag、Au 在其卤化物中的溶解度规律也有类似的反常。

利用式(7.8.4c)和由它导出的阳离子规则和阴离子规则可以合理地选择合适的熔盐添加物,以便降低已沉积金属的溶解、提高电流效率、减少电力耗损、改进熔盐电解工艺。

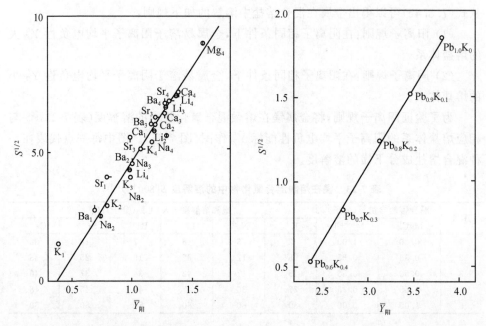

图 7-21　镁在熔融氯化物中的溶解度与　　图 7-22　铅在熔融 $PbCl_2$-KCl 中溶解度与
　　　　其阳离子 $\bar{Y}'_阳$ 值的关系　　　　　　　　　其阳离子 $\bar{Y}'_阳$ 值的关系

现举例说明阳离子规则的应用：某工段采用在氯化钠、氯化钙或氯化钾的熔体中电解无水稀土金属氯化物的方法制取稀土金属。根据阳离子规则，在阴离子相同条件下，熔体组成应选择电负性小的化合物。而 Na、Ca 和 K 的电负性能标依次为 0.75、1.0 和 0.4。可见应选用 KCl。实验证明，这种选择是合适的。最后，需要指出：

（1）对于金属在熔盐中溶解的本性的看法，观点不一，分歧很大。目前主要的理论有生成低价化合物和生成原子—分子溶液两种。看来实际情况居于这两者之间。

关于金属在其自身熔盐中的溶解，如 Li、Na、K、… 在 LiCl、NaCl、KCl、… 中的熔体结构和 Cd、Hg、Bi、… 在 $CdCl_2$、$HgCl_2$、$BiCl_3$、… 中的熔体结构，在型式上显然不同。后者的阴离子团中存在着八面体"孔穴"，而前者则没有。但是金属在其自身熔盐中溶解一般都存在着原子分散状态和形成低价化合物已被实验所证实[89]。从能量的角度来看，它们之间是有共性的，因而从宏观上可以用同一平衡来概括：

$$M_u X_w + v M \Longleftrightarrow M_{u+v} X_w$$

（2）对于阳离子规则所反映的物理本质，可作如下定性说明：实验证明，熔盐中溶入金属后电导大大增加。这是由于出现了电子导电所致[27]。或者说，体系具有了部分金属性。对于具有两种以上正离子而且有金属溶入的体系,可以看作具有合金的部分特性。当以盐的形式向体系加入第二种金属原子时,由于正离子和溶入原子之间的电子交换,相对于原体系将发生增加或减少电子浓度的变化。较负性金属离子的加入将增加体系的电子浓度;较正性金属离子的加入将减少体系的电子浓度。而休谟-饶塞里(Hume-Rothery)定律指出,导电电子的动能对于体系内能的贡献总是正的。因而当导电电子超过一定浓度后,必须改变体系的结构以使总能量降低。类似的,对于金属-熔盐体系,当导电电子超过一定浓度以后将使体系不稳定。为使体系能量降低,就必须析出溶入的金属以降低电子浓度,这相应于金属溶解度的减小。可见,阳离子规则指出:当向一定的金属-熔盐体系添加另一种盐类时,所添加金属离子的电负性如比原体系阳离子的平均电负性小,则会造成体系电子浓度的增加,使体系变得不稳,而已溶金属的析出则会降低体系的电子浓度,直至达到新的稳定平衡;当向体系加入电负性较大的金属离子,则情况正好相反,会引起金属溶解度的增加。

(3) 尽管金属在熔盐中的溶解是个极其复杂的过程,诸如原子、离子的半径、质量、外电子层的结构、金属的原子化能以及熔体中离子和原子的空间排布型式、缔合集团、络离子的形成和分解、低价化合物的稳定性等,对金属的溶解都具有一定影响。但是,所有这些因素最终都将表现为对体系能量的影响。我们正是从能量的角度对过程作最一般的考察。尽管讨论是粗略的,但所得结论的总趋向,在一定条件下无疑是正确的。

参 考 文 献

1 杨频,高孝恢. 性能-结构-化学键. 北京:高等教育出版社,1987

2 高孝恢,陈天朗. 科学通报,1980,25:354

3 Bellugue J,Dandel R. Rev. Scient. Instrum. ,1946,81:541

4 张正斌. 化学通报,1966(1):9

5 Hooydonk G. Z. Naturforsch,1976,319:828

6 Myers R. J. Chem. Educ. ,1980,56:711

7 杨频. 科学通报,1979,24(6):261;Кухтин В А,Лудвик А Н. усл. ХЧМИ. ,1959,28:96

8 杨频. 山西大学学报(自然科学版),1980,2:1

9 黄昆. 固体物理. 北京:人民教育出版社,1977

10 Hooge F. Z. Physik Chem. ,1960,(Neue Folge)24:275

11 蒋明谦,戴萃辰. 化学学报,1962,28:275

12 Chen E et al. J. Chem. Phys. ,1977:2642

13 Nethercot A. Phys. Rev. Lett. ,1974,33:1088

14 Parr R,Bortolott L. J. Amer. Chem. Soc. ,1982,104:3801

15 Phillips J. Boords and Band in Semiconductor. Academic Press Inc. ,1973

16 杨频,罗遵度. 低温物理,1981,2:331

17　Miedema A. J. Less Common,Met. ,1976,46:67

18　蒋明谦,戴萃辰.诱导效应指数.北京:科学出版社,1963

19　谢希德,方俊鑫.固体物理学.上海:上海科学技术出版社,1961

20　陈念贻.键参数函数及其应用.北京:科学出版社,1976

21　Lichtenthaler F W. Chem. Rev. ,1961,61:607

22　Alonso J et al. Phys. Rev. ,1979,B19:3889

23　Gelatt C et al. Phys. Rev. ,1974,B10:398

24　温元凯.原子参数和键参数分析.合肥:安徽科技出版社,1979

25　Поваренных А С. Твердость Минераюв,Изд. АН СССР,1963

26　Lichtenthaler F W. Chem. Rev. ,1961,61:607

27　Ramirez,F,Desai N B. J. Am. Chem. Soc. ,1963,85:3252;3465

28　Mooser E,Pearson M B. Acta Cryst. ,1959,12:1015

29　Бацанов С С. Ж. Струк. Х. 1964,5(6):627

30　Ормонт,Б. Ф. ДАН СССР,1959,124:129

31　Райс О К. Электронное строение и химическая связь. Москва:Изд. Иностр. Литер. 1949, 323～325

32　唐有祺.结晶化学.北京:高等教育出版社,1957

33　Beck P A. Electronic Structure and Alloy Chemistry of the Transition Elements. New York:Interscience, 1963

34　杨频.科学通报,1976,21:136;1976,21:490

35　Pauling L. The Nature of the Chemical Bond. 3rd ed. Ithaca, N. Y. Cornell University Press,1960;唐有祺. 结晶化学. 北京:高等教育出版社,1957

36　杨频. 化学通报,1974,2:105 山西大学学报,1980,2:1

37　Wells A F. Structural Inorganic Chemistry. 3rd. Oxford:Oxford University Press,1962

38　桐山良一.构造无机化学. 1953

39　Landolt H H,Bornstein R H. Landolt Bornstein Zahlenwerte und Funktionen aus Naturwissenschaften und Technik,Neue Serie,Gruppe III,Bd. 4,Berlin:Springer,1970

40　杨频.科学通报,1980,25(数理化专辑):275

41　唐有祺.结晶化学.北京:高等教育出版社,1957

42　结晶工学编集委员会编.结晶工学.共立出版株式会社,1971

43　Blasse G. J. Inorg. Nucl. Chem. ,1968,30:658

44　Бацанов С. С. ЖФХ,1956,30:2640

45　Бацанов С С. 结构的折光测定法.胡宏文等译.北京:科学出版社,1962

46　杨频. 化学通报,1974(2):105;山西大学学报(自然科学版),1980,2:1;1981(4):40(a);Yang P,Luo Z D. Chin. Phys. ,1981,1(3):712

47　Pauling L. Proc. Roy. Soc. ,1927,A114:196

48　Kordes E. Natur wissensch,1939,27:30;Z. Phy. Chem. ,1939,B44:249,327;1940,B48:91

49　Haase M. Z. Krist. ,1927,65:509

50　Samuel R. J. Chem. Phys. ,1944,12:167

51　Tessman J et al. Phys. Rev. ,1953,92:890

52　Vijh A K. J. Phys. Chem. Solids,1969,30:1999;J. Electrochem. Soc. ,1970,117:173;J. Metals Science, 1970,5:379

53 (a) Goodman C H L. J. Electronics,1955,1:115;

 (b) Moss T S. Optical Properties of Semiconductors. 1959;Photoconductivity in the elemenes. 1952

54 (a) Vijh A K. J. Phys. Chem. Solids,1968,29:2233;

 (b) Manca P. J. Phys. Chem. Solids,1961,20:268

 (c) Ормонт Б. Ф. ДАН СССР,1959,124:129

55 Pearson W B. Can. J. Chem. ,1959,37:1191

56 Suchet J P. Chimie Physique des Semiconducteurs. Paris :Dunod,1962

57 Bube R H. Photoconductivity of Solids. Wiley,New York,1960

58 (a) Neuberger M. III-V Semiconducting Compounds,IFI/Plenum,New York Washington-London,1971;

 (b) Hannay N B. Semiconductors,1959;

 (c) Smith R A. Semiconductors,1959;

 (d) 半导体手册. 第二编. 材料,北京:科学出版社,1970;

 (e) 黄昆,谢希德. 半导体物理. 北京:科学出版社,1958

59 Жузе В. П. ЖТФ,1955,25:2079

60 Strehlow W H,Cook E L. J. Physical and Chemical Reference date,1973,2:163;

Landolt-Bornstein Numerical Data Functional Relationships in Science and Technology, New Series

Group III,vol. 4,New York,1970

61 Scalapino D J. Superconductivity(Ed. Parks),1969,1:500;Kirkwood J G. Phys. Z. ,1931,33:57

62 Dew-Hughes D,Rivlin V G. Nature,1974,250:723

63 Dew-Hughes D. Cryogenics,1975,15:435

64 刘振兴. 科学通报,1980,2:60

65 Matthias B T. Progress in Low Temperature physics. Vol. II. New York:Interscience,1957

66 Geller S. Appl. Phys. ,1975,7:321

67 Miedema A R. J. Phys. F. ,1974,4:1;1976,6:1535

68 陶瑞宝,A-15 超导体 T_c 的可能上限(1977 年北京 A-15 超导材料讨论会资料)

69 Geller S. Acta Cryst. ,1956,9:885

70 杨频. 科学通报,1976,21:136;1976(10/11):490;化学通报,1982(4):19

71 鲍林. 化学键的本质. 卢嘉锡等译. 上海:上学科学技术出版社,1966,393

72 Ed. Douglass D H. Superconductivity in d-and f-band Metals. New York:Plenum Press,1976

73 Mattias B T. Phys. Rev. ,1953,92:874;1955,97:74;Phys. Today,1971,24(8):23

74 杨频. 分子中的电荷分布和物性规律. 太原:山西高校联合出版社,1992;杨频,刘兵. 全国超导学术会议
论文集,1988,185

75 Bednorz J G,Muller K A. Z. Phys. ,1986,B64:189

76 Uchida S,Takgi H,Kitazawa K,Tanaka S. Jpn. J. Appl. Phys. ,1987,26:L₁;(a)Cava KJ et al. Phys.
Rev. Lett. ,1978,58:408

77 Дорфман Я Г. Диамагнетизм и химическая связь. Москва:Государст,Изд. ,Физико-Математич. Литер. ,
1961

78 Kirkwood J G. Phys. Z. ,1931,33:57

79 Slater J,Kirkwood J G. Phys. Rev. ,1933,37:682

80 杨频. 科学通报,1980,25(数理化专辑):275;化学通报,1982(4):19

81 Slater J C. Phys. Rev. ,1928,32:349;1930,36:57

82　Brindley G W. Phil. Mag. ,1931,11:786

83　Selwood P W. Magnetochemistry,2nd ed. Interscience publishers,Inc,N. Y. ,1956

84　Kordes E. Natur wissensch. ,1939,27:30;Z. Phys. Chem. ,1939,B44:249;327;1940,B48:91;Z. Krist. ,
　　1944,105:337

85　Soonawala M F. J. Pure Appl. Phys. ,1973,11:217

86　Klemm W. Z. Anorf. u. Allgem. Chem. ,1940,244:377;1941,246:347

87　Myers W R. Revs. Modern Physics,1952,24:15

88　Дорфман Я. Г. ЖЭТФ,35,Выи. 1958,2(8):533

89　沈时英,胡方华编译. 盐熔电化学理论基础. 北京:中国工业出版社,1965,(a)287;(b)289

90　Букун Н. Г. и Др. ,Труты всесоюзного совещания по физ. хими расп солей и шлаков(22-25, Ноября,
　　1960Г.)200～201

第8章 分子结构参量的近代发展

在诸多分子结构参量中,电负性是应用最广的一个,数十年来,已经成为化学科学中的重要概念之一。随着量子化学的发展,有关电负性的理论和应用都取得了不少成就,在国外也是一个重新引起兴趣的课题。它在解释化学现象、总结物性规律方面仍在发挥作用。本章重点介绍电负性的近代发展,兼及分子的电荷分布、化学势、能量以及化学硬软度等表征的近代发展。

8.1 电负性概念的新发展

电负性概念已经发展有原子、原子轨道、基团或分子、分子轨道电负性、原子-键电负性、广义电负性以及相应的电负性均衡原理等。在研究这个问题的方法上,纯经验法已大为减少,半经验法更多地被采用。近年来,非经验的浮动球 Gaussian 轨道 *ab initio* 法、SCF-Xα 法、密度泛函理论法,以及非经验的静电法等,都被用来研究电负性问题,使它具有了更深刻、更可靠的理论基础。

8.1.1 原子电负性

Pauling[1]在研究键能变化规律时发现,异核键能 $D(A—B)$ 有一类具有平均加和性 $D(A—B) = \frac{1}{2}[D(A—A) + D(B—B)]$;另一类则明显地大于这个规则所算出之值

$$D(A—B) = \frac{1}{2}[D(A—A) + D(B—B)] + \Delta \tag{8.1.1}$$

Pauling 认为 Δ 是因 A、B 两原子在分子 A—B 中吸引电子能力不同引起的并有以下关系:

$$\Delta = 23(\chi_A - \chi_B)^2 \tag{8.1.2}$$

式中,χ 称为 A 或 B 原子的电负性,具有该原子在分子中吸引电子能力的意义。

由于利用 χ 值可以合理地说明键长、键能、键偶极矩、键型过渡以及其他一系列结构与性能规律,人们对它很感兴趣。所以早在 20 世纪 60 年代之前有关电负性的应用已有相当大的发展。但是在电负性的理论基础方面,除 Mulliken 由理论分析[2]而提出的新的电负性标之外,大多数是用某些原子特征参数表示电负性的经验公式。其中较广泛被采用的如 Allred[3]等人的公式。

1961 年高孝恢用半经验的方法定义电负性为原子的平均有效势[4]

$$\chi = \frac{1}{N} \sum_i \int \psi_i^* \frac{Z_i^*}{r} \psi_i \mathrm{d}r = \frac{1}{N} \sum_i \left(\frac{Z^*}{n^*}\right)_i^2 \tag{8.1.3}$$

式中，Z^* 及 n^* 分别为有效核电荷及有效主量子数，求和是对参加成键的原子轨道进行。这个式子揭示出，原子的电负性与该原子参加成键的 Slater 轨道衰减指数（简称轨道指数）有关。Szoke[5] 等人后来指出，不仅 Slater 轨道指数与电负性成比例，而且由自洽场法求得的 Gaussian 轨道指数也与电负性存在类似的关系，因此可以认为原子轨道指数反映该轨道吸引电子的能力。

对于原子的各级电离态的能量，有一个准确性较高的经验公式

$$E(N) = aN + bN^2 + cN^3 + dN^4 \tag{8.1.4}$$

式中，N 为原子的形式电荷，a、b、c、d 为经验常数。Iczkowski[6] 等人由 $E(N)$ 对 N 的导数定义电负性

$$\left(\frac{\mathrm{d}E}{\mathrm{d}N}\right)_{N=n} = \chi \tag{8.1.5}$$

他们证明这种表示电负性的方法与 Mulliken 电负性标是一致的。由于在这里把原子上的形式电荷看作一个连续可变函数，所以它能反映分子中的原子电荷迁移的非整数性，并且隐含了电负性是能量的密度泛函变化率的深刻性质。

根据 Hohenberg[7] 等提出的密度泛函定理，多电子体系基态能量 E 是电子密度 ρ 的泛函 $E = E[\rho]$，当 ρ 满足归一化条件时，E 对 ρ 的限制变分给出

$$\mu = \frac{\delta E[\rho]}{\delta \rho[\rho]} \tag{8.1.6}$$

式中，μ 是体系电子的化学势。Parr[8] 等指出，μ 的负值即表征原子的电负性。他们还论证了分子或原子簇中原子间电荷的迁移，根源在于化学位之差。并由此推论定态分子中原子吸引电子的能力相等，即电负性均等。

有趣的是 Simons[9] 等人首次非经验地计算了原子电负性。他们认为，若 A 与 B 原子之间形成一个极性单键，可以表示为 A···X···B，其中 X 是键轨的中心。定义一个轨道乘子 f_{AB}

$$f_{AB} = R_A/(R_A + R_B) \tag{8.1.7}$$

式中，R_A 及 R_B 分别是 A、B 原子至 X 的距离。$f_{AB} < 0.5$ 则原子 A 吸引电子的能力大于 B，$f_{AB} > 0.5$ 表示相反的情况。换句话说，以 f_{AB} 偏离 0.5 而度量电子在键轨道中的迁移，即表示 A、B 原子的电负性差，所以有

$$\chi_B - \chi_A = K(f_{AB} - 0.5) \tag{8.1.8}$$

已知某元素 C 是电负性 X_C，则可消去常数 K

$$(\chi_B - \chi_A)/(\chi_B - \chi_C) = (f_{AB} - 0.5)/(f_{BC} - 0.5) \tag{8.1.9}$$

根据 Frost[10] 提出的模型，轨道乘子 f_{AB} 用浮动球 Gaussian 轨道 *ab initio* 法计算。

当选定两个元素的电负性为已知,则其他元素的电负性都可以算得。

我们[11]在双原子三中心键合模型基础上,得到键电荷偏离中心所引起体系的能、力、距的变化而表示电负性,反映了键合原子间相互影响对电负性的贡献。用这套电负性,能够归纳许多结构与性能的关系。其他讨论原子电负性概念的工作还很多,不赘述。

值得指出的是,虽然表示原子电负性的理论基础很不一致,但是用不同方法计算的值,除某些过渡金属、贵金属有明显差别之外,其他元素都很一致。具体见Boyed[12]等人用非经验静电模型计算与其他人得到的值对比表。

8.1.2　键轨道与原子轨道电负性

以上都是把电负性视为原子的总体行为,未强调同一原子以不同轨道成键时吸引电子能力的差别。鉴于同一元素在不同化合物中可能使用不同轨道,其电负性应该不同,因此,Mulliken[2]早就从理论分析得到原子价键态轨道电负性

$$\chi = \frac{IP_V + EA_V}{2} \tag{8.1.10}$$

其中,IP_V 及 EA_V 分别是价态的电离势及电子亲和能,不同价态轨道有不同的 IP_V 及 EA_V 值,从而使同一原子以不同价键成键时,具有不同的电负性值,例如

$$C^-(te^5) \xleftarrow[te\sigma]{EA_V = 1.34} C(te^4) \xrightarrow[te\sigma]{IP_V = 14.61} C^+(te^3) \quad \chi_{te\sigma} = 7.98$$

$$C^-(tr^3\pi^2) \xleftarrow[tr\pi]{EA_V = 0.03} C(tr^3\pi^1) \xrightarrow[tr\pi]{IP = 11.16} C^+(tr^3\pi^0) \quad \chi_{tr\pi} = 5.60$$

其中符号意义是:$C^-(tr^3\pi^2)$ 表示三角杂化的 σ 键轨占有 3 个电子,π 键轨有 2 个电子的碳负离子。teσ 表示四面体状态的键轨。

价键态原子可以看作分离至无穷远时分子中的原子,所以 Mulliken 电负性较好地反映了在分子中原子吸引电子的能力。但是,由于价态电子亲和能及电离势不易求得,长期没有建立这种电负性完整系统,使其应用受到限制。后来 Hinze[13]等从光谱参数解决了这个问题,为这种电负性的应用创造了条件。

高孝恢[14]指出任意原子 A 在分子 AB 中吸引电子的能力应由电负性函数 $x_A(\zeta_A, \zeta_B, R)$ 表示

$$x_A(\zeta_A, \zeta_B, R) = -I_A - 2J_A(\zeta_A, \zeta_B, R) - K_A(\zeta_A, \zeta_B, R) + L(\zeta_A, \zeta_B, R)$$

$$\tag{8.1.11}$$

其中符号的意义见原文。当键合原子分离至无穷远时,由式(8.1.11)可得到价键态电负性

$$\chi_A = a\langle V\rangle_s + \beta\langle V\rangle_p + \gamma\langle V\rangle_d + \delta\langle V\rangle_f \tag{8.1.12}$$

a、β、γ、δ 分别是价键轨道中不同原子轨道 l 的成分。$\langle V\rangle_i$ 是原子价层 i 轨道的平

均势,表示单一原子轨道电负性

$$\chi_1 = \langle V \rangle_1 = \int \psi * V \psi \, \mathrm{d}r \qquad (8.1.13)$$

由式(8.1.11)、式(8.1.12)可见,电负性函数、键轨电负性和原子轨道电负性之间的关系是后者渐次为前者的特殊情形。

最近 Ponec[15]在 CNDO 近似的能量新的划分方案下,提出了计算价态原子轨道电负性方法。

8.1.3　基团或分子的电负性

提出基团电负性概念的基础是由于在许多复杂的分子中,一些基团的作用相当于一个原子的行为,采用基团电负性概念,有利于将它应用于更复杂的体系。

Mcadaniel[16]等人从热化学循环半经验地得到酸根基团的电负性 χ_L,电离常数 pK_a 及氧化电位 E^o 之间满足如下关系:

$$0.059 pK_a - E^o = (\chi_L - \chi_H)^2 \qquad (8.1.14)$$

式中,χ_H 表示氢原子的电负性。该式的理论基础较好,以它算出的基团电负性值比较可靠。由广义酸碱理论可知,该式原则上可以适用于所有加和反应中的分子或基团。不足的是该式中用了两个实验常数,有些基团缺乏这些数据。

Huheey[17]认为,基团的电负性由具有自由价的中心原子表现出来,根据Iezkowski[6]对电负性表示,由中心原子能量随形式电荷 N 的变化率可以求得基团的电负性。

Younkin[18]等人指出,实验证明共轭有机体系的电子亲和能与分子的最低空轨道的能级 ε_{LUMO} 相关。

$$EA = - \varepsilon_{LUMO} - \delta \qquad (8.1.15)$$

其中 δ 为改组能。最高占据轨道的电离能 IP 类似于上式,所以根据 Mulliken 对电负性的表示,可以由前线轨道能量平均值来计算共轭分子的电负性。

8.1.4　分子轨道电负性

设 E_{xa} 是用 SCF-Xα 方法求得体系的总能量,n_i 是 i 轨道占领数。Johnson[19]由该轨道能量 ε_i 的负值,定义分子轨道电负性为

$$\chi = - \varepsilon_i = \frac{\partial E_{xa}}{\partial n_i} \qquad (8.1.16)$$

这个公式在原则上可以计算任何分子或原子簇的轨道电负性。由于式(8.1.16)是在 1/2 个电子过渡的情况下得到的,所以这种表示电负性的方法适于讨论化学反应动力学中的问题。

Klopman[20]用微扰分子轨道方法,讨论溶液中的化学反应,得到一些酸碱软

硬度 E^*。就其实质而言，E^* 就是酸碱类的分子轨道电负性。

8.1.5 电负性均衡原理的新论证

若原子 A 的电负性大于 B，当 A、B 两原子沿反应坐标接近至发生相互作用时，则 B 将有部分电荷向 A 迁移，使 A 的有效核电荷减小，降低它的电负性；相反，B 原子由于失去部分电荷而增加其有效核电荷，升高它的电负性。这一过程进行到稳定平衡态分子时，原子吸引电子的能力应该相等，这就是 Sanderson[21] 提出的电负性均衡原理。

这条原理的重要性在于它指出了键电荷迁移的动力、方向及迁移的速度，有利于了解键合过程中的机制，并为用电负性定量地处理问题提供了条件。不少人为该原理作过证明，我们仅在这里介绍两个最简明的论证。

Politzer[22] 等认为，双原子分子的能量 E 可以表示为每个原子的电子电荷 N_A、N_B，核电荷 Z_A、Z_B 及核间距 R 的函数 $E = E(N_A, N_B, Z_A, Z_B, R)$ 由于 Z_A 及 Z_B 不变，那么有

$$dE = \left(\frac{\partial E}{\partial N_A}\right)_{R, N_B} dN_A + \left(\frac{\partial E}{\partial N_B}\right)_{R, N_A} dN_B + \left(\frac{\partial E}{\partial R}\right)_{N_A, N_B} dR \quad (8.1.17)$$

考虑在平衡距离时，基态分子有 $dE = 0$，而电荷变化量有 $dN_A = -dN_B = dN$，故式(8.1.17)化为

$$\chi_B = \left(\frac{\partial E}{\partial N_B}\right)_{R, N_A} = \left(\frac{\partial E}{\partial N_A}\right)_{R, N_B} = \chi_A \quad (8.1.18)$$

这就证明了双原子分子的电负性是相等的，这个结果可以推广到多原子分子中去。

最近 Parr[23] 等又用演绎法证明了电负性均衡的几何平均原理。即由 A、B、C…n 个原子形成的分子或原子簇，其中每个原子的电负性为

$$\chi_A = \chi_B = \chi_C = \cdots = (\chi_A^0 \chi_B^0 \chi_C^0 \cdots)^{\frac{1}{n}} = \chi_{ABC} \cdots \quad (8.1.19)$$

式中，χ_A 及 χ_A^0 分别为在分子 A B C…中 A 原子和孤立态 A 原子的电负性，χ_{ABC} 是分子 A B C…的电负性。由于电负性均衡所产生的稳定化能有如下关系

$$\Delta E \approx (\chi_A^0 - \chi_B^0)\Delta N - 1.08(\chi_A^0 - \chi_B^0)(\Delta N)^2 \quad (8.1.20)$$

对于微小的电荷迁移 ΔN，只需保留 ΔN 的一次方项。

8.2 密度泛函理论(DFT)-电负性均衡的 EEM 和 MEEM 法

8.2.1 引论

前已指出，密度泛函理论的基本定理是 Hohenberg-Kohn 定理[24]。这个定理

表明,描写一个电子体系(原子、分子、固体等)的电子状态,可以用体系的电子密度作为基本变量,它决定体系的所有其他性质,体系电子基态能量 E 表示为电子密度 $\rho(r)$ 的泛函 $E[\rho(r)]$,即

$$E[\rho] = T[\rho] + V_{ee}[\rho] + V_{ne}[\rho] + V_{nn} \tag{8.2.1}$$

式中,右端各项分别为动能泛函、电子与电子相互作用泛函、原子核与电子相互作用泛函以及原子核与原子核相互作用能,可以更具体地写为

$$E[\rho] = T[\rho] + \frac{1}{2}\int\frac{\rho(r)\rho(r')}{|r-r'|}\mathrm{d}r\mathrm{d}r' + \int V(r)\rho(r)\,\mathrm{d}r + E_{XC}[\rho] + \sum_{a<b}\frac{Z_a Z_b}{R_{ab}}$$

$$\tag{8.2.2}$$

式中,$E_{XC}[\rho]$ 为特殊引进的体系的电子交换和相关校正能泛函,$V(r)$ 代表电子所受到的原子核势场,Z_a 和 Z_b 为原子核 a 和 b 的核电荷,R_{ab} 为这两个原子核间的距离。电子密度 $\rho(r)$ 只是电子坐标 r 的函数,在空间上仅是三维的。而通常量子理论描写体系的电子状态波函数是体系所有电子坐标的函数,是 3^N 维的,这里 N 为体系的电子数目。因此,密度泛函理论处理体系的维数大大小于通常的量子化学理论,使计算工作量大大降低。

为了简化计算,Kohn 和 Sham 引入轨道概念,建立了 Kohn-Sham 方程,为密度泛函理论的具体应用开辟了具体道路[25]。电子密度 ρ 的积分等于体系的总电子数 N

$$\int\rho(r)\mathrm{d}r = N \tag{8.2.3}$$

按照 Hohenberg-Kohn 定理,基态单电子密度 $\rho(r)$ 使能量泛函 $E[\rho]$ 到达稳定点。即若有任意尝试电子密度 $\rho'(r)$ 满足 $\rho'(r)\geqslant 0$ 和 $\int\rho'(r)\,\mathrm{d}r = N$,则由这个密度导致的能量 $E[\rho']$ 将必定大于或等于 $E[\rho]$

$$E[\rho'] \geqslant E[\rho] \tag{8.2.4}$$

要求式(8.2.4)在式(8.2.3)的限制条件下成立,使 $E[\rho]$ 为极小,按变分原理得到如下的方程

$$\delta\left\{E[\rho] - \mu\left[\int\rho(r)\mathrm{d}r - N\right]\right\} = 0 \tag{8.2.5}$$

式中,δ 表示后面大括号中的泛函对 $\rho(r)$ 的变分,即 $\rho(r)$ 有一个微小变化 $\delta\rho(r)$ 时泛函随着发生的变化,μ 为 Lagrange 乘因子。式(8.2.5)给出能量泛函 $E[\rho]$ 在限制性条件下有极小的必要条件,即 Euler-Lagrange 方程

$$\mu = \frac{\delta E[\rho]}{\delta\rho(r)} = \frac{\partial E}{\partial N} \tag{8.2.6}$$

式中,右端表示泛函 $E[\rho]$ 对自变量 $\rho(r)$ 的泛函微商。式(8.2.6)物理量 μ 是 Parr 等引进的,称之为体系的化学势,并确认它的负值为体系的电负性,是电负性的精

密量子化学定义,人们对它进行了深入的讨论和广泛的应用[26,27]。Parr 还证明,如果把能量看作是电子数 N 和体系原子核所形成的势的函数,化学势也等于能量 E 对电子数 N 的偏微商,亦给出在式(8.2.6)中。

在两个或多个原子(或其他组合基团)结合在一起形成分子时,体系中各部分的电负性差导致电子从电负性低区域流向电负性高区域(即从电子化学势高区流向化学势低区)从而使组成原子或基团调节其电负性而趋于平衡,直至都等于最终分子的电负性,这就是 Sanderson 电负性均衡原理[28~30]。根据这个原理,从不同的观点和路线出发,建立了多种多样的电负性均衡方法[31~46],可以直接快速计算分子中的电荷分布、总能量、反应性指标及其他一些物理量,有相当广泛的应用。

在诸多电负性均衡方法中,Mortier 等人依据密度泛函理论,严谨具体地论述定义了分子整体电负性和分子中的原子电负性,建立和实现了可直接计算分子中原子电负性的电负性均衡方法(EEM)[36,37]。杨忠志等提出和发展了修正的电负性均衡方法(MEEM)[36~40]以及原子与键电负性均衡方法(ABEEM)[41~46],在概念和方法上都有所创新,得到了更好的结果,特别是对于研究有机和生物大分子,有进一步推广和应用的广阔前景。下面将主要以这两个方法为基础进行介绍。

8.2.2　能量表达式与 DFT-电负性[47]

在本节中,我们讨论在电负性均衡方法中所采用的能量表达式,以及由此而定义的分子整体电负性和分子中的原子有效电负性。

密度泛函理论的基本思想是把能量表达成为单电子密度 $\rho(r)$ 的泛函。$\rho(r)$ 虽仅是三维空间坐标的函数,但却是遍布整个空间的,对于大的分子体系,其严格处理和计算仍是困难的。在电负性均衡方法中,把 $\rho(r)$ 划分为各个区域电子密度的加和,每个区域的电子密度积分为这个区域的电子数目,进而把分子能量表达为各区域电子数目的函数,这样就大大地简化了问题和计算,从而可能应用于很大的体系[38,50~52,54~56]。

最简单和直观的方法是把分子区域划分为各个原子区域的加和,把单电子密度 $\rho(r)$ 看作为各个原子区域单电子密度 $\rho_a(r)$ 的加和

$$\rho(r) = \sum_a \rho_a(r) \tag{8.2.7}$$

指标 a 表示各个原子,求和对分子中的所有原子。若分子含有 N 个电子,则有

$$\int \rho(r)\mathrm{d}r = N \tag{8.2.8}$$

即

$$\sum_a \int_{\Omega_a} \rho_a(r)\mathrm{d}r = \sum_a N_a = N \tag{8.2.9}$$

这里 Ω_a 代表原子 a 的空间区域，N_a 为分布在这个空间区域即原子 a 上的电子数。必须指出，各个原子区域 Ω_a 既可以是无重叠的，也可以是有重叠的。对这个模型来说，只要 $\rho_a(r)$ 在区域 Ω_a 上的积分等于这个区域的电子数 N_a，即满足电子数目守恒条件[式(8.2.8)]就可以了。

对分子的电子基态，密度泛函理论指出分子总能量是单电子密度的泛函；而在电负性均衡方法中，分子的总能量是各个原子区域电子数目 N_a 的函数，当然也与核电荷和核间距离有关。Mortier 和杨忠志[36~44]，采用原子区域模型和变量分离，总能量表述为两部分的加和

$$E = E(N_a, N_b, \cdots, Z_a, Z_b, \cdots, R_{ab}, \cdots) = \sum_a (E_a^{\text{intra}} + E_a^{\text{inter}}) \quad (8.2.10)$$

式中，Z_a 和 Z_b 分别为原子 a 和原子 b 的核电荷，R_{ab} 为原子 a 和 b 的间距，E_a^{inter} 为 a 原子区域内自身的能量，而 E_a^{intra} 为 a 原子与其他原子相互作用的能量（分配到 a 原子上的）。

在分子基态平衡几何构型下，对能量项 E_a^{intra} 和 E_a^{inter} 作 Taylor 展开，保留到关于 N_a 和 Z_a 的二次项，得到能量的表达式

$$E = \sum_a \left[E_a^0 + (\partial E_a / \partial N_a)_{N_a^0} (N_a - N_a^0) + (1/2)(\partial^2 E_a / \partial N_a^2)_{N_a^0} (N_a - N_a^0)^2 \right.$$
$$\left. + k \sum_{b \neq a} (-N_a Z_b / R_{ab} + N_a N_b / 2R_{ab} + Z_a Z_b / 2R_{ab}) \right] \quad (8.2.11)$$

式中，$E_a^0 = E_a(N_a^0)$ 是展开初项，表示原子 a 在分子成键价态下的内在能量，$(\partial E_a / \partial N_a)_{N_a^0}$ 和 $(1/2)(\partial^2 E_a / \partial N_a^2)_{N_a^0}$ 分别表示原子的电负性和硬度的价态标度，k 是引进的调协因子（参见文献[58]），用于调整各原子间相互作用能项的敏感性和修正展开余项所引起的误差。实际计算表明，调协因子 k 对于提高精度具有重要意义。在 Mortier 的电负性均衡方法（EEM）中 $k=1$；而在杨忠志的修正的电负性均衡方法（MEEM）中，k 取为 0.57。

为计算和讨论方便，在式(8.2.11)中，令

$$E_a^* = E_a^0 \quad (8.2.12)$$

$$x_a^* = -\left(\frac{\partial E_a}{\partial N_a} \right)_{N_a^0} \quad (8.2.13)$$

$$\eta_a^* = \frac{1}{2} \left(\frac{\partial^2 E_a}{\partial N_a^2} \right)_{N_a^0} \quad (8.2.14)$$

原子区域 a 的电荷定义为

$$q_a = Z_a - N_a = N_a^0 - N_a$$

则能量公式(8.2.11)可表示为

$$E = \sum_a (E_a^* + x_a^* q_a + \eta_a^* q_a^2) + k \sum_a \sum_{b \neq a} \frac{1}{2R_{ab}} (q_a Z_b - q_b Z_a + q_a q_b)$$

在第二项中，$q_a Z_b$ 和 $-q_b Z_a$ 在求和时抵消，上式就简化为

$$E = \sum_a (E_a^* + x_a^* q_a + \eta_a^* q_a^2) + \frac{k}{2} \sum_a \sum_{b \neq a} \frac{q_a q_b}{R_{ab}} \qquad (8.2.15)$$

式中，E_a^*、x_a^*、η_a^* 为 a 原子的价态参数，由 a 原子在分子中所处的价态环境所决定，分别称为 a 原子在该价态下的能量、电负性和硬度；q_a 和 q_b 分别为分布于 a 和 b 原子上的电荷，包括了原子核和电子，R_{ab} 为 a 和 b 两原子间的距离。

能量表达式(8.2.15)可以直观地做如下理解：第一个求和中的小括号代表 a 原子对总能量的贡献，求和表示所有原子的贡献。a 原子带有部分电荷 q_a，$x_a^* q_a + \eta_a^* q_a^2$ 代表与这个部分电荷有关的能量贡献。E_a^* 为在分子条件下控制 a 原子上的电荷 $q_a = 0$ 时 a 原子的能量；而第二个求和代表各原子间的相互作用，k 为校正因子。

依据密度泛函理论中 Parr 对电负性的理解，从式(8.2.15)出发，可以定义在一个分子中 a 原子的有效电负性为

$$x_a = \left(\frac{\partial E}{\partial q_a} \right)_{q_b, \cdots, R_{ab}, \cdots} = x_a^* + 2\eta_a^* q_a + k \sum_{b \neq a} \frac{q_b}{R_{ab}} \qquad (8.2.16)$$

式中，求 E 对 q_a 的偏微商时保持其他原子上的电荷 q_b 和所有核间距 R_{ab} 不变。由式(8.2.16)可以看出，a 原子的有效电负性由三部分组成：其一为该原子的价态电负性 x_a^*，二为它带有部分电荷 q_a 所引起的电负性的改变，第三项为所有其他原子带有电荷对 a 原子电负性的贡献。

8.2.3 双原子分子的 DFT-电负性均衡

对于异核双原子分子 AB，按照公式(8.2.16)，若略去其中的第三项（由于 $q_A = -q_B$，可以把其合并于第二项），则两个原子的有效电负性分别表达为

$$x_A = x_A^* + 2\eta_A^* q_A \qquad (8.2.17)$$
$$x_B = x_B^* + 2\eta_B^* q_B \qquad (8.2.18)$$

按电负性均衡原理[48,49]，当两个原子 A 和 B 形成分子 AB 时，由于电荷的转移，最后两个原子上的有效电负性达到均衡，即

$$x_A = x_B \qquad (8.2.19)$$

注意到分子 AB 是中性的，则有电荷守恒条件：$q_A + q_B = 0$。考虑到这个条件，把式(8.2.17)和式(8.2.18)代入式(8.2.19)，得到 q_A 的表达式

$$-q_A = \frac{x_A^* - x_B^*}{2(\eta_A^* + \eta_B^*)} \qquad (8.2.20)$$

由于 $q_A = Z_A - N_A$，Z_A 和 N_A 分别为 A 原子的核电荷和分布在 A 原子上的电子数，则 $(-q_A)$ 代表从 B 原子转移到 A 原子上的电子数目，它正比于 A 原子和 B 原子的电负性差 $x_A^* - x_B^*$，而反比于两原子硬度的和 $(\eta_A^* + \eta_B^*)$ 这给予我们对电负性

和硬度的一种理解:电负性差驱动着电子从电负性低的原子向电负性高的原子流动,而两个原子的硬度则对抗这种移动。

在分子 AB 中,两原子的有效电负性达到均衡,即等于分子的整体电负性 x_{AB}。把式(8.2.20)代入式(8.2.17)或式(8.2.18)整理得到

$$x_{AB} = x_A = x_B = x_A^* - \frac{2\eta_A^*(x_A^* - x_B^*)}{2(\eta_A^* + \eta_B^*)} = \frac{\eta_B^* x_A^* + \eta_A^* x_B^*}{\eta_A^* + \eta_B^*} \qquad (8.2.21)$$

若将所有原子其硬度和电负性的比值视为同一个常数 γ,即

$$\eta_A^*/x_A^* = \eta_B^*/x_B^* = \gamma \qquad (8.2.22)$$

代入式(8.2.21)就得到

$$x_{AB} = 2\frac{x_A^* x_B^*}{x_A^* + x_B^*} = 2\left(\frac{1}{x_A^*} + \frac{1}{x_B^*}\right)^{-1} \qquad (8.2.23)$$

这意味着分子电负性 x_{AB} 是其组成原子 A 和 B 的电负性的调和平均,因子 2 是原子的个数。虽然式(8.2.22)不易被精确满足,此式仍被推广到多原子分子,并进行了应用[60]。

8.2.4　多原子分子中的 DFT-电负性均衡

公式(8.2.16)给出了在多原子分子中一个原子的有效电负性。电负性均衡原理[48,49]认为,在形成分子时,由于各原子间的电子转移和重新分布,调整后的各原子的有效电负性最终达到一致,都等于分子的总体电负性 x

$$x = x_a = x_b = \cdots \qquad (8.2.24)$$

这就是电负性均衡方程。原子的有效电负性 x_a 和 x_b 等均由形为式(8.2.16)的公式表达。若分子含有 M 个原子,式(8.2.24)应有 M 个方程。若分子为中性,则分布于各个原子上电荷的总和应等于零

$$\sum_{a=1}^{M} q_a = 0 \qquad (8.2.25)$$

这就是电荷守恒方程。当体系带有正电或负电时,方程的右边给出体系的总电荷。若分子含有 M 个原子,把电负性均衡方程和电荷守恒方程联立起来,就有 $M+1$ 个方程;把 M 个原子上的电荷 q_a 和分子电负性 x 看作未知数,原子电负性 x_a^* 和硬度 η_a^* 为已知,求解这 $M+1$ 个联立方程就可以得到分子中分布于各个原子上的电荷 q_a 以及分子电负性 x。

8.2.5　DFT-原子电负性与硬度参数

原子的电负性和硬度依赖于它在分子中与周围直接相连原子的键合状况(如键型、键长和键角等)。因此,原子电负性和硬度的价态标度十分重要,且在某些分子中所确定的标度值,可转用到价态环境相同的其他分子上去。

　　选择一系列具有确定几何构型的分子作为模型分子,其原子电荷分布可以用适当的量子化学方法计算。例如,为了计算包含 H、C、N 和 O 的有机或生物大分子中的电荷分布,可选择一系列包含这些原子的小分子作为模型分子(表 8-1),这些分子中的原子电荷分布,采用从头计算 Hartree-Fock 自洽场分子轨道方法,应用 Mulliken 集居数分析进行确定,采用 STO-3G 基组是适合的[49,50,53]。有了这些模型分子的电荷分布,就可以按照在分子中原子有效电负性表达式(8.2.16)的模式,采用最小二乘法确定原子电负性和硬度的价态标度 x^* 和 η^*。具体地说,这些模型分子包含将来所要计算分子中的全部原子类型,把式(8.2.16)改写成典型的线性回归形式

$$y = x - k \sum_{b \neq a} \frac{q_b}{R_{ab}} = x_a^* + 2\eta_a^* q_a \tag{8.2.26}$$

式中,q_a 和 R_{ab} 均为已知。为了简化计算,假设每个分子的电负性 x 可取为分子中原子电负性中性态标度 x_a^0 的调和平均

$$x = M_p \left(\sum_a \frac{1}{x_a^0} \right)^{-1} \tag{8.2.27}$$

这是对双原子分子公式(8.2.23)的推广。其中 M_p 为分子 p 中所含原子的数目,取 x_a^0 为 a 原子的 Pauling 电负性标度。

表 8-1　包含原子 H、C、N 和 O 的已知模型小分子

H_2O	NH_3	CH_3CH_3	CH_3CH_2OH	CH_3NHCH_3
CH_3OH	CH_4	CH_3F	CF_4	CH_2CF_2
CH_3CF_3	CH_3OCH_3	CH_3NH_2	$i\text{-}C_3H_8$	$t\text{-}C_4H_{10}$
$CH_2(OH)CH_3$	$HO\text{-}sec\text{-}C_4H_9$	$HO\text{-}i\text{-}C_3H_7$	$HO\text{-}n\text{-}C_3H_7$	$HO\text{-}t\text{-}C_4H_9$
$HO\text{—}CH_2C(CH_3)_3$	$CH_3CH_3CH_3N$	$CH_3CH_2NH_2$	$H_2NCH_2CH_2NH_2$	CH_2CH_2
CH_2CHCH_3	$HCOC_2H_5$	$CHONH_2$	$H\text{—}O\text{—}N\text{=}O$	$H_2C\text{=}NCH_3$
HO_2CCH_3	$HO_2CC_2H_5$	CH_3CHO	CH_3COCH_3	$C_2H_5CH\text{=}NH$
$HO_2C\text{—}N\text{—}C_3H_7$	$CH_3CH\text{=}N\text{—}CH_3$	$CH_3CH\text{=}NH$	$H_2C\text{=}NH$	$H_2C\text{=}O$
$HC\text{=}OOH$	$HN\text{=}NCH_3(a)$	$HN\text{=}NCH_3(s)$		

　　由于 a 原子可以出现在多个模型分子中,对于其中的一个分子就有一个原子电荷分布 q_a,在回归方程(8.2.26)中,以 q_a 为自变量观测值,y 为因变量观测值,通过线性回归计算,就可以得到 a 原子电负性 x_a^0 和硬度 η_a^* 的标度值。选用表 8-1 中所列的模型分子,对 H、C、N 和 O 原子的几种价态(单键或双键)按式(8.2.26)所作的 y 和 q 的线性回归示出于图 8-1 中,由此所确定的相应电负性和硬度的标定值以及回归相关系数 R 列于表 8-2 中。x^0 为 Pauling 原子电负性标度。

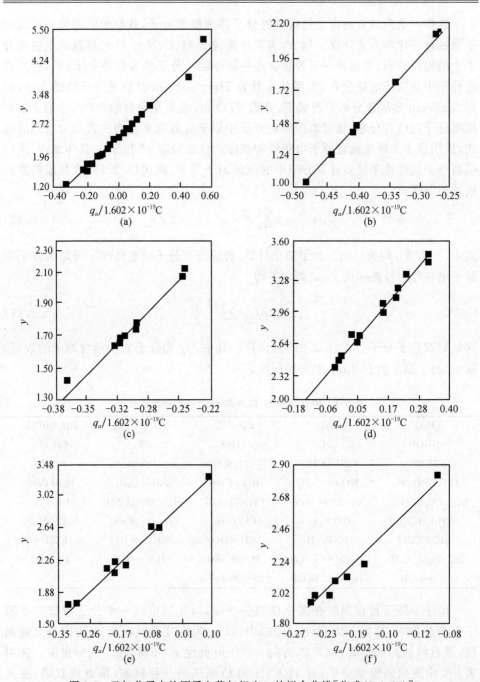

图 8-1　已知分子中的原子电荷与相应 y 的拟合曲线[公式(8.2.26)]

　　一旦确定了这些价态参数,就可以使用电负性均衡方法直接计算大分子中的电荷分布[38,56,59~62]。

表 8-2　H、C、N 和 O 电负性的中性态标度及在分子中的价态标度 x^* 和 η^*

价态标度	H—	C—	N—	O—	C＝	N＝	O＝
x^0	2.20	2.55	3.04	3.44	2.55	3.04	3.44
x^*	2.33	2.56	3.43	3.56	2.49	2.91	3.20
η^*	2.28	1.76	2.49	2.96	1.63	1.94	2.39
R	0.95	0.98	0.99	0.96	0.95	0.96	0.93

8.2.6　大分子中电荷分布的快速计算

　　大分子中的电荷分布，不仅在解释和预测其性质方面有重要应用，而且在当今对大分子体系进行计算机动态模拟过程中，也有重要意义。简捷快速又有较好精度地计算大分子中的电荷分布，是电负性均衡方法的一大优势，各种从头计算或半经验量子化学计算方法，都不能与之相比。

　　应用式(8.2.16)、式(8.2.24)和式(8.2.25)所代表的修正的电负性均衡方法(MEEM)[38,56,59~62]，可以直接求解得到大分子中的电荷分布。例如，对于包含 H、C、N 和 O 的某些大分子，使用表 8-2 所列的电负性和硬度参数，以及选择调协因子 $k = 0.57$（优选结果），以 3 个只含单键的有机分子 $CH_3CH_2CH_2NHCH_3$、$CH_3CH_2CH_2CH_2OH$ 和 $NH_2CH_2CH_2CH_2OH$，3 个包含双键的有机分子 $CH_3CH_2CH＝CHCH_2CH_2OH$、$NH＝CHCH_2CH_2CH_2OH$ 和 $CH_3CH_2C＝OOCH_2CH_2CH_2CH_3$ 为例，给出我们所计算的原子电荷与 *ab initio* STO-3G 电荷的比较，示于图 8-2 中，其中横坐标为 *ab initio* STO-3G 电荷，纵坐标为文献[47]的计算电荷。图中清楚表明，所有原子电荷均分布在对角线附近，不难看出两种电荷吻合得相当好，一些重原子的电荷几乎完全相同。

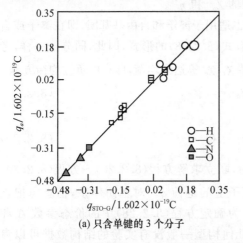

(a) 只含单键的 3 个分子

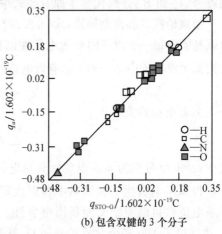

(b) 包含双键的 3 个分子

图 8-2　计算的 6 个大分子的原子电荷与相应 *ab initio* STO-3G 电荷比较

8.2.7　基于 MEEM 法的基团电负性

Pauling 提出原子电负性不久[48]，进而又发展了基团电负性的概念。基团电负性作为描写化学基团吸引电子能力的定量标志，对有机和无机化合物结构和性质的阐明及对其合成的指导，都是极为有用的概念。因此，人们从不同的角度建立了许多基团电负性标度[63a~63i]。在我国，蒋明谦[64a]计算了一些有机基团的诱导效应指数，实际是以氢原子为标准讨论基团电负性；周光耀[64b]根据电负性均衡原理计算了基团电负性；韩长日[64c]运用基团中价层轨道能和有效价电子数概念建立了基团电负性标度。Allen 等[65]从分析键极性指标的角度给出了基团电负性；Geerlings 等[66]运用密度泛函理论由从头计算结果得到了基团电负性、硬度和软度。

虽然基团电负性不能由实验直接测定，但某些实验测定的性质被认为与基团电负性正比例地关联。其中有实验测定的单取代苯中的$^1J_{CC}$耦合常数[67]，单取代乙烯的J_{hh}耦合常数[68]，单取代甲烷和乙烷中 α 碳的^{13}C NMR 化学位移[68]，以及 Taft 的取代常数 σ^* 和 σ_1 等[69]。

按照修正的电负性均衡方法[38,59]，分子中原子有效电负性的表达式为

$$\chi_a = A_a + 2B_a q_a + k \sum_{b \neq a} \frac{q_b}{R_{ab}} \qquad (8.2.28)$$

式中，下标 a、b 代表分子中的各个原子，χ_a 为原子 a 在分子中的有效电负性，q_a、q_b 分别为原子 a、b 上的电荷，R_{ab} 为 a、b 两原子间的距离，A_a 和 B_a 分别为 a 原子在分子中的电负性和硬度的价态标度，k 为调协因子。可以看出，表达式(8.2.28)中右端的第一项与原子的价态有关，第二项代表分布在该原子上部分电荷的贡献，而第三项则为其他原子上分布的电荷对原子 a 的有效电负性的影响。为简便起见，用符号 A_a 和 B_a 分别代替了原有公式中的 χ_a^* 和 η_a^*。

由理论推导和模型知道，式(8.2.28)也适用于离子和自由基基团，即在离子或自由基基团中每一个原子的有效电负性也有式(8.2.28)的形式，因此，同分子一样，考虑到基团或离子中各个原子的有效电负性 χ_a、χ_b 等达到均衡，即有电负性均衡方程

$$\chi_a = \chi_b \cdots = \chi \qquad (8.2.29)$$

另有电荷约束条件

$$\sum_a q_a = Q \qquad (8.2.30)$$

式中，χ 和 Q 分别为体系电负性和总电荷，联立求解方程(8.2.28)~方程(8.2.30)即可得体系电负性 χ 和体系中各组成原子上的电荷 q。对基团体系，杨忠志把该体系电负性自然地定义为基团电负性。为确定方程(8.2.28)中的价态参数 A 和 B，他选择了 100 多个常见的基团 G，其几何构型一般没有实验的结构数据可以参考，并应用从头计算 STO-3G SCF 方法，由 Mulliken 集居数分布确定这些模型基

团中的电荷分布,然后应用回归计算方法,确定各类原子的价态参数 A 和 B。在回归处理中,对于基团中的非自由原子,所用参数与处理中性分子时的参数是完全一样的;而对基团中的自由原子,即基团中心原子则确定和使用另一套参数,这是合理的,因为这个原子处于另一种特殊的价态上,协调常数 k 对分子和基团都确定和采用同一数值。

一旦由这些模型基团确定出这些价态参数,根据它们在环境相同体系(基团或分子)中的可转移性,就可以直接用来简捷快速地计算任一有关基团的电负性和基团中的电荷分布。实践表明,在确定 A, B 值的回归计算中,所选择的模型体系,应能包含要计算的未知基团中的全部原子及其价态类型。因此,除选择一些与未知基团环境相同的模型或(已知)基团外,适当选择一些有关的分子是有益的,会使 A, B 值更接近实际,同时也会使其可转移性更广泛。

表 8-3 列出了一些常见的原子电负性的中性态标度 χ^0 和它们的价态参数 A, B 值(均用 Pauling 单位),这些参数是经选用 200 多个基团和分子,通过回归计算拟合出来的,具有相当的普适性。

表 8-3 原子的价态参数 A 和 B

原 子	χ^0	A	B	原 子	χ^0	A	B
H—	2.2000	2.3292	2.2775	O=	3.4400	3.2015	2.4906
C—	2.5500	2.5642	1.7915	—O—	3.4400	3.1475	3.4886
C=	2.5500	2.4862	1.6303	F—	3.9800	4.1335	4.5698
C≡	2.5500	2.6355	2.0272	Si—	1.9000	1.8301	1.1757
—C—	2.5500	2.5064	2.1601	—Si	1.9000	1.7622	1.2865
—C=	2.5500	2.4474	1.7991	—P	2.1900	2.0535	1.2490
—C≡	2.5500	2.4442	2.2336	—P—	2.1900	2.0377	1.2103
N—	3.0400	3.4292	2.4853	S—	2.5800	2.3097	0.9747
N=	3.0400	2.9124	1.9381	S=	2.5800	2.4751	1.0311
N≡	3.0400	3.3232	2.7815	—S—	2.5800	2.5241	1.1518
—N—	3.0400	3.0826	2.5114	—S=	2.5800	2.6078	0.9131
—N=	3.0400	2.7487	1.9745	Cl—	3.1600	2.9697	1.4294
O—	3.4400	3.5572	2.9582				

表 8-4 是用上述方法所计算的常见基团的电负性和有关文献值,表 8-5 给出了一些更大基团的电负性,可以看出,由于各文献所采用的理论模型和计算方法不同,这些基团电负性在数值上有一定差异,但总的变化规律是一致的;①基团电负性很大程度上取决于基团中心原子,即连接基团和分子其他部分的连接原子的电负性。表中清楚表明:$\chi_{-CH_3} < \chi_{-NH_2} < \chi_{-OH} < \chi_{-F}$;$\chi_{-SiH_3} < \chi_{-PH_2} < \chi_{-SH} < \chi_{-Cl}$ 和 $\chi_{-CH_3} > \chi_{-SiH_3}$,$\chi_{-NH_2} > \chi_{-PH_2}$,$\chi_{-OH} > \chi_{-SH}$,$\chi_{-F} > \chi_{-Cl}$。这个顺序与基团中心原子在周期表中的电负性顺序一致;②虽然基团电负性主要决定于中心原子的电负性,但与中心原子成键的原子的电负性,对基团电负性也有明显的影响。如用具有较大的电负性卤原子(F 或 Cl)取代甲基中的 H 原子,结果有 $\chi_{-CH_2F} < \chi_{-CHF_2} <$

χ_{-CF_3}；$\chi_{-CH_2Cl} < \chi_{-CHCl_2} < \chi_{-CCl_3}$；③基团电负性随着中心原子 s 特性的增加而增加，比如中心碳原子的 sp^3，sp^2 和 sp 杂化结果，使 $\chi_{-CH_2CH_3} < \chi_{-CH=CH_2} < \chi_{-C\equiv CH}$，$sp^3$ 和 sp^2 杂化的结果使 $\chi_{-CH_2NH_2} < \chi_{-C\equiv N}$，而 sp^3 和 sp^2 杂化的结果得到 $\chi_{-CH_2OH} < \chi_{-CHO}$。这些趋势都是与化学直观相符的。

表 8-4　文献[47]计算的部分基团电负性 χ_G 及其有关文献值

基　团	χ_G	χ[63h]	χ[29][30]	χ[63f]	χ[63b]	χ[63i]	χ[63a]	χ[63g]	$^1J_{CC}$
H	2.200				2.18		2.28	2.08	0.00
—SiH$_3$	2.120		2.18	2.12		1.90	2.20	1.97	−6.50
—CH$_3$	2.331	2.30	2.33	2.28	2.47	2.56	2.30	2.32	1.07
—C$_2$H$_5$	2.315	2.31		2.29	2.48	2.56		2.35	1.09
—(i-C$_3$H$_7$)	2.302	2.33							1.50
—(t-C$_4$H$_9$)	2.289	2.69							1.90
—CH$_2$F	2.644	2.61			2.64	2.61		2.55	
—CHF$_2$	3.026	2.96							2.00
—CF$_3$	3.405	3.36	3.47	3.49	2.99		3.35	3.10	3.57
—CH=CH$_2$	2.358	2.48			2.79	2.61	3.00	2.56	1.61
—C≡CH	2.530	3.03			3.07	2.66	3.30	3.10	3.37
—OH	2.585	3.58	2.81	2.68	3.49	3.64	3.70	3.97	9.70
—CH$_2$OH	2.491	2.70			2.59	2.59		2.50	1.65
—CH$_2$NH$_2$	2.367				2.54			2.42	
—O—CH$_3$	2.460	3.28	2.52						11.09
—C≡N	2.792		2.68	2.77	3.21	2.69	3.30	3.46	4.11
—NH$_2$	2.437	2.74	2.49	2.42	2.99	3.10	3.35	3.15	5.20
—NO	2.920			3.23	3.57	3.06			
—NO$_2$	3.104		3.29	3.30	3.42	3.25	3.40	4.08	11.43
—CHO	2.647	3.18		2.64	2.87	2.60		2.89	2.00
—C(O)—CH$_3$	2.482	3.01		2.46	2.86			2.93	1.90
—C(O)—NH$_2$	2.541	3.24			2.73			3.06	
—COOH	2.769	3.87	2.86	2.80	2.82	2.66	2.85	3.15	
—O—C(O)—CH$_3$	2.556	3.72							12.78
F	3.980						3.95	4.00	14.48
Cl	3.160						3.03	3.07	9.21
—SH	2.507	4.27	2.48	2.37	2.62	2.63	2.80	2.42	4.20
—PH$_2$	2.154	2.03		2.20	2.13	2.17	2.30		
—C$_3$H$_7$	2.314	2.32							
—C$_4$H$_9$	2.313	2.32							
—C$_5$H$_{11}$	2.312	2.32							

表 8-5　文献[47]计算的部分基团的 χ_G 的值

基　团	χ_G	基　团	χ_G	基　团	χ_G
—(n-C$_4$H$_9$)(2)	2.313	—NH—CH$_3$	2.401	—O—CH=O	2.852
—(i-C$_5$H$_{11}$)	2.304	—NH(C$_3$H$_7$)	2.362	—O—N=CH$_2$	2.437
—(n-C$_5$H$_{11}$)	2.304	—NH(C$_2$H$_5$)	2.372	—O—N=O	3.062
—(n-C$_5$H$_{11}$)(2)	2.303	—NH(C$_4$H$_9$)	2.354	—OF	3.548
—(i-C$_5$H$_{11}$)	2.304	—NH(i-C$_3$H$_7$)	2.342	—O—SO$_3$—CH$_3$	2.567

续表

基　团	χ_G	基　团	χ_G	基　团	χ_G
—$(n\text{-}C_5H_{11})(3)$	2.304	—$NH(t\text{-}C_4H_9)$	2.320	—O—SO_3—CH_2—CH_3	2.495
—C_5H_{11}	2.312	—NH—CHO	2.642	—OCl	3.003
—$C(C_2H_5)$=CH_2	2.321	—N—C_2H_5	2.337	—Si_2H_5	2.144
—CH=CH—CH_2—CH_3	2.331	—$N(CH_3)(C_2H_5)$	2.353	—SiH_2CH_3	2.147
—CH_2—CH=CH_2	2.351	—$N(C_2H_5)_2$	2.337	—Si_2Cl_5	2.892
—CH=CH—CH_3	2.336	—$N(C_3H_7)_2$	2.353	—P_2H_3	2.144
—CH_2—CH=CH—CH_3	2.312	—$N(i\text{-}C_3H_7)_2$	2.312	—$PHCH_3$	2.146
—$C(C_2H_5)$=CH_2	2.321	—$N(t\text{-}C_4H_9)_2$	2.305	—P—CH_2—CH_3	2.166
—$CH(CH_3)$—CH=CH_2	2.332	—N=CH_2	2.493	—PCl_2	2.668
—CH=C=CH_2	2.376	—N=NCH_3	2.510	—SCH_3	2.396
—$C(O)$—O—CH_3	2.633	—O—CH_2—CH_3	2.407	—S—CH_2—CH_3	2.379
—$C(O)$—O—C_2H_5	2.519	—O—$C(O)$—CH_2—CH_3	2.498	—SO_2Cl	2.701
—CH_2SH	2.350	—O—$CHC(CH_3)_3$	2.336	—SO_3H	2.426
—CH_2Cl	2.597	—O—$(t\text{-}C_4H_9)$	2.339	—SO_3—CH_3	2.412
—$CHCl_2$	2.852	—O—$(i\text{-}C_3H_7)$	2.368	—SO_3—CH_2—CH_3	2.375
—CCl_3	2.965	—O—$(n\text{-}C_3H_7)$	2.388	—SCl	2.695
—$COCl$	2.882				
—C_2Cl_5	2.981	—O—$C(O)$—CH_3	2.556		

　　表 8-4 中最后一列 $^1J_{CC}$，是 Marriott 于 1984 年在单取代苯的实验中所测定的耦合常数，被人们认为是基团电负性的实验衡量数据，常用来检验和分析某些基团的性质。表 8-7 列出杨忠志计算的部分基团 χ_G 值和表 8-4 中所列的有关文献值与 $^1J_{CC}$ 相比较的情况，所给出的基团标度与实验测定数据有较好的相关性，因而是可信的和可推广应用的。用此方案计算得到的某些基团中的原子电荷与 *ab initio* STO-3G 电荷的比较，可以看出两者符合很好。

　　图 8-3 和图 8-4 分别表示出 χ_G 与两者比较的相关图，其相关系数均达 0.98 以上。

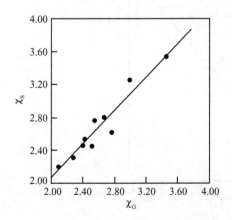

图 8-3　χ_G 与 Sanderson 结果的相关比较图

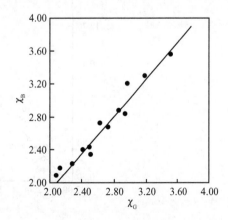

图 8-4　χ_G 与 Bratsch 结果的相关比较图

表 8-6 中列出了几个烷基的基团电负性以及它们与 H 原子结合成相应的分子时 H 原子上所带的电荷(由 *ab initio* STO-3G 计算所得)。表 8-7 列出了杨忠志值与其他文献值的比较,其相关比较图示如图 8-5,表明杨值较其他文献值有明显改进。按照电负性的内在含义,基团电负性标志着基团在形成分子时基团吸引电子的能力。因此,在 H—G 分子中,基团 G 的电负性的大小应该与 H 原子上的电荷大小相对应,杨忠志的基团电负性清晰地显示出了这种对应的关系,而文献中的基团电负性却把这种关系颠倒了,这表明公式(8.2.28)的有效电负性表达式更符合实际。

表 8-6　烷基团 G 电负性与 H—G 分子中 H 原子上电荷的比较

| 基团 G | 基团电负性 | | | | | 在 H—G 分子中 H 原子上的电荷 |
	[63h]	[63f]	[63b]	[63g]	[38,59]	
—CH_3	2.30	2.28	2.47	2.32	2.331	0.0637
—C_2H_5	2.31	2.29	2.48	2.35	2.315	0.0571
—C_3H_7	2.32				2.314	0.0558
—(i-C_3H_7)	2.33				2.302	0.0520
—C_4H_9	2.32				2.313	0.0553

表 8-7　文献[47]部分 χ_G 和表 8-4 中所列文献值与 $^1J_{CC}$ 的相关比较

标度	比较基团数	相关系数	标度	比较基团数	相关系数
Bergmann[63h]	16	0.61	Mullay[63g]	17	0.88
Sanerson[29,30]	9	0.50	文献[47]	22	0.63
Bratsch[63f]	11	0.61		18	0.83
Inamoto[27b]	14	0.84		16	0.94
Boyd[63i]	11	0.94		14	0.97
Wells[63a]	13	0.83			

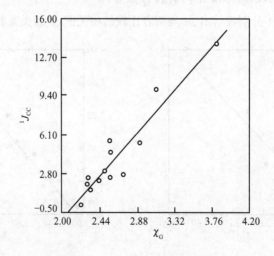

图 8-5　χ_G 与 $^1J_{CC}$ 的相关比较图

8.2.8　基于 MEEM 法的基团和分子能量计算

从能量表达式(8.2.15)出发,定义分子或基团中原子的有效电负性,结合电负性均衡原理和电荷守恒条件,可以直接计算分子或基团中的电荷分布,这种修正的电负性均衡方法简捷快速。应用这种方法也能模拟计算分子或基团的基态能量。

对于一个分子或基团的基态,其能量表达式重写如下:

$$E = \sum_a (E_a^* + A_a q_a + B_a q_a^2) + \frac{k}{2} \sum_a \sum_{b \neq a} \frac{q_a q_b}{R_{ab}} \tag{8.2.31}$$

该式明确地反映了分子在其化学成键过程中,组成原子的各种价态行为与分子总能量的制约关系。因此,要计算总能量 E,只需确定式中的价态参数 E^*、A 和 B,它们是由原子在分子中所处的价态环境决定的。原子的价态电负性 A 和硬度 B,仍可使用表 8-3 所给出的数值,尽管这些数值是为确定电荷分布而标定的。

关于原子能量的价态参数 E^*,确定的方法与确定参数 A 和 B 类似。首先选择一些模型分子和基团,列在表 8-8 中,对这些体系进行 STO-3G SCF 从头计算研究,得到体系总能量 E 和原子电荷 q。然后,对每个体系写出一个形如式(8.2.31)的方程,其中只有 E^* 是未知的,可将这个方程改写成以下形式:

$$\bar{E} = E - C = \sum_a M_a E_a^* \tag{8.2.32}$$

其中,M_a 为体系中 a 类原子的个数,如在 CH_4 分子中,$M_a = 1$ 和 $M_H = 4$,右端求和只对原子的种类 a 求和(若求和 a 遍及所有原子,则不必加因子 M_a);C 代表如下的量:

$$C = \sum_a (A_a q_a + B_a q_a^2) + \frac{k}{2} \sum_a \sum_{b \neq a} \frac{q_a q_b}{R_{ab}} \tag{8.2.33}$$

表 8-8　确定 E^* 用的模型分子和基团

CH_4	H_2O	CH_3CHO	CH_3CH_2OH
CH_3OH	CH_3OCH_3	CH_3CH_3	$H_2C{=}O$
$HCOOH$	CH_3CO_2H	$(CH_3)_3CCH_2OH$	NH_3
$HC{\equiv}CH$	$HC{\equiv}C{-}CH_3$	$CH_3{-}C{\equiv}C{-}CH_3$	$H{-}C{\equiv}N$
$H{-}O{-}C{\equiv}N$	CH_3COCH_3	CH_3NHCH_3	CH_3NH_2
$HCONH_2$	CF_4	$HN{=}NCH_3(cis)$	CH_3CF_3
CH_3F	CH_2F_2	$HN{=}NCH_3(trans)$	SiH_4
Si_2H_6	CH_3SiH_3	PH_3	P_2H_4
CH_3PH_2	CH_3SH	CH_3CH_2SH	$NH_2C(S)C(S)NH_2$
$H_2C{=}S$	CH_2Cl_2	CH_3Cl	CH_3OCl
OCl_2	$-CH{=}CH_2$	$-CH_3$	$-C_2H_5$
$-C_3H_7(1)$	$-C_4H_9(2)$	$-NH_2$	$-NH(C_3H_7)$
$-NHCH_3$	$-CHO$	$-O_2CCH_3$	$-OH$
$-COOH$	$-OF$	$-SiH_3$	$-Si_2H_5$	$-PH_2$	$-P_2H_3$

注意,这里的求和都遍及所有原子;对于每一个体系,C 均为一个常数,即认为式 (8.2.33)中的量都已用前述方法决定。这样,对于表 8-8 中的每一个分子或基团, 都有一个形如式(8.2.32)那样的方程,把它们联合在一起就构成一组多元线性回归方程,采用最小二乘法,即可确定出各个原子的价态参数 E^*,它们的数值列于表 8-9 中。

表 8-9　E^* 参数　　　　　　　　　　　　　　　　　（单位:eV）

原子类型	E^* 参数	次数	原子类型	E^* 参数	次数
E_H	-11.7362101843	215	E_{O_2}	-2010.9822855401	9
E_C	-1033.4805544510	46	$-E_O$	-2009.9650937624	3
E_{C_2}	-1027.0002048991	10	E_F	-2671.1262828005	11
E_{C_3}	-1019.5104673914	8	E_{Si}	-7791.0075002056	5
$-E_C$	-1026.5429070031	4	$-E_{Si}$	-7784.4730246554	2
$-E_{C_2}$	-1021.2442290804	3	E_P	-9181.7405283052	5
E_N	-1473.5979621107	6	$-E_P$	-9176.7075693683	2
E_{N_2}	-1466.8422706695	4	E_S	-10707.8438849873	2
E_{N_3}	-1465.07366541922	2	E_{S_2}	-10703.6250547634	3
$-E_N$	-1467.6014836867	3	E_{Cl}	-12375.5186858030	6
E_O	-2015.6879149846	12			

杨忠志等[47]按照公式(8.2.31),参数 A 和 B 用表 8-3 的数值,参数 E^* 用表 8-9 的数值,仍取 $k=0.57$,编写程序,对一百多个分子或基团进行了计算,并与 STO-3G SCF 从头计算结果进行了比较和详细论证,兹不赘述,有兴趣的读者可参看文献[47]。

8.3　原子-键电负性均衡(ABEEM)模型及其应用

前面有关章节主要介绍了在密度泛函理论中电负性的概念,以分子中原子为区域分割的电负性均衡方法和修正的电负性均衡方法。由于其表述简洁计算快速,从而可应用于大分子体系而引人注目。但这些方法未考虑分子中化学键电荷的特殊影响因素[56,59]。Ghosh 等提出的半经验电负性均衡方法,考虑了化学键电荷,但键电荷取值假设太粗略,且只能处理双原子分子[55]。杨忠志提出了一个原子与键电负性均衡模型,将同时考虑分子中的原子电荷与键电荷,结果表明,这种模型具有更大的优越性和精密度[57,70]。

8.3.1　能量表达式

在一个特定的几何构型下,一个基态分子的总能量 E_{mol} 可以写作

$$E_{mol} = T + V_{ne} + V_{ee} + V_{nn}　　　　　　　　(8.3.1)$$

式中,T 为电子的动能,V_{ne} 为电子与核间的吸引能,V_{ee} 为电子与电子间的排斥能,V_{nn} 为核与核间的排斥能,式(8.3.1)中的每一项可以分别具体表示作

$$T=\left\langle \Psi_{\mathrm{mol}}\left|-\frac{1}{2}\sum_i \nabla_i^2\right|\Psi_{\mathrm{mol}}\right\rangle=\int -\frac{1}{2}\nabla^2 \gamma_{\mathrm{mol}}(r,r')_{r=r'}\mathrm{d}r \qquad (8.3.2)$$

$$V_{ne}=\left\langle \Psi_{\mathrm{mol}}\left|-\sum_i\sum_a \frac{Z_a}{|r_i-R_a|}\right|\Psi_{\mathrm{mol}}\right\rangle=\sum_a\int \frac{-Z_a\rho(r)}{|r-R_a|}\mathrm{d}r \qquad (8.3.3)$$

$$V_{ee}=\left\langle \Psi_{\mathrm{mol}}\left|\frac{1}{2}\sum_i\sum_{j\neq i}\frac{1}{|r_i-r_j|}\right|\Psi_{\mathrm{mol}}\right\rangle=\frac{1}{2}\iint \frac{\rho_2(r_1,r_2)}{|r_1-r_2|}\mathrm{d}r_1\mathrm{d}r_2 \qquad (8.3.4)$$

$$V_{nn}=\frac{1}{2}\sum_a\sum_{b\neq a}\frac{Z_aZ_b}{R_{a,b}} \qquad (8.3.5)$$

式中,Ψ_{mol}、$\gamma_{\mathrm{mol}}(r,r')$、$\rho(r)$ 和 $\rho_2(r_1,r_2)$ 分别代表分子波函数、一阶密度矩阵、单电子密度和双电子密度,Z_a 和 R_a 代表第 a 个原子的核电荷和坐标,$R_{a,b}$ 是 a 和 b 两原子间的核间距,下标 i,1 和 2 分别标记第 i 个、第 1 个和第 2 个电子。

在原子与键模型中,分子的单电子密度 $\rho(r)$ 按以下公式分解:

$$\rho(r)=\sum_a\rho_a(r)+\sum_{g-h}\rho_{g-h}(r) \qquad (8.3.6)$$

式中,$\rho_a(r)$ 表示坐落于 a 原子上的电子密度,$\rho_{g-h}(r)$ 表示分配于 g—h 键区(在原子 g 和 h 间)的电子密度,求和 a 遍及分子中的所有原子,求和 g—h 遍及分子中的所有化学键。这里,我们应该强调指出,$\rho_a(r)$ 代表围绕原子核 a 的单电子密度,在原子与键模型中它可以集中于 a 上,而 $\rho_{g-h}(r)$ 代表适当分配于 g—h 键区(围绕适当选择的键中心)的单电子密度;通常假设 $\rho_a(r)$ 积分得到 N_a,即分布于 a 原子上的电子数,$\rho_{g-h}(r)$ 积分得到 n_{g-h},即分配到 g—h 键中心上的电子数。

按照式(8.3.6)的电子密度分割,公式(8.3.2)的动能形式上可表示为各个分密度贡献的和,即

$$\begin{aligned}T&=\sum_a\int_{\Omega_a}-\frac{1}{2}\nabla^2\gamma(r,r')\Big|_{r=r'}\mathrm{d}r+\sum_{g-h}\int_{\Omega_{g-h}}-\frac{1}{2}\nabla^2\gamma(r,r')\Big|_{r=r'}\mathrm{d}r\\&=\sum_a T_a^{\mathrm{mol}}+\sum_{g-h}T_{g-h}^{\mathrm{mol}}\end{aligned} \qquad (8.3.7)$$

式中,Ω_a 和 Ω_{g-h} 分别表示分密度 $\rho_a(r)$ 和 $\rho_{g-h}(r)$ 所覆盖的空间区域,T_a^{mol} 和 T_{g-h}^{mol} 为对应的分区对动能的贡献,$\gamma(r,r')$ 为一阶密度矩阵。

类似地,也可求得公式(8.3.3)和公式(8.3.4)的分解公式。

综合上面三式,分子总能量 E_{mol} 可相应地还原为各个分量的求和,每一分量都具有自己明确的意义,也可以说写成区域内能量(intra-energy)和区域间能量(inter-energy)的总和

$$E_{\mathrm{mol}}=\sum_a\left[T_a^{\mathrm{mol}}+V_{ne,a}^{\mathrm{mol}}+V_{ee,a}^{\mathrm{mol}}\right]+\sum_{a-b}\left[T_{a-b}^{\mathrm{mol}}+V_{ee,a-b}^{\mathrm{mol}}\right]$$

$$+ \sum_a \sum_{b \neq a} \frac{-k_{a,b} Z_a N_b}{R_{a,b}} + \sum_a \sum_{g-h} \frac{-k_{a,g-h} Z_a n_{g-h}}{R_{a,g-h}}$$

$$+ \frac{1}{2} \sum_a \sum_{b \neq a} \frac{k'_{a,b} N_a N_b}{R_{a,b}} + \frac{1}{2} \sum_{a-b} \sum_{g-h \neq a-b} \frac{k'_{a-b,g-h} n_{a-b} n_{g-h}}{R_{a-b,g-h}}$$

$$+ \sum_a \sum_{g-h} \frac{k'_{a,b} N_a n_{g-h}}{R_{a,g-h}} + \frac{1}{2} \sum_a \sum_{b \neq a} \frac{Z_a Z_b}{R_{a,b}}$$

$$= \sum_a E_a^{\text{intra}} + \sum_{a-b} E_{a-b}^{\text{intra}} + \sum E^{\text{inter}} \tag{8.3.8}$$

其中各符号的含意同前。显然，总能量包含典型的原子项、键项以及相互作用项，后者又可细分为原子与原子、原子与键及键相互作用项。

某原子 a 区域内对能量的贡献项 E_a^{intra} 的数值将会依赖于区域内的电子数目以及电子分布的状况（密度、形状和大小）。由于形成分子，这些状况与孤立原子有所不同，对于一个孤立的原子，假设其电子数目可以改变，研究表明它的电子能量可以展开为电子数目的函数

$$E_a = E_a^0 + \mu_a^0 (N_a - N_a^0) + \eta_a^0 (N_a - N_a^0)^2 + \cdots \tag{8.3.9}$$

式中，N_a^0 代表 a 原子为中性时的电子数目，N_a 为改变后的电子数目，$N_a - N_a^0$ 为电子数目的改变[56,57,59]，μ_a^0 和 η_a^0 称为该原子的化学势和绝对硬度。对于分子中的 a 原子的能量，能够寻求出类似的表达式

$$E_a^{\text{intra}} = E_a^* + \int \frac{\delta E_a^*}{\delta \rho_a} \Delta \rho_a(r) \, dr + \frac{1}{2} \int \frac{\delta^2 E_a^*}{\delta \rho_a^2} (\Delta \rho_a(r))^2 \, dr$$

$$= E_a^* + \mu_a^* (N_a - N_a^*) + \eta_a^* (N_a - N_a^*)^2 \tag{8.3.10}$$

式中，N_a 代表在分子中分布到该 a 原子区域的电子数，$N_a - N_a^*$ 为电子数的改变，N_a^* 和 E_a^* 分别代表分子未形成化学键和未有电子转移时 a 原子的电子数和能量。相应地，μ_a^* 和 η_a^* 为该价态时 a 原子的化学势和硬度，他们将依赖于 a 原子的价态和化学键联结状况。完全类似于原子，对于化学键 $a-b$ 区域内的能量可以展开为

$$E_{a-b}^{\text{intra}} = E_{a-b}^* + \int \frac{\delta E_{a-b}^*}{\delta \rho_{a-b}} \Delta \rho_{a-b}(r) \, dr + \frac{1}{2} \int \frac{\delta^2 E_{a-b}^*}{\delta \rho_{a-b}^2} (\Delta \rho_{a-b}(r))^2 \, dr$$

$$= E_{a-b}^* + \mu_{a-b}^* (n_{a-b} - n_{a-b}^*) + \eta_{a-b}^* (n_{a-b} - n_{a-b}^*)^2 \tag{8.3.11}$$

通常 $n_{a-b}^* = 0$。

把以上两个展开式代入式(8.3.8)，就可以得到如下的分子能量表达式为

$$E_{\text{mol}} = \sum_a E_a^{\text{intra}} + \sum_{a-b} E_{a-b}^{\text{intra}} + \sum E^{\text{inter}}$$

$$= \sum_a \left[E_a^* + \mu_a^* (N_a - N_a^*) + \eta_a^* (N_a - N_a^*)^2 \right]$$

$$+ \sum_{a-b} \left[E_{a-b}^* + \mu_{a-b}^* (n_{a-b} - n_{a-b}^*) + \eta_{a-b}^* (n_{a-b} - n_{a-b}^*)^2 \right]$$

$$+ \sum_{a-b} \left[\frac{k_{a,a-b}(-Z_a + N_a)n_{a-b}}{R_{a,a-b}} + \frac{k_{b,a-b}(-Z_b + N_b)n_{a-b}}{R_{b,a-b}} \right]$$

$$+ k \left[\sum_a \sum_{b(\neq a)} \frac{\frac{1}{2}N_aN_b - Z_aN_b}{R_{a,b}} + \sum_{a-b} \sum_{g-h(\neq a-b)} \frac{\frac{1}{2}n_{a-b} - n_{g-h}}{R_{a-b,g-h}} \right.$$

$$\left. + \sum_{g-h} \sum_{a(\neq g,h)} \frac{-Z_an_{g-h} + N_an_{g-h}}{R_{a,g-h}} + \frac{1}{2} \sum_a \sum_{b(\neq a)} \frac{Z_aZ_b}{R_{a,b}} \right] \tag{8.3.12}$$

在这个近似中, k 是一个总的校正系数。

8.3.2　有效电负性和电负性均衡

按照密度泛函理论的论述,应用能量表达式(8.3.12),可以定义分子中原子和键的有效化学势。例如,对于分子中的 a 原子,它的有效化学势 μ_a 定义为分子总能量对该原子区域电子数目 N_a 的偏微商,即

$$\mu_a = \left(\frac{\partial E_{\mathrm{mol}}}{\partial N_a} \right)_{N_b, \cdots, R_{a,b}, \cdots} \tag{8.3.13}$$

其中的下标 N_b 等表示微商在保持这些参量不变的条件下进行,类似地,键 a—b 的有效化学势定义为

$$\mu_{a-b} = \left(\frac{\partial E_{\mathrm{mol}}}{\partial n_{a-b}} \right)_{N_a, \cdots, R_{a,b}, \cdots} \tag{8.3.14}$$

应用能量表达式(8.1.12),原子与键的有效化学势 μ_a 和 μ_{a-b} 可具体表达为

$$\mu_a = \mu_a^* + 2\eta_a^*(N_a - N_a^*) + \sum_{a-b} \frac{k_{a,a-b}}{R_{a,a-b}}n_{a-b} + k \left[\sum_{b \neq a} \frac{N_b - Z_b}{R_{a,b}} + \sum_{g-h \neq a-b} \frac{n_{g-h}}{R_{a,g-h}} \right] \tag{8.3.15}$$

$$\mu_{a-b} = \mu_{a-b}^* + 2\eta_{a-b}^*(n_{a-b} - n_{a-b}^*) + \frac{k_{a,a-b}}{R_{a,a-b}}(N_a - Z_a)$$

$$+ \frac{k_{b,a-b}}{R_{b,a-b}}(N_b - Z_b) + k \left[\sum_{g \neq a,b} \frac{N_g - Z_g}{R_{a-b,g}} + \sum_{g-h \neq a-b} \frac{n_{g-h}}{R_{a-b,g-h}} \right] \tag{8.3.16}$$

在式(8.3.15)中,对 a—b 键的求和遍及所有与原子 a 直接相连的键,对 b 的求和遍及除 a 以外的所有原子,对 g—h 键的求和遍及除 a—b 键以外的所有的键;在式(8.3.16)中,求和 g 遍及除 a 和 b 以外的所有原子,求和 g—h 遍及除 a—b 以外的所有键,公式(8.3.12)、(8.3.15)和(8.3.16)对于原子与键模型及其应用是基本的公式。

在分子中,一个原子或一个键的有效电负性定义为对应化学势的负值,在公式(8.3.15)中近似地假设

$$\frac{k_{a,a-b}}{R_{a,a-b}} = \frac{k_{a,a-c}}{R_{a,a-c}} = \frac{k_{a,a-d}}{R_{a,a-d}} = \frac{k_{a,a-e}}{R_{a,a-e}} = C_a \tag{8.3.17}$$

则原子 a 的有效电负性 χ_a 表达为

$$\chi_a = -\mu_a = A_a + B_a q_a + C_a \sum_{a-b} q_{a-b} + k\left(\sum_{b \neq a} \frac{q_b}{R_{a,b}} + \sum_{g-h \neq a} \frac{q_{g-h}}{R_{a,g-h}}\right) \tag{8.3.18}$$

相应地,从公式(8.3.16),键的有效电负性表达为

$$\chi_{a-b} = -\mu_{a-b} = A_{a-b} + B_{a-b} q_{a-b} + C_{a-b,a} q_a + D_{a-b,b} q_b$$
$$+ k\left(\sum_{g \neq a,b} \frac{q_g}{R_{a-b,g}} + \sum_{g-h \neq a-b} \frac{q_{g-h}}{R_{a-b,g-h}}\right) \tag{8.3.19}$$

在上两式中,$A_a = -\mu_a^*$,$A_{a-b} = -\mu_{a-b}^*$,它们分别为在分子中 a 原子和 $a-b$ 键的价态电负性;$B_a = 2\eta_a^*$,$B_{a-b} = 2\eta_{a-b}^*$,分别为在分子中 a 原子和 $a-b$ 键的价态硬度;$q_a = N_a^* - N_a = Z_a - N_a$,$q_{a-b} = n_{a-b}^* - n_{a-b} = -n_{a-b}$,分别代表分布于 a 原子区和 $a-b$ 键区的电荷,也就是代表分子中的电荷分布;$C_{a-b,a} = k_{a,a-b}/R_{a,a-b}$,$D_{a-b,b} = k_{b,a-b}/R_{b,a-b}$ 和 C_a 视为可调参数。

电负性均衡原理认为,形成稳定分子之时分子内的电负性处处达到均衡,也就是分子整体有一个统一的电负性的标志,依此,电负性均衡方程表达为在分子中所有原子和所有键的有效电负性均等于分子电负性 $\overline{x}$

$$x_a = x_b = \cdots = x_{a-b} = x_{g-h} = \cdots = \overline{x} \tag{8.3.20}$$

式中,a 和 b 等代表各个原子,$a-b$ 和 $g-h$ 等代表各个键,若分子含有 m 个原子和 n 个键,则电负性均衡方程(8.3.20)代表 $n+m$ 个方程。

若分子为中性的,分布于原子和键上的电荷的总和应等于零,即

$$\sum_a q_a + \sum_{a-b} q_{a-b} = 0 \tag{8.3.21}$$

这就是电荷守恒方程。

在方程(8.3.20)中,原子与键的有效电负性分别用式(8.3.18)和式(8.3.19)表示,如果在式(8.3.20)和式(8.3.21)中,认为电荷 q_a 和 q_{a-b} 以及 $\overline{x}$ 为未知数,则未知数的数目为 $n+m+1$,而电负性均衡方程(8.3.20)和电荷守恒方程的总数目也为 $n+m+1$。若把电负性和硬度参量 A_a,B_a,A_{a-b} 和 C_a 等认为已知(用某种方法确定),则联立求解电负性均衡方程(8.3.20)和电荷守恒方程(8.3.21)就可以得到分子的电荷分布 q_a、q_{a-b} 以及分子电负性 $\overline{x}$,从式(8.3.12)也可以得到分子的能量。这就是原子与键电负性均衡方法[21,35],它是非常简捷迅速的。

8.3.3　价态电负性和分子硬度参数

从理论上说,虽然可以用从头计算量子化学方法确定在式(8.3.18)和式(8.3.19)中的价态电负性和硬度参数 A_a 和 B_a 等,但实际上是非常困难的。为了能迅速确定大分子中的电荷分布和能量,以某种简便而合适的方法确定出这些参数,使之对于相当大范围内的分子可以使用,文献[57,70]选择一百多个普通分子

作为模型分子(它们含有常见有机分子的一些重要原子及常见的重要化学键模型),使用从头计算 STO-3G 自洽场分子轨道方法,经由 Mulliken 布居数分析,获得这些分子中的原子电荷分布,进而采用最小二乘法拟合得到 A,B,C 和 D 等参数,其优化数值列于表 8-10(Pauling 单位);为了比较,表中也列出了几个元素的 Pauling 电负性标度 χ^0;参数 A 为分子环境下一个中性原子的价态电负性,它的意义应从公式(8.3.18)得到理解。对于 H、C、N、O 来说,从表中可以看出,参数 A 和 χ^0 有相同的次序,键电负性比相关的原子大,这可以理解为键保有一定键电荷却没有相应的原子核,或者理解为键区受到两个原子的共同作用。

表 8-10　原子和键的价态参数

原子和键	A	B	C	D	χ_G
H—	1.832	5.525	0.793		2.2
C—	2.197	3.484	2.237		2.55
N—	2.553	4.513	1.339		3.04
O—	3.176	6.295	1.507		3.55
C=	2.115	3.485	2.006		
N=	2.707	3.851	2.224		
O=	3.422	6.081	5.058		
C—H	3.389	10.064	2.419	2.219	
N—H	2.764	5.597	3.123	2.273	
O—H	5.527	56.426	7.565	0.91	
C—C	2.968	5.391	2.199		
C—N	5.457	28.663	3.74		
C—O	4.565	26.068	2.702		
C=C	3.532	8.346	2.841		
C=N	2.909	4.348	3.113		
C=O	6.832	36.534	3.829		

8.3.4　分子中电荷分布的直接计算

联立求解电负性均衡方程(8.3.20)和电荷守恒方程(8.3.21),原子和键的有效电负性的具体表达式为式(8.3.18)和式(8.3.19)。其中的各个参数在上节中已经用较精密的方法加以确定,就可以直接得到分子中的电荷分布,即各个原子电荷 q_a 和键电荷 q_{a-b},这就是原子与键电负性均衡方法(ABEEM),它对大分子体系的计算是简捷快速的。图 8-6 示出了三个大的有机分子的结构式,用此方法计算了它们的电荷分布,其结果与 STO-3G SCF 从头计算方法的结果符合得相当好。以分子 $C_{21}O_5H_{40}$ 为例,两种方法所的结果的比较相关图展示于图 8-7 中,两者的线性回归关系求得为 $y=0.993x+6\times10^{-7}$,其中 y 是从 ABEEM 法得到的电荷分布,x 是从 STO-3G 从头算法得到的,相关系数为 0.999,均方根偏差为 0.0062,最大偏差出现在 C_{13} 和 C_{18} 原子上,其相对误差为 6.9%;对许多大的有机分子的计算结果，都有类似好的结果。

(a) $C_{21}O_5H_{40}$

(b) $C_{17}H_{36}$

(c) $C_{24}O_2N_2H_{52}$

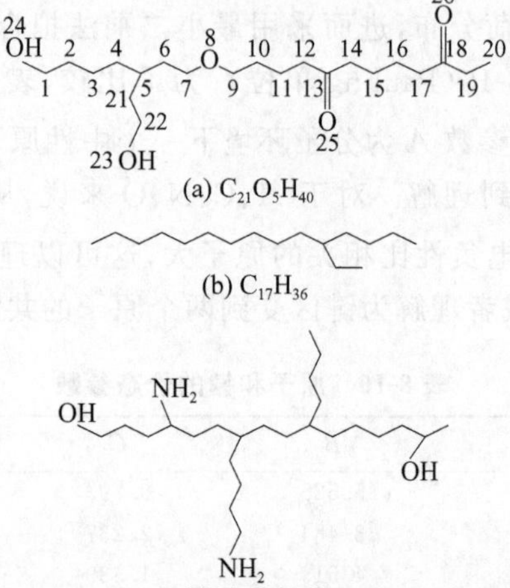

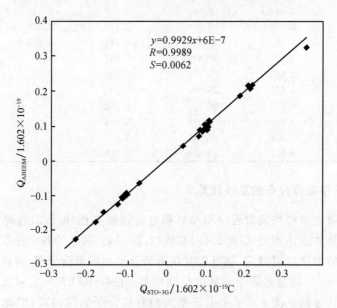

图 8-6　分子 $C_{21}O_5H_{40}$，$C_{17}H_{36}$ 和 $C_{24}O_2N_2H_{52}$ 的结构示意图

图 8-7　对 $C_{21}O_5H_{40}$ 分子，ABEEM 和 STO-3G 从头算两种方法计算得到的电荷分布的关联图

8.3.5　ABEEM 法计算分子的总能量

原子与键电负性均衡方法（ABEEM）不仅在计算分子的电荷分布方面显示了

巨大的优越性[57]，而且在计算分子总能量方面也是一个强有力的工具[58,60]。在此模型中，分子的总能量取如下的表达式[从式(8.3.12)简化而来]

$$E_{\text{mol}} = \sum_a \left[E_a^* + \chi_a^* q_a + \eta_a^* q_a^2 \right] + \sum_{a-b} \left[E_{a-b}^* + \chi_{a-b}^* q_{a-b} + \eta_{a-b}^* q_{a-b}^2 \right]$$

$$+ \sum_{a-b} \left[C_{a,a-b} q_a q_{a-b} + C_{b,a-b} q_b q_{a-b} \right]$$

$$+ k \left[\sum_a \sum_{b(\neq a)} \frac{1}{2} \frac{q_a q_b}{R_{a,b}} + \sum_{a-b} \sum_{g-h(\neq a-b)} \frac{1}{2} \frac{q_{a-b} q_{g-h}}{R_{a-b,g-h}} + \sum_{a \neq g-h} \sum_{g-h} \frac{q_a q_{g-h}}{R_{a,g-h}} \right] \quad (8.3.22)$$

式中，E_a^* 为在分子环境下 a 原子的价态能量，χ_a^* 和 η_a^* 分别为 a 原子的价态电负性和价态硬度，k 为协调因子，$R_{a,b}$ 为 a 和 b 两原子间的距离，$R_{a-b,g-h}$ 为两个键 a—b 和 g—h 间的距离，$R_{a,g-h}$ 为原子 a 和键 g—h 间的距离，q_a 和 q_{g-h} 分别为原子 a 与键 g—h 上的电荷。

　　对一个给定分子的基态，设几何构型是已知的，若知道式(8.3.22)中的诸参数和电荷分布，就可以从该式求出分子的总能量。为了扩大适用范围，杨忠志等选择 200 多个较小的分子(主要是有机分子)作为模型分子，使用 STO-3G SCF 从头计算方法计算出它们的电荷分布，运用电负性均衡方程(8.3.20)和电荷守恒方程(8.3.21)以及有效电负性表达式(8.3.18)和式(8.3.19)，进行最小二乘法拟合，仍取 $k=0.57$，就可以确定出价态电负性 A 和硬度 B 等诸参数，列于表 8-11 中，由于覆盖面更广，这些数值稍不同于表 8-10 的数值。

表 8-11　原子与键参数

原子和键	A	B	C	D	E^*/eV
H—	1.7702	5.7894	0.6022		−14.23704877
C—	2.3067	3.529	2.5458		−1018.609721
N—	2.6198	4.5175	1.5341		−1463.27233
O—	3.2915	4.3444	4.9913		−2009.022525
F—	4.0055	4.9312	16.9524		−2667.218334
C＝	2.1718	3.3003	1.9353		−1017.791938
N＝	2.7784	3.6914	2.3084		−1461.499772
O＝	3.1661	3.5195	5.6779		−2008.499055
C—H	8.7425	57.8522	3.1926	2.0111	
N—H	4.007	12.829	0.518	2.05	
O—H	4.236	21.867	2.831	3.418	
C—C	3.747	12.7719	2.1957	2.1957	
C—N	3.4333	9.7284	2.4327	2.4327	
C—O	3.174	8.862	2.35	2.35	
C—F	5.21	43.1826	3.1693	3.1693	
C＝C	2.9337	3.9449	2.2861	2.2861	
C＝N	3.4443	6.7341	2.517	2.517	
C＝O	3.0664	5.441	2.3311	2.3311	

为了标定公式(8.3.22)中的 E_a^*。可改写公式(8.3.22)为

$$\sum E_a^* = E_{\text{mol}} - C \qquad (8.3.23)$$

式中,C 代表式(8.3.22)右端所有包含的电荷项,对于二百多个模型分子中的每一个,都有一个形如式(8.3.23)的方程,且每个分子的 E_{mol} 和 C 也都从 STO-3G SCF 从头计算中得到。应用最小二乘法,对所有模型分子拟合方程(8.3.23)就可以标定出各个原子的参量 E_a^*,示出于表 8-11。

使用能量公式(8.3.22),对某些模型分子作计算,得到的总能量与应用 STO-3G SCF 从头计算的结果的关联示于图 8-8 中。用公式(8.3.22)计算的分子总能量与 STO-3G 从头算结果比较,对所有模型分子,相对偏差大多数小于万分之二,最大也只有万分之四;由于计算工作量大大减少,故此法对研究大分子非常有用。

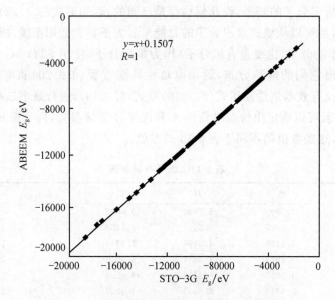

图 8-8　对模型分子 ABEEM 总能量与 STO-3G
从头算总能量的关联图

为了进一步考察原子与键电负性均衡方法(ABEEM)计算分子总能量的可靠性和精密度,杨忠志等选择了一些相当大的有机分子作为检验分子,应用表 8-11 的参数,对每一个分子求解电负性均衡方程(8.3.18)~方程(8.3.21),得到该分子中的电荷分布,即原子电荷 q_a 和键电荷 q_{a-b},再代入公式(8.3.22)求得分子的总能量,结果列于表 8-12 中;同时也列出了应用 STO-3G 从头算的计算结果,给出了绝对偏差(abs. dev)和相对偏差(rel. dev)。可见,两种方法的计算结果符合得很好,最大相对偏差也在万分之二以内,关联图绘于图 8-9。

表 8-12　用 ABEEM 方法算得某些有机大分子的总能量　　（单位：eV）

分　　子	E(STO-3G)	E(ABEEM)	abs. dev.	rel. dev.
$C_{10}H_{19}F_3$	−18484.16282	−18485.67999	−1.51717	0.82079%%
$C_6H_{13}CHF(CH_2)CH_2F$	−20032.09907	−20031.60791	0.49115	0.24518%%
$CH_3(CHF(CH_2)_5)CH_2F$	−22683.76048	−22684.2701	−0.50961	0.22466%%
$C_{16}H_{30}F_2NH_2OH$	−25618.12419	−25620.84633	−2.72214	1.06258%%
$C_7H_{15}CHOHC_7H_{14}CH_2OH$	−20845.93318	−20848.70174	−2.76856	1.3281%%
$C_{17}H_{36}$	−17877.97106	−17876.16778	1.80328	1.00866%%
Cycle-$C_{18}H_{36}$	−18896.4605	−18894.92169	1.53881	0.81434%%
Cycle-$C_{18}H_{32}(NH_2)_2(OH)_2$	−25869.54339	−25871.52028	−1.97689	0.76418%%
$C_6H_{13}CHOH(CH_2)_6CHOHC_4H_9$	−22945.64265	−22948.90006	−3.25741	1.41962%%
$C_{20}H_{42}$	−21027.5838	−21025.41683	2.16697	1.03054%%
$C_{11}H_{21}CHNH_2(CH_2)_8NH_2$	−23982.81582	−23985.20805	−2.39223	0.99748%%
$C_{20}H_{40}OHONH_2NH$	−28001.01291	−28005.13189	−4.11898	1.47101%%
$C_{20}H_{36}(OH)_2O_2$	−28998.86635	−29002.85841	−3.99207	1.37663%%
$C_{21}H_{38}(OH)_2O_3$	−32057.62885	−32062.32073	−4.69189	1.46358%%
$C_{22}H_{43}OHO$	−27112.8974	−27117.5361	−4.63869	1.71088%%
$C_{22}O_2N_2H_{48}$	−30099.84296	−30103.32695	−3.484	1.15748%%
$C_{24}H_{46}(OH)_2(NH_2)_2$	−32199.57543	−32203.58323	−4.0078	1.24468%%
$(CH_3)_3COHCH_2COCH_3$	−10315.75719	−10316.24078	−0.48359	0.46879%%
glucose-b	−18353.18354	−18350.13411	3.04943	1.66153%%
ribose-b	−15294.11099	−15291.85939	2.2516	1.47220%%

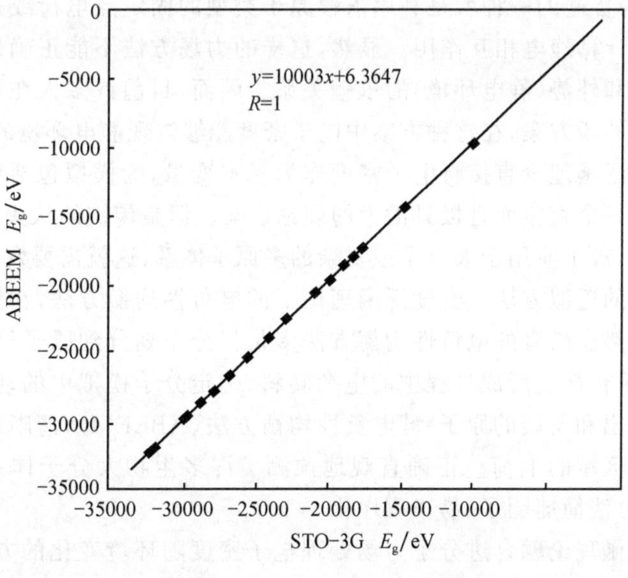

图 8-9　对表 8-12 中所列的分子 ABEEM 和 STO-3G 两种方法计算能量的关联图

　　密度泛函理论(DFT)严格定义了分子体系的电负性,从而可引申定义分子中原子与键的有效电负性。能量和原子(或键)有效电负性表达式中,存在有若干个价态参量,它们可以通过选择一系列模型分子经最小二乘法拟合电负性均衡方程和能量表达式而标定,联立求解电负性均衡方程(在电荷守恒约束条件下),可以直接求得分子体系的电荷分布,从能量表达式又可简捷计算出分子的能量,实现这一目标可采用电负性均衡方法(EEM)[9~11],修正的电负性均衡方法(MEEM)[38,56,59~62],以及原子与键电负性均衡方法(ABEEM)[57,58,70]。这些方法不仅意义明确、简捷迅速,在讨论分子电荷分布、能量和反应性能等方面有巨大的优越性,而且有望进一步发展,在探索分子间相互作用、电荷转移、几何构型优化和化学反应等方面发挥作用,特别是应用于大分子体系更有前途。

8.3.6　原子-键电负性均衡模型(ABEEM)在分子力学中应用概述

　　利用量子力学方法正确预测大分子或复杂的多原子体系性质和结构之间的关系,仍然存在相当大的局限性。因此,发展准确的、计算上易于实现的分子力学或分子力场方法,就可以弥补量子力学方法的局限性。分子力场是把分子体系的势能写成体系原子核或原子坐标的函数,它对应于量子力学中的势能面。分子力场包含着许多描写力场的参数,通常由拟合实验数据或从头计算结果而得。借助于分子力场,分子体系的动力学模拟采用经典力学方法进行研究,因此,分子力场方法也称之为分子力学方法。尽管现代分子力场方法能够在实验的误差范围内正确地预测分子体系的结构、能量和振动频率等性质,但是它也有一些不足之处。在分子力场中,最为普遍的一种就是利用依赖原子类型的固定点电荷或是依赖键类型的固定偶极矩计算静电相互作用。显然,这样的力场方法不能正确地反映电子密度对体系结构和外势(静电环境)的依赖关系。因而,目前许多人在不断努力寻求一种分子力场的新方案,在这种方案中电子密度能够体现静电环境的改变。

　　由于密度泛函理论直接将电子密度作为基本变量,为模拟包括环境变化的电子密度提供了一个直接而且极具潜力的理论框架。但是传统的从头算密度泛函方法计算量太大,难于应用于大分子或复杂的多原子体系,这就需要发展计算量较小且有较高精度的近似方法。密度泛函理论下的电负性均衡方法,在处理上述问题时有很大的优势。已有的电负性均衡方法多是将分子划分到原子尺度,进而确定原子电荷、分析化学键形成过程中的电荷转移、确定分子模拟中的动力学电荷等。杨忠志等人提出和发展的原子-键电负性均衡方法(ABEEM),清晰地考虑了化学键和孤对电子区域的电荷。正确直观地预测了许多生物大分子体系中电荷的极化,并且这个方法简捷明了、易于程序化。

　　把密度泛函理论融合进分子力场处理电子密度随环境变化的方法,近几年成了非常活跃的研究领域,尤其是对溶液体系的计算模拟。众所周知,作为溶剂的水分子是生命体系赖以生存的重要物质,它的许多特殊性质目前还难以做出严格的理论阐述和实验处理。关于水分子体系分子力场模型的发展,从简单的固定点电荷模型到偶极极化模型、浮动电荷模型以及非刚体模型等,可谓百花齐放、各有千秋。由于液态水分子体系中单体水分子之间可以形成三维的氢键网络结构,加上极性水分子间较强的动态相互作用,基于固定点电荷和固定偶极力场模型只能反映出一定相态下的平均电场,不能广泛应用到其他热力学状态或者是非均相体系,目前广泛使用的浮动电荷模型都是基于密度泛函理论,允许电子密度在不同的原子间或分子间转移。Rick 等人最早把电负性均衡方法融合进分子力场建立了浮动电荷的 TIP4P-FQ 模型。TIP4P-FQ 模型利用刚体水分子结构,把电子密度划分到 H 原子和 HOH 键角的角平分线上,没有充分考虑水分子键长和键角的振动以及在液态水分子氢键网络结构中起着至关重要的氧原子孤对电子的电荷。Berne 等人在 2001 年结合浮动电荷和偶极极化建立的五点模型,仍然利用刚体几何结构以及固定的氧原子孤对电子电荷。

杨忠志[38~47]新近研发的原子-键电负性均衡(ABEEM)融合进分子力场的方法及它的模型的建立和应用,发展了一种能够应用到各种热力学状态和非均相溶液体系的高水平、高精确度的水分子力场模型,他指出这样的力场模型可望通过以下几个方面来实现:①引用更多的相互作用点更加精细地描述水分子体系的电子密度;②允许水分子内部键长和键角的振动,利用非刚体几何构型;③用诱导偶极或浮动电荷解释极化效应;④模型易于参数化。针对以上的问题,他将自己的原子键电负性均衡方法融合进分子力学(ABEEM/MM),建立了可在分子间转移非刚体浮动电荷的七点模型——ABEEM-7P,并应用于水溶液体系的分子动力学模拟(molecular dynamics simulation)中(参见文献[71,72]),取得了令人满意的结果,有广阔的应用前景。由于这方面的内容已超出本书的主旨,兹不赘述,有兴趣的读者可参看他的有关文献。

8.4　对 MEEM 法和 ABEEM 法的评价

我国科学家杨忠志建立的修正的电负性均衡方法(MEEM)和原子-键电负性均衡模型和方法(ABEEM),发展了概念密度泛函理论,以往的模型只将分子划分到原子区域,而杨忠志的模型加入了化学键区域,描写分子更为真实准确。这种方法已应用于大分子体系的电荷分布和反应性指标等的研究;进而他又发展了新的分子力学方法。

众所周知,阐明和预测复杂体系(溶液体系、多相体系、超分子体系、生物分子体系等)的静态和动态性质,有非常重要的理论和实际意义。量子力学方法(QM)目前仍无法研究这样大的复杂体系,因而发展了分子力学(MM)方法来进行研究,以模拟出体系的结构和能量性质、反应性质,以及热力学和动力学等性质。目前,也正在大力发展组合或混合的方法,即对体系中某个感兴趣的小区域进行量子力学研究,而同时对其余大范围的区域用分子力学处理,这称为 QM/MM 方法。用这种方法进行分子动力学(MD)研究,即 QM/MM/MD 研究,成为科学研究的前沿领域之一。

在组合 QM/MM 方法中,由于 QM 方法相对比较成熟,MM 方法就成为活跃探索和应用的领域。在 MM 中,构造体系势函数即分子力场、选择和优化参数是一件耗时费力和艰苦细致的工作。而在分子力场中,最难处理的部分是体系内电荷相互作用的部分。

杨忠志提出的原子-键电负性均衡模型和方法(ABEEM),发展了概念密度泛函理论(包括概念、原理和方法),首次将化学键和孤对电子引入到电负性均衡模型和方程中,概念明确,意义清楚,可以应用于探讨电负性及其均衡原理、局域硬度和局域软度、反应性指标、电荷分布和极化、响应函数和电荷转移等,提供了有希望的方法[56~62,70],2003 年 Geerlings[76]在"概念密度泛函理论"的文章中,给予高度关注和评价。

鉴于原子-键电负性均衡模型和方法(ABEEM)的优越性,杨忠志又把其融合进分子力学(ABEEM/MM),进行分子动力学模拟,即 ABEEM/MM/MD,取得了令人鼓舞的结果[71~75]。水分子体系是自然界最重要的溶液体系,也是分子力学中最重要和最难于处理的体系。这种新方法意义明确,计算快速。近来研究结果表明,ABEEM/MM/MD 应用于离子溶液和多肽蛋白质体系得到的结果优于现存其他分子力场的结果。这种模型和方法,以小的模型体系的实验结果和量子化学从头计算结果为背景,结合经典力学和统计力学,能够进行复杂体系的分子动力学模拟,研究对象从单一分子发展到水溶液以及多肽和蛋白质等生物大分子和凝聚态体系,是研究复杂分子体系的有力工具,可阐明预测复杂体系的静态与动态的性质和行为,应用前景广阔。这是杨忠志在 MEEM 法和 ABEEM 法基础上做出的又一贡献。

8.5　分子中的原子轨道:广义电负性和 Mulliken 集居数分析

8.5.1　分子中的原子轨道[87]

现代量子化学的成熟以及计算机技术的进步已经使我们可以用计算化学来得到不太大的体系的比较可靠的结果。当今量子化学的主流是分子轨道理论,它采用的方法是所谓的线性组合的原子轨道——分子轨道(LCAO-MO)。在化学上,相对于自由原子种类的有限性(不过是元素周期表中的所有原子及其所有可能的自由离子态),原子在分子环境中的表现是千变万化的。因此,为了用 LCAO-MO 得到比较精确的分子波函数,我们必须使用尽可能多的原子轨道或基组(当然最好是使用所谓的无穷多完备基组)。

原子是化学结构中的基本单位,从原子角度来分析分子的化学性质和功能是最有效的方法。从理论化学的角度来看,联系分子和原子的桥梁就是从分子波函数过渡到原子轨道,即 MO-LCAO。但是在计算中所采用的原子轨道或基组却是为了计算精确性与经济性而精心挑选出来的,特别是其价层原子轨道要比分析原子性质所需要的多以至于其原子性变得模糊不清。这就产生了一个矛盾:计算结果越精确,所得到分子波函数中各原子的原子性越模糊。因此给化学家提供的结果就少到只有分子的结构与能量方面了。

在解释许多化学现象方面,化学键理论都取得了成功,而这种理论是基于分子中原子间电荷的重新分布。因此把量子化学的巨大进步与化学家的经验规律结合起来是十分重要和有意义的事情,其中最关键步骤就是把分子波函数用一组恰当的原子轨道来表达出来,而这种原子轨道必须能反映出原子的本性与其在分子中的多样性。

这种原子波函数最自然的选择就是最小原子轨道(MAO)。其原因是:①只有最小原子轨道才符合构造(Aufbau)原理,把电子按照 Pauli 原理进行逐级填充;②只有最小原子轨道才能真正反映原子及其在分子中的变化。当然,在原子形成分子时,其外层电子数会有所增减,从而导致对应的原子轨道有所膨胀或收缩。为了正确描写原子轨道的这种变化,我们用其轨道的参数的变化来反映,而这些参数不是事先人为指定,而是由计算所得到的分子波函数在事后计算出来。这种具有可变参数的最小原子轨道可以称为分子中的原子轨道(AOIM)。这样就完成一个完整的过程:线性组合原子轨道→分子轨道→线性组合最小原子轨道(LCAO→MO→LCMAO)。

这个完整的过程首先必须对各个元素确定最小原子轨道的数目。从原子的基态电子排布,我们设定最高可占据的原子壳层为 H—He:1s, Li—Be:2s, B—Ne:2p, Na—Mg:3s, Al—Ar:3p, K—Ca:4s, Sc—Zn:3d 和 4s, Ga—Kr:4p,而其他的原子轨道对分析原子性质仅有次要作用而不再考虑。

其次,这种最小原子轨道最佳候选者是类氢原子轨道。但是类氢原子轨道的指前因子在很多情况下是多项式,在计算中很不方便。因此采用 Slater 型轨道(STO)会更好,因为最小 Slater 型轨道(MSTO)可以线性组合成最小类氢原子轨道。Slater 型轨道为 $\chi_{nlm} = N_s R_{nl}(\zeta, r) Y_{lm}(\theta, \phi)$,其中 N_s 是归一化因子,$Y_{lm}(\theta, \phi)$ 是球谐函数,$R_{nl}(\zeta, r) = r^{n-1} e^{-\zeta r}$ 是径向函数,而在分子中 ζ 是与 n, l 和 m 有关的参数,是 AOIM 中的可变参数。

接下来用 Sanchez-Portal 等[77]方法把分子波函数用上面的 MSTO 表示出来。

设分子波函数 Ψ 用 n 个单电子占据的分子轨道 $\psi_i(i=1,n)$ 的 Slater 行列式表示

$$\Psi = |\,\psi_1\cdots\psi_n\,| \tag{8.5.1}$$

而分子轨道可表示为基组 $\{\phi_\mu\}$ 的线性组合

$$\psi_i = \sum_\mu C_{i\mu}\phi_\mu \tag{8.5.2}$$

通过 Löwdin 正交化[78]，ψ_i 可以用一组正交基组 $\{\phi'_\mu\}$

$$\phi'_\mu = \sum_\nu (\boldsymbol{S}^{-1/2})_{\nu\mu}\phi_\nu \tag{8.5.3}$$

的线性组合来表示

$$\psi_i = \sum_\mu C'_{i\mu}\phi'_\mu \tag{8.5.4}$$

上面的 $\boldsymbol{S}^{-1/2}$ 是 ϕ_μ 的重叠矩阵的逆平方根，且其矩阵元 $S_{\mu\nu}=\langle\phi_\mu|\phi_\nu\rangle$。

另一方面，对分子中的所有原子可以给出预先确定的最小 STO$\{\chi_\sigma\}$，其重叠矩阵 $\boldsymbol{S}^{\mathrm{m}}$ 由矩阵元 $S^{\mathrm{m}}_{\sigma\tau}=\langle\chi_\sigma|\chi_\tau\rangle$ 给出。那么正交的 STOχ'_σ 可同样通过 Lowdin 正交化而得到

$$\chi'_\sigma = \sum_\tau \big[(\boldsymbol{S}^{\mathrm{m}})^{-1/2}\big]_{\tau\sigma}\chi_\tau \tag{8.5.5}$$

通过公式

$$C^{\mathrm{m}}_{i\sigma} = \sum_\nu \langle\chi'_\sigma|\phi'_\nu\rangle C'_{i\nu} \tag{8.5.6}$$

可以把 MO 从基组 $\{\chi'_\sigma\}$ 转换到用 $\{\phi'_\mu\}$ 来表示

$$\psi^{\mathrm{m}}_i = \sum_\sigma C^{\mathrm{m}}_{i\sigma}\chi'_\sigma \tag{8.5.7}$$

在表达分子波函数时，常用的基组有单 ζ（最小）、双 ζ、双 ζ 加极化函数等基组，其中最小基组是由于其完备性最低而计算精度最差，双 ζ 加极化函数基组是精确计算中最常用的基组。因此当用大基组得到比较精确的波函数后再投影到最小基组，必然有一些电子没有被投影出来，即有一些电子被泄漏掉了。泄漏掉的原因有三：①与自由原子相比，分子中电子的重新分布必然引起 STO 径向分布也发生变化（膨胀或收缩）；②原子的 p 和 d 轨道是有方向性的，在分子中必然会根据成键情况而调整到最佳方向；③用一个函数不可能完全拟合出两个或多个函数表示的函数；④最小基组没有包含量子数更高的函数。

第一和第二个原因对于原子形成分子是本质性的，因此投影的品质可以用泄漏掉的电子数量来评估，即不完全度 Δ

$$\Delta = \sum_i^{\mathrm{occ}}\delta_i = \sum_i^{\mathrm{occ}}\big[1 - \sum_\sigma (C^{\mathrm{m}}_{i\sigma})^2\big] \tag{8.5.8}$$

式中，δ_i 是第 i 个 MO 泄漏掉的电子数量。不完全度是 ζ_i 以及 p 和 d 轨道方向的

函数,通过将它最小化,就可以得到分子环境中原子轨道所处的最佳状态,从而反映出分子中原子的多样性。当对自由原子进行分析时,对 s 和 p 轨道 δ_i 少于 0.03,对 d 轨道少于 0.06,这就表明波函数的主要成分已经被投影出来了。第三个原因对自由原子和分子中原子有一定的相似性,而基于第四个原因的不完全度比较小,因此为了得到完整的电子数,可以对每个投影出的分子轨道强制归一化。这样校正后的分子轨道为

$$\psi_i^{\text{norm}} = \sum_\sigma C_{i\sigma}^{\text{norm}} \chi_\sigma \tag{8.5.9}$$

其中

$$C_{i\sigma}^{\text{norm}} = \sum_\tau \frac{C_{i\tau}^{\text{opt}}}{(1-\delta_i)^{1/2}} \big[(S^{\text{opt}})^{-1/2} \big]_{\tau\sigma} \tag{8.5.10}$$

其中的 $C_{i\tau}^{\text{opt}}$ 是用优化最小基组表示的分子轨道系数,$(S^{\text{opt}})^{-1/2}$ 是优化 STO 的重叠矩阵的逆平方根。所有 AOIM 的原子性质都可以从这个投影出来的分子波函数 Ψ^{m}

$$\Psi^{\text{m}} = |\ \psi_1^{\text{norm}} \cdots \psi_n^{\text{norm}}\ | \tag{8.5.11}$$

计算出来。并且经过这样的校正,自由原子 H-Kr 的各轨道电子集居数小于 2.03,这说明所做的校正是合理的。

由于本方法只用到计算重叠积分和 Lowdin 正交化,因此非常容易实现。具体计算程序 AOIM1.0 在 http://faculty.sxu.cn/luhg/aoim.html。它可以用于从 Gassian98 或 Gaussian03 的 Formcheck 文件中得到 AOIM 波函数并进行电负性[3] 和 Mulliken 集居数分析[79]。

8.5.2 广义电负性

电负性的概念是 Pauling[1] 于 1932 年引入的,目的是为了描写一个原子在分子中吸引电子的能力。经典的电负性标度是相对的,由热化学数据得到。原子 X 和 Y 的电负性之差定义为 $\chi_X - \chi_Y = [E_{XY} - (E_{XX} - E_{YY})^{1/2}]^{1/2}$(单位为 $\text{eV}^{1/2}$),其中的 E_{XX},E_{YY} 和 E_{XY} 分别是 X—X,Y—Y 和 X—Y 型分子中的键能。此后,有几种不同的电负性标度被提出:Mulliken[2] 标度来自电子的电离能和亲和能,Allred & Rochow[3] 标度来自于作用在价层电子上的静电力,Allen[80] 标度来自光谱数据,Nagle[81] 标度来自原子的可极化性。特别是,Allen 把电负性定义为基态自由原子中价层电子的单电子平均能量,因此对 p 区元素

$$\chi_{\text{spec}} = (m\varepsilon_s + n\varepsilon_p)/(m+n) \tag{8.5.12}$$

式中,m 和 n 是价层中 s 和 p 轨道上的电子数,ε_s 和 ε_p 是单电子轨道能量。另外,Hinze 和 Jaffe[13] 还根据 Mulliken 标度计算了轨道电负性,Sanderson[21] 提出了电负性均衡原理,Parr 等[27] 从密度泛函理论的电子化学势定义了绝对电负性,并且

证明了电负性均衡定理。

在自由原子中，对 STO 有 $\varepsilon = -\zeta^2$，所以可以用 STO 的指数来表征其电负性大小。如果采用 Allen 的平均能量公式，且鉴于两个价层子壳层的指数比较接近，我们就得到

$$-\varepsilon_{sp} = \frac{-(n_s\zeta_s^2 + n_p\zeta_p^2)}{n_s + n_p} \approx \left(\frac{n_s\zeta_s + n_p\zeta_p}{n_s + n_p}\right)^2 = \zeta_{sp}^2 \quad (8.5.13)$$

式中，ζ_{sp} 是 s 和 p 子壳层的平均指数。把 $\zeta_{sp}/n^{1/2}$ 与已有的电负性值拟合（图 8-10），得到公式

$$\chi_\zeta = 2.526\zeta_{sp}/n^{1/2} - 0.262 \quad (8.5.14)$$

其相关系数为 0.997，标准偏差为 0.07，包括的元素为前四周期的元素（除了稀有气体，Cl，Br）。表 8-13 给出了由优化 STO 指数得到的电负性值以及其他标度的数值。

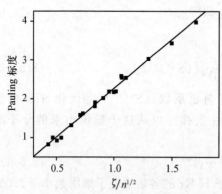

图 8-10　$\zeta_{sp}/n^{1/2}$ 与 Pauling 电负性标度的相关性

表 8-13　前四周期元素的价层 STO 指数与电负性（Pauling 标度）

原子	χ_p^a	χ_{spec}^b	χ_ζ	$\chi_\zeta(d)$	原子	χ_p^a	χ_{spec}^b	χ_ζ	$\chi_\zeta(d)$
H	2.20	2.30	2.31		K	0.82	0.73	0.83	
He		4.16	3.83		Ca	1.00	1.03	1.10	
Li	0.98	0.91	0.93		Ga	1.81	1.76	1.84	
Be	1.57	1.58	1.52		Ge	2.01	1.99	2.04	
B	2.04	2.05	2.02		As	2.18	2.21	2.25	
C	2.55	2.54	2.51		Se	2.55	2.42	2.44	
N	3.04	3.07	3.02		Br	2.96	2.68	2.65	
O	3.44	3.61	3.51		Kr		2.97	2.86	
F	3.98	4.19	4.03		Sc	1.36	1.15	1.18	2.14
Ne		4.79	4.58		Ti	1.54	1.28	1.25	3.32
Na	0.93	0.87	1.01		V	1.63	1.42	1.33	3.70
Mg	1.31	1.29	1.33		Cr	1.66	1.57	1.22	3.75
Al	1.61	1.61	1.57		Mn	1.55	1.74	1.24	4.11
Si	1.90	1.92	1.86		Fe	1.83	1.79	1.48	4.70
P	2.19	2.25	2.16		Co	1.88	1.82	1.53	4.99
S	2.58	2.59	2.43		Ni	1.91	1.80	1.59	5.31
Cl	3.16	2.87	2.72		Cu	1.90	1.74	1.64	5.46
Ar		3.24	3.02		Zn	1.65	1.60	1.68	

a Pauling，数据来源于参考文献[82].
b Allen，参考文献[80].

由 AOIM 理论,只要知道了化学体系的波函数,就可以得到各个组分原子的优化原子轨道,从上述公式就可计算出轨道及原子电负性。由于这种电负性可以应用于所有化学体系,被称为广义电负性。它定义为原子在分子环境中吸引电子的能力。

为了说明广义电负性的性质,给出几个简单应用。

1. 离子的电负性

离子的电负性绘于图 8-11 中。可以看到,①电负性随电子数目的增加而减小,反之亦然;②电负性基本上是随原子的电荷线性变化的;③当价层失去或得到一个电子时,电负性的变化幅度不超过 0.5。这些与通常的化学认识是一致的。

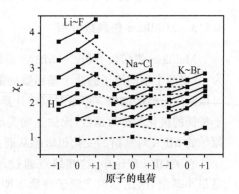

图 8-11　某些主族元素的广义电负性 χ_ξ 及其族内变化趋势(虚线),与所带电荷的关系(实线)

2. 同核分子中的电负性

一些简单的同核分子的电负性为 $H_2(2.73)$, $N_2(3.15)$, $O_2(3.60)$, $F_2(4.08)$, $Cl_2(2.75)$, $Br_2(2.68)$。因为它们的组分原子之间没有电子转移,所以电负性的增量来自共价键中的轨道重叠。其电负性变化顺序为 $H_2(0.42) \gg N_2(0.13) > O_2(0.09) > F_2(0.05) > Cl_2(0.03) \approx Br_2(0.03)$。

3. 多原子分子中的电负性均衡

电负性均衡原理由 Sanderson[21] 提出:当两个或多个不同电负性的原子形成分子时,这些原子将调整电负性到中间某个值。在两个不同电负性的原子形成的键上,电子将从低电负性原子流向高电负性原子。

在 AOIM 中,原子的电负性随价层电子数目的减少而升高,而轨道重叠也导致电负性升高。当自由原子形成分子时,电子从低电负性原子流向高电负性原子。因此分子中键合的两个原子之间的电负性差必然比两个自由组分原子之间的要小,比如 HF 中氟和氢离子的电负性差值 $\Delta\chi_m = 0.56$ 就小于氟和氢原子 $\Delta\chi_a = 1.72$。

AOIM 的结果与电负性均衡原理($\Delta\chi_m = 0$)是一致的,但却无法保证电负性在分子中必须相等。

4. 过渡金属的电负性

过渡金属的电负性当然要由其 s 和 d 轨道确定。因为在原子中 s 的半径大概是 d 的半径的 2～3 倍，因此应该而且也可以把两个电负性分别给出，从而过渡金属有两个电负性值：χ_s 和 χ_d。在表 8-13 中给出了 3d 区元素的电负性。其中 4s 的电负性一般小于 2.0，因此 3d 元素表现为金属；对于 3d 的电负性数值，由于在拟合公式中 n 的意义对 3d 是不明确的，因此在数值上是不准确的。

8.5.3　Mulliken 集居数分析

Mulliken 集居数分析[79]（MPA）是最常用的计算原子电荷的方法，其基本假设为：分属两个不同原子的两个基函数的重叠积分按原子轨道被等分。MPA 对小基组可以给出定性的结果。但是对精确计算中所采用的大基组，由于其中包含无明确原子特征的极化和弥散函数，无法正确表示原子轨道的电子填充性质（构造原理），因此原始的 MPA 对基组的变化很敏感从而得到的原子电荷在很多情况下是不合理的。

在 AOIM 理论中，这些缺点通过改进基组而克服。首先，AOIM 所用的基组是最小基组，因此不包含原子性质不明确的极化和弥散函数，这样得到的结果总是合理的。其次，所用的基组是事后由计算得到的波函数确定的，使得分子中各原子之间达到了某种确定的平衡，因而存在一个统一的判据，集居数分析的精确性得到改善。因此，由 AOIM 给出的 MPA 的结果会比原始 MPA 有很大的改进，并且符合化学直观。

另一种改进的集居数分析方法是自然集居数分析[83]（NPA），它对基组的依赖性低。但是它指定的原子轨道是一阶电子密度矩阵的本征函数，是正交的且多中心的，导致与通常的原子概念有一定程度的不符。

还有就是分子中的原子理论[84]（AIM），它分析的是电子密度从而基本上与基组无关。但是它却无法给出原子轨道的信息。由于它与 AOIM 有本质的区别，因此不在此进行比较。

合理可信的集居数分析应该满足结果精确和准确这两个要求。下面就这两个方面来比较 AOIM 与 NPA 以及原始的 MPA。

1. 精确性

为了说明 AOIM、NPA 与原始 MPA 对基组的依赖性，可以对乙酸、LiF 和NaCl 的不同基组 6-31G、6-31＋＋G 以及 6-31G** 的结果进行分析。选择它们是因为乙酸分子中有 C—H，C—C，C—O，C ＝O，O—H 这些典型的共价键，而 LiF和 NaCl 中有典型的离子键。表 8-14 中列出了由 AOIM、NPA 和原始 MPA 计算得到的不同基组下原子电荷以及不同基组之间的电荷差。

表 8-14 CH₃COOH,LiF 和 NaCl 中原子电荷及其差值

	基组	C_1^a	C_3	O_4	O_5	H_2	H_6	LiF	NaCl
AOIM	6-31G	0.38	0.87	0.63	0.59	0.12	0.38	0.96	0.89
	6-31++G	0.38	0.90	0.64	0.61	0.12	0.39	0.97	0.89
	$\Delta^{++\,b}$	0	3	1	2	0	1	1	0
	6-31G**	0.34	0.96	0.67	0.63	0.10	0.39	0.96	0.89
	Δ^{**}	4	9	4	4	2	1	0	0
NPA	6-31G	0.78	0.93	0.67	0.78	0.26	0.51	0.92	0.94
	6-31++G	0.73	0.90	0.67	0.78	0.25	0.52	0.98	0.96
	Δ^{++}	5	3	0	0	1	1	6	4
	6-31G**	0.76	0.99	0.70	0.79	0.25	0.52	0.92	0.94
	Δ^{**}	2	6	3	1	1	1	0	0
MPA	6-31G	0.51	0.69	0.53	0.59	0.21	0.43	0.74	0.74
	6-31++G	0.67	0.90	0.55	0.59	0.24	0.51	0.76	0.76
	Δ^{++}	1	9	2	0	3	8	2	2
	6-31G**	0.41	0.72	0.56	0.59	0.16	0.36	0.66	0.67
	Δ^{**}	10	3	3	11	5	7	8	11

a X_n 表示分子式 CH₃COOH 中的第 n 个原子。b Δ^{++}(Δ^{**})是 6-31++G(6-31G**)与 6-31G 之间原子电荷差的 100 倍。

由于原子电荷是从分子波函数得到的,所以原子电荷必然与分子波函数密切相关:如果分子波函数有了明确的改变,那么所得到原子电荷必须随其出现一定的变化。但是如果在不同基组下分子波函数基本没什么变化,那么所得到的原子电荷就不应有什么变化。在一系列不同基组的计算结果中,总能量是一个可用而适当的参数来表示波函数是否有明确的改变。对于乙酸、LiF 和 NaCl,其 6-31++G 和与 6-31G 之间的能量差分别为 0.008、0.016 和 0.003Hartree;而 6-31G** 和 6-31G之间的分别为 0.124、0.013 和 0.008Hartree。由此可知,用这些基组得到波函数基本是一样的,除了采用 6-31G** 的乙酸的波函数。

不同基组下原子电荷之间的差越小,那么所用的集居数分析方法越精确。从表 8-14 得到,用 AOIM、NPA 和原始 MPA 得到的原子电荷平均(最大)差分别为 0.01(0.03)、0.02(0.06)、0.06(0.16)。因此 AOIM 和 NPA 对基组的依赖性不大,比较精确,而原始的 MPA 是不精确的。另外还可以看到,当分子波函数有明显变化时,所得到的原子电荷也有轻微变化:对 AOIM、NPA 和原始 MPA 分别为 0.04、0.02 和 0.07。

键级是化学键理论中另一个重要概念。Mayer 键级[85]对一些常见共价键与经验键级十分接近,比如 H—H(1.0)、O =O(2.0)、C—H(1.0)。原始的 Mayer 键级对基组也有依赖性。从表 8-15 对乙酸的 Mayer 键级的比较可以看出,AOIM 的键级与基组无关(最大差值仅 0.02),而用计算基组分析所得的键级却对基组有一定的依赖性(最大差值为 0.19)。

表 8-15　CH₃COOH 中 Mayer 键级及不同基组下的最大差值

	基　组	C—C	C—O	C＝O	C—H	O—H
AOIM	6-31G	0.99	0.98	1.71	0.98	0.82
	6-31＋＋G	1.00	0.97	1.70	0.98	0.81
	6-31G**	0.99	0.96	1.69	0.98	0.81
	$\Delta_{max} \times 100$	1	2	2	0	1
MPA	6-31G	0.89	0.90	1.84	0.94	0.76
	6-31＋＋G	0.77	0.96	1.89	0.93	0.69
	6-31G**	0.96	1.00	1.87	0.96	0.85
	$\Delta_{max} \times 100$	19	10	5	3	16

总之,以 AOIM 为基础的 Mulliken 集居数分析与 NPA 有相同的精确度,都比原始的 Mulliken 集居数分布有一定程度的改进;以 AOIM 为基础的 Mayer 键级比用其他基组有更大的精确度。

2. 准确性

集居数分析的准确性可以通过简单小分子的偶极矩来验证。因为原始的 MPA 的精确度比较差,因此只需要把 AOIM 和 NPA 与实验值[86]进行比较。

对于只存在单键的氢化物和碱金属卤化物这些简单分子,其键离子特征可以从原子电荷计算出,也可以从实验偶极矩得到。键的离子特征分数(FIC)为 $FIC = \mu / (ZR)$,其中 μ 是偶极矩,Z 是原子的表观电荷,R 是两个原子之间的键长。对于 NH_3,H_2S 和 H_2O,总偶极矩可以像矢量一样分解为各个键的偶极矩。对氢化物或卤化物而言,FIC 就是氢或卤原子上从氢化物或卤化物波函数通过集居数分析得到的原子电荷。

图 8-12 给出了一些典型氢化物的 FIC,由此可以发现,由 AOIM 得到的 FIC 比 NPA 更接近实验值。H_2S 和 NH_3 的 FIC 反而比实验值小,这是因为它们没有考虑孤对电子对偶极矩的贡献。因此,对氢化物而言,AOIM 的集居数分析结果比 NPA 的要更可信。

图 8-13 给出了一些碱金属卤化物的原子电荷,其中 AOIM 的结果与卤素的

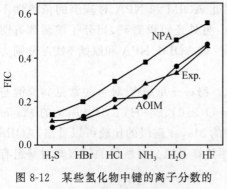

图 8-12　某些氢化物中键的离子分数的
AOIM、NPA 与实验值的比较

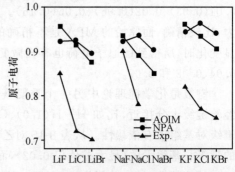

图 8-13　碱金属卤化物中原子电荷的
AOIM、NPA 与实验值比较

电负性趋势（F＞Cl＞Br）是一致的，而 NPA 的结果却在 F 和 Cl 之间有所反常。因此对卤化物而言，AOIM 比 NPA 更可信。

这些结果都说明了 AOIM 可以提供比较可信的集居数分析。

当然，可以说，分子中原子轨道这个理论建立了从计算化学到化学键理论的一座桥梁。随着此理论的进一步发展，它不仅可以抽提出电负性、原子电荷、化学键级等稳定性信息，也可以为化学反应活性位点提供一种方法[87]。

参 考 文 献

1　Pauling L. J. Amer. Chem. Soc. ,1932,54:3570

2　Mulliken R. J. Chem. Phys. ,1934,2:782

3　Allred A,Rochow E. J. Ionrg. Nucl. Chem. ,1958,5:264

4　高孝恢. 化学学报,1961,27:190

5　Szoke S,Prauss H. Z. Naturforsch. ,1973,28a:1828

6　Iczkowski R,Margrave J. J. Amer. Chem. Soc. ,1961,83:3547

7　Hohenberg P,Kohn W. Phys. Rev. Soc. B,1964,136:864

8　Parr R et al. J. Chem. Phys. ,1978,68:3801

9　Simons G et al. J. Amer. Chem. Soc. ,1976,98:7869

10　Frost A. J. Chem. Phys. ,1967,47:3707

11　杨频. 山西大学学报,1980,2:1

12　Boyed R,Marku G. J. Chem. Phys. ,1981,75:5385

13　Hinze J et al. J. Amer. Chem. Soc. ,1962,84:540;1963,85:148

14　高孝恢,陈天朗. 科学通报,1976:498

15　Ponec R. Theor. Chim. Acta. ,1981,59:629

16　Mcdaniel D,Ynist J. J. Amer. Chem. Soc. ,1964,86:1334

17　Huheey J. J. Phys. Chem. ,1965,69:3284

18　Younkin J et al. Theor. Chem. Acta. ,1976,41:157

19　Johnson K. Int. J. Quant. Chem. ,1977,11:39

20　Klopman G. J. Amer. Chem. Soc. ,1968,90:223

21　Sanderson R. Science,1952,116:41;J. Amer. Chem. Soc. ,1952,74:4792

22　Politzer R,Weinsten H. J. Chem. Phys. ,1979,71:4218

23　Parr R,Bortolotti L. J. Amer. Chem. Soc. ,1982,104:3801

24　Hohenberg P,Kohn W. Phys. Rev. ,1964,136:B864～871

25　Kohn W,Sham L J. J. Phys. Rev. ,1965,140:A1133～1138

26　Parr R G,Yang W. Density Functional Theory of Atoms and Molecules. New York:Oxford Univ. Press, 1989

27　Parr R G,Donnelly R A,Levy R A,Palke W E. J. Chem. Phys. ,1978,68:3801～3807

28　Sanderson R T. Science,1951,114:670～672

29　Sanderson R T. Chemical Bond and Bond Energies. New York:Academic Press,1976

30　Sanderson R T. Polar Covalence. New York:Academic Press,1983

31　No K T,Grant J A,Scheraga H A. J. Phys. Chem. ,1990,94:4732～4739

32　Proft F D,Langenaeker W,Geerlings P. J. Mol. Struc. (Theochem),1995,339:45~55

33　Park J M,Kwon O Y,No K T,John M S,Scheraga H A. J. Comp. Chem. ,1995,16:1011

34　Darrin M Y,Yang W. J. Chem. Phys. ,1996,104:159~172

35　Cioslowski J,Stefanov B B. J. Chen. Phys. ,1993,99(7):5151~5162

36　Mortier W J,Ghosh S K,Shankar S. J. Am. Chem. Soc. ,1986,108:4315~4320

37　Mortier W J,Genechten K V,Gasteiger J. J. Am. Chem. Soc. ,1985,107:829~835

38　Yang Z Z,Shen E Z. J. Mol. Struc. (Theochem),1994,312:167~173

39　Yang Z Z,Shen E Z. Science in China(Series B),1995,38:521~528

40　杨忠志,沈尔忠. 中国科学(B辑),1995,25:1233~1239

41　Yang Z Z,Wang C S,J. Phys. Chem. A,1997,101:6315~6321

42　Wang C S,Yang Z Z. J. Chem. Phys. ,1999,110:6189~6197

43　Wang C S,Li S M,Yang Z Z. J. Mol. Struc. (Theochem),1998,430:191~199

44　Yang Z Z,Wang C S,Tang A Q. Science in China(Series B),1998,41:331~336

45　王长生,杨忠志. 中国科学(B辑),2000,30(2):132

46　Cong Y,Yang Z Z. Chem. Phys. Letter,(in press)

47　杨忠志,叶元杰,唐敖庆. 大分子体系的量子化学. 长春:吉林大学出版社,2005. 127~155

48　Pauling L. The Nature of the Chemical Bond. 3rd edition. Ithaca:Cornel University Press,N. Y. ,1960

49　Sen K D,Jorgensen C K. Electronegativity in Structure and Bonding. Vol. 66. New York. Springer-Verlag,1987

50　Sanderson R T. Chemical Bond and Bond Energies. N. Y. :Academic Press,1976

51　Sanderson R T. Polar Covalence. New York:Academic Press,1983

52　Mortier W J,Ghosh S K,Shankar S. J. Am. Chem. Soc. ,1986,108:4315

53　Mortier W J,Genechten K V,Gasteiger J. J. Am. Chem. Soc. ,1985,107:829

54　Baekelandt B G,Mortier W J,Lievens J L,Schoonbeydt R A. J. Am. Chem. Soc. ,1991,113:6730

55　Ghosh S K. Inter. J. Quan. Chem. ,1994,49:239

56　Yang Z Z,Shen E Z. Science in China(Series B),1996,39:20

57　Yang Z Z,Wang C S. J. Phys. Chem. ,1997,101:6315

58　Wang C S,Li S M,Yang Z Z. J. Mol. Struc. (Theochem),1998,430:191

59　沈尔忠,杨忠志. 中国科学(B辑),1995,25(2):126

60　杨忠志,沈尔忠. 中国科学(B辑),1995,25(120):1223

61　沈尔忠,杨忠志. 化学学报,1996,54:154

62　Yang Z Z,Shen E Z,Niu S Y. Chemical Research in Chinese Universities,1996,12(2):159

63　(a) Wells P S. Prog. Phys. Org. Chem. ,1968,6:111

　　(b) Inamoto N,Masuda S,Tori K et al. Tetrahedran Lett. ,1978. 46:4547

　　(c) Sen K D,Jorgensen C K. Electronegativity. New York:Springer-Verlag,1987,66:6

　　(d) Marriott S,Reynolds W F,Taft R W et al. J. Org. Chem. ,1984,49:959

　　(e) Huheey J E. J. Phys. Chem. ,1965,69:3284

　　(f) Bratsch S G. J. Chem. Educ. ,1985,62:101

　　(g) Mullay J. J. Am. Chem. Soc. ,1985,107:7271

　　(h) Bergmann D,Hinze J. In: Sen K D,Jorgenson C K,eds. Electronegativity. Berlin:Springer Verlag,1987,66:145

　　(i) Boyd R J,Edgecombe K E. J. Am. Chem. Soc. ,1992,114:1652

64　(a) 蒋明谦,戴萃辰. 化学学报,1962,28:275

　　(b) 周光耀. 化学学报,1985,43:1

　　(c) 韩长日. 化学学报,1990,48:627

65　Reed L H,Allen L C. J. Phys. Chem. ,1992,96:157

66　Proft F De,Langenaeker W,Geerings P. J. Phys. Chem. ,1993,97:1826

67　Wray V,Wrnst L,Jakobsen H J. J. Magn. Reson. ,1980,40:55

68　Inamoto N M,Zsuda S. Chem. Lett. ,1982,1003

69　Datta D,Singh S N. J. Phys. Chem. ,1990,94:2187

70　王长生,杨忠志,唐敖庆. 中国科学(B 辑),1998,28:223

71　Yang Z Z,Wu Y,Zhao D X. J. Chem. Phys. ,2004,120:2541

72　Wu Y,Yang Z Z. J. Phys. Chem. A,2004,108:7563

73　Yang Z Z,Li X. J. Phys. Chem. A-Letters,2005,109:3517

74　Li X,Yang Z Z. J. Chem. Phys. ,2005,122:084514

75　(a) Yang Z Z,Zhang Q. J. Comput. Chem. ,2006,27:1

　　(b) Zhang Q,Yang Z Z. Chem. Phys. Lett. ,2005,403:242

76　Geerlings P,De Proft F,Langenaeker W. Chem. Rev. ,2003,103:1793

77　Sanchez-Portal D,Artacho E,Soler J M. Solid State Comm. ,1995,95:685

78　Löwdin P O. J. Chem. Phys. ,1950,18:365

79　Mulliken R S. J. Chem. Phys. ,1955,23:1833

80　Allen L C. J. Am. Chem. Soc. ,1989,111:9003

81　Nagle J K. J. Am. Chem. Soc. ,1990,112:4741

82　Allred A L. J. Inorg. Nucl. Chem. ,1961,17:215

83　Reed A E,Weinstock R B,Weinhold F. J. Chem. Phys. ,1985,83:735

84　Bader R F W. Atoms in Molecules:A Quantum Theory. New York:Oxford Press,1990

85　Mayer I. Chem. Phys. Lett. ,1983,97:270

86　Nelson R D,Lide D R,Maryott A A. Selected Values of Electric Dipole Moments for Molecules in the Gas Phase. Washington DC:National Bureau of Standards,1967

87　Lu H G,Dai D D,Yang P,Li L M. Phys. Chem. Chem. Phys. ,2006,8:340

第 9 章 分子的总体分类——分子片和分子的四维结构参量

9.1 分子的总体分类和分子片

9.1.1 对分子进行总体分类的必要、可能和意义

随着科学技术的发展,截止 2006 年 2 月 28 日,美国化学文摘登记的分子、化合物和物相数目已超过 8466 万种,其中合成 2742 万种,识别生物分子序列(biosequences)5724 万种。比半年前(2005 年 8 月 29 日)的 8332 万种,增加了 134 万种新品种,因此对数以千万种的分子进行科学分类,从而预见新分子的任务,就显得越来越重要了。

分类法是一种很重要的科学方法,徐光宪指出它的作用至少有三:①帮助人们分类归纳大量实验事实,从而总结出一些规律性的结论,这对教学工作即将知识从这一代向下一代传递是必不可少的;②突出事物的主要矛盾、共性和个性,导致对于事物的本质深入了解,从而提出或发展理论;③预见新事物。徐光宪认为,旧有的分类法在原子和复杂分子之间缺少一个"次一级的结构层次",从 20 世纪 80 年代初开始,他沿用 Hoffmann 提出的"分子片"概念,发展了基于分子片和四维($nxc\pi$)的总体分类法[1~12],其基本理论框架已收入他的《物质结构》第二版(高等教育出版社,1987)中。按照这一分类法,可使上千万种不同类型的分子呈现出规律性和系统性,这是我国科学家在化学物质分类学上做出的卓越贡献。在本章我们将系统介绍他的这一分类法。

9.1.2 分子片和多维分类法

鉴于分子数目的众多和增长的迅速,为了更多更快地合成性能好的新分子,徐光宪等企图从分子结构类型的不同对分子进行分类,这种分类法可以叫做"多维分类法",因为它采用若干个参数(徐光宪采用的是 n, x, c, π 四个参数)来表征分子的结构类型,正像门捷列夫的元素周期表是对元素进行"二维分类法"(即周期和族这两个参数)一样。

已知的 8466 万种分子和化合物是由 100 余种原子组成的(周期表中第七周期的最后一个第 118 号惰性元素已经核反应合成,定名为 Uuo,只有第 113、115、117

三个元素尚未合成,所以现在已知的元素为 115 个,但组成已知 8400 多万种分子的化学元素不到 90 种)。在分子与原子这两个层次之间如果插入一个"分子片"的层次,这对了解分子的结构类型从而进行分类将会方便得多。分子片或类似的概念在化学文献中早有人提出来,如有机化学中的功能团(functional group)和合成子(synthon,即用计算机来设计有机合成路线时使用的合成化学中的单元),高分子化学中的单体(monomer)。霍夫曼对分子片(molecular fragment)做了大量研究工作,并提出等叶片相似性(isolobal analogy)原理。

9.2 四维分类法和($nxc\pi$)结构规则

9.2.1 分子和分子片

要点如下:

(1) 数以千万计的有机和无机分子均可看作由分子片 M^i 所组成。

(2) 分子片 M^i 是由中心原子 A^j 和若干配体 L 所组成,记为

$$M^i = A^j L^k \tag{9.2.1}$$

为中心原子的价电子数,L 表示各种配体的总和,k 为各种配体的价电子数的总和,且

$$i = j + k \tag{9.2.2}$$

分子所含价电子的总数 N 等于

$$N = \sum i = \sum j + \sum k \tag{9.2.3}$$

例如

$$CH_3 = A^4 L^3 = M^7, \quad OH = A^6 L^1 = M^7$$

$$CoCp = A^9 L^5 = M^{14}, \quad Mn(CO)_4^- = A^7 L^9 = M^{16}$$

下图表示由原子组成分子片,又由分子片组成分子这样三个层次:

| 约 90 种原子 | → | 约 20~30 种分子片 | → | 8400 万种分子 |

例如

$$CH_3CH_2OH = (CH_3)(CH_2)(OH) = M^7 M^6 M^7, \quad N = 20$$

$$C_2B_2H_4Co_2Cp_2 = (CH)_2(BH)_2(CoCp)_2 = M_2^5 M_2^4 M_2^{14}, \quad N = 46$$

$$Os_6(CO)_{21} = [Os(CO)_4]_3[Os(CO)_3] = M_3^{16} M_3^{14}, \quad N = 90$$

9.2.2 配体的分类

(1) 配体是指与中心原子相联结的原子或原子集团。这一定义比通常配位化学中配体的定义为广。例如,SF_6、SF_4、CH_4、$Ni(CO)_4$ 等由一个分子片组成的分

子(称为单片分子,mono-fragment molecule)中,F、H、CO 等都叫做配体。

(2) 配体 L^l 所含的价电子数 l 是指它与中心原子 A^j 结合成分子片时所提供的价电子数。

(3) 配体有几种基本类型,即:

① 路易斯酸配体 L^0,它与 A^j 结合时不提供价电子,但有一个空的价轨道,可以接受中心原子 A^j 的一对孤对电子。例如,在单片分子 $Cp(CH_2=CH_2)Rh \longrightarrow SO_2$ 中,Rh 为中心原子,SO_2 即路易斯酸配体 L^0,它的结构是

$$\square\overset{O}{\underset{O}{S}}$$

其中 S 原子采用 sp^3d^2 六个价轨道,除四个用于成键,一个容纳孤对电子外,还有一个空轨道,可以接受 Rh 的成对 d 原子,形成 $Rh \rightarrow SO_2$ 配键。

② 共价配体(covalent ligand)L^1,如 ·H、·C̈l:、·F̈:、·CH_2CH_3、·Ö—H 等。它们与 A^j 结合时提供一个共享电子,A^j 也提供一个电子,形成正常共价键。如 CH_4、SF_6、$B(CH_2CH_3)_3$、M—Cl、M—OH 等。

缺电子多中心桥联配体也属于 L^1 类型,例如

$$\begin{array}{cc} \overset{H}{\underset{H}{>}}B\overset{H}{\underset{H}{\cdots}}B\overset{H}{\underset{H}{<}}, & \overset{H_3C}{\underset{H_3C}{>}}Al\overset{\overset{H_3}{C}}{\underset{\underset{H_3}{C}}{\cdots}}Al\overset{CH_3}{\underset{CH_3}{<}} \end{array}$$

等分子中桥联的 H 和 CH_3 也是提供一个电子的 L^1 配体。

③ 双电子配体 L^2,即向中心原子提供一对电子的配体,L^2 又可分为四类:

(i) 路易斯碱配体,即 σ 孤对电子配体。如 NH_3、H_2O:、X^-(卤素阴离子)、HO^- 等。

(ii) 两性配体(amphoteric ligand),即 σ 孤对电子配体,但同时兼有 π^- 受体的作用。如 CO、PR_3、Py(吡啶)等。

(iii) η^n—π 配体,如 $CH_2=CH_2$ 等。

(iv) 最近的研究表明,邻近缺电子中心原子(如 Ti、稀土原子等)的 C—Hσ 键或其他 σ 键也能向中心原子配位,所以 σ 键也是一种 L^2 配体,但这种配体的结合能力比 η^2—π 配体弱。

④ 三电子配体 L^3,如 NO 等。

(4) 除上述四种基本配体外,还有多种复合配体。复合配体可视为由上述四种基本配体组合而成。复合配体有下述三种类型:

① η^n—π 配体,例如

$$Cp = \eta^5—C_5H_5 = L^5 = L^1L_2^2$$

$$\eta^6 - C_6 H_6 = L^6 = L_3^2$$

$$\eta^4 - CH_2 = CH - CH = CH_2 = L^4 = L_3^2$$

② 螯合配体

乙二胺 $=$ en $= L^4 = L_3^2$

联吡啶 $=$ bipy $= L^4 = L_2^2$

三联吡啶 $=$ terpy $= L^6 = L_3^2$

羧酸基 RCOO· $=$ R—C $\overset{O}{\underset{O}{<}}$ $= L^3 = L^1 L^2$

③ 桥联（μ^x—）配体，即联结 x 个中心原子的配体,例如

卤素原子桥 μ^2　$\leftarrow \ddot{\underset{\cdot\cdot}{X}} - \quad L^3 = L^1 L^2$

$$\mu^3 \quad \leftarrow \ddot{\underset{\downarrow}{X}} - \quad L^5 = L^1 L_2^2$$

氧桥或硫桥 μ^2　$-\ddot{\underset{\cdot\cdot}{O}} - \quad L^2 = L_2^1$

$$\mu^3 \quad -\ddot{\underset{\downarrow}{O}} - \quad L^4 = L_2^1 L^2$$

$$\mu^4 \quad -\overset{\uparrow}{\underset{\downarrow}{O}} - \quad L^6 = L_2^1 L_2^2$$

羟基桥　μ^2　$\leftarrow \overset{H}{\underset{\cdot\cdot}{O}} - \quad L^3 = L^1 L^2$

9.2.3　分子片的周期排布

（1）含有相同价电子数 i 的分子片称为等电子分子片(isoelectronic molecular fragments),以 M^i 表示之。例如,Cr(CO)$_4$、Mn(η^7—C$_7$H$_7$)、Fe(CO)$_3$、CoCp、Ni(PR$_3$)$_2$、Cu(NO)等都是含有 14 个价电子的等电子片,可用 M^{14} 表示之。

（2）M^i 可排列成周期表形式如表 9-1,表 9-1 概括了极大数量的各种分子片。例如,在 M^{14} 下面包括 $A^{10}L^4$、A^9L^5、A^8L^6、A^7L^7、A^6L^8 等,而其中每一个如 A^8L^6 则包括 $A^8(CO)_3$、$A^8(PR_3)_3$、$A^8(PPh_3)_3$、$A^8(NH_3)_3$、$A^8(NO)_2$、$A^8(RCOO)_2$、$A^8(\eta^3$—C$_3$H$_5)_2$、$A^8(C_6H_6)$、$A^8(C_6Me_6)$、A^8Cp^-、$A^8(B_6C_2H_8^{2-})$、$A^8(B_7C_2H_9^{2-})$、$A^8(B_{10}CSH_{10}^{2-})$等。以上各分子片中的 A^8 又可以包括

$$
\begin{array}{cccccccc}
A^8 = & Fe & Co^+ & Ni^{2+} & Cu^{3+} & Mn^- & HMn & H_2Cr \\
& Ru & Rh^+ & Pd^{2+} & Ag^{3+} & Tc^- & HTc & H_2Mo \\
& Os & Ir^+ & Pt^{2+} & Au^{3+} & Re^- & Hre & H_2W
\end{array}
$$

表 9-1　分子片 M^i 的周期表

族	IA	IIA	IIIB	IVB	VB	VIB	VIIB	VIII			IB	IIB	IIIA	IVA	VA	VIA	VIIA	VIIIA
M^i	M^1	M^2	M^3	M^4	M^5	M^6	M^7	M^8	M^9	M^{10}	M^1 M^{11}	M^2 M^{12}	M^3 M^{13}	M^4 M^{14}	M^5 M^{15}	M^6 M^{16}	M^7 M^{17}	M^8 M^{18}
1*	H	He																
2	Li	Be											B	C	N	O	F	Ne
3	Na	Mg											Al	Si	P	S	Cl	A
		A^1L^1																
													A^2L^1	A^3L^1	A^4L^1	A^5L^1	A^6L^1	A^7L^1
														A^3L^2	A^4L^2	A^4L^3	A^4L^4	
4	K	Ca	Sc	Ti	V	Cr	Mn	Fe	Co	Ni	Cu	Zn	Ga	Ge	As	Se	Br	Kr
5	Rb	S*	Y	Zr	Nb	Mo	Tc	Ru	Rh	Pd	Ag	Cd	In	Sn	Sb	Te	I	Xe
6	Cs	Ba	La	Hf	Ta	W	Re	Os	Ir	Pt	Au	Hg	Tl	Pb	Bi	Po	At	Rn
			A^3L^1	A^4L^1	A^5L^1	A^6L^1	A^7L^1	A^8L^1	A^9L^1		A^7L^4	A^8L^4	A^9L^4	$A^{10}L^4$	$A^{11}L^4$	$A^{11}L^5$	$A^{11}L^6$	$A^{10}L^8$
			A^3L^2	A^4L^2	A^5L^2			A^7L^2	A^8L^2				A^8L^5	A^9L^5	$A^{10}L^5$	$A^{10}L^6$	$A^{10}L^7$	$A^{10}L^9$
						A^6L^2					A^6L^5	A^7L^5	A^7L^6	A^8L^6	A^9L^6	A^9L^7	A^8L^9	A^8L^{10}
			A^3L^3	A^4L^3		A^6L^3	A^7L^3				A^6L^7	A^7L^7	A^8L^7	A^8L^8	A^9L^9		A^7L^{11}	
					A^5L^3						A^6L^8	A^7L^8	A^8L^8	A^8L^9	A^7L^{10}	A^6L^{12}		
			A^3L^4		A^5L^4	A^6L^4												
				A^4L^4								A^4L^7	A^5L^7					
				A^4L^5		A^6L^6												
			A^3L^5									A^3L^8	A^4L^8					

* 1、2、3、4、5、6 表示周期。

（3）周期表中 Ge（$3d^{10}4s^24p^2$）有 14 个价电子，与具有 4 个价电子的 Si（$3s^23p^2$）同属 ⅣA 族，所以 M^{14} 与 M^4 可称准等电子分子片（pseudo-isoelectronic molecular fragments）或广义等电子分子片（generalized isoelectronic fragments）。推而广之，同属 ⅢA、ⅤA、ⅥA、ⅦA 及 0 族的 M^i 及 M^{10+i} 分子片也都是广义等电子分子片。

霍夫曼根据分子片前线轨道的相似性把分子片 CH_3 和 $Mn(CO)_5$、CH_2 和 $Fe(CO)_4$ 等称为等叶片相似性。我们着眼于价电子数 i 相同或只相差 10，因此与等叶片的意思稍有差别。例如，霍夫曼认为 CH_2、$Fe(CO)_4$ 和 $Ni(PR_3)_2$ 三个分子片都是等叶片的。我们按价电子数多少把这三个分子片表示为 M^6、M^{16} 和 M^{14}，其中 M^6、M^{16} 是广义等电子分子片，但 M^{14} 则不是。

9.2.4　分子片的共价

仿照原子的共价 V_j 是它的价轨道层中的空位数，分子片的共价 V_i 也可定义为它的中心原子的价轨道层中的空位数

$$V_i = 2O_i - i \tag{9.2.4}$$

O_i 表示轨道指数。表 9-2 列出一些典型的分子片的共价。

表 9-2　某些分子片的共价 V_i

V_i	M^i	分子片举例	价轨道	O_i	i
1	M^7	CH_3,NH_2,OH,SH,OCH_8	sp^3	4	7
	M^{17}	$Mn(CO)_5$,$Re(PR_3)$,$Co(CO)_4$	d^5sp^3	9	17
2	M^6	CH_2,CR_2,NH,NR,SiH_2,PR	sp^3	4	6
	M^{16}	$Fe(CO)_4$,$Ru(PR_3)_4$,$W(CO)_5$,$Ni(PR_8)_3$, $HCo(CO)_3$,$Hir(PR_8)_3$	d^5sp^3	9	16
3	M^5	CH,CR,SiR,BH_2	sp^3	4	5
	M^{15}	$NiCp$,$Co(CO)_3$,$TaCp_2$	d^5sp^3	9	15
4	M^4	BH,AlR	sp^3	4	4
	M^{14}	$Fe(CO)_3$,$CoCp$,$Os(PR_3)_2$,$MoAcPy$	d^5sp^3	9	14
	M^{12}	$MoCl_4{}^{2-}$,$ReCl_4{}^-$,$Cr(CH_3)_4{}^{2-}$	d^5sp^2	8	12
5	M^{13}	$Ir(PR_3)_2$	d^5sp^3	9	13
6	M^{12}	$Pt(PR_3)_2$	d^5sp^3	9	12
7	M^{11}	$Re(PR_3)_2$	d^5sp^3	9	11
8	M^{10}	$Cr(CO)_2$,$W(CO)_2$,VCp	d^5sp^3	9	10
9	M^9	$V(CO)_2$	d^5sp^3	9	9
10	M^8	$Cr(CO)$,$W(CO)$	d^5sp^3	9	8

由表 9-2 可见,如 M^i 与 M^{10+i} 的 O_i 相差 5,则其价 V_i 相等,这样的分子片可称为等价分子片(equivalent molecular fragments)。对比表 9-2 和表 9-3 可以看到,IF_7 和 $Fe(CO)_3$ 虽然都是 M^{14} 分子片,但因它们的 O_i 不等(IF_7 为 7,$Fe(CO)_3$ 为 9),所以它们不是等价分子片。

表 9-3　广义的"八隅律"

广义八隅律	M^i	i	O_i	价轨道	举　例
2 电子规律	M^2	2	1	s	LiH,LiR,Li_2
4 电子规律	M^4	4	2	sp	BeR_2,$R—Mg—Cl$
6 电子规律	M^6	6	3	sp^2	Bet,$Y(CH_3)_3$,$La(Ph)_3$
8 电子规律(八隅律)	M^8	8	4	sp^3	CH_4,NH_3,H_2O,HF,$AlCl_4{}^-$
10 电子规律	M^{10}	10	5	sp^3d	PCl_5,SF_4,ClF_3,$TeCl_4$,$SbF_4{}^-$ BrF_3, $ICl_2{}^-$ XeF_2
12 电子规律	M^{12}	12	6	sp^3d^2	SF_6,MoF_6,$PF_6{}^-$,$SiF_6{}^-$
14 电子规律	M^{14}	14	7	sp^3d^3	IF_7
				d^5sp	$AgI_2{}^-$,$AgCl_2{}^-$,$MeAuPPh_3$
16 电子规律	M^{16}	16	8	d^5sp^2	Cp_2ZrCl_2,Cp_2Cr
18 电子规律	M^{18}	18	9	d^5sp^3	$Ni(CO)_4$,$Fe(CO)_5$,$Cr(CO)_6$,$FeCp_2$, $Hg(CN)_4{}^{2-}$,$LaCp_3$

9.2.5　广义的"八隅律"

如果分子片的价电子数 i 恰好等于它的价轨道数 O_i 的两倍,则由式(9.2.4)

得 $V_i=0$，即得到零价的或闭壳层的分子片，它能独立成为稳定分子，这一原理可以称为广义的"八隅律"。当 $i=8,O_i=4(\mathrm{sp}^3)$ 时，这就是"八隅律"。当 $i=18,O_i=9(\mathrm{d}^5\mathrm{sp}^3)$ 时，这就是西奇威克提出的 EAN 规律或 18 电子规则。表 9-3 列出广义的"八隅律"的各种特例。

9.2.6 分子的总价 V 和分子片之间的键级 B

考虑分子的总价，以 V 表示之，即

$$V = \sum_i^{\text{分子片}} V_i = \sum_i (2O_i - i) = 2\sum O_i - N \tag{9.2.5}$$

式中，$\sum O_i$ 表示分子中所有分子片的中心原子的价轨道的总数，N 即式(9.2.3)中的价电子总数。

分子片之间的共价键数 B 等于总价 V 除以 2，即

$$B = \frac{1}{2}V = \sum_i O_i - \frac{1}{2}N \tag{9.2.6}$$

式中，V 是所有分子片的总价；B 是分子片之间的共价键键级的总和，分子片内的键级不算在内。对于复杂分子，式(9.2.6)要简便得多。

如果把式(9.2.6)应用到 n 个分子片组成的过渡金属原子簇，且假定金属原子的价轨道数 $O_i=9$，则式(9.2.6)可改写为

$$N = 2\left(\sum_{i=1}^n O_i - B\right) = 2(9n - B) \tag{9.2.7}$$

这就是唐敖庆提出的 $(9n-L)$ 公式，式中 B 就是 L，而 N 就是原子簇的价电子总数。

9.2.7 由原子簇的分子式预测结构式[5]

1）$H_3Re_3(CO)_{10}^{2-}$

第一步，先由分子式计算价电子总数 N 和价轨道总数 $\sum O_i$

$$N = \underset{H_3}{3\times 1} + \underset{Re_3}{3\times 7} + \underset{(CO)_{10}}{10\times 2} + \underset{\text{电荷}q}{2} = 46 \tag{9.2.8}$$

$$\sum O_i = 3\times 9 = 27$$

第二步，由式(9.2.6)得

$$B = \sum O_i - \frac{1}{2}N = 27 - 46/2 = 4 \tag{9.2.9}$$

即三个分子片共有四个键，因三原子环只有三个单键，其中一个必须是双键，如下

图所示：

$$\text{Re}=\text{Re} \qquad M^{15}=M^{15} \qquad (\text{HRe(CO)}_3^-) = (\text{HRe(CO)}_3^-)$$

实验测得两个 Re—Re 键长为 303pm，一个 Re＝Re 键长为 278pm，与预测结果一致。

表 9-4 列出其他 Re 原子簇的 N、$\sum O_i$ 和 B 值，预测的结构和实测键长。

表 9-4　由计算的 B 值预测某些 Re 原子簇的结构

分子式	N	$\sum O_i$	B_i	结构式	Re—Re 键长/pm
$\text{HRe}_3(\text{CO})_{14}$	50	27	2		329
$\text{H}_2\text{Re}_3(\text{CO})_{12}$	48	27	3		310
$\text{H}_3\text{Re}_3(\text{CO})_{10}^{2-}$	46	27	4		303 278
$\text{Re}_3\text{Cl}_{12}^{3-}$	42	27	6		247
$\text{Re}_3(\text{CO})_{10}^{2-}$	62	36	5		299
$\text{H}_4\text{Re}_4(\text{CO})_{15}^{20}$	60	36	6		309

2) $\text{Os}_5(\text{CO})_{19}$

$$N = 5 \times 8 + 19 \times 2 = 78, \qquad \sum O_i = 5 \times 9 = 45$$

$$B = \sum O_i - N/2 = 45 - 78/2 = 6 \tag{9.2.10}$$

这一原子簇的分子片式（fragment formula）可写为

$$\text{Os}_5(\text{CO})_{19} = [\text{Os(CO)}_4]_4[\text{Os(CO)}_3] = (M^{16})_4(M^{14})$$

M^{14} 是 4 价的，M^{16} 是 2 价的，分子片之间的键数为 $B=6$。满足这些条件的分子片结构式只有两个，即

$$\begin{array}{c} M^{16}-M^{16} \\ M^{14} \\ M^{16}-M^{16} \end{array} \qquad \begin{array}{c} M^{16}-M^{16} \\ | \qquad | \\ M^{16}-M^{14}=M^{16} \end{array}$$

一般对过渡金属分子片来说，双键不如两个单键稳定，所以 $\text{Os}_5(\text{CO})_{10}$ 的可能结构是

$$(OC)_4Os \longrightarrow Os(OC)_4$$
$$Os(OC)_3$$
$$(OC)_4Os \longrightarrow Os(OC)_4$$

这一结构已为 X 射线衍射实验所证实。

3) $Os_6(CO)_{21}$

$$N = 6 \times 8 + 21 \times 2 = 90, \quad \sum O_i = 6 \times 9 = 54$$

$$B = \sum O_i - N/2 = 54 - 45 = 9 \tag{9.2.11}$$

这一原子簇的分子片式可以写为

$$Os_6(CO)_{21} = [Os(CO)_4]_3[Os(CO)_3]_3 = (M^{16})_3(M^{14})_3$$

满足 M^{14} 是 4 价,M^{16} 是 2 价的结构式只有三个,即

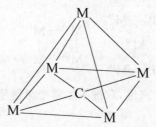

$(M^{16})_3(M^{14})_3$ 的三种可能结构式

在这三种结构式中,(b)和(c)都含有多重键,不如(a)稳定,所以 $Os(CO)_{21}$ 最可能的结构是

$$Os(CO)_4$$
$$(CO)_3Os \longrightarrow Os(CO)_3$$
$$(CO)_4Os \longrightarrow Os \quad (CO)_3 \longrightarrow Os(CO)_4$$

这一结构已为晶体衍射实验所证实。

4) $Fe_5(CO)_{15}C$

$$N = 5 \times 8 + 15 \times 2 + 4 = 74, \quad \sum O_i = 5 \times 9 + 4 \times 1 = 49$$

$$B = \sum O_i - N/2 = 49 - 37 = 12 \tag{9.2.12}$$

分子片式为 $Fe_5(CO)_{15}C = [Fe(CO)_3]_5[C] = (M^{14})_5(M^4)$

M^{14} 与 M^4 都是 4 价分子片。下面的结构式满足 6 个分子片都是 4 价的要求,且分子片之间的键级数为 $B=12$。这一结构式是和实验测定的结果一致的。

5) $Co_6(CO)_{18}C_2$

$$N = 6 \times 9 + 18 \times 2 + 4 \times 2 = 98, \quad \sum O_i = 6 \times 9 + 2 \times 4 = 62$$

(9.2.13)

$$B = \sum O_i - N/2 = 62 - 49 = 13$$

分子片式

$$Co_6(CO)_{18}C_2 = [Co(CO)_3]_6[C]_2 = (M^{15})_6(M^4)_2$$

下列结构式满足上述要求并和实验测定结果一致。

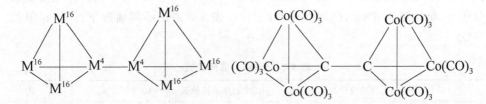

6) 某些正四面体原子簇的例子（表 9-5）

表 9-5 四面体原子簇举例 $\left(B = \sum O_i - N/2 = 6 \right)$

分子片式	N	$\sum O_i$	举例（有？号者为预见可能生成但未见报道的新原子簇）
M_4^5	20	16	$P_4, As_4, C_4H_4(?), C_4R_4$
$M_3^5 M^{15}$	30	21	$(RC)_3Co(CO)_3, (RC)_3NiCp, (RC)_3Co(NO)_2(?)$
$M_2^5 M_2^{15}$	40	26	$(RC)_2Co_2(CO)_6, (RC)_2Ni_2Cp_2, (RC)_2Pd_2Cp_2(?)$
			$(F_3CC)_2Co_2(CO)_6, (RC)_2Mn_2(CO)_6(?)$
$M^6 M_3^{14} M_2^1$	50	31	$H_2Ru_3(CO)_9S, H_2Fe_3(NO)_6Se(?)$
$M^5 M_3^{15}$	50	31	$H_2Ru_3(CO)_9C(CH_3), Ni_3Cp_3C(CH_3)(?)$
			$Mn_3(CO)_{12}CR(?), Co_3(CO)_9P(?)$
$M^6 M^{14} M_2^{15}$	50	31	$FeCo_2(CO)_9S, CoNi_2CpS(?)$
M_4^{15}	60	36	$Fe_4Cp_4(CO)_4, Co_4(CO)_{12}, H_2Os_4(CO)_{12}^{2-}(?)$
			$H_4Ru_4(CO)_{12}, Ir_4(CO)_{12}$

7) 某些巢式四方锥原子簇的例子（表 9-6）

表 9-6 巢式四方锥原子簇举例 $\left(B = \sum O_i - N/2 = 8 \right)$

分子片式	N	$\sum O_i$	举例（有？号者为预见可能生成但未见报道的新原子簇）
$M^4 M_4^5$	24	20	$B_5H_9, C_2B_3H_7$
$M^{14} M_4^5$	34	25	$C_4H_4F(CO)_3, C_4H_4CoCp, B_4H_8Fe(CO)_3$
$M_3^{14} M_2^6$	54	25	$Fe_3(CO)_9S_2, (CoCp)_3S_2(?), (CoCp)_3Se_2(?),$
			$(CoCp)_3C_2PH_2(?), (CoCp)_3N_2R_2(?),$
			$Os_3(CO)_{10}C_2R_2, Os_3(CO)_7(PPh_2)_2(C_6H_4)$

9.2.8　分子的结构类型和$(nxc\pi)$数

(1) 分子结构的类型可以由 4 个数$(nxc\pi)$来规定,其中 n 为分子片数,c 为循环数(number of cycles),π 为分子中 π 键和 δ 键的总数,x 为分子的超额电子数,它是各分子片的 x_i 的总和,而 x_i 则等于 4 减分子片的价 V_i,即

$$x = \sum x_i, \quad x_i = 4 - V_i = 4 + i - 2O_i \qquad (9.2.14)$$

例如,对于主族元素分子片,价轨道为 sp^3,$O_i = 4$,$x_i = i - 4$。对于大部分过渡金属分子片,价轨道为 d^{6}sp^3,$O_i = 9$,$x_i = i - 14$。表 9-7 列出不同情况下计算 x_i 值的公式。

表 9-7　计算 x_i 值的公式

	分子中包含的分子片	中心原子价轨道	O_i	x_i	公　式
常例	除碱金属外的主族元素分子片	sp^3	4	$x_i = i - 4$	(9.2.9)
	大部分过渡金属分子片	d^{5}sp^3	9	$x_i = i - 14$	(9.2.10)
特例	碱金属元素分子片	sp^2	3	$x_i = i - 2$	(9.2.11)
	Cu$_4$[N(SiMe$_3$)$_2$]$_4$,Cu$_4$(CH$_2$SiMe$_3$)$_4$	d^{5}sp^2	8	$x_i = i - 12$	(9.2.12)
	Ag(CN)$_2^-$,Nb,Ta 卤素原子簇	d^{5}sp	7	$x_i = i - 10$	(9.2.13)
	Mo$_2$(CH$_2$SiMe$_3$)	d^{5}s	6	$x_i = i - 8$	(9.2.14)

式(9.2.9)～式(9.2.14)随 O_i 不同而不同,式(9.2.8)则是普遍适用的。

对于主族元素分子片 M^i,由式(9.2.9)得 $x_i = i - 4$。所以 M^4、M^5、M^6、M^7 分子片的 x_i 依次等于 0、1、2、3,即以 M^4 分子片为标准,x_i 等于超过 M^4 的价电子数,故称为超额电子数。对于过渡金属元素,由式(9.2.10)得 $x_i = i - 14$,即以 M^{14} 分子片为标准,x_i 等于超过 M^{14} 的价电子数。所以 M^{15}、M^{16}、M^{17} 的 $x_i = 1, 2, 3$。

由式(9.2.8)得

$$x = \sum_{i=1}^{n} x_i = \sum_{i=1}^{n} (4 - V_i) = 4n - V \qquad (9.2.15)$$

联合式(9.2.6)和式(9.2.15)两式,得分子片之间的键数

$$B = \frac{1}{2}V = \frac{1}{2}(4n - x) = 2n - x/2 \qquad (9.2.16)$$

由式(9.2.16)可见,超额电子数每减少 2 个,分子片之间的键数要增加 1 个,即 n 恒定时,x 越小则 B 越大,越容易形成簇状结构。事实上,$x = 2, 4, 6$ 则分别代表闭式、巢式和网式的三角多面体簇式结构。反之,x 越大,越容易形成开放式的链状结构,详见下面的讨论。

(2) 全部无机和有机分子可分为单片分子($n = 1$,如 Co(NH$_3$)$_6^{3+}$、Ni(CO)$_4$、CH$_4$、SF$_6$ 等)、多片分子(poly-fragment molecules,$n > 1$)和复杂分子(complex molecules)。多片分子又可分为链(chains,$c = 0$)、环(rings,$c = 1$)、稠环(con-

densed rings, $c>1$)、多环网络(plycyclic networks, $c>1$)和簇(clusters, $c>1$)。复杂分子则为链、环、网络和簇的各种组合。

(3) 令 B 等于分子片之间的键的数目,则对于含有 n 个分子片的饱和链式分子 $M^7(M^6)_{n-2}M^7$ 有

$$N = 6n+2, \quad x = N-4n = 2n+2, \quad B = n-1 = B_{\min} \quad (9.2.17)$$

对于其他类型的分子

$$B = B_{\min} + c + \pi = n-1+c+\pi \quad (9.2.18)$$

联合式(9.2.16)和式(9.2.18)两式,得

$$c+\pi = n+1-x/2 \quad (9.2.19)$$

式(9.2.19)适用于除闭式三角多面体原子簇(close-△-polyhedral clusters,简称闭式原子簇)外的其他各种结构类型的分子。对于闭式原子簇,按照惠特规则或唐敖庆的拓扑规则, x 应等于2,而根据多面体的欧拉(Euler)定律。

$$F+n = B+2 \quad (9.2.20)$$

式中, F 、 n 、 B 依次等于多面体的面数、顶点数和边数。对于三角多面体

$$3F = 2B \quad (9.2.21)$$

将式(9.2.20)和式(9.2.21)代入式(9.2.16)和式(9.2.18)两式,注意 $x=2$, $\pi=0$,得

$$B = 3n-6, \quad c = 2n-5 \quad (9.2.22)$$

表9-8总结了含有 n 个分子片的各种结构类型的分子的 $(xBc\pi)$ 值。

表 9-8　各种结构类型的 $xBc\pi$ 值

结构类型	x	B	c	π
饱和链	$2n+2$	$n-1$	0	0
饱和环	$2n$	n	1	0
共轭多烯	$n+2$	$3n/2-1$	0	$n/2$
共轭多炔	2	$2n-1$	0	n
轮烯(annulenes)	n	$3n/2$	1	$n/2$
闭式碳烷(如立方烷)	n	$3n/2$	$n/2+1$	0
闭式-△-多面体($i=0$)	2	$3n-6$	$2n-5$	0
巢式-△-多面体($i=1$)	4	$3n-2$	$n-1$	0
网式-△-多面体($i=2$)	6	$3n-3$	$n-2$	0
j 戴帽-i-开式△-多面体	$2(1+i-j)$	$2n-(1+i-j)$	$n-i+j$	0

因为由式(9.2.16)可见, B 是 n 及 x 的函数,所以只要用四个数 $(xBc\pi)$ 就可规定各种有机和无机分子的结构类型。这四个数之间由式(9.2.19)相关联,所以只有三个数是独立参数。

（4）循环数 c 的定义和计算公式：在含有 n 个分子片的饱和分子中，分子片之间的键数 B 减去链式分子的 $B_{min} = n-1$ 所得的差值就是分子的循环数，即

$$c = B - B_{min} = B - (n-1)，\qquad 当 \pi = 0 时 \qquad (9.2.23)$$

此式是和式(9.2.18)一致的。这一定义也和有机化学命名原则中的循环数一致。

对于不含 π 键的闭式多面体原子簇(不限于三角面原子簇)，由式(9.2.20)得

$$F = B + 2 - n \qquad (9.2.24)$$

联合式(9.2.23)和式(9.2.24)，得

$$c = F - 1 \qquad (9.2.25)$$

所以闭式多面体的循环数 c 等于多面体的面数 F 减 1。例如，立方烷(C_8H_8)具有(a)式结构，(b)式是它的拓扑投影。

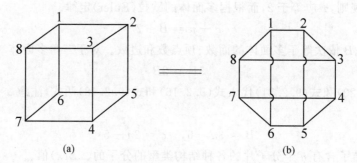

(a)　　　　　　　　　　　　　　　(b)

按有机化学命名，它是五环辛烷，$c = 5$。这一分子的 $n = 8, B = 12, F = 6$，由式(9.2.25)得 $c = F - 1 = 5$；由式(9.2.23)也得到

$$c = B - (n-1) = 12 - (8-1) = 5$$

9.2.9　分子的结构类型与稳定性

为了从分子轨道理论计算中验证表 9-8，我们用 Asbrink 等提出的自洽场近似分子轨道法 HAM/3 程序计算了一系列有代表性的各种结构类型的分子轨道能级，得到下列结果：

（1）如果分子采取($nxc\pi$)规定的结构类型，则其价电子数 N 等于成键轨道数的两倍，即成键轨道全充满，反键轨道全空，且最高占据轨道(HOMO)与最低空轨道(LUMO)之间有一定的间隔，这样的分子就能稳定存在。

（2）如果分子采取的结构类型不符合($nxc\pi$)的规定，则价电子数 N 大于或小于成键轨道数的两倍，这样的分子将失去或获得价电子以满足成键轨道数两倍的要求。如分子的价电子数不变，则将采取其他构型以改变成键轨道数，使之满足价电子数一半的要求。满足这一要求的构型就是($nxc\pi$)规定的类型。

（3）有少数 x 为奇数的特殊分子，它们的最高占据轨道上只有一个电子，这些分子通常不稳定。

9.2.10　分子片取代规则

组成分子的一个或几个分子片被别的相同数目的分子片所取代时，只要取代后 $(nxc\pi)$ 值不变，则分子的结构类型也不变，据此可得出两点推论：

（1）等价分子片可以互相取代而不改变分子的结构类型。例如，P_4、As_4、$(CR)_4$ 等为四片分子（tetra-fragment molecules），其通式为 M_4^5，总价电子数 $N=20$，$(nxc\pi)=(4,4,3,0)$，结构类型为正四面体。其中 M^5 可被 $M^{15}=Co(CO)_3$、$FeCp(CO)$、$Ir(CO)_3$ 等分子片所取代，生成 $(RC)_3[Co(CO)_3]$、$(PhC)_2[Co(CO)_3]_2$、$(RC)[Co(CO)_3]_3$、$[Co(CO)_3]_4$、$[FeCp(CO)]_4$、$[Ir(CO)_3]_4$ 等一系列四片分子，其结构类型保持四面体不变。

（2）分子中如有几个分子片被相同数目的别的分子片所取代，只要分子的总价电子数 N 不变或只相差 10 的倍数，则结构类型不变。例如，两个分子片 M^5 可被分子片 M^4+M^6 或 M^4+M^{10} 或 $M^{14}+M^{16}$ 所取代而保持结构类型不变。如 $H_2Ru_3(CO)_9S=[HRu(CO)_3]_2[Ru(CO)_3][S]=(M^{15})_2(M^{14})(M^6)$，$N=50$，与 M_4^5 分子的 $N=20$ 相差 30 个电子，为 10 的倍数，所以同属四面体结构类型。利用这一广义等电子取代规则可以预见许多尚未合成的新的原子簇化合物。

9.3　$(nxc\pi)$ 结构规则的应用

9.3.1　分子结构类型的分类法

分子可分为单片分子（$n=1$）和多片分子（$n\geqslant2$）。单片分子的 $(nxc\pi)=(1,4,0,0)$。因为能单独稳定存在的单片分子都是零价分子片，所以 $V_i=0$，$x=x_i=4-V_i=4$，$c=0$，$\pi=0$。例如，LiH、Bet_3、CH_4、PCl_5、SF_6、IF_7、Cp_2ZrCl_2、$Ni(CO)_4$、$Cr(C_6H_6)_2$ 等。在这些单片分子中都只有一个中心原子，其余都是配体。在 $Cr(C_6H_6)_2$ 中，C_6H_6 是一个配体。但单独研究 C_6H_6 分子时，它是由 6 个 $(CH)=M^5$ 分子片组成的分子，其 $(nxc\pi)=(6613)$。

n 个分子片联结起来可以有许多方式，其中最简单的是链式分子，它的键数最少，$B=B_{min}=n-1$，相应的 x 值最大，由式（9.2.15）及式（9.2.16）

$$x=x_{max}=4n-2B_{min}=2n+2$$

以后每增加一个链，x 就减 2。表 9-9 列出可能的 (n,x) 值和相应的结构类型。

表 9-9　(n,x) 值与结构类型

n \\ x	0	2	4	6	8	10	12	14	16
1			M						
2	M≡M	M≡M	M=M	M—M					
3	△	△	△	△					
4	▭	◇	◇	⋀	▢	⋀⋁			
5	—	闭式-△-簇	巢式-△-簇	网式-△-簇	⬠ 等	环	链		
6	戴帽闭式	闭式-△-簇	巢式-△-簇	网式-△-簇	网络	网络	环	链	
7	戴帽闭式	闭式-△-簇	巢式-△-簇	网式-△-簇	网络	网络	网络	环	链
8	戴帽闭式	闭式-△-簇	巢式-△-簇	网式-△-簇	▥	网络	网络	网络	环
9	戴帽闭式	闭式-△-簇	巢式-△-簇	网式-△-簇	网络	网络	网络	网络	网络

也有少数例子 x 可以采取负值或奇数,又表中所列环状或网络状分子也可以是含在 π 键的链式分子。徐光宪等搜集了大量文献材料,整理了 n 从 1～14 的各种 $(nxc\pi)$ 结构类型。为节省篇幅计,只将 $n=2、3、4$ 的一些主要结构类型总结在表 9-10～表 9-12 中。从表中可以看出分子片取代规则的应用,即 M^i 分子片可被 M^{10+i} 分子片所取代,两个 M^i 分子片可被 M^{i-1} 和 M^{i+1} 取代等。只要价电子总数相等或相差 10 的倍数,其 $(nxc\pi)$ 值不变,分子的结构类型就不变。这对设计尚未合成的新分子是很有帮助的。

表 9-10　双片分子的各种类型

$nxc\pi$	分子片式	N	举　例
2600	M^7—M^7	14	$Cl—Cl, CH_3—CH_3, H_2N—NH_2$
	M^7—M^{17}	24	$(OC)Mn—GeMe, Cp(OC)_3W—SnMe_3, (OC)_5Mn—PbR_3$
	M^{17}—M^{17}	34	$Mn_2(CO)_{10}, Fe_2(CO)_9, Co_2(CO)_8, Cu_2(CO)_6, Mo_2Cp_2(Co)_6$
2401	M^6=M^6	12	$CH_2=CH_2, H_2C=O$
	M^6=M^{16}	22	$CH_4=Fe(CO)_4$(不稳定)
	M^{16}=M^{16}	32	$(CO)_4Fe=Fe(CO)_4$
	M^{15}=M^{17}	32	$(OC)_4Mn⇐Pr_2$
2301.5	$M^5 ⬳ M^5$	11	NO

续表

$nxc\pi$	分子片式	N	举 例
2202	$M^5\equiv M^5$	10	$HC\equiv CH, N\equiv N, HC\equiv N$
	$M^4\lesseqqgtr M^6$	10	$C\lesseqqgtr O$
	$M^5\equiv M^{15}$	20	$Cp(OC)_2W\equiv CR$
	$M^{15}\equiv M^{15}$	30	$(PR_3)_2Cl_2Re\equiv ReCl_2(PR_3)_2$
2003	$M^{14}\equiv\!\!\equiv M^{14}$	28	$Mo_2(CH_3COO)_4(Py)_2$

表 9-11 三片分子的各种类型

$nxc\pi$	分子片式	N	举 例
3800	$M^7-M^6-M^7$	20	$H_3C-\overset{\displaystyle O}{\underset{\displaystyle \|}{C}}-Cl$
	$M^7-M^6-M^{17}$	30	$H_3C-CH_2-Co(CO)_4$
	$M^{17}-M^{16}-M^{17}$	50	$(OC)_5Mn-\overset{H}{\underset{(CO)_4}{Re}}-Re(CO)_5$
3610	M_3^6	18	$\overset{\displaystyle CH_2}{\underset{H_2C-CH_2}{\triangle}}$
	$M_2^6M^{16}$	28	$\overset{\displaystyle Fe(CO)_4}{\underset{H_2C-CH_2}{\triangle}}$
	$M^{15}M^{16}M^{17}$	38	$\overset{\displaystyle Fe(CO)_4}{\underset{Me_2As-Mn(CO)_4}{\triangle}}$
	M_3^{16}	48	$\overset{\displaystyle Os(CO)_4}{\underset{(OC)_4Os-Os(CO)_4}{\triangle}}$
3411	$M_2^5M^6$	16	$\overset{\displaystyle CH_2}{\underset{N-N}{\triangle}}$
	$M_2^{15}M^{16}$	46	$(OC)_3Os\overset{Os(CO)_4}{\underset{H}{\overset{H}{=\!=}}}Os(CO)_3$
3212	$M^{14}M_2^{15}$	44	$\begin{matrix}M\\ M-M\end{matrix}\quad Pt_3(CO)_6^{2-}$ $Pd_3(RNC)_5(\mu\text{-}SO_2)_2$
3013	M_3^{14}	42	$Pd_3(PPh_3)_3(CO)_3$ $Pt_3(RNC)_6$ $Pt_3(\mu_2\text{-}SO_2)_3(PPh_3)_3$

表 9-12　四片分子的各种类型

$nxc\pi$	分子片式	N	结　构	举　例
41000	$M_2^7 M_2^6$	26		$CH_3CH_2CH_2OH$
	$M^7 M_2^6 M^{17}$	36		$CH_3CH_2CH_2OH{-}Co(CO)_4$
	$M_2^{17} M_2^6$	46		$(OC)_4Co{-}CH_2{-}CH_2{-}Co(CO)_4$
4810	M_4^6	24		C_4H_8
	M_4^{16}	64		$Pt_4(CH_3COO)_8$
				$Cu_4(MeN{-}N{-}N{-}Me)_4$，$Cu{-}Cu$ 键长 266pm
4620	$M_2^5 M_2^6$	22		C_4H_6（二环丁烷）
	$M_2^{15} M_2^6$	62		$Re_4(CO)_{16}^{2-}$
	$M_3^{15} M^7$	52		$[Re_3(CO)_{12}SnMe_2]^-$
4611	$M_2^5 M_2^6$	22		环丁烯
4430	M_4^5	20		P_4，As_4，C_4R_4
	$M_3^5 M^{15}$	30		$(RC)_2Co(CO)_3$
	$M_2^5 M_2^{15}$	40		$Co_2(CO)_6(C_2Ph_2)$
	$M^5 M_3^{15}$	50		$Co_3(CO)_9(C{-}CH_3)$，$H_2Ru_2(CO)_9S$
	M_4^{15}	60		$Co_4(CO)_{12}$，$Cp_4Fe_4(CO)_4$，$Ir_4(CO)_{12}$
4412	M_4^5	20		$\begin{array}{c}HC{-}P\\ \| \quad \| \\ P{-}CH\end{array}$
4014	M_4^{12}	48		$Cu_4(CH_2SiMe_3)_4$ $Cu{=}Cu$ 键长 242pm

9.3.2　分子片取代规则的应用

(1) 分子片的取代规则对于预见可能存在的新分子是很有用的,现以 $(nx)=$ (66)的一大类分子为例来说明分子片取代规则的应用。

$(nx)=(66)$ 的一类分子的分子片式是 M_6^5,价电子总数 $N=5\times 6=30$,最典型的例子就是苯(C_6H_6)。由式(9.2.19)得

$$c+\pi = n+1-\frac{x}{2} = 6+1-\frac{6}{2} = 4$$

所以 c 和 π 可以采取 5 组数值:$(c\pi)=(04),(13),(22),(31),(40)$,因而 C_6H_6 可以有下列各种同分异构体:

$$(nxc\pi)=(6604)\begin{cases}CH_2{=}CH{-}C{\equiv}C{-}CH{=}CH_2\\ CH{\equiv}C{-}CH{=}CH{-}CH{=}CH_2\\ CH{\equiv}C{-}CH_2{=}CH_2{-}C{\equiv}CH\end{cases}$$

$(nxc\pi) = (6613)$

$(nxc\pi) = (6622)$　　　杜瓦（Dewar）苯

$(nxc\pi) = (6631)$　　　盆式苯　或

$(nxc\pi) = (6640)$　　　棱柱烷（Primane）

（2）各种无机苯分子。苯分子 C_6H_6 属于 $(nxc\pi) = (6613)$ 结构类型，价电子总数 $N = 30$，分子片式为 M_6^5。根据分子片的取代规则，有三种取代方式：

① CH 分子片被别的 M^5 分子片所取代，如 C—R、C—X、N、P 等，因而有 N_3P_3 和 N_2P_4 等分子。

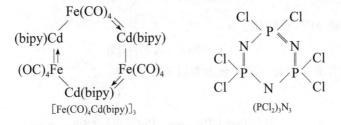

N_3P_3　　　　　　N_2P_4　　　　　　$N_3B_3H_6$

② 只要价电子总数 N 不变或只相差 10 的倍数，M_6^5 可被 $M_3^4 M_3^6$ 或 $M_3^{14} M_3^{16}$ 等所取代，例如 $N_3B_3H_6 = M_3^4 M_3^6$，$[Fe(CO)_4 Cd(bipy)]_3 = M_3^{14} M_3^{16} (N = 90)$ 等。

$[Fe(CO)_4Cd(bipy)]_3$　　　　　　$(PCl_2)_3N_3$

③ 在 N_3P_3 分子中，P_3 也可被 $(PCl_2)_3$ 所取代，形成 $(PCl_2)_3N_3$ 分子。PCl_2 是 M^7 分子片，但因 P 用 sp^3d 杂化轨道，$O_i = 5$，所以 $V_i = 2O_i - i = 2 \times 5 - 7 = 3$，$x_i = 4 - V_i = 1$。在 P_3N_3 分子中，P 是 M^5 分子片，但因 P 用 $sp^2 + p$ 轨道，$O_i = 4$，所以 $V_i = 2O_i - i = 2 \times 4 - 5 = 3$，$x_i = 4 - V_i = 1$。所以这两个分子片虽然价电子数不同，但共价数都是 3。这种等价的分子片可以互相取代而不改变 $(nxc\pi)$ 值。

（3）苯分子的异构化反应

$(nxc\pi)=(6613)$　　　　　$(nxc\pi)=(6640)$

对于第二周期元素 C、N、O 的化合物，一般生成 π 键比生成张力很大的多环化合物稳定。但如果通过光照提供能量，则苯可异构化生成棱柱烷。与此类似，N_3P_3、N_2P_4、$N_3B_3H_6$ 和 $[Fe(CO)_4Cd(bipy)]_3$ 等属于 $(nxc\pi)=(6613)$ 的分子，是否可以通过光化学反应变成 $(nxc\pi)=(6640)$ 的棱柱烷式分子呢？这是值得一试的试验。尤其对于过渡金属分子片来说，双键结构不如多环簇合物结构稳定，所以 $[Fe(CO)_4Cd(bipy)]_3$ 转化为棱柱烷式结构是可能的。事实上，$RhC(CO)_{15}^{2-}$（$N=90$）的结构已被测定为三角棱柱形，其中 C 居于棱柱形的中心，作为一个提供 4 个电子的配体。所以这一分子的 $(nxc\pi)=(6640)$，它的价电子总数 $N=90$，与 C_6H_6 的 $N=30$ 相差 60，为 10 的倍数。$Co_6C(CO)_{12}S_2$ 也是三角棱柱形分子，C 在中心，两个 S 原子分别位于三角面的上面，与三个 Co 原子联结如下：

所以 S 是提供 4 个电子的配体。因此

$$N = 6 \times 9 + 4 + 12 \times 2 + 2 \times 4 = 90$$

$(nxc\pi) = (6640)$

（4）苯的合成。已知苯可由乙炔通过催化剂聚合而成

与乙炔类似的 $M^{15} \equiv M^5$ 分子有

$$Cp(PR_3)_2ClTa \equiv CPh$$

这一分子能否通过催化反应聚合为类似苯的分子？

上式中 $L^{10} = Cp(PR_3)_2Cl$。这一类问题还可以提出很多，重要的是要实验来验证。

9.3.3 预见新的原子簇化合物及其可能的合成途径

例 1 已知通过下列反应可以生成茂钴碳硼烷

$$C_2 B_{n-2} H_n \xrightarrow{2Na/C_{10}H_8} C_2 B_{n-2} H_n^{2-} \xrightarrow{CpCo^{2+}} C_2 B_{n-2} H_n CoCp \tag{a}$$
$$x=2,闭式 \qquad\qquad x=4,巢式 \qquad\qquad x=2,闭式$$

式中,分子片 $CpCo^{2+} = M^{12}$ 是由下列反应获得的

$$CoCl_2 + LiC_5H_5 + [O] \longrightarrow CpCo^{2+} + LiCl + Cl^- + e^- \tag{b}$$

根据广义等电子取代规则,带有二价正电荷的分子片 $CpCo^{2+}$ 可由下列等电子分子片来取代

$$CpCo^{2+}, \quad Cp_2Ti^{2+}, \quad (OC)_3Fe^{2+}, \quad (C_6H_6)Fe^{2+}$$
$$CpRh^{2+}, \quad Cp_2Zr^{2+}, \quad (OC)_3Ru^{2+}, \quad (C_6H_6)Ru^{2+}$$
$$CpIr^{2+}, \quad Cp_2Hf^{2+}, \quad (OC)_3Os^{2+}, \quad (C_6H_6)Os^{2+}$$

例如,仿照(a)式有可能合成茂钛碳硼烷

$$C_2 B_{n-2} H_n^{2-} + Cp_2 Ti^{2+} \longrightarrow C_2 B_{n-2} H_n TiCp_2 \tag{c}$$

Cp_2Ti^{2+} 可由下列反应提供:

$$TiCl_3 + 2LiC_5H_5 + [O] \longrightarrow Cp_2Ti^{2+} + 2LiCl + Cl^- + e^- \tag{d}$$

仿照已知的 Cp_2ZrCl_2 的结构如图 9-1,可以猜想这一新化合物的结构如图 9-2。

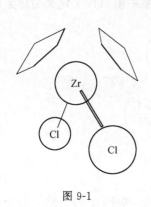

图 9-1

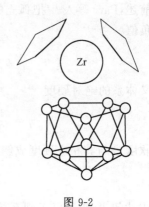

图 9-2

例 2 1980 年合成了 $(CpFeCpFeCp)+BF_4^-$,设计合成一个中性的三层夹心化合物

$$(CpFeCpFeCp)^+ = [M^{13}(C_5H_5)M^{13}]^+ = (M^{13}M_5^5 M^{18})^+ = (7290)$$

如要得到一个中性的三层夹心化合物,则 M_5^5 应改为 M_4^5,即

$$(M^{15}M_4^5 M^{15})^0 = (6270) = [CpFe(C_4H_4)FeCp]^0$$

已知有下列反应:

可设计类似反应

式(f)中 CpFe(CO)$_2^-$ 可由下列已知反应获得：

$$2Fe(CO)_5 + C_{10}H_{12}(双环戊二烯) \longrightarrow [CpFe(CO)_2]_2 + 6CO$$

$$\downarrow 2Na$$

$$2Na^+CpFe(CO)_2^-$$

其他应用的例子还可举出很多，因限于篇幅，不再赘述。

9.4　分子片化学中的电负性与化学硬软度[14]

如前述，Parr 等人[15]把孤立的原子和分子体系的电负性 χ 定义为体系电子化学势的负值

$$\chi = -\mu = -\left(\frac{\partial \mu}{\partial N}\right)_v \tag{9.4.1}$$

同时定义体系的绝对硬度

$$\eta = \frac{1}{2}\left(\frac{\partial \mu}{\partial N}\right)_v = \frac{1}{2}\left(\frac{\partial^2 E}{\partial N^2}\right)_v \tag{9.4.2}$$

体系的软度 S 与其相应硬度成倒数关系

$$S = \frac{1}{2\eta} = \left(\frac{\partial N}{\partial \mu}\right)_v \tag{9.4.3}$$

陈志达等[14]基于巨正则系综的密度泛函理论，将 Parr 关于原子和分子体系的电负性和硬度的定义应用到分子中的分子片。

9.4.1　分子中分子片的价态

设分子 AB 由分子片 A 和分子片 B 组成，根据电负性均衡原理，在分子中分子片的化学势 μ_A^* 和 μ_B^* 应该与分子的化学势 μ_{AB}^0 相等

$$\mu_A^* = \mu_B^* = \mu_{AB}^0 \tag{9.4.4}$$

同时

$$\rho_A^* + \rho_B^* = \rho_{AB}^0 \tag{9.4.5}$$

因此

$$N_A^* + N_B^* = N_{AB}^0 \tag{9.4.6}$$

式中,N_A^*、N_B^* 表示分子中分子片 A 和 B 的电子数。显然

$$N_A^* = N_A^0 - \Delta N, \qquad N_B^* = N_B^0 + \Delta N \tag{9.4.7}$$

N_A^0 和 N_B^0 表示孤立的自由状态下分子片的电子数。

一般说来,可以找到分子片 A、B 的很多状态同时满足式(9.4.4)和式(9.4.5),这些状态的分子片用 N_A^*、υ_A^* 和 N_B^*、υ_B^* 表征。但是在这些外势场中只有具有分子 AB 对称性的 υ_A^* 和 υ_B^* 才有意义。为了使分子片电负性计算在实际上成为可能,参照 Parr 对分子中原子的处理方法[15],用 N_A^0、υ_A^* 和 N_B^0、υ_B^* 定义在分子中分子片的"价态",即在分子的核势场中分子片之间发生电子转移之前分子片所处的状态。这时,分子片的电子密度为 ρ_A^{val} 和 ρ_B^{val}。在能量上,使分子片的"价态"尽量接近自由态。类似于文献[15]的分子中原子的情况,则有

$$\{E_{\upsilon_A^*}[\rho_A^{val}] - E_{\upsilon_A^0}[\rho_A^0]\} + \{E_{\upsilon_B^*}[\rho_B^{val}] - E_{\upsilon_B^0}[\rho_B^0]\} = \Delta_{min} \tag{9.4.8}$$

也就是说,定义的分子片价态是一种被扰动分子片的基态。在实际计算中,解密度泛函理论的 Kohn-Sham 方程时选择分子中结合态分子片的几何构型,而不是自由态分子片的能量优化几何结构。在这里,作为近似处理,忽略了分子片间的非局域势的作用。

9.4.2 电负性与硬度的差分近似计算

若采用 Lagrange 插值函数在 N^0-1、N^0、N^0+1 三点对能量 $E(N)$ 进行插值,经推导,最后可以得到关系式

$$\chi = -\frac{E_{N^0+1} - E_{N^0-1}}{2} = \frac{-(E_{N^0+1} - E_{N^0}) + (E_{N^0-1} - E_{N^0})}{2} \approx \frac{I+A}{2}$$
$$\tag{9.4.9}$$

$$\eta = \frac{1}{2}(E_{N^0-1} - 2E_{N^0} + E_{N^0+1}) \approx \frac{I-A}{2} \tag{9.4.10}$$

式中,I 表示体系的电离能,A 是体系的电子亲和能。式(9.4.9)相应于 Mulliken 的电负性标度。

9.4.3 典型化合物的电负性与硬度

表 9-13 列出了用 DFT-LDA 计算的能量,并根据式(9.4.9)与式(9.4.10)得到的苯及其取代衍生物和 Cl_2 的电负性和硬度,同时给出了 Pearson 由实验观测值计算的结果[16]。

表 9-13　典型化合物的 DFT 电负性和硬度　　　　（单位：eV）

化 合 物	电负性		硬　　度	
	DFT[14]	Pearson[16]	DFT[14]	Pearson[16]
$C_6H_6NH_2$	3.3	3.3	4.89	4.4
$C_6H_5OCH_3$	3.72	3.35	4.99	4.65
p-$C_6H_4(CH_3)_2$	3.8	3.7	5.12	4.8
C_6H_5SH	3.9	3.8	4.85	4.6
C_6H_5OH	4.0	3.8	5.24	4.8
$C_6H_5CH_3$	4.1	3.9	5.45	5.0
C_6H_5I	4.75	4.1	5.51	4.6
C_6H_5F	4.4	4.1	5.47	5.0
C_6H_6	4.3	4.1	5.64	5.2
C_6H_5CHO	5.2	5.0	4.62	4.6
$C_6H_5NO_2$	5.6	5.5	4.85	4.4
Cl_2	6.1	7.0	5.55	4.6

由表 9-13 可以看出，对于电负性，DFT 计算结果一般比 Pearson 的结果要略大一些。计算的硬度也有相同的趋势。DFT 计算的电负性相对于 Pearson 的数据平均偏差约为 6%，硬度的平均偏差要大一些，约为 10%。由此看来，用 DFT 计算的电负性和硬度与 Pearson 的基本一致。应该指出，一般说来实验测量的电子亲和能的准确度不如电离能的高，所以文献[14]的计算结果与 Pearson 由实验值得到的电负性和硬度，在数值上有差别是可以理解的。因计算是直接应用式(9.4.9)与式(9.4.10)，其中的 E_{N+1} 和 E_{N-1} 是在保持外势场 $v(r)$ 不变的条件下计算的，不考虑由于体系电子的电离或结合所造成的核骨架和电子结构的弛豫效应。因此，计算值不完全等同于实验的电负性和硬度。如前所述，分子片是复杂分子的一种次结构单元，一般是一个非独立存在的实体。因此不可能直接从实验上来测量分子片的电离能和电子亲和能。这么说来，应用式(9.4.9)和式(9.4.10)从理论上计算分子片的电负性和硬度就显得很重要。

9.4.4　$HMn(CO)_5$，$[HFe(CO)_5]^+$，$H_2Fe(CO)_4$ 和 $HCo(CO)_4$ 的酸性

表 9-14 列出了分别在 $HMn(CO)_5$、$[HFe(CO)_5]^+$、$H_2Fe(CO)_4$ 和 $HCo(CO)_4$ 分子（或离子）中的分子片 $[Mn(CO)_5]^-$、$Fe(CO)_5$、$[HFe(CO)_4]^-$ 和 $[Co(CO)_4]^-$ 的 DFT-LDA/NL 计算的电负性。从电负性的大小来看，在这些含氢分子（或离子）中，分子片 $Fe(CO)_5$ 的电负性最大，$[Co(CO)_4]^-$ 次之，$[HFe(CO_4)]^-$ 再次，$[Mn(CO)_5]^-$ 的电负性最小。也就是说，在相应分子（或离子）中，这些分子片得到电子的倾向是由 $Fe(CO)_5$、$[Co(CO)_4]^-$、$[HFe(CO)_4]^-$、$[Mn(CO)_5]^-$ 依次减小。由此可知，$[HFe(CO)_5]^+$、$HCo(CO)_4$、$H_2Fe(CO)_4$ 和 $HMn(CO)_5$ 等含氢分子（或

离子)解离 H^+(对于 $H_2Fe(CO)_4$ 是一级解离)的能力应该依次降低。它们相应的酸性也依次减弱。这一结果与文献报道中的 $HCo(CO)_4$、$H_2Fe(CO)_4$ 和 $HMn(CO)_5$ 的 K_a 值(分别是 ~1,3.6×10^{-5} 和 8×10^{-8},其中 $H_2Fe(CO)_4$ 的 K_a 是它的一级解离常数)顺序一致。这样看来,尽管存在溶剂效应,DFT 计算的电负性数据在定性判断酸性强弱方面可以作很好的参考。$Fe(CO)_5$ 在相应含氢离子 $[HFe(CO)_5]^+$ 中的电负性远远大于其他几个分子片,其原因可以作如下解释:在 $[HFe(CO)_5]^+$ 中的 $Fe(CO)_5$ 有很强的得到电子的能力,倾向于形成比较稳定的 $Fe(CO)_5$。因此分子片 $Fe(CO)_5$ 的电负性很大。实验表明 $Fe(CO)_5$ 确实可以稳定存在。

表 9-14 分子片 $[Mn(CO)_5]^-$、$Fe(CO)_5$、$[HFe(CO)_4]^-$ 和 $[Co(CO)_4]^-$ 的 DFT 电负性(单位:eV)

化合物	χ	化合物	χ
$[Mn(CO)_5]^-$	5.59	$[HFe(CO)_4]^-$	5.91
$Fe(CO)_5$	11.38	$[Co(CO)_4]^-$	6.51

从以上讨论可以看出,由分子中分子片的电负性可以对分子的一些性质加以说明。

9.4.5 $[M(CO)_n]^q$ 分子片的硬度

表 9-15 中列出了由 DFT-LDA/NL 计算的如下分子片的硬度:CO,$Cr(CO)_5$(在 $Cr(CO)_6$ 中)、$Cr(CO)_6$、$[Mn(CO)_4]^-$(在 $[Mn(CO)_5]^-$ 中)、$[Mn(CO)_5]^-$、$Fe(CO)_4$(在 $Fe(CO)_5$ 中)、$Fe(CO)_5$、$[Co(CO)_3]^-$(在 $[Co(CO)_4]^-$ 中)和 $[Co(CO)_4]^-$。

表 9-15 CO 与某些分子片及其相关分子(或离子)的硬度(单位:eV)

分子片	η	分子片	η
CO	8.89	$Fe(CO)_4$	3.38
$Cr(CO)_5$	3.58	$Fe(CO)_5$	4.76
$Cr(CO)_6$	5.38	$[Co(CO)_3]^-$	3.59
$[Mn(CO)_4]^-$	3.71	$[Co(CO)_4]^-$	4.85
$[Mn(CO)_5]^-$	4.59		

根据软硬酸碱理论[13],化学反应式可以写成如下形式:

$$hs + hs \longrightarrow hh + ss \tag{9.4.11}$$

其中 h 表示分子中较硬的分子片,s 指分子中较软的分子片。式(9.4.11)正好体现了软硬酸碱的反应规律,"软亲软,硬亲硬,软硬结合不稳定"。按照文献[14]这一反应模式用 DFT 计算的硬度讨论了如下两个实际的反应。

首先考虑反应

$$[Mn(CO)_5]^- + Cr(CO)_6 \longrightarrow [CrMn(CO)_{10}]^- + CO$$

这个反应有两种可能的反应路径:路径 I,由 $[Mn(CO)_5]^-$ 取代 $Cr(CO)_6$ 上的一个羰基;路径 II,$Cr(CO)_6$ 取代 $[Mn(CO)_5]^-$ 上的一个羰基。先看反应路径 I,从表 9-15 中可以看到,$[Mn(CO)_5]^-$ 和 $Cr(CO)_5$ 的硬度分别是 4.59 和 3.58,而 CO 的硬度为 8.89。相对而言,$[Mn(CO)_5]^-$ 和 $Cr(CO)_5$ 两者的硬度比较接近,因此它们的结合比 $Cr(CO)_5$ 与 CO 的结合更稳定。由此,反应可能按路径 I 进行。再看路径 II,分子片 $[Mn(CO)_4]^-$(在 $[Mn(CO)_5]^-$ 中)和 $Cr(CO)_6$ 的硬度分别为 3.71 和 5.38,二者结合也应该比 $[Mn(CO)_4]^-$ 和 CO 的结合稳定。在路径 I 中,$[Mn(CO)_5]^-$ 和 $Cr(CO)_5$ 的硬度差为 1.01,路径 II 中 $Mn(CO)_4^-$ 和 $Cr(CO)_6$ 的硬度差为 1.67。从分子片的硬度来看,$Mn[(CO)_5]^-$ 和 $Cr(CO)_5$ 的硬度更为接近。根据"软亲软,硬亲硬,软硬结合不稳定",由此推测,反应很可能是按路径 I 进行的。

再考查反应

$$[Co(CO)_4]^- + Fe(CO)_5 \longrightarrow [FeCo(CO)_8]^- + CO$$

与上面的讨论类似,这个反应也有两种可能路径:其中路径 I,由 $[Co(CO)_4]^-$ 取代 $Fe(CO)_5$ 上的一个羰基;路径 II,由 $Fe(CO)_5$ 取代 $[Co(CO)_4]^-$ 上的一个羰基。由表 9-15 的硬度数据可以看出,$[Co(CO)_4]^-$、分子片 $Fe(CO)_4$(在 $Fe(CO)_5$ 分子中)、分子片 $[Co(CO)_3]^-$(在 $[Co(CO)_4]^-$ 离子中)和 $Fe(CO)_5$ 的硬度分别是 4.85、3.38、3.59、4.76。$Fe(CO)_4$ 与 $[Co(CO)_4]^-$ 的硬度差是 1.47,$[Co(CO)_3]^-$ 与 $Fe(CO)_5$ 的硬度差为 1.17,显然这两个硬度差比 $Fe(CO)_4$ 与 CO 以及 $[Co(CO)_3]^-$ 与 CO 的硬度差(分别为 5.51 和 5.30)要小得多,前两对分子片倾向于结合成更稳定的 $[FeCo(CO)_8]^-$。再比较 $Fe(CO)_4$ 与 $[Co(CO)_4]^-$ 的硬度差(1.47)和 $[Co(CO)_3]^-$ 与 $Fe(CO)_5$ 的硬度差(1.17)之间的差别,显然,$[Co(CO)_3]^-$ 与 $Fe(CO)_5$ 的硬度差更小一些,反应以路径 II 进行的可能性更大。

总之,可以用 DFT 计算的硬度来定性地讨论分子片之间的取代反应。用 DFT 计算的硬度来讨论分子片化学中涉及电子转移的反应,是一个值得进一步研究的问题。

徐光宪等还应用密度泛函理论研究了金属簇合物分子片中金属的共价和化学键性质,使分子片的理论和规律的应用更加广泛深入[17~19]。

参 考 文 献

1　徐光宪. 化学通报,1982,8:490

2　徐光宪. 化学通报,1982,9:570

3　徐光宪. 化学通报,1982,11:656

4 徐光宪. 化学通报, 1982, 8:490

5 徐光宪. 分子科学与化学研究, 1983, 2:1

6 徐光宪. 高等学校化学学报, 1982, 3:114

7 徐光宪. 分子科学与化学研究, 1984, 2:173

8 陈志达, 徐光宪. 化学学报, 1984, 42(6):514

9 陈志达, 徐光宪. 无机化学, 1985, 1(1):2

10 陈志达, 徐光宪. 无机化学, 1987, 3(3):1

11 陈志达, 林应章, 徐光宪. 高等学校化学学报, 1987, 8:737

12 黎乐民, 万秋生, 徐光宪. 北京大学学报, 1987, 6:1

13 Pearson R G. J. Am. Chem. Soc., 1963, 85:3533

14 陈志达, 徐光宪等. 北京大学学报(自然科学版), 1998, 34:283

15 Parr R G, Donnelly R A, Levy M et al. J. Chem. Phys., 1978, 68:3801

16 Pearson R G. J. Mol. Struct. (Theochem), 1992, 255:261

17 Chen Z D, Deng Y Q, Li L M, Xu G X. J. Mol. Struct. (Theochem), 1997, 417:247

18 王炳武, 徐光宪, 陈志达. 中国科学(B 辑), 2004, 34(2):89

19 王炳武, 徐光宪, 陈志达. 中国科学(B 辑), 2004, 34(1):1

附录 I 几种电负性标度

1. 电离势和电子亲和能均值电负性标

表 I-1 不同价态的 Mulliken 电负性[1]

元　素	价　态	I_v	E_v	X_M	X_p
H(1)	s	13.60	0.75	14.34	2.21
Li(1)	s	5.39	0.82	6.21	0.84
	p	3.54	0.56	4.10	0.47
Be(2)	sp	σ 9.92	3.18	13.10	2.15
		π 5.96	0.11	6.07	0.82
	pp	6.11	0.76	6.87	0.95
	$d_i d_i$	8.58	0.99	9.57	1.40
	$d_i \pi$	σ 8.02	0.92	8.94	1.29
		π 6.04	0.43	6.47	0.88
	$t_r t_r$	7.61	0.59	8.20	1.17
	$t_r \pi$	σ 7.38	0.63	8.01	1.13
		π 6.06	0.54	6.60	0.90
	$t_e t_e$	7.18	0.51	7.69	1.09
B(3)	spp	s 14.91	5.70	20.61	3.25
		p 8.42	0.32	8.74	1.26
	ppp	8.40	3.46	11.86	1.79
	$d_i d_i \pi$	σ 12.55	2.12	14.68	2.27
		π 8.23	0.44	8.68	1.26
	$d_i \pi \pi$	σ 11.66	2.56	14.21	2.19
		π 8.41	1.89	10.30	1.53
	$t_r t_r t_r$	11.29	1.38	12.67	1.93
	$t_r t_r \pi$	σ 10.97	1.87	12.84	1.96
		π 8.33	1.42	9.75	1.44
	$t_e t_e t_e$	10.43	1.53	11.97	1.81
C(4)	sppp	s 21.01	8.91	29.92	4.84
		p 11.27	0.34	11.61	1.75
	$d_i d_i \pi \pi$	σ 17.42	3.34	20.77	3.29
		π 11.19	0.10	11.29	1.69
	$t_r t_r t_r \pi$	C 15.62	1.95	17.58	2.75
		π 11.16	0.03	11.19	1.68
	$t_e t_e t_e t_e$	14.61	1.34	15.95	2.48

续表

元　素	价　态	I_v	E_v	X_M	X_p
	s^2ppp	13.94	0.84	14.78	2.28
	sp^2pp	s 26.92	14.05	40.98	6.70
		p 14.42	2.54	16.96	2.65
	$d_i^2d_i\pi\pi$	σ 23.91	7.45	31.35	5.07
		π 14.18	1.66	15.84	2.46
N(3)	$d_id_i\pi^2\pi$	σ 22.10	6.84	28.94	4.67
		π 14.11	2.14	16.25	2.53
	$t_r^2t_rt_r\pi$	σ 20.60	5.14	25.74	4.13
		π 14.12	1.78	15.90	2.47
	$t_rt_rt_r\pi^2$	19.72	4.92	24.63	3.94
	$t_et_et_et_e$	18.93	4.15	23.08	3.68
F(1)	$sp^2p^2p^2$	s 38.24	24.37	62.61	10.31
	$s^2p^2p^2p$	p 20.86	3.50	24.36	3.90
Na(1)	s	5.14	0.47	5.61	0.74
	p	3.04	0.09	3.13	0.32
	sp	s 8.95	2.80	11.75	1.77
		p 4.52	0.06	4.58	0.56
	pp	5.65	0.01	5.66	0.75
	d_id_i	7.10	1.08	8.18	1.17
	$d_i\pi$	σ 7.30	0.78	8.08	1.15
		π 5.09	0.03	5.12	0.65
	t_rt_r	6.54	0.52	7.06	0.98
	$t_r\pi$	σ 6.75	0.38	7.13	0.99
		π 5.27	0.02	5.30	0.69
	t_et_e	6.28	0.32	6.60	0.90
Mg(2)	spp	s 12.27	4.92	17.19	2.69
		p 6.47	1.37	7.84	1.11
	ppp	6.50	4.89	11.39	1.71
	$d_id_i\pi$	σ 9.91	2.61	12.51	1.90
		π 6.36	1.45	7.81	1.11
	$d_i\pi\pi$	σ 9.39	3.66	13.05	1.99
		π 6.49	3.13	9.61	1.41
	$t_rt_rt_r$	8.83	2.11	10.94	1.64
	$t_rt_r\pi$	σ 8.65	2.94	11.59	1.74
		π 6.43	2.58	9.01	1.31
	$t_et_et_e$	8.17	2.88	10.75	1.59
	sppp	s 17.31	6.94	24.24	3.88
		p 9.19	2.82	12.01	1.82
	$d_id_i\pi\pi$	σ 14.06	4.07	18.12	2.85
Si(4)		π 9.18	2.20	11.38	1.71
	$t_rt_rt_r\pi$	σ 12.61	3.20	15.80	2.33
		π 0.17	2.00	11.17	1.67
	$t_et_et_et_e$	11.82	2.78	14.59	2.25

元　素	价　态	I_v	E_v	X_M	X_p
	s^2ppp	10.73	1.42	12.15	1.84
	sp^2pp	s 20.20	8.48	28.68	4.62
		p 12.49	1.98	14.46	2.23
	$d_i^2d_i\pi\pi$	σ 17.53	4.95	22.49	3.58
		π 11.61	1.68	13.29	2.03
	$d_id_i\pi^2\pi$	σ 16.78	4.77	21.55	3.42
P(3)		π 11.89	2.12	13.91	2.14
	$d_id_i\pi^2\pi$	σ 15.59	3.74	19.33	3.05
		π 11.39	2.02	13.91	2.14
	$t_r^2t_rt_r\pi$	σ 15.59	3.74	19.33	3.05
		π 11.64	1.80	13.44	2.04
	$t_rt_rt_r\pi^2$	15.18	3.76	18.94	2.98
	$t_et_et_et_e$	14.57	3.24	17.80	2.79
	s^2p^2pp	12.39	2.38	14.77	2.28
	sp^2p^2p	s 20.08	11.54	31.62	5.12
		p 13.32	3.50	16.83	2.63
	$d_i^2d_i^2\pi\pi$	12.39	2.38	14.78	2.28
	$d_i^2d_i\pi^2\pi$	σ 17.78	6.96	24.74	3.26
S(2)		π 12.86	2.94	15.80	2.45
	$d_id_i\pi^2\pi^2$	17.42	6.80	24.22	3.87
	$t_r^2t_r^2t_r\pi$	σ 16.33	5.43	21.76	3.46
		π 12.70	2.76	15.46	2.40
	$t_r^2t_rt_r\pi^2$	16.27	5.49	21.76	3.46
	$t_e^2t_e^2t_et_e$	15.50	4.77	20.27	3.21
Cl(1)	$s^2p^2p^2p$	15.03	3.73	18.76	2.95
	$sp^2p^2p^2$	24.02	14.45	38.47	6.26
K(1)	s	s 4.34	1.46	2.90	0.77
	p	p 2.73	0.77	1.75	0.38
	sp	s 7.09	2.26	4.68	1.36
		p 3.96	−0.24	1.86	0.42
	pp	p 4.38	−0.53	1.93	0.65
	d_id_i	σ 5.76	1.02	3.39	0.93
Ca(2)	$d_i\pi$	σ 5.73	0.42	3.08	0.83
		π 4.16	−0.38	1.89	0.43
	t_rt_r	σ 5.25	0.06	2.66	0.68
	$t_r\pi$	σ 5.28	−0.13	2.58	0.66
		π 4.25	−0.33	1.96	0.45
	t_et_e	σ 5.01	−0.04	2.49	0.63

元　素	价　态	I_v	E_v	X_M	X_p
	spp	s 14.58	5.57	10.08	3.18
		p 6.75	1.78	4.27	1.22
	ppp	p 7.92	8.40	8.16	2.54
	$d_i d_i \pi$	σ 11.19	3.15	7.17	2.20
		π 6.58	1.10	3.80	1.09
Ga(3)	$d_i \pi \pi$	σ 11.25	7.25	9.25	2.90
		π 7.33	5.09	6.21	1.88
	$t_r t_r t_r$	σ 9.76	2.28	6.02	1.82
	$t_r t_r \pi$	σ 9.99	5.13	7.56	2.33
		π 7.07	3.69	5.38	1.60
	$t_e t_e t_e$	σ 9.22	4.02	6.62	2.02
	sppp	s 18.57	6.86	12.72	4.06
		p 9.43	4.26	6.85	2.09
	$d_i d_i \pi \pi$	σ 14.21	5.35	9.88	3.08
Ge		π 8.89	4.14	6.52	1.98
	$t_r t_r t_r \pi$	σ 12.43	4.89	8.66	2.70
		π 8.71	4.11	6.41	1.95
	$t_e t_e t_e t_e$	σ 11.48	4.66	8.07	2.50
	$s^2 ppp$	p 9.36	1.33	5.35	1.59
	$sp^2 pp$	s 16.22	7.92	12.07	3.84
		p 12.16	3.38	7.71	2.40
	$d_i^2 d_i \pi \pi$	σ 13.39	4.63	9.01	2.82
		π 10.75	2.36	6.21	1.99
As(3)	$d_i d_i \pi^2 \pi$	σ 14.53	5.31	9.42	3.13
		π 12.19	3.25	7.77	2.39
	$t_r^2 t_r^2 t_r \pi$	σ 13.00	4.06	8.53	2.66
		π 12.24	2.64	7.44	2.12
	$t_r t_r t_r \pi^2$	σ 13.84	4.53	9.19	2.88
	$t_e^2 t_e^2 t_e$	σ 12.80	3.81	8.31	2.58
	$s^2 p^2 pp$	p 11.68	2.52	7.10	2.18
	$sp^2 p^2 p$	s 20.49	10.36	15.43	4.97
		p 14.44	2.04	8.24	2.56
	$d_i^2 d_i^2 \pi \pi$	π 11.68	2.52	7.10	2.18
	$d_i^2 d_i \pi^2 \pi$	σ 17.29	6.44	11.87	3.78
S(2)		π 13.06	2.28	7.67	2.37
	$d_i d_i \pi^2 \pi^2$	σ 17.94	5.73	11.84	3.77
	$t_r^2 t_r^2 t_r t_r \pi$	σ 15.68	5.14	10.41	3.29
		π 12.59	2.37	7.48	2.31
	$t_r^2 t_r t_r t_r \pi^2$	σ 16.28	4.77	10.53	3.33
	$t_e^2 t_e^2 t_e t_e$	σ 15.29	4.24	9.77	3.07

元　　素	价　态	I_v	E_v	X_M	X_p
Br(1)	$s^2p^2p^2p$	p 13.10	3.70	8.40	2.62
	$sp^2p^2p^2$	s 22.07	14.50	18.28	5.94
Rb(1)	s	s 4.18	0	2.09	0.50
	p	p 2.60	1.84	2.22	0.54
Sr(2)	sp	s 6.62	2.14	4.38	1.26
	sp	p 3.65	−0.36	1.60	0.34
	pp	p 4.20	−0.94	1.63	0.34
	d_id_i	σ 5.34	0.93	3.14	0.85
	$d_i\pi$	σ 5.41	0.15	1.78	0.73
		π 3.92	−0.65	1.64	0.34
	t_rt_r	σ 4.92	−0.15	2.39	0.69
	$t_r\pi$	σ 5.01	−0.46	2.28	0.56
		π 4.02	−0.65	1.68	0.36
	t_et_e	σ 4.72	−0.30	2.21	0.54
In(3)	spp	s 12.60	5.83	9.22	2.88
		p 6.19	0.52	3.36	0.92
	ppp	p 6.62	3.01	4.82	1.41
	$d_id_i\pi$	σ 9.84	2.79	6.32	1.91
		π 6.11	0.40	3.26	0.88
	$d_i\pi\pi$	σ 9.61	3.82	6.72	2.04
		π 6.40	1.76	4.03	1.16
	$t_rt_rt_r$	σ 8.68	1.89	5.20	1.57
	$t_rt_r\pi$	σ 8.67	2.67	5.67	1.70
		π 6.30	1.29	3.80	1.07
	$t_et_et_e$	σ 8.10	2.03	5.09	1.50
Sn(2)	s^2pp	p 6.94	0.87	3.91	1.10
	sp^2p	s 16.34	7.94	12.14	3.87
		p 8.51	5.54	7.03	2.15
	p^2pp	p 12.10	10.11	11.11	3.52
	$d_id_i\pi^2$	σ 12.81	6.35	9.58	3.01
	$d_i\pi^2\pi$	σ 14.22	8.92	11.57	3.68
		π 10.30	7.82	9.06	2.84
	$d_i^2\pi\pi$	π 10.15	6.15	8.15	2.53
	$d_i^2d_i\pi$	σ 13.04	4.40	8.72	2.72
		π 7.90	3.20	5.55	1.66
	$t_r^2t_rt_r$	σ 11.43	4.61	8.02	2.49
	$t_r^2t_r\pi$	σ 12.65	6.55	9.60	3.02
		π 9.50	5.80	7.65	2.36
	$t_rt_r\pi^2$	σ 12.49	7.64	10.07	3.17
	$t_e^2t_et_e$	σ 11.57	6.16	8.87	2.77

续表

元　素	价　态	I_v	E_v	X_M	X_p
Sn(4)	sppp	s 16.16	7.76	11.94	3.80
		p 8.32	5.33	6.83	2.08
	$d_i d_i \pi\pi$	σ 12.64	6.15	9.40	2.94
		π 8.10	5.00	6.55	1.99
	$t_r t_r t_r t_r$	σ 11.17	5.64	8.41	2.62
		π 8.02	4.89	6.46	1.96
	$t_e t_e t_e t_e$	σ 10.40	5.39	7.90	2.44
Sb(3)	$s^2 ppp$	p 8.75	1.18	4.97	1.46
	$sp^2 pp$	s 18.85	7.51	13.16	4.22
		p 11.68	3.61	7.65	2.36
	$d_i^2 d_i \pi\pi$	σ 15.27	4.35	9.81	3.09
		π 10.21	2.41	6.31	1.91
	$d_i d_i \pi^2 \pi$	σ15.156	5.26	10.41	3.29
		π 11.25	3.52	7.39	2.22
	$t_r^2 t_r t_r \pi$	σ 13.89	3.97	8.93	2.79
		π 10.51	2.77	6.64	2.02
	$t_r t_r t_r \pi^2$	σ 14.16	4.58	9.37	2.94
	$t_e^2 t_e t_e t_e$	σ 13.16	3.79	8.48	2.64
Te(2)	$s^2 p^2 pp$	p 11.04	2.58	6.76	2.08
	$sp^2 p^2 p$	s 20.78	9.09	14.99	4.81
		p 14.80	2.93	8.87	2.77
	$d_i^2 d_i^2 \pi\pi$	π 11.04	2.58	6.81	2.08
	$d_i^2 d_i \pi^2 \pi$	σ 17.12	5.84	11.48	3.65
		π 12.91	2.70	7.84	2.43
	$d_i d_i \pi^2 \pi^2$	σ 18.19	5.61	11.90	3.79
	$t_r^2 t_r^2 t_r \pi$	σ 15.36	4.75	10.06	3.17
		π 12.29	2.70	7.50	2.31
	$t_r^2 t_r t_r \pi^2$	σ 16.26	4.69	10.48	3.31
	$t_e^2 t_e^2 t_e t_e$	σ 15.11	4.20	9.62	3.04
I(1)	$s^2 p^2 p^2 p$	p 12.67	3.52	8.20	2.52
	$sp^2 p^2 p^2$	s 18.00	13.38	15.69	5.06

2. 用轨道能量表示的电负性标

表 I-2　原子轨道电负性(a. u.)

第1周期

轨道	H	He
1s	1.40*	2.89
2s		0.02
2p		0.00

第2周期(s区)

轨道	Li	Be
2s	0.28	0.70
2p	0.17	0.45

第3周期(s区)

轨道	Na	Mg
3s	0.23	0.51
3p	0.13	0.31

第4周期(s区、d区)

轨道	K	Ca	Sc	Ti	V	Cr	Mn	Fe	Co	Ni	Cu	Zn
4s	0.19	0.41	0.44	0.46	0.49	0.28	0.54	0.57	0.60	0.65	0.40	0.69
4p	0.10	0.25	0.26	0.26	0.27	0.27	0.28	0.28	0.29	0.30	0.08	0.31
3d	0.00	0.82	0.82	1.22	1.69	1.94	2.87	3.80	4.36	5.22	5.64	—

第5周期(s区、d区)

轨道	Rb	Sr	Y	Zr	Nb	Mo	Tc	Ru	Rh	Pd	Ag	Cd
5s	0.17	0.37	0.39	0.41	0.24	0.25	0.27	0.29	0.31	0.33	0.35	0.62
5p	0.05	0.22	0.23	0.24	0.06	0.06	0.06	0.06	0.07	0.01	0.07	0.28
4d	0.00	0.00	0.67	0.99	1.17	1.58	2.06	2.60	3.27	3.50	4.60	—
4f	0.00	0.00	0.30	0.30	0.07	0.07	0.07	0.07	0.07	0.07	0.07	0.30

第6周期(s区、d区)

轨道	Cs	Ba	La	Hf	Ta	W	Re	Os	Ir	Pt	Au	Hg
6s	0.16	0.36	0.38	0.40	0.42	0.44	0.46	0.49	0.52	0.56	0.34	0.60
6p	0.04	0.22	0.27	0.22	0.23	0.23	0.24	0.24	0.25	0.25	0.07	0.25
5d	0.00	0.00	0.60	0.89	1.23	1.63	2.09	2.64	3.18	3.80	4.11	—
5f	0.00	0.00	0.27	0.27	0.27	0.27	0.27	0.27	0.27	0.27	0.06	0.27

第7周期(s区)

轨道	Fr	Ra
7s	0.16	0.36
7p	0.04	0.22
6d	0.00	0.00
6f	0.00	0.00

镧系、锕系

	Ce—Lu		Ac—No	
6s	0.38	7s	0.44	
6p	0.22	7p	0.27	
5d	0.60	6d	0.25	
5f	0.77	5f	0.25	

p 区元素(s, p, p')

轨道	B	C	N	O	F	Ne
s	1.31	2.10	3.01	4.18	5.72	4.95
p	0.92	1.53	2.25	3.21	4.34	0.04
p'				2.76	3.78	0.00

轨道	Al	Si	P	S	Cl	Ar
s	0.88	1.36	1.91	2.58	3.48	2.90
p	0.58	0.92	1.36	1.91	2.57	0.00
p'				1.65	2.24	0.02
						0.00

轨道	Ga	Ge	As	Se	Br	Kr
s	1.08	1.55	2.06	2.69	3.51	2.54
p	0.56	0.87	1.23	1.70	2.24	0.00
p'				1.40	1.97	0.00
						0.02

轨道	In	Sn	Sb	Te	I	Xe
s	0.96	1.38	1.84	2.40	2.14	2.26
p	0.50	0.78	1.10	1.51	2.00	0.00
p'				1.32	1.76	0.00
						0.02

轨道	Tl	Pb	Bi	Po	At	Rn
s	0.93	1.38	1.77	2.38	3.03	2.19
p	0.47	0.76	1.06	1.46	1.93	0.00
p'				1.28	1.70	0.02

* 元素 H 按公式计算为 1.00,从 H 的实验行为分析,它的 s 轨道电负性取 1.40 较合理。

元素符号下数值之左侧的 s,p,d,f 指相应的原子轨道,对于氧族与卤族,p 轨道为半充满前,p' 为半充满后。

表 I-3　主族离子轨道电负性

	Li+	Be2+	B3+	(C)	(N)	(O)	F-
x_s	0.28	0.77	1.82				−0.06
x_p	0.17	0.67	1.50				−0.13

	Na+	Mg2+	Al3+	Si4+	(P)	(S)	Cl-
x_s	0.23	0.62	1.18	1.94			−0.03
x_p	0.13	0.44	0.93	1.60			−0.07

	K+	Ca2+	Ca3+	Ge4+	As3+	Se2+	Br-
x_s	0.19	0.51	1.38	2.10	2.49	2.92	−0.03
x_p	0.10	0.36	0.85	1.43	1.64	1.91	−0.06

	Rb+	Sr2+	In3+	Sn4+	Sb3+	Tc2+	I-
x_s	0.17	0.45	1.23	1.87(1.50 Ⅱ)	2.20(2.65 Ⅴ)	2.60	−0.02
x_p	0.05	0.32	0.76	1.28(0.90 Ⅱ)	1.46(1.93 Ⅴ)	1.71	−0.06

	Cs+	Ba2+	Tl3+	Pb4+	Bi3+	Po2+
x_s	0.16	0.44	1.89(0.88 Ⅰ)	1.81(1.45 Ⅱ)	2.13(2.55 Ⅴ)	2.51
x_p	0.05	0.31	0.73(0.46 Ⅰ)	1.23(0.87 Ⅱ)	1.41(1.86 Ⅴ)	1.65

	Fr+	Ra2+
x_s	0.16	0.37
x_p	0.05	0.26

表 I-4　过渡离子轨道电负性*

	Sc	Ti	V	Cr	Mn	Fe	Co	Ni	Cu	Zn
x_d	0.64 Ⅱ	1.22 Ⅲ	1.69 Ⅲ	2.24 Ⅲ	2.52 Ⅱ	3.19 Ⅱ	3.93 Ⅱ	4.75 Ⅱ	— Ⅰ	—
	0.82 Ⅱ	1.47 Ⅳ	2.29 Ⅴ	3.29 Ⅵ	3.24 Ⅳ	3.57 Ⅲ	4.36 Ⅲ	5.22 Ⅲ	5.64 Ⅱ	0.81 Ⅱ
x_s	0.53 Ⅱ	1.01 Ⅲ	1.05 Ⅲ	1.08 Ⅲ	0.65 Ⅱ	0.68 Ⅱ	0.71 Ⅱ	0.75 Ⅱ	0.39 Ⅰ	
	0.97 Ⅲ	1.58 Ⅳ	2.34 Ⅴ	3.25 Ⅵ	1.73 Ⅳ	1.17 Ⅲ	1.21 Ⅲ	1.25 Ⅲ	0.78 Ⅱ	0.73 Ⅱ
x_p	0.36 Ⅱ	0.97 Ⅲ	0.76 Ⅲ	0.78 Ⅲ	0.39 Ⅱ	0.30 Ⅱ	0.40 Ⅱ	0.41 Ⅱ	0.15 Ⅰ	0.42 Ⅱ
	0.76 Ⅲ	1.30 Ⅳ	2.00 Ⅴ	2.85 Ⅵ	1.34 Ⅳ	0.80 Ⅲ	0.81 Ⅲ	0.82 Ⅲ	0.42 Ⅱ	

	Y	Zr	Nb	Mo	Tc	Ru	Rh	Pd	Ag	Cd
x_d	0.52 Ⅱ	0.81 Ⅱ	1.87 Ⅴ	2.10 Ⅳ	2.96 Ⅴ	2.92 Ⅲ	3.55 Ⅲ	3.87 Ⅱ	(4.60) Ⅰ	
	0.67 Ⅲ	1.19 Ⅳ							4.57 Ⅱ	
x_s	0.48 Ⅱ	0.50 Ⅱ	2.09 Ⅴ	1.50 Ⅳ	2.20 Ⅴ	1.04 Ⅲ	1.08 Ⅲ	0.67 Ⅱ	0.35 Ⅰ	0.73 Ⅱ
	0.86 Ⅲ	1.41 Ⅳ							0.74 Ⅱ	
x_p	0.32 Ⅱ	0.33 Ⅱ	1.79 Ⅴ	1.19 Ⅳ	1.82 Ⅴ	0.72 Ⅲ	0.64 Ⅲ	0.37 Ⅱ	0.12 Ⅰ	0.38 Ⅱ
	0.67 Ⅲ	1.16 Ⅳ							0.37 Ⅱ	
x_f	0.26 Ⅱ	0.26 Ⅱ	1.66 Ⅴ	1.07 Ⅳ	1.66 Ⅴ	0.60 Ⅲ	0.60 Ⅲ	0.27 Ⅱ	0.06 Ⅰ	—
	0.60 Ⅲ	1.06 Ⅳ							0.27 Ⅱ	

	La	Hf	Ta	W	Re	Os	Ir	Pt	Au	Hg
x_d	0.60 Ⅲ	0.73 Ⅱ	1.23 Ⅲ	1.87 Ⅳ	1.84 Ⅲ	2.60 Ⅲ	3.17 Ⅲ	3.15 Ⅲ	(4.11) Ⅰ	(5.46) Ⅱ
		1.07 Ⅳ	1.67 Ⅴ	2.40 Ⅵ	2.65 Ⅴ	3.22 Ⅴ		4.16 Ⅳ	4.48 Ⅲ	
x_s	0.83 Ⅲ	0.48 Ⅱ	0.89 Ⅲ	1.44 Ⅵ	0.56 Ⅲ	1.00 Ⅲ	1.03 Ⅲ	0.64 Ⅱ	0.34 Ⅰ	0.70 Ⅱ
		1.36 Ⅳ	2.11 Ⅴ	2.80 Ⅵ	2.12 Ⅴ	2.17 Ⅴ		1.62 Ⅳ	1.12 Ⅲ	
x_p	0.63 Ⅲ	0.32 Ⅱ	0.65 Ⅲ	1.03 Ⅳ	0.33 Ⅲ	0.69 Ⅲ	0.70 Ⅲ	0.35 Ⅱ	0.12 Ⅰ	0.36 Ⅱ
		1.12 Ⅳ	1.73 Ⅴ	2.46 Ⅵ	1.75 Ⅴ	1.77 Ⅴ		1.19 Ⅳ	0.72 Ⅱ	
x_f	0.60 Ⅲ	0.27 Ⅱ	—	— Ⅳ	0.27 Ⅲ	0.67 Ⅲ	0.67 Ⅲ	0.27 Ⅱ	0.07 Ⅱ	—
	1.06 Ⅳ	1.06 Ⅳ	—	2.40 Ⅵ	1.67 Ⅴ	1.67 Ⅴ		1.07 Ⅳ		

　* 数值右边的罗马字代表离子价数。凡内 d 轨道全充满的离子,都是假设其一个 d 电子被激发到外层轨道而计算 Z_d^*。

3. 基于 Hellmann-Feyman 定理导出的电负性标

表 I-5　元素电负性力标(上)能标(中)和距标(下)

Li	Be												B	C	N	O	F	Ne
0.97	1.42												1.50	1.70	1.85	1.92	2.00	2.04
4.4	8.3												9.4	13.0	15.6	16.6	19.0	20.4
2.00	5.85												6.47	8.09	8.62	8.66	9.00	9.69
Na	Mg												Al	Si	P	S	Cl	Ar
0.85	1.12												1.26	1.40	1.54	1.62	1.72	1.73
3.1	5.0												6.0	8.0	10.0	11.6	13.6	13.9
1.43	3.16												3.95	5.53	6.80	7.52	8.28	8.64
K	Ca	Sc	Ti	V	Cr	Mn	Fe	Co	Ni	Cu	Zn	Ga	Ge	As	Se	Br	Kr
0.69	0.92	1.15	1.34	1.47	1.56	1.60	1.44	1.48	1.52	1.45	1.35	1.26	1.38	1.48	1.54	1.62	1.63
1.6	3.1	5.5	7.4	9.5	11.0	12.3	8.6	9.2	9.7	8.6	7.3	6.3	7.9	9.1	10.2	11.8	12.2
0.77	1.95	3.67	5.12	6.56	7.40	8.07	5.90	6.34	6.69	5.95	5.02	4.17	5.39	6.20	6.88	7.65	7.99
Rb	Sr	Y	Zr	Nb	Mo	Tc	Ru	Rh	Pd	Ag	Cd	In	Sn	Sb	Te	I	Xe
0.63	0.85	1.10	1.28	1.54	1.56	1.60	1.53	1.57	1.58	1.46	1.40	1.12	1.28	1.35	1.41	1.48	1.51
1.3	2.5	4.4	6.4	11.2	11.8	12.3	10.5	11.3	11.6	9.0	7.8	4.7	6.3	7.2	8.1	9.5	9.9
0.60	1.61	2.90	4.36	7.55	7.81	8.12	7.10	7.57	7.73	6.18	5.37	3.16	4.19	5.00	5.60	6.37	6.80
Cs	Ba	La	Hf	Ta	W	Re	Os	Ir	Pt	Au	Hg	Tl	Pb	Bi	Po	At	Rn
0.58	0.82	1.08	1.28	1.54	1.56	1.60	1.56	1.57	1.58	1.57	1.48	1.10	1.21	1.29	1.32	1.41	1.45
0.9	2.2	4.0	6.4	11.2	11.8	12.2	11.4	12.2	12.5	10.8	9.4	4.4	5.4	6.4	6.8	8.1	8.8
0.36	1.37	2.61	4.41	7.55	7.81	8.04	7.63	7.98	8.21	7.29	6.46	2.84	3.61	4.40	5.27	5.62	6.19
Fr	Ra	Ac	104	105													
0.55	0.80	1.00	1.18	1.48													
0.6	1.8	3.2	5.0	9.2													
0.20	1.18	2.05	3.37	8.09													

		La	Ce	Pr	Nd	Pm	Sm	Eu	Gd	Tb	Dy	Ho	Er	Tm	Yb	Lu
La	系	1.08	1.00	1.10	1.10	1.11	1.10	1.01	1.11	1.12	1.12	1.13	1.13	1.14	1.08	1.14
		4.0	4.2	4.3	4.3	4.3	4.1	4.1	4.4	4.2	4.5	4.6	4.6	4.7	4.0	4.7
		2.61	2.73	2.75	2.75	2.77	2.69	2.17	2.83	2.86	2.87	2.98	3.05	2.63	2.52	3.09
		Ac	Th	Pa	U	Np	Pu	Am	Cm	Bk	Cf	Es	Fm	Md	No	Lr
Ac	系	1.00	1.10	1.15	1.20	1.20	1.20	1.20	1.20	1.20	1.20	1.20	1.20	1.20	1.20	1.20
		3.2	4.3	4.9	5.6	5.6	5.6	5.6	5.6	5.6	5.6	5.6	5.6	5.6	5.6	5.6
		2.05	2.81	3.16	3.60	3.60	3.60	3.60	3.60	3.60	3.60	3.60	3.60	3.60	3.60	3.60

附录 II 几篇方法论论文

1. 原子结构模型的建立和更变

化学通报，1981(12)，755～760

化学与哲学

原子结构模型的建立和更变

杨 频

山西大学化学系

纵观人类对物质结构的认识史可以看到，人们常常是通过观察，思索和建立模型的方法来发展物质结构理论，揭示隐藏在自然深处的奥秘，说明形形色色的自然现象。

一、模型和模型法

为了认识物质世界，人们总是把自己对物质客体的观察、思索和理解，组织成简洁、明晰的框架（framework）、图式（scheme）或概念体系（conceptual system）；这种框架、图式或概念体系称为模型（model）。如再把一些普遍原理和逻辑方法应用于模型，建立起模型自身的系统，揭示出模型与它所表现的那部分物质客体的必然联系、并能用来说明相应那部分外在世界的现象和规律，则这种知识就称为理论。可以说，模型是建立理论的跳板。模型之于理论，有如一座楼宇的骨架与整体建筑的关系。

模型所表现的对象是实在的、变化的、复杂的物质客体；而它的直接基础，则是由科学的观察、测定、研究所取得的资料、事实和发现。模型是概括、抽象和简化了的现实，它的合理性需要通过逻辑和实验来检验。

作为一种思维方法，模型法的特点是着重从对象变化和运动过程的形式上加以抽象和概括，目的在于归结出运用形式的一般方法。

二、原子模型的更变和发展

德谟克利特(Democritus,约公元前 460~370)把万物的始元叫做原子——不可破的小球。猜想这些小球有形状、次序和位置的差别,并且,由于它们可以做直线运动和互相冲击,产生了变幻纷纭的世界万物。伊壁鸠鲁(Epicurus,约公元前 341~270)则又强调了原子由于它自身本性的原因,可以做脱离直线的偏斜运动[1]。这个假定更好地说明了原子之间发生撞击的原因,从而在解释世界的创造中排除了神的干预。

与德谟克利特同时代的恩培多克勒(Empedocles,约公元前 430~?)则提出,世界万物是由土、水、气、火四种不同原子,即四种元素构成的。他进而把逻辑用于这个四元素模型,说明自然现象,如土壤是由土原子和水原子组成,植物把土原子和水原子与太阳中的火原子结合,生成木材的分子。当水原子逸出后,木材变成干柴。干柴燃烧,分解成原来的火原子与土原子,火原子从火中跑掉,土原子留下来就是灰烬。在这里,自然哲学家以日常的现象和经验作基础,通过观察、思索,猜测隐藏在自然深处的奥秘,提出了自己的模型和理论,并对物质世界做出了前后一贯的逻辑说明。

2000 多年前自然哲学家们这种天才的猜测,显示出人类具有追求真理的动力和思维的能力。人类正是靠了这种禀赋,经过不懈的努力——实践、认识,再实践、再认识,才创造了当代的科学技术和人类文明。

物质结构理论从臆测到科学的发展,其基础和动力主要是科学实验,包括科学仪器的改进和使用,科学现象的观察、研究和发现。而这种理论的发展,常集中体现为结构模型的更变。

在近代物理学和化学的推动下,1741 年罗蒙诺索夫(1711~1765)曾提出了物质构造的粒子学说。当时由于燃素说的存在,人们还不能正确地认识物质的组成及其转化关系,因而也就不可能产生科学的原子分子概念。1774 年拉瓦锡(A. L. Lavoisier,1743~1794)借助于实验发现了氧并提出了燃烧的氧素说[6],为说明物质组成及其转化奠定了基础,从而澄清了单质、化合物的概念,并导致定比定律的发现;这一发现对科学原子论的建立具有决定意义。1803 年,道尔顿(J. Dalton,1766~1844)提出了新的原子论[6],明确指出:每一种元素以其原子的质量为其最基本的特征,并引入了相对原子量的概念,揭示了倍比定律的存在。特别是原子量的建立,使原子在质上和量上的规定性得以确定,从而标志着一个化学新时代的开始。

里德伯(J. R. Rydberg,1854~1919)继承了德谟克利特的观念,把化合物性质的差异归于原子几何形状以及相互联结的次序和位置的不同(1885 年)。这种带有玄想色彩的、积木式的结构模型未能取得任何进展。

　　19 世纪末,生产技术的发展为进行精密的科学实验提供了新的基础。这时人们已有可能借助于实验来观察电子的径迹、确定电子的荷质比,从而使汤姆逊(J. J. Thomson,1856～1940)发现了电子(1897 年)[6]。在这个新事实的基础上,汤姆逊大胆提出了原子具有复杂结构的模型;原子是由带正电的连续体和在其内部运动的负电子构成(1904 年)。我们可以把它戏呼为"西瓜式原子模型"。汤姆逊认为,在原子内存在着运动的负电子群,它们所有电子负电荷的总量与正电荷相等,因而原子呈电中性。电子逸出,剩下带正电的部分即正离子;原子接受几个额外电子就成了负离子。正、负离子靠了静电吸引力可以结合成各种形式的化合物。当时用这个西瓜式原子模型同法拉第(M. Faraday,1791～1867)电学定律相结合,可以说明许多物理化学现象。

　　然而,1911 年卢瑟福(D. Rutherford,1749～1819)的 α 散射实验证明,汤姆逊所说的原子空间中带正电的"庞大背景",实际上必须是非常小的一个核心,而负电子则是在这个正的核心吸引下,在"广阔"的外围空间运动。由于在核与电子的质量比上、在核与电子间的静电引力的因次上同太阳与行星的关系相对应,卢瑟福把它称为行星式原子模型。于是卢瑟福借助于 α 散射实验和同太阳系的类比,否定了汤姆孙的"西瓜式原子模型",建立了行星式原子模型[6]。不过,在这个新的原子模型中,由于绕转的电子是带电粒子,因而按照麦克斯韦(J. C. Maxwell,1831～1879)理论,它应不停地辐射电磁波,这样最终必然导致动能耗尽并且在不到百分之一微秒的时间内,负电子就要落到带正电的核上,使原子崩溃。事实上物质及其原子却是稳定地存在着,安然无恙。行星式原子模型的缺陷,预示着新认识、新模型、新理论必定要降临人间。

　　模型和理论体系的形成,强烈地依赖于产生它的时代,依赖于这个时代的观念、知识和文化科学状况。科学思想史的发展表明,只当科学实践的发展暴露出这种思想体系的缺陷、揭露出旧模型、旧理论同新事实的矛盾之后,人们才能被迫前进,突破故有理论框架的束缚。普朗克(M. Planck,1858～1947)量子论的提出是这样,爱因斯坦(A. Einstein,1879～1955)相对论的提出是这样,原子模型的更变也是这样。从这个意义上来讲,生产和技术状况以及实验手段决定着人们对物质世界认识的深度和广度,决定着理论科学的发展状况。即使依据科学内在逻辑的制约,有人能够推演得深些,远些,但是,很难说这是超越时代的。

　　在行星式原子模型建立的时候,普朗克量子论和爱因斯坦光子学说已经提出。这些与原子现象密切相关的新思想,必然要渗入当时人们的观念,在新理论中打上它的烙印。于是,进行这样一种试探就不足为奇了,即在牛顿(I. Newton,1642～1727)力学基础上,用类似于处理天体运动的方法研究这个"小太阳系",并且把新建立的量子论和光子说的思想吸收进来。用这种方法研究原子中核与电子的作用取得了明显进展,即导致了玻尔(N. Bohr,1885～1962)原子模型的建立[6]。应用这个模型得出了玻尔轨道半径和定态能量,解释了氢原子的线光谱系等等。玻尔这一出色的工作无疑使原子结构学说在从定性到定量的转化中跨出了坚实的一步。

在玻尔模型中,核外电子的稳定状态是作为由事实概括出来的规律以假定的形式提出的。它与量子论和光子说相吻合但又有新的特色。它是微观世界的又一基本特征。对定态的描述和支配它的规律的研究无疑是个极其重要但远非轻而易举的课题。玻尔工作的巧妙之处在于承认定态的存在而把这个课题的研究推到另一个回合,并不试图"一锅煮"。

从玻尔的工作可以得出几点启发:①任何一个具体的模型或理论,都有它的前提和条件,都要规定它要解决的有限的任务,由浅入深一步步前进。这是认识具有阶段性和相对真理性的一个体现。舍此则无从着手和进行理论探讨;②理论模型是进行推理和演绎的基础,借助于它,可使理论体系得以建立和展开;③模型和在其基础上建立的理论,需要再回到经验中去比较和验证,说明已有的事实,预测未知事实,指出人类实践活动的方向,在这个过程中进一步接受实践的考验,并得到改造或扬弃。

玻尔模型对多电子体系的无能为力以及实物粒子波粒二象性的实验证明,使主要是建立在牛顿力学基础之上的这个理论发生了动摇,并孕育着新思想、新理论的诞生。

德布罗意(L. de Broglie,1892~1987)根据一系列新的实验事实并通过对光的二象性的历史考察,用类比的方法推断:实物粒子也具有波性。这在物理概念的发展上是个剧烈的跳跃。正是在这个革命性新概念的启发下,Schrödinger(E. Schrödinger,1887~1961)得以提出一个全新的、独特的原子模型,即把原子当作一种振荡体系来处理,不同能量的电子都可看作是具有不同频率的物质波,而能级就作为振荡体系的本征值显示出来[2]。根据这个新的原子模型,他建立了反映微观粒子运动规律的物质波的波动方程。Schrödinger 的贡献是他把德布罗意的卓越见解与 Hamilton 关于动力学和几何光学的思想统一在一起。通过对方程中各种算符所遵从的运算规律的考察,他发展了含有不可对易乘法的理论。这正是支撑量子论的不同凡响的新观念。由波动方程求解得出的波函数正是建立在这些新观念、新模型之上的更加深刻而基本的知识。可以说,这个波函数包含着它所描述的体系的全部信息。玲珑的晶体、绚丽的花朵、奇妙的生命、……物质世界的千姿百态、五光十色,在原则上,几乎都可以从这个波函数得到解释、说明。尽管这个波函数与日常世界并无直接的联系,它的物理意义也仍待探讨,但是,基本的特征是清楚的,即波函数之间可以叠加、干涉、组合、杂化;它的模数的平方可以描写电子云的空间分布。正是这个函数,支配着物理化学乃至生物化学规律。这个隐藏在自然界深处的波函数的得以揭示,大大加深了人对微观世界的认识。由波函数绘出的原子形象,对于开壳层来说可以是非球状的。如它可以是哑铃形、四瓣梅花形、八瓣绣球形……对于这种原子图像的揭示,单靠归纳、类比是得不到的,而必须借助于模型和演绎。由量子论建立的这种微观原子图像和概念,已经歧离我们的直觉,而其合理性已为大量科学事实所证明。这正是理论思维所创造的惊人成就。

当然,我们不能对量子力学抱有任何成见,认为现在的原子、分子模式已是十全十美了。尽管我们还不能确切地指出微观粒子的图式将作如何的更变,但是可以肯定,现在的认识也只能是无限认识过程中的一个阶段,只具有相对的真理性。当新的物质构造模型破土而出的时候,在它们新的姿态中必然还能够看出它的“上代”遗传给它们的某些特征。这就是说,在模型的变更中,新模型必然要吸收或保留旧模型中某些合理的部分,同时又产生出决定性的、新的特质,就像在原子的概率分布图像中,玻尔轨道的旧影还依稀可见一样。

三、模型的建立

从上可见,在近代物质结构科学的发展中,科学实验(包括观察、研究和发现)为模型的建立提供了素材和基础。但是,由科学事实到模型的建立绝不是一种简单的反映和复制,而必须借助于科学的抽象,依靠辩证的思维。

就像艺术家运用形象思维创作一幅画、一首诗,对客体的特征要有所突出、有所舍弃,产生出既反映客体,又不同于客体的艺术品一样;科学家运用逻辑思维,对科学事实进行加工制作工夫时,也需要揭示其特殊矛盾,抓住其主要矛盾,突出事物的本质联系,忽略一些次要因素,建立起物理模型。可以说,模型是对某一客体经过简化和抽象而建立起来的。它是思维作用于客体并升华出来的观念形态。它来源于客体又不同于客体,是对客体的一种近似摹写。可以说,模型与客体的关系应在“似与不似之间”(齐白石语)。“太似”病在简化、舍弃不够,它将失于烦琐复杂,眉毛胡子一把抓,不得要领,不能深入,弄巧成拙;“不似”病在失真,模型不能反映相应客体的基本面貌和特征,不足为训。

一个新模型的建立、新理论的提出,除了要具备必要的科学事实这个客观条件以外,还必须具备一定的主观条件。所谓主观条件,包括诸如对研究对象的深刻洞察,对处理这个问题所必须的数学工具和基本知识比较熟悉,方法合理,方向对头,并且有锲而不舍,勇于探索的精神等。当然,具备了这些条件,进行了这种努力,也未必就能作出重大的理论创造。因为发现新观念的往往不是直接寻找它的人们,而常常是沿着曲折、迂回的道路朝这一目标前进的探索者。

科学的进程是不均匀的,即在平静的常态发展中当达到一定阶段时,由于科学观察取得某项突破,使得旧理论与新事实之间的矛盾暴露得比较充分的时候,常常会引发出一个科学理论创造的活跃时期。在这个时期,物理模型会发生剧烈的更变,理论形式也为之一新,人类对物质世界的认识也大大加深一步,甚至深入到一个新的层次。

　　无论是科学剧变时期,还是常态发展时期,新模型的建立,新理论的提出,都需要借助于一定的思维方法。而辩证的思维,在由科学事实到理论模型的建立过程中起着决定的作用。前述德布罗意关于物质波概念的提出就是一例。他说:"整个世纪来,在光学上,比起波动的研究方法,是过于忽略了粒子的研究方法;在实物理论上,是否发生了相反的错误呢? 是不是我们把粒子的图像想得太多,而过分忽略了波的图像?"这种对于微观粒子的新认识是符合自然界的辩证法的,它揭示了微观世界最根本的特征,即波粒二象性。正是这个新认识,搭起了从经典力学跃向量子力学的跳板。

　　类比的方法常有助于模型的建立。这种方法的特点是利用不同现象间本质中的统一性的规律,引导人们从已知领域通达未知领域。如卢瑟福-玻尔原子模型,就主要是应用了这种方法。

　　在科学史中还常有这样的事例:一个科学家在钻研一个问题、百思不得其解的时候,有时突然闪现的一种形象能激起思维的火花,使之炽烈地燃烧起来。因作为思维活动产物的科学观念,特别是一个新思想、新概念的建立,毕竟不及宏观现象那样经常而又鲜明地呈现在我们面前。因此,一个有关形象的闪现,有时可以引起思维的跳跃,使长久思索而又未能捕捉到的关系和理念,得以通过联想建立起来,导引人们揭示隐藏得很深的自然界的规律。所谓"踏破铁鞋无觅处,得来全不费工夫",若没有前面"踏破铁鞋"的工夫,就决不会有什么"得来"和发现。科学史话中的牛顿看到苹果落地发现了万有引力;开库勒(F. A. Kekule,1829～1896)在梦幻中看见一条蛇咬住了自己的尾巴[3],发现了苯的环状结构……都是同一个道理。这类激发思想的方式也可归于类比法。

　　模型为演绎提供了基础;演绎的结果又能导致更具体、更丰富、更完善的模型的建立。如前所述,Schrödinger 先是把原子看作一种振荡体系,而对它的细节是不清楚的。只当建立了这种体系所遵从的波动方程并解出体系的波函数之后,才能据以画出种种奇特的、新颖的原子图像。至今,这种图像仍被认为是真实地、正确地反映了原子本质的认识。

　　在模型的建立中也常采用分析和综合的方法,其特点是把客体分解为几个部分,再把各部分重组复原。如近期发展起来的一种量子化学理论;X_α 法,它所建立的原子球模型(图 II-1)就是把物质集团,分解成原子球内区(I),原子间区(II)和分子外区(III)三个区域。假定这种集团内的电子在这三个不同区域受到不同势场的作用,而在每个区域内部所受作用是均匀的(假定原子内区

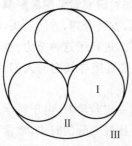

图 II-1　原子球模型

和分子外区势场为球对称;原子间区势场为常数)[4]。这就把复杂的物质体系大大简化了,使原来不能计算的问题,借助于这个简化模型就可以计算了。这个模型及其相应的理论,在研究原子簇等复杂化合物中具有明显的优越性,可使计算量大大减少。

四、不同的模型导致不同的流派

量子化学中的不同流派,它们都从量子力学的基本原理出发,研究相同的化学对象,只是由于简化模型的不同才建立了不同的理论体系。

价键法把分子看作是直接由完整的化合原子构成。原子与原子之间靠了价键结合。在定量处理上,则把某些符合价键规律的结构式,作为选用初步近似的变分函数的基础。因此可以说,价键理论的模型是价键结构式,真实分子可用一种或多种价键结构的杂成来描写,有如富里埃级数分解法。这种理论模型保留了古典价键结构概念,是旧有的化学结构原则同量子力学的自然结合,因而这个流派在量子力学建立之后最早发展起来。

分子轨道法则是首先把原子实放到分子骨架上,然后把电子填充到多中心分子轨道上去。它认为,原子在化合成分子后就消失了它的个性;本来属于原子的电子已归分子整体所共有,而价键的概念则不明显。这种处理法是多电子原子模式的一个自然推广。尽管它同化学家对分子的传统认识相距较远,但因它具有计算方便、适应性强、可以充分体现诸原子波函数之间的干涉叠加特性,并且抓住了分子的整体特征,使之在量子化学中逐步占据了绝对的优势,大有统括诸说的苗头。

配位场理论则着重研究在配位环境的静电场作用下,中心离子 d 或 f 轨道的能级分裂并适当考虑中心体与配位体的 π 结合。这种近似模型抓住了在络合物中心离子 d 或 f 电子的行为这个主要矛盾,忽略(或简化)了中心离子与配位体之间次要而又复杂的相互作用,使计算大大简化。

建立在赫尔曼-费曼(Hellmann-Feynman)定理基础上的静电模型已导致对分子图像的新认识。如按照彼尔林的静电模型[5],各类分子可用规则多边形或多面体来表征(图 II-2);在这里,键线的图像已不存在。这种建立在量子力学基础上的对分子的新认识,至少在对称外形上同柏拉图(Plato,约公元前 427~347)和毕达哥拉斯(Pythagoras,约公元前 580~500)派用正多面体解释万物的构成方式是相通的。

综上可见,在一定条件下,不同的模型代表着从不同角度来观察、认识和理解物质世界并导致不同的理论流派;而找到了恰当的模型,也就找到了打开自然奥秘的锁钥,就能在理论的探索中前进一步,甚至能"登堂入室",开发出隐藏得很深的天然宝藏——规律。这说明模型的建立对发展物质结构理论是十分重要的。

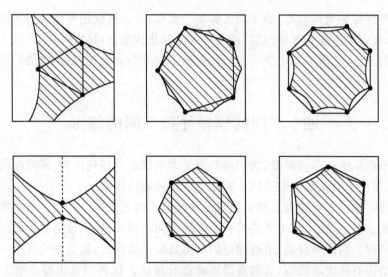

图 II-2　彼尔林分子图像

　　在理论科学中,几乎任何一个看来简单明了的概念和原理,无不经过艰难曲折的道路才得以揭示和建立。这表明真理的获得是要付出代价的。但是,人类能否少付一些代价、加快认识的进程呢? 恩格斯早就告诫过我们:"如果理论自然科学家愿意从历史地存在的形态中仔细研究辩证哲学,那么这一过程就可以大大地缩短"。研究和总结模型法的特点和规律,将有助于推动物质构造理论这个自然科学前哨的探索和发展。

参 考 文 献

1　卡尔·亨利奇·马克思. 德谟克里特的自然哲学与伊壁鸠鲁的自然哲学的差别. 人民出版社,1961 年,第16 页

2　Dirac P A M. 现代物理学参考资料(第三集),第 41 页[许良英译自 The Past Decade i Ⅱ Particle Theory, 1970,747~772]

3　1890 年,在德国化学会举行的纪念苯结构学说发表 25 周年的会议上,开库勒回忆他发现苯环时的情景曾谈到:一次他写书困倦,在火炉前打起瞌睡来,在梦幻中看见串串原子小球,像龙游蛇走,忽然看到一条蛇咬住了自己的尾巴……像电光一闪。醒来作出了苯的环状结构的设想。参看:W. J. Green, J. Chem. Edue. 55(7),434(1978),丁绪贤,化学史通考,商务印书馆,1935,369;A. M. Buthrove, A. S. Couper, A. Kekul6 and V. V. Markovnikov. A Centenary of the Theory of Chemical Structure, Publishing House USSR Aca7d. Sciences MOSCOW,1961,84:138

4　Slater J C. The Self-Consistent Field for Molecules & Solids. Mcgraw-Hill. New York,1974,M. Berrondo, J. Phys. C. ,3,951(1970)

5　Johnson O. Chemica Scripta. 1974,6:202—207

6　化学发展史编写组. 化学发展简史. 北京:科学出版社,1980,185

2. 物质结构研究中的归纳和演绎

化学通报，1980(4)，248～252

化学与哲学

物质结构研究中的归纳和演绎

杨　频

山西大学化学系

研究物质的微观结构和宏观物理化学性能之间的内在联系，是理论化学的重要课题。量子力学的建立为理论化学提供了最有力的武器，并且在用于研究分子的结构中产生了量子化学。

量子化学是从普遍的量子力学原理出发，通过求解波动方程来讨论具体的原子和分子体系。从方法论上讲，属于演绎法。

在研究物质结构规律的发展中还有一种归纳法。它是以人们的经验和实验为基础，对部分事物的特性进行唯象地分析和总结，概括出一般性结论的推理方法。

归纳法在人对物质构造的认识发展中，曾起了重要的作用。

作为从物质总体观中分化绽出的第一个花朵的古代原子论，就是当时的自然哲学家们，根据云气的凝聚、冰雪的消融、器具的磨损……这类经验，由朴素的直觉归纳得出的。而为近代化学揭开序幕、使物质构造理论从臆测到科学的道尔顿原子论，也是在总结化合物的组成、重量关系的实验事实和经验规律的基础上孕育产生的。被誉之为"科学上一个勋业"的门捷列夫周期律，在其建立的过程中，主要是运用了归纳的方法。有机化学这座"大厦"是建立在经典价键理论之上的。碳四价和碳链的概念以及原子价及其短线表示法，分子中原子的结合顺序和分子的空间构型……这些由大量化学事实归纳得出的概念、规则，不仅在百年前曾支撑起了有机化学这座大厦，而且至今在一定范围和深度上仍然行之有效。它的生命力不仅在于作为抽象方法具有形象、简练的特点，而且在于它用一种不为非化学家所知的特殊方式，反映了某些类型分子中价电子的分布、组合和转化的初步规律。在发现电子以后，有机化学在很长一段时间内，仍是沿着化学所特有的方式和传统发展。这些主要是靠归纳法建立的概念和规则，已为现代结构测定方法和量子力学计算所验证、补充和发展。

在化学键和分子及晶体结构的研究中，人们归纳得出了共价键、离子键、金属键三种基本化学键型，抽象出了共价半径、离子半径、金属半径等原子参数，总结得出了圆球堆积方式、结晶化学定律、含氧酸盐的五个结构规则等规律，揭示了组成、结构和性能之间的关系。

为了说明极性键的生成和特性,最早路易斯用价电子对在两个成键原子间偏向一方来加以解释,不自觉地应用量变-质变关系说明了键型过渡。为了说明电子偏向一方的原因,鲍林又引进了电负性的概念,并用离子性百分率表示键极性的大小。鲍林还结合其他的原子参数、同一系列的物性相关联,开辟了应用原子参数和键参数研究物理化学问题的一个重要方向。尽管鲍林在 20 世纪 30 年代前后发表了一系列的量子化学研究论文,但是,他对化学最重要的贡献,我认为还是他用唯象分析的方法归纳得出的一组新的术语、概念和规则。他善于利用直觉想像建立模型,善于利用经验公式从庞杂的实验数据中抽提出规律性的认识,建立起一些新的概念,如电负性、离子性、电价规则、电中性原理。鲍林还善于从量子化学演绎得到的一般性结论中抽提出新的概念,如轨道的杂化、重叠,结构的共振等。这些新认识、新概念、新思想,大部分已渗透到整个化学领域,成为一种基本的化学语言和思考方法,取得了世界性的公认。鲍林的共振论是在量子力学变分法的启示下,以发展开库勒-路易斯学派的经典结构理论为其特色的化学结构学说。鲍林的整个工作,从方法论上看,也有许多值得我们借鉴的地方。比如,他注意从传统的化学结构理论、从新的实验事实和新的理论成果吸取营养,把继承和探索结合起来;注意在演绎得出的一般结论指导下进行分析、对比、概括和归纳工作,既善于从芜杂的实验数据中抽象出本质联系,又善于从抽象的量子化学方程中概括出直观模型和形象的概念。

人对微观物质运动规律的认识经历了由现象到本质、由初级到高级的认识发展过程。量子力学赖以建立的基础,有不少是通过唯象的分析归纳得到的概念和经验规律。19 世纪末期,氢原子光谱线系的经验公式的提出,黎德伯·里兹组合定则的建立,都是在总结大量光谱实验数据的基础上得到的。自旋的概念也是基于对光谱精细结构的归纳总结,抽象出来的。而普朗克量子论、爱因斯坦光子学说、德布罗意物质波及玻尔原子模型等,都是在分析新事实与旧理论之间的矛盾中,应用归纳、类比、分析、总结、抽象得到的。正是在这些由大量事实升华出来的概念、模型、学说的基础上,再经过更深的概括和辩证地思维,发生认识上能动的飞跃,终于建立了深刻反映微观粒子运动规律的量子力学,从而为用演绎法在化学这个层次上研究微观粒子运动提供了最有效的武器。

量子力学建立以后,通过求解原子的波动方程,建立了量子数、电子云空间分布形状、轨道对称性等全新的概念。这些概念在通过波动方程研究分子特性中得到了进一步的验证和应用,并揭示了共价成键的本质,导出了杂化、交换、相关图、隧道效应等新的概念。以上这些术语和观念都是演绎的结果,应用归纳法是不可能得到的。在量子力学普遍原理的基础上,通过演绎法的大量工作,使人类对微观世界的认识发生了深刻的变化。测不准原理是量子力学的一个推论,它使人们对微观世界的因果关系有了新的认识。化学反应中位能面的绘制,体现了演绎法的特殊作用。而反物质的存在,对一些基本粒子的预言,则更是有力地证明了演绎法在认识物质结构规律中的独特作用和巨大威力。

当然,不能认为演绎法必定要用复杂的数学工具。康德的名著《宇宙发展史概论》全书没有出现一个数学公式,但却是运用演绎推理的一个光辉典范。康德根据牛顿定理,只用了简单的引力和斥力,第一次论证了物质世界自身有秩序的发展。正是这种严密的思维方法使他在那神学禁锢的年代,敢于发出石破天惊的呼喊,"给我物质,我就用它造出一个宇宙来!"这种演绎推理在近代物质结构研究中仍不失为一种有效的逻辑方法。我国结构化学家卢嘉锡等,根据量子化学的一般原理和结构化学知识研究固氮酶催化机制,在建立模型和阐明络合活化作用过程中,都用到了这种演绎推理方法。他们的这项研究赢得了国际上的好评。

科学认识发展的内在规律性,各种观念,理论、规则、定律之间的相互制约关系,是由物质客体的本质联系所制约和决定的。这种规律和认识发展的内在逻辑,是演绎法有效性的基础。正是在这个基础之上,使演绎法在现代科学史上屡建奇勋。

一般说来,归纳法在人类思维活动中属于比较初级的认识阶段,是对于事物的内部矛盾尚未充分揭示、对事物的本质尚未充分把握时的认识。但是,离开了归纳也就没有它的对极演绎。在实际的思维活动中,归纳和演绎是互相联系和补充的。一方面,常常是演绎以归纳的结论作为前提,归纳的结论由演绎法加以阐明和发展,并建立起能够揭示事物本质的、前后一贯、逻辑严密的理论体系;另一方面,人们作归纳推理,又往往是在与课题有关的普遍原理和一般知识的指导下进行的。并且,通过对实验事实的分析、对比、综合、抽象,去伪存真,由此及彼,归纳得出唯象性的理论,甚至可以发现原有理论与实验间的矛盾,提出新的假说和新的规律,为更深一层普遍原理的建立探索方向。

如果说演绎法着重从纵的深度上研究某个分子的特性,"明察一斑";那么,作为一种补充,归纳法可以在横的广度上研究化合物间的变化规律,"综观全豹"。

在科学实践中,人们通过科学实验取得反映物质特性及其变化规律的大量数据,自然希望找出这些特性和数据之间的联系和变化趋势,即用语言或数学形式(常通过参数法)概括这种变化的初步规律,并用以推断在未知条件下可能出现的现象和特性。一般说来,这种借助于经验关系的预测,常较严格的理论计算更为准确些,因而在新实验的设计和新工艺的选定上能提供一些值得参考的知识。这对实际工作显然是有益的、重要的。

但是,并非由归纳得出的所有规律和数学形式都具有深刻的内涵和科学价值。应该说,具有科学价值的归纳,尤指那些足以揭示事物本质的归纳,如众所熟知的一些定律,氢原子光谱线系的经验公式等。这类工作是科学大树上的生长点,它们大都蕴含着生机。人对物质结构的认识史表明，从这里入手，常可引向新的发现，使科学的枝干上抽出新条、开出新花，甚至开辟出科学上的一个新天地。

　　归纳和演绎，从个别到一般和从一般到个别，不是截然分开而是紧密相连的。如鲍林关于电负性、共振论的提出，不仅是立足于大量的实验事实之上，而且也凭借了量子力学一般原理的指引和启发；而许多看来是"纯理论"、"纯计算"的量子化学工作中，实际上也渗透着或浸润着大量实验材料和经验规律的"母液"。

　　许多著名结构化学家，如鲍林，不仅长于归纳，而且还深明演绎。他不仅是量子化学价键理论的主要创始人；而且也是应用原子参数、键参数研究分子、晶体和化学键本质的主要倡导者。一系列的原子参数和键参数概念，如共价半径、金属半径、电负性、离子性等，都是鲍林首先提出的。这些概念的应用已超出了化学的范围，而扩展到固体物理等领域。鲍林之所以能成为一个第一流的结构化学家，看来与他对实验和理论并重、归纳和演绎并用是分不开的。

　　当然，一般来讲，一个人的认识能力是有局限的。特别是由于个人基础、工作条件、客观环境的不同，使得有人学识渊博，有人思想奔放；有人长于演绎，有人喜用归纳。如果能有意识地加强对不同特长的综合，无疑会更快更好地做出成果。已经成为科学史中美谈的如超导电性 BCS 理论的建立、轨道对称守恒原理的提出，都是在有经验的老科学家和思想奔放的年轻科学家的协同工作下完成的。我国有机化学家蒋明谦和量子化学家徐光宪先后从经验规律到量子力学基础研究同系线性规律，较快完成了很有特色的工作，也体现了归纳和演绎交替配合使用，是富有成效的。这一经验是值得我们重视和借鉴的。

　　今天的物质结构科学已是一个庞大的领域。层出不穷的现代测定方法，浩如烟海的实验资料，新理论新方法不断涌现……这既为我们的研究提供了条件，也使我们在判明方向，驾驭科学进程上增加了困难。这就要求我们认真地总结科学发展的经验教训，恰当地组织和部署力量，精心选择主攻方向，捕捉"战机"。在此，仅就归纳和演绎在今后所起的作用谈几点粗浅看法。

　　可以说，只要人们对物质结构的认识活动在继续发展，归纳和演绎都将作为重要的推理方法发挥作用，长存不败。毫无疑义，由于量子化学计算方法的不断改进和高速运算电子计算机的进步，用演绎法从电子水平对含几十个原子、几百个电子的分子体系进行高精度的研究，会取得更大的成果。沿着这一方向前进，配合结构化学，有可能对分子设计和生命现象的研究，取得引人注目的成果。在这一进程中，显然应该把改进现有的计算方法和建立新方法、新模型结合在一起，而且应该把后者作为攻关的重点。理论科学的发展总应该是从简单到复杂再到简单，即按否定之否定的规律发展。如果只是一味地复杂化下去，只是数量的增加，没有质的变化，恐怕理论科学的发展就要终止了。因而，要想完成对复杂大分子和材料作准确计算，解决分子设计和生命现象中的关键问题，单靠采用大基组波函数，增加计算机的运算能力,未必能攻下这两个高峰。演算不等于演绎,电子计算机不能取代人的思考。我们要特别注意方法论在理论研究中的作用。应该期待,由于新思想的引入,新模型的建立,新方法的采用,或许能产生一个有效方法,对复杂大分子的计算取得真正革命性的突破。

演绎法还应该从新的实验事实(包括由这些事实总结得出的经验规律)中吸取营养。从方法论和认识论上来看,任何一个具体的理论,都是对客观事物规律的近似摹写,有其局限性;而实验所不断揭示的新事实,总是要冲破任何一个具体理论的束缚,跑到它的前头,为新理论的产生开辟道路。这就要求我们必须认真分析实验事实与原有理论之间的矛盾,在整个人类最新实验资料的基础上,进行理论探讨,做出理论成果。

以归纳为基础的工作仍大有可为。为了使工作开展得更有意义,我想应注意以下几点:

(1) 从研究对象来看,要注意在科学的前沿阵地上,在边缘学科、特别是以量子力学为基础的演绎法一时还难以在深入的领域开展工作。比如,具有特殊效应的技术物理晶体的研制,亟待得到理论指导,以便在探索新材料中减少盲目性。本来,能带理论、元激发理论以及超导微观理论的建立和发展,有人认为固体理论已大体完成,剩下的只是完善和深入、演绎和应用了。但是,在 BCS 理论基础上发展起来的强耦合超导电性理论,不能对大量材料的临界温度做出计算;能带理论和元激发理论在用于非线性光学效应的计算中也不很成功。一些国外的固体物理学家,如美国贝尔实验室的飞利浦斯等,把解决办法转向求助于结构化学的概念和带有归纳特点的半经验方法。为了指导固体新材料的探索,他们利用了电负性、离子性、原子半径、键电荷等概念并加以发展,做了不少半经验的工作。从论文和专著发表之快、之多来看,这种作法是受到重视和支持的。从这个例子看到,在严格的理论、演绎的方法“少效”或存在某些困难的地方,归纳法、参数法有时可以发挥一定的作用。对于尚无具体理论可循的前沿科学领域,如原子簇化合物以及模拟生物固氮机制的研究,药物的致癌和抗癌的结构化学因素,生命现象与化学结构的关系等,都有不少工作值得一做。以归纳为主的经验方法,既可以起到总结事实、指导实际工作的作用,又可以探索一些初步规律,加深对客体的认识,为最终阐明其本质准备条件。

(2) 从工作的方法来说,要考虑多种因素,抓住主要矛盾,进行本质的归纳总结。以周期律的提出为例,当时许多化学家,在接近 50 年、几十次的元素分类工作中,为什么只有门捷列夫的工作才堪称“科学上的勋业”?这里当然有个先后、继承的问题。但是,方法论的正确与否,在其中也起了不容忽视的作用。科学史表明,门捷列夫的成功,主要在于他认真总结了前人工作的经验教训,使自己变得聪明了。他发现前人的分类多是以各元素很少的一些特征作根据,他称之为“人为的分类"，而他采取了"自然的分类"，即以各元素诸特性的综合作为分类的根据。也就是说，他把"大象"的耳、鼻、身、尾都摸到了，而且把他们综合起来，建立"大象"的形象。这启示我们在总结经验规律、寻找经验公式当中，对比较复杂的研究对象，应注意尽可能全面地、多因素的进行归纳总结，特别是要抓住主要矛盾，抓住本质因素。要避免摸到一只大象"腿"，就说大象像根柱子这种片面性。

（3）从和演绎法的关系来说，要善于利用量子化学的各种成果，从中去总结规律性的东西，建立物理模型、化学概念、定性规则和化学原理。即从量子力学的一般原理和计算结果中，抽出反映化学现象本质的规律性的东西，并把它们变成化学的语言和方法，建立半经验的规则和表达式。属于这种方法的一些较好的工作如：硬软酸碱原理、线性自由能关系、静电力理论、前线分子轨道理论和轨道对称守恒原理等。在这里，归纳和演绎的界限已经消失了。正如恩格斯所指出的："归纳和演绎，正如分析和综合一样，是必然相互联系着的。"

除了归纳和演绎以外，还有分析、综合、类比、抽象、假说、模型等推理方法。在科学实践中，任何一种推理方法，一般都不是孤立地运用的。不言而喻，在我们突出讨论归纳和演绎的作用时，都不能排除同其他方法的相互渗透、相互补充。还需指出，上述这些推理方法，都属于普通逻辑所承认的、初等的思维方法，每种方法都有其片面性；而只有辩证的思维才是人所特有的、合理的思维活动。当我们着重讨论这类初等哲学范畴的时候，当然不排除辩证的思维在科学发展中所起的重大作用。恰恰相反，我们的目的正是要在说明某一推理方式的特点和长处的基础上，着重指出，必须有意识地加强归纳和演绎以及其他方法间的相互渗透，才能加快科学攻关的步伐。同时，我们也只有在熟悉初等的逻辑思维方法的基础上，才能更好地掌握和运用辩证的思维。理论来源于实践，感性认识有待上升为理性认识。自然科学只有以正确的哲学观点指导，才能在由必然王国通达自由王国的必由之路上走得更快些。

3. 当代化学的发展趋势

大自然探索,1987,6(4),23～28

科学家论坛

当代化学的发展趋势

杨 频

山西大学分子科学研究所

近百年来,化学积累了丰富的资料,化合物数目以越来越快的速度在急剧增多。已知化合物总数 1880 年仅有 1200 种;1940 年增至 50 万种;1986 年猛增至 700 余万种。预计每年增加 50 余万种,或每天增 1400 种新化合物。大量化学事实的涌现、社会的需要,以及量子理论、新的物理实验方法和电子计算机的应用,使古老的化学从形式到内容都在改观并处于急剧变革之中。其主要特点是:①化学与相邻学科的相互渗透;②化学正由经验科学向以实验为基础的理论科学过渡;③化学正更自觉地面向社会,解决人类面临的各种需要和问题。

一、化学与相邻学科的相互渗透

当代化学的一个主要特点是,它正从物理、数学等相邻学科汲取力量,包括理论方法、数学工具和各种现代实验手段。在分子科学中,代数、群论、拓扑理论以至模糊数学等正在或即将发挥愈来愈大的作用。这些数学方法同量子论相结合,正成为使化学焕发青春、发展为严密科学的强大动力和坚实基础。现代物理实验方法的应用,正在使过去不能观测的化学中的时空界限一个个被突破,从而大大加深了化学的认识能力。可以说,只有充分吸取相邻学科的一切有用成果,才能推动化学自身的发展;只有使化学自身得到充分发展,才有可能向相邻的天、地、生缘学科挺进。这种学科间的杂交优势,正是推动当代科学前进的重要特征和强大动力。

1. 化学与相邻学科的相互渗透和新学科的建立

化学与相邻学科的相互渗透已经或正在产生着一系列新的边缘学科。如亲缘关系最近的化学与物理的相互交叉,早已产生了物理化学、化学物理、量子化学等。化学与数学以及电子计算机的结合,产生了计算化学或化学计量学。化学在天体研究中的应用产生了天体化学;在地学中的应用产生了地球化学;在海洋中的应用产生了海洋化学;在工业中的应用产生了工业化学;在农业中的应用产生了农业化学;类似地有药物化学、食品化学、环境化学等。由新技术催促产生的有半导体化学、放射化学、激光化学等。

化学与生物学的相互渗透产生了诸如生物化学和化学生物学以及更进一步地有:生物无机化学、生物有机化学、生物物理化学、结构生物化学、量子生物化学、膜和方向性化学、受体底物作用化学以及生命过程化学等。化学向生物和生命科学的渗透,加深了对核酸中成键与断键过程的认识。促进了磷酸脂化学的发展。通过化学及其物理测定方法有可能研究与疾病有关的基因体系、酶体系、进行药物设计,因而,在人体保健以及揭示生命奥秘的探索中正在取得引人注目的进展。美国生物有机化学家 Westheimer 曾指出:化学中的许多问题来自生物化学。"那些对生物学较熟悉的化学家正处在探索对人类有重要意义的课题的有利地位"。边缘学科的产生,吸引了大批有见地的、优秀的化学家为之献身,从而大大扩展了化学的研究领域。

2. 无机化学的复兴

人类接触和认识化学,从炼丹、哲人石到柏齐留斯的电化二元论,可以说是从研究简单的无机物开始,逐步建立起化学的大厦。19 世纪中叶,一系列有机化合物被发现、合成,使人目不暇接。19 世纪末,人们对这些有机物很快理出了头绪,如类型论、链状、环状化合物的确定等,系统性、规律性很强。相比之下无机化学显得杂乱无章。出现了一个问津者较少的不景气时期。这一状况一直持续到 20 世纪 40 年代。20 世纪 50 年代,有机高分子出现了一个辉煌发展时期,纤维、塑料、合成橡胶,这三类化工产品改变了人类生活的面貌。

无机化学的复兴是从 20 世纪 40 年代酝酿、开始的,复兴的动力是社会和生产的需要。1939 年美国推行的原子能研究计划,每年投资 10 亿美元,历期 7 年,推动了无机化学的发展。而 20 世纪 50 年代蓬勃发展的半导体技术以及尔后的火箭、航天、激光等尖端技术的发展,带动了无机合成和制备,分离提取、萃取化学的发展,则使络合物化学出现了一个空前繁荣时期,20 世纪 30 年代即已提出的配位场理论立刻派上了用场,使无机化学从内容到形式、从方法到理论呈现出大发展的局面。新型化合物层出不穷,量子化学的应用使无机化学知识一以贯之地得以阐明和系统化。而现代光、电、磁学分析测量技术的应用,发展到足以使物质的宏观性质与微观结构相关联,从而使无机化学呈现出一派新的面貌,其自身发展的主要特点有三:

（1）配位化学成为无机化学的核心：近 20 年来发现了多种类型的新化合物。应用配位场理论和分子轨道理论均能加以阐明，从而能透彻地了解配合物的各种键合形式和结构形式。而这种研究方法和观点可以用于几乎所有的无机化合物。换言之，各类化合物都可看作是某种形式的配合物并可应用配位场理论或分子轨道理论加以说明和系统化。配位化学已深入到无机化学的各个方面。

（2）经典无机化学可以应用现代化学键理论加以充分阐明：许多早已发现的无机物，其结构型式、科学意义和实际价值，只是在现代化学键理论的基础上才能得以阐明。如 1827 年发现的 Zeise 盐，现已查明乙烯与铂的键合是烯双键的 π 电子与金属轨道作用成键；推广这个成键类型，发展了各种过渡金属与各类不饱和烃的类似化合物的合成。再如 1879 年发现的硼氢化合物，其成键本质到了 1957 年 Lipscomb 提出二电子三中心键的新概念后才得以阐明。

（3）无机化学的一些新发展：除了一批新的超铀元素的发现和许多稀有气体元素化合物得以合成外，以下几个方面的发展十分重要：①无机新材料：无机材料十分丰富。按物理性质分类有：高强度材料，超硬度材料以及高温、透光、磁性、绝缘、导电、半导体、超导体等材料；按物理效应分类有：压电、铁电、光电、电光、声光、磁光、激光及非线性光学等功能材料。近十几年来又发展了新型储氢、储能材料、非晶态合金、非晶态硅以及笼状包结夹心材料、原子簇化合物、快离子导体、层状结构合成金属化合物（如石墨夹层化合物）、生物模型化合物、仿生酶、人造血等。引人注目的脆性材料、即精密陶瓷，包括电性陶瓷、磁性陶瓷、光性陶瓷、热性陶瓷、化学陶瓷、结构陶瓷、生物陶瓷、核陶瓷等，由于它们具有高硬度、高强度、高温蠕变小、耐磨损、抗氧化等诸特点，正在开拓各种用场，包括作发动机的部件，近一年来引起世界震动的钇、钡、铜氧化物高温超导体，实际上也是一类无机脆性材料。对这类超导氧化物，在继续探索新体系、新理论的同时，人们已开始花大力气来进行实用可行性研究，包括提高材料的电流密度和解决脆性成材问题。通过研究新型无机材料，有可能对能源开发、空间技术、电子技术以及激光、红外、遥感甚至机械工业等一系列科学技术的发展产生巨大的甚至是决定性的推动的影响。在这种探索中，无机化学家至少应在以下三个方面做出贡献：a）研究材料的形成机理和制备方法；b）研究材料的组成-结构-缺陷与材料性能的关系进而开发新材料；c）探索新材料的应用。②无机化学与生命科学：生物体内有 70 多种化学元素，大多数酶都含有金属离子，其中以络合物形式存在的金属离子常起着活性中心的作用。如氧的贮存、运载，质子的传输，电子的转移……都与这种金属离子有关，对生命过程及其探索显示十分重要的作用。另外，如何维持人体正常的离子浓度，排多补缺以及地方病、癌症的防治，仿生人造血；在农业上，植物灰质变色病是缺微量元素铁，要合理施用微量元素（包括稀土）肥料。总之，金属离子在生命保健、环境、毒性、医药中具有十分重要的作用。正因如此，生物无机化学这个新的分支学科应运而生。

③物理学在核物理、原子分子物理和凝聚态物理三个层次上,从理论(包括量子论)到实验方法给无机化学以强有力的支持,使之进入理论科学的范畴。

3. 有机化学的变革

传统的有机化学各分支学科仍是有机化学大厦的支柱。特别需要要指出的是在当代化学的三个前沿领域中,有机化学是主力军。

(1) 化学反应性:生命过程中都伴随着复杂的化学变化,因而对化学反应性能的认识是人类最终揭示生命奥秘的基础,而新过程、新材料的开发也有赖于对化学变化的了解和控制。化合物种类和化学反应类型的急剧增长,加深了对反应性本质的理解,进而可对燃烧、腐蚀、合成、聚合、电化学等提供新的工艺和方法,也是进行分子"剪裁"、设计的基础。

分子动态学的发展,已能对瞬时化学过程观察到毫微秒至微微秒的变化,对化学过程中能量的转移,已能追踪辐射、内转换、系统间交换、分子间和分子内转移以及单分子分解反应等。反应位能面的量子化学计算,其精度同实验测得的最好精度相当,从而对许多难于进行实验测定的短寿命、激发态、反应的鞍点等可以清楚地了解。此外,在态-态化学,模式选择化学以及多光子激发等方面,都获得了新的认识和进展。设计新的反应途径是有效控制化学反应、开发新产品、新过程的基础,而高精度的仪器和技术则是快速、准确鉴别反应产物组成和结构的关键。在这方面,国外通过多种仪器联用已发展到相当高的水平。合成的关键是选择性。如二十几年前认为是"绝望的合成物"的红霉素($C_{37}H_{68}O_{12}N$,它有 18 个手性中心,可推演出 262144 种不同的构型),现在可将 14 个原子连接成 14 元环而形成红霉素的结构框架,大大缩短了合成时间。现已对许多特殊条件下的反应途径,包括光助反应、固相反应途径进行了研究。

(2) 化学催化作用。催化剂加快反应速度可达 10 个数量级。选择性催化剂仅对多个竞争反应中的某一个有这种效果。十几年前研制新催化剂主要是靠经验,近来已将这种研究从技艺变为科学。其中最重要的是弄清催化机理,即在分子、量子水平上理解催化过程。对于多相催化,一旦化学家能看到表面分子结构,就可以方便地应用有关化学反应的知识去理解和控制表面化学过程。近二十年来,人们对分子筛的合成及其催化应用取得了突破性的进展,如在裂化石油和使页岩油转变为汽油的过程中,其效率十分理想。进一步的工作是合成金属催化剂的代用品研究,为把各类丰富的物质变为有用工业原料和燃料的转换催化剂研究,以及为改善空气和水质的催化剂研究等方面,都投入了很大人力并取得了一系列有实用价值的成果。

均相催化剂优于多相催化剂之处在于调整其结构就可以得到高的选择性。而有机金属,金属原子簇化学的蓬勃发展,为其开辟了光明的前景。如已制得钨与钼同分子氮形成可溶性化合物。在温和条件下有机铑和有机铱络合物来断裂不活泼烃中的碳氢键。原子簇正为均相与多相催化架起一座桥梁。如四个金属铁原子和四个硫原子所形成的立方骨架,在生物体中是催化蛋白质中电子迁移反应的活性基因。此外,对主体选择性催化的研究也取得了引人注目的成果。

不能忽略的还有光催化和电催化。化学家正在研究如何将染料和高分子保护物用共价键固定在光电化学电池的半导体表面上。现已有可能用溶液样品去催化基本的电子转移反应,阻止电极的化学腐蚀;避免逆反应;形成类似日光的活性光谱区。而由半导体吸收的光所促进的电极-溶液界面上进行的氧化还原过程,是光催化研究的重点。这种有重大科学价值和实际意义的现象,已被 TiO_2 表面氰化物的光解所证实,可望用于利用太阳能分解水。用化学方法修饰电极表面,使之提高催化选择性,已见于产生氯气的氯-碱电解池的电催化。这种方式可用于改进燃料电池。

人工酶催化是另一个充满生机的潜在方向。天然酶的特点是所谓"多点挂钩,柔顺契合"。模拟天然酶的关键是如何合成表面具有一定形状且能容纳有关反应物的分子,当然还要有活性中心。如环糊精呈桶状;固氮酶呈网兜状等。人造血的成功给我们以极大鼓舞。一但在模拟天然酶方面取得突破,就一定会不限于模拟自然而是有更大的发展。仿生化学是大有可为的。

(3) 生命过程的化学。研究生命中发生的分子反应,对于发展基础科学和用于人体保健、动物保健和农业,具有十分动人的前景。生物学的大部分内容从分子水平来看有两大类问题:①受体-底物相互作用:从本质上看,所有生物过程都是由蛋白质受体与一种或多种特征底物之间有选择地相互作用引起的。为了在分子水平上研究并控制它们,使之用于医药、农业,我们必须解决:分离和鉴定原生底物和模拟底物的结构,合成出足量的、高纯度的这些底物;分析它们与受体的作用,改良它们的结构以产生需要的兴奋和拮抗活性,增进向活机体的有效传递。发展这种分子科学领域的结构分析技术、合成技术和反应机理研究技术,这是现代药物学和生物学对化学提出的迫切要求;②膜和方向性化学:方向性化学研究以浓度梯度如何影响化学键的形成和断裂,需要合成和动力学两方面的化学模拟研究同机理生物学的研究相配合。

新的分子生物学技术,如重组 DNA 技术、杂交瘤技术以及电子显微镜、单晶分析、超灵敏分析等技术,量子化学和分子力学分析受体-底物键合形态的技术,⋯⋯为弄清生物化学中的一些细节提供了一系列非常有效的技术和方法。目前最有意义的课题是研究具有高经济价值的蛋白质(干扰素、胰岛素,动植物和人的生长激素等)和单克隆抗体产品的生产;而长期目标是更为复杂的器官移植、品种改良、人体遗传工程等。必须将当前一些极为重要的生物学问题应用化学方法表达和解释,加速化学在生物学中的应用。

4. 分析化学的扩展

现代分析化学的任务不仅要进行样品的成分分析,而且要进行状态、结构、微粒、微区、薄层以及纵深分析;对生物大分子还有微环境,结合部位和构象分析。当前分析化学的发展趋势是:首先,经典化学分析法正逐渐被仪器分析所取代;其次,近代物理学技术如激光技术、微波技术、真空技术、分子束技术以及傅里叶变换和电子计算机的应用,革新了原有的仪器分析方法,发展了一系列新的分析方法并使之自动化、程序化和数字、图形化;X-射线荧光光谱可以同时快速测定数十种元素,灵敏度达微微克/厘米^3;激光拉曼光谱可测样品达毫微克级;再次,分析和监测连接、各种分析方法之间联用。如色谱-质谱联用、色谱-光谱联用、质谱-光谱-核磁联用、电镜-电子探针联用、电子光谱-穆斯堡尔谱联用等,使分析能力提高、分析结果更完全、快速地显示。此外,应用化学知识、微观结构理论联串解析各种图谱,并直接给出结果已在一些仪器上出现。特别需要一提的是 20 世纪 80 年代出现的光导纤维化学传感器(又称光极,optrode)是一种在全新的思想和方法基础上建立起来的一种灵敏度高、可连续、自动、遥测的微量和痕量分析技术。它是在光导纤维的末端载一固定试剂相 L,分析测试时将此端插入待测试液,由于试剂同分析组分 M 之间的相互作用,引起试剂相光学性质(如吸光度、反射率、荧光强度或化学发光强度等)变化,通过光导纤维管对此变化进行检测。由于感应探头可以小到与其传导的光波波长属于同一数量级,使人们可对那些无法采样的小空间(如活体组织、毛细血管、细胞等)的分析成为可能。尚可将探头置于高温、高压、强电磁干扰、易燃易爆和强辐射环境,通过光纤在远距离进行遥测。这种分析监测方法还有可能制造出同时对多种组分响应加以区别的传感器。它的上述优点有可能引起光学分析仪器的革命性变革。展望未来,分析化学必将全面发展到从宏观到微观、从总体到微区、从表面、薄层到内部结构、从静态到动态跟踪,从一般状态到特殊状态、从近距离到遥测……均能分析测定。前进的目标是:快速自动、准确灵敏、简便多效及适应各种(包括环境监测、宇宙、临床、生化,能源和尖端科技的各种特殊的)分析要求,为科学技术和生产的现代化起到先行军的作用。

二、化学正由经验科学向以实验为基础的理论科学过渡

化学是以实验为基础的科学,化学正由经验科学向以实验为基础的理论科学过渡,过渡的开始是以 1927 年海特勒-伦敦处理氢分子为标志的。这一工作第一次从量子水平,即从微观粒子运动水平上首次揭示了成键的本质,表明量子论可以用来研究化学运动,从而标志着量子化学的建立。

量子论为化学建立了科学的微观图景。如通过求解原子、分子的波动方程,建

立了量子数、原子轨道、分子轨道、对称性、电子云空间分布形状等以及杂化、重叠、相关图等重要概念。这些图像和概念已成为化学家须臾不可离开的理论工具,并大大加深了对化学现象本质的了解。由于量子化学计算方法的不断改进和电子计算机的进步,用演泽法从量子水平对含有几十个原子、几百个电子的分子体系进行高度近似的计算,已经取得重大进展,并促进了对分子设计的研究。在此基础上对分子结构的了解以及分子设计,已经或正在产生着化学和材料科学的革命,分子科学已成为新技术冲刺的中心,而由化学家在近百年内建立起来的各种化学资料和数据库则是化学家们进行分子设计的基础。这些资料、信息的充分利用,正在高效材料、特种化学品、新医药以至生物技术产品的研制和开发中发挥着积极的作用。这正是当代特别激动人心的领域,也是古老的化学从基本上是描述性科学向推理性科学过渡的证据。

作为化学学科的基础理论,不仅仅是化学量子力学即量子化学,因为大部分实际的化学体系都是大量分子聚集的状态,这就需要用反映它们运动规律的化学热力学、化学动力学和化学统计力学等。为了促进化学向理论科学的转化,应该在高等化学教育中加强四大力学的学习。化学从经验到理论科学的转化,必不可少的是使实验手段现代化,如核磁、顺磁、荧光、激光拉曼、X-射线吸收光谱等现代实验方法,可测溶液中大分子结构和生命组织中金属离子的微环境,这对揭示生命奥秘具有极重要的作用。光电子能谱可测内层电子能量,从而直接估计金属离子上的有效电荷。微波谱等技术可测分子振动和分子间结合的细节。X-射线单晶衍射法不仅可以定出包括原子热振动幅度的分子空间构型,还可以画出电子密度分布图,进而同量子化学计算得出的同一图像作对比。总之,现已对不少类型分子的结构-性能-活性作定量处理。新的精密实验方法推动了当代化学的定量化。

从宏观结构理论向微观结构理论的深入是当代化学发展的又一重要特征。对化学结构认识的微观化是从空间和时间两个侧面推进的。在空间方面,人们不仅可以如前述从理论和实验推测原子和分子的结构、解释它们的性能,而且已能直接观察到某些分子中原子及其电子云分布的真实形象。早在 1985 年我在日本京都大学化学所植田夏教授的实验室看到了他用分辨率为 1.3Å 的电子显微镜拍下的层状金属卟啉分子中铜、氮、碳等的原子实和密集电子云的分布图像;同年我在美国亚利桑那大学赵华副教授的实验室中看到了他用电镜拍下的蛋白质大分子螺旋结构的图像。如果利用激光进行"微区分析",分辨可达 1～10Å,可以检测到单个原子的行踪;用 X 射线激光器拍摄的全息片也能看到晶体中原子的空间排布。1973 年后发展的激光动态光谱学,可以展现某些分子的空间取向、电荷转移、能量传递、化学键的断裂与形成等细节。

在时间微观化方面,由于激光技术的发展,可以跟踪寿命短到微微秒的粒子运动,从而有希望探明化学反应历程。激光具有高能量、高功率、单色性好、方向性强等优点,可在聚焦目标产生数百万度的高温。化学反应中分子间发生"碰撞"而进行反应的始末时间接近 10^{-13} 秒。在采用激光之前利用荧光物质的实验手段追踪反应的时间只达～10^{-9} 秒;利用红外激光技术时间分辨能力可达～10^{-12} 秒,即与碰撞时间只差一个数量级。激光技术的发展可使分辨达 10^{-14}～10^{-15} 秒,从而有可能使人们从时间上把握化学变化的微观历程。新兴的激光催化化学的出现,可用激光照射而导致某些键的共振、活化;用短脉冲激光可以研究不稳定分子的过渡态。一当对化学反应历程的跟踪取得突破,将使化学制备产生重大变革和前进。

三、化学正在脱离传统的纯粹化学研究而转向综合化、整体化并更自觉地面向社会,解决人类面临的各种需要和问题

当代化学和化学家正面临一个诱人的时机和严峻的挑战。由于先进技术的应用而引起的化学工业的重组,将使化学研究走出只限于传统的"化学"团体而进入一个综合化、整体化的多学科协作配合,共同解决一系列重大的技术问题来发展新技术、开发新产品。化学正从主要是自在地、自然地为人类服务,转化到自觉地、能动地面向社会,解决人类面临的各种需要和问题。

在能源、材料、制药、生物技术、特种化学品和生物产品的开发中,化学和化学家充当着重要角色。化学家不断动手制造出各种新材料以满足人类日益增长的需要。

制药工业已高度国际化,并用电子计算机设计和参与生物-化学集体研究。这些在生物技术、材料和特种化学产品同计算机辅助的化学新方向,使化学充盈了新的活力,并对工业和国民经济产生着巨大影响。在材料科学、遗传工程、催化科学、通信、电脑和人工智能上的重要进展,将改变未来 20 年中人们的工作方法甚至工作性质。特种功能材料、特种聚合物和精密陶瓷将是未来先进技术的核心。遗传工程有可能使植物较快地发育并能生产更多、营养成分更好的粮食、菜蔬和肉蛋食品。癌症、艾滋病等今日看来仍属不治或难治之症,终将被在分子水平上逐步弄清其发病机制的基础上,设计、合成出有效的药物(现称之为"理性药理学"),攻而克之,为人类的健康做出贡献。以上种种激动人心的课题都离不开化学和化学家、并为他们开辟了广阔的用武之地,同时也向化学和化学家提出了严峻的挑战。

在世界上以化学为驱动力的工业对每个国家国民经济生产总产值的贡献都十分可观。在我国的市场上,从纤维、塑料到化肥,建材,化学产品比比皆是。同样,在特种材料和高技术中也都离不开化学,特别是对材料和生物技术。在这方面的开发和努力,无疑是对潜在经济发展的巨大动力。

(肖像画作者　华堤)

4. "两极互补"和"相似者相容"原理在生物药物作用中的体现

化学通报，1996(8)，57～60

化学哲学

"两极互补"和"相似者相容"原理在生物、药物作用中的体现

杨 频

山西大学分子科学研究所，太原 030006

1. 两极互补原理和相似者相容原理

矛盾双方的对立统一是宇宙间最根本的规律之一[1]，我国古代的太极图（图 II-3），分阴阳、明互补、相反相成、对立而又谐和地共处于一个统一体中，形象地反映了这一规律。宇宙间的正物质和反物质；正电和负电；地球的南极和北极；生物的雄性和雌性；等等，正是这种对立面互补两极的存在、运动和发展，才构成了大千世界。

化学中最简单的如水（H_2O）、乙酸（H_3CCOOH）、甲酰胺（H_2NCOH）等分子，它们的偶极矩不等于零，形成了正负两极（图 II-4）。生命体系中由磷脂分子形成的双层膜（图 II-5），呈现出一个极性头部和一个非极性尾部的规律排列。而具有锁钥关系的酶的识别和作用，它的活性部位和底物的作用，有如图 II-6 的匹配规律。这里体现了受体-底物的两极互补原理。图 II-7 和图 II-8 则示出了变构酶中协同结合底物的协调模型和变构抑制剂和变构激活剂的作用。在这些例证中，无不体现了"两极互补"的作用规律，它们几乎都可用太极图加以形象的概括。

图 II-3 我国古代的太极图

水
H_2O

乙酸
H_3CCOOH

甲酰胺
H_3NCHO

图 II-4 简单极性分子

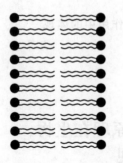

图 II-5　磷脂分子形成的双层膜示意图

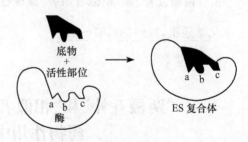

ES 复合体

图 II-6　酶和底物的作用

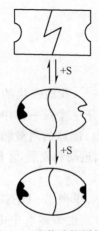

图 II-7　变构酶协同结合
底物的协调模型

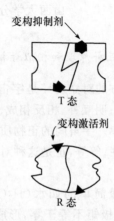

图 II-8　在协调模型中变构抑制剂稳定 T 态；
变构激活剂稳定 R 态

　　生命的出现和生物的进化也体现了两极互补规律。地球上只当某些有机大分子产生了亲水性和疏水性这两极互补基团的相互作用、进而衍生出蛋白体才有了生命,生物机体(包括植物、微生物、动物和人体等)含有体液(水分、盐类)和碳氢化合物这种无形体和有形体两极互补成分。生命过程即机体的新陈代谢就是机体与环境进行同化和异化这两极互补作用的过程。生命的基本单位细胞也是两极体系:其细胞壁、细胞膜为脂性部分,而细胞内部为水相部分。组成细胞的各个细胞器都具有两极结构,如细胞膜为脂双层结构,其主要成分磷脂在膜上排列呈现膜表面为含磷酸基的极性头部和膜内部为非极性脂肪尾部的两极互补。作为生命载体的蛋白质和核酸以及多糖,都呈现外侧亲水、内侧疏水的两极互补结构。而生命机体中的小分子如单糖、脂类、核苷酸、氨基酸……也都存在着亲水基团和疏水基团两极,可见亲水和疏水、正性和负性、同化和异化,这种两极互补现象普遍存在于生物机体和生命过程的各个层次上。

"相似者相容"是世界上另一普遍规律。政党的结合、帮派的组成、学术团体、学术流派的建立,以及"士为知己者用,女为悦己者容",是"相似者相容"这一原理在人间存在的社会现象。而非极性物溶于有机溶剂,极性物溶于水等极性溶剂,是"相似者相容"在化学上的体现。生物体内离子的输运,不论是被动输运还是主动输运,必须借助于一些分子,要么将离子包裹成与膜的疏水内层相似的质粒;要么将疏水膜造成一个与离子相似的离子通道,才能跨越。这是"相似者相容"在离子跨膜上的体现。药物分子进入生物机体并产生药效,也须遵从"相似者相容"这一普遍规律。生物机体存在的两极互补特性,要求药物分子也必须具有类似的两极互补组成和结构与之匹配,二者才能发生作用。这一事实应该作为各类药物设计的总的出发点。

2. 金属抗癌剂活性的两极互补原理(TPCP)

我们通过对有代表性的 Pt、Ru、Ti、Sn、Pd、V 等 6 类 180 余个具有抗癌活性的金属配合物的结构、活性及其抗癌机理的研究[2],发现金属抗癌剂分子存在某些共同的结构特点和作用规律,并把这一规律概括为"两极互补原理"。此原理分三个层次:①分子结构的两极互补:即有活性的药物分子在结构和性质上总是存在着亲水性和疏水性,正电性和负电性的两极;相应地在体液中则呈现易离去基团和较稳定基团;这种两极互补的分子既可以使药物溶于水输运到膜表面,又能穿透脂质核心跨膜,并到达靶分子附近;②受体-底物作用方式的两极互补,即药物分子与靶分子的相互作用总是经由"活性中间体"通过电荷控制和轨道控制这种电价性和共价性两极互补的作用方式,与 DNA 骨架上的磷酸氧位点(电价性)和嘌呤、嘧啶的氮位点(共价性)键合;③受体-底物在对称性上的两极互补,即对于手性药物分子与 DNA 的作用,表现出药物分子的左手对映体与右手 DNA 的键合,形成左手与右手两极互补的复合体。

由上述原理可以引申出金属抗癌剂活性的如下判据:①药物分子的"活性中间体"结构的偶极矩不为零,即 $\mu_{活} \neq 0$;②药物分子必须同时具备亲水和亲脂的两极基团,在同系物中并存在一个合适的脂/水系数 K,亲脂基团体积不宜过大;③在体液中药物分子需具有合适的水解速度常数 k_t,并在 DNA 附近生成至少合顺式二水的"活性中间体"$[cis\text{-}A_n M(H_2O)_2]^{m+}$;④作为活性中心的金属离子必须具有合适的软硬度(合适的价态和半径)和丰富的价层轨道,使之既能与 DNA 骨架上的磷酸氧位点亲合形成电价键,又能与嘌呤、嘧啶的环氮位点亲合形成共价键;⑤手性药物分子应是左手对映体,以便与右手 DNA 形成配位的互补结构。

应用这个原理,我们进行了多类药物的设计与合成并取得了明显的成果。如我们设计并合成的数十种有机锡类化合物[3],经北京医科大学天然药物及仿生药物国家重点实验室和中国科学院上海药物研究所的活性筛选,证明对七种人癌细胞有活性如表 Ⅱ-1 和表 Ⅱ-2。

表 II-1　一些有机锡类化合物的抗癌活性 IC_{50}　　（单位：$\mu mol/L$）

化 合 物	供 试 细 胞			
	人鼻咽癌 KB	人白血病 HL-60	人结肠癌 HCT-8	艾氏腹水 EAT
$Et_2Sn(BHA)_2$	4.21	4.20	3.05	1.21
$Et_2Sn(SHA)_2$	无活性	0.57	1.81	0.32
$Et_2Sn(PHBHA)_2$	3.95	0.51	1.47	0.22
$(n\text{-}Bu)_2Sn(BHA)_2$	1.30	1.32	0.73	0.24
$(n\text{-}Bu)_2Sn(SHA)_2$	1.52	0.31	0.25	0.11
$(n\text{-}Bu)_2Sn(PHBHA)_2$	1.17	0.21	0.31	0.12
$Ph_2Sn(BHA)_2$	3.98	无活性	1.10	无活性
$Ph_2Sn(SHA)_2$	无活性	100.0	无活性	无活性
$Ph_2Sn(PHBHA)_2$	无活性	125.0	2.63	无活性
$[Et_2Sn(BHA)]_2O$	无活性	2.21	2.81	4.52
$[Et_2Sn(SHA)]_2O$	1.00	0.87	2.75	0.35
$[Et_2Sn(PHBHA)]_2O$	0.99	0.51	0.11	0.29
$[(n\text{-}Bu)_2Sn(BHA)]_2O$	0.98	1.54	1.26	0.24
$[(n\text{-}Bu)_2Sn(PHBHA)]_2O$	0.25	0.34	0.49	0.16

a BHA＝Benzohydroxamic acid，SHA＝Salicylhydroxamic acid PHBHA＝p-hydroxybenzohydroxamic acid
　苯甲酰异羟肟酸　　　　　水杨酸羟肟酸　　　　　对羟基苯甲酰异羟肟酸

表 II-2　一些有机锡类化合物在不同浓度下对癌细胞的抑制率

化 合 物	供 试 细 胞								
	人红白血病 K_{562}			人肝癌 Bel_{7402}			人胃癌 BGC		
$c_i/(\mu mol/L)$：	0.10	1.0	10.0	0.10	1.0	10.0	0.10	1.0	10.0
$Et_2Sn(BHA)_2$	40.03	59.70	81.02	2.56	6.69	82.87	−15.40	−23.46	52.13
$Et_2SEn(SHA)_2$	27.85	36.44	72.88	2.42	12.98	72.83	−19.67	−12.56	17.77
$Et_2Sn(PHBHA)_2$	5.89	32.09	77.74	8.48	23.17	82.57	−26.30	−30.81	45.26
$(n\text{-}Bu)_2Sn(BHA)_2$	42.85	74.66	80.98	14.38	59.30	88.19	−28.32	22.88	82.79
$(n\text{-}Bu)_2Sn(SHA)_2$	33.25	65.88	80.18	21.47	66.85	93.23	−22.44	2.62	95.21
$(n\text{-}Bu)_2Sn(PHBHA)_2$	23.01	57.17	75.52	20.11	59.78	94.26	—	10.85	94.08
$Ph_2Sn(BHA)_2$	−8.52	7.17	81.04	1.49	42.78	92.92	−6.97	7.84	91.84
$Ph_2Sn(SHA)_2$	−35.21	−6.31	9.57	−1.77	−2.70	2.92	−9.95	−23.70	−24.41
$Ph_2Sn(PHBHA)_2$	2.14	3.25	48.22	2.57	27.95	74.96	−0.47	−1.66	3.55
$[Et_2Sn(BHA)]_2O$	74.71	77.67	78.94	9.20	12.08	79.27	−32.46	−19.43	48.10
$[Et_2Sn(SHA)]_2O$	65.06	83.16	85.30	—	31.65	97.25	−0.95	41.23	72.51
$[Et_2Sn(PHBHA)]_2O$	16.96	22.63	47.26	77.82	95.74	98.59	39.10	59.72	86.97
$[(n\text{-}Bu)_2Sn(BHA)]_2O$	16.07	30.36	79.26	10.15	60.49	90.05	10.02	23.97	81.26
$[(n\text{-}Bu)_2Sn(PHBHA)]_2O$	59.26	65.70	75.03	13.82	65.11	93.17	−20.70	63.18	93.46

a BHA＝Benzohydroxamic acid，SHA＝Salicylhydroxamic acid. PHBHA＝p-hydroxybenzohydroxamic acid
　苯甲酰异羟肟酸　　　　　水杨酸羟肟酸　　　　　对羟基苯甲酰异羟肟酸

3. 结束语

　　我们的经验证明,一些普遍的思维原则和规律对具体的自然科学是具有指导意义的。一个自然科学家如能自觉地接受这种指导会给自己的研究带来活力。

参 考 文 献

1　毛泽东.矛盾论
2　杨频,郭茂林.化学通报,1996,(1):6
3　杨频,李青山.结构化学,1996,15(2):163